"十三五"职业教育国家规划教材

建筑力学与结构

第二版

新世纪高职高专教材编审委员会 组编
主 编 张玉敏 滕 琳
副主编 张依凤 刘振雷

大连理工大学出版社

图书在版编目(CIP)数据

建筑力学与结构 / 张玉敏，滕琳主编. -- 2版. -- 大连 ：大连理工大学出版社，2019.9(2022.1重印)
新世纪高职高专建筑工程技术类课程规划教材
ISBN 978-7-5685-2275-5

Ⅰ. ①建… Ⅱ. ①张… ②滕… Ⅲ. ①建筑科学－力学－高等职业教育－教材②建筑结构－高等职业教育－教材 Ⅳ. ①TU3

中国版本图书馆 CIP 数据核字(2019)第 240554 号

大连理工大学出版社出版

地址:大连市软件园路 80 号　邮政编码:116023
发行:0411-84708842　邮购:0411-84708943　传真:0411-84701466
E-mail:dutp@dutp.cn　URL:http://dutp.dlut.edu.cn

大连永盛印业有限公司印刷　大连理工大学出版社发行

幅面尺寸:185mm×260mm　印张:23.5　字数:566 千字
2014 年 1 月第 1 版　2019 年 9 月第 2 版
2022 年 1 月第 5 次印刷

责任编辑:康云霞　责任校对:吴媛媛
封面设计:张　莹

ISBN 978-7-5685-2275-5　定　价:59.80 元

前　言

《建筑力学与结构》(第二版)是“十三五”职业教育国家规划教材,也是新世纪高职高专教材编审委员会组编的建筑工程技术类课程规划教材之一。

本书由高职高专院校的一线教师,根据建筑工程技术专业类的培养目标和建筑力学与结构课程教学大纲的要求,以及《建筑结构荷载规范》(GB 50009—2012)、《混凝土结构设计规范》(GB 50010—2010)、《砌体结构设计规范》(GB 50003—2011)、《建筑抗震设计规范》(GB 50011—2010)、《钢结构设计规范》(GB 50017—2017)等编写,反映了我国力学与结构在土木工程领域的新进展以及可持续发展的要求。本书在编写过程中力求突出以下特点:

1. 从培养高素质技能型专门人才的定位出发,本着理论知识以必需、够用为度,突出实践性、实用性、技能性,力求体现高等职业教育的特色。

2. 力求简化基本理论和基本概念,突出工程实际应用,注重职业技能和素质的培养,教材内容具有取材新颖、语言精练、概念清晰、重点突出、层次分明、结构严谨的特点。

3. 注重与实际运用相结合,例题有很强的工作情境性。每章开始设置了“学习目标与学习重点”,每章末配有小结、思考题和习题,便于学生复习和巩固所学内容。

4. 注重立体化教学资源建设。为了满足课堂教学的需要,本教材配有微课、课件、在线自测、习题库等教学资源,读者可访问职教数字化平台下载资源包。

本书共分 20 章,内容包括绪论、静力学的基本概念、平面力系、平面体系的几何组成分析、平面图形的几何性质、静定结构杆件的内力分析、杆件的应力与强度计算、压杆稳定、静定结构的位移计算、超静定结构的内力计算、钢筋和混凝土材料的力学性能、建筑结构设计方法、钢筋混凝土受弯构件承载力计算、钢筋混凝土受压构件承载力计算、预应

力混凝土构件基本知识、钢筋混凝土梁板结构、多高层房屋结构简介、砌体材料及砌体力学性能、混合结构房屋墙体设计、钢结构。

本书可作为高职高专院校建筑工程技术、工程造价、工程管理、工程监理、建筑装饰工程技术、城镇规划、物业管理、房地产经营与估价、建筑经济管理、给排水工程技术等专业的教学用书，还可作为土建类函授教育、自学考试和在职人员培训教材，以及其他技术人员的阅读参考书。

本教材由齐鲁理工学院张玉敏、滕琳任主编，济南大学张依凤、山东省建设建工(集团)有限责任公司刘振雷任副主编，济南四建(集团)有限责任公司靳克参与了部分内容的编写工作。编写分工如下：张依凤编写第1章～第3章；滕琳编写第4章～第6章及第10章；靳克编写第7章～第9章；刘振雷编写第11章～第13章；张玉敏编写第14章～第20章。全书由张玉敏负责统稿和定稿。

在编写本教材的过程中，我们参考、引用和改编了国内外出版物中的相关资料以及网络资源，在此对这些资料的作者表示深深的谢意！请相关著作权人看到本教材后，与我社联系，我社将按照相关法律的规定支付稿酬。

尽管我们在探索《建筑力学与结构》教材建设的特色方面做出了许多努力，但由于编者水平有限，教材中仍可能存在一些疏漏和不妥之处，恳请读者批评指正，并将建议及时反馈给我们，以便及时修订完善。

编 者

2019年9月

所有意见和建议请发往：dutpgz@163.com
欢迎访问职教数字化服务平台：http://sve.dutpbook.com
联系电话：0411-84707424　84706676

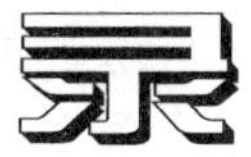

目　录

本书数字资源列表

序号	资源名称	资源类型	页码
1	杆件变形的基本形式	微视频	3
2	混凝土结构的概念及优缺点	微视频	4
3	砌体结构的概念及优缺点	微视频	4
4	浅谈建筑结构	微视频	4
5	力与力系的概念	微视频	9
6	光滑圆柱铰链约束	微视频	13
7	可动铰支座	微视频	14
8	固定铰支座	微视频	15
9	固定端支座	微视频	15
10	力的投影	微视频	27
11	平面力偶系的合成与平衡条件	微视频	32
12	几何不变与几何可变体系的概念	微视频	48
13	刚片、自由度、约束的概念	微视频	49
14	几何不变体系的组成规则	微视频	51
15	静定结构和超静定结构	微视频	54
16	轴向拉压杆的内力	微视频	65
17	扭转杆件的内力	微视频	69
18	平面弯曲的概念	微视频	72
19	剪力图和弯矩图	微视频	76
20	静定刚架	微视频	85
21	静定平面桁架	微视频	87
22	结点法	微视频	88
23	轴向拉压杆的变形与胡克定律	微视频	133
24	梁的刚度条件	微视频	137

续表

序号	资源名称	资源类型	页码
25	提高梁抗弯刚度的措施	微视频	137
26	荷载引起的位移计算	微视频	138
27	图乘法	微视频	140
28	超静定结构概述	微视频	147
29	超静定次数的确定	微视频	148
30	荷载作用下用力法计算超静定梁与刚架	微视频	149
31	位移法典型方程	微视频	156
32	混凝土的强度	微视频	162
33	混凝土一次短期加荷作用变形	微视频	164
34	钢筋的分类和力学性能	微视频	167
35	有明显屈服点的钢筋力学性能	微视频	168
36	无明显屈服点的钢筋力学性能	微视频	169
37	建筑结构的功能要求	微视频	175
38	结构的极限状态	微视频	176
39	梁的钢筋	微视频	187
40	钢筋混凝土受弯构件	微视频	187
41	板内配筋	微视频	191
42	纵向受力钢筋配筋率	微视频	193
43	梁正截面破坏形态	微视频	193
44	适筋梁受力三个阶段	微视频	193
45	单筋矩形正截面基本计算公式及适用条件	微视频	197
46	T形截面的分类与判别	微视频	211
47	配箍率与剪跨比	微视频	217
48	受弯构件斜截面的破坏形态	微视频	218

续表

序号	资源名称	资源类型	页码
49	普通箍筋受压柱正截面承载力计算公式	微视频	248
50	施加预应力的方法	微视频	255
51	张拉控制应力与预应力损失	微视频	258
52	梁板结构的特点及应用	微视频	262
53	浅析现浇单向板肋梁楼盖	微视频	264
54	简述双向板的破坏特点	微视频	271
55	楼梯案例分析	微视频	273
56	块材和砂浆强度等级的划分	微视频	285
57	砌体抗压强度设计值确定方法	微视频	291
58	型钢规格	微视频	329
59	第 1 章在线自测	在线自测	1
60	第 2 章在线自测 1	在线自测	9
61	第 2 章在线自测 2	在线自测	9
62	第 3 章在线自测 1	在线自测	26
63	第 3 章在线自测 2	在线自测	26
64	第 4 章在线自测	在线自测	48
65	第 5 章在线自测	在线自测	57
66	第 6 章在线自测 1	在线自测	65
67	第 6 章在线自测 2	在线自测	65
68	第 6 章在线自测 3	在线自测	65
69	第 7 章在线自测 1	在线自测	98
70	第 7 章在线自测 2	在线自测	98
71	第 8 章在线自测	在线自测	125
72	第 9 章在线自测 1	在线自测	132

续表

序号	资源名称	资源类型	页码
73	第 9 章在线自测 2	在线自测	132
74	第 10 章在线自测	在线自测	147
75	第 2 章习题答案	PDF	24
76	第 3 章习题答案	PDF	44
77	第 4 章习题答案	PDF	56
78	第 5 章习题答案	PDF	64
79	第 6 章习题答案	PDF	94
80	第 7 章习题答案	PDF	124
81	第 8 章习题答案	PDF	131
82	第 9 章习题答案	PDF	145
83	第 10 章习题答案	PDF	161
84	第 12 章习题答案	PDF	185
85	第 13 章习题答案	PDF	242
86	第 14 章习题答案	PDF	251
87	第 18 章习题答案	PDF	306
88	第 19 章习题答案	PDF	324
89	第 20 章习题答案	PDF	361

第1章 绪论

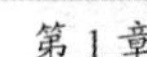

通过本章的学习，了解建筑力学的研究对象、任务；熟悉杆件变形的基本形式；理解建筑结构的分类；认识建筑力学与建筑结构的关系。

建筑力学的研究对象、任务；结构和构件的强度、刚度和稳定性；杆件变形的基本形式。

1.1 建筑力学的研究对象、任务

1. 建筑力学的研究对象

建筑物从开始建造的时候起，就承受各种力的作用。如楼板在施工中除承受自身的重量外，还承受人和施工机具的重量；承重外墙承受楼板传来的压力和风力；基础则承受墙身传来的压力等。工程中习惯把直接作用在结构上的各种力称为荷载，在建筑物中承受并传递荷载而起骨架作用的部分称为结构。组成结构的单个基本部件称为构件。如梁、板、柱、墙、基础等都是常见的构件。

结构的类型是多种多样的，按几何特征可分为以下三类：

(1)杆件结构 纵向长度远大于横截面上两个方向尺寸的构件称为杆件，如梁、柱等。由若干杆件通过相互连接而组成的结构称为杆件结构。如图1-1所示钢筋混凝土屋架就是一个杆件结构。

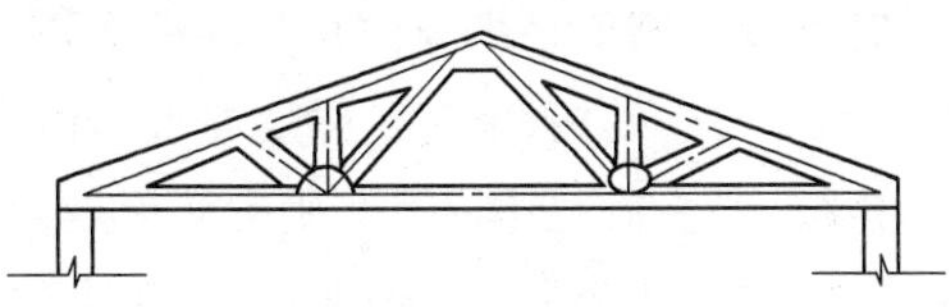

图1-1 杆件结构

(2)薄壁结构 厚度远小于长度和宽度的构件称为薄壁。当表面为平面形状时称为薄板，由若干块薄板可组成薄壁结构;具有曲面外形的薄壁结构,称为薄壳结构。如图 1-2(a)、(b)所示屋顶分别是三角形折板结构和薄壳结构。

(a) 折板屋面 (b) 薄壳屋面

图 1-2 薄壁结构

(3)实体结构 长、宽、高尺寸均接近的结构称为实体结构。例如,挡土墙(图 1-3)、堤坝、块状基础等都是实体结构。

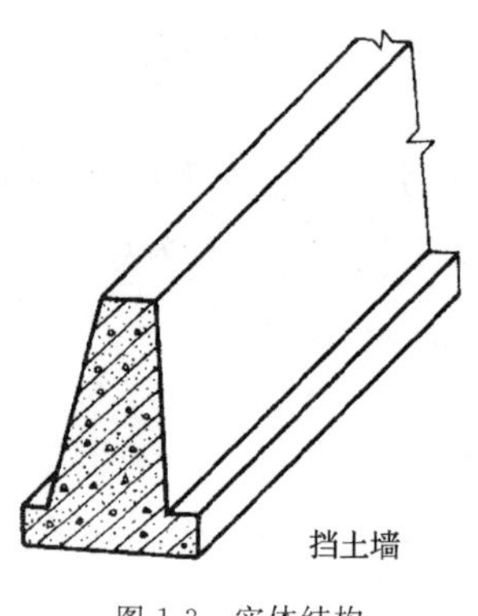

图 1-3 实体结构

在土木工程中,杆件结构是应用最为广泛的结构形式。按照空间特征区分,杆件结构可分为平面杆件结构和空间杆件结构两类。凡组成结构的所有杆件的轴线都位于同一平面内,并且荷载也作用于该平面内的结构,称为平面杆件结构。否则称为空间杆件结构。严格来讲,实际的结构都是空间结构,但在计算时,常根据其实际受力特点,将它分解为若干平面结构来分析,以使计算简化。但需注意,并非所有情况都能这样处理,有些是必须作为空间结构来研究的。

建筑力学的研究对象是杆件结构。本书的研究对象只限于平面杆件结构。

2. 建筑力学的任务

结构在工作中要受到各种外力的作用,在外力的作用下,任何物体均会产生变形;当外力达到一定限度时,结构和构件就会发生破坏。为了保证工程结构正常可靠地工作,要求结构和构件本身应具有一定抵抗破坏、抵抗变形和保持原有平衡状态的能力,即具有足够的强度、刚度和稳定性。

(1)强度 强度是指结构和构件承受外力时抵抗破坏的能力。这种破坏包括屈服破坏和断裂破坏。例如,房屋中的楼板、梁等构件在过大荷载作用下可能折断。因此,要使结构和构件安全承受荷载不发生破坏,就必须保证结构和构件具有足够的强度。

(2)刚度 刚度是指结构和构件承受外力时抵抗变形的能力。有些结构和构件,在荷载作用下虽然不发生破坏(能满足强度要求),但产生过大的弹性变形,也会影响结构的正常使用。例如,楼板、梁在荷载作用下产生的变形过大时,就会使下面的抹灰层开裂、脱落;屋面上的檩条变形过大时,就会引起屋面漏水;吊车梁的变形过大时,吊车就不能正常行驶。因此,设计时需要对结构和构件的变形加以限制,使其变形不超过一定的范围,也就是说结构和构件应具有足够的刚度。

(3)稳定性 稳定性是指构件承受外力时保持原有平衡状态的能力。结构中受压的细长杆件，当压力超过某一临界值时，杆件会突然弯曲并造成破坏，称为失稳破坏。例如，房屋建筑和桥梁中承重的柱子，如果过细、过高就可能因失去稳定性而使整个建筑发生破坏，工程结构中的失稳破坏往往比强度破坏损失更惨重，因为这种破坏具有突然性，没有先兆。因此，对于受压的直杆，要求具有保持原有直线平衡状态的能力，这就是压杆的稳定性要求。

在工程设计时，结构和构件不仅要满足强度、刚度和稳定性的要求，同时还必须符合经济方面的要求。前者往往要求采用较好的材料或较大的截面尺寸；后者却要求节省材料，避免浪费，尽量降低成本，因此安全与经济是一对矛盾。建筑力学的任务是研究构件或结构在荷载作用下的平衡条件及承载力，为构件和结构设计提供必要的理论基础和计算方法，使所设计的构件和结构既安全可靠，又经济合理。

3. 建筑力学的研究内容

建筑力学所涉及的内容较多，本书将所研究的内容分三个部分。

①研究各种力系的简化及平衡，对结构及构件进行受力分析。

②研究构件受力后的变形和破坏规律，以便建立构件及结构满足强度、刚度和稳定性要求所需的条件，为设计既安全又经济的合理构件提供科学的计算方法。

③以杆件体系为研究对象，分析其组成规律和合理形式以及结构在外力作用下内力和位移的计算，为结构设计提供方法和计算公式。

1.2 杆件变形的基本形式

微课

杆件变形的基本形式

杆件的受力情况不同，变形形式也就不同。杆件的变形可分为下列四种基本形式：

1. 轴向拉伸和压缩

在一对大小相等、方向相反、作用线与杆轴线重合的外力作用下，杆件发生沿杆轴线方向的伸长或缩短，这种变形形式称为轴向拉伸或压缩。如图 1-4(a)所示。

2. 剪切

在一对相距很近、大小相等、方向相反、作用线与杆轴线垂直的外力作用下，杆件的横截面沿外力作用方向发生错动，这种变形形式称为剪切。如图 1-4(b)所示。

3. 扭转

在一对大小相等、方向相反、位于垂直于杆轴线的两平面内的外力偶作用下，杆件的任意横截面之间绕轴线发生相对转动，这种变形形式称为扭转。如图 1-4(c)所示。

4. 弯曲

在一对大小相等、方向相反、位于杆的纵向对称平面内的外力偶作用下，杆件的轴线由直线弯成曲线，这种变形形式称为弯曲。如图 1-4(d)所示。

在工程实际中，杆件可能同时承受各种荷载作用而发生复杂的变形，但都可以看作是上述基本变形的组合。如房屋中的雨篷梁既发生弯曲变形又发生扭转变形。

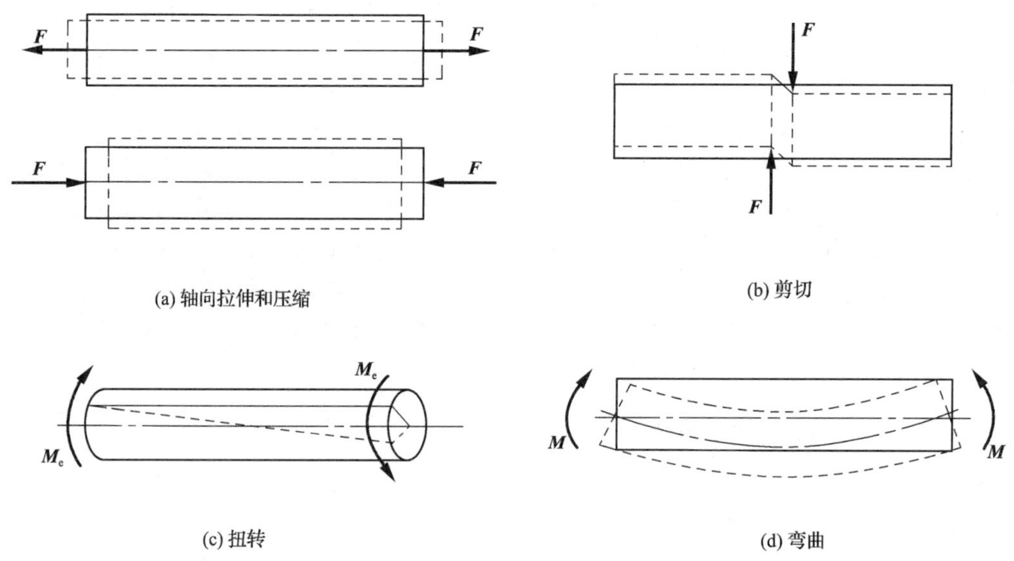

(a) 轴向拉伸和压缩

(b) 剪切

(c) 扭转

(d) 弯曲

图 1-4 杆件变形的基本形式

1.3 建筑结构的分类

微课

浅谈建筑结构

建筑结构可按所使用材料及受力和构造特点来分类。

1. 按使用材料分类

建筑结构按所使用材料不同可分为混凝土结构、砌体结构、钢结构和木结构等。

(1)混凝土结构 以混凝土材料为主，并根据需要配置钢筋、预应力钢筋、钢骨、钢管、纤维等，共同受力的结构均可称为混凝土结构。它包括素混凝土结构、钢筋混凝土结构、预应力混凝土结构、钢骨混凝土结构、钢管混凝土结构和纤维混凝土结构等。其中应用最广泛的是钢筋混凝土结构，它具有强度高、耐久性好、可模性好、整体性好等优点；也具有自重大、抗裂性差、现浇时耗费模板多、工期长等缺点。

混凝土结构的概念及优缺点

混凝土结构不但被广泛应用于多层与高层住宅、宾馆、写字楼、商场以及单层与多层工业厂房等民用与工业建筑中，而且水塔、烟筒、储水池、电视塔、核反应堆等特种结构也多采用混凝土结构。

(2)砌体结构 砌体结构是由块体材料和砂浆砌筑而成的墙、柱作为建筑物主要受力构件的结构。砌体结构是砖砌体、砌块砌体和石砌体结构的统称。砌体结构具有悠久的历史，至今仍是世界上应用最广泛的结构形式之一。它的主要优点是可就地取材，造价低廉，有很好的耐火性和较好的耐久性，保温和隔热性能较好，施工设备简单，施工技术上无特殊要求；其缺点是自重大，强度较低，抗震和抗裂性能差，劳动强度大，用量大，占用耕地等。

砌体结构的概念及优缺点

砌体结构多用于 6 层以下的住宅、办公楼、教学楼等民用建筑，无起重设备或起重设备较小的中小型工业厂房，以及水塔、烟筒、小型水池等特种结构。

(3)钢结构 钢结构是用钢板、热轧型钢或冷加工成型的薄壁型钢制作而成的结构。钢结构具有强度高，自重轻，材质均匀，塑性和韧性好，制造简便，拆迁方便等优点。但也存在易锈蚀，耐火性差，维护费用高等缺点。

钢结构主要用于大跨度结构、重型厂房结构、受动力荷载影响的结构、高层和超高层建筑、高耸结构以及一些构筑物等。

(4)木结构 木结构是指全部或大部分用木材(方木、圆木、条木、板材等)制成的结构。由于木材资源的匮乏,加之木结构楼层数少,土地利用率低,实际工程中已很少使用。木结构具有就地取材,制作简单,便于施工等优点。也具有易燃、易腐蚀和结构变形等缺点。

2. 按受力和构造特点分类

建筑结构按受力和构造特点的不同可分为混合结构、框架结构、剪力墙结构、框架-剪力墙结构、筒体结构和大跨度结构等。其中大跨度结构多采用网架结构、薄壳结构、悬索结构以及膜结构等。

(1)混合结构 混合结构通常是指结构的墙体、柱、基础等竖向承重构件采用砌体(砖、石、砌块)材料,而屋盖、楼盖等水平承重构件采用钢筋混凝土或木材等其他材料,如图 1-5 所示。

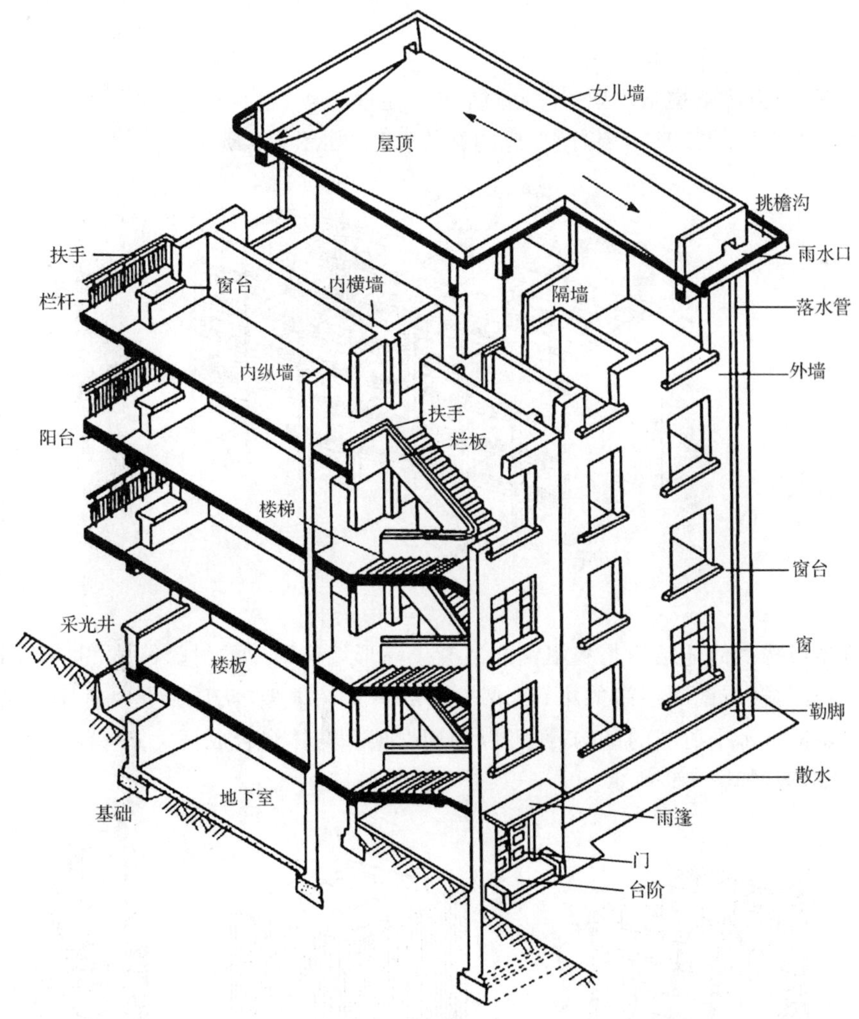

图 1-5 混合结构

(2)框架结构 框架结构由梁、柱及基础组成主要承重体系。梁与柱通过节点的刚性连接形成骨架,如图 1-6 所示。

(3)剪力墙结构 纵、横向布置的成片钢筋混凝土墙体称为剪力墙。剪力墙的高度通常为从基础到屋顶,其宽度可以是房屋的全宽。剪力墙与钢筋混凝土楼盖、屋盖整体连接,形成剪力墙结构,如图 1-7 所示。

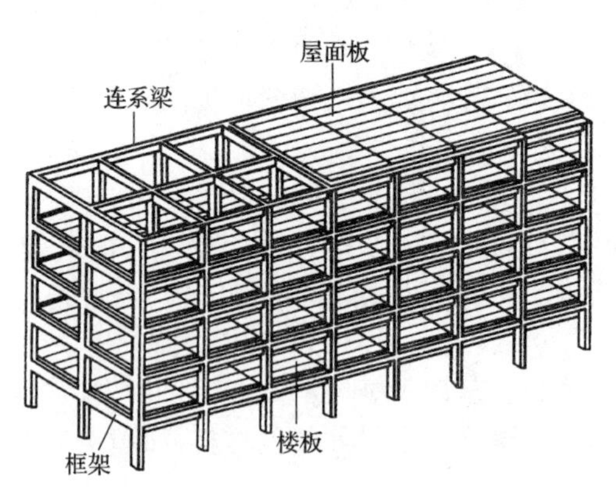

图 1-6 框架结构

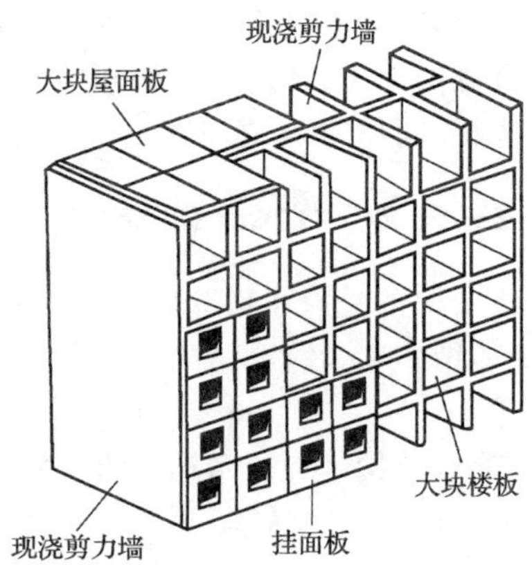

图 1-7 剪力墙结构

(4)框架-剪力墙结构 框架-剪力墙结构是在框架纵、横向的适当位置,在柱与柱之间设置几道钢筋混凝土墙体(剪力墙)而形成的结构体系,如图 1-8 所示。

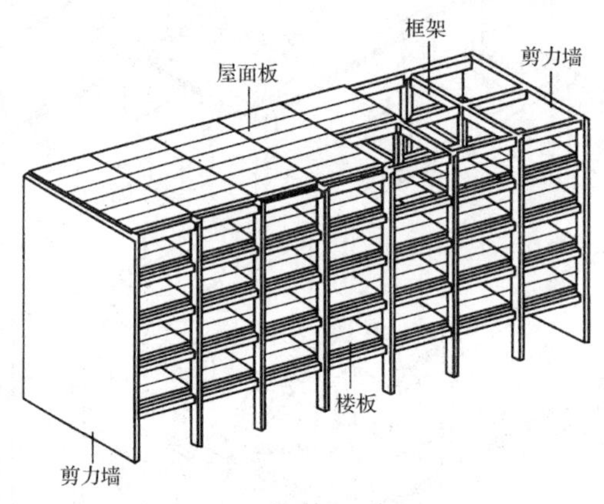

图 1-8 框架-剪力墙结构

(5)筒体结构 筒体结构是利用钢筋混凝土筒形墙体形成的封闭筒体(也可以利用房屋外围由间距很密的柱与截面很高的梁,组成一个形式上像框架,实质上是一个有许多窗洞的筒体)作为主要抵抗水平荷载的结构,还可以利用框架和筒体组合成框一筒体结构及由多个筒体组成的束筒结构,如图 1-9 所示。

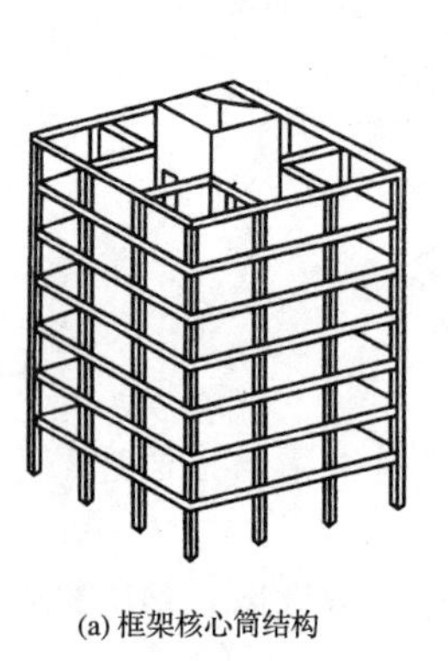

(a) 框架核心筒结构

(b) 筒中筒结构

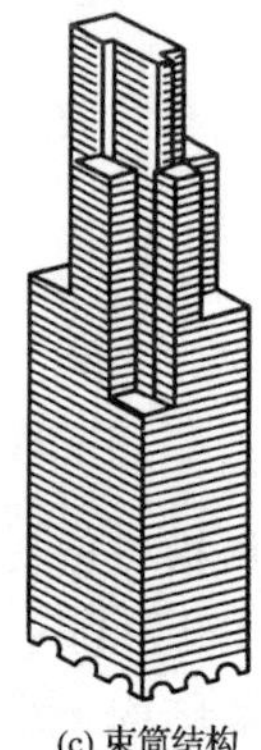

(c) 束筒结构

图 1-9 筒体结构

1.4 建筑力学与结构的关系

建筑力学的内容是理论力学、材料力学和结构力学。建筑结构的内容是混凝土结构、砌体结构、钢结构和木结构等。从掌握建筑结构设计的概念性知识出发，可将内容整合为建筑力学与结构。

建筑力学与建筑结构的关系是：建筑力学是建筑结构设计的基础。如前所述在建筑物中承受并传递荷载而起骨架作用的部分称为结构。建筑物是指供人们生产、生活或进行其他活动的房屋或场所，如住宅、学校、办公楼、影剧院、体育馆、厂房、仓库等。一幢房屋在使用过程中，将承受直接作用（荷载）和间接作用（变形），弄清结构构件间的传力关系，是进行结构受力分析的前提，如图1-10所示的荷载传力路径，表达了砌体结构房屋构件之间的承力、传力关系。

由荷载的传力路径可以看出，作用在砌体结构上的荷载（楼屋面上的竖向荷载，水平风荷载或地震作用）都传递给墙（柱），再由墙（柱）传至基础及地基的，因此，梁（屋架）、墙（柱）和基础是砌体结构房屋的主要承重构件。

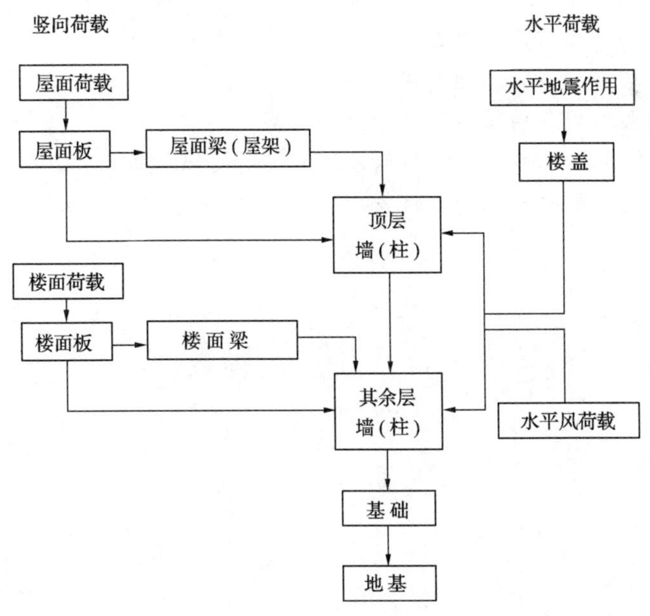

图1-10 砌体结构房屋传力路径

设计一幢房屋，首先对楼（屋）面板、梁（屋架）、墙（柱）和基础等结构构件进行荷载计算、受力分析并计算出各个构件的内力值，这是建筑力学要解决的问题；然后根据内力值去确定构件采用的材料、截面形状和尺寸，这是结构设计要解决的问题。例如，钢筋混凝土梁的设计，计算板传来的荷载和梁自重，确定计算简图、计算内力值（弯矩 $\boldsymbol{M}$、剪力 $\boldsymbol{F}_{\mathrm{S}}$），这是建筑力学要解决的问题；根据内力值（弯矩 $\boldsymbol{M}$、剪力 $\boldsymbol{F}_{\mathrm{S}}$）选择梁的截面形状和尺寸、混凝土和钢筋强度等级，进行正截面受弯承载力和斜截面受剪承载力计算以确定钢筋的数量、挠度变形和裂缝宽度的验算、绘制施工图，这是建筑结构要解决的问题。

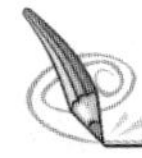

本章小结

1.在建筑物中承受并传递荷载而起骨架作用的部分称为结构。组成结构的单个基本部件称为构件。结构按几何特征可分为杆件结构、薄壁结构和实体结构。

2.建筑力学的任务是研究构件或结构在荷载作用下的平衡条件及承载力，为构件设计提供必要的理论基础和计算方法，使所设计的结构和构件既安全可靠，又经济合理。

3.杆件变形的基本形式有：轴向拉伸和压缩、剪切、扭转和弯曲。

4.建筑结构按所使用材料不同可分为混凝土结构、砌体结构、钢结构和木结构等。建筑结构按受力和构造特点的不同可分为混合结构、框架结构、剪力墙结构、框架-剪力墙结构、筒体结构和大跨度结构等。

5.建筑力学与建筑结构的关系是：建筑力学是建筑结构设计的基础。

复习思考题

1-1 什么是结构？按几何特征结构可分几类？什么是构件？

1-2 建筑力学的研究对象是哪类结构？何谓建筑力学的任务？

1-3 何谓构件的强度、刚度、稳定性？

1-4 建筑结构按所使用材料不同可分为哪几类？

1-5 钢筋混凝土结构、砌体结构、钢结构各有哪些优、缺点？

1-6 根据建筑结构的受力和构造特点，建筑结构可分为哪些结构形式？

第2章 静力学的基本概念

第2章

第2章

学习目标

熟悉力、平衡和刚体的概念；理解静力学公理、荷载的分类和简化；熟悉工程中常见的约束类型，掌握其约束反力的画法，正确画出单个物体及物体系的受力图；了解结构的计算简图。

学习重点

静力学公理；工程中常见的约束类型及约束反力的画法；单个物体及物体系的受力分析，正确画出受力图。

2.1 力和平衡的概念

1. 力

力是物体间相互的机械作用。这种作用使物体的机械运动状态发生变化，同时使物体发生变形。例如，用手推小车，使它由静止开始运动，如图2-1所示；桥式起重机大梁，在起吊重物时大梁要发生弯曲变形等，如图2-2所示。

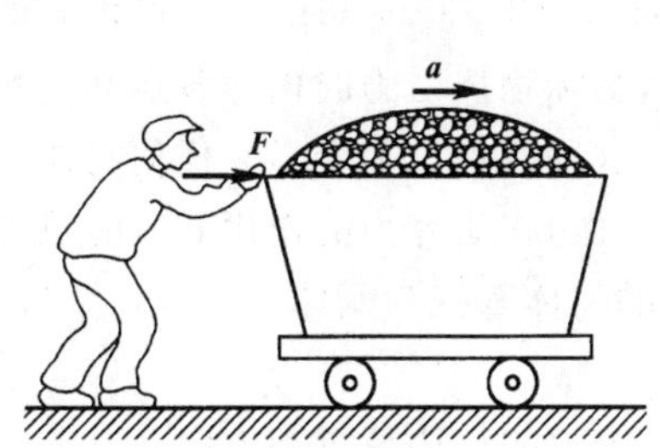

图2-1 手推小车

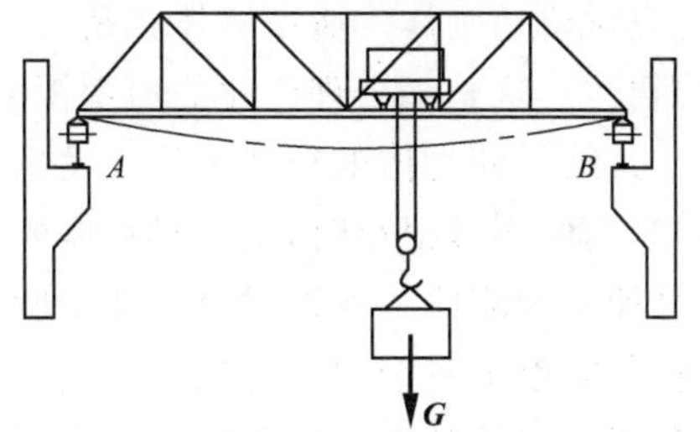

图2-2 梁弯曲变形

力与力系的概念

力对物体的作用结果称为力的效应。力对物体的作用效应一般分为两个方面：一是使物体的运动状态发生改变，称为力的运动效应或外效应；二是使物体的形状和尺寸发生改变，称为力的变形效应或内效应。

实践表明，力对物体的作用效果取决于力的大小、方向和作用点，称为力的三要素。这三个要素中的任何一个发生改变时，力的效应也将发生改变。

力的大小是指物体间相互作用的强弱程度。在国际单位制(SI)中，力的单位是牛或千牛，记作 N 或 kN。

力的方向包含方位和指向两个含义。例如，力的方向“水平向右”，其中“水平”是说明力的方位，“向右”是说明力的指向。

力的作用点是物体间相互机械作用位置的抽象化。实际上，物体间相互作用的位置一般来说并不是一个点，而是分布作用于物体的一定面积或体积上。当力的作用面积或体积很小时，可将其抽象为一个点，此点称为力的作用点。作用在这一点上的力称为集中力，如力的作用位置不能抽象化为点时则为分布力。

力的三要素表明力是矢量，且为定位矢量。在力学中，力矢量可用一个有方向带箭头的线段来表示，如图 2-3 所示。线段的长度表示力的大小，线段所在的方位和箭头表示力的方向，线段的起点(A 点)或终点(B 点)表示力的作用点。本书中用黑体字母表示矢量，如 $\boldsymbol{F}$，而用普通字母表示力的大小，如 F。

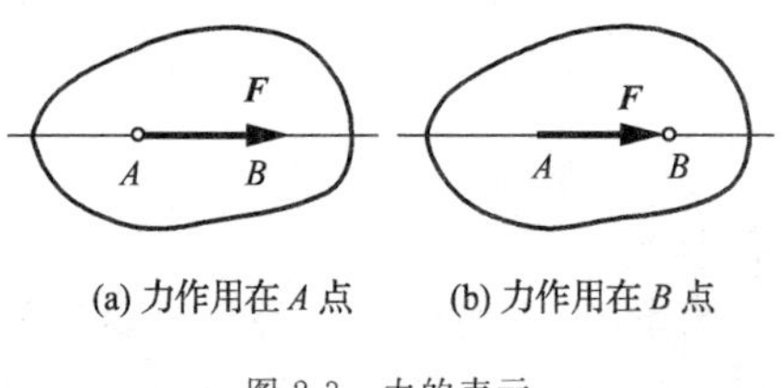

图 2-3 力的表示

2. 力系

力系是指作用在物体上的一群力。

工程中常见的力系，按其作用线所在的位置，可以分为平面力系和空间力系两大类。又可以按其作用线的相互关系，分为共线力系、平行力系、汇交力系和一般力系。

3. 平衡

物体在力系作用下，相对于地球保持静止或作匀速直线运动，称为平衡。平衡是物体运动的一种特殊形式。如房屋、桥梁、水坝相对于地球保持静止；在直线轨道上作匀速运动的火车、沿直线匀速起吊的构件等相对于地球是作匀速直线运动。它们的共同特点是运动状态都没有发生变化。

4. 静力学的研究对象

静力学的主要研究对象是刚体。所谓刚体就是在外力的作用下，其内部任意两点之间的距离始终保持不变的物体。这是一个理想化的力学模型。而实际物体受力时内部各点间的相对距离都会发生改变，其结果使物体的形状和尺寸发生改变，这种改变称为变形。任何物体受力都会发生变形。但当物体变形很小时，变形对物体的影响甚微，在研究力的作用效应时可忽略不计，此时物体便可抽象为刚体。本课程第 2、3 章所研究的物体都视为刚体。

静力学中，我们将研究以下三个问题：

(1)物体的受力分析 分析某个物体共受几个力，以及每个力的作用位置和方向。

(2)力系的等效代换(或简化) 将作用在物体上的一个力系用另一个与它等效的力系来代替，这两个力系互为等效力系。若一个力与一个力系的作用等效，则称这个力为力系的合力，而这个力系中的每个力则称为这个力系的分力。一个力系等效地转化为一个力的过程，称为力系的合成；反过来，则称为力系的分解。用一个简单力系等效代换一个复杂力系，称为力系的简化。

(3)建立各种力系的平衡条件 作用在物体上的力系使物体处于平衡状态所应满足的条件称为力系的平衡条件。力系的平衡条件在工程中有着十分重要的意义，是房屋结构、桥梁、水坝及机械零部件设计时静力计算的基础。

2.2 静力学公理

静力学公理是静力学的基础。公理是人们在长期观察和生产实践中总结出来，又经过实践反复检验，被确认是符合实际、客观存在的普遍规律。它无须任何证明，已被大家所公认。

公理 1 力的平行四边形法则

作用于物体上同一点的两个力，可以合成为一个合力。合力的作用点仍在该点，合力的大小和方向，由以这两个力为邻边构成的平行四边形的对角线确定，如图 2-4(a)所示，其矢量表达式为

$$\boldsymbol{F}=\boldsymbol{F}_1+\boldsymbol{F}_2 \tag{2-1}$$

即合力矢等于这两个分力矢的矢量和。

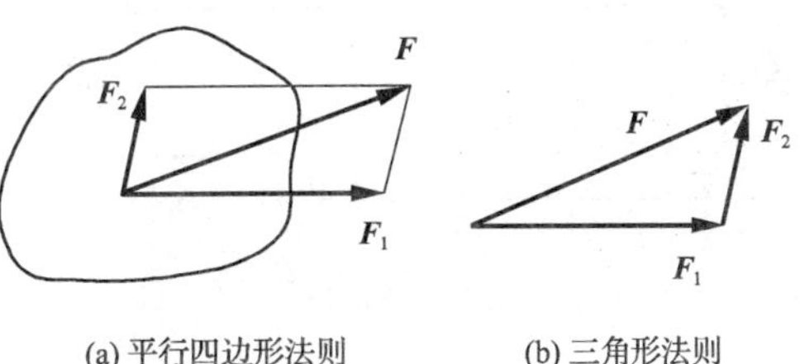

(a) 平行四边形法则 (b) 三角形法则

图 2-4 合力

用矢量加法求合力时，不必做出整个平行四边形，可由简便方法求之。

合力 $\boldsymbol{F}$ 与两力 $\boldsymbol{F}_1$、$\boldsymbol{F}_2$ 的共同作用等效。如果求合力 $\boldsymbol{F}$ 的大小和方向，可以不必作出整个平行四边形，而是将两力 $\boldsymbol{F}_1$、$\boldsymbol{F}_2$ 的首尾相连构成开口的力三角形，而合力 $\boldsymbol{F}$ 就是力三角形的封闭边，如图 2-4(b)所示。这种求合力的方法又称为力的三角形法则。

这个公理总结了最简单力系简化的规律，它是复杂力系简化的基础。

公理 2 二力平衡公理

作用于同一刚体上的两个力，使刚体保持平衡的必要和充分条件是这两个力的大小相等、方向相反、作用在同一直线上。

这个公理表明了作用于刚体上最简单力系平衡时所必须满足的条件。

在两个力作用下处于平衡的杆件称为二力杆件，也称二力杆。由公理知，该二力必沿作用点的连线。如图 2-5 所示，写出其矢量表达式，即

$$\boldsymbol{F}=-\boldsymbol{F}'$$

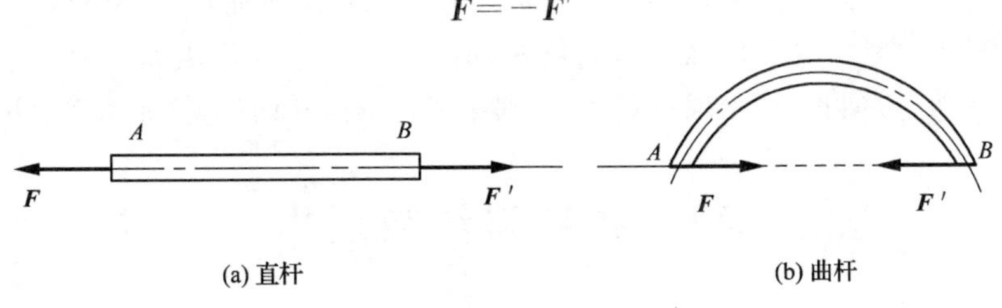

(a) 直杆 (b) 曲杆

图 2-5 二力杆

公理 3 加减平衡力系公理

在作用于刚体上的任意力系中，增加或减少任一平衡力系，并不改变原力系对刚体的作用效应。也就是说，增加或减少的平衡力系对刚体的平衡或运动状态是相同的。

这个公理是研究等效代换的重要依据。根据上述公理可以导出下列推论。

推论 1 力的可传性原理:作用于刚体上某点的力,可以沿着它的作用线移动到刚体内任意一点,并不改变该力对刚体的作用效应。

由力的可传性原理可知,对于刚体来说,力的作用点已被作用线所取代,不再是决定力作用效果的要素。所以,力的三要素可改为:力的大小、方向和作用线。

如图 2-6 所示,在 A 点作用一水平力 $\boldsymbol{F}$ 推车或沿同一直线在 B 点拉车,对小车的作用效应是一样的。

力的可传性原理只适用于刚体,不适用于变形体。当研究物体的内力、变形时,将力的作用点沿着作用线移动,必使该力对物体的内力效应发生改变。如图 2-7(a)所示,直杆 AB 的两端受到等值、反向、共线的两个拉力 $\boldsymbol{F}_1$、$\boldsymbol{F}_2$ 作用,杆件伸长。如果将这两个力沿其作用线移到杆的另一端,如图 2-7(b)所示,此杆将缩短。

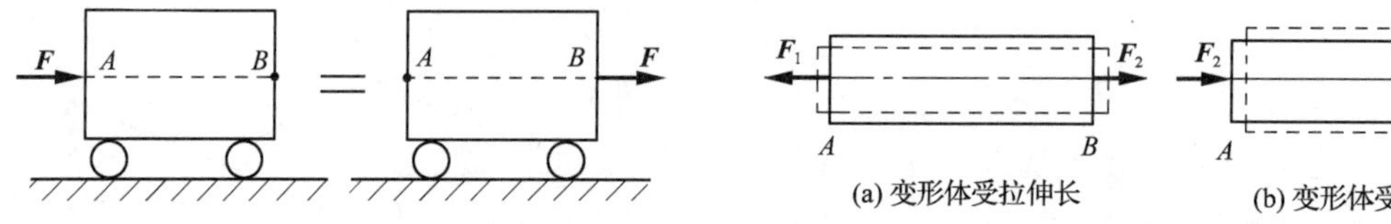

图 2-6 刚体上力的可传性 图 2-7 力在变形体上沿作用线移动

推论 2 三力平衡汇交定理:作用于刚体上三个相互平衡的力,若其中两个力的作用线汇交于一点,则此三力必在同一平面内,且第三个力的作用线通过汇交点。

证明:如图 2-8 所示,在刚体的 A、B、C 三点上,分别作用三个相互平衡的力 $\boldsymbol{F}_1$、$\boldsymbol{F}_2$、$\boldsymbol{F}_3$。根据力的可传递性,将力 $\boldsymbol{F}_1$ 和 $\boldsymbol{F}_2$ 移到汇交点 O,然后根据力的平行四边形法则,得合力 $\boldsymbol{F}$,则力 $\boldsymbol{F}_3$ 应与 $\boldsymbol{F}$ 平衡。由二力平衡条件可得出 $\boldsymbol{F}_3$ 必定与合力 $\boldsymbol{F}$ 共线,即力 $\boldsymbol{F}_1$、$\boldsymbol{F}_2$、$\boldsymbol{F}_3$ 的作用线都通过 O 点。

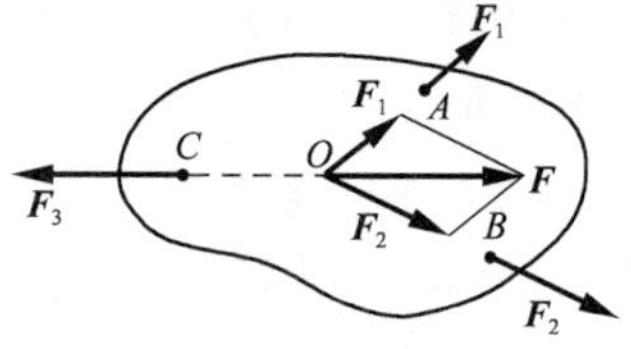

图 2-8 三力平衡汇交定理示意图

公理 4 作用和反作用定律

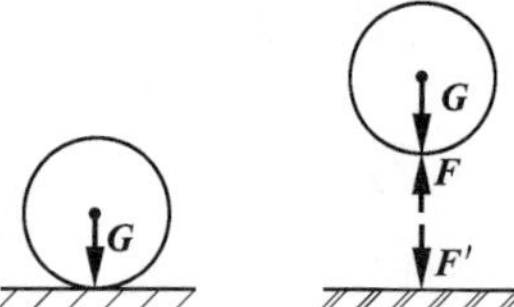

(a) 圆球静止在桌面上 (b) 受力示意图

图 2-9 作用力和反作用力

作用力和反作用力总是同时存在,两力的大小相等、方向相反,沿着同一直线,分别作用在两个相互作用的物体上。

这个公理概括了物体间相互作用的关系,表明作用力和反作用力总是成对出现的。由于作用力与反作用力分别作用在两个物体上,因此,不能视做平衡力系。例如,桌面上有一个圆球处于静止状态,如图 2-9(a)所示。圆球对桌面有一个作用力 $\boldsymbol{F}'$ 作用在桌面上,而桌面对圆球同时也有一个反作用力 F 作用在圆球上,力 $\boldsymbol{F}'$ 和 F 的大小相等,方向相反,沿同一直线,分别作用在桌面和圆球上,如图 2-9(b)所示。

2.3 约束与约束反力

在空间位移不受任何限制的物体称为自由体,如在空中飞行的飞机、炮弹和火箭等。位移受到限制的物体称为非自由体,如梁受到墙体或柱的限制,柱子受到基础的限制,桥梁受到桥墩的限制等。工程实际中所研究的构件都属于非自由体。

对非自由体的某些位移起限制作用的周围物体称为约束。例如地基是基础的约束,基础是墙体或柱的约束,墙体或柱是梁的约束等。约束是阻碍物体运动的物体,这种阻碍作用就是力的作用。阻碍物体运动的力称为约束反力，简称约束力或反力。因此，约束反力的方向必与该约束所能够阻碍的物体运动的方向相反，约束反力的作用点就在约束与被约束物体的接触点处。应用这个准则，可以确定约束反力的方向(或作用线)及作用点的位置，至于约束反力的大小则是未知的。

在静力学问题中，约束反力和物体受的其他已知力(称主动力)组成平衡力系，因此可用平衡条件求出未知的约束反力。

下面介绍几种在工程中常见的约束类型和确定约束反力方向的表示方法。

1. 柔性约束

由柔软的绳索、链条或胶带等柔性体构成的约束称为柔性约束。由于柔性体本身只能承受拉力，所以这种约束的特点是只能限制物体沿柔性体中心线且离开柔性体的运动，而不能限制物体沿其他方向的移动。因此，柔性体约束对物体的约束反力是通过接触点，方向沿着柔性体中心线且背离物体，即为拉力，常用 $\boldsymbol{F}_T$ 表示，如图 2-10 所示。

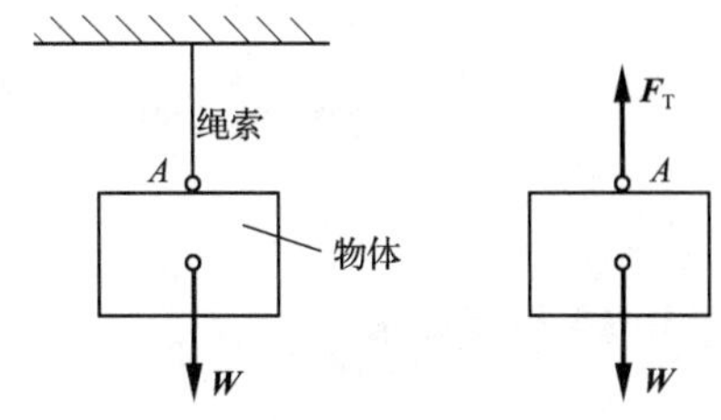

图 2-10　柔性约束及其反力

2. 光滑接触面约束

物体与其他物体接触，当接触面光滑，摩擦力很小可以忽略不计时，就是光滑接触面约束。这类约束不能限制物体沿约束表面公切线的位移，只能阻碍物体沿接触表面公法线并向约束内部的位移。因此，光滑接触面约束对物体的约束反力是作用在接触点处，方向沿接触面的公法线，且指向被约束的物体，即为压力。这种约束反力又称为法向约束反力。常用 $\boldsymbol{F}_N$ 表示，如图 2-11 所示。

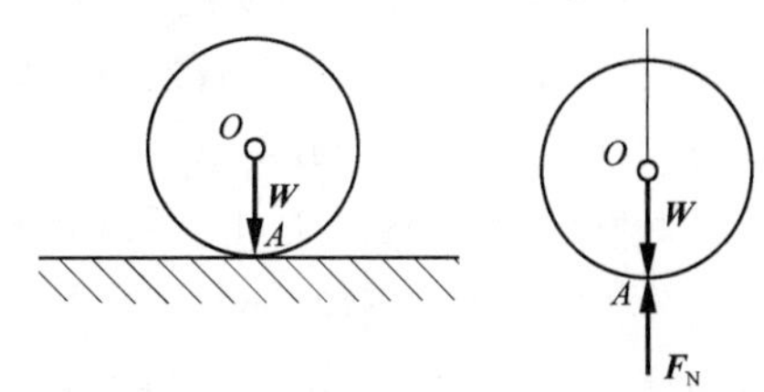

图 2-11　光滑接触面约束及其反力

3. 光滑圆柱铰链约束

光滑圆柱铰链约束

如图 2-12(a)所示，在两个构件上各钻有相同直径的圆孔，并用圆柱形销钉连接起来。圆柱铰连接可用简图 2-12(b)表示。不计销钉与孔壁摩擦，销钉对所连接物体形成的约束称为光滑圆柱铰链约束，简称铰链约束或中间铰。铰链约束的特点是只限制物体在垂直于销钉轴线的平面内任意方向的相对移动，而不能限制物体绕销钉轴线的相对转动和沿其轴线方向的相对滑动。在主动力作用下，当销钉和销钉孔在某点光滑接触时，销钉对物体的约束反力 $\boldsymbol{F}_C$ 作用在接触点，且沿接触面公法线方向。即铰链的约束反力作用在垂直销钉轴线的平面内，并通过销钉中心，如图 2-12(c)所示。如机器的轴承、门窗的合页等。

由于销钉与销钉孔接触点的位置与被约束物体所受的主动力有关，往往不能预先确定，故约束反力 $\boldsymbol{F}_C$ 的方向也不能预先确定。因此，通常用通过铰链中心两个大小未知的正交分力 $\boldsymbol{F}_{Cx}$ 和 $\boldsymbol{F}_{Cy}$ 来表示，如图 2-12(d)所示，分力 $\boldsymbol{F}_{Cx}$ 和 $\boldsymbol{F}_{Cy}$ 的指向可任意假定。铰链约束反力表示法如图 2-12(e)所示。

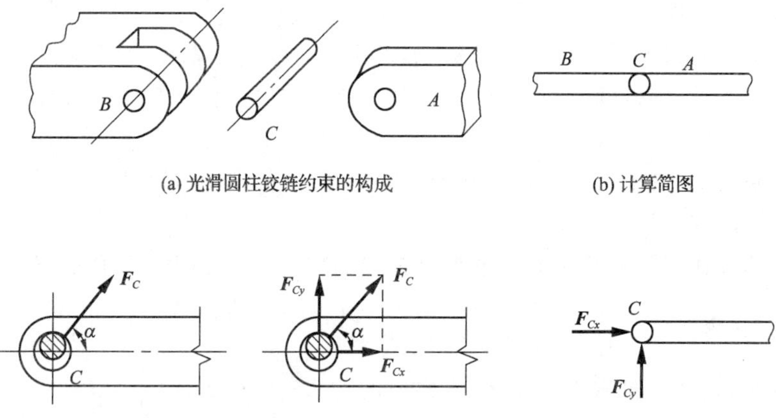

(a) 光滑圆柱铰链约束的构成　(b) 计算简图

(c) 铰链的约束反力　(d) 铰链的约束反力可用两个正交分力表示　(e) 约束反力的表示

图 2-12　光滑圆柱铰链约束

4. 链杆约束

不计自重且没有外力作用的刚性构件，其两端借助铰将两物体连接起来，就构成刚性链杆约束，如图 2-13(a)所示。这种约束特点是只能限制物体沿链杆中心线趋向或离开链杆的运动，而不能限制其他方向的运动。因此，链杆对物体的约束反力沿着链杆中心线，其指向未定。刚性链杆是二力杆，可以是直杆，如图 2-13(b)所示，也可以是曲杆，甚至是其他形状的构件。

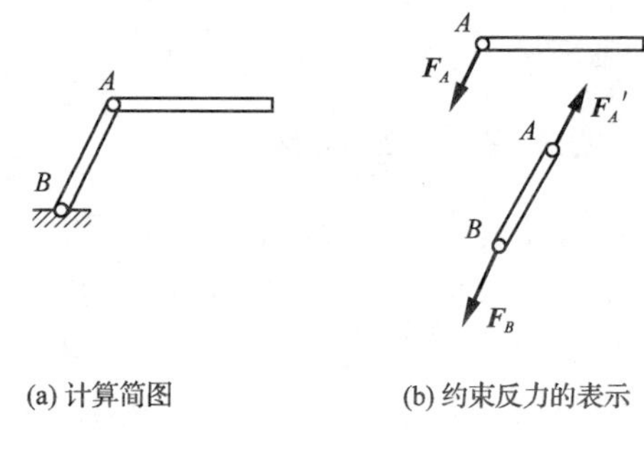

(a) 计算简图　(b) 约束反力的表示

图 2-13　链杆约束

5. 可动铰支座

微课

可动铰支座

工程上，为了保证构件变形时既能发生微小转动，又能发生微小的移动，可在固定铰支座底板与支撑面之间安装若干个辊轴，就构成了可动铰支座，又称辊轴铰支座或滚动铰支座，如图2-14(a)所示。其计算简图如图 2-14(b)所示。这种支座的约束特点是只能限制构件沿垂直于支承面方向的运动，而不能限制构件沿支承面方向的运动和绕销钉转动。所以，可动铰支座的支座反力通过销钉中心，且垂直于支承面，指向未定，常用 F_N 表示，如图 2-14(c)所示。

在实际工程中，如钢筋混凝土梁搁置在砖墙上，就可将砖墙简化为可动铰支座。

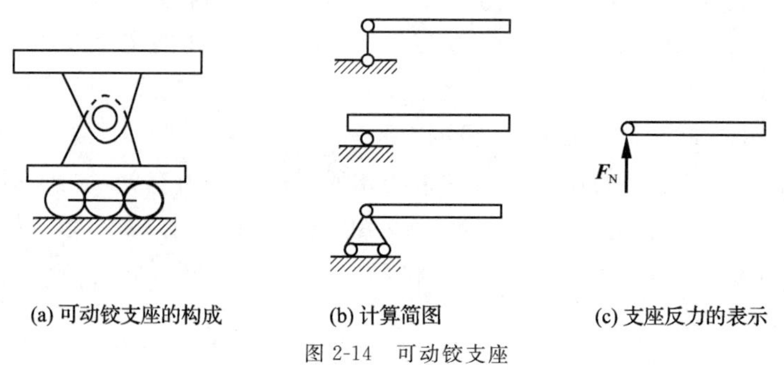

(a) 可动铰支座的构成　(b) 计算简图　(c) 支座反力的表示

图 2-14　可动铰支座

6. 固定铰支座

当圆柱铰连接的两构件中的任意构件固定于基础、墙、柱和机身等支撑物上时，便构成固定铰支座，如图 2-15(a)所示。计算简图如图 2-15(b)所示。这类支座的特点和圆柱铰相同，所以支座反力的分析与圆柱铰也相同，通常表示为两个相互垂直的分力 $\boldsymbol{F}_{Ax}$ 和 $\boldsymbol{F}_{Ay}$，如图2-15(c)所示。

在工程实际中，桥梁上的某些支座比较接近理想的固定铰支座，而在房屋建筑中这种理想的支座很少，通常把限制移动而允许产生微小转动的支座都视为固定铰支座。如将屋架通过连接件焊接支承在柱子上、预制钢筋混凝土柱插入杯形基础，用沥青、麻丝填实等，均可视为固定铰支座。

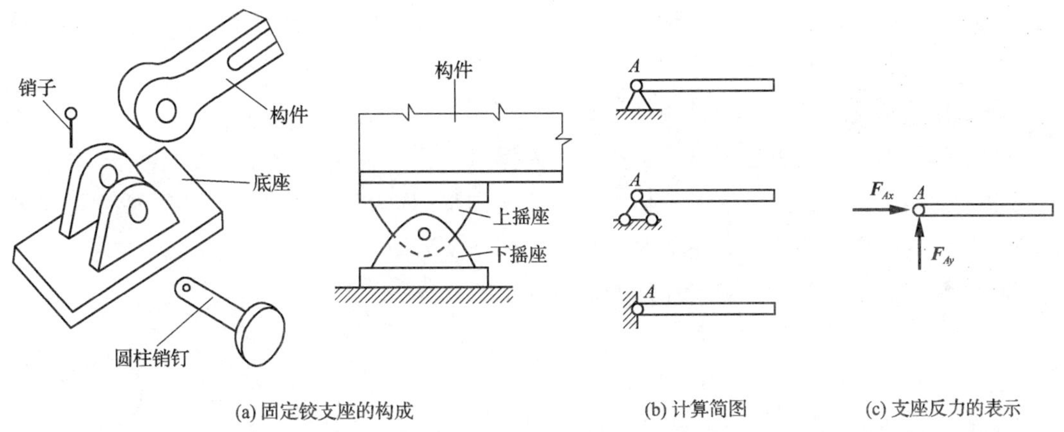

图 2-15　固定铰支座

7. 固定端支座

把构件与支承物固定在一起，构件在固定端既不能沿任意方向移动，也不能转动的支座称为固定端支座。例如梁的一端嵌固在墙内，如图 2-16(a)所示，墙就是梁的固定端支座，这种支座既限制梁的移动，又限制梁的转动，所以，它包括水平反力、竖向反力和一个阻止转动的约束反力偶。计算简图如图 2-16(b)所示，其支座反力如图 2-16(c)所示。

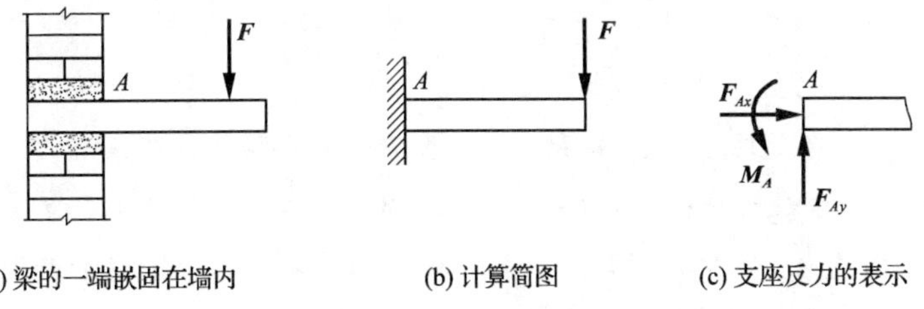

图 2-16　固定端支座

在工程实际中，与基础整体浇筑的钢筋混凝土柱和与雨篷梁整体浇筑的雨篷板等，其根部的约束均可视为固定端支座。

2.4 物体的受力分析和受力图

在进行力学计算时，首先要分析物体受了哪几个力，每个力的作用位置和方向如何，哪些是已知的，哪些是未知的，这个分析过程称为物体的受力分析。

物体的受力分析应从两个方面入手：一是明确物体所受的主动力，例如，结构的重力、楼面活荷载、土压力和风压力等，一般是已知的；二是找出物体周围对它的约束，并确定其约束类型。

对研究对象进行受力分析的步骤归纳如下：

①选取研究对象，画分离体图。在工程实际中，通常都是几个物体或几个构件相互联系，形成一个系统。故需明确要对哪一个物体进行受力分析，即首先要明确研究对象。为了更清晰地表示物体的受力情况，需要把研究的物体（称为受力体）从周围的物体（称为施力体）中分离出来，单独画出它的简图。

②画出作用在分离体上的全部主动力。

③在去掉了约束的地方正确画出相应的约束反力。

通过上面步骤得到的这种表示物体受力的简明图形，称为物体的受力图。画受力图是解决静力学问题的一个重要步骤。下面举例说明如何作受力图。

【例 2-1】 画出如图 2-17(a)所示球形物体的受力图。

【解】 取圆球为研究对象，画出其轮廓简图。

首先画主动力 $\boldsymbol{G}$，再根据约束特性，画约束反力。圆球受到斜面的约束，如不计摩擦，则为光滑点接触，故圆球受斜面的约束反力 $\boldsymbol{F}_N$，作用在接触点 A，沿斜面与球接触点的公法线方向并指向球心；圆球在连接点 B 受到绳索 BC 的约束反力 $\boldsymbol{F}_T$，沿绳索轴线而背离圆球。圆球受力图如图 2-17(b)所示。

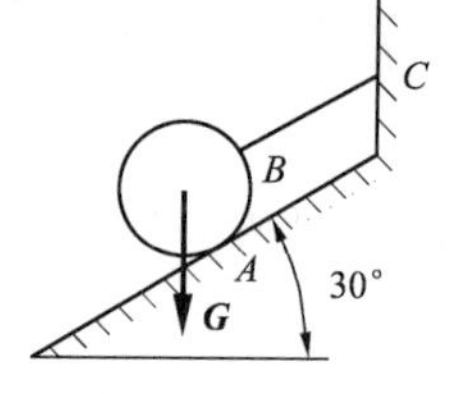

(a) 绳索 BC 拉着斜面上的圆球

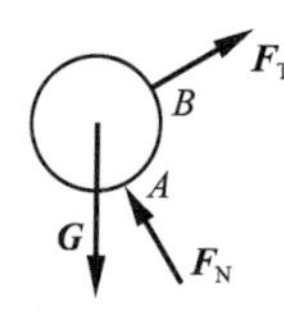

(b) 球的受力图

图 2-17 【例 2-1】图

【例 2-2】 如图 2-18(a)所示，简支梁 AB，跨中受集中力 $\boldsymbol{F}$ 的作用，A 端为固定铰支座约束，B 端为可动铰支座约束。试画出梁的受力图。

【解】 (1)取 AB 梁为研究对象。解除 A、B 两处的约束，并画出其简图。梁的计算简图如图 2-18(a)所示。

(2)画主动力。在梁的中点 C 画集中力 $\boldsymbol{F}$。

(3)画约束反力。在受约束的 A 处和 B 处，根据约束类型画出约束反力。其中，A 处为固定铰支座，其约束反力通过铰链中心 A，但方向不能确定，可用两个大小未知的正交分力 $\boldsymbol{F}_{Ax}$ 和 $\boldsymbol{F}_{Ay}$ 表示。B 处为可动铰支座，约束反力垂直于支持面，用 $\boldsymbol{F}_B$ 表示。梁的受力如图 2-18(b)所示。

此外，考虑到梁仅在 A、B、C 三点受到三个互不平行的力作用而平衡，根据三力平衡汇交定理，已知 $\boldsymbol{F}$ 与 $\boldsymbol{F}_B$ 相交于 D 点，故 A 处反力 $\boldsymbol{F}_A$ 也应相交于 D 点，从而确定 $\boldsymbol{F}_A$ 必沿 A、D 两点的连线，从而画出如图 2-18(c)所示的受力图。

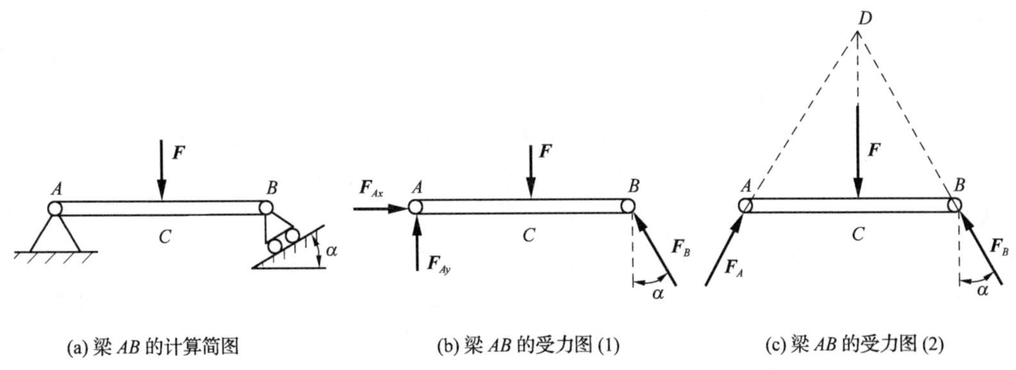

(a) 梁 AB 的计算简图 (b) 梁 AB 的受力图 (1) (c) 梁 AB 的受力图 (2)

图 2-18 【例 2-2】图

【例 2-3】 水平梁 AB 用直杆 CD 支撑，A,C,D 三处均为铰连接。均质梁 AB 重 W_1，其上放置一重为 W_2 的电动机。不计 CD 杆自重，试画出杆 CD 和梁 AB（包括电动机）的受力图。如图 2-19(a)所示。

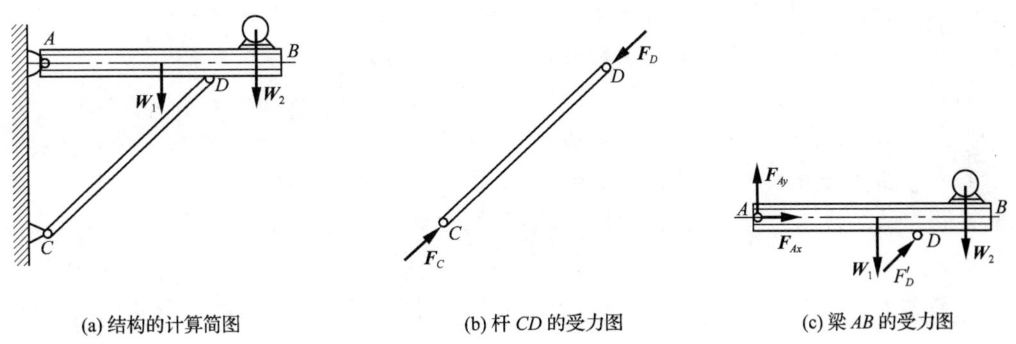

(a) 结构的计算简图 (b) 杆 CD 的受力图 (c) 梁 AB 的受力图

图 2-19 【例 2-3】图

【解】 首先取杆 CD 为研究对象。杆两端为铰接，且不计自重，其上又没有外力作用，所以为刚性链杆，属二力杆。CD 杆受到的约束反力 $\boldsymbol{F}_C$ 和 $\boldsymbol{F}_D$ 沿两铰中心线，分别作用于 C 和 D 点，如图 2-19 (b)所示。

再取梁 AB 为研究对象。它受 $\boldsymbol{W}_1$ 和 $\boldsymbol{W}_2$ 两主动力的作用。梁在铰 D 处受有二力杆 CD 给它的约束反力 $\boldsymbol{F}'_D$ 的作用，$\boldsymbol{F}'_D=-\boldsymbol{F}_D$。梁在 A 处受固定铰支座给它的约束反力的作用，由于方向未知，可用两个正交分力 $\boldsymbol{F}_{Ax}$ 和 $\boldsymbol{F}_{Ay}$ 表示，梁 AB 的受力图如图 2-19 (c)所示。

【例 2-4】 梁 AC 和 CD 用圆柱铰链 C 连接，并支承在三个支座上，A 处是固定铰支座，B 和 D 处是可动铰支座，如图 2-20(a)所示，试画出 AC、CD 及整梁 AD 的受力图。梁的自重不计。

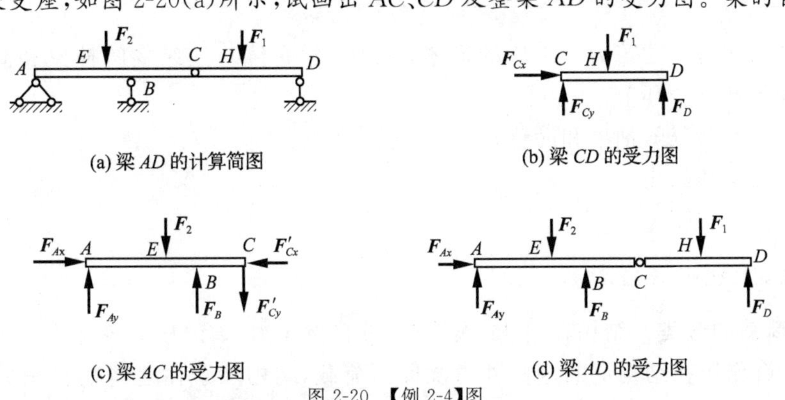

(a) 梁 AD 的计算简图 (b) 梁 CD 的受力图

(c) 梁 AC 的受力图 (d) 梁 AD 的受力图

图 2-20 【例 2-4】图

【解】 (1)梁 CD 的受力分析。梁 CD 受主动力 $\boldsymbol{F}_1$ 作用，D 处是可动铰支座，其约束反力 $\boldsymbol{F}_D$ 垂直于支承面，指向假定向上；C 处为铰链约束，其约束反力可用两个相互垂直的分力 $\boldsymbol{F}_{Cx}$ 和 $\boldsymbol{F}_{Cy}$ 来表示，指向假定向右和向上，如图 2-20(b)所示。

(2)梁 AC 的受力分析。梁 AC 受主动力 $\boldsymbol{F}_2$ 作用，A 处是固定铰支座，它的约束反力可用 $\boldsymbol{F}_{Ax}$ 和 $\boldsymbol{F}_{Ay}$ 来表示，指向假定向右和向上；B 处是可动铰支座，其约束反力用 $\boldsymbol{F}_B$ 表示，指向假定向上；C 处为铰链，它的约束反力是 $\boldsymbol{F}'_{Cx}$ 和 $\boldsymbol{F}'_{Cy}$，与作用在梁 CD 上的 $\boldsymbol{F}_{Cx}$、$\boldsymbol{F}_{Cy}$ 是作用力与反作用力关系，其指向不能再任意假定。梁 AC 的受力图如图 2-20(c)所示。

(3)取整梁 AD 为研究对象。A、B、D 处支座反力假设的指向应与图 2-20(b)、(c)相符合。C 处由于没有解除约束，故 AC 与 CD 两段梁相互作用的力不必画出。其受力图如图 2-20(d)所示。

正确画出物体的受力图，是分析、解决力学问题的基础。画受力图时必须注意如下几点：

(1)首先必须明确研究对象。根据求解需要，明确研究对象，并画出相应的分离体，以备画受力图。分离体可以是单个物体，也可以是几个物体的组合或是整个物体系统。

(2)正确画出研究对象所受的每一个外力。由于力是物体之间相互的机械作用，因此，对每一个力都应明确它是哪一个施力物体施加给研究对象的，绝不能凭空产生。同时，也不可漏掉一个力。一般可先画出已知的主动力，再画约束反力。

(3)正确画出约束反力。凡是研究对象与外界接触的地方，都一定存在约束反力。因此，应分析分离体在几个地方与其他物体接触，按各接触处的约束点画出全部约束反力。

(4)当分析两物体间相互的作用力时，应遵循作用与反作用定律；作用力的方向一经假定，则反作用力的方向应与之相反。当画某个系统的受力图时，由于内力成对出现，组成平衡力系，因此不必画出，只需画出全部外力。

(5)画受力图时，应先找出二力构件，画出它的受力图，然后再画出其他物体的受力图。

2.5 结构计算简图

工程中的实际结构和构造是比较复杂的。完全按照结构的实际工作状态进行分析往往是不可能的，也是没必要的。因此，在进行力学计算前，必须先将实际结构的受力和约束加以简化，略去一些次要因素，抓住结构的主要特征，用一个简化了的结构模型来代替实际结构，这种模型称为结构的计算简图。结构计算简图是否正确，关系到整个建筑物建设的成败，非常重要，必须予以充分重视。

确定结构计算简图的原则是：尽可能符合实际——计算简图应尽可能反映实际结构的受力、变形等特征，使计算结果尽可能准确；尽可能简单——略去次要因素，尽量使分析计算过程简单。

结构计算简图是对建筑力学本质的描述，是从力学角度对建筑物的抽象和简化。这一抽象和简化过程包括三个环节：

①建筑物所受荷载的抽象和简化；

②约束的抽象和简化；

③结构的抽象和简化。

1. 荷载的分类和简化

(1)建筑荷载的分类 结构在自重、人群荷载、自然风力、雪的压力等外力作用下会产生内力和位移。所有作用在结构上的这些外力统称为荷载，结构除了在建筑物自重、人群荷载、风力这些明确的外力作用下会产生内力和位移外，在温度变化、基础不均匀沉降、材料收缩等外因影响下一般也会产生内力和位移。温度变化、基础不均匀沉降这类会导致结构产生内力和位移的非力外因称为广义荷载。荷载和广义荷载都是结构上的外部作用。

在建筑结构设计中，荷载按其性质大致分为三类：永久荷载、可变荷载、偶然荷载。

永久荷载也称为恒载，是指长期不变的作用在结构上的荷载。如屋面板、屋架、楼板、墙体、梁、柱等建筑物各部分构件的自重都是恒载。此外土压力、预应力等也属于永久荷载的范畴。可变荷载指变化的作用在结构上的荷载，例如，楼面活荷载、屋面活荷载、积灰荷载、吊车荷载、风荷载、雪荷载等。偶然荷载一般指爆炸力、撞击力等比较意外的荷载。

建筑荷载按分布方式又可分为：集中荷载、均布荷载和非均布荷载。

(2)荷载的简化　建筑力学的研究对象主要是杆件结构，而实际建筑结构受到的荷载，一般是作用在结构内各处的体荷载(重度)及作用在某一面积上的面荷载(如风压力)。因此，在确定计算简图时，通常将这些荷载简化到作用在杆件轴线上的均布线荷载、集中荷载和力偶。

①材料的重度：某种材料单位体积的重量(kN/m^3)称为材料的重度，即重力密度，用 γ 表示。如工程中常用钢筋混凝土的重度是 25 kN/m^3，砖的重度是 19 kN/m^3，水泥砂浆的重度是 20 kN/m^3。

②均布面荷载：在均匀分布的荷载作用面上，单位面积上的荷载值称为均布面荷载，通常用 p 表示，单位为 N/m^2 或 kN/m^2。如图 2-21 所示为板的均布面荷载。

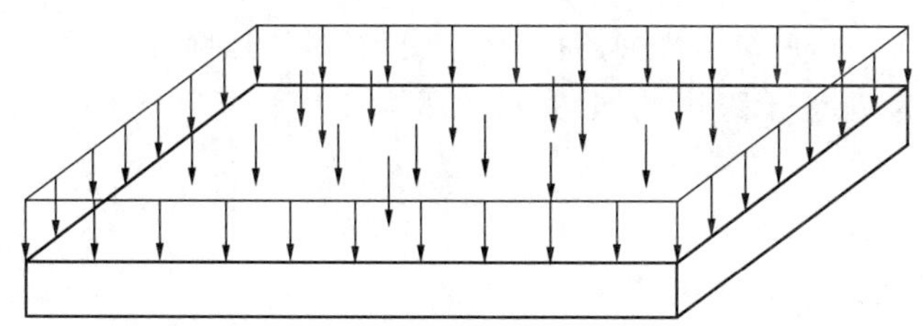

图 2-21　板的均布面荷载

如一矩形等厚度板，板长为 l(m)，板宽为 b(m)，截面厚度为 h(m)，重度为 $\gamma(kN/m^3)$，则此板的总重量 $G=\gamma blh$；由于是等厚度板，所以板的自重在平面上是均匀分布的，则单位面积的自重 $p=\dfrac{G}{bl}=\dfrac{\gamma blh}{bl}=\gamma h(kN/m^2)$，即均布面荷载为重度乘以板厚。

③均布线荷载：沿跨度方向单位长度上均匀分布的荷载，称为均布线荷载，其单位 N/m 或 kN/m。

如一矩形截面梁，梁长为 l(m)，截面宽度为 b(m)，截面高度为 h(m)，重度为 $\gamma(kN/m^3)$，则此梁的总重量 $G=\gamma bhl$；梁的自重沿跨度方向是均匀分布的，沿梁轴线每米长度的自重 $q=\dfrac{G}{l}=\dfrac{\gamma bhl}{l}=\gamma bh(kN/m)$，即均布线荷载为重度乘以截面面积，如图 2-22 所示。

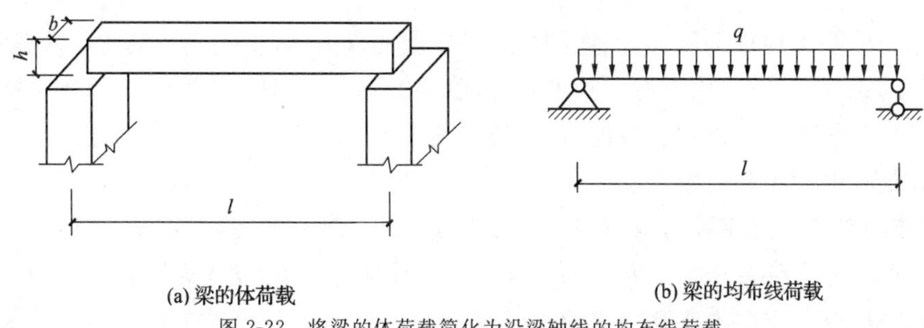

图 2-22　将梁的体荷载简化为沿梁轴线的均布线荷载

④非均布线荷载:沿跨度方向单位长度非均匀分布的荷载,称为非均匀线荷载。其单位N/m或kN/m。图2-23所示挡土墙的土压力即为非均布线荷载。

⑤集中荷载(集中力):集中地作用于一点的荷载称为集中荷载,其单位N或kN,通常用G或F表示,如图2-24所示的柱子自重即为集中荷载,其值为重度乘以柱子的体积,即$G=\gamma bhL$。

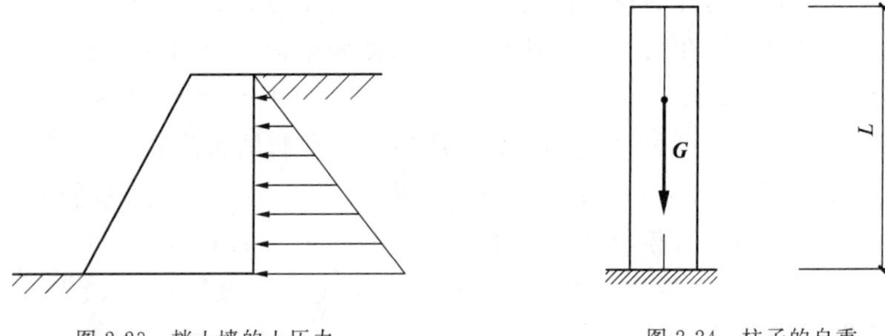

图2-23 挡土墙的土压力

图2-24 柱子的自重

⑥均布面荷载简化为均布线荷载:在工程计算中,板面上受到均布面荷载p作用时,它传给支承梁为均布线荷载,梁沿跨度(轴线)方向均匀分布的线荷载包括板传来的和梁自重的均布线荷载。

如图2-25所示为一房屋结构平面图,设板上受到均匀的面荷载p作用,板跨度为3.6 m,L1梁的截面尺寸为$b\times h$,跨度为6.1 m。那么L1梁上受到的全部均布线荷载$q=p\times 3.6+\gamma bh$。

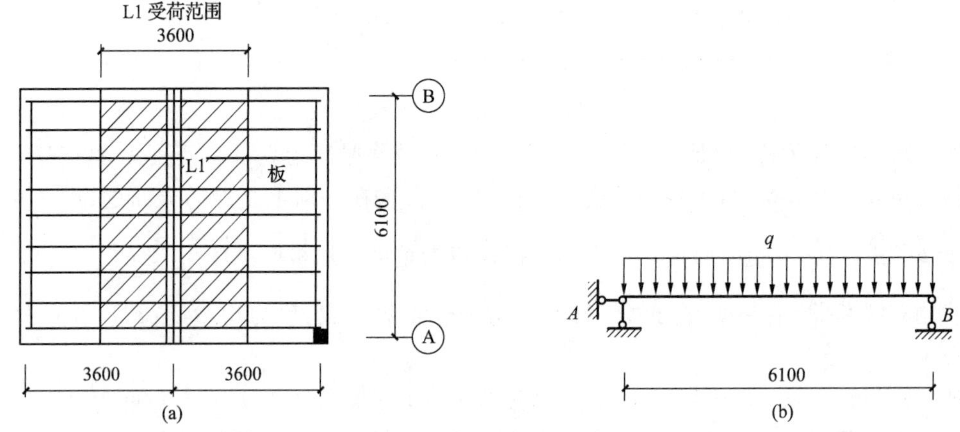

图2-25 板上荷载传给梁示意图和梁的计算简图

2. 约束的简化

杆系结构的基本构件是杆件,独立的杆件是典型的自由体,不能成为结构。众多的杆件和杆件之间的约束——结点,以及杆件和地基之间的约束——支座,联系成为一个非自由的、可以抵御外荷载的杆系——结构。因此,杆系结构的基本组成部件是:杆件、结点和支座。下面介绍支座和结点的分类和抽象方法。

(1)支座的简化 支座是结构与基础或支承物之间的连接装置,对结构起支承作用。实际结构的支承形式是多种多样的。在平面杆件结构的计算简图中,支座的简化形式主要有:可动铰支座、固定铰支座、定向支座和固定端支座。

(2)结点的简化　在结构工程中,杆件与杆件相连接的部分称为结点。不同的结构,如钢筋混凝土结构、钢结构和木结构等,由于材料不同,构造形式多种多样,因而连接方式、方法有很大的差异。但在结构计算简图中,只简化为两种理想的连接类型:铰结点和刚结点。

①铰结点:铰结点的特征是所连各杆都可以绕结点自由转动,即在结点处各杆之间的夹角可以改变。例如,在图 2-26(a)所示木结构的结点构造中,是用钢板和螺栓将各杆端连接起来的,各杆之间不能有相对移动,但允许有微小的相对转动,故可作为铰结点处理,其计算简图如图 2-26(b)所示。

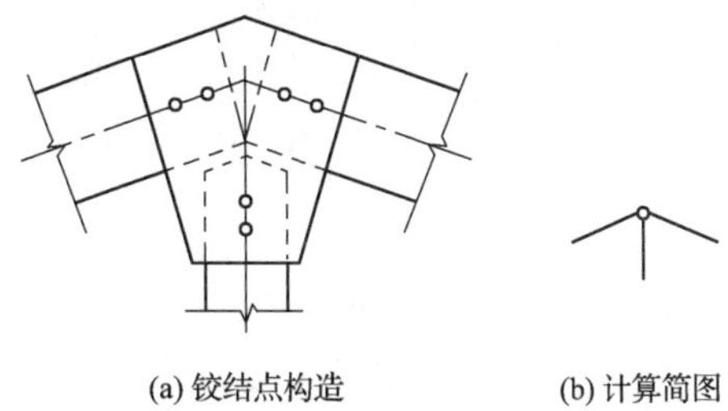

图 2-26　铰结点

②刚结点:刚结点的特征是所连各杆件不能绕结点作相对转动,即结点处各杆之间的夹角在变形前后始终保持不变。例如图 2-27(a)所示为钢筋混凝土结构的结点构造图,其构造是梁和柱通过钢筋连接并用混凝土浇筑成一个整体,这种结点变形时基本符合上述特征,可以简化为刚结点,其计算简图如图 2-27(b)所示。

当一个结点同时具有以上两种结点特征时,称为组合结点,即在结点处有些杆件为铰结,同时也有些杆件为刚性连接,如图 2-28(a)所示,其计算简图如图 2-28(b)所示。

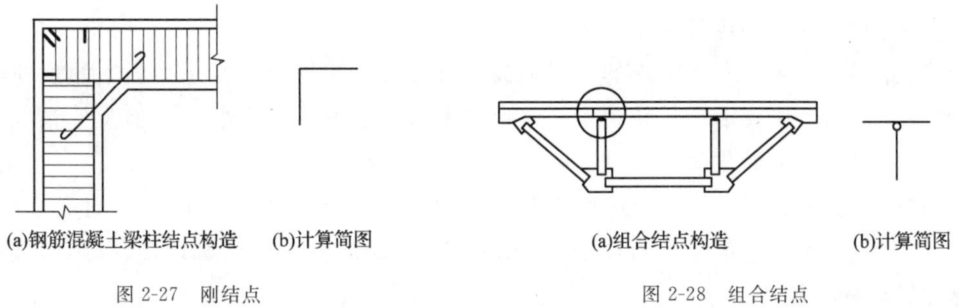

图 2-27　刚结点　　图 2-28　组合结点

3. 结构的简化

结构计算简图的最后一个环节就是结构的简化。结构的简化包括两方面的内容:一个是结构体系的简化,另一个是结构中杆件的简化。

(1)结构体系的简化　结构体系的简化是把有些实际空间整体的结构简化或分解为若干平面结构。

如图 2-29(a)所示单层厂房结构,是一个复杂的空间结构。作用于厂房上的荷载,如恒荷载、雪荷载和风荷载等一般是沿纵向均匀分布,因此可以简化成图 2-29(b)所示的平面结构进行计算。

(2)杆件的简化　杆件用其轴线表示,直杆简化为直线,曲杆简化为曲线。

下面用两个简单例子来说明选取计算简图的方法。

如图 2-30(a)所示为工业厂房中采用的一种桁架式组合吊车梁,横梁 AB 和竖杆 CD 由钢筋混凝土制成,CD 杆的横截面面积比 AB 梁的横截面面积小很多,斜杆 AD、BD 由型钢制成,横梁 AB 两端支承在柱子的牛腿上。

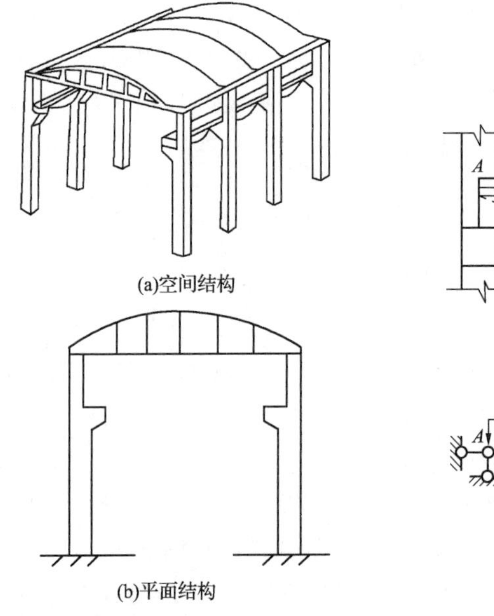

(a)空间结构

(b)平面结构

图 2-29 单层厂房

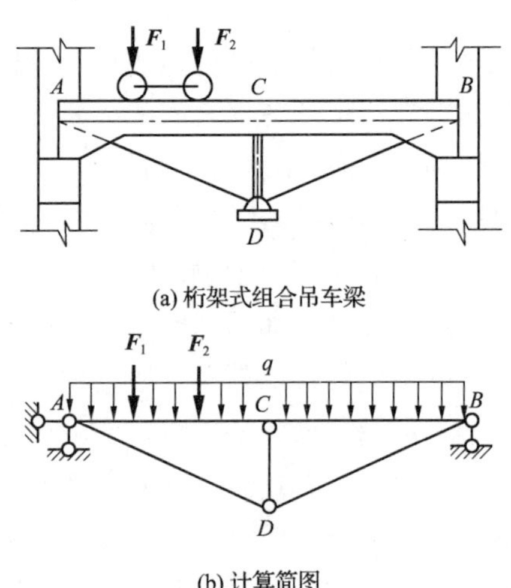

(a) 桁架式组合吊车梁

(b) 计算简图

图 2-30 吊车梁的计算简图

杆件的简化:各杆均用其轴线代替。

支座的简化:由于吊车梁两端的预埋钢板仅通过较短的焊缝与柱子牛腿上的预埋钢板焊接,这种连接对吊车梁支承端的转动不能起到较大的约束作用。另外,考虑到受力情况和计算的简便,故将梁的一端简化为固定铰支座,另一端简化为可动铰支座。

结点的简化:因横梁 AB 截面抗弯刚度较大,竖杆 CD 和钢拉杆 AD、BD 与横梁相比,抗弯刚度小得多,它们主要承受轴力,故杆件 CD、AD、BD 的两端都可看作是铰结点,其中铰 C 连在横梁 AB 的下侧。

荷载的简化:杆件 CD、AD、BD 的横截面比横梁 AB 要小得多,故可不计它们的自重。横梁上受到的荷载有吊车小轮的压力和横梁自重。吊车小轮的压力可看成是两个集中荷载 $\boldsymbol{F}_1$ 和 $\boldsymbol{F}_2$,横梁的自重可简化为作用在梁的轴线上的均布线荷载 q,计算简图如图 2-30(b)所示。

如图 2-31(a)所示,该厂房是一个空间结构,但由屋架与柱组成的各个排架的轴线均位于各自的同一平面内,而且由屋面板和吊车梁传来的荷载主要作用在各横向排架上。因而可以把空间结构分解为几个如图 2-31(b)所示的平面结构进行分析。

钢筋混凝土柱插入事先浇筑成的杯口基础内,用细石混凝土浇捣密实形成整体,因此,支座可看成是固定端支座;屋架与柱顶部处,通过预埋铁件,用焊接或螺栓连接方式连在一起,使屋架不能左右移动,该结点允许有微小的转动,但在温度变化时,仍可以自由伸缩。因此,可将其一端简化为固定铰支座,另一端简化为可动铰支座。当计算桁架各杆内力时,桁架各杆均以轴线表示,各杆的两端都可看作是铰结点,同时将屋面板传来的荷载及构件自重均简化为作用在结点上的集中荷载,如图 2-31(c)所示。

在分析排架柱的内力时,为简化计算,可用实体杆代替桁架,并且将柱及代替桁架的实杆均以轴线表示,计算简图如图 2-31(d)所示。

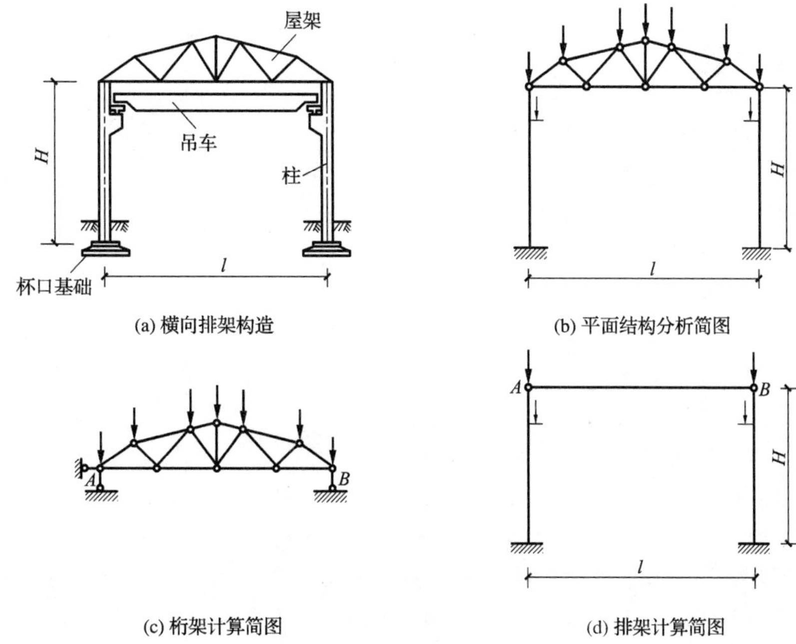

(a) 横向排架构造

(b) 平面结构分析简图

(c) 桁架计算简图

(d) 排架计算简图

图 2-31　横向排架

本章小结

1. 基本概念

①力是物体间相互的机械作用。这种作用使物体的机械运动状态发生变化,同时使物体发生变形。力对物体的作用效果取决于力的三要素:大小、方向和作用点。

②力系是指作用在物体上的一群力。

③在外力作用下几何形状和尺寸都不发生变化的物体称为刚体。

④物体在力系作用下,相对于地球保持静止或作匀速直线运动称为平衡。

2. 静力学公理

①力的平行四边形公理给出了共点力合成的规律。

②二力平衡公理表明了作用于一个刚体上的两个力的平衡条件。

③加减平衡力系公理是力系等效代换的基础。

④作用与反作用公理说明了物体间相互作用的关系。

3. 约束与约束反力

对非自由体的某些位移起限制作用的周围物体称为约束。阻碍物体运动的力称为约束反力。约束反力方向必与该约束所能阻碍的物体运动的方向相反,约束反力的作用点就在约束与被约束物体的接触点处。工程中常见的约束有:柔性约束、光滑接触面约束、光滑圆柱铰链约束和链杆约束。常见的支座有:可动铰支座、固定铰支座和固定端支座。

4. 物体的受力分析,画受力图

分离体即研究对象,画出其受到的全部主动力和约束反力的图形称为受力图。画受力图要明确研究对象,去掉约束,单独取出,画上所有主动力和约束反力。

5. 结构计算简图

结构计算简图的简化内容有:荷载的简化、支座的简化、结点的简化、结构体系的简化和杆件的简化等。

复习思考题

2-1 力的三要素是什么？两个力相等的条件是什么？

2-2 说明下列式子的意义和区别：

(1)$\boldsymbol{F}_1=\boldsymbol{F}_2$ (2)$F_1=F_2$ (3)力 $\boldsymbol{F}_1$ 等效于力 $\boldsymbol{F}_2$

2-3 分力一定小于合力吗？为什么？试举例说明。

2-4 哪几条公理或推论只适用于刚体？

2-5 二力平衡公理与作用力和反作用力都是说二力等值、反向、共线，二者有什么区别？

2-6 判断下列说法是否正确，为什么？

(1)刚体是指在外力作用下变形很小的物体；

(2)凡是两端用铰链连接的直杆都是二力杆；

(3)如果作用在刚体上的三个力共面且汇交于一点，则刚体一定平衡；

(4)如果作用在刚体上的三个力共面，但不汇交于一点，则刚体不能平衡。

2-7 什么是约束？工程中常见的约束类型有哪些？各种约束反力的方向如何确定？

2-8 什么是结构的计算简图？作结构计算简图应从哪些方面进行简化？

习 题

第 2 章

2-1 画出如图 2-32 所示物体的受力图，各接触面均为光滑面。

2-2 画出图 2-33 各个构件及整体的受力图(未画重力的物体重量不计，摩擦力不计)。

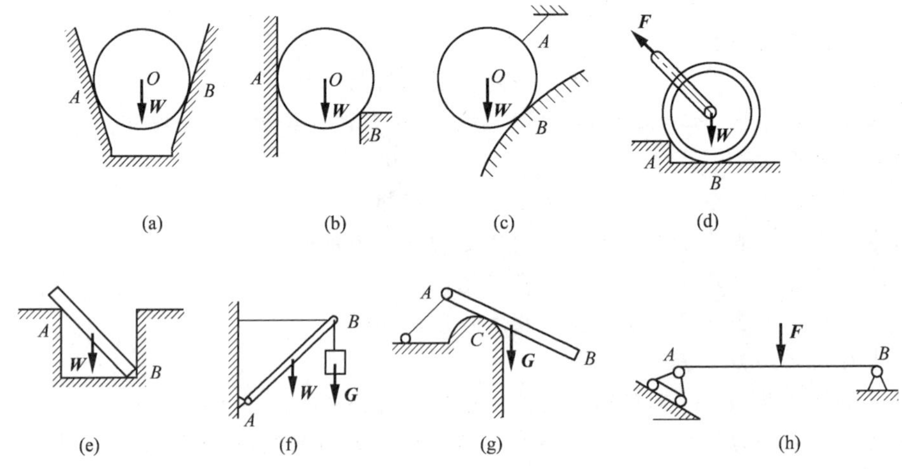

图 2-32 习题 2-1 图

2-3 画出图 2-34 各个构件及整体的受力图(未画重力的物体重量不计，摩擦力不计)。

2-4 房屋建筑中，楼面的梁板式结构如图 2-35 所示，梁两端支承在砖墙上，楼板承受人群荷载或其他物品的荷载。试画出梁的计算简图。

2-5 如图 2-36 所示，一预制钢筋混凝土阳台挑梁，试画出挑梁的计算简图。

2-6 如图 2-37 所示，吊车梁的上部为钢筋混凝土预制 T 形梁，下部各杆件由角钢焊接而成，吊车梁两端与钢筋混凝土立柱牛腿上的预埋钢板焊接，试画出吊车梁的计算简图。

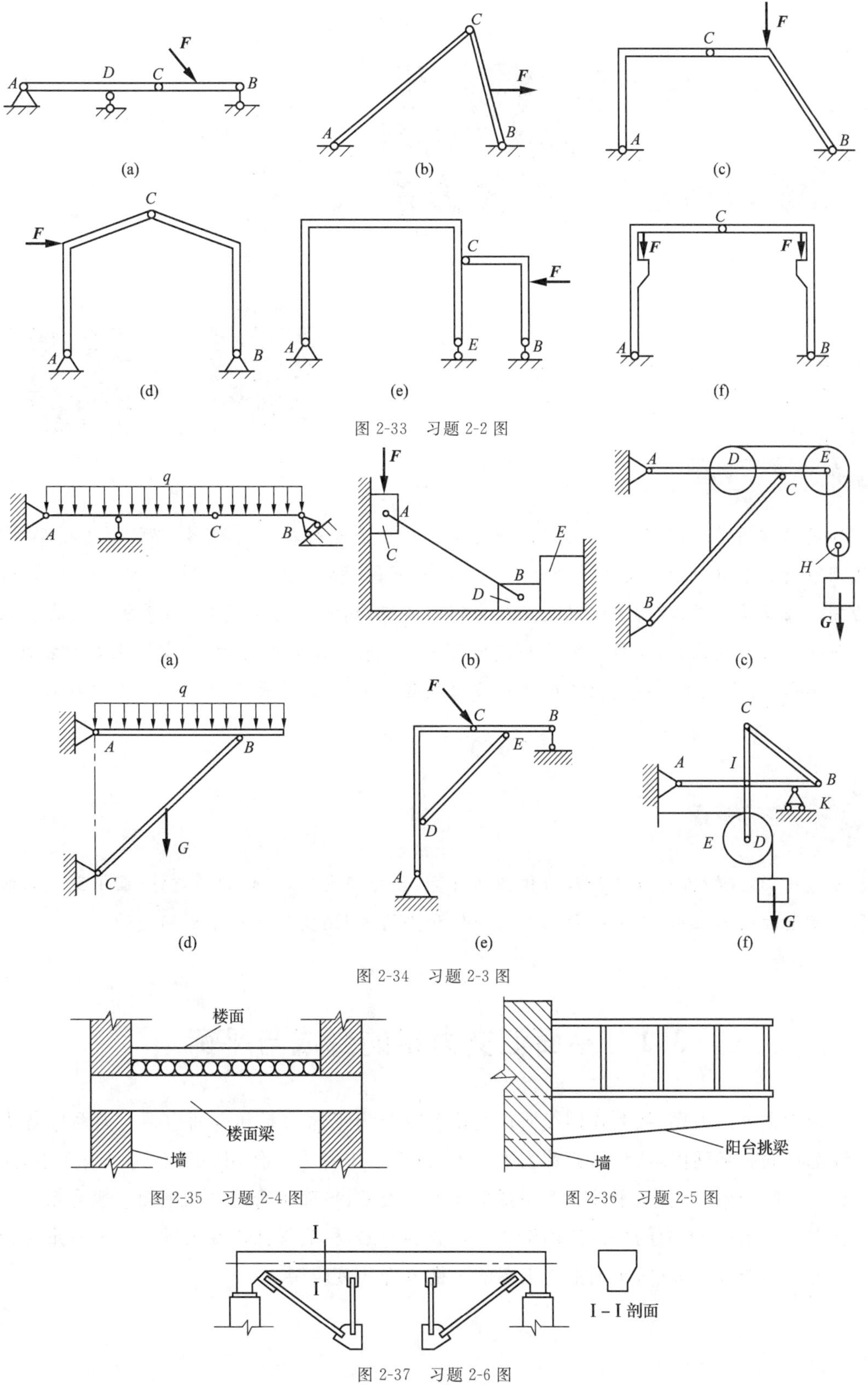
(a)
(b)
(c)
(d)
(e)
(f)
图 2-33　习题 2-2 图
(a)
(b)
(c)
(d)
(e)
(f)
图 2-34　习题 2-3 图
楼面
楼面梁
墙
图 2-35　习题 2-4 图
阳台挑梁
墙
图 2-36　习题 2-5 图
I－I 剖面
图 2-37　习题 2-6 图

第3章 平面力系

第3章

第3章

学习目标

通过本章的学习，了解平面力系的分类和力在直角坐标轴上的投影；理解合力投影定理；掌握用解析法求解平面汇交力系的合成与平衡问题；理解力矩的定义，掌握力矩的计算；掌握合力矩定理及其应用；理解力偶的定义及力偶矩的概念，掌握力偶的性质；掌握平面力偶系的合成与平衡条件及应用；掌握力的平移定理及平面一般力系的简化方法，掌握主矢和主矩的概念及计算；熟练掌握平面一般力系的平衡方程及其应用；掌握求解物体系统平衡问题的方法和思路。

学习重点

合力投影定理；力对点之矩与力偶矩的计算，合力矩定理，力偶的性质；平面汇交力系的合成和平衡条件及其应用；平面一般力系的简化和平衡方程；物体系统平衡问题的分析。

3.1 平面汇交力系的合成与平衡

工程中常见的力系，按其作用线所在的位置可分为平面力系和空间力系。力系中各力的作用线都在同一平面内，这种力系称为平面力系；力系中各力的作用线不在同一平面内，这种力系称为空间力系。其中，平面力系包括平面汇交力系、平面平行力系和平面一般力系。

在平面力系中，各力的作用线均汇交于一点的力系，称为平面汇交力系。本节着重讨论平面汇交力系的合成与分解，平面汇交力系的平衡方程及其应用。

力的投影

1. 力在直角坐标轴上的投影

设力 $\boldsymbol{F}$ 作用于 A 点，如图 3-1 所示，在直角坐标系 Oxy 平面内，从力矢量 $\boldsymbol{F}$ 的两端点 A 和 B 分别向 x 轴作垂线 Aa 和 Bb，将线段 ab 冠以相应的正负号，称为力 $\boldsymbol{F}$ 在 x 轴上的投影，以 F_x 表示。同理可得力 $\boldsymbol{F}$ 在 y 轴上的投影为线段 $a'b'$，以 F_y 表示。

力在坐标轴上投影的正负号规定：如力的投影从始端 a（或 a'）到终端 b（或 b'）的指向与坐标轴的正方向一致时，该投影 F_x（或 F_y）为正，反之为负。

由图 3-1 可得

$$\left.\begin{aligned}F_x&=\pm F\cos\alpha\\F_y&=\pm F\sin\alpha\end{aligned}\right\}\tag{3-1}$$

式中　α——力 $\boldsymbol{F}$ 与坐标轴 x 所夹的锐角。

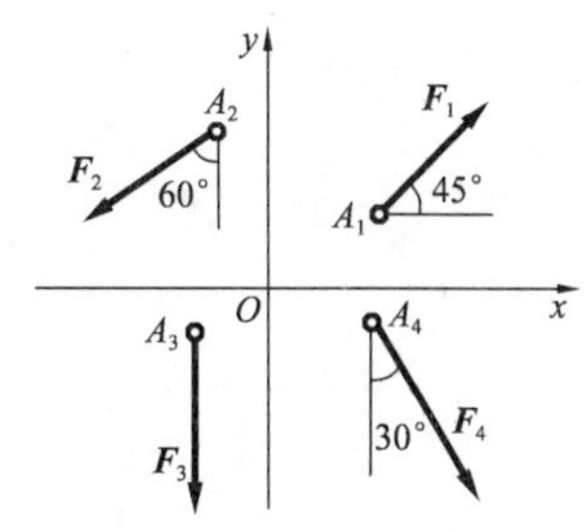

图 3-1　直角坐标系中力的投影

【例 3-1】　已知 $F_1=100\ \text{N}$，$F_2=200\ \text{N}$，$F_3=F_4=300\ \text{N}$，各力方向如图 3-2 所示。试分别求出各力在 x 轴和 y 轴上的投影。

【解】　由式(3-1)可得出各力在 x 轴和 y 轴上的投影分别为

$F_{1x}=F_1\cos45°=100\times0.707=70.7\ \text{N}$

$F_{1y}=F_1\sin45°=100\times0.707=70.7\ \text{N}$

$F_{2x}=-F_2\cos30°=-200\times0.866=-173.2\ \text{N}$

$F_{2y}=-F_2\sin30°=-200\times0.5=-100\ \text{N}$

$F_{3x}=-F_3\cos90°=-300\times0=0$

$F_{3y}=-F_3\sin90°=-300\times1=-300\ \text{N}$

$F_{4x}=F_4\cos60°=300\times0.5=150\ \text{N}$

$F_{4y}=-F_4\sin60°=-300\times0.866=-259.8\ \text{N}$

图 3-2　【例 3-1】图

由本例可知：

(1) 当力的作用线与坐标轴垂直时，力在该坐标轴上的投影等于零；

(2) 当力的作用线与坐标轴平行时，力在该坐标轴上的投影的绝对值等于该力的大小。

2. 合力投影定理

由于力的投影是代数量，所以各力在同一轴的投影可以进行代数运算。如图 3-3 所示，由 $\boldsymbol{F}_1$、$\boldsymbol{F}_2$、$\boldsymbol{F}_3$ 组成力系的合力 $\boldsymbol{F}_\text{R}$ 在任一坐标轴(如 x 轴)上的投影 $F_{\text{R}x}=ab+bc-cd=F_{1x}+F_{2x}+F_{3x}$。对于多个力组成的力系以此推广，可得合力投影定理：合力在任一坐标轴上的投影等于力系中各分力在同一坐标轴上投影的代数和。即

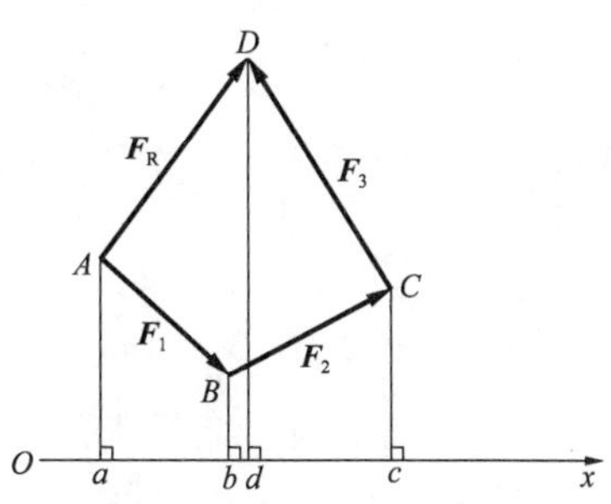

图 3-3　合力投影定理的证明

$$\left.\begin{aligned}F_{\text{R}x}&=F_{1x}+F_{2x}+\cdots+F_{nx}=\sum F_x\\F_{\text{R}y}&=F_{1y}+F_{2y}+\cdots+F_{ny}=\sum F_y\end{aligned}\right\}\tag{3-2}$$

式中　F_{1x} 和 F_{1y}，F_{2x} 和 F_{2y}，F_{3x} 和 F_{3y}，…，F_{nx} 和 F_{ny}——各分力在 x 轴和 y 轴上的投影。

合力矢量的大小和方向为

$$\left.\begin{aligned} F_R &= \sqrt{F_{Rx}^2+F_{Ry}^2} = \sqrt{\left(\sum F_x\right)^2+\left(\sum F_y\right)^2} \\ \alpha &= \arctan\frac{|F_{Ry}|}{|F_{Rx}|} = \arctan\left|\frac{\sum F_y}{\sum F_x}\right| \end{aligned}\right\} \tag{3-3}$$

式中　α——合力 F_R 与坐标轴 x 所夹的锐角。

合力作用线通过力系的汇交点 O，合力 F_R 的指向由 F_{Rx} 和 F_{Ry}（即 $\sum F_x$、$\sum F_y$）的正负号来确定，如图 3-4 所示。

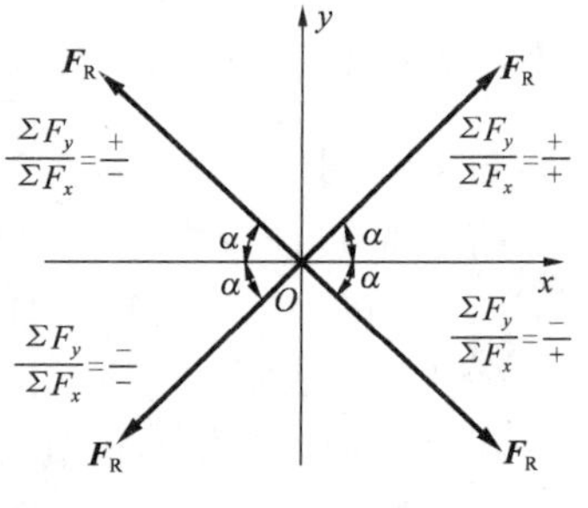

图 3-4　合力的指向判定示意

【例 3-2】　已知某平面汇交力系如图 3-5 所示。已知 $F_1=200$ N，$F_2=300$ N，$F_3=100$ N，$F_4=250$ N，试求该力系的合力。

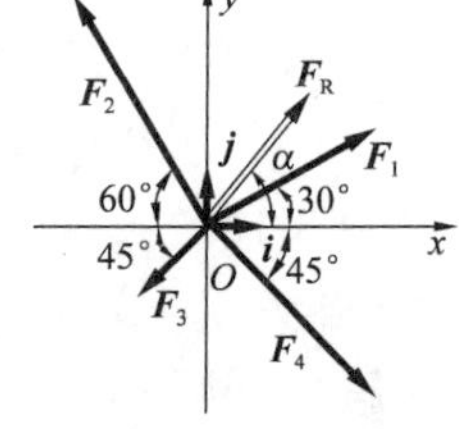

图 3-5　【例 3-2】图

【解】　(1)建立直角坐标系，计算合力在 x 轴和 y 轴上的投影

$$\begin{aligned} F_{Rx} &= \sum F_x = F_1\cos30° - F_2\cos60° - F_3\cos45° + F_4\cos45° \\ &= 200\times0.866 - 300\times0.5 - 100\times0.707 + 250\times0.707 \\ &= 129.25\ \text{N} \end{aligned}$$

$$\begin{aligned} F_{Ry} &= \sum F_y = F_1\sin30° + F_2\sin60° - F_3\sin45° - F_4\sin45° \\ &= 200\times0.5 + 300\times0.866 - 100\times0.707 - 250\times0.707 = 112.35\ \text{N} \end{aligned}$$

(2)求合力的大小

$$F_R=\sqrt{F_{Rx}^2+F_{Ry}^2}=\sqrt{129.25^2+112.35^2}=171.25\ \text{N}$$

(3)求合力的方向

$$\tan\alpha=\frac{|F_{Ry}|}{|F_{Rx}|}=\frac{112.35}{129.25}=0.869,\quad \alpha=40.99°$$

由于 F_{Rx} 和 F_{Ry} 均为正，故 α 应在第一象限，合力 F_R 的作用线通过力系的汇交点 O，如图 3-5 所示。

3. 平面汇交力系的平衡方程

由于平面汇交力系可用其合力来代替，显然，**平面汇交力系平衡的必要和充分条件是：该力系的合力 F_R 等于零。**即

$$F_R=\sqrt{\left(\sum F_x\right)^2+\left(\sum F_y\right)^2}=0$$

式中，$(\sum F_x)^2$ 和 $(\sum F_y)^2$ 恒为正值，若使上式成立，必须同时满足

$$\left.\begin{aligned} \sum F_x &= 0 \\ \sum F_y &= 0 \end{aligned}\right\} \tag{3-4}$$

于是，平面汇交力系平衡的必要和充分条件也可以表述为：力系中各力在两个坐标轴上投影的代数和分别等于零。式(3-4)称为平面汇交力系的平衡方程。这是两个独立的方程，可以求解两个未知量。

【例 3-3】　一圆球重 30 kN，用绳索将球挂于光滑墙上，绳与墙之间的夹角 $\alpha=30°$，如图 3-6(a)所示。求墙对球的约束反力 $\boldsymbol{F}_N$ 及绳索对圆球的拉力 $\boldsymbol{F}_T$。

【解】 取圆球为研究对象。圆球在自重 $\boldsymbol{W}$、绳索拉力 $\boldsymbol{F}_T$ 及光滑墙面的约束反力 $\boldsymbol{F}_N$ 作用下处于平衡，如图 3-6(b)所示。三力 $\boldsymbol{W}$、$\boldsymbol{F}_T$、$\boldsymbol{F}_N$ 组成平面汇交力系。建立直角坐标系，列平衡方程。

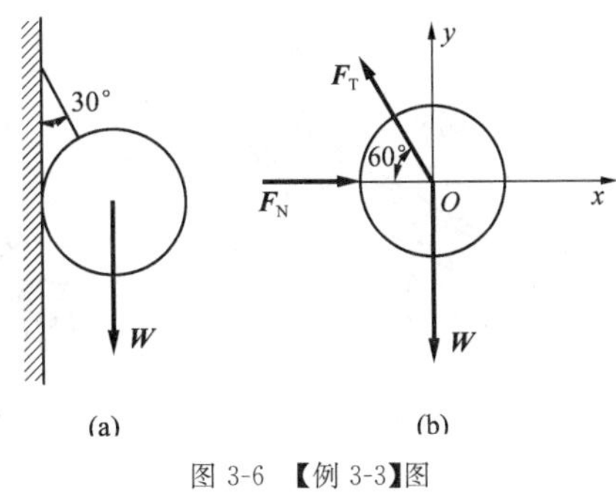

图 3-6 【例 3-3】图

$$\sum F_y = 0,\quad F_T \sin 60^\circ - W = 0$$

得 $$F_T = \frac{W}{\sin 60^\circ} = \frac{30}{0.866} = 34.64\ \text{kN}$$

$$\sum F_x = 0,\quad F_N - F_T \cos 60^\circ = 0$$

得 $$F_N = F_T \cos 60^\circ = 34.64 \times 0.5 = 17.32\ \text{kN}$$

3.2 平面力偶系的合成与平衡

1. 力对点之矩（力矩）

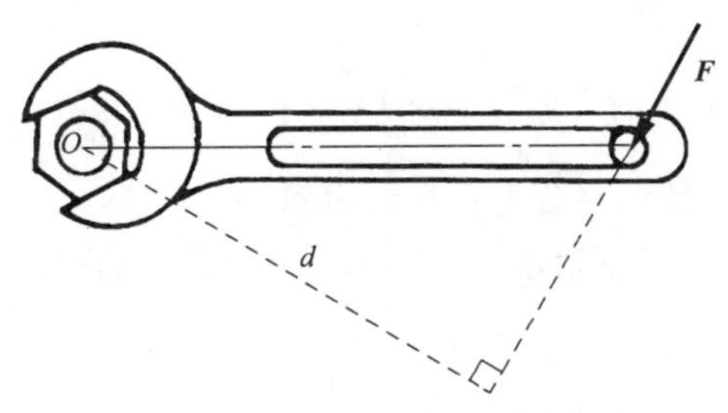

图 3-7 力 $\boldsymbol{F}$ 使扳手绕螺母中心 O 转动

刚体在力作用下，除产生移动效应外，还会产生转动效应。下面以扳手拧螺母为例来讨论力对物体转动效应与哪些因素有关。如图 3-7 所示，作用于扳手上的力 $\boldsymbol{F}$ 使扳手绕螺母中心 O 转动，其转动效应不仅与力 $\boldsymbol{F}$ 的大小和方向有关，而且还与力 $\boldsymbol{F}$ 作用线到螺母中心 O 点的垂直距离 d 有关。因此，把力的大小与力臂的乘积 Fd 冠以适当正负号作为力 $\boldsymbol{F}$ 使物体绕 O 点转动效应的度量，称为力 $\boldsymbol{F}$ 对点 O 之矩，简称力矩，用 $M_O(\boldsymbol{F})$ 表示，即

$$M_O(\boldsymbol{F}) = \pm Fd \tag{3-5}$$

O 点称为矩心，d 为 O 点到力 $\boldsymbol{F}$ 作用线的垂直距离，称为力臂。平面问题中力对点之矩是代数量，它的绝对值等于力的大小与力臂的乘积，正负号表示力矩的转向。通常规定：力使物体绕矩心作逆时针方向转动时，力矩取正号，反之取负号。

力矩的单位是力与长度的单位乘积，在国际单位制中，常用 N·m 或 kN·m。

力矩在下列两种情况下等于零：

①力等于零；

②力的作用线通过矩心，即力臂等于零。

【例 3-4】 大小为 $F=200$ N 的力，按如图 3-8 所示中三种情况作用在扳手的 A 端，试求三种情况下力 $\boldsymbol{F}$ 对 O 点之矩。

【解】 由式(3-5)，计算三种情况下力 $\boldsymbol{F}$ 对 O 点之矩：

(1)$M_O(\boldsymbol{F}) = -Fd = -200 \times 0.2 \times \cos 30^\circ = -34.64$ N·m

(2)$M_O(\boldsymbol{F}) = Fd = 200 \times 0.2 \times \sin 30^\circ = 20$ N·m

(3)$M_O(\boldsymbol{F}) = -Fd = -200 \times 0.2 = -40$ N·m

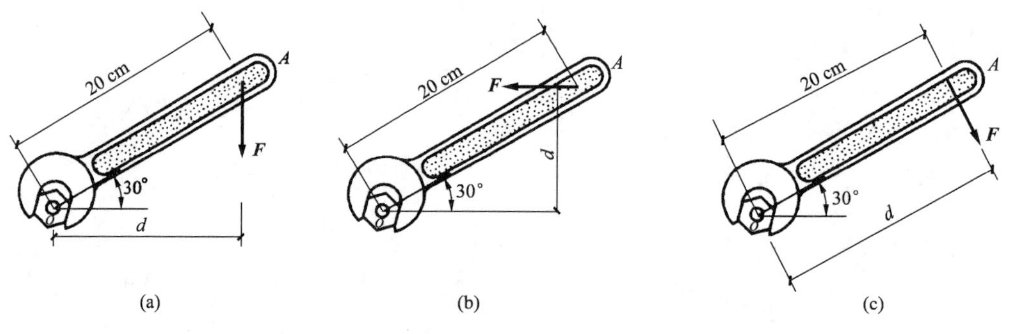

图 3-8 【例 3-4】图

比较上述三种情况，同样大小的力，同一个作用点，力臂长者力矩大。显然，(c)图所示的力矩最大，力 $\boldsymbol{F}$ 使扳手转动的效应也最大。

2. 合力矩定理

合力矩定理：平面汇交力系的合力对于平面内任一点之矩等于所有各分力对于该点之矩的代数和，即

$$M_O(\boldsymbol{F}_{\mathrm{R}}) = M_O(\boldsymbol{F}_1) + M_O(\boldsymbol{F}_2) + \cdots + M_O(\boldsymbol{F}_n) = \sum M_O(\boldsymbol{F}) \tag{3-6}$$

该定理不仅适用于平面汇交力系，而且也适用于任何有合力存在的力系。

应用合力矩定理可以简化力矩的计算。在求一个力对某点的力矩时，若力臂不易计算，就可以将力分解为力臂易于求出的两个相互垂直的分力，再利用合力矩定理计算力矩。

【例 3-5】 如图 3-9 所示，每 1 m 长挡土墙所受土压力的合力为 $\boldsymbol{F}_{\mathrm{R}}$，如 $F_{\mathrm{R}}=200$ kN，求土压力 $\boldsymbol{F}_{\mathrm{R}}$ 使挡土墙倾覆的力矩。

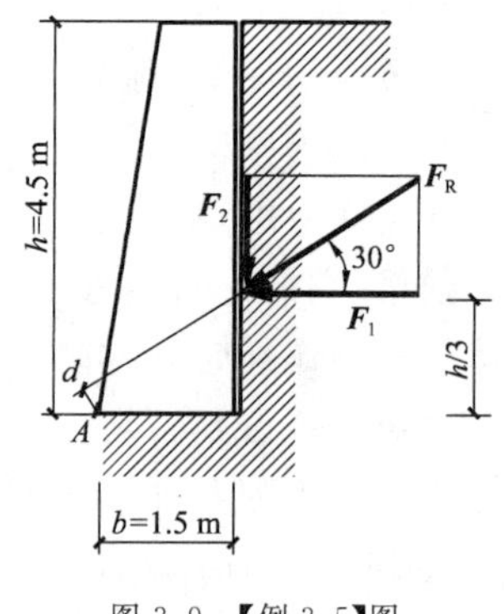

图 3-9 【例 3-5】图

【解】 土压力 $\boldsymbol{F}_{\mathrm{R}}$ 可使挡土墙绕 A 点倾覆，故求土压力 $\boldsymbol{F}_{\mathrm{R}}$ 使墙倾覆的力矩，就是求 $\boldsymbol{F}_{\mathrm{R}}$ 对 A 点的力矩。由已知尺寸求力臂 d 比较麻烦，但如果将 $\boldsymbol{F}_{\mathrm{R}}$ 分解为两个力 $\boldsymbol{F}_1$ 和 $\boldsymbol{F}_2$，则两分力的力臂是已知的，故由式(3-6)可得

$$\begin{aligned} M_A(\boldsymbol{F}_{\mathrm{R}}) &= M_A(\boldsymbol{F}_1) + M_A(\boldsymbol{F}_2) = F_1 h/3 - F_2 b \\ &= F_{\mathrm{R}}\cos 30^\circ \times (h/3) - F_{\mathrm{R}}\sin 30^\circ b \\ &= 200 \times 0.866 \times 1.5 - 200 \times 0.5 \times 1.5 \\ &= 109.8\ \mathrm{kN \cdot m} \end{aligned}$$

3. 力偶及其基本性质

(1)力偶及力偶矩 在生活和生产中，人们常见到某些物体同时受到大小相等、方向相反、作用线互相平行的两个力作用的情况。例如：驾驶员用双手转动方向盘的作用力 $\boldsymbol{F}$ 和 $\boldsymbol{F}'$，如图 3-10(a)所示；钳工用两只手转动丝锥铰杠在工件上攻螺纹，如图 3-10(b)所示。

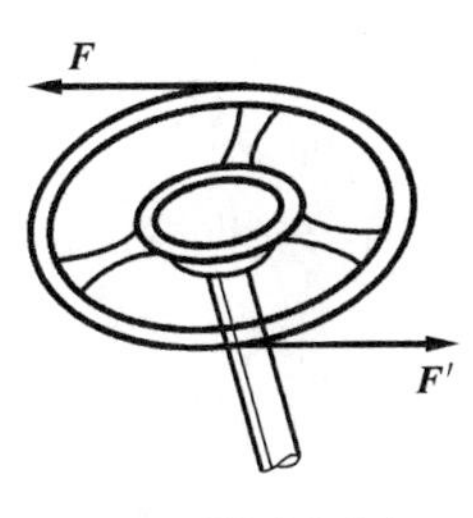

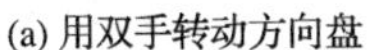
(a) 用双手转动方向盘

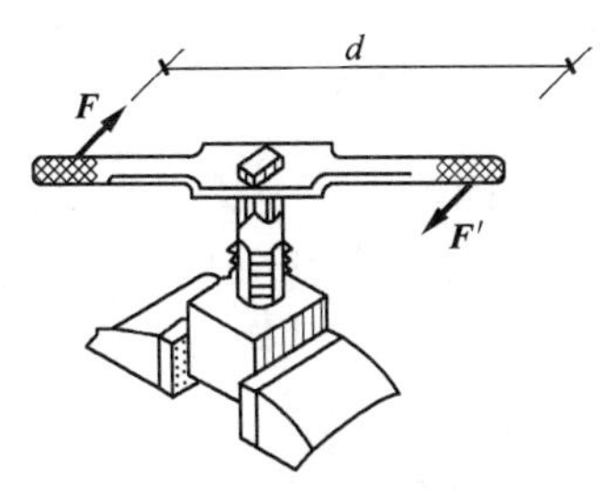

(b) 用丝锥铰杠攻螺纹

图 3-10　力偶

这一对大小相等、方向相反、不共线的平行力组成的特殊力系，称为力偶，记作($\boldsymbol{F}$,$\boldsymbol{F}'$)。两力之间的垂直距离为力偶臂，用 d 表示。这两个力并不满足二力平衡条件，故在力偶的作用下，刚体不能保持平衡。力偶对物体仅产生转动效应。

由经验可知，力偶使物体发生转动时，力偶的力越大或力偶臂越大，则物体转动的效应就越强，反之转动效应就越弱。力学中把力偶中任何一力的大小 F 与力偶臂 d 的乘积 Fd，冠以适当正负号，作为度量力偶使物体转动效应的物理量，称为力偶矩，以 M 或 $M(\boldsymbol{F},\boldsymbol{F}')$表示，即

$$M=\pm Fd \tag{3-7}$$

力偶矩是一个代数量，其绝对值等于力的大小与力偶臂的乘积，正负号表示力偶的转向，以逆时针转向为正，反之为负。力偶矩的单位与力矩的单位相同，也是 N·m 或 kN·m。

(2)力偶的性质　作用在刚体内同一平面上的两个力偶，如果力偶矩相等，则两力偶彼此等效，这称为平面力偶的等效定理。

平面力偶的等效定理给出了在同一平面内力偶的等效条件。由此可得力偶的三个性质：

①力偶不能合成为一个合力，所以不能用一个力来代替。力偶对物体不产生移动效应，因此力偶没有合力。一个力偶既不能与一个力等效，也不能与一个力平衡。力与力偶是表示物体间相互机械作用的两个基本元素。

②力偶对其作用平面内任一点的矩恒等于力偶矩，而与矩心位置无关。任一力偶可以在它的作用平面内任意移动，而不改变它对刚体的效应。

③作用在同一平面内的两个力偶等效的充分必要条件是力偶矩相等。只要保持力偶矩的大小和力偶的转向不变，可以任意改变力偶中力的大小和力偶臂的长短，而不会改变力偶对刚体的作用效应。

由此可见，力偶的力偶臂和力的大小都不是力偶的特征量，只有力偶矩是力偶作用效应的唯一度量。力偶对物体的转动效应完全取决于三个要素：力偶矩的大小、力偶的转向和力偶的作用面的方位。因此，力偶除了用力和力矩臂表示外，也可直接用力偶矩表示，即用带箭头的折线或者弧线表示力偶矩的转向，用字母 M 表示力偶矩的大小，如图 3-11 所示。

图 3-11　力偶的表示方法

4. 平面力偶系的合成与平衡

平面力偶系的合成与平衡条件

作用在同一平面内的若干个力偶组成的力系称为平面力偶系。

(1)平面力偶系的合成 作用在同一平面内的任意一个力偶可合成为一个合力偶,合力偶矩等于各个力偶矩的代数和,即

$$M = M_1 + M_2 + \cdots + M_n = \sum M \tag{3-8}$$

【例 3-6】 如图 3-12 所示,某物体受三个共面力偶作用,已知 $F_1 = 25$ kN,$d_1 = 2$ m,$F_2 = 50$ kN,$d_2 = 1.5$ m,$M_3 = -20$ kN·m,试求其合力偶。

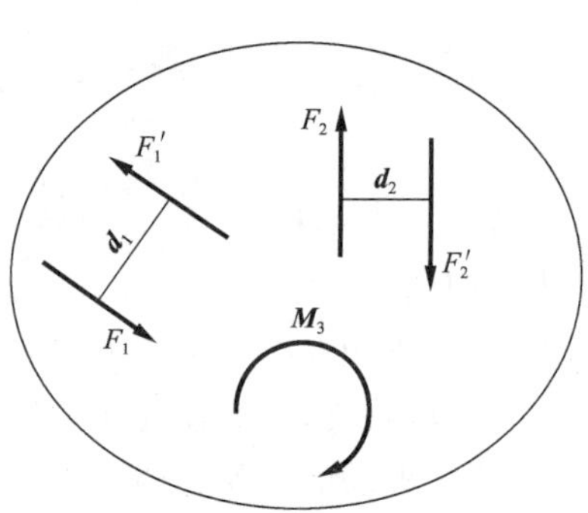

图 3-12 【例 3-6】图

【解】 由式(3-8)得

$M_1 = F_1 \cdot d_1 = 25 \times 2 = 50$ kN·m,

$M_2 = F_2 \cdot d_2 = -50 \times 1.5 = -75$ kN·m

合力偶矩为

$M = M_1 + M_2 + M_3 = 50 + (-75) + (-20) = -45$ kN·m

(2)平面力偶系的平衡 由合成结果可知,力偶系平衡时,其合力偶的矩等于零。因此,平面力偶系平衡的必要和充分条件是:所有各力偶矩的代数和等于零,即

$$\sum M = 0 \tag{3-9}$$

【例 3-7】 如图 3-13(a)所示,简支梁 AB 受一力偶的作用,已知力偶 $M = 60$ kN·m,梁长 $l = 6$ m,梁的自重不计。求梁 A、B 支座处的反力。

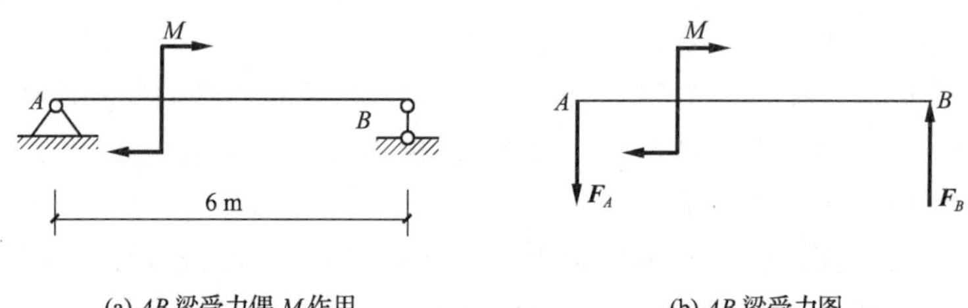

(a) AB 梁受力偶 M 作用　　(b) AB 梁受力图

图 3-13 【例 3-7】图

【解】 取 AB 梁为研究对象,AB 梁上作用一集中力偶 M 且保持平衡,由于力偶只能用力偶来平衡,则 A、B 处的支座反力必形成一对与已知力偶 M 反向的力偶。B 处是可动铰支座,支座反力垂直于支承面,要形成与已知力偶 M 反向的力偶,B 处的支座反力 F_B 的方向只能向上,A 处的支座反力 F_A 的方向只能向下,如图 3-13(b)所示。由 $\sum M = 0$,得

$$F_B l - M = 0, \quad 即 \quad F_B \times 6 - 60 = 0$$

解得 $F_B = 10$ kN, $F_A = F_B = 10$ kN

3.3 平面一般力系的简化

1. 平面一般力系的基本概念

平面一般力系是指各力的作用线位于同一平面内,但不都汇交于同一点,也不都彼此相互平行的力系。如图 3-14 所示悬臂式吊车的水平梁 AB,受平面一般力系作用。

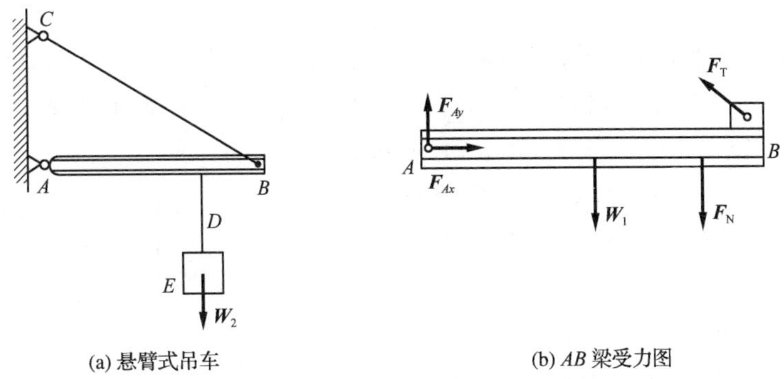

(a) 悬臂式吊车　　(b) AB 梁受力图

图 3-14　平面一般力系

2. 力的平移

作用在物体上的力对物体产生的运动效应取决于力的大小、方向和作用线。若将力的作用线随便平移，则会改变它对物体的运动效应。先看一个实例。如图 3-15(a)所示，设一力 $\boldsymbol{F}_A$ 作用在轮缘上的 A 点，此力可使轮子转动，如果将它平移到轮心 O 点，如 3-15(b)所示，它就不能使轮子转动，可见轮的运动效应发生了改变。

但是如果我们要将力的作用线平移，同时又要求不改变它的运动效应，可以在力平移的同时，再在物体上附加一个适当的力偶。图 3-15(c)和图 3-15(a)是等效的。

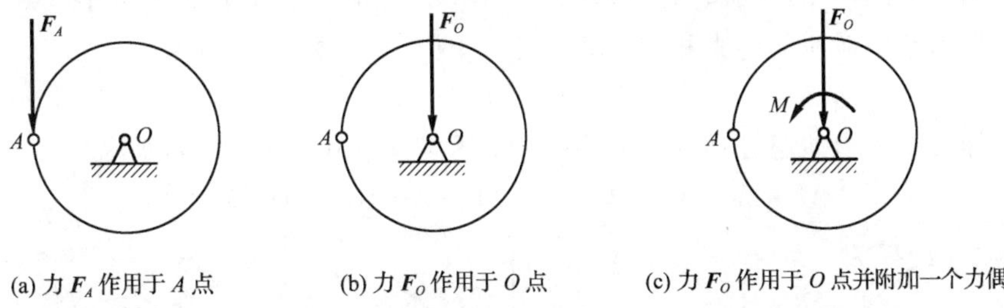

(a) 力 $\boldsymbol{F}_A$ 作用于 A 点　　(b) 力 $\boldsymbol{F}_O$ 作用于 O 点　　(c) 力 $\boldsymbol{F}_O$ 作用于 O 点并附加一个力偶

图 3-15　力的平移

设力 $\boldsymbol{F}$ 作用于刚体 A 点，欲将该力平移到刚体上任一指定点 O，如图 3-16(a)所示，根据加减平衡力系公理，可在 O 点加上一对平衡力 $\boldsymbol{F}'$ 与 $\boldsymbol{F}''$，并令 $\boldsymbol{F}'=-\boldsymbol{F}''=\boldsymbol{F}$，如图 3-22(b)所示。显然，这三个力组成的力系必与原力 $\boldsymbol{F}$ 等效，这三个力又可视作一个作用在点 O 的力 $\boldsymbol{F}'$ 和一个力偶$(\boldsymbol{F},\boldsymbol{F}'')$，这个力偶称为附加力偶，如图 3-16(c)所示。显然，附加力偶的矩为

$$M=M_O(\boldsymbol{F})=Fd \tag{3-10}$$

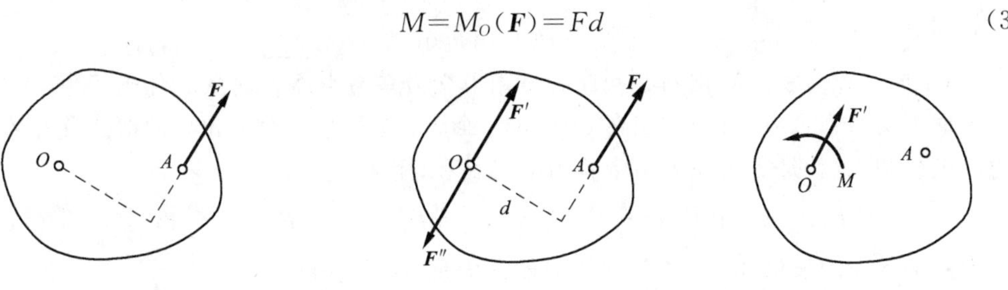

(a) 力 $\boldsymbol{F}$ 作用于 A 点　　(b) 在 O 点施加一对与力 $\boldsymbol{F}$ 等值、平行的平衡力　　(c) 力 $\boldsymbol{F}'(\boldsymbol{F}'=\boldsymbol{F})$ 作用于 O 点

图 3-16　力的平移定理

由此可得力的平移定理：作用在刚体上的力，可以等效地平移到刚体上任一指定点，但必须在该力与指定点所确定的平面内附加一个力偶，附加力偶的力偶矩等于原力对指定点的

力矩。

根据上述力的等效平移的逆过程，可以得知共面的一个力和一个力偶总可以合成为一个力，此力的大小和方向与原力相同，但它的作用线与原力要相距一定的距离。

【例 3-8】 如图 3-17(a)所示，柱子的 A 点受到吊车梁传来的集中力 $F=120$ kN。求将该力 $\boldsymbol{F}$ 平移到柱轴上 O 点时应附加的力偶矩，其中 $e=0.4$ m。

【解】 根据力的平移定理，力 $\boldsymbol{F}$ 由 A 点平移到 O 点，必须附加一力偶，如图 3-17(b)所示，它的力偶矩 M 等于力 $\boldsymbol{F}$ 对 O 点的矩，即

$$M=M_O(\boldsymbol{F})=-Fe=-120\times0.4=-48\ \text{kN}\cdot\text{m}$$

负号表示该附加力偶的转向是顺时针的。

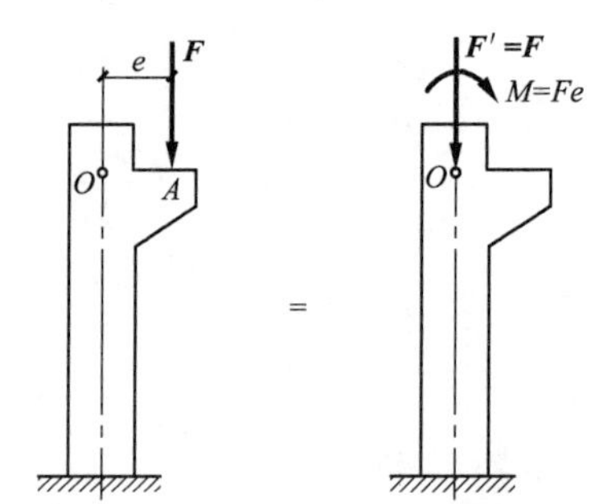

(a) 立柱上 A 点受有力 $\boldsymbol{F}$　(b) 将力 $\boldsymbol{F}$ 平移到 O 点

图 3-17 【例 3-8】图

3. 平面一般力系向作用面内任一点的简化

设在物体上作用有平面一般力系 $\boldsymbol{F}_1$、$\boldsymbol{F}_2$、…、$\boldsymbol{F}_n$，如图 3-18(a)所示。为将该力系简化，首先在物体上力系的作用面内任选一点 O 为简化中心。根据力的平移定理，将各力全部平移到 O 点，同时附加相应的力偶，于是得到作用于点 O 的平面汇交力系 $\boldsymbol{F}_1'$、$\boldsymbol{F}_2'$、…、$\boldsymbol{F}_n'$ 以及力偶矩分别为 $\boldsymbol{M}_1$、$\boldsymbol{M}_2$、…、$\boldsymbol{M}_n$ 的附加力偶系，如图 3-18(b)所示。平面汇交力系中，各力的大小和方向分别与原力系中对应的各力相同，即

$$\boldsymbol{F}_1'=\boldsymbol{F}_1,\boldsymbol{F}_2'=\boldsymbol{F}_2,\cdots,\boldsymbol{F}_n'=\boldsymbol{F}_n$$

而各附加力偶的力偶矩分别等于原力系中各力对简化中心 O 的矩，即

$$M_1=M_O(\boldsymbol{F}_1),M_2=M_O(\boldsymbol{F}_2),\cdots,M_n=M_O(\boldsymbol{F}_n)$$

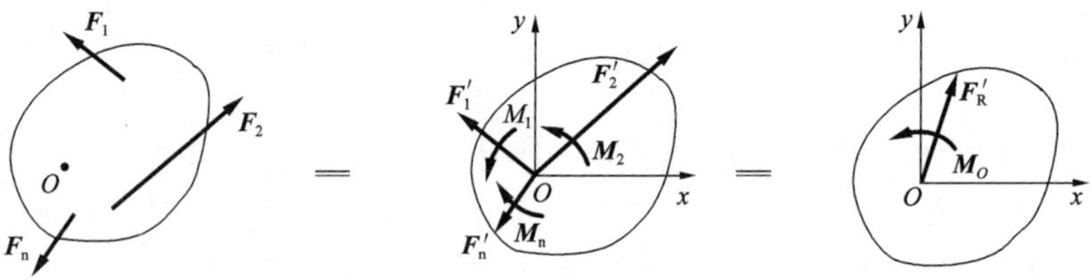

(a) 平面一般力系　(b) 将力系中各力都平移到 O 点同时附加相应的力偶　(c) 主矢和主矩

图 3-18 平面一般力系向作用面内任一点的简化

于是，平面一般力系的简化问题便成为平面汇交力系与平面力偶系的合成问题。

将平面汇交力系合成，得到作用在 O 点的一个力，这个力的大小和方向等于作用在 O 点的各力的矢量和，也就是等于原力系中各力的矢量和，用 $\boldsymbol{F}_R'$ 表示，则有

$$\boldsymbol{F}_R'=\boldsymbol{F}_1'+\boldsymbol{F}_2'+\cdots+\boldsymbol{F}_n'=\boldsymbol{F}_1+\boldsymbol{F}_2+\cdots+\boldsymbol{F}_n=\sum\boldsymbol{F}\tag{3-11}$$

原力系中各力的矢量和 $\boldsymbol{F}_R'$ 称为该力系的主矢量，简称主矢。

平面力偶系可合成为一合力偶，其力偶矩等于各附加力偶矩的代数和，又等于原力系中各力对简化中心 O 之矩的代数和，用 M_O 表示，则有

$$M_O=M_1+M_2+\cdots+M_n=M_O(\boldsymbol{F}_1)+M_O(\boldsymbol{F}_2)+\cdots+M_O(\boldsymbol{F}_n)=\sum M_O(\boldsymbol{F})\tag{3-12}$$

式中　M_O——原力系 $\boldsymbol{F}_1$、$\boldsymbol{F}_2$、…、$\boldsymbol{F}_n$ 对 O 点的主矩。

于是可得结论：平面一般力系向作用面内任意一点简化的结果，是一个力和一个力偶。这个力作用在简化中心，它的矢量称为原力系的主矢；这个力偶的力偶矩称为原力系对简化中心的主矩，如图 3-18(c)所示。

主矢是力系中各力的矢量和，完全取决于各力的大小和方向，所以它与简化中心的选择无关。而主矩等于力系中各力对简化中心之矩的代数和，当取不同的简化中心时，各力的力臂和转向均将改变，所以一般情况下主矩与简化中心的选择有关。因此，在说到主矩时，必须指出是对哪一点的主矩。

求主矢 $\boldsymbol{F}'_{\mathrm{R}}$ 的大小和方向可应用解析法。过 O 点取直角坐标系 Oxy，如图 3-18(c)所示，主矢 $\boldsymbol{F}'_{\mathrm{R}}$ 在 x 轴和 y 轴上的投影为

$$F'_{\mathrm{R}x} = F'_{1x} + F'_{2x} + \cdots + F'_{nx} = F_{1x} + F_{2x} + \cdots + F_{nx} = \sum F_x$$

$$F'_{\mathrm{R}y} = F'_{1y} + F'_{2y} + \cdots + F'_{ny} = F_{1y} + F_{2y} + \cdots + F_{ny} = \sum F_y$$

式中　F'_{ix}、F'_{iy} 和 F_{ix}、F_{iy}——力 $\boldsymbol{F}'_i$ 和 $\boldsymbol{F}_i$ 在坐标轴 x 和 y 上的投影。

由于 $\boldsymbol{F}'_i$ 和 $\boldsymbol{F}_i$ 大小相等、方向相同，所以它们在同一轴上的投影相等。于是可得主矢 $\boldsymbol{F}'_{\mathrm{R}}$ 的大小为

$$F'_{\mathrm{R}} = \sqrt{(F'_{\mathrm{R}x})^2 + (F'_{\mathrm{R}y})^2} = \sqrt{(\sum F_x)^2 + (\sum F_y)^2} \tag{3-13}$$

主矢作用线与坐标轴 x 夹的锐角

$$\alpha = \arctan\frac{|F'_{\mathrm{R}y}|}{|F'_{\mathrm{R}x}|} = \arctan\frac{\left|\sum F_y\right|}{\left|\sum F_x\right|} \tag{3-14}$$

$\boldsymbol{F}'_{\mathrm{R}}$ 的指向由 $\sum F_x$ 和 $\sum F_y$ 的正负号确定。

从式(3-13)和式(3-14)可知，求主矢的大小和方向时，只要直接求出原力系中各力在两个坐标轴上的投影即可，而不必将力平移后再求投影。

【例 3-9】　一矩形平板 $OABC$，在其平面内受 $\boldsymbol{F}_1$、$\boldsymbol{F}_2$ 及 $\boldsymbol{M}$ 的作用，如图 3-19 所示。已知 $F_1=20$ kN，$F_2=30$ kN，$M=100$ kN·m，$a=6$ m，$b=10$ m，试将此力系向 O 点简化。

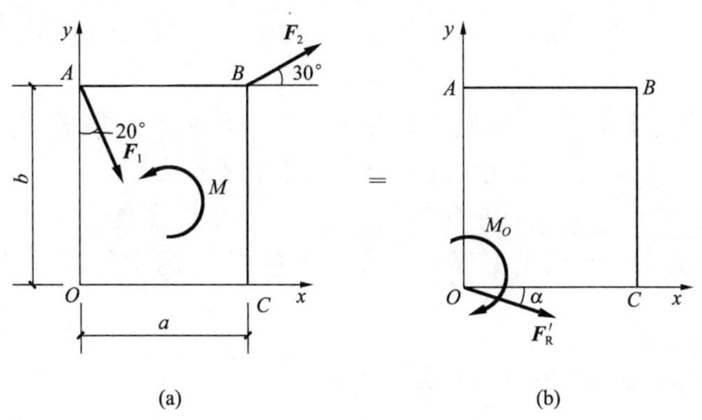

图 3-19　【例 3-9】图

【解】　取 O 点为简化中心，选取坐标轴如图 3-19 所示。

(1)求主矢 $\boldsymbol{F}'_{\mathrm{R}}$ 的大小和方向

主矢 $\boldsymbol{F}'_{\mathrm{R}}$ 在 x、y 轴上的投影为

$$\sum F_x = F_1\sin20^\circ + F_2\cos30^\circ = 20\times0.342+30\times0.866 = 32.82\ \text{kN}$$

$$\sum F_y = -F_1\cos20^\circ + F_2\sin30^\circ = -20\times0.94+30\times0.5 = -3.8\ \text{kN}$$

主矢 $\boldsymbol{F}'_R$ 的大小为

$$F'_R = \sqrt{\left(\sum F_x\right)^2+\left(\sum F_y\right)^2} = \sqrt{(38.82)^2+(-3.8)^2} = 33\ \text{kN}$$

主矢 $\boldsymbol{F}'_R$ 的方向为

$$\tan\alpha = \frac{\left|\sum F_y\right|}{\left|\sum F_x\right|} = \frac{|-3.8|}{|32.82|} = 0.1158,\quad \alpha = 6.6^\circ$$

因为 $\sum F_x$ 为正值，$\sum F_y$ 为负值，故主矢 $\boldsymbol{F}'_R$ 在第四象限内，与 x 轴的夹角为 6.6°，如图 3-19(b) 所示。

(2) 求主矩 M_O

力系对点 O 的主矩为

$$M_O = \sum M_O(\boldsymbol{F}) = -F_1\sin20^\circ\cdot b - F_2\cos30^\circ\cdot b + F_2\sin30^\circ\cdot a + M$$
$$= -20\times0.342\times10-30\times0.866\times10+30\times0.5\times6+100 = -138\ \text{kN}\cdot\text{m}$$

顺时针方向。

3.4 平面一般力系的平衡方程及其应用

1. 平面一般力系的平衡条件

现在讨论静力学中最重要的情形，即平面一般力系的主矢和主矩都等于零的情形：

$$\left.\begin{aligned} F'_R=0 \\ M_O=0 \end{aligned}\right\} \tag{3-15}$$

显然，主矢等于零，表明作用于简化中心 O 的汇交力系为平衡力系；主矩等于零，表明附加力偶系也是平衡力系，所以原力系必为平衡力系，因此，式(3-15)为平面一般力系平衡的充分条件。

若主矢和主矩有一个不等于零，则力系应简化为合力或合力偶；若主矢和主矩都不等于零时，可进一步简化为一个合力。上述情况下力系都不能平衡，只有当主矢和主矩都等于零时，力系才能平衡，因此，式(3-15)又是平面一般力系平衡的必要条件。

于是，平面一般力系的平衡的必要和充分条件是：力系的主矢和对于任一点的主矩都等于零。

2. 平面一般力系的平衡方程

上述的平衡条件可用解析式表示。将式(3-12)和式(3-13)代入式(3-15)，可得

$$\left.\begin{aligned} \sum F_x = 0 \\ \sum F_y = 0 \\ \sum M_O(\boldsymbol{F}) = 0 \end{aligned}\right\} \tag{3-16}$$

由此可得结论，平面一般力系平衡的解析条件是：力系中所有各力在两个任选的坐标轴上的投影的代数和分别等于零，以及各力对任意一点力矩的代数和也等于零。

式(3-16)称为平面一般力系平衡方程的一般形式，简称为二投影一矩式。

平面一般力系有三个独立的平衡方程，可以求解三个未知量。

【例 3-10】 悬臂式起重机的水平梁 AB，A 端以铰链固定，B 端用斜杆 BC 拉住，如图 3-20(a)所示。梁自重 $W=4$ kN，载荷重 $Q=10$ kN。拉杆 BC 的自重不计，试求拉杆的拉力和铰链 A 的约束反力。

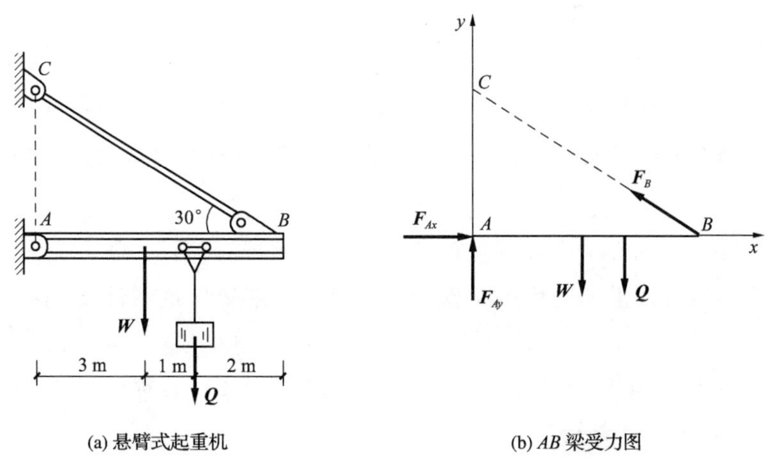

(a) 悬臂式起重机　　(b) AB 梁受力图

图 3-20 【例 3-10】图

【解】 (1)选取梁 AB 与重物一起为研究对象。

(2)画受力图。梁除了受到已知力 $\boldsymbol{W}$ 和 $\boldsymbol{Q}$ 作用外，还受未知力：斜杆的拉力和铰链 A 的约束力作用。因杆 BC 为二力杆，故拉力 $\boldsymbol{F}_B$ 沿连线 BC；铰链 A 的约束力用两个互相垂直的分力 $\boldsymbol{F}_{Ax}$ 和 $\boldsymbol{F}_{Ay}$ 表示，指向假设，如图 3-20(b)所示。

(3)列平衡方程。由于梁 AB 处于平衡状态，因此这些力必然满足平面任意力系的平衡方程。取坐标轴如图 3-20(b)所示，应用平面任意力系的平衡方程，得

$$\sum F_x = 0,\quad F_{Ax} - F_B\cos30^\circ = 0$$

$$\sum F_y = 0,\quad F_{Ay} + F_B\sin30^\circ - W - Q = 0$$

$$\sum M_A(\boldsymbol{F}) = 0,\quad F_B\sin30^\circ \times 6 - W \times 3 - Q \times 4 = 0$$

(4) 解联立方程

$$F_B = 17.33\ \text{kN},\quad F_{Ax} = 15.01\ \text{kN},\quad F_{Ay} = 5.33\ \text{kN}$$

(5) 校核

$$\sum M_B(\boldsymbol{F}) = W \times 3 + Q \times 2 - F_{Ay} \times 6 = 4 \times 3 + 10 \times 2 - 5.33 \times 6 = 0$$

计算无误。

平面任意力系的平衡方程除了由简化结果直接得出的式(3-16) 所表示的基本形式外，还有其他两种形式：

① 二矩式平衡方程

$$\left.\begin{aligned}\sum F_x &= 0\\ \sum M_A(\boldsymbol{F}) &= 0\\ \sum M_B(\boldsymbol{F}) &= 0\end{aligned}\right\}\qquad(3\text{-}17)$$

其中，x 轴不得垂直于 A、B 两点的连线。

② 三矩式平衡方程

$$\left.\begin{aligned}\sum M_A(\boldsymbol{F})=0\\ \sum M_B(\boldsymbol{F})=0\\ \sum M_C(\boldsymbol{F})=0\end{aligned}\right\} \tag{3-18}$$

其中，A、B、C 三点不得共线。

> 上述三组方程(3-16)、(3-17)、(3-18)，究竟选用哪一组方程，需根据具体条件确定。对于受平面一般力系作用的单个刚体的平衡问题，只可以写出 3 个独立的平衡方程，求解 3 个未知量。任何第四个方程只是前 3 个方程的线性组合，因而不是独立的，我们可以利用这个方程来校核计算的结果。

【例 3-11】 如图 3-21(a)所示一钢筋混凝土刚架的计算简图，其左侧受到一水平推力 $F=10$ kN的作用。刚架顶上承受均布荷载 $q=15$ kN/m，刚架自重不计，试求 A、D 处的支座反力。

【解】 (1)取刚架 $ABCD$ 为研究对象，作受力图，如图 3-21(b)所示。

(2)列平衡方程，求解未知量

$$\sum F_x=0,\quad F-F_{Ax}=0$$

$$\sum M_A(\boldsymbol{F})=0,\quad F_{Dy}\times 6-F\times 3-q\times 6\times 3=0$$

$$\sum M_D(\boldsymbol{F})=0,\quad -F_{Ay}\times 6-F\times 3+q\times 6\times 3=0$$

解得 $F_{Ax}=10\ \text{kN},\quad F_{Ay}=40\ \text{kN},\quad F_{Dy}=50\ \text{kN}$

(3) 校核 $\sum F_y=F_{Ay}-q\times 6+F_{Dy}=40-15\times 6+50=0$

计算无误。

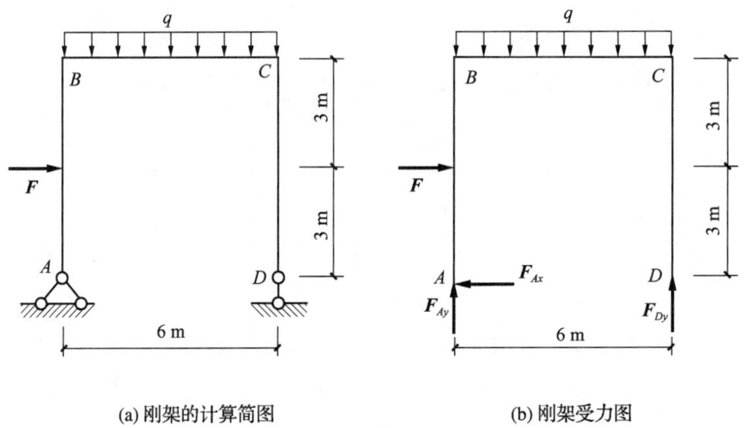

(a) 刚架的计算简图　　(b) 刚架受力图

图 3-21 【例 3-11】图

3. 平面平行力系的平衡方程

力系中各力的作用线均相互平行的平面力系称为平面平行力系。设物体受平面平行力系 $\boldsymbol{F}_1$、$\boldsymbol{F}_2$、…、$\boldsymbol{F}_n$ 的作用，如图 3-22 所示。如选取 x 轴与各力垂直，则不论力系是否平衡，每一个力在 x 轴上的投影恒等于零，即 $\sum F_x \equiv 0$。于是，平面平行力系的独立平衡方程的数目只有两个，即

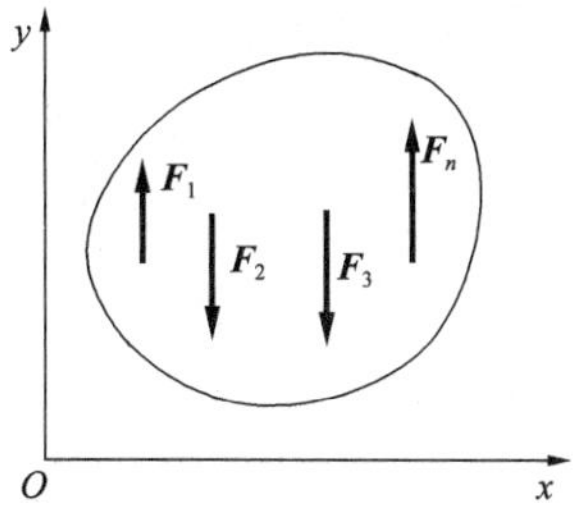

$$\left.\begin{aligned}\sum F_y = 0 \\ \sum M_O(\boldsymbol{F}) = 0\end{aligned}\right\} \tag{3-19}$$

图 3-22　平面平行力系

因为各力与 y 轴平行，所以 $\sum F_y = 0$，表明各力的代数和等于零。这样，平面平行力系平衡的必要与充分条件是：力系中所有各力的代数和等于零，力系中各力对任一点之矩的代数和等于零。

同理，由平面一般力系平衡方程的二矩式形式，可导出平面平行力系平衡方程的二力矩式，即

$$\left.\begin{aligned}\sum M_A(\boldsymbol{F}) = 0 \\ \sum M_B(\boldsymbol{F}) = 0\end{aligned}\right\} \tag{3-20}$$

其中 A、B 两点连线不与各力的作用线平行。

3.5　物体系统的平衡问题

工程中的结构，如桁架和刚架结构等，都是由若干构件组成的系统。这种由若干个物体通过不同的约束按一定方式连接而成的系统，称为物体系统，简称物体系或物系。在研究物体系平衡时，不仅要知道外界物体对于这个系统的作用，同时还应分析系统内各物体之间的相互作用。外界物体作用于物体系的力称为该物体系的外力；物体系内部各物体之间的相互作用力称为该系统的内力。根据作用力与反作用力的性质，内力总是成对出现的，因此当取物体系为分离体时，可不考虑内力；当需要求解物体系的内力时，就必须取物体系中与需要求解的内力相关的这些物体为分离体。

当物体系平衡时，组成该系统的每一个物体都处于平衡状态，因此对于每一个受平面任意力系作用的物体，均可写出三个平衡方程。如果物体系是由 n 个物体组成，则共 $3n$ 个独立的平衡方程。如果系统中有的物体受平面汇交力系、平面力偶系或平面平行力系作用时，则系统的平衡方程数目相应减少。

在静力学中，当研究单个物体或物体系的平衡问题时，由于对应于每一种力系的独立平衡方程的数目是一定的，当所研究的问题的未知量的数目等于独立平衡方程的数目时，所有的未知量都能由平衡方程唯一确定，这样的问题称为静定问题。如 2.4 节中列举的各例都是静定问题。在工程实际中，有时为了提高结构的刚度和坚固性，常常增加多余的约束，因而使这些

结构的未知量数目多于独立平衡方程数目，未知量就不能全部由平衡方程求出，这样的问题称为静不定问题或超静定问题。

求解物体系的平衡问题时，首先需要判断该系统是否静定。在求解静定的物体系的平衡问题时，可以选物体系中的每一个物体为研究对象，列出全部的独立平衡方程，然后求解；也可以先取整个物体系为研究对象，列出独立的平衡方程，这样的方程因不包含内力，式中未知量较少，解出部分未知量后，在从系统中选取某个物体或几个物体组成的局部系统为研究对象，列出相应的独立平衡方程，直至求出所有未知量为止。由此可见，在求解物体系的平衡问题时，选取研究对象是一个重要步骤，应根据问题的具体情况选取研究对象。必须注意，在选择研究对象和列平衡方程时，应使每一个独立的平衡方程中的未知量个数尽可能地少，最好只含有一个未知量，以避免求解联立方程。

【例 3-12】 组合梁的支承及荷载情况如图 3-23(a)所示，已知 $F_1=10$ kN，$F_2=20$ kN，试求支座 A、B、D 及铰 C 处的约束反力。

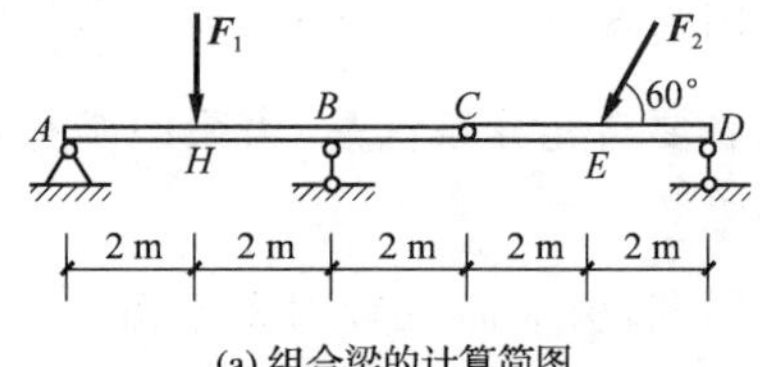

(a) 组合梁的计算简图

(b)CD 梁受力图

(c)AC 梁受力图

(d) 组合梁整体受力图

图 3-23 【例 3-12】图

【解】 组合梁由梁 AC 和 CD 两段组成，作用在每段梁上的力系都是平面一般力系，因此可列出六个独立的平衡方程。未知量也有六个：A、C 处各两个，B、D 处各一个。六个独立的平衡方程能求解六个未知量。

梁 CD、梁 AC 及整体梁的受力图如图 3-23(b)、(c)、(d)所示。各约束反力的指向都是假定的，但约束反力 F'_{Cx}、F'_{Cy} 必须分别与 F_{Cx}、F_{Cy} 等值、反向、共线。由三个受力图可看出，在梁 CD 上只有三个未知力，而在整体梁上有四个未知力，在梁 AC 上有五个未知力。因此，应先取梁 CD 为研究对象，求出 F_{Cx}、F_{Cy}、F_{Dy}，然后再考虑梁 AC 或整体梁平衡，就能解出其余未知力。

(1)取 CD 梁为研究对象，如图 3-23(b)所示。

$$\sum M_C(\boldsymbol{F})=0,\quad F_{Dy}\times 4-F_2\sin 60^\circ\times 2=0$$

得
$$F_{Dy}=\frac{F_2\sin 60^\circ\times 2}{4}=\frac{20\times 0.866\times 2}{4}=8.66\ \text{kN}$$

$$\sum F_x=0,\quad F_{Cx}-F_2\cos 60^\circ=0$$

得
$$F_{Cx}=F_2\cos 60^\circ=20\times 0.5=10\ \text{kN}$$

$$\sum F_y=0,\quad F_{Cy}+F_{Dy}-F_2\sin 60^\circ=0$$

得
$$F_{Cy}=F_2\sin 60^\circ-F_{Dy}=20\times 0.866-8.66=8.66\ \text{kN}$$

(2) 取 AC 梁为研究对象，如图 3-23(c) 所示。

$$\sum M_A(\boldsymbol{F})=0,\quad F_{By}\times 4-F_1\times 2-F'_{Cy}\times 6=0$$

得
$$F_{By}=\frac{2F_1+6F'_{Cy}}{4}=\frac{2\times 10-6\times 8.66}{4}=17.99\ \text{kN}$$

$$\sum F_x = 0,\quad F_{Ax} - F'_{Cx} = 0$$

得
$$F_{Ax} = F'_{Cx} = 10\ \text{kN}$$

$$\sum F_y = 0,\quad F_{Ay} - F_1 + F_{By} - F'_{Cy} = 0$$

得
$$F_{Ay} = F_1 - F_{By} + F'_{Cy} = 10 - 17.99 + 8.66 = 0.67\ \text{kN}$$

(3) 校核,取整体梁为研究对象,如图 3-23(d) 所示。

$$\sum F_x = F_{Ax} - F_2\cos 60^\circ = 10 - 20 \times 0.5 = 0$$

$$\sum F_y = F_{Ay} + F_{By} + F_{Dy} - F_1 - F_2\sin 60^\circ = 0.67 + 17.99 + 8.66 - 10 - 20 \times 0.866 = 0$$

计算无误。

【例 3-13】 钢筋混凝土三铰刚架受荷载作用,如图 3-24(a)所示,已知 $F=18$ kN,$q=12$ kN/m,求支座 A、B 及铰 C 处的约束反力。

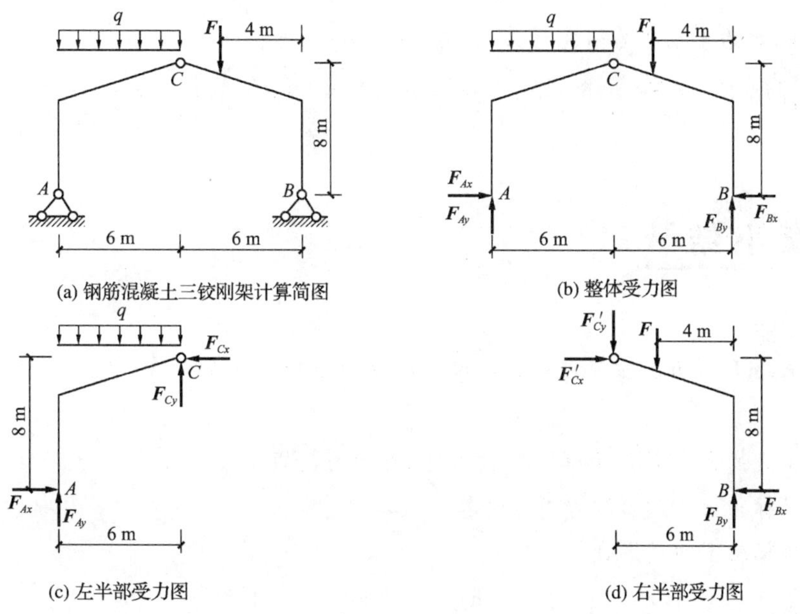

图 3-24　【例 3-13】图

【解】 三铰刚架整体和左、右两半刚架的受力图如图 3-24(b)、(c)、(d)所示。由图可见,如果先取左半刚架或右半刚架为研究对象,在其上都有四个未知力,不论是列出力矩方程或投影方程,每个方程中至少含有两个未知力,不可能做到一个方程求解一个未知力。如果先取整体刚架为研究对象,虽然也有四个未知力,由于 F_{Ax}、F_{Ay}、F_{Bx} 交于 A 点,F_{Bx}、F_{By}、F_{Ax} 交于 B 点,所以分别以 A 和 B 为矩心列平衡方程,可以先求出 F_{By} 和 F_{Ay}。然后,在考虑任一个半刚架的平衡,这时,每个半刚架都只剩下三个未知力,问题就迎刃而解了。

综上分析,计算如下:

(1)取三铰刚架整体刚架为研究对象,如图 3-24(b)所示。

$$\sum M_A(\boldsymbol{F})=0,\quad F_{By}\times 12-F\times 8-q\times 6\times 3=0$$

$$\sum M_B(\boldsymbol{F})=0,\quad -F_{Ay}\times 12+F\times 4+q\times 6\times 9=0$$

$$\sum F_x=0,\quad F_{Ax}-F_{Bx}=0$$

解得 $F_{Ay}=60\ \text{kN},\quad F_{By}=30\ \text{kN},\quad F_{Ax}=F_{Bx}$

(2) 取左半刚架为研究对象,如图 3-24(c) 所示。

$$\sum F_x=0,\quad F_{Ax}-F_{Cx}=0$$

$$\sum F_y=0,\quad F_{Cy}+F_{Ay}-q\times 6=0$$

$$\sum M_C(\boldsymbol{F})=0,\quad -F_{Ay}\times 6+F_{Ax}\times 8+q\times 6\times 3=0$$

解得

$$F_{Ax}=F_{Bx}=18\ \text{kN},\quad F_{Cx}=18\ \text{kN},\quad F_{Cy}=12\ \text{kN}$$

(3) 校核,取右半刚架为研究对象,如图 3-24(d) 所示。

$$\sum M_C(\boldsymbol{F})=F_{By}\times 6-F_{Bx}\times 8-F\times 2=30\times 6-18\times 8-18\times 2=0$$

计算无误。

本章小结

1. 基本概念

①力的大小 F 与力的作用线到转动中心 O 的垂直距离 d 的乘积,称为力 $\boldsymbol{F}$ 对点 O 之矩,简称力矩。

②力偶中力的大小 F 与力偶臂 d 的乘积,称为力偶矩。

2. 力在坐标轴上的投影和力矩的计算

①力在坐标轴上的投影计算

定义式
$$\left.\begin{aligned}F_x&=\pm F\cos\alpha\\F_y&=\pm F\sin\alpha\end{aligned}\right\}$$

式中 α—— 力 F 与坐标轴 x 所夹的锐角。

合力投影定理
$$\left.\begin{aligned}F_{Rx}&=F_{1x}+F_{2x}+\cdots+F_{nx}=\sum F_x\\F_{Ry}&=F_{1y}+F_{2y}+\cdots+F_{ny}=\sum F_y\end{aligned}\right\}$$

② 力矩的计算

定义式 $M_O(\boldsymbol{F})=\pm Fd$

d 为 O 点到力 $\boldsymbol{F}$ 作用线的垂直距离,称为力臂。

合力矩定理 $M_O(\boldsymbol{F}_R)=M_O(\boldsymbol{F}_1)+M_O(\boldsymbol{F}_2)+\cdots+M_O(\boldsymbol{F}_n)=\sum M_O(\boldsymbol{F})$

3. 平面力系的平衡条件及平衡方程

	平面汇交力系	平面力偶系	平面一般力系
平衡的充要条件	$F_R=0$	$M=0$	$\left.\begin{matrix}F'_R=0\\M_O=0\end{matrix}\right\}$
平衡方程	$\left.\begin{matrix}\sum F_x=0\\\sum F_y=0\end{matrix}\right\}$	$\sum M=0$	一般形式 $\left.\begin{matrix}\sum F_x=0\\\sum F_y=0\\\sum M_O(\boldsymbol{F})=0\end{matrix}\right\}$
			二矩式 $\left.\begin{matrix}\sum F_x=0\\\sum M_A(\boldsymbol{F})=0\\\sum M_B(\boldsymbol{F})=0\end{matrix}\right\}$（其中 x 轴不得垂直于 A、B 两点的连线）
			三矩式 $\left.\begin{matrix}\sum M_A(\boldsymbol{F})=0\\\sum M_B(\boldsymbol{F})=0\\\sum M_C(\boldsymbol{F})=0\end{matrix}\right\}$（其中 A、B、C 三点不得共线）

4. 平衡方程的应用

应用平面力系的平衡方程，可以求解单个物体及物体系统的平衡问题，求解时要通过受力分析，正确选取研究对象，画出分离体受力图。平面一般力系有三个相互独立的平衡方程，可求解三个未知量。在解题时，为避免解联立方程组，应尽量使一个方程只含一个未知量。为此，坐标轴的选取应尽可能与未知力的作用线相平行或垂直，矩心选在两个未知力的交点上。

复习思考题

3-1　同一个力在两个互相平行的轴上的投影有什么关系？如果两个力在同一轴上的投影相等，问这两个力的大小是否一定相等？

3-2　力在坐标轴上的投影与力沿相应轴向的分力有什么区别和联系？

3-3　试比较力矩和力偶矩的异同点。

3-4　平面汇交力系向汇交点以外一点简化，其结果可能是一个力吗？可能是一个力偶吗？可能是一个力和一个力偶吗？

3-5　如图3-25所示，两轮的半径都是 r。在图3-25(a)和(b)所示的两种情况下力对轮的作用有何不同？

3-6　在刚体上 A、B、C 三点分别作用三个力 $\boldsymbol{F}_1$、$\boldsymbol{F}_2$、$\boldsymbol{F}_3$，各力的方向如图3-26所示，大小恰好与 $\triangle ABC$ 的边长成比例。问该力系是否平衡？为什么？

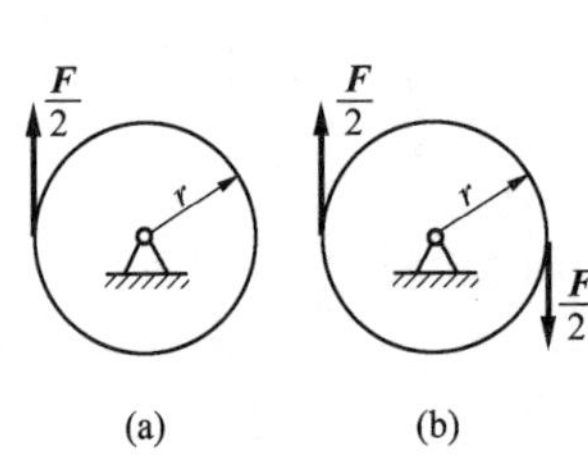

图 3-25 复习思考题 3-5 图

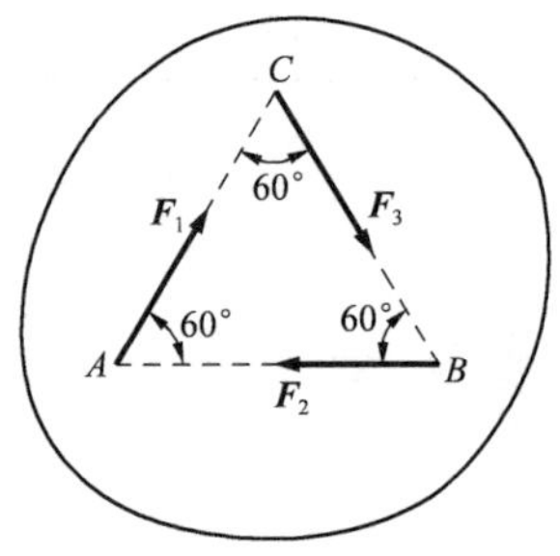

图 3-26 复习思考题 3-6 图

3-7 某平面力系向 A、B 两点简化的主矩皆为零，此力系简化的最终结果可能是一个力吗？可能是一个力偶吗？可能平衡吗？

3-8 平面一般力系的平衡方程有几种形式？应用时有什么限制条件？

3-9 设一平面任意力系向一点简化得到一合力。如另选适当的点为简化中心，问力系能否简化为一力偶？为什么？

习 题

第 3 章

3-1 平面 Oxy 内有五个力汇交于 O 点，如图 3-27 所示。图 3-27 方格的边长为单位 1，试求该力系的合力。

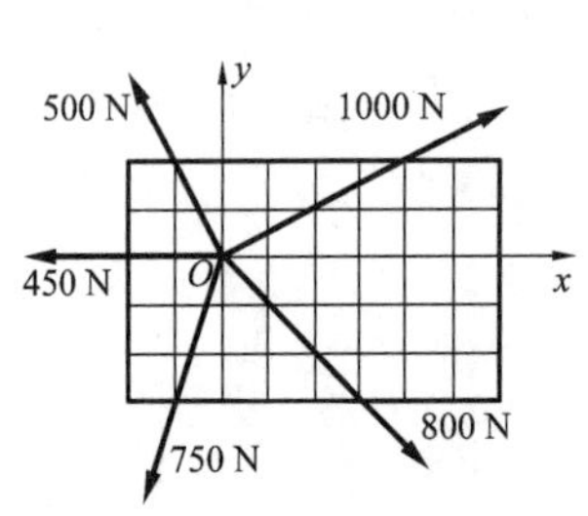

图 3-27 习题 3-1 图

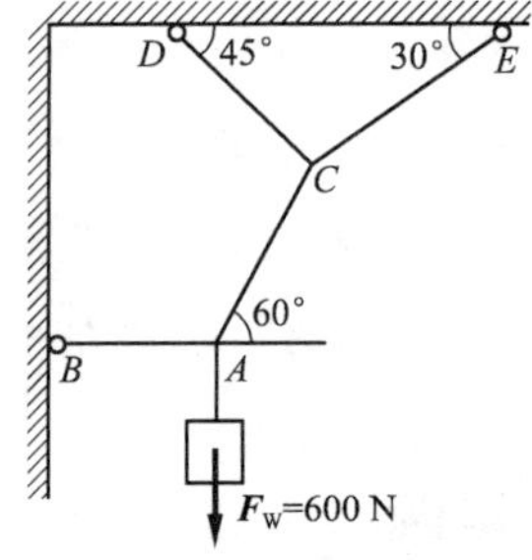

图 3-28 习题 3-2 图

3-2 用一组绳悬挂某重量为 $F_W=600$ N 的重物，如图 3-28 所示。试求各段绳的拉力。

3-3 如图 3-29 所示，固定在墙壁上的圆环受三条绳索的拉力作用，力 $\boldsymbol{F}_1$ 沿水平方向，力 $\boldsymbol{F}_2$ 与水平方向成 40°夹角，力 $\boldsymbol{F}_3$ 沿铅直方向。三力的大小分别为 $F_1=4000$ N，$F_2=5000$ N，$F_3=3000$ N。试求该力系的合力。

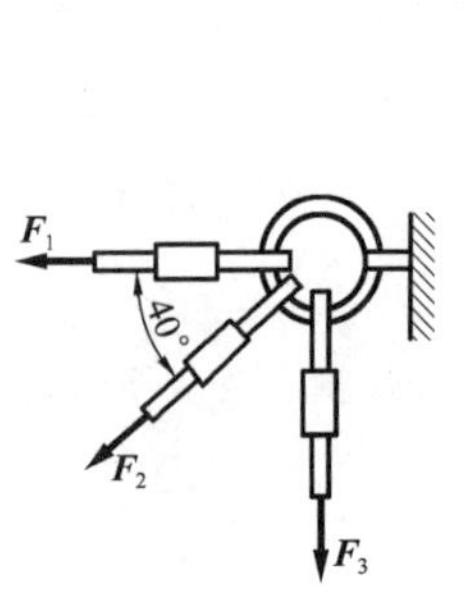

图 3-29 习题 3-3 图

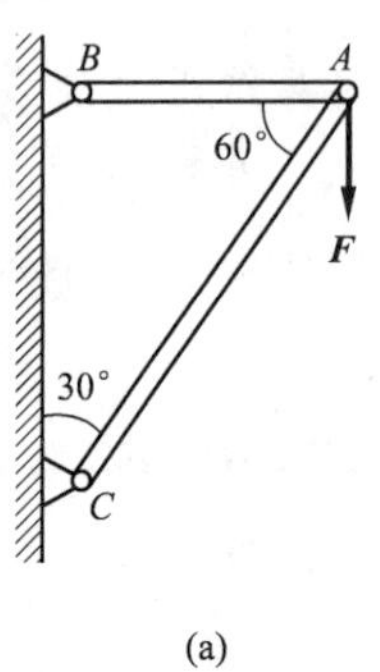

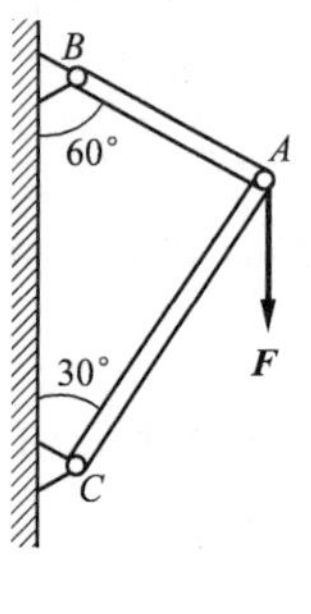

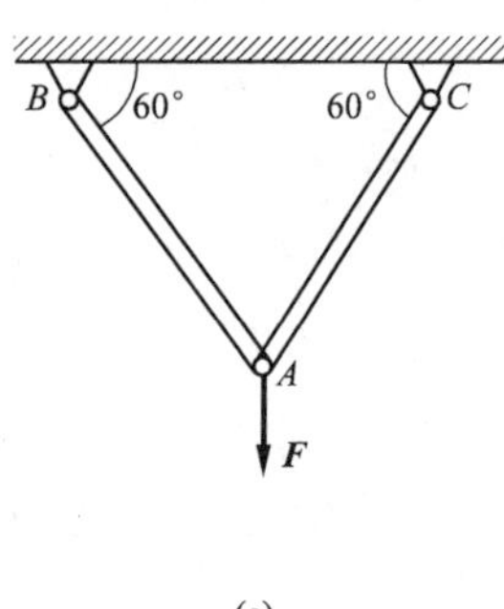

图 3-30 习题 3-4 图

3-4　如图 3-30 所示支架由杆 AB、AC 构成，A、B、C 处都是铰接，在 A 点作用有竖向力 $F=200$ kN。求图示三种情况下 AB、AC 杆所受的力。

3-5　求如图 3-31 所示各种情况下力 $\boldsymbol{F}$ 对 O 点的矩。

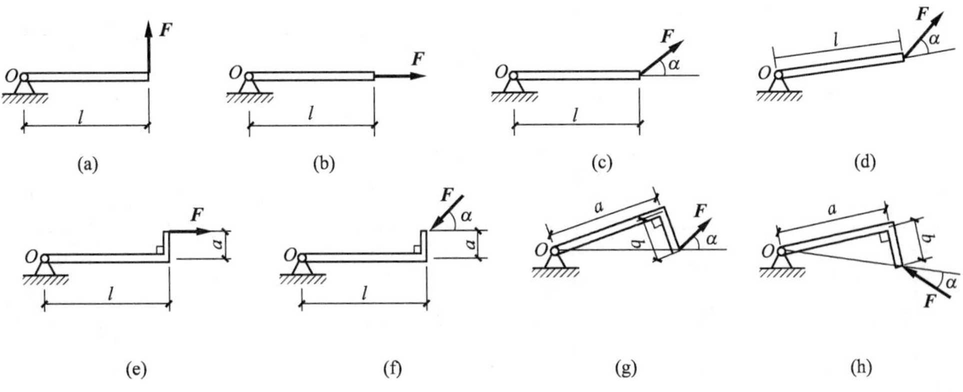

图 3-31　习题 3-5 图

3-6　试计算如图 3-32 所示力 $\boldsymbol{F}_1$ 和 $\boldsymbol{F}_2$ 对 A 点的矩。

3-7　一烟筒高 48 m，自重 $W=4092.2$ kN，基础面上烟筒的底截面直径为 4.66 m，受风力如图 3-33 所示，试验算烟筒在基础面 AB 上是否会倾覆？

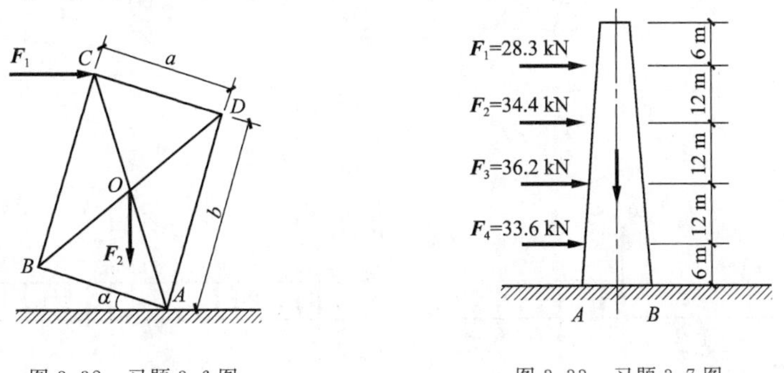

图 3-32　习题 3-6 图　　　图 3-33　习题 3-7 图

3-8　梁 AB 如图 3-34 所示。在梁的中点作用一力 $F=20$ kN，力和梁的轴线成 45°。如梁的重量略去不计，试分别求(a)和(b)两种情形下的支座反力。

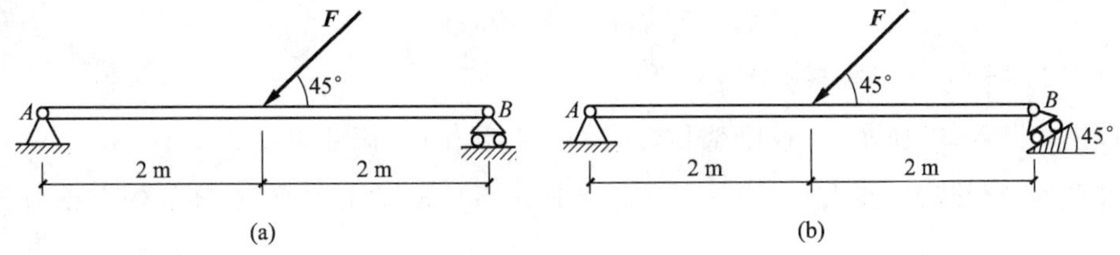

图 3-34　习题 3-8 图

3-9　求如图 3-35 所示各梁的支座反力。

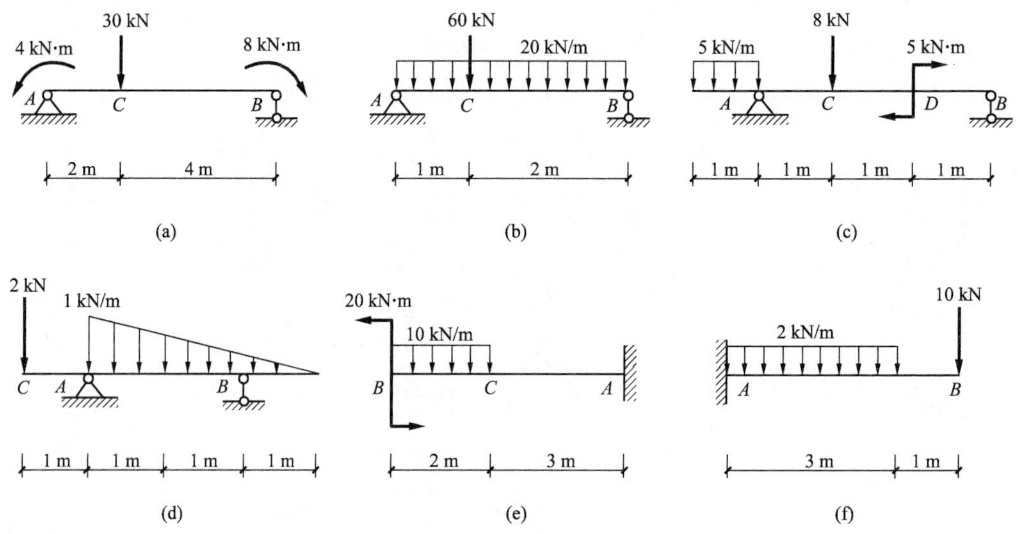

图 3-35 习题 3-9 图

3-10 求如图 3-36 所示多跨梁的支座反力。

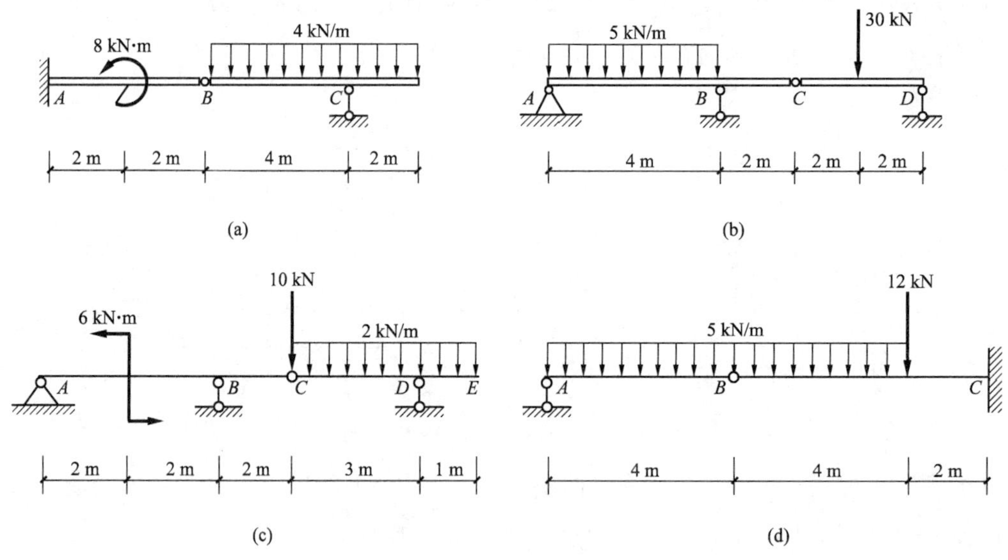

图 3-36 习题 3-10 图

3-11 求如图 3-37 所示刚架的支座反力。

3-12 如图 3-38 所示，三铰刚架顶部受均布荷载作用，荷载集度为 $q=2$ kN/m，AC 杆上作用一水平集中荷载 $F=5$ kN。已知 $l=a=2$ m，$h=4$ m，试求支座 A、B 的约束反力。

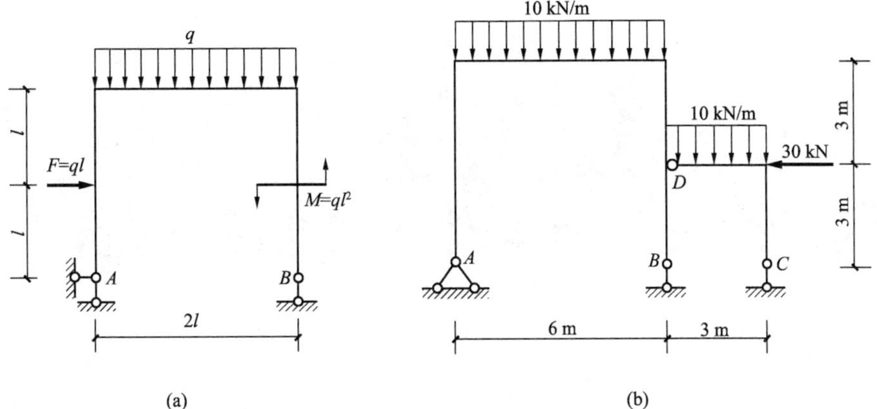

图 3-37　习题 3-11 图

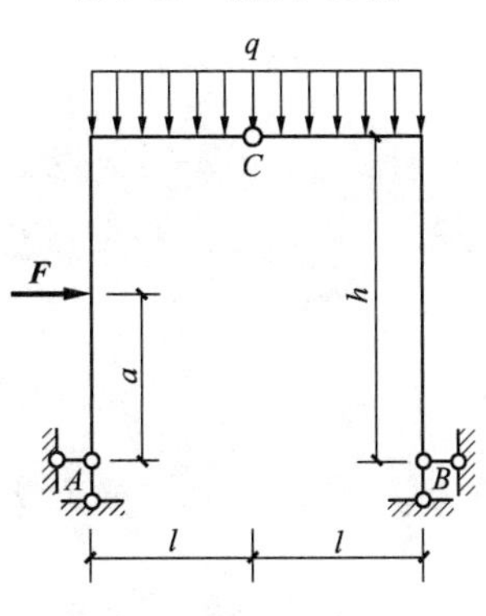

图 3-38　习题 3-12 图

第 4 章 平面体系的几何组成分析

第 4 章

学习目标

通过本章的学习，了解几何不变体系和几何可变体系的概念，理解几何组成分析的目的；掌握平面体系的几何组成规则并能熟练应用；了解静定结构和超静定结构的联系和区别。

学习重点

平面体系的几何组成分析规则，运用规则判定体系是否为几何不变体系。

4.1 概　述

若干个杆件按一定规律相互连接，并与基础连接成一整体，构成杆件体系。如果体系的所有杆件和约束及外部作用均在同一平面内，则称为平面体系。但并不是无论怎样组成的体系都能作为工程结构使用的。

1. 几何不变体系和几何可变体系

几何不变与几何可变体系的概念

体系受到荷载作用后，构件将产生变形，一般这种变形与结构的尺寸相比是很微小的，在不考虑材料变形的条件下，体系受力后，能保持其几何形状和位置的不变，且不发生刚体形式的运动，这类体系称为几何不变体系。如图 4-1(a)所示体系，由两根杆件与地基组成铰接三角形，受到任意荷载作用时，它的几何形状和位置都不会改变，这种体系就是几何不变体系，但对如图 4-1(b)所示体系，它是一个铰接四边形，即使不考虑材料的变形，在很小的荷载作用下，也会发生机械运动而

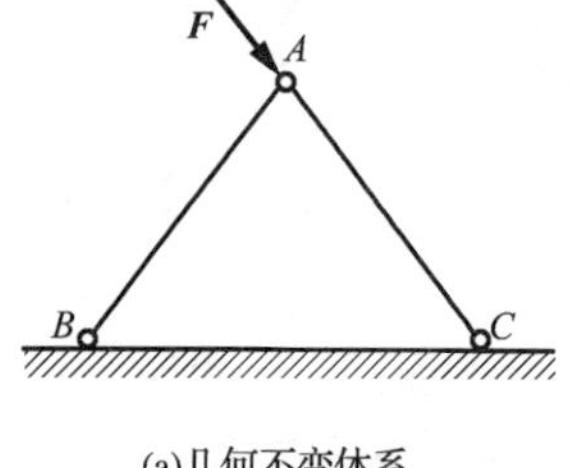

(a)几何不变体系

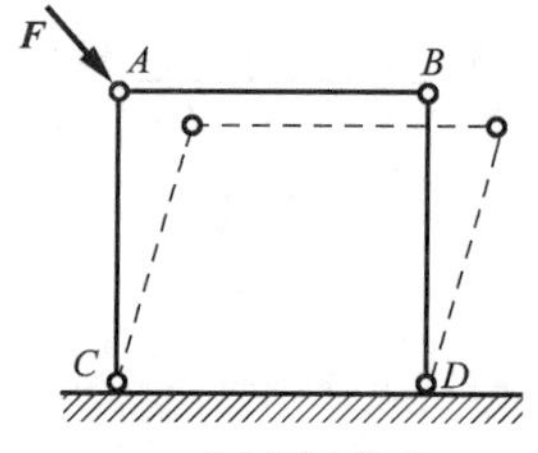

(b)几何可变体系

图 4-1　几何组成分析

不能保持原有的几何形状和位置，这样的体系称为几何可变体系。对于用来承受荷载的建筑结构，必须是几何不变体系。因此，在设计结构和选取其计算简图时，首先必须判断它是否是几何不变的，然后决定能否用作结构。这一工作就称为体系几何组成分析或几何构造分析。本章只讨论平面体系的几何组成分析。

2. 几何组成分析的目的

对体系进行几何组成分析，目的在于：

①判断体系是否为几何不变体系，从而决定它能否作为结构。

②研究几何不变体系的组成规则，以便设计出合理的结构形式。

③正确区分静定结构和超静定结构，从而选择相应的计算方法。

3. 几个重要概念

刚片、自由度、约束的概念

刚片——平面内的刚体称为刚片。在进行几何组成分析时，梁、基础、已经判断出为几何不变的部分等均可视为刚片。

自由度——体系在运动时可以独立变化的几何参数的数目，也就是确定其体系位置所需独立坐标的数目，简称为自由度。例如，一个点在平面内自由运动时，其位置可用两个独立坐标 x、y 来确定，如图 4-2(a)所示，所以一个点在平面内有两个自由度。一个刚片在平面内自由运动时，其位置可由它上面的任一点 A 的坐标 x、y 和任一直线 AB 的倾角 φ 来确定，如图 4-2(b)所示，所以一个刚片在平面内有三个自由度。

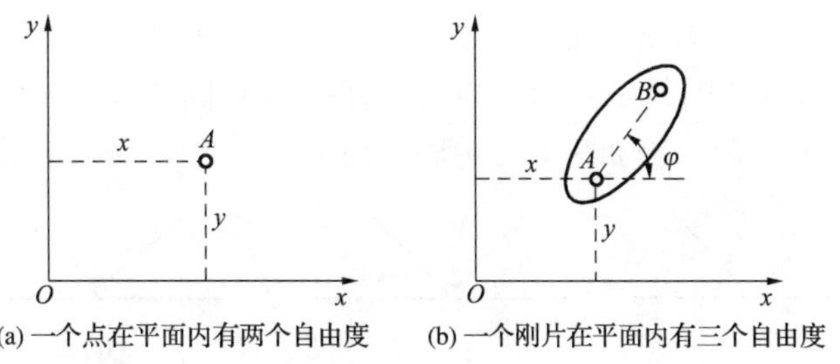

(a) 一个点在平面内有两个自由度　(b) 一个刚片在平面内有三个自由度

图 4-2　点和刚片的自由度

约束——对运动起限制作用的装置称为约束。约束使构件(刚片)之间的相对运动受到限制，因此约束的存在将会使体系的自由度减少。常见的约束有链杆、铰和刚性连接。

链杆是两端用铰与其他两个物体相连的刚性杆。链杆只限制与其连接的刚片沿链杆两铰连线方向上的运动，因此一个链杆相当于一个约束，能使体系减少一个自由度。如图 4-3(a)所示刚片Ⅰ与基础用一根链杆相连接，则刚片Ⅰ在链杆方向的运动将被限制，但此时刚片仍可进行两种独立运动，即链杆 AB 绕 B 点的转动以及刚片绕 A 点的转动。加入链杆后，刚片的自由度减少为两个，可见一根链杆可减少一个自由度，故一根链杆相当于一个约束。

如果在 A 点处再加一链杆将刚片Ⅰ与基础相连，如图 4-3(b)所示，即 A 点处成为一个固定铰支座，此时，刚片Ⅰ只能绕 A 点转动，其自由度减少为一个。可见一个固定铰支座可减少两个自由度，故一个固定铰支座相当于两个约束。

连接两个刚片的铰称为单铰。如图 4-4(a)所示刚片Ⅰ与Ⅱ用一个铰连在一起，如果用两个坐标 x、y 和倾角 φ_1 确定了刚片Ⅰ的位置，则刚片Ⅱ只能绕 A 转动，因此只需要一个倾角 φ_2

就可以确定刚片Ⅱ的位置。因此，两刚片原有的6个自由度就减少为4个，可见一个单铰相当于两个约束，也就是相当于两根链杆的作用。

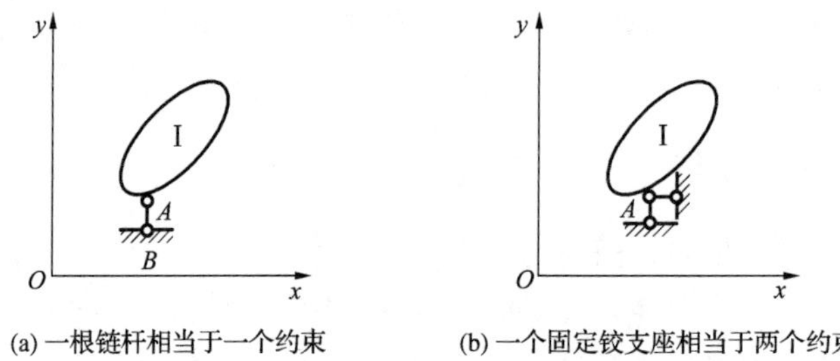

(a) 一根链杆相当于一个约束　　(b) 一个固定铰支座相当于两个约束

图 4-3　约束

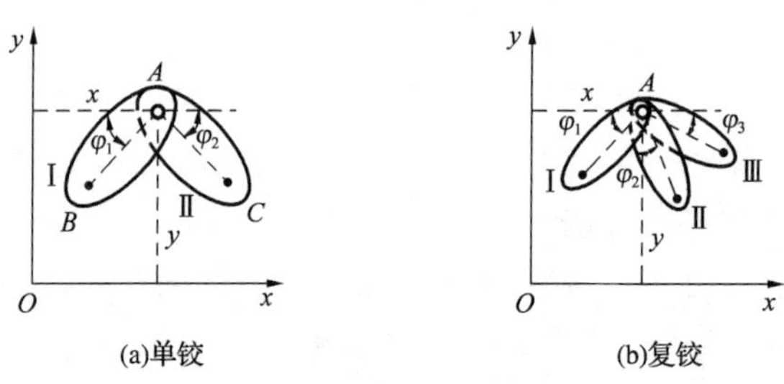

(a)单铰　　(b)复铰

图 4-4　单铰和复铰

有时一个铰同时连接两个以上的刚片，这种铰称为复铰。如图4-4(b)所示为连接三个刚片的复铰。三个刚片连接后的自由度由原来的9个减少为5个。即A点处的复铰减少了4个自由度，相当于两个单铰的作用。由此及彼，连接n个刚片的复铰，其作用相当于$(n-1)$个单铰，也即相当于$2(n-1)$个约束。如图4-5(a)所示的四个刚片用一圆柱铰连接，即为1个复铰，连接刚片数为$n=4$，相当于$n-1=4-1=3$个单铰；如图4-5(b)所示的三个刚片用一圆柱铰连接，经折算后相当于2个单铰；而如图4-5(c)所示，是两个刚片用一圆柱铰连接，其单铰数为1。

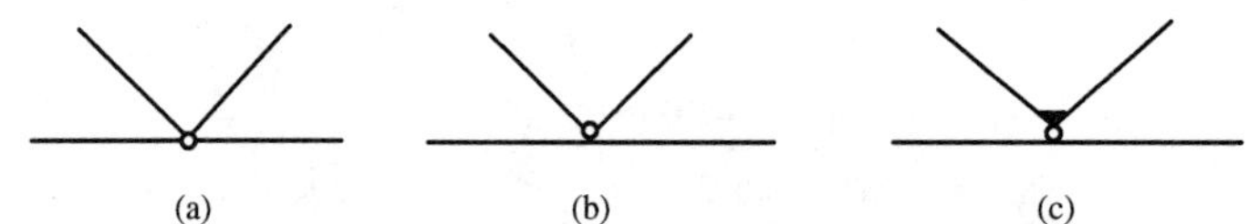

(a)　(b)　(c)

图 4-5　复铰和单铰示例

如图4-6(a)所示刚片Ⅰ和刚片Ⅱ间为刚性连接。当两个刚片单独存在时，它们的自由度为6；两者通过刚性连接后，刚片Ⅰ相对于刚片Ⅱ不发生任何相对运动，构成了一个刚片，这时它的自由度是3，所以一个刚性连接相当于三个约束。这三个约束也可以用彼此既不完全平行也不交于一点的三根链杆来代替。因此，可把图4-6(a)画成图4-6(b)、(c)的情况。悬臂梁的固定端就是刚片与基础间的刚性连接。

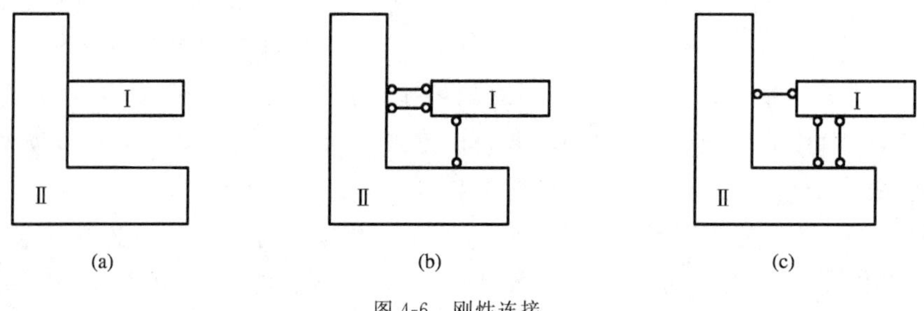

(a)　(b)　(c)

图 4-6　刚性连接

必要约束和多余约束——凡使体系的自由度减少为零所需要的最少约束，称为必要约束。如果在一个体系中增加一个约束，而体系的自由度并不因此而减少，则此约束称为多余约束。例如，平面内有一个自由点 A 原来有两个自由度，如果用两根不共线的链杆 1 和 2 把 A 点与基础相连，如图 4-7(a)所示，则 A 点即被固定，因此减少了两个自由度，可见链杆 1 和 2 都是必要约束。

如果用三根不共线的链杆把 A 点与基础相连，如图 4-7(b)所示，实际上仍只减少两个自由度。因此，这三根链杆中只有两根是必要约束，而一根是多余约束(可把三根链杆中的任何一根链杆视作多余约束)。

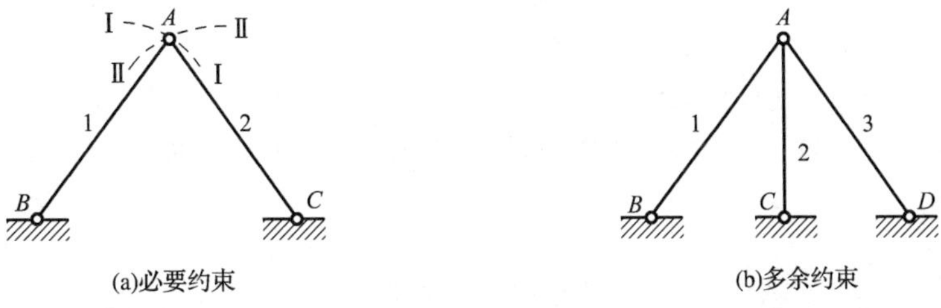

图 4-7　约束

另外，一个体系中如果有多余约束存在，那么，应当分清楚哪些约束是多余的，哪些约束是必要的。只有必要约束才对体系的自由度有影响，而多余约束则对体系的自由度没有影响。

4.2　平面几何不变体系的基本组成规则

本节介绍无多余约束的几何不变平面体系的基本组成规则。无多余约束是指体系内的约束数目恰好使该体系成为几何不变体系，如果去掉任意一个约束就会变成几何可变体系。

1. 基本组成规则

几何不变体系的组成规则

(1)三刚片规则　三个刚片用不在同一直线上的三个铰两两相连，所组成的体系为几何不变体系，且无多余约束。

如图 4-8(a)所示铰接体系，刚片Ⅰ、Ⅱ、Ⅲ用不在同一直线上的 A、B、C 三个单铰两两相连，这三个刚片组成一个三角形，因为三边的长度是定值，所组成的三角形是唯一的，形状不会改变，所以该体系是几何不变的。同理，当三个刚片每两个刚片之间都用两根链杆相连，而且每两根链杆都相交于一点，构成一个虚铰。这三个刚片由不在同一直线上的虚铰两两相连，所构成的体系也是几何不变的，如图 4-8(b)、(c)所示。

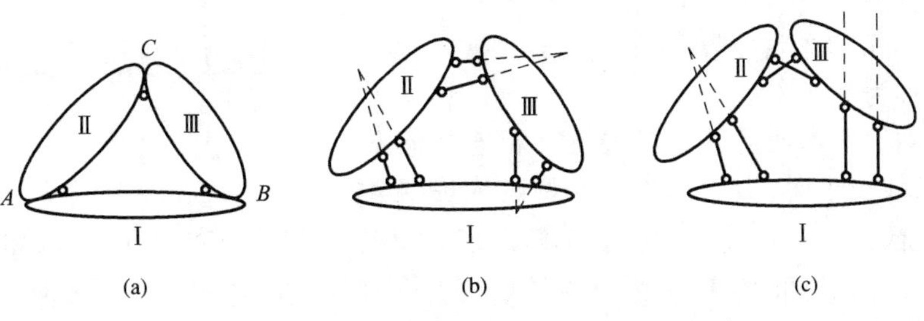

图 4-8　三刚片规则

(2)两刚片规则 两个刚片用一个铰和一根延长线不通过该铰的链杆相连；或者两个刚片用三根既不完全平行也不交于同一点的链杆相连，组成的体系为几何不变体系，且无多余约束。

如图 4-9(a)所示体系，当连接两个刚片的链杆作为刚片来处理时，很显然，该体系组成的是一个简单的三角形体系，为几何不变。

此外，对于如图 4-9(c)所示体系，两个刚片用三个链杆相连的情形，要分析此体系，先来讨论两刚片间用两根链杆相连时的运动情况，如图 4-9(b)所示，假定刚片Ⅱ不动，则刚片Ⅰ运动时，链杆 AB 将绕 B 点转动，因而 A 点将沿与 AB 杆垂直的方向运动；同理，C 点将沿与 CD 杆垂直的方向运动。因而可知，整个刚片Ⅰ将绕 AB 与 CD 两杆延长线的交点 O 转动。O 点称为刚片Ⅰ和Ⅱ的相对转动瞬心。此情形就相当于将刚片Ⅰ和Ⅱ在 O 点用一个铰相连一样。因此连接两个刚片的两根链杆的作用相当于在其交点处的一个单铰，但这个铰的位置是随着链杆的转动而改变的，这种铰称为虚铰。这样对于如图 4-9(c)所示体系，此时可把链杆 AB、CD 看作是在其交点 O 处的一个铰，故此两刚片又相当于用铰 O 和链杆 EF 相连，而当铰与链杆不在一直线上时，成为几何不变体系。

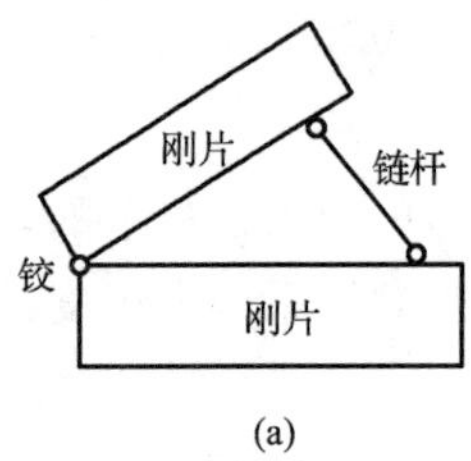

(a)

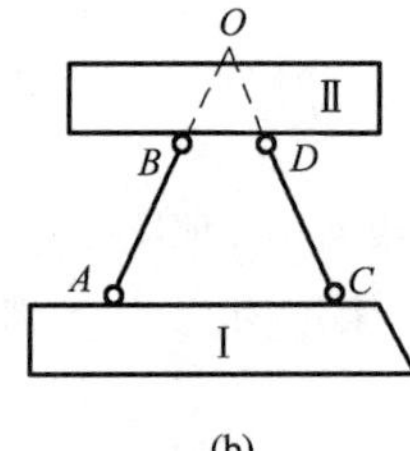

(b)

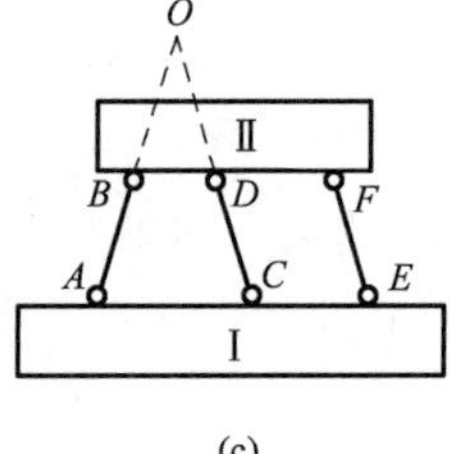

(c)

图 4-9 两刚片规则

(3)二元体规则 用两根不在同一直线上的链杆连接一个新铰结点的装置称为二元体。如图 4-10 所示的结点 A 和链杆 AB、AC 组成的就是二元体，通常写为二元体 $B-A-C$。由上节可知，平面内一个结点的自由度为 2，而两根不共线的链杆相当于二个约束，因此增加一个二元体对体系的自由度没有影响。相反，若在一个体系上去掉一个二元体，也不会改变原体系的自由度及其几何组成性质。由此，二元体规则可表述为：在一个体系上增加或减少二元体，不改变体系的几何不变性或几何可变性。

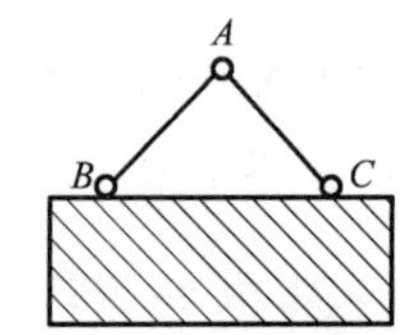

图 4-10 二元体规则

2. 常变体系与瞬变体系

在平面体系中，不满足上述规则的体系称为几何可变体系。几何可变体系又分为常变体系与瞬变体系。

如图 4-11(a)所示，刚片Ⅱ与基础Ⅰ用三根等长且相互平行的链杆相连接，刚片Ⅱ可相对基础平行运动；如图 4-11(b)所示的体系，刚片Ⅱ始终可绕 O 点任意转动，这类体系称为常变体系。

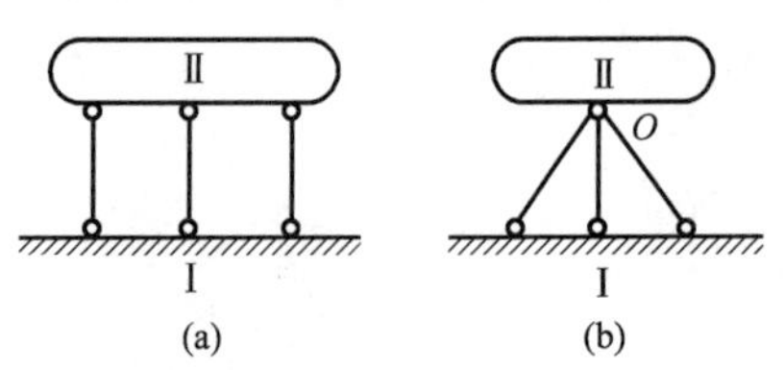

图 4-11 常变体系

如图 4-12(a)所示两刚片用三根链杆相连的体系，三根链杆延长线交于同一 O 点，不满足两刚片规则，体系是几何可变的。当刚片绕 O 点作微小转动后，三杆延长线不再交于 O 点，此时体系为几何不变，把这种原为几何可变，产生微小位移后变为几何不变的体系称为瞬变体系。如图 4-12(b)、(c)所示体系也是瞬变体系。

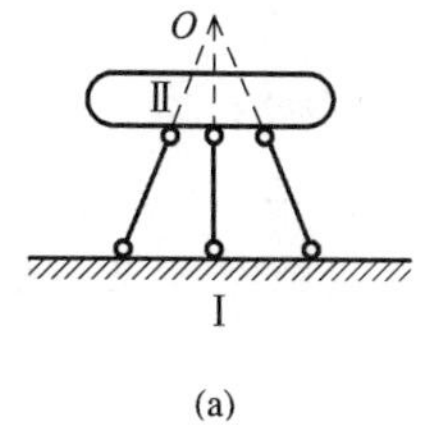

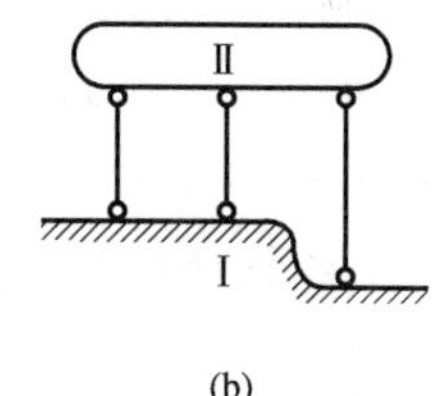

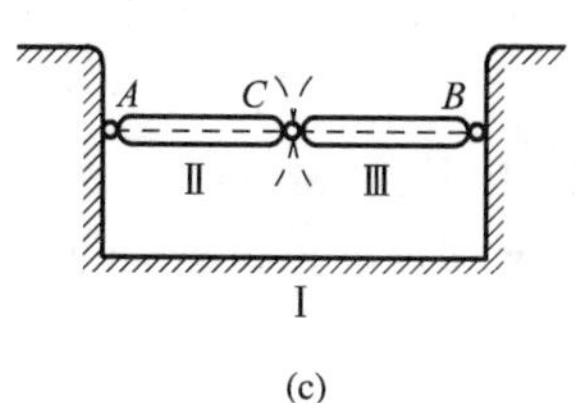

图 4-12　瞬变体系

4.3 几何组成分析示例

体系几何组成分析的依据是前述的基本组成规则，但在具体分析问题时，往往会发生困难，因为常见的体系比较复杂，刚片数往往超过两刚片或三刚片的范围。因此，对体系进行组成分析时，可按下列思路进行：

①对简单体系可直接根据几何组成规则进行分析。

②对稍微复杂的体系，先对体系进行简化。简化的方法：一是去掉或增加二元体后再进行体系几何分析；二是将已确定为几何不变的部分看作为一个刚片。

③如果体系只通过不全平行也不全交于一点的三根链杆与基础相连接，可只对体系进行几何组成分析来判断其是否几何可变。

④注意应用一些约束等价代换关系。一是把只有两个铰与外界连接的刚片看成一个链杆约束，反之链杆约束也可看成刚片；二是两刚片之间的两根链杆构成的实铰或虚铰与一个单铰等价。这里的链杆不得重复利用。

【例 4-1】 试分析如图 4-13 所示的多跨静定梁的几何组成。

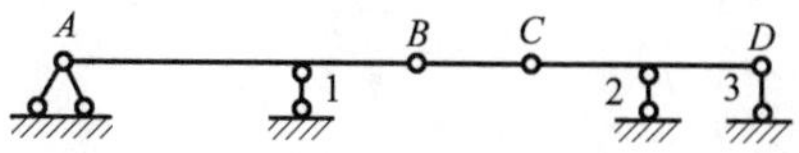

图 4-13　例 4-1 图

【解】 将 AB 段梁看作刚片，它用铰 A 和链杆 1 与基础相连接，组成几何不变体系。这样，就可以把基础与 AB 段梁一起看成是一个扩大了的刚片。将 BC 段梁看作链杆，则 CD 段梁用不交于同一点的 BC、2、3 链杆和扩大了的刚片相连组成几何不变体系，且无多余约束。

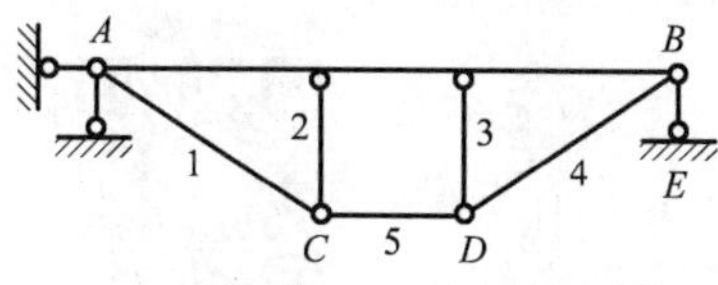

图 4-14　例 4-2 图

【例 4-2】 试分析如图 4-14 所示体系的几何组成。

【解】 体系本身用铰 A 和链杆 BE 与基础相连，符合两刚片规则。因此，可撤去支座链杆，只分析体系本身即可。将 AB 看成刚片，用链杆 1、2 固定 C，链杆 3、4 固定 D，则链杆 5 是多余约束，因此体系本身是几何不变，但有一个多余约束。

【例 4-3】 对如图 4-15 所示体系进行几何组成分析。

【解】 三角形 ACD 和 BKL 可看成刚片，梯形 $FGHJ$ 也可看成刚片，此刚片分别用三根链杆 DF、DI、EH 和 GK、IK、JM 与三角形 ACD 和 BKL 连接，符合两刚片规则，所以结构内部是几何不变且无多余联系。

结构外部用两个固定铰与基础相连接，则有一个多余约束。

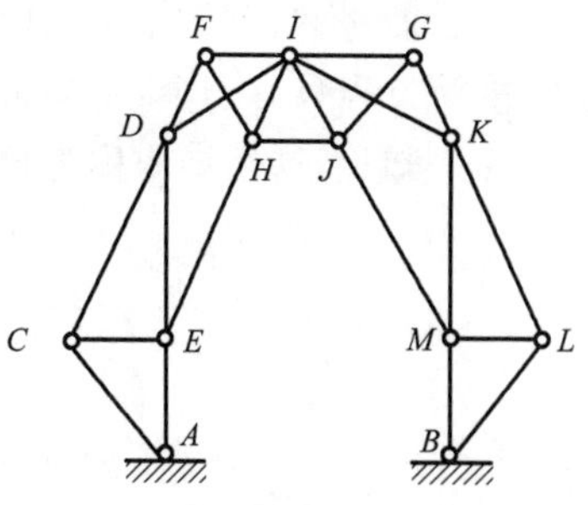

图 4-15　例 4-3 图

【例 4-4】 对如图 4-16 所示体系进行几何组成分析。

【解】 用链杆 DH、FH 分别代换折杆 DGH 和 FKH。体系的 $ADEB$ 部分与基础用三个不共线的铰 A、E、B 相连的三铰刚架，与基础一起组成几何不变体系，然后分别用各对 EF、CF，DH、FH 链杆依次固定 F、H 点，其中每对链杆均不共线，组成几何不变体系，且无多余约束。

【例 4-5】 对如图 4-17 所示体系进行几何组成分析。已知体系中杆 DE、FG、AB 互相平行。

【解】 拆除二元体 $D-C-E$，剩下部分中三角形 ADF 和 BEG 是两刚片，这两刚片用互相平行的三根链杆连接，故构成瞬变体系。

【例 4-6】 对如图 4-18 所示体系进行几何组成分析。

【解】 将基础和杆 $BCDEF$ 视为刚片Ⅰ，Ⅱ，而刚片 AB 是用 A、B 两铰与其他部分相连，可将刚片 AB 看作为链杆。因此，本题可用规则(1)来分析，两刚片用三根不全平行也不全交于一点的链杆相连，故体系是几何不变的，且无多余约束。

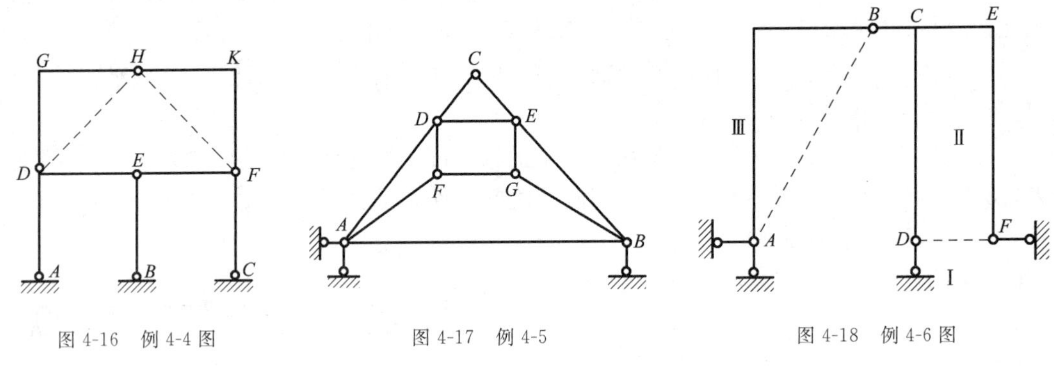

图 4-16 例 4-4 图　　图 4-17 例 4-5　　图 4-18 例 4-6 图

4.4 静定结构和超静定结构

静定结构和超静定结构

用来作为结构的体系，必须是几何不变的。几何不变体系可分为无多余约束和有多余约束两类。对于无多余约束的结构，如图 4-19 所示的简支梁，它的全部约束反力和内力都可由静力平衡方程求解，这类结构称为静定结构。工程中为了减少结构的变形，增加其强度和刚度，常常在静定结构上增加约束，形成有多余约束的结构，如图 4-20 所示的连续梁，其约束反力有五个，而静力平衡方程只有三个，未知量的数目大于独立平衡方程的数目，仅用静力平衡方程不能求解出全部未知量，这类结构称为超静定结构。超静定结构中多余约束的个数，称为超静定次数。

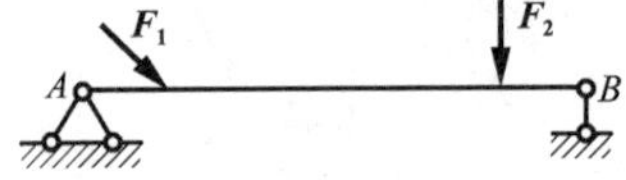

图 4-19 静定结构

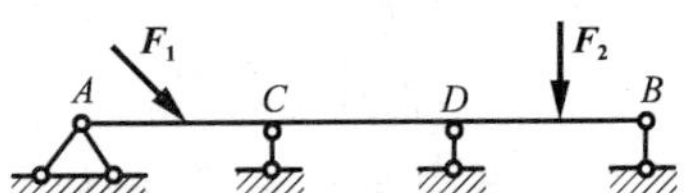

图 4-20 超静定结构

静定结构与超静定结构有很大的区别。对静定结构进行内力分析时，由于全部未知量数目等于独立平衡方程数目，只需考虑静力平衡条件；而对超静定结构进行内力分析时，由于未知量的数目大于独立平衡方程的数目，除了考虑静力平衡条件外，还需考虑变形条件。对结构体系进行几何组成分析，有助于正确区分静定结构和超静定结构，以便选择适当的结构内力计算方法。

本章小结

1. 体系可以分为几何不变体系和几何可变体系两大类。只有几何不变体系才能作结构，几何可变及瞬变体系不能作结构。

2. 工程中常见的约束及性质：①一个链杆相当于一个约束；②一个简单铰或铰支座相当于两个约束；③一个刚性连接或固定支座相当于三个约束；④连接两刚片的两根链杆的交点相当于一个铰。

3. 几何不变体系组成规则有三条。满足这三条规则的体系都是几何不变体系。

4 结构可以分为静定结构和超静定结构两大类。几何不变体系中没有多余约束的称为静定结构，有多余约束的称为超静定结构。

复习思考题

4-1　什么是几何不变体系、几何可变体系、瞬变体系？工程中的结构不能使用哪些体系？

4-2　为什么要对结构进行几何组成分析？

4-3　在一个体系上去掉二链杆的铰结点后会影响其几何组成特性吗？

4-4　三刚片有三个铰两两相连接后组成的体系一定是几何不变体系吗？

4-5　何为单铰、复铰、虚铰？平面内连接五个刚片的复铰相当于几个约束？

4-6　两刚片用一个单铰和一根链杆相连接所构成几何不变体系的条件是什么？

4-7　什么是约束？什么是必要约束？什么是多余约束？如何确定多余约束的个数？几何可变体系就一定没有多余约束吗？

4-8　何谓二元体？如图 4-21 所示 $B-A-C$ 能否都看成二元体？

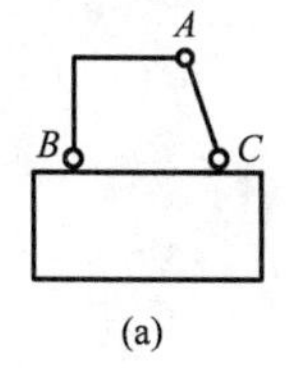

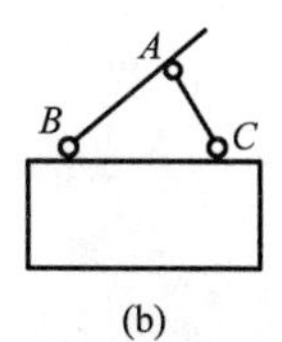

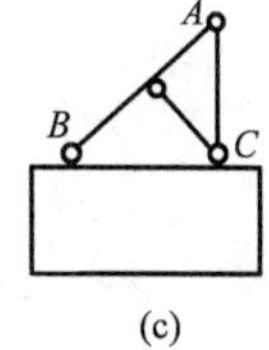

图 4-21　复习思考题 4-8 图

4-9　什么是静定结构？什么是超静定结构？它们有什么共同点？其根本区别是什么？

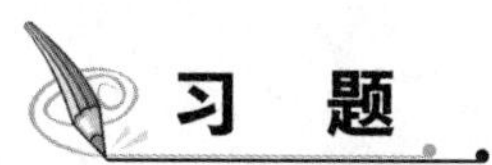

习　题

试对如图 4-22 所示的平面体系进行几何组成分析。若体系是具有多余约束的几何不变体系，请指出体系具有的多余约束数目。

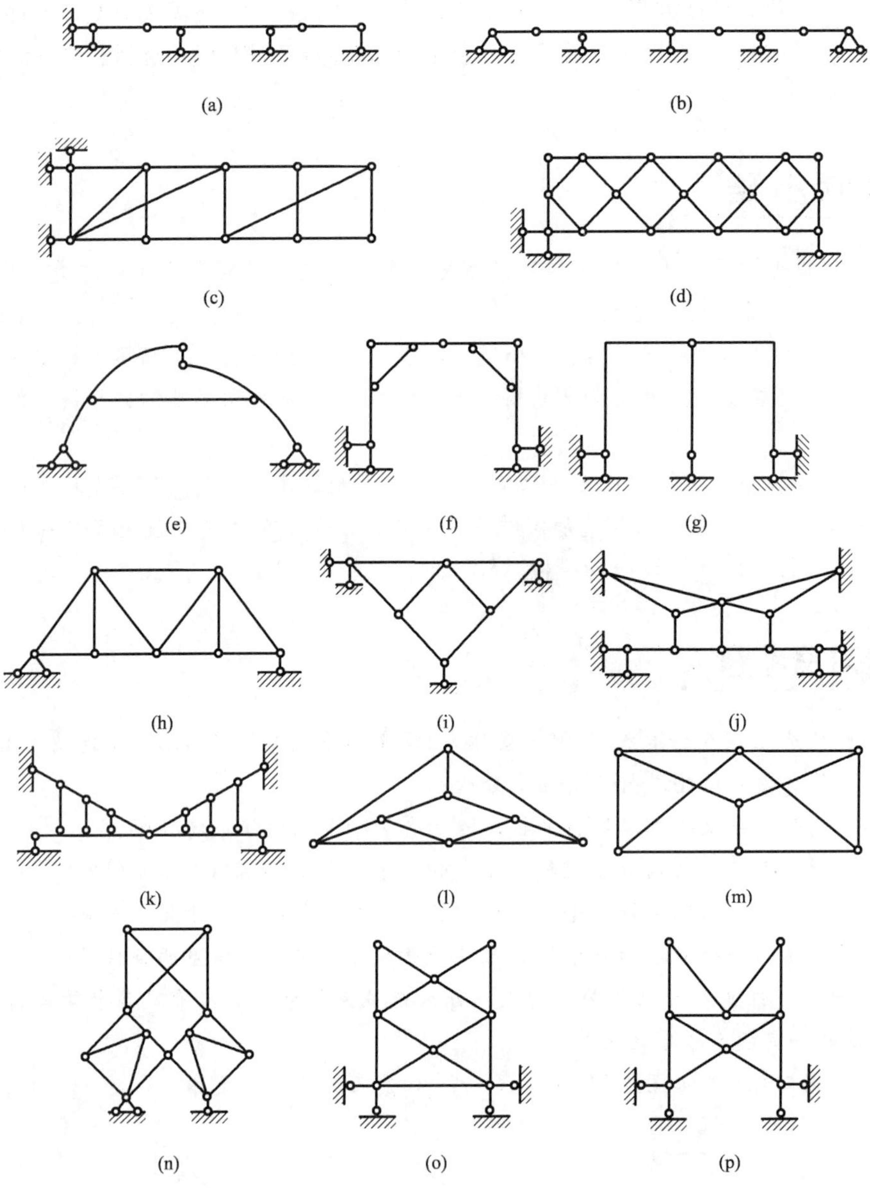

(a) (b)

(c) (d)

(e) (f) (g)

(h) (i) (j)

(k) (l) (m)

(n) (o) (p)

图 4-22 习题图

第 4 章

第5章 平面图形的几何性质

第5章

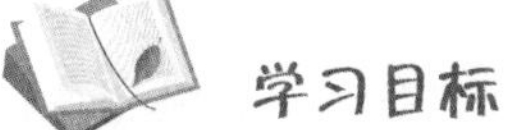

学习目标

通过本章的学习，掌握平面图形的形心、静矩、惯性矩和极惯性矩的计算方法。

学习重点

组合图形静矩和形心位置的计算；组合图形惯性矩的计算；惯性半径的计算。

5.1 平面图形的静矩和形心

1. 静矩的概念

如图5-1所示一任意平面图形，其面积为A，在坐标为(z,y)处取一微面积$\mathrm{d}A$，将乘积$y\mathrm{d}A$、$z\mathrm{d}A$分别称为微面积$\mathrm{d}A$对z轴、y轴的静矩（或称面积矩）。整个平面图形对z轴、y轴的静矩分别为

$$S_z=\int_A y\mathrm{d}A,\quad S_y=\int_A z\mathrm{d}A \tag{5-1}$$

从式(5-1)可见，平面图形的静矩与所选的坐标轴有关，同一平面图形对不同的坐标轴，其静矩是不同的。静矩是代数量，其值可为正、为负或等于零。静矩的量纲为长度的三次方，单位是m^3、cm^3、mm^3。

2. 静矩与形心的关系

设平面图形的形心坐标为(z_C,y_C)，如图5-1所示。平面图形的形心坐标公式为

$$z_C=\frac{\int_A z\mathrm{d}A}{A},\quad y_C=\frac{\int_A y\mathrm{d}A}{A} \tag{5-2}$$

比较式(5-2)和式(5-1)可得静矩与形心的关系式

$$S_z=Ay_C,\quad S_y=Az_C \tag{5-3}$$

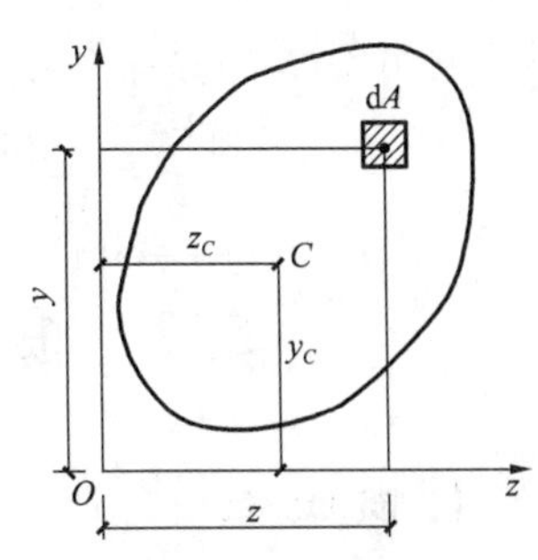

图5-1 静矩

由式(5-3)可知,平面图形对某轴的静矩等于平面图形的面积乘以其形心到该轴的坐标。当坐标轴通过平面图形的形心时,其静矩为零;反之,若平面图形对某轴的静矩为零,则该轴一定通过平面图形的形心。

若平面图形有对称轴,则形心必在对称轴上。因此,某些最简单的平面图形的形心位置是不用计算就可以知道的。例如,矩形的形心在两条对称轴的交点;圆的形心在圆心。

3. 组合图形的静矩和形心

工程实际中,经常遇到 L 形、工字形、T 形、环形等横截面的构件,这些构件的截面图形是由几个简单的几何图形(如矩形、圆形等)组合而成的,称为组合图形。根据平面图形静矩的定义可知,组合图形对某一轴的静矩,等于各简单图形对同一轴静矩的代数和,即

$$S_z = \sum_{i=1}^{n} A_i y_{C_i}, \quad S_y = \sum_{i=1}^{n} A_i z_{C_i} \tag{5-4}$$

式中 A_i、y_{C_i}、z_{C_i}——各简单图形的面积和形心坐标;

n——组成组合图形的简单图形的个数。

将式(5-4)代入式(5-3),并注意 $A=\sum_{i=1}^{n} A_i$,可得组合图形的形心坐标计算公式为

$$z_C = \frac{S_y}{A} = \frac{\sum_{i=1}^{n} A_i z_{C_i}}{\sum_{i=1}^{n} A_i}, \quad y_C = \frac{S_z}{A} = \frac{\sum_{i=1}^{n} A_i y_{C_i}}{\sum_{i=1}^{n} A_i} \tag{5-5}$$

【例 5-1】 试求如图 5-2 所示的平面图形的形心位置。

【解】 取参考轴 z、y,如图 5-2 所示。将平面图形分解为两个矩形部分,这两个矩形部分的形心位置和面积则很容易得出

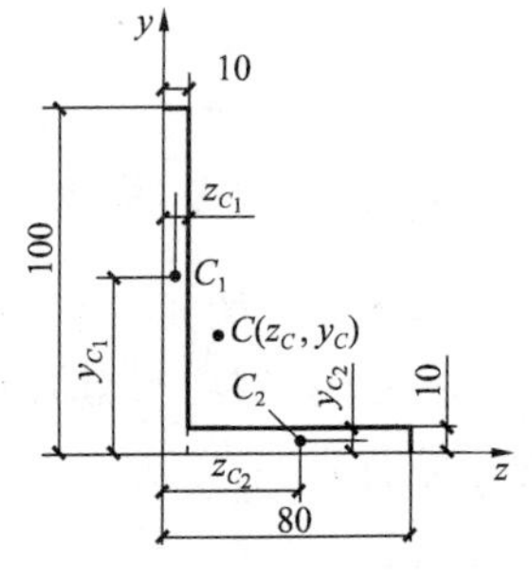

图 5-2 例 5-1 图

矩形Ⅰ:$z_{C_1}=\frac{10}{2}=5\ \text{mm}$, $y_{C_1}=\frac{100}{2}=50\ \text{mm}$

$A_1=10\times100=1000\ \text{mm}^2$

矩形Ⅱ:$z_{C_2}=10+\frac{70}{2}=45\ \text{mm}$, $y_{C_2}=\frac{10}{2}=5\ \text{mm}$

$A_2=10\times70=700\ \text{mm}^2$

利用式(5-4)可得平面图形的静矩为

$S_z=\sum_{i=1}^{n} A_i y_{C_i}=1000\times50+700\times5=53500\ \text{mm}^3$

$S_y=\sum_{i=1}^{n} A_i z_{C_i}=1000\times5+700\times45=36500\ \text{mm}^3$

利用式(5-5)可得平面图形形心 C 的位置为

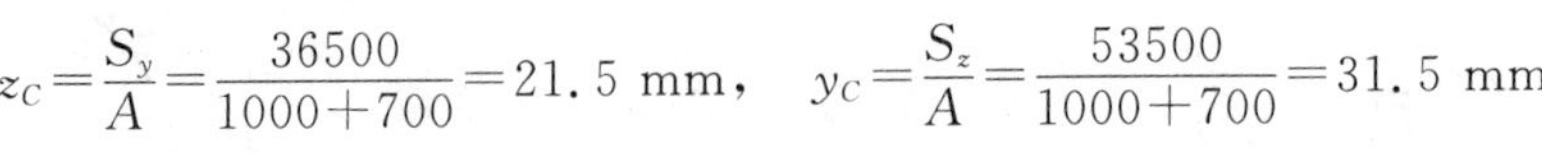

$$z_C=\frac{S_y}{A}=\frac{36500}{1000+700}=21.5\ \text{mm}, \quad y_C=\frac{S_z}{A}=\frac{53500}{1000+700}=31.5\ \text{mm}$$

5.2 惯性矩、极惯性矩、惯性积、惯性半径

1. 惯性矩

如图 5-3 所示一任意平面图形,设面积为 A,zOy 为平面图形所在平面内的坐标系。在坐

标为(z,y)处取一微面积 $\mathrm{d}A$，将乘积 $y^2\mathrm{d}A$、$z^2\mathrm{d}A$ 分别称为微面积 $\mathrm{d}A$ 对 z 轴、y 轴的惯性矩。整个平面图形对 z 轴、y 轴的惯性矩分别为

$$I_z=\int_A y^2\mathrm{d}A,\quad I_y=\int_A z^2\mathrm{d}A \tag{5-6}$$

由上式可知，惯性矩恒为正值，其量纲为长度的四次方，单位是 m^4、cm^4、mm^4。

2. 极惯性矩

如图 5-3 所示一任意平面图形，设微面积 $\mathrm{d}A$ 到坐标原点 O 的距离为 ρ，将乘积 $\rho^2\mathrm{d}A$ 称为微面积 $\mathrm{d}A$ 对坐标原点的极惯性矩。整个平面图形对坐标原点的极惯性矩为

$$I_\rho=\int_A \rho^2\mathrm{d}A \tag{5-7}$$

极惯性矩是针对坐标原点而言的，其值也恒为正值，其单位是 m^4、cm^4、mm^4 等。由于

$$\rho^2=z^2+y^2$$

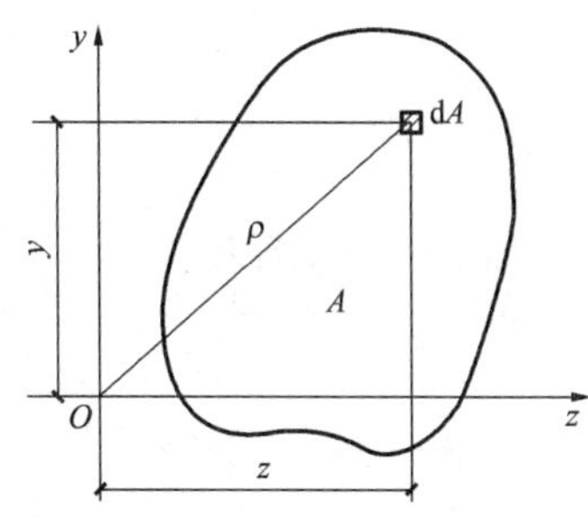

图 5-3　惯性矩、极惯性矩、惯性积

故有

$$I_\rho=\int_A \rho^2\mathrm{d}A=\int_A (z^2+y^2)\mathrm{d}A=I_y+I_z \tag{5-8}$$

即平面图形对任一点的极惯性矩，等于图形对以该点为原点的任意两正交坐标轴的惯性矩之和。

3. 惯性积

如图 5-3 所示一任意平面图形，将乘积 $zy\mathrm{d}A$ 称为微面积 $\mathrm{d}A$ 对 z 轴、y 轴的惯性积，整个平面图形对 z 轴、y 轴的惯性积为

$$I_{zy}=\int_A zy\mathrm{d}A \tag{5-9}$$

由于坐标值 z、y 有正负，因此惯性积的数值可能为正或负，也可能为零，其单位是 m^4、cm^4、mm^4。

从上述定义可以看出，惯性矩或惯性积是对坐标轴而言的，同一平面图形对不同坐标轴的惯性矩或惯性积是不同的；而极惯性矩是对点而言的，同一平面图形对不同的点，其极惯性矩也各不相同。

4. 惯性半径

工程中常把惯性矩表示为平面图形的面积 A 与某一长度平方的乘积，即

$$I_z=i_z^2A,\quad I_y=i_y^2A \tag{5-10}$$

式中　i_z、i_y——分别为平面图形对 z 轴和 y 轴的惯性半径，其单位为 m、cm、mm。

当平面图形的面积 A 和惯性矩 I_z、I_y 已知时，惯性半径可从下式求得

$$i_z=\sqrt{\frac{I_z}{A}},\quad i_y=\sqrt{\frac{I_y}{A}} \tag{5-11}$$

几种常见截面图形的面积、形心和惯性矩列于表 5-1。

表 5-1 几种常见截面图形的面积、形心和惯性矩

序号	图形	面积	形心到边缘（或顶点）距离	惯性矩
1		$A=bh$	$e_z=\frac{b}{2}$ $e_y=\frac{h}{2}$	$I_z=\frac{bh^3}{12}$ $I_y=\frac{hb^3}{12}$
2		$A=\frac{\pi}{4}d^2$	$e=\frac{d}{2}$	$I_z=I_y=\frac{\pi}{64}d^4$
3		$A=\frac{\pi}{4}(D^2-d^2)$	$e=\frac{D}{2}$	$I_z=I_y=\frac{\pi D^4}{64}(1-\alpha^4)$ $(\alpha=\frac{d}{D})$
4		$A=\frac{bh}{2}$	$e_1=\frac{h}{3}$ $e_2=\frac{2h}{3}$	$I_z=\frac{bh^3}{36}$
5		$A=\frac{h(a+b)}{2}$	$e_1=\frac{h(2a+b)}{3(a+b)}$ $e_2=\frac{h(a+2b)}{3(a+b)}$	$I_z=\frac{h^3(a^2+4ab+b^2)}{36(a+b)}$
6		$A=\frac{\pi R^2}{2}$	$e_1=\frac{4R}{3\pi}$	$I_z=\left(\frac{1}{8}-\frac{8}{9\pi^2}\right)\pi R^4$ $I_y=\frac{\pi R^4}{8}$

【例 5-2】 矩形截面的尺寸如图 5-4 所示，试计算矩形截面对其形心轴 z、y 的惯性矩、惯性半径及惯性积。

【解】 (1)计算矩形截面对 z 轴和 y 轴的惯性矩。取平行于 z 轴的狭长条作为面积元素，即 $dA=bdy$，dA 到 z 轴的距离为 y，由式(5-6)，可得矩形截面对 z 轴的惯性矩为

$$I_z=\int_A y^2 dA=\int_{-\frac{h}{2}}^{\frac{h}{2}} by^2 dy=\frac{bh^3}{12}$$

同理可得，矩形截面对 y 轴的惯性矩为

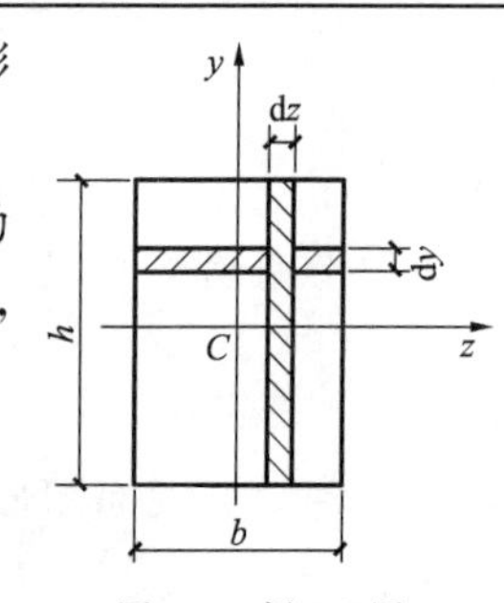

图 5-4 例 5-2 图

$$I_y = \int_A z^2 \mathrm{d}A = \int_{-\frac{b}{2}}^{\frac{b}{2}} hz^2 \mathrm{d}z = \frac{hb^3}{12}$$

(2)计算矩形截面对 z 轴、y 轴的惯性半径。由式(5-11),可得矩形截面对 z 轴和 y 轴的惯性半径分别为

$$i_z = \sqrt{\frac{I_z}{A}} = \sqrt{\frac{bh^3/12}{bh}} = \frac{h}{2\sqrt{3}}, \quad i_y = \sqrt{\frac{I_y}{A}} = \sqrt{\frac{hb^3/12}{bh}} = \frac{b}{2\sqrt{3}}$$

(3)计算矩形截面对 z 轴、y 轴的惯性积。因为 z 轴、y 轴为矩形截面的两根对称轴,故

$$I_{zy} = \int_A zy\mathrm{d}A = 0$$

5.3　组合图形的惯性矩

1. 平行移轴公式

同一平面图形对不同坐标轴的惯性矩是不同的。在工程计算中,常常通过平面图形对形心轴的惯性矩推算出该图形对与其形心轴平行的其他轴的惯性矩。

如图 5-5 所示为一任意平面图形,图形面积为 A,C 为图形的形心,z_C 轴与 y_C 轴为形心轴。z 轴、y 轴是分别与 z_C 轴、y_C 轴平行的轴,且距离分别为 a、b。若已知图形对形心轴 z_C、y_C 的惯性矩为 I_{z_C}、I_{y_C}。下面求该图形对 z 轴、y 轴的惯性矩。

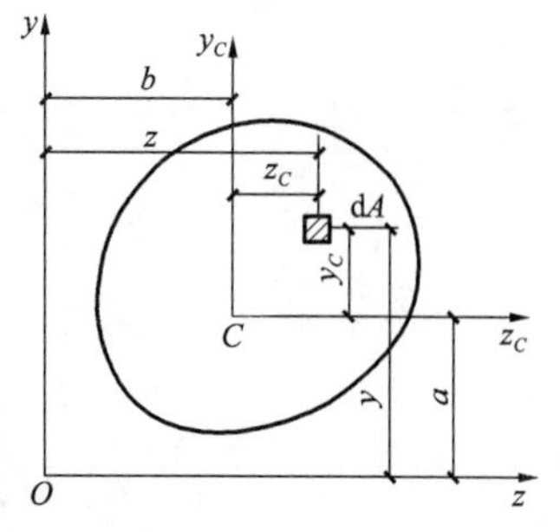

图 5-5　平行移轴公式

由图 5-5 可知,平面图形上任一微面积 $\mathrm{d}A$ 在 zOy 和 z_CCy_C 坐标系中的坐标分别为(z,y)和(z_C,y_C),它们之间的关系为 $z = z_C + b$,$y = y_C + a$,其中 b、a 是图形形心在 zOy 坐标系中的坐标值。

根据惯性矩的定义,图形对 z 轴的惯性矩为

$$I_z = \int_A y^2 \mathrm{d}A = \int_A (y_C + a)^2 \mathrm{d}A = \int_A y_C^2 \mathrm{d}A + 2a\int_A y_C \mathrm{d}A + a^2 \int_A \mathrm{d}A$$

上式中的第一项 $\int_A y_C^2 \mathrm{d}A$ 是平面图形对形心轴 z_C 的惯性矩 I_{z_C};第二项 $\int_A y_C \mathrm{d}A$ 是图形对形心轴 z_C 轴的静矩,由于 z_C 轴是形心轴,所以 $S_{z_C} = \int_A y_C \mathrm{d}A = 0$,即上式中的第二项为零;第三项中的 $\int_A \mathrm{d}A$ 是截面面积 A,故有

$$I_z = I_{z_C} + a^2 A \tag{5-12}$$

同理得

$$I_y = I_{y_C} + b^2 A \tag{5-13}$$

式(5-12)、式(5-13)称为惯性矩的平行移轴公式,它表明:图形对任一轴的惯性矩,等于图形对与该轴平行的形心轴的惯性矩,再加上图形面积与两平行轴间距离平方的乘积。由于 a^2(或 b^2)恒为正值,故在所有平行轴中,平面图形对形心轴的惯性矩最小。

2. 组合图形的惯性矩

组合图形对某一轴的惯性矩等于组成组合图形的各简单图形对同一轴惯性矩之和,即

$$I_z=\sum_{i=1}^{n} I_{z_i},\quad I_y=\sum_{i=1}^{n} I_{y_i} \tag{5-14}$$

【例 5-3】 计算如图 5-6 所示 T 形截面对其形心轴 z、y 的惯性矩。

【解】 (1)计算截面形心 C 的位置。由于 T 形截面有一根对称轴 y，形心必在此轴上，即

$$z_C=0$$

为确定截面形心的位置 y_C，建立如图 5-6 所示的参考轴 z'。将 T 形截面分解为两个矩形Ⅰ、Ⅱ，这两个矩形的面积和形心坐标分别为

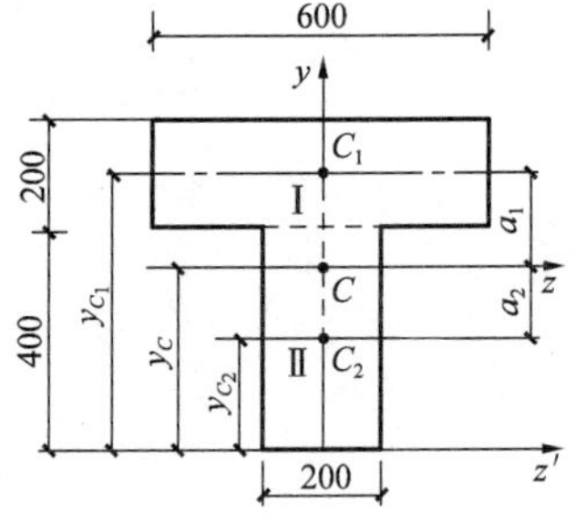

图 5-6　例 5-3 图

$$A_1=600\times200=12\times10^4\ \text{mm}^2=1200\ \text{cm}^2$$

$$y_{C1}=400+200/2=500\ \text{mm}=50\ \text{cm}$$

$$A_2=400\times200=8\times10^4\ \text{mm}^2=800\ \text{cm}^2$$

$$y_{C2}=400/2=200\ \text{mm}=20\ \text{cm}$$

T 形截面的形心坐标为

$$y_C=\frac{A_1y_{C1}+A_2y_{C2}}{A_1+A_2}=\frac{1200\times50+800\times20}{1200+800}=38\ \text{cm}$$

(2)计算组合截面对形心轴的惯性矩 I_z、I_y。首先分别求出矩形Ⅰ、Ⅱ对形心轴 z 的惯性矩。由平行移轴公式可得

$$I_{z1}=I_{z_{C1}}+a_1^2A_1=\frac{60\times20^3}{12}+\left[(40-38)+\frac{20}{2}\right]^2\times1200=212800\ \text{cm}^4$$

$$I_{z2}=I_{z_{C2}}+a_2^2A_2=\frac{20\times40^3}{12}+(38-\frac{40}{2})^2\times800=365867\ \text{cm}^4$$

整个图形对 z、y 的惯性矩分别为

$$I_z=I_{z1}+I_{z2}=212800+365867=578667\ \text{cm}^4$$

$$I_y=I_{y1}+I_{y2}=\frac{20\times60^3}{12}+\frac{40\times20^3}{12}=386667\ \text{cm}^4$$

【例 5-4】 计算如图 5-7 所示由两个 22a 号热轧槽钢组成的组合图形对形心轴 z、y 的惯性矩。

【解】 组合图形的形心在对称轴 z、y 的交点上。由型钢规格表查得每个槽钢的形心 C_1 或 C_2 到腹板外边缘的距离为2.1 cm，每个热轧槽钢的截面面积为 $A_1=A_2=31.846\ \text{cm}^2$，每个热轧槽钢的惯性矩为 $I_{z1}=I_{z2}=2390\ \text{cm}^4$，$I_{y_{C1}}=I_{y_{C2}}=158\ \text{cm}^4$。

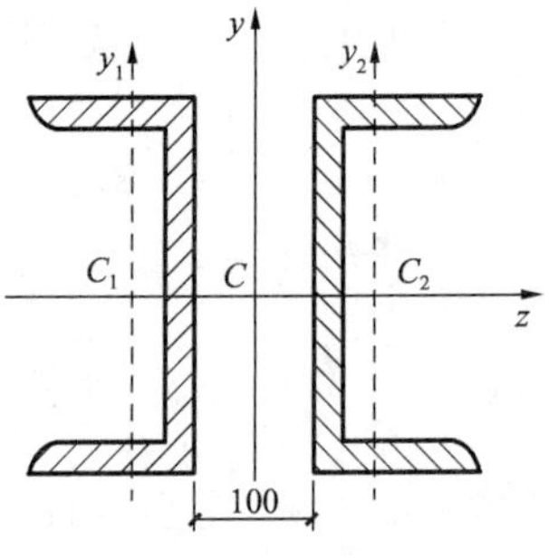

图 5-7　例 5-4 图

整个图形对 z、y 的惯性矩分别为

$$I_z=I_{z1}+I_{z2}=2I_{z1}=2\times2390=4780\ \text{cm}^4$$

$$I_y=2I_{y1}=2[I_{y_{C1}}+a_1^2A_1]=2\times\left[158+\left(2.1+\frac{10}{2}\right)^2\times31.846\right]=3526.71\ \text{cm}^4$$

本章小结

在杆件的应力和变形等计算中，都要涉及构件的截面形状、尺寸有关的几何量。本章所介绍的形心、静矩、惯性矩、极惯性矩等都是截面的几何量，这些几何量统称为平面图形的几何性质，平面图形的几何性质是确定各种构件承载能力的重要参数。

1. 图形的几何性质

①静矩　　$S_z = \int_A y\,dA \quad S_y = \int_A z\,dA$

②惯性矩　　$I_z = \int_A y^2\,dA \quad I_y = \int_A z^2\,dA$

③极惯性矩　　$I_\rho = \int_A \rho^2\,dA = \int_A (z^2 + y^2)\,dA = I_y + I_z$

④惯性积　　$I_{zy} = \int_A zy\,dA$

上述的几何性质，都是对一定的坐标轴而言的，对于不同的坐标轴，它们的数值是不同的。静矩、惯性矩都是对一个坐标轴而言的，而惯性积是对两个正交的坐标轴而言的。惯性矩和极惯性矩恒为正；静矩和惯性积都可为正、为负或等于零。

2. 平行移轴公式

$$I_z = I_{z_C} + a^2 A,\quad I_y = I_{y_C} + b^2 A$$

平行移轴公式要求 z 与 z_C、y 与 y_C 两轴平行，并且 z_C、y_C 轴通过平面图形的形心。

3. 组合图形

组合图形对某一轴的静矩等于各简单图形对同一轴静矩的代数和；组合图形对某一轴的惯性矩等于组成组合图形的各简单图形对同一轴惯性矩之和，即

$$S_z = \sum_{i=1}^{n} A_i y_{C_i},\quad S_y = \sum_{i=1}^{n} A_i z_{C_i}$$

$$I_z = \sum_{i=1}^{n} I_{zi},\quad I_y = \sum_{i=1}^{n} I_{yi}$$

复习思考题

5-1　静矩和形心有何关系？

5-2　已知平面图形对其形心轴的静矩 $S_z = 0$，问该图形的惯性矩 I_z 是否也为零？为什么？

5-3　组合截面的形心怎样确定？

5-4　静矩和惯性矩的量纲是什么？为什么它们的值有的恒为正？有的可正、可负或为零？

5-5　如图 5-8 所示两截面的惯性矩可否按下式计算？

$$I_z = \frac{BH^3}{12} - \frac{bh^3}{12}$$

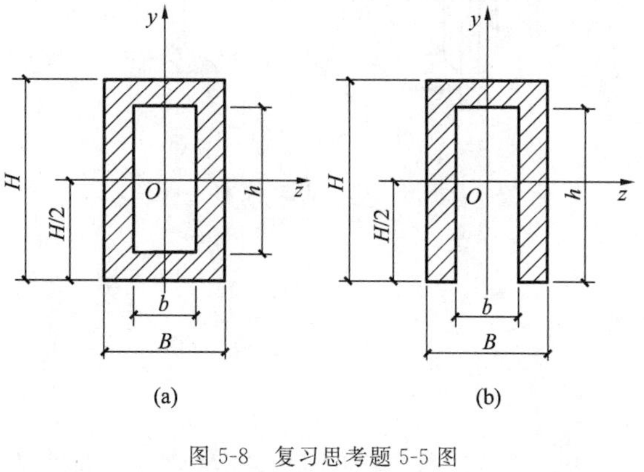

(a)　(b)

图 5-8　复习思考题 5-5 图

习　题

5-1　求如图 5-9 所示平面图形的形心位置和图中阴影部分面积对 z 轴的静矩。

5-2　求如图 5-10 所示各平面图形对 z_1 轴的静矩。

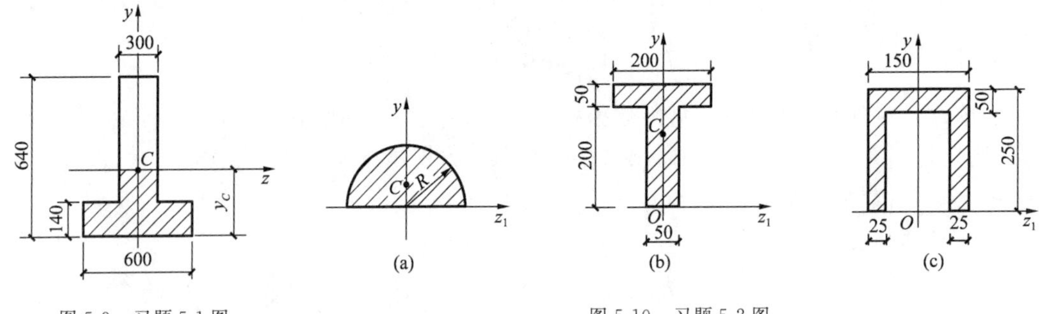

图 5-9　习题 5-1 图　　　　图 5-10　习题 5-2 图

5-3　求如图 5-11 所示各平面图形对形心轴 z、y 轴的惯性矩和惯性半径。

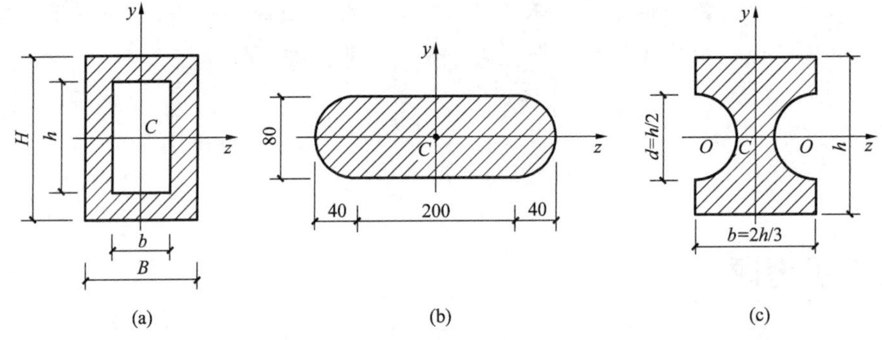

图 5-11　习题 5-3 图

5-4　如图 5-12 所示由两个 20a 号槽钢构成的组合图形，若使 $I_z=I_y$，试求间距 a 应为多大。

5-5　求如图 5-13 所示各平面图形对形心轴 z 的惯性矩。

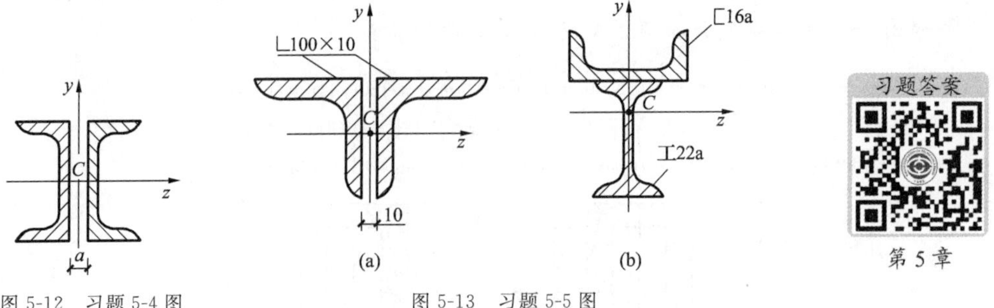

图 5-12　习题 5-4 图　　　　图 5-13　习题 5-5 图

第6章 静定结构杆件的内力分析

第6章

第6章

第6章

学习目标

通过本章的学习，了解基本变形的特点；理解内力的概念及其计算方法——截面法；掌握轴向拉压杆横截面上的内力计算并熟练绘制杆的轴力图；掌握构件剪切和扭转变形时的内力计算及内力图的作法；掌握平面弯曲梁、多跨静定梁和静定平面刚架的内力计算及熟练绘制内力图；掌握结点法、截面法计算静定平面桁架的内力。

学习重点

轴向拉压杆的内力计算及轴力图的绘制；连接件的内力计算；扭矩图的绘制；内力和外荷载间的微分关系，梁和平面刚架的内力计算及内力图的绘制；运用结点法、截面法计算平面桁架的内力。

6.1 轴向拉压杆的内力

轴向拉压杆的内力

1. 轴向拉伸和压缩的概念

工程中有许多产生轴向拉伸和压缩变形的实例。例如，图6-1(a)所示三角支架中，AB杆产生轴向拉伸，BC杆产生轴向压缩；图6-1(b)所示桁架式屋架的每一根支杆都是二力杆，均产生轴向拉伸或压缩变形。这类杆件的受力

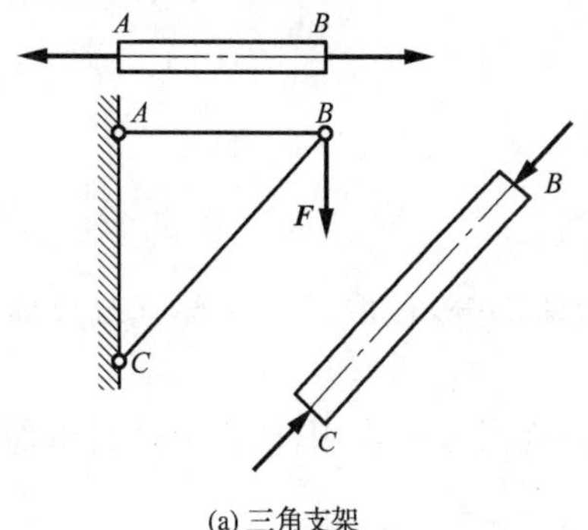

(a) 三角支架

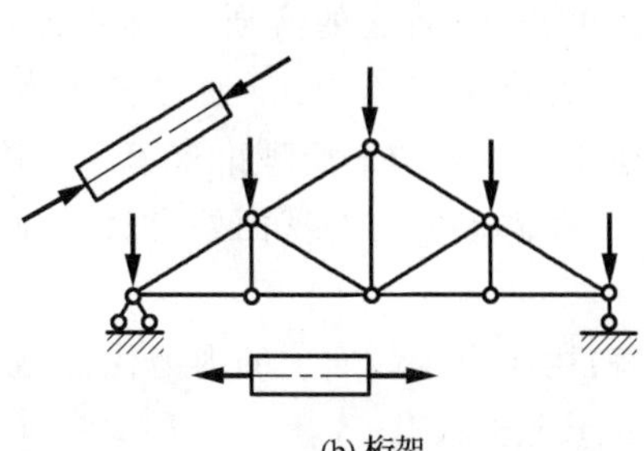

(b) 桁架

图6-1 轴向拉伸和压缩

特点是:杆件在外力作用下处于平衡状态,且外力或外力合力的作用线与杆件的轴线重合;其变形的特点是:杆件发生轴向拉伸时,纵向伸长而横向缩小;杆件发生轴向压缩时,纵向缩短而横向增大;杆件的这种变形形式称为轴向拉伸或轴向压缩。作用线沿杆件轴线的荷载称为轴线荷载。以轴向拉伸或轴向压缩变形为主要变形形式的杆件称为拉(压)杆,如图 6-2 所示。

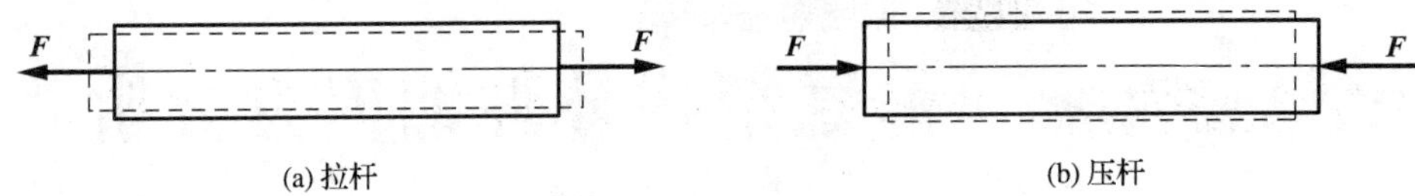

图 6-2 拉(压)杆

2. 轴向拉压杆的内力

(1)内力的概念 杆件受到外力作用产生变形时,其内部各质点之间的相对位置就要发生变化,相应的各质点之间的相互作用力也会随之改变,这种由外力作用引起的杆件内部各质点之间相互作用力的改变量,称为附加内力,简称为内力。杆件在未受外力作用时,其内部就存在内力,在建筑力学中,将杆件未受外力作用时的内力看作零,而把外力作用后引起的附加内力定义为"内力"。

内力随外力的产生而产生,随外力的增加而增加。当内力超过一定限度时,杆件就会产生破坏。因此,杆件内力的大小以及它在杆件内部的分布情况与杆件的强度、刚度和稳定性密切相关,所以内力分析是建筑力学的基础。

(2)轴力 为了揭示杆件在外力作用下所产生的内力,确定内力的大小和方向,通常采用截面法。所谓截面法,就是用一假想的截面将杆件截为两部分,以显示截面上的内力,研究其中任一部分,通过平衡方程来确定内力的一种方法。

下面以图 6-3(a)为例,用截面法来确定拉压杆横截面上的内力。

假想沿横截面 m-m 将杆件截为左、右两段,如图 6-3(b)、(c)所示,取其中任一段作为研究对象,并对其进行内力分析。因拉压杆的外力沿杆的轴线,根据平衡条件,任一截面上分布内力系的合力作用线一定与杆的轴线重合,这种与杆的轴线重合的内力称为轴力,用 F_N 表示。轴力的大小由平衡方程求解,若取左段为研究对象,由

$$\sum F_x=0,\quad F_N-F=0$$

可得

$$F_N=F$$

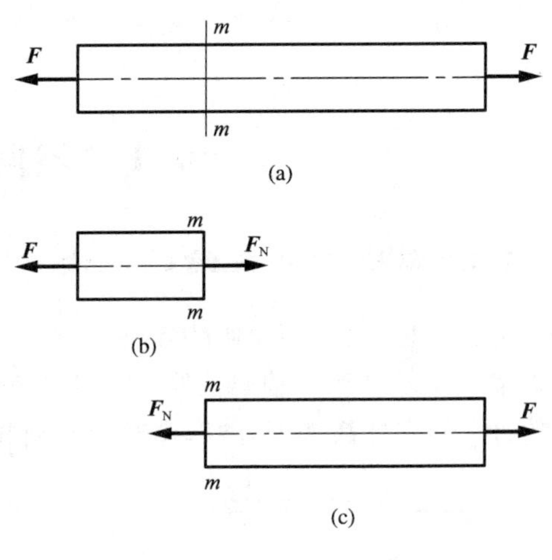

图 6-3 截面法

由上述可知,截面法的实质是假想地将杆件截开,把杆件的内力暴露出来,使之转化为外力,从而能够运用静力学的平衡理论求解。其具体步骤可归纳为:

①截开:在需求内力的截面处,把杆件假想地截为两部分,任取其中一部分截离体作为研究对象。

②代替:用作用于截面上的内力代替弃去部分对研究对象的作用,使截离体得以像未截开之前一样处于平衡状态。

③平衡:对留下的部分建立平衡方程,求出内力的大小和方向。

为了表示轴力的方向,区别拉伸和压缩两种变形,保证无论取左段还是右段为截离体,所求得的同一横截面的内力不仅大小相等,而且正负号也相同。对轴力的正负号规定如下:

使杆件受拉伸时的轴力为正,此时轴力背离截面,称为拉力,如图 6-4(a)所示;使杆件受压缩时的轴力为负,此时轴力指向截面,称为压力,如图 6-4(b)所示。

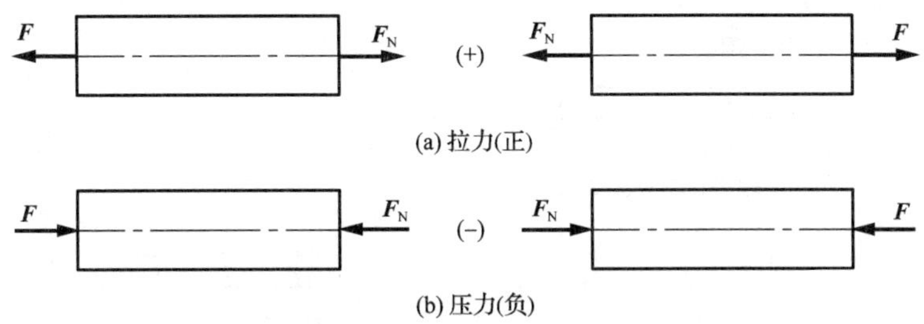

图 6-4　轴力的正负号

若作用于杆件上的轴向外力多于两个时,则杆件的不同段上将有不同的轴力。为了直观表示出轴力沿杆件轴线变化的规律,可按一定的比例将轴力沿横截面位置变化的情况画成图形,这种表明轴力沿横截面位置变化规律的图形称为轴力图。从轴力图上可以很直观地看出最大轴力的数值及所在横截面位置。习惯上将正轴力画在 x 轴上方,负轴力画在 x 轴下方。

【例 6-1】　如图 6-5(a)所示等截面直杆,已知 $F_1=20\ \text{kN}$,$F_2=40\ \text{kN}$,$F_3=50\ \text{kN}$,$F_4=30\ \text{kN}$。试作出杆件的轴力图。

【解】　(1)计算杆件各段的轴力:根据外力 F_1、F_2、F_3 和 F_4 的作用点位置将杆件分为 AB、BC 和 CD 三段,用截面法分别计算各段轴力。

在 AB 段,用 1-1 截面将杆件截开,取其左段为研究对象[图 6-5(b)],右段对左段截面的作用力用 F_{N1} 来代替,并假设 F_{N1} 为拉力,由平衡方程

$$\sum F_x=0,\quad F_{N1}-F_1=0$$

得

$$F_{N1}=F_1=20\ \text{kN}$$

在 BC 段,用 2-2 截面将杆件截开,依然取其左段为研究对象[图 6-5(c)],右段对左段截面的作用力用 F_{N2} 来代替,并假设 F_{N2} 为拉力,由平衡方程

$$\sum F_x=0,\quad F_{N2}+F_2-F_1=0$$

得

$$F_{N2}=F_1-F_2=20-40=-20\ \text{kN}$$

在 CD 段,用 3-3 截面将杆件截开,取其右段为研究对象[图 6-5(d)],左段对右段截面的作用力用 F_{N3} 来代替,并假设 F_{N3} 为拉力,由平衡方程

$$\sum F_x=0,\quad F_4-F_{N3}=0$$

得

$$F_{N3}=F_4=30\ \text{kN}$$

(2)作轴力图:建立 F_N-x 坐标系,其中,x 轴平行于杆的轴线,以表示横截面的位置;F_N 轴垂直于杆的轴线,表示轴力的大小和正负,正值轴力(拉力)绘制在 x 轴的上方,负值轴力(压力)绘制在 x 轴的下方。根据上述计算结果,即可作出该杆件的轴力图,如图 6-5(e)所示。

需要特别指出,在画轴力图时,一定要使轴力图的位置与拉压杆的位置相对应。

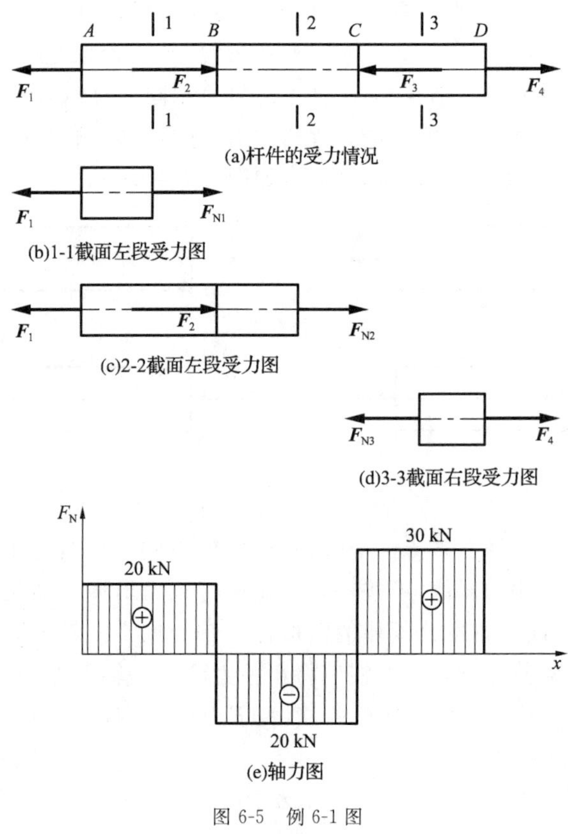

图 6-5　例 6-1 图

6.2　连接件的内力

1. 剪切与挤压的概念

工程中，构件之间的连接通常采用螺栓、铆钉、键、销钉等作为连接件，它们担负着传递力或运动的任务。在连接件的横截面上受到剪力作用，同时连接件与构件接触面间相互挤压，受到挤压力作用，连接的主要变形形式是剪切与挤压。

如图 6-6(a)所示为一铆钉连接钢板的结构图，当钢板受到外力 F 作用后，力由两块钢板传到铆钉与钢板的接触面上，铆钉受到大小相等、方向相反的两组分布内力的合力 F 的作用，同时使铆钉上、下两部分沿中间截面 m-m 发生相对错动的变形，如图 6-6(b)、(c)所示。

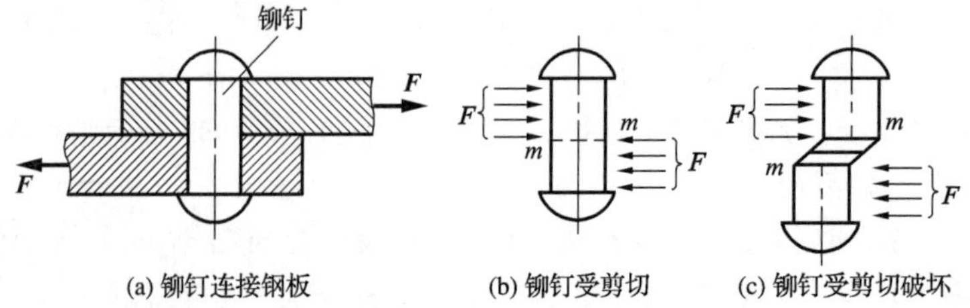

图 6-6　铆钉连接

剪切的受力特点是：构件的两侧面受到大小相等、方向相反、作用线垂直于杆的轴线且相距很近的外力作用，如图 6-6(b)所示。

剪切的变形特点是:构件沿位于两侧外力之间的截面发生相对错动。构件的这种变形称为剪切变形。发生相对错动的截面称为剪切面。

构件在受到剪切变形的同时,还伴随挤压变形。在外力作用下,两构件接触面间相互挤压,传递压力。由于一般接触面较小而传递的压力较大,就有可能使较软构件的接触面产生局部压陷的塑性变形,这种变形称为挤压变形。传递压力的接触面称为挤压面。如图 6-7 所示。

2. 剪切面上的内力

利用截面法分析铆钉剪切面上的内力。假想将铆钉沿m-m截面截开,分为上、下两部分,取其下部为研究对象,如图 6-8(a)所示。由平衡条件可知,剪切面上存有与外力大小相等、方向相反,且平行于截面的内力,称为剪力,用 F_S 表示。由平衡方程可求得剪力的大小

$$\sum F_x = 0, \quad F_S = F$$

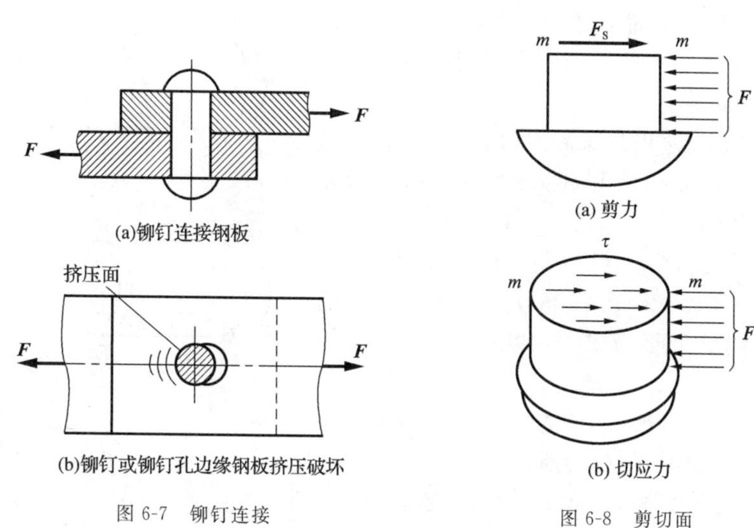

图 6-7　铆钉连接

图 6-8　剪切面

6.3　圆轴扭转时的内力

扭转杆件的内力

扭转变形是杆件基本变形之一。工程中发生扭转变形的杆件很多,例如,汽车方向盘的转向轴[图 6-9(a)]、房屋中的雨篷梁[图 6-9(b)]。此外,生活中常用的钥匙、改锥等都受到不同程度的扭转作用。扭转杆件的受力特点是:杆件两端受到一对大小相等、转向相反、作用面与轴线垂直的力偶作用;其变形

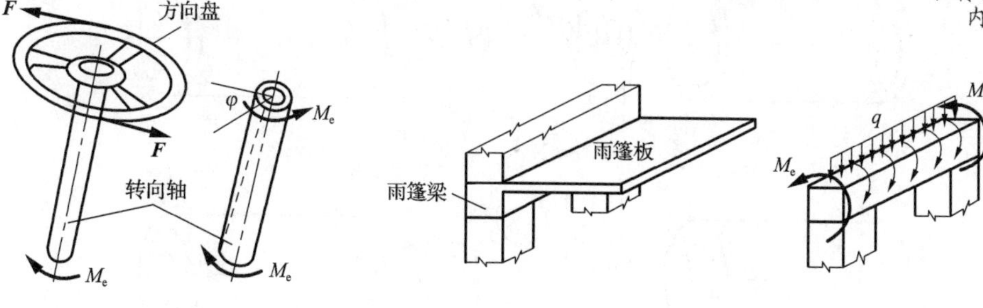

图 6-9　扭转

特点是：杆件的各横截面绕杆轴线发生相对转动，如图 6-10 所示。杆件受扭后，圆杆表面的纵向线 ab 变为 ab'，纵向线 ab 倾斜的角度 γ 称为剪切角。截面 B 相对于截面 A 转动的角度 φ，称为相对扭转角。工程中常把以扭转变形为主要变形的杆件称为轴。

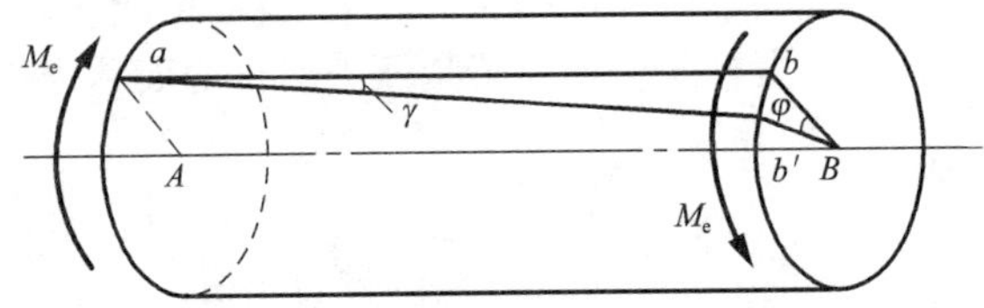

图 6-10　扭转角和剪切角

1. 扭矩的计算

现在研究圆轴横截面上的内力——扭矩。如图 6-11 所示圆轴，在垂直于轴线的两个平面受到一对外力偶 M_e 的作用，现求任一截面 m-m 的内力。

求内力的基本方法仍是截面法，用一个假想横截面在轴的任意位置 m-m 将其截为左右两段，并取左段为研究对象，如图 6-11(b)所示。由于左端作用一个外力偶 M_e 的作用，为了保持左段轴的平衡，在截面 m-m 的平面内，必然存在一个与外力偶相平衡的内力偶，其内力偶矩 T 称为扭矩，大小由 $\sum M_x = 0$，得

$$T = M_e$$

若取右段为研究对象，求得的同一截面的扭矩大小相等，转向相反，如图 6-11(c)所示。

扭矩的单位与力矩相同，常用 N・m 或 kN・m。

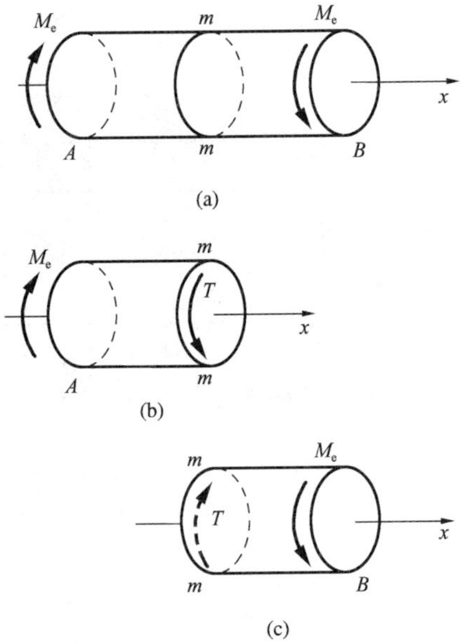

图 6-11　截面法求扭矩

2. 扭矩正负号规定

为了使从截面左、右两侧求得同一截面的扭矩不但数值相等，而且有同样的正负号，通常用右手螺旋法则规定扭矩的正负号：以右手的四指指向表示扭矩的转向，若大拇指的指向背离截面，扭矩为正，如图 6-12(a)所示；反之，扭矩为负，如图 6-12(b)所示。

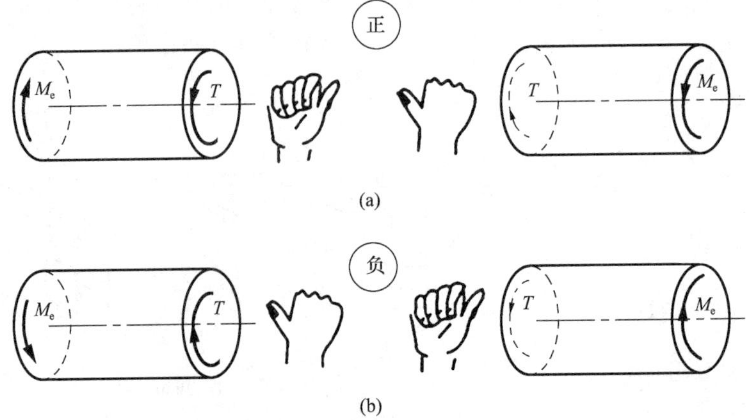

图 6-12　扭矩正负号规定

3. 扭矩图

表示杆件各横截面上扭矩随截面位置不同而变化的图形称为扭矩图。根据扭矩图可以确定最大扭矩值及其所在截面的位置。

扭矩图的绘制方法与轴力图相似。需先以轴线为横轴 x、以扭矩 T 为纵轴，建立 T-x 坐标系，然后将各截面上的扭矩标在 T-x 坐标系中，正扭矩在 x 轴上方，负扭矩在 x 轴下方。

【例 6-2】 如图 6-13(a)所示的传动轴，受外力偶作用，其外力偶矩分别为 $M_{e1}=8\ \text{kN}\cdot\text{m}$，$M_{e2}=M_{e3}=2.4\ \text{kN}\cdot\text{m}$，$M_{e4}=3.2\ \text{kN}\cdot\text{m}$，试作出轴的扭矩图。

【解】 分段计算扭矩，根据外力偶的作用面将其分为 AB、BC、CD 段。

(1) AB 段：在截面Ⅰ-Ⅰ处将轴截开，取左段为脱离体，如图 6-13(b)所示。由平衡条件

$$\sum M_x=0,\quad T_1+M_{e4}=0$$

得

$$T_1=-M_{e4}=-3.2\ \text{kN}\cdot\text{m}$$

(2) BC 段：在截面Ⅱ-Ⅱ处将轴截开，取左段为脱离体，如图 6-13(c)所示。由平衡条件

$$\sum M_x=0,\quad T_2+M_{e4}-M_{e1}=0$$

得

$$T_2=-M_{e4}+M_{e1}=-3.2+8=4.8\text{kN}\cdot\text{m}$$

(3) CD 段：在截面Ⅲ-Ⅲ处将轴截开，取右段为脱离体，如图 6-13(d)所示。由平衡条件

$$\sum M_x=0,\quad T_3-M_{e3}=0$$

得

$$T_3=M_{e3}=2.4\ \text{kN}\cdot\text{m}$$

其扭矩图如图 6-13(e)所示，由图可知，最大扭矩在 BC 段内，其值等于 $4.8\ \text{kN}\cdot\text{m}$。

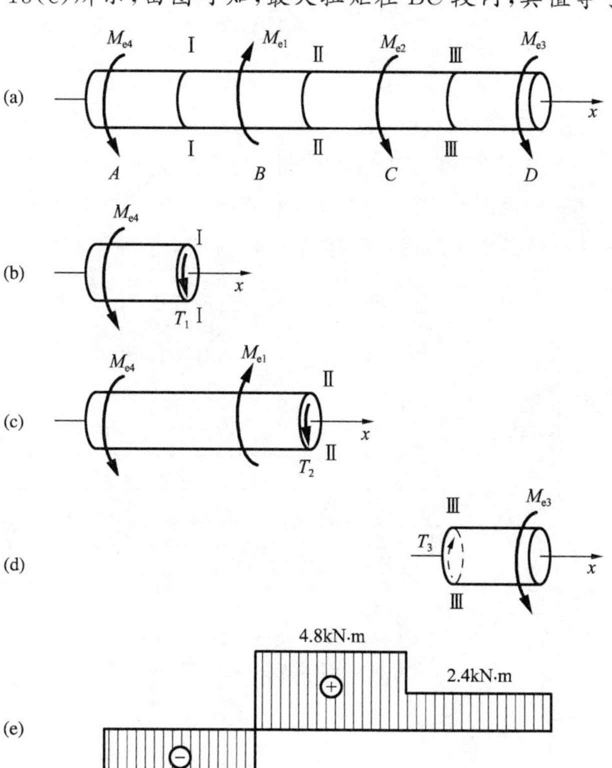

图 6-13　例 6-2 图

6.4 平面弯曲梁的内力

平面弯曲的概念

1. 弯曲变形与平面弯曲

弯曲变形是工程中最常见的一种基本变形形式。例如,房屋建筑中的楼面梁如图 6-14(a)所示、阳台挑梁如图 6-14(b)所示及桥式起重机横梁如图 6-14(c)所示等的变形都是弯曲变形的实例。这些构件的共同受力特点是:在通过杆轴线的平面内,受到垂直于轴线的外力(常称作横向力)或力偶作用。其变形特点是:杆的轴线由直线变成曲线,这种变形称为弯曲变形。凡是以弯曲变形为主的杆件通常称为梁。

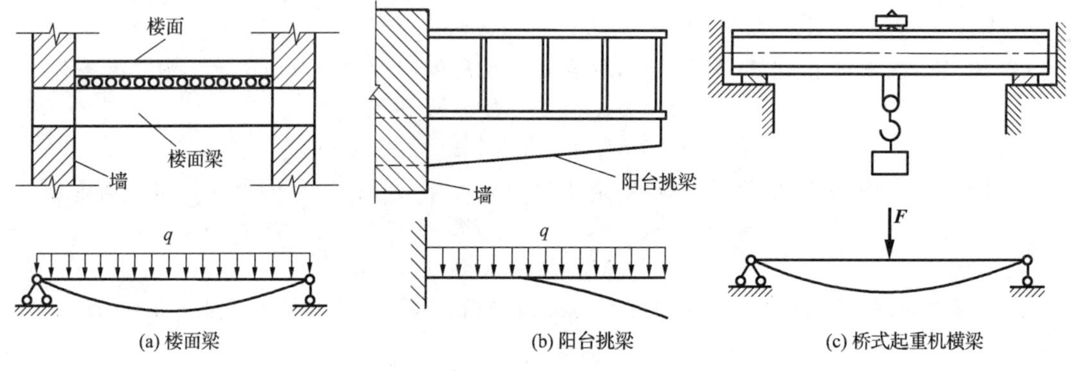

图 6-14 弯曲变形

在工程中最常见的梁,其横截面多为矩形、圆形、工字形及 T 形,如图 6-15 所示,这些梁的横截面通常都具有一个竖向对称轴。竖向对称轴与梁轴线所确定的平面称为梁的纵向对称面,显然纵向对称面是与横截面垂直的。如果梁上所有外力都作用在梁的纵向对称面内,则变形后梁的轴线弯曲成一条位于纵向对称面内的平面曲线,这种弯曲变形称为平面弯曲,如图 6-16 所示。

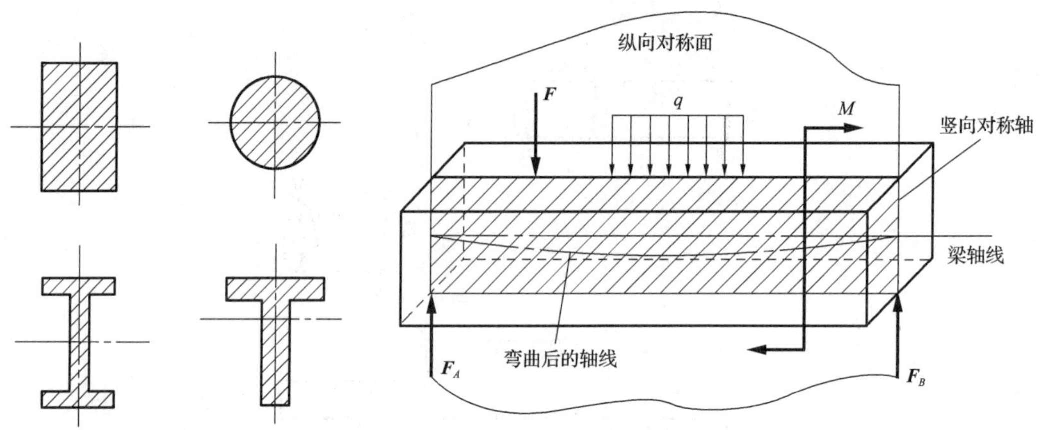

图 6-15 不同横截面的梁

图 6-16 纵向对称面

工程上常见的单跨静定梁一般可分为三类:

①简支梁:梁一端是固定铰支座,另一端为可动铰支座,如图 6-17(a)所示。

②悬臂梁:梁一端是固定端支座,另一端为自由端,如图 6-17(b)所示。

③外伸梁：梁的支座形式与简支梁的相同，但梁一端或两端伸出支座之外，如图 6-17(c)、(d)所示。

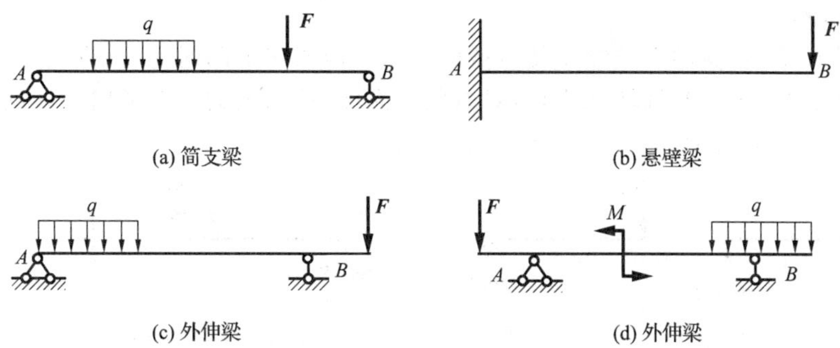

图 6-17　常见梁的形式

梁在两个支座之间的部分称为跨，其长度称为跨度或跨长。

以上三种梁，支座的约束反力均可通过静力平衡方程求出，故称为静定梁。

2. 梁横截面上的内力

(1)剪力和弯矩　梁在外力作用下，横截面上的内力仍然可采用截面法求得。现以图 6-18(a)所示的简支梁为例，说明求梁上任一横截面 $m\text{-}m$ 上的内力的方法，截面 $m\text{-}m$ 离左端支座的距离为 x。

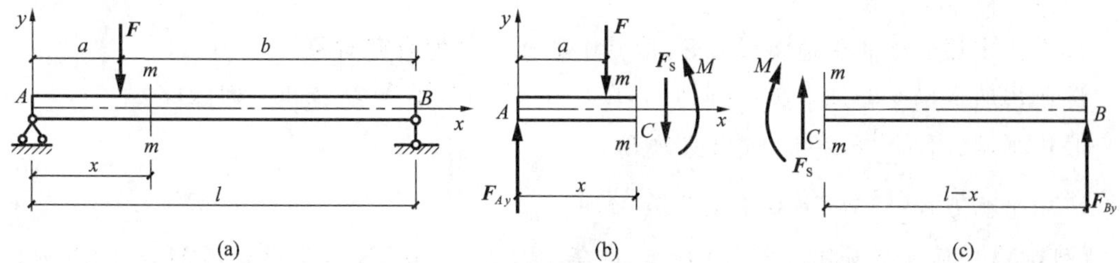

图 6-18　梁横截面上的内力

根据梁的平衡条件，首先求出梁的支座反力 F_{Ay}、F_{By}，然后用假想的平面将梁在截面 $m\text{-}m$ 处截成左、右两段。由于梁原来处于平衡状态，所以被截取后它的左段或右段也应保持平衡状态。若取左段梁为研究对象，由平衡条件可知，横截面 $m\text{-}m$ 上必然同时存在两个内力分量，使该段梁既不移动，也不转动，维持平衡。$m\text{-}m$ 横截面上存在的两个内力分量为：

①与横截面相切的内力分量，称为剪力，它是 $m\text{-}m$ 横截面上切向分布内力的合力，用 F_S 表示；

②位于纵向对称面内的内力偶矩，称为弯矩，它是 $m\text{-}m$ 横截面上法向分布内力的合力偶矩，用 M 表示。

由左段梁的平衡方程可求出 $m\text{-}m$ 横截面上的剪力 F_S 与弯矩 M，即

$$\sum F_y = 0,\quad F_{Ay} - F - F_S = 0,\quad F_S = F_{Ay} - F$$

$$\sum M_C = 0,\quad -F_{Ay}x + F(x-a) + M = 0,\quad M = F_{Ay}x - F(x-a)$$

若取右段梁为研究对象，用同样的方法可以求出 $m\text{-}m$ 横截面的剪力和弯矩，根据作用与反作用原理，两者大小相等、方向相反。

(2)剪力和弯矩的正负号规定　为了使取左段梁或右段梁得到的同一横截面上的剪力和弯矩，不仅大小相等，而且正负号保持一致，根据梁的变形情况，对剪力和弯矩的正负号规定如下：

①剪力的正负号：截面上的剪力使该截面的邻近微段作顺时针转动为正，反之为负。即对左段截离体，截面上的剪力向下为正，对右段截离体，截面上的剪力向上为正，反之为负，如图6-19(a)、(b)所示。

②弯矩的正负号：截面上的弯矩使该截面的邻近微段向下凸时为正，反之为负。即对左段截离体，截面上的弯矩逆时针转动为正，对右段截离体，截面上的弯矩顺时针转动为正，反之为负，如图6-19(c)、(d)所示。

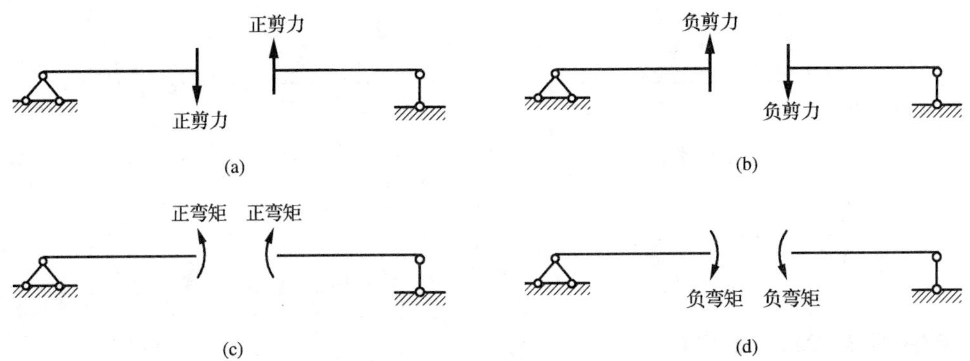

图6-19 剪力和弯矩的正负号规定

(3)用截面法计算指定截面的剪力和弯矩 用截面法计算梁指定截面的剪力和弯矩时，一般可按下列步骤进行：

① 求支座反力。

② 在指定截面处假想地将梁截开，取其中的任一段为研究对象。

③ 画出所选梁段的受力图，横截面上的剪力 F_S 和弯矩 M 均按正方向假设。

④ 由平衡方程 $\sum F_y = 0$ 求出剪力 F_S。

⑤ 由平衡方程 $\sum M_C = 0$ 求出弯矩 M。

【例6-3】 简支梁如图6-20(a)所示，受集中力 $F = 10$ kN 和集中力偶 $M = 4$ kN·m 的作用，试计算截面1-1、2-2上的剪力和弯矩。其中截面1-1和截面2-2均无限接近于 C 截面。

【解】 (1) 求梁的支座反力：取梁整体为研究对象，假设支座反力 F_{Ay}、F_{By} 方向向上，由平衡方程

$$\sum M_B = 0, \quad F \times 4 - 4 - F_{Ay} \times 6 = 0$$

得

$$F_{Ay} = 6 \text{ kN}$$

$$\sum F_y = 0, \quad F_{Ay} + F_{By} - F = 0$$

得

$$F_{By} = 4 \text{ kN}$$

(2) 求各指定截面的内力

1-1 截面的内力：

在截面1-1处假想将梁截开，取左段梁为研究对象[图6-20(b)]，设该截面上的剪力和弯矩均为正值，由平衡方程

$$\sum F_y = 0, \quad F_{Ay} - F_{S1} = 0, \quad F_{S1} = F_{Ay} = 6 \text{ kN}$$

$$\sum M_{C1} = 0, \quad M_1 - F_{Ay} \times 2 = 0, \quad M_1 = 6 \times 2 = 12 \text{ kN} \cdot \text{m}$$

2-2 截面的内力：

在截面2-2处假想将梁截开，取左段梁为研究对象[图6-20(c)]，设该截面上的剪力和弯矩

均为正值，由平衡方程

$$\sum F_y = 0,\quad F_{Ay} - F - F_{S2} = 0,\quad F_{S2} = 6 - 10 = -4\ \text{kN}$$

$$\sum M_{C2} = 0,\quad M_2 - F_{Ay} \times 2 = 0,\quad M_2 = 6 \times 2 = 12\ \text{kN} \cdot \text{m}$$

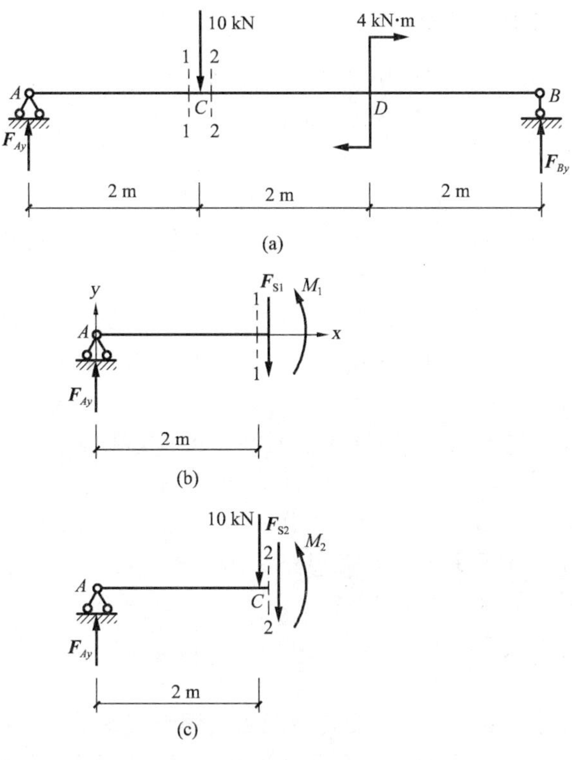

图 6-20　例 6-3 图

通过上面例题，做如下分析：

比较截面 1-1 和截面 2-2 的内力

$$M_1 = M_2 = 12\ \text{kN} \cdot \text{m},\quad |F_{S2} - F_{S1}| = |-4 - 6| = 10\ \text{kN} = F$$

可见，在集中力作用处左右两侧无限接近的截面上，弯矩相等，而剪力发生突变，突变值等于集中力的大小。因此，在集中力作用的截面上剪力是不确定的，不能模糊地说该截面上的剪力是多大，而应该说“在集中力作用处左侧截面和右侧截面上的剪力各为多大”。

(4) 求剪力和弯矩的简便方法　截面法是计算梁内力的基本方法，将平衡方程 $\sum F_y = 0$ 和 $\sum M_C = 0$ 移项后可得到计算梁剪力和弯矩的简便方法。

① 梁内任一横截面上的剪力（设剪力为正）等于该截面一侧与截面平行的所有外力的代数和。其中若对截面左侧所有外力求和，则外力以向上为正；若是对截面右侧所有外力求和，外力则以向下为正。

② 梁内任一横截面上的弯矩（设弯矩为正）等于该截面一侧所有外力对该截面形心的矩的代数和。对于外力，无论是位于截面左侧还是右侧，只要外力的方向向上，对截面形心的矩都取正值，外力的方向向下则取负值；至于外力偶，若位于截面的左侧，则以顺时针转动为正，若在截面右侧，则以逆时针转动为正。

利用上述规律求梁指定截面的内力时，不必将梁用假想的截面截开，也无需列平衡方程，因此可以大大简化计算过程。

6.5 平面弯曲梁的内力图

剪力图和弯矩图

1. 剪力方程和弯矩方程

一般情况下，梁各横截面上的剪力与弯矩都随其位置的变化而变化。若以 x 表示横截面沿梁轴线的位置，则梁内各横截面上的剪力与弯矩都可表示为坐标 x 的函数，即

$$F_S=F_S(x),\quad M=M(x)$$

以上两式分别称为梁的剪力方程与弯矩方程，分别表达了梁横截面上的剪力与弯矩随其横截面位置变化的规律。

在列剪力方程与弯矩方程时，可取梁的左端或右端为坐标原点，并根据梁上荷载的分布情况分段进行，集中力（包括支座反力）、集中力偶的作用点和分布荷载的起止点均为分段点。

关于方程定义域的两点说明：

①梁的端截面是端面的内侧相邻截面，端面不是截面，因此不应包括在剪力方程的定义域中。

②集中力作用处的截面，实际上是分布力作用在一个小面积范围内，此处剪力是变化的，无定值。因此，集中力作用处的截面不应包括在剪力方程的定义域中。同理，集中力偶作用处的截面不应包括在弯矩方程的定义域中。

2. 剪力图和弯矩图

梁各截面的剪力和弯矩沿梁轴线的变化情况可用图形表示出来。用平行于梁轴线的横坐标 x 表示横截面的位置，用垂直于梁轴线的纵坐标 F_S、M 分别表示相应截面上的剪力和弯矩，所画出的表示剪力和弯矩随其横截面位置变化的图线分别称为剪力图和弯矩图。

在画梁内力图时，正剪力画在 x 轴的上方，负剪力画在 x 轴的下方，并标明正负号；正弯矩画在 x 轴的下方，负弯矩画在 x 轴的上方，即弯矩图画在梁受拉的一侧，同时在内力图上应标明一些梁特殊截面位置的特征内力值。由内力图可以确定梁的最大剪力和最大弯矩及其所在的截面（危险截面）的位置，以便进行梁的强度计算。

利用内力方程绘内力图，是绘梁内力图的基本方法，下面通过例题说明内力图的画法。

【例 6-4】 简支梁受均布线荷载 q 作用，如图 6-21(a)所示，试画出梁的剪力图和弯矩图。

【解】 (1)求支座反力

$$F_{Ay}=F_{By}=\frac{ql}{2}$$

(2)列剪力方程和弯矩方程

以梁的最左端 A 点为坐标原点，取距梁 A 端为 x 的任一横截面。由该截面以左列出剪力方程和弯矩方程分别为

$$F_S(x)=F_{Ay}-qx=\frac{ql}{2}-qx\quad(0<x<l)$$

$$M(x)=F_{Ay}x-qx\,\frac{x}{2}=\frac{ql}{2}x-\frac{q}{2}x^2\quad(0\leqslant x\leqslant l)$$

(3)画剪力图和弯矩图

由剪力方程可知，剪力 $F_S(x)$ 是 x 的一次函数，故剪力图为一条斜直线，因此只需求出两

个点即可作图。计算如下：

当 $x \to 0$ 时　$F_{SA}=\frac{ql}{2}$

当 $x \to l$ 时　$F_{SB}=\frac{ql}{2}-ql=-\frac{ql}{2}$

连接两竖标的顶点，即得斜直线的剪力图，如图 6-21(b)所示。

由弯矩方程可知，弯矩 $M(x)$ 是 x 的二次函数，弯矩图为一条抛物线，因此必须求出三个点才能作图。计算如下：

当 $x=0$ 时：$M_A=0$

当 $x=\frac{l}{2}$ 时：$M_C=\frac{ql}{2}x-\frac{q}{2}x^2$

$$=\frac{ql}{2}\frac{l}{2}-\frac{q}{2}\left(\frac{l}{2}\right)^2=\frac{ql^2}{8}$$

当 $x=l$ 时：$M_B=\frac{ql}{2}x-\frac{q}{2}x^2=\frac{ql}{2}l-\frac{q}{2}l^2=0$

用光滑曲线连接这三个竖标的顶点，即得抛物线的弯矩图，如图 6-21(c)所示。

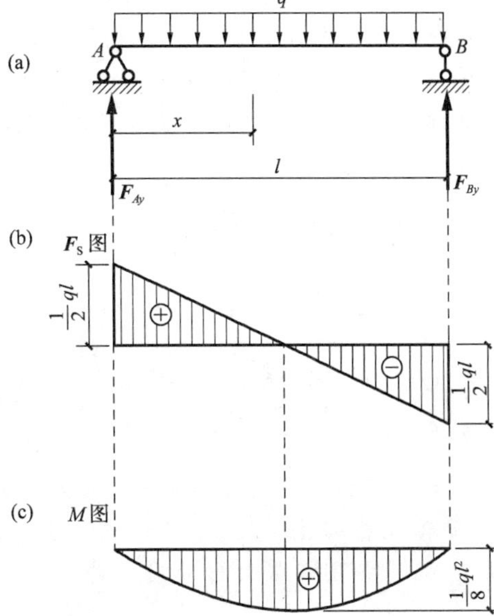

图 6-21　例 6-4 图

由剪力图和弯矩图可以看出，在梁的两端剪力值(绝对值)最大，$F_{Smax}=ql/2$；在梁的跨中剪力为零，而弯矩值最大，$M_{max}=ql^2/8$。

【例 6-5】 简支梁 AB 在截面 C 处受到集中荷载 F 作用，如图 6-22(a)所示，试画出梁的剪力图和弯矩图。

【解】 (1)求支座反力

$$\sum M_B=0,\quad -F_{Ay}l+Fb=0,\quad F_{Ay}=\frac{Fb}{l}$$

$$\sum M_A=0,\quad F_{By}l-Fa=0,\quad F_{By}=\frac{Fa}{l}$$

(2)列剪力方程和弯矩方程：梁在 C 截面处有集中力作用，故 AC 段和 CB 段的剪力方程、弯矩方程不同，必须分段列出。以梁的最左端 A 点为坐标原点，AC 段和 CB 段分别取距梁 A 端为 x_1 和 x_2 的任一横截面。由该截面以左列出剪力方程和弯矩方程分别为

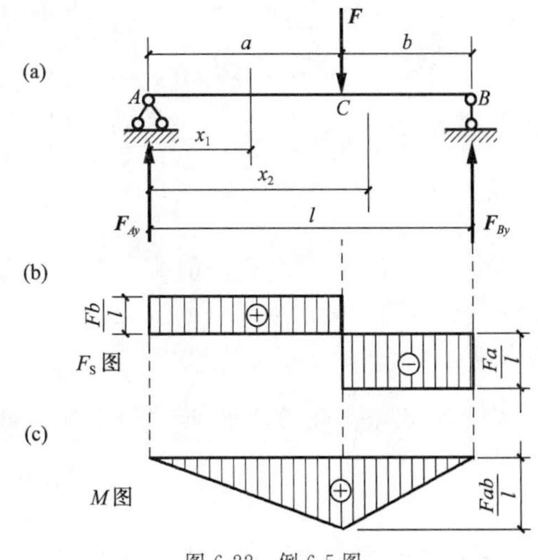

图 6-22　例 6-5 图

AC 段

$$F_S(x_1)=F_{Ay}=\frac{Fb}{l}\quad(0<x_1<a)$$

$$M(x_1)=F_{Ay}x_1=\frac{Fb}{l}x_1\quad(0\leqslant x_1\leqslant a)$$

CB 段

$$F_S(x_2)=F_{Ay}-F=\frac{Fb}{l}-F=-\frac{Fa}{l}\quad(a<x_2<l)$$

$$M(x_2)=F_{Ay}x_2-F(x_2-a)=\frac{Fb}{l}x_2-F(x_2-a)\quad(a\leqslant x_2\leqslant l)$$

(3)画剪力图和弯矩图:由 AC 段的剪力方程可知,AC 段的剪力为正值常数 Fb/l,剪力图是一条在 x 轴上方的水平直线;由 CB 段的剪力方程可知,CB 段的剪力为负值常数 $-Fa/l$,剪力图是一条在 x 轴下方的水平直线。梁的剪力图如图 6-22(b)所示。

AC 段和 CB 段的弯矩方程 $M(x)$ 均为 x 的一次函数,故两段梁的弯矩图均为斜直线。每段分别计算出两端截面的 M 值后可作出弯矩图。计算如下:

当 $x_1=0$ 时:$M_A=0$

当 $x_1=a$ 时:$M_C=\frac{Fb}{l}x_1=\frac{Fab}{l}$

当 $x_2=a$ 时:$M_C=\frac{Fb}{l}x_2-F(x_2-a)=\frac{Fb}{l}a-F(a-a)=\frac{Fab}{l}$

当 $x_2=l$ 时:$M_B=\frac{Fb}{l}x_2-F(x_2-a)=\frac{Fb}{l}l-F(l-a)=0$

梁的弯矩图如图 6-22(c)所示。

> 由剪力图和弯矩图可以看出,在集中力 F 作用的 C 处,左截面剪力 Fb/l,右截面剪力 $-Fa/l$,剪力图发生突变,突变的方向与集中力的指向一致,突变值等于集中力 F;弯矩图出现尖点,即弯矩图在截面 C 处发生转折。

6.6 利用微分关系作梁的内力图

1. 剪力 $F_S(x)$、弯矩 $M(x)$ 与分布荷载集度 $q(x)$ 间的微分关系

如图 6-23(a)所示的简支梁受集度为 $q(x)$ 的分布荷载作用,$q(x)$ 以向上为正。从梁中横坐标 x 处取一微段梁 dx。因为是微段,所以其上的分布荷载可视为均布荷载,如图 6-23(b)所示。假设 dx 微段梁只作用均布荷载 $q(x)$,无集中力和集中力偶。当 x 有增量 dx 时,其右侧剪力、弯矩的微小增量分别为 $dF_S(x)$、$dM(x)$。因此,dx 微段梁右侧的剪力、弯矩分别为 $F_S(x)+dF_S(x)$、$M(x)+dM(x)$。由平衡方程

$$\sum F_y=0,\quad F_S(x)+q(x)dx-[F_S(x)+dF_S(x)]=0 \tag{a}$$

$$\sum M_C=0,\quad -M(x)-F_S(x)dx-q(x)dx\frac{dx}{2}+[M(x)+dM(x)]=0 \tag{b}$$

由(a)式整理后可得

$$\frac{dF_S(x)}{dx}=q(x) \tag{6-1}$$

式(6-1)表明,梁上任一横截面上的剪力对 x 的一阶导数等于作用在该截面处的分布荷载集度。这一微分关系的几何意义是:剪力图上某点处切线的斜率等于该截面处分布荷载集度的大小。

由(b)式略去高阶微量 $dx\frac{dx}{2}$,整理后可得

$$\frac{dM(x)}{dx}=F_S(x) \tag{6-2}$$

式(6-2)表明,梁上任一横截面上的弯矩对 x 的一阶导数等于该截面上的剪力。这一微分关系的几何意义是:弯矩图上某点处切线的斜率等于该截面剪力的大小。

将式(6-2)两边求导整理后可得

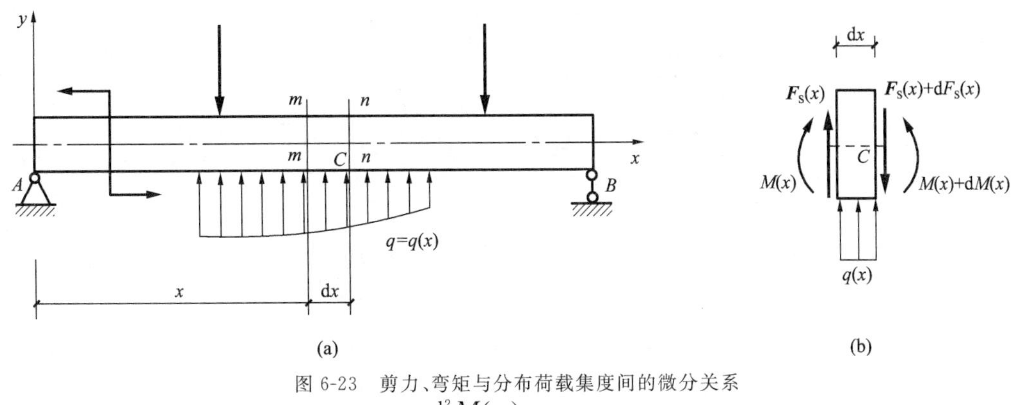

图 6-23　剪力、弯矩与分布荷载集度间的微分关系

$$\frac{d^2M(x)}{dx^2}=q(x) \tag{6-3}$$

式(6-3)表明，梁上任一横截面上的弯矩对 x 的二阶导数等于该截面处的分布荷载集度。这一微分关系的几何意义是：由分布荷载集度的正负可以确定弯矩图的凹凸方向。

2. 用剪力、弯矩与分布荷载集度间的微分关系作剪力图和弯矩图

根据剪力 $F_S(x)$、弯矩 $M(x)$与分布荷载集度 $q(x)$之间的微分关系及几何意义，即可得出关于剪力图与弯矩图的变化规律。

(1)梁上无分布荷载作用的区段　由 $q(x)=0$，即$\frac{dF_S(x)}{dx}=q(x)=0$ 可知，$F_S(x)=$常数，故该段剪力图为一条平行于 x 轴的直线。又由$\frac{dM(x)}{dx}=F_S(x)=$常数可知，弯矩 $M(x)$为 x 的一次函数，故该段弯矩图为一条斜率为 F_S 的斜直线。斜直线的倾斜方向由剪力正负确定：

①当 $F_S(x)=$常数>0 时，弯矩图为一条下斜直线(\)；

②当 $F_S(x)=$常数<0 时，弯矩图为一条上斜直线(/)；

③当 $F_S(x)=$常数$=0$ 时，弯矩图为一条水平直线(—)。

(2)梁上均布荷载作用的区段　由 $q(x)=$常数，即$\frac{dF_S(x)}{dx}=q(x)=$常数可知，剪力 $F_S(x)$为 x 的一次函数，故该段剪力图为一条斜率为 q 的斜直线。又由$\frac{d^2M(x)}{dx^2}=\frac{dF_S(x)}{dx}=q(x)=$常数可知，弯矩 $M(x)$为 x 的二次函数，故该段弯矩图为二次抛物线。

①当 $q(x)=$常数>0(均布荷载向上)时，剪力图为一条上斜直线(/)，弯矩图为上凸的二次抛物线(︵)；

②当 $q(x)=$常数<0(均布荷载向下)时，剪力图为一条下斜直线(\)，弯矩图为下凸的二次抛物线(︶)。

(3)弯矩的极值　由$\frac{dM(x)}{dx}=F_S(x)=0$ 可知，在剪力等于零的截面上，$M(x)$具有极值；反过来，在弯矩具有极值的截面上，剪力一定等于零。

(4)集中力作用处　在集中力作用的左、右两侧面，剪力图有突变，突变值就等于该集中力值；弯矩值没有变化，但弯矩图的斜率会有突变，即弯矩图发生转折。

(5)集中力偶作用处　在集中力偶作用的左、右两侧面，剪力没有变化，但是弯矩图有突变，突变值等于该集中力偶矩值。

上述规律如表 6-1 所示。

表 6-1　　剪力图和弯矩图的规律

<table>
<tr><td rowspan="2">荷载类型</td><td rowspan="2" colspan="2">无荷载段
$q(x)=0$</td><td colspan="4">均布荷载段 $q(x)=$常数</td><td colspan="2">集中力</td><td colspan="2">集中力偶</td></tr>
<tr><td colspan="2">$q>0$</td><td colspan="2">$q<0$</td><td>F C</td><td>C F</td><td>M C</td><td>M C</td></tr>
<tr><td rowspan="2">F_S 图</td><td rowspan="2" colspan="2">水平直线</td><td colspan="4">斜直线</td><td colspan="2">产生突变</td><td rowspan="2" colspan="2">无影响</td></tr>
<tr><td>⊖</td><td>⊕</td><td>⊕</td><td>⊖</td><td>F</td><td>F</td></tr>
<tr><td rowspan="4">M 图</td><td>$F_S>0$</td><td>斜直线</td><td rowspan="3">顶点</td><td rowspan="3">顶点</td><td rowspan="3">顶点</td><td rowspan="3">顶点</td><td rowspan="3">C</td><td rowspan="3">C</td><td rowspan="3">M</td><td rowspan="3">M</td></tr>
<tr><td>$F_S=0$</td><td>水平线</td></tr>
<tr><td rowspan="2">$F_S<0$</td><td rowspan="2">斜直线</td></tr>
<tr><td colspan="4">二次抛物线，$F_S=0$ 处有极值</td><td colspan="2">在 C 处有转折</td><td colspan="2">在 C 处产生突变</td></tr>
</table>

根据梁上荷载作用的情况，利用上述规律就可以判断各区段梁剪力图和弯矩图的形状。因此，只要计算出各控制截面(梁的端点，集中力的作用点，集中力偶的作用点，分布荷载的起、止点及内力的极值点所在的截面)的剪力和弯矩值，就可以快速、准确地画出梁的剪力图和弯矩图，而不必列出内力方程。这种方法一般称为控制截面法，或称简易法。

【例 6-6】 简支梁 AB 如图 6-24(a)所示，已知 $M=20\ \text{kN}\cdot\text{m}$，$q=5\ \text{kN/m}$，$F=10\ \text{kN}$，试利用简易法画出梁的剪力图和弯矩图。

【解】 (1)求支座反力

$$F_{Ay}=15\ \text{kN},\quad F_{By}=15\ \text{kN}$$

(2)根据梁上的外力将梁分为 AC、CD、DB 三区段。

(3)画剪力图

AC、CD、DB 区段上梁的起点和终点的剪力为

A 右侧截面：$F_{SA}^{R}=15\ \text{kN}$

C 左、右两侧截面：$F_{SC}^{L}=F_{SC}^{R}=15-5\times4=-5\ \text{kN}$

D 左、右两侧截面：$F_{SD}^{L}=-5\ \text{kN}$，　$F_{SD}^{R}=15-5\times4-10=-15\ \text{kN}$

B 左侧截面：$F_{SB}^{L}=-15\ \text{kN}$

由于 AC 区段梁上有向下的均布荷载，剪力图为下斜直线，CD、DB 区段梁上无分布荷载作用，故这两段梁的剪力图为水平直线。梁的剪力图如图 6-24(b)所示。

(4)画弯矩图：AC、CD、DB 区段上梁的起点和终点的弯矩为

A 右侧截面：$M_A^R=0$

C 左、右两侧截面：

$$M_C^L=15\times4-5\times4\times2=20\ \text{kN}\cdot\text{m}$$

$$M_C^R=15\times4-5\times4\times2+20=40\ \text{kN}\cdot\text{m}$$

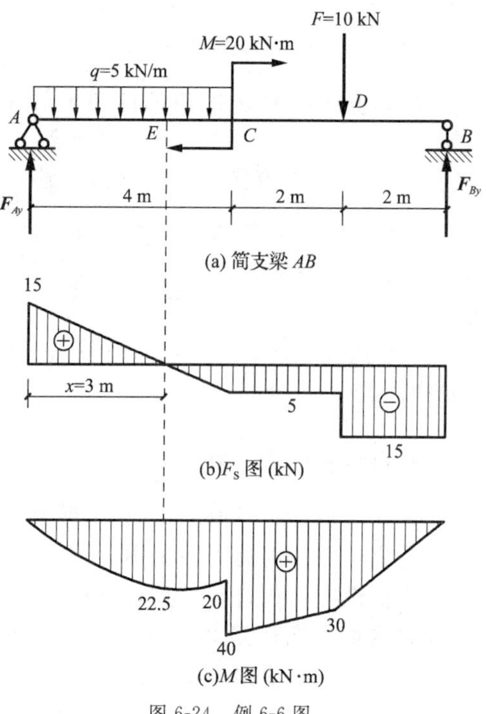

图 6-24　例 6-6 图

D 左、右两侧截面：$M_D^L = M_D^R = 15 \times 2 = 30\ \text{kN} \cdot \text{m}$

B 左侧截面：$M_B^L = 0$

在剪力 $F_S = 0$ 的截面上弯矩取极值，设剪力为零的截面距支座 A 的距离为 x，则

$$F_S = F_{Ay} - qx = 0, \quad x = \frac{F_{Ay}}{q} = \frac{15}{5} = 3\ \text{m}$$

$$M = F_{Ay} \times 3 - q \times 5 \times \frac{3}{2} = 15 \times 3 - 5 \times 3 \times \frac{3}{2} = 22.5\ \text{kN} \cdot \text{m}$$

由于 AC 区段梁上有向下的均布荷载，弯矩图为下凸的二次抛物线，CD、DB 区段梁上无分布荷载作用，故这两段梁的弯矩图为斜直线。梁的弯矩图如图 6-24(c)所示。

6.7　叠加法作梁的内力图

1. 简支梁内力图的叠加

梁在小变形的情况下，其支座反力、内力、应力和变形等参数均与外荷载呈线性关系，这种情况下，当梁上有几个荷载共同作用时，由每一个荷载所引起的某一参数将不受其他荷载的影响。因此，梁在多个荷载共同作用时所引起的某一参数等于各个荷载单独时所引起的该参数值的代数和，这种关系称为叠加原理。

根据叠加原理绘制内力图的方法称为叠加法。所谓叠加是将同一截面上的内力纵坐标的代数值相加，而不是图形的简单拼合。

【例 6-7】　试用叠加法绘制简支梁的剪力图和弯矩图。

【解】　如图6-25(a)所示，简支梁 AB 上的荷载是由均布荷载 q 和跨中的集中荷载 F 组合而成，分别画出梁在均布荷载 q 和跨中的集中荷载 F 单独作用下的剪力图和弯矩图，将对应图形叠加即可得到简支梁的内力图，如图 6-25(b)、(c)所示。

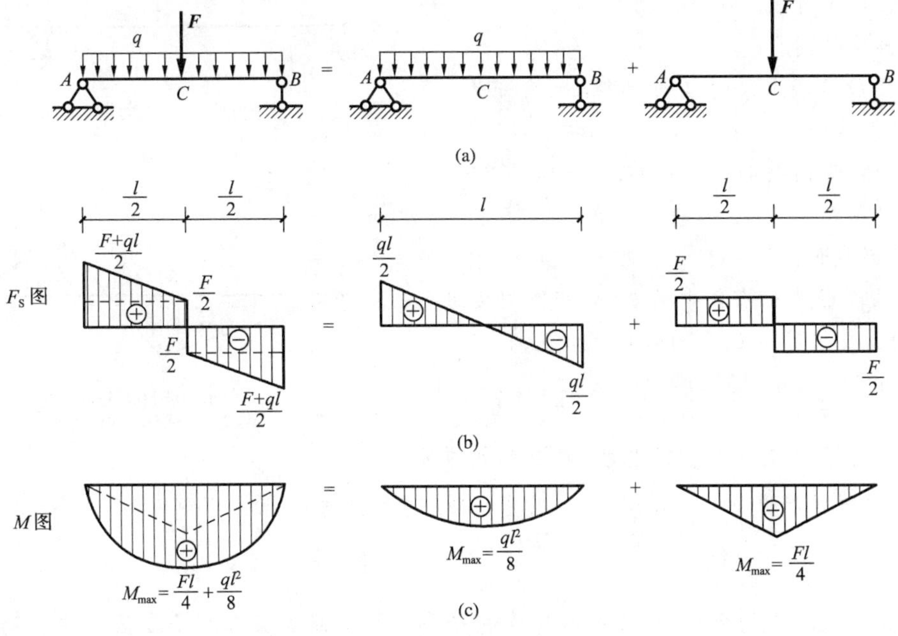

图 6-25　例 6-7 图

当遇到叠加两个异号图形时，可在基线的同一侧相加，重叠部分正负相消去，剩下的面积就是叠加后的图形，如图 6-26 所示。

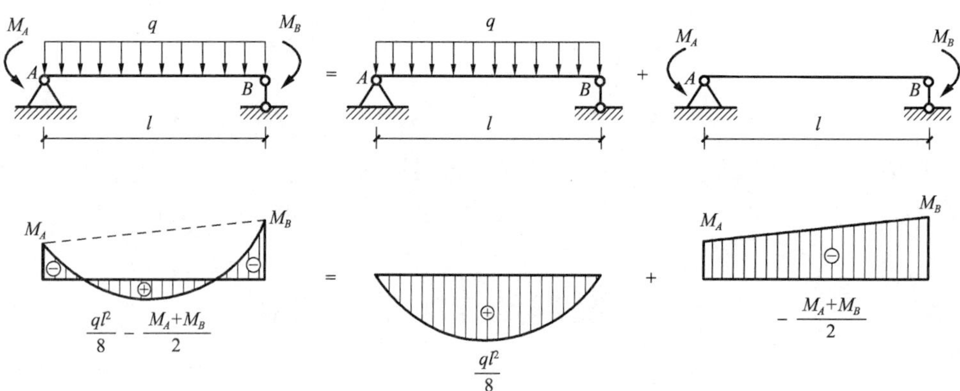

图 6-26 叠加法画弯矩图

2. 区段叠加法画梁的弯矩图

当梁上的荷载布置比较复杂时，可将梁进行分段，再在每个区段上利用叠加原理画出弯矩图，这种方法称为区段叠加法。作图步骤可归纳为：首先求出区段两端截面的弯矩；然后，在无叠加弯矩的区段，将两个弯矩纵坐标的顶点直接连直线，而在有叠加弯矩的区段连虚线；最后，以此虚线为基线，再叠加相应简支梁在区段内荷载（均布荷载或集中荷载）作用下的弯矩图，即为所求的弯矩图。

【例 6-8】 外伸梁 AD 如图 6-27(a)所示，已知 $F=60$ kN，$q=30$ kN/m，试利用区段叠加法画出梁的弯矩图。

【解】 (1)根据梁上的外力将梁分为 AB、BD 两区段（区段上可有一个集中力）。

(2)画弯矩图

AB、BD 区段上梁的起点和终点的弯矩为：

A 右侧截面：$M_A^R=0$

B 左、右两侧截面：$M_B^L=M_B^R=-30\times2\times1=-60$ kN·m

D 左侧截面：$M_D^L=0$

AB 区段 C 点处有集中荷载，弯矩图将要进行叠加。由简支梁算得 C 点的弯矩叠加值为

$$\frac{Fab}{l}=\frac{Fl_{AC}l_{CB}}{l_{AB}}=\frac{60\times4\times2}{6}=80\ \text{kN}\cdot\text{m}$$

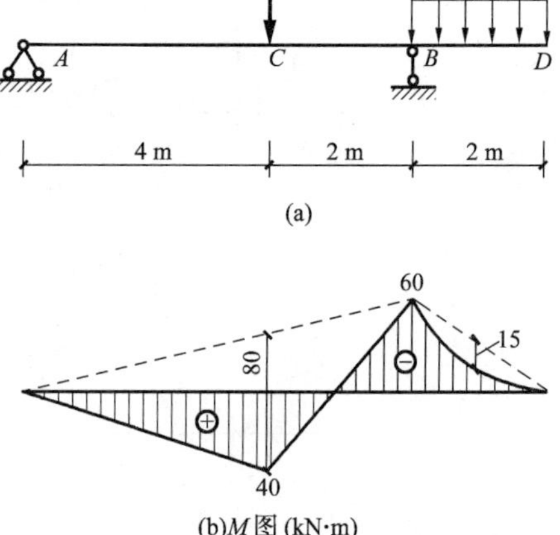

图 6-27 例 6-8 图

以 AB 区段梁杆端弯矩为基线，再叠加相应简支梁在集中荷载作用下的弯矩图，可得其弯矩图。AB 区段 C 点的弯矩为

$$M_C=-\frac{60\times4}{6}+\frac{Fl_{AC}l_{CB}}{l_{AB}}=-40+80=40\ \text{kN}\cdot\text{m}$$

BD 区段梁上有均布荷载，弯矩图将要进行叠加。由简支梁算得 BD 区段中点的弯矩叠加值为

$$\frac{ql_{BD}^2}{8}=\frac{30\times2^2}{8}=15\ \text{kN}\cdot\text{m}$$

梁的弯矩图如图 6-27(b)所示。

6.8　多跨静定梁的内力

前面讨论的杆件多为简支梁、悬臂梁等静定梁，而这些梁的支座约束使杆件构成的是一个跨度，故又称为单跨静定梁。在工程实际中，比较常见的还有由多个杆件通过铰链连接而构成的没有多余约束的并且是具有几个跨度的梁，通常将其称为多跨静定梁。如图 6-28(a)所示的外伸梁 AC 上依次加上 CE、EF 两根梁；如图6-28(b)所示的是在 AC、DF 两根外伸梁上再加上一小悬跨 CD，以上两种结构即为多跨静定梁。

根据多跨静定梁的几何组成规律，通常将其分为基本部分和附属部分。如图 6-28(a)所示的多跨静定梁，ABC 是通过三根既不全平行也不全相交于一点的三根链杆与基础连接，所以它是几何不变的，故将其称为基本部分。CDE 梁是通过铰 C 和支座链杆 D 连接在 ABC 梁和基础上；EF 梁又是通过铰 E 和支座链杆 F 连接在 CDE 梁和基础上；所以 CDE 或 EF 梁要依靠基本部分 ABC 才能保证其几何不变性，故将其称为附属部分。如果将梁的附属部分去掉，则基本部分仍然是几何不变的；若将梁的基本部分去掉，则附属部分的几何不变性就不复存在了。

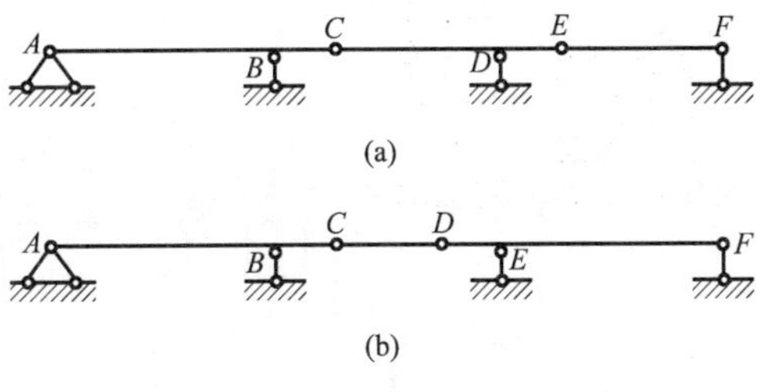

图 6-28　多跨静定梁

上述组成顺序可用图 6-29(a)来表示。这种图形称为层次图。从层次图可以看出力的传递路线。例如，作用在最上面的附属部分 EF 上的荷载 F_3 不但会使 EF 梁受力，而且还通过 E 支座将力传给 CDE 梁，再通过 C 支座传给 ABC 梁。同样，荷载 F_2 能使 CE 梁和 ABC 梁受力，但它不会传给 EF 梁。而基本部分 ABC 上的荷载 F_1，只对自身结构引起内力和反力，而对附属部分 CDE 和 EF 都不会产生影响。据此，计算多跨静定梁时，先依次计算附属部分，再计算基本部分，然后画出可视为一单跨静定梁的各个部分的剪力图和弯矩图，最后将其连接在一起，即得到多跨静定梁的内力图。

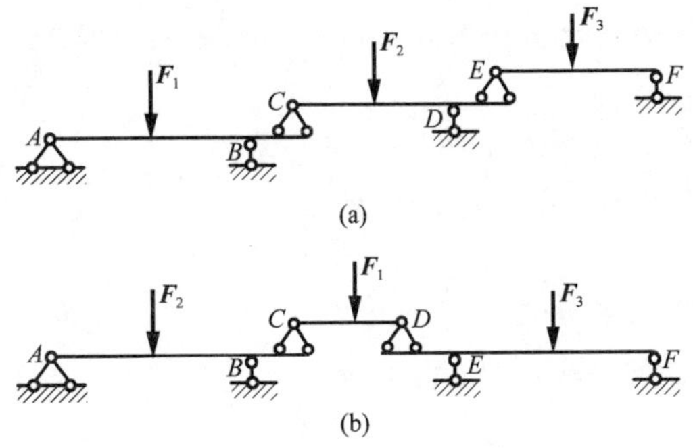

图 6-29　多跨静定梁的层次图

对如图 6-28(b)所示的梁，如果仅承受竖向荷载作用，则不但 ABC 梁能独立承受荷载维持平衡，DEF 梁也能独立承受荷载维持平衡。这时，ABC 梁和 DEF 梁都可分别视为基本部分。其层次图如图 6-29(b)所示，由层次图可知，对该梁的计算应从附属部分 CD 梁开始，然后

再计算 ABC 梁和 DEF 梁。

【例 6-9】 画出如图 6-30(a)所示多跨静定梁的剪力图和弯矩图。

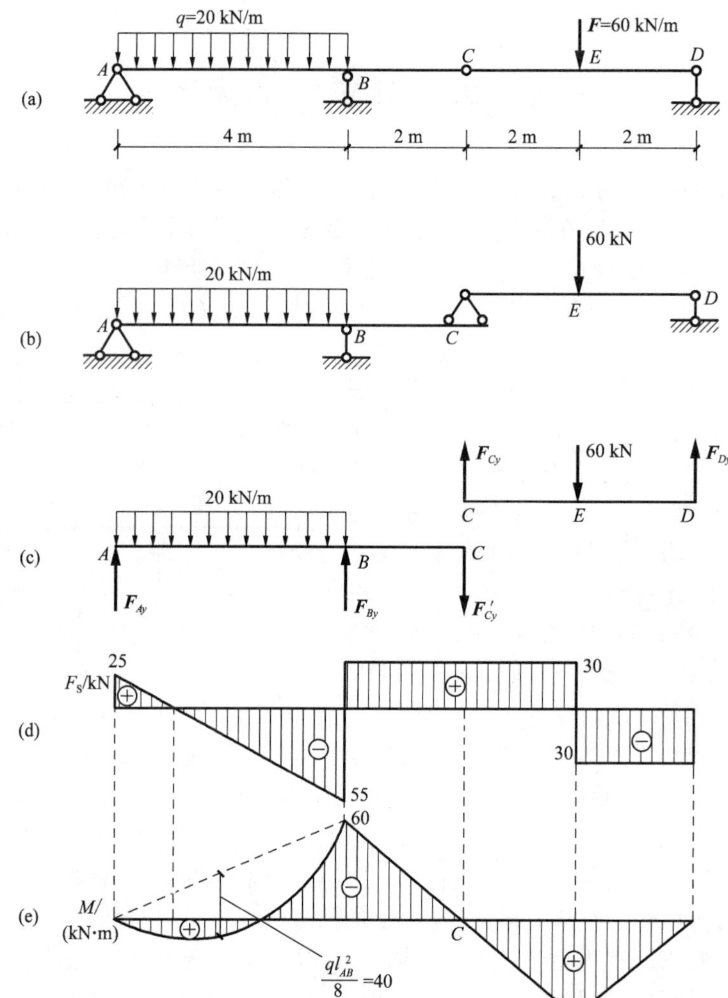

图 6-30 例 6-9 图

【解】 (1)多跨静定梁的层次图如图 6-30(b)所示,各层次单跨静定梁的受力图如图 6-30(c)所示。

(2)依次计算各层次单跨静定梁的支座反力

首先从附属部分 CED 开始,由对称性可得

$$F_{Cy}=F_{Dy}=30\ \text{kN}$$

再计算基本部分 ABC,由平衡条件得

$$\sum M_A=0,\quad F_{By}\times 4-20\times 4\times 2-30\times 6=0$$

得
$$F_{By}=85\ \text{kN}$$

$$\sum F_y=0,\quad F_{Ay}+85-20\times 4-30=0$$

得
$$F_{Ay}=25\ \text{kN}$$

(3)画出单跨静定梁的各个部分的剪力图和弯矩图(计算过程从略),最后将其连接在一起,即得到多跨静定梁的剪力图和弯矩图,如图 6-30(d)、(e)所示。

6.9　静定平面刚架的内力

静定刚架

平面刚架是由梁和柱组成的平面结构。当平面结构受外力作用发生变形时，汇交于连接处的各杆端之间的夹角始终保持不变，这种节点称为刚节点。刚节点是刚架具备的主要结构特征。当刚架柱子的下端用细石混凝土填缝而嵌固于杯形基础中，可看作是固定支座，如图 6-31(a)所示的站台雨篷。当刚架柱子的下端用沥青麻刀填缝而嵌固于杯形基础中，柱可绕基础发生微小转动，则可看作为固定铰支座，如图 6-32(a)所示的三铰刚架。如图 6-31 和图 6-32 所示横梁和立柱之间的连接点均为刚节点。

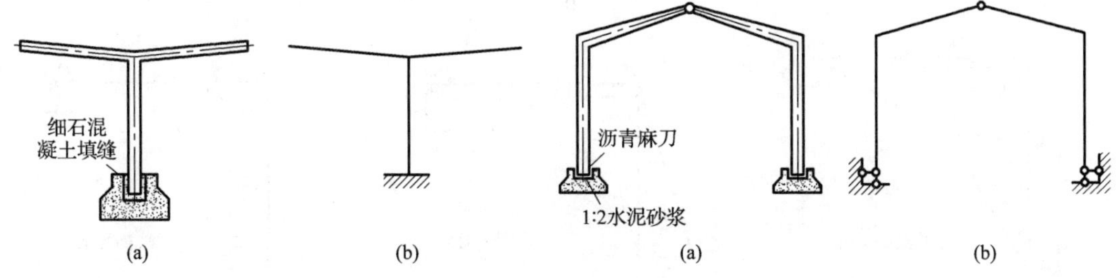

图 6-31　站台雨篷　　图 6-32　三铰刚架

刚架的内力是指各杆横截面上的弯矩 M、剪力 F_S 和轴力 N。在计算静定刚架内力时，通常应由整体或某些部分的平衡条件，先求出刚架支座的反力和各杆铰接处的约束力，再用截面法计算各杆端横截面上的内力，最后逐一画出各组成杆件的内力图。前面介绍的梁上荷载作用的情况与梁内力的对应规律，以及绘制内力图的叠加法等在刚架的内力计算中仍然适用。

【例 6-10】　画出如图 6-33(a)所示刚架的内力图。

【解】　(1)考虑刚架的整体平衡，计算支座反力

$$\sum F_x = 0,\quad F_{Ax} - 10 \times 4 = 0$$

得

$$F_{Ax} = 40\ \text{kN}$$

$$\sum M_A = 0,\quad F_{Dy} \times 4 - 20 \times 2 - 10 \times 4 \times 2 = 0$$

得

$$F_{Dy} = 30\ \text{kN}$$

$$\sum F_y = 0,\quad F_{Ay} + 30 - 20 = 0$$

得

$$F_{Ay} = -10\ \text{kN}$$

在此由 $\sum M_D = 0$ 作一校核，有

$$\sum M_D = -10 \times 4 + 40 \times 4 - 10 \times 4 \times 2 - 20 \times 2 = 0$$

表明计算结果正确。

(2) 用截面法求刚架各组成杆件的杆端弯矩、剪力和轴力。

杆 AB：取点 A 上和点 B 下两控制截面以内的杆段为截离体如图 6-33(b) 所示，列平衡方程，解得

$$\sum F_x = 0,\quad F_{SBA} + 10 \times 4 - 40 = 0,\quad F_{SBA} = 0$$

$$\sum F_y = 0,\quad F_{NBA} - 10 = 0,\quad F_{NBA} = 10\ \text{kN}$$

$$\sum M_A = 0,\quad M_{BA} - F_{SBA} \times 4 - 10 \times 4 \times 2 = 0,\quad M_{BA} = 80\ \text{kN}\cdot\text{m}$$

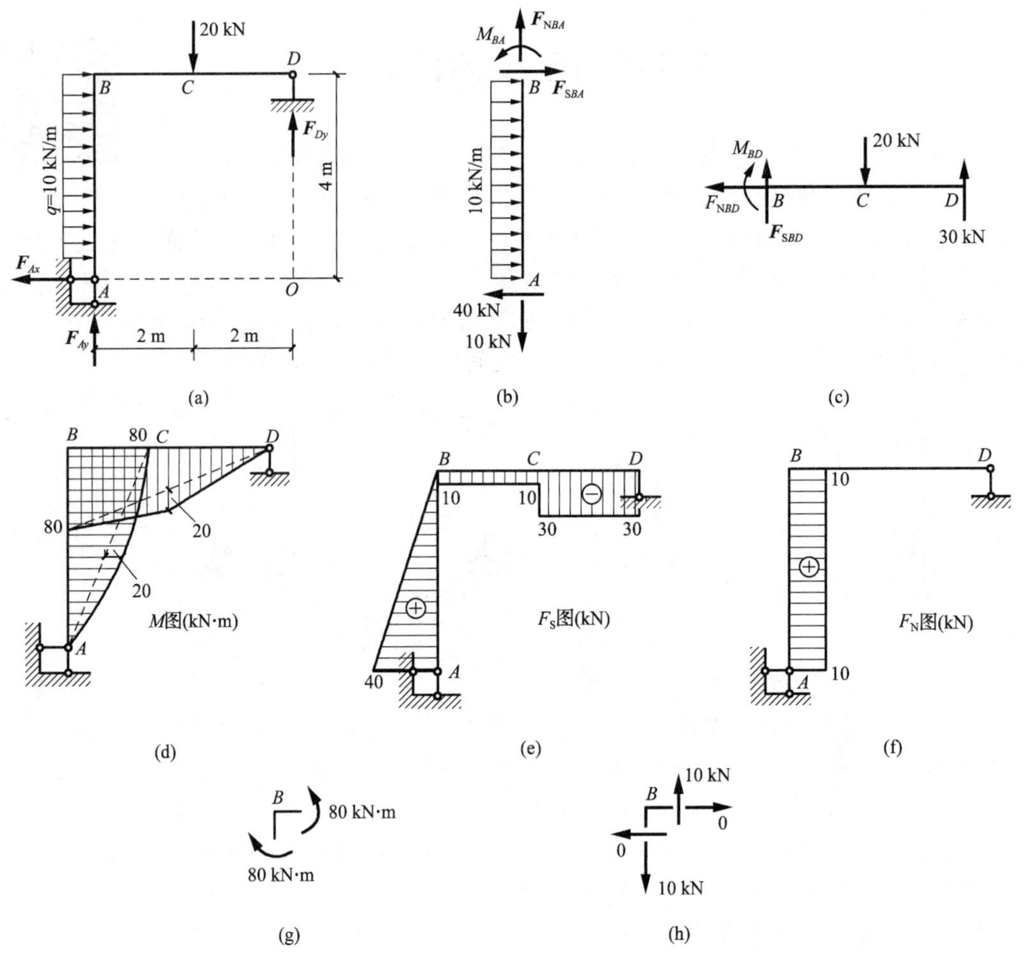

图 6-33 例 6-10 图

杆 BD：取点 B 右和点 D 左两控制截面以内的杆段为截离体如图 6-33(c) 所示，列平衡方程，解得

$$\sum F_x = 0,\quad F_{NBD} = 0$$

$$\sum F_y = 0,\quad F_{SBD} - 20 + 30 = 0,\quad F_{SBD} = -10\ \text{kN}$$

$$\sum M_D = 0,\quad M_{BD} + F_{SBD} \times 4 - 20 \times 2 = 0,\quad M_{BD} = 80\ \text{kN}\cdot\text{m}$$

(3) 画弯矩图。弯矩图画在杆的受拉纤维一侧，不标注正负号

杆 AB：该杆两端弯矩分别为 $M_{AB} = 0$ 和 $M_{BA} = 80\ \text{kN}\cdot\text{m}$。

AB 区段梁上有均布荷载，弯矩图将要进行叠加。由简支梁算得 AB 区段中点的弯矩叠加值为

$$\frac{ql_{AB}^2}{8} = \frac{10 \times 4^2}{8} = 20\ \text{kN}\cdot\text{m}$$

以 AB 区段梁杆端弯矩为基线，再叠加相应简支梁在均布荷载作用下的弯矩图，可得其弯矩图。AB 区段中点的弯矩为

$$M_{AB}^{M} = \frac{0 + 80}{2} + \frac{ql_{AB}^2}{8} = 40 + 20 = 60\ \text{kN}\cdot\text{m}$$

杆 BD：该杆两端弯矩分别为 $M_{BD} = 80\ \text{kN}\cdot\text{m}$ 和 $M_{DB} = 0$。

BD 区段中点有集中荷载，弯矩图将要进行叠加。由简支梁算得 C 点的弯矩叠加值为

$$\frac{Fl_{BD}}{4}=\frac{20\times 4}{4}=20\ \text{kN}\cdot\text{m}$$

以 BD 区段梁杆端弯矩为基线，再叠加相应简支梁在集中荷载作用下的弯矩图，可得其弯矩图。BD 区段 C 点的弯矩为

$$M_C=\frac{0+80}{2}+\frac{Fl_{BD}}{4}=40+20=60\ \text{kN}\cdot\text{m}$$

最后画出整个刚架的弯矩图如图 6-33(d) 所示。

(4) 画剪力图。截面上的剪力使截离体作顺时针转动为正。剪力图可画在杆的任意一侧，但须标注正负号。

杆 AB：该杆两端剪力分别为 $F_{SAB}=F_{Ax}=40$ kN(顺时针转动) 和 $F_{SBA}=0$。连接两竖标的顶点，即得斜直线的剪力图。

杆 BD：该杆两端剪力分别为 $F_{SBD}=-10$ kN(逆时针转动) 和 $F_{SDB}=F_{Dy}=30$ kN(逆时针转动)。过竖标的顶点连水平线，在杆中点的集中力作用处对应有 20 kN 的突变值，即水平线有跳跃，标注负号，即得到无均布荷载作用的杆 BD 的剪力图。

最后画出整个刚架的剪力图如图 6-33(e) 所示。

(5) 画轴力图。轴力以拉力为正，轴力图可画在杆的任意一侧，并标注正负号

杆 AB：该杆两端轴力为 $F_{NAB}=F_{NBA}=10$ kN。连接两竖标的顶点，标注正号，即得杆 AB 的轴力图。

杆 BD：该杆两端轴力为 $F_{NBD}=F_{NDB}=0$。得杆 BD 的轴力图即轴力图基线本身。

最后画出整个刚架的轴力图如图 6-33(f) 所示。

(6) 校核。取刚节点 B 为截离体，在杆端弯矩作用下的受力图如图 6-33(g) 所示，因 $\sum M_B=80-80=0$，故刚节点 B 满足力矩平衡条件。同样，在杆端剪力和轴力作用下的受力图如图 6-33(h) 所示，因 $\sum F_x=0$，$\sum F_y=10-10=0$，故刚节点 B 满足力的平衡条件，表明计算结果正确。

6.10　静定平面桁架的内力

静定平面桁架

1. 概　述

桁架是指由若干直杆在其两端用圆柱铰链连接而成的结构。组成桁架各直杆的中心线在同一平面内且荷载作用线也在此平面内的桁架称为平面桁架，否则称为空间桁架。桁架在土木工程结构中较为常见，如桥梁主体[图 6-34(a)]、钢木屋架[图 6-35(a)]等。这些桁架结构一般都具有对称的平面，当荷载作用在对称平面内时，即可将空间桁架简化为平面桁架[图6-34(b)、图 6-35(b)]。桁架的结点可以通过铆接、焊接、榫接等连接，但受力情况比较复杂，在平面桁架计算时还要对桁架结构作进一步的简化，抓住其主要特点，略去次要因素，通常对桁架作以下几个基本假设：

①桁架的结点都是圆柱铰结点；

②各杆的轴线都是直线并通过铰的中心；

③所有荷载和支座反力都在桁架平面内，且都作用在桁架的结点上；

④桁架杆件的自重可忽略不计，或将杆件的自重平均分配到桁架的结点上。

符合上述诸假设的桁架称为理想桁架。桁架各杆线用轴线表示，铰结点用小圆圈表示。在本课程中涉及的桁架都是理想桁架。

根据以上假设，桁架中的杆件与链杆约束具有相同的作用，桁架中每一根杆都是二力杆，因此，每杆两端所受的是大小相等、方向相反且沿着杆件轴线的两个力，通常规定杆件轴力受拉为正，受压为负。桁架按其几何构造特点，通常分为以下两类：

(1)简单桁架 如图 6-34 所示，从一个基本铰接三角形开始，逐次增加二元体，最后用三杆与基础相连而成或从基础开始逐次增加二元体而形成的桁架，称为简单桁架。

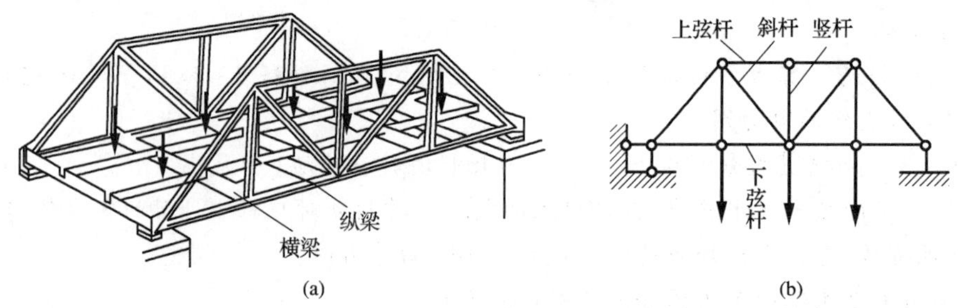

图 6-34 简单桁架

(2)联合桁架 如图 6-35 所示，几个简单桁架按照两刚片规则或三刚片规则组成的桁架，称为联合桁架。

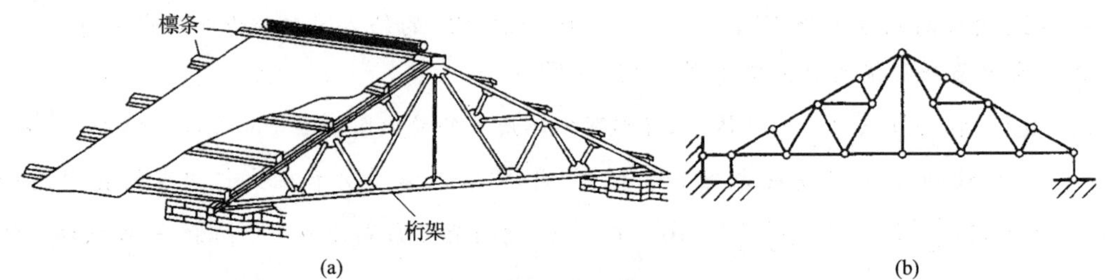

图 6-35 联合桁架

桁架中的杆件，按其所在的位置不同，可分为弦杆和腹杆两类，如图 6-36 所示。

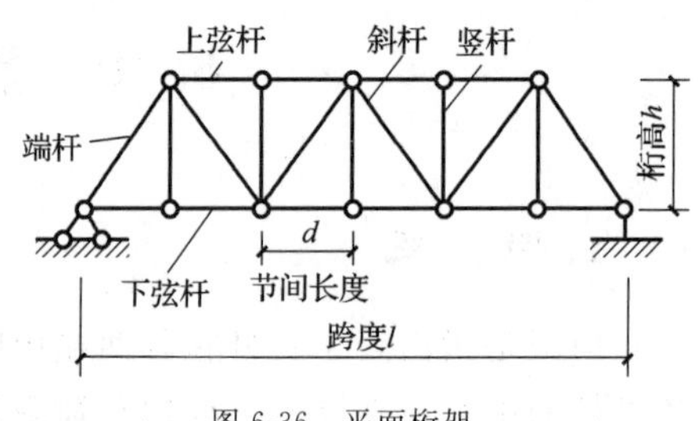

图 6-36 平面桁架

弦杆是指桁架上、下外围的杆件，上边的称为上弦杆，下边的称为下弦杆；桁架两端与支座相连的外围杆称为端杆；上、下弦杆之间的杆件称为腹杆，腹杆又分为竖杆和斜杆。弦杆上相邻两结点之间的区间称为节间，其间距称为节间长度。两支座间的水平距离 l 称为跨度。支座连线至桁架最高点的距离称为桁高。

现在研究分析计算平面静定桁架杆件内力的结点法和截面法。

2. 结点法

结点法

桁架在结点荷载和支座反力的作用下，处于平衡状态，则桁架的每一个结点、杆件、局部截离体也都处于平衡状态。

结点法就是取桁架的铰接点为截离体，通过结点的受力图和静力平衡方程来求桁架各杆轴力的一种方法。首先取整个桁架作为研究对象，列出桁架整体的平衡方程，解出支座的约束反力。然后按照一定的顺序取各结点为研究对象。由于桁架各杆件都是二力杆，所以桁架的每一个铰接点都受平面汇交力系的作用，而每一个铰接点可列出两个独立的平衡方程。在求解时，为了尽量避免解联立方程，通常从不超过两个未知力的结点开始，依次逐点计算，即可求得所有杆件的轴力。各杆轴力是拉力还是压力，由计算结果的正负号确定。

【例 6-11】　试用结点法计算如图 6-37(a)所示桁架中各杆的内力。

【解】　(1)求支座反力。取整个桁架为研究对象，列平衡方程，即

$$\sum M_8 = 0,\quad (F_{1y} - 10) \times 8 - 20 \times 6 - 10 \times 4 = 0$$

得

$$F_{1y} = 30\ \text{kN}$$

$$\sum F_y = 0,\quad 30 - 10 - 20 - 10 + F_{8y} = 0$$

得

$$F_{8y} = 10\ \text{kN}$$

(2) 取结点 1 为截离体，受力图如图 6-37(b) 所示，列平衡方程

$$\sum F_y = 0,\quad F_{N13} \times \frac{1}{\sqrt{5}} - 10 + 30 = 0$$

得

$$F_{N13} = -44.72\ \text{kN(压力)}$$

$$\sum F_x = 0,\quad F_{N13} \times \frac{2}{\sqrt{5}} + F_{N12} = 0$$

得

$$F_{N12} = 40\ \text{kN(拉力)}$$

(3) 取结点 2 为截离体，受力图如图 6-37(c) 所示，列平衡方程

$$\sum F_y = 0,\quad F_{N23} = 0$$

$$\sum F_x = 0,\quad F_{N25} - F_{N12} = 0$$

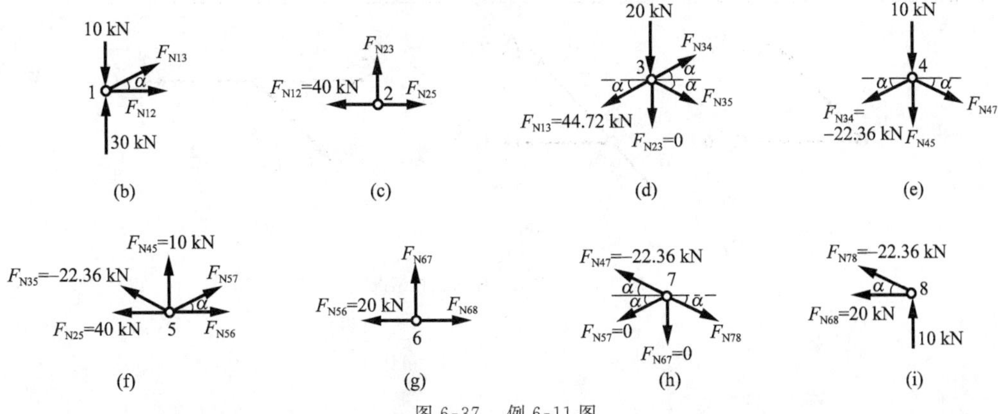

图 6-37　例 6-11 图

得 $$F_{N25}=F_{N12}=40\text{ kN}$$

(4) 取结点 3 为截离体,受力图如图 6-37(d) 所示,列平衡方程

$$\sum F_x=0,\quad -F_{N13}\times\frac{2}{\sqrt{5}}+F_{N34}\times\frac{2}{\sqrt{5}}+F_{N35}\times\frac{2}{\sqrt{5}}=0$$

$$\sum F_y=0,\quad -20+F_{N34}\times\frac{1}{\sqrt{5}}-F_{N35}\times\frac{1}{\sqrt{5}}-F_{N13}\times\frac{1}{\sqrt{5}}=0$$

得 $$F_{N34}=F_{N35}=-22.36\text{ kN}$$

同理,依次取结点 4、5、6、7 为截离体,得各杆的轴力为

$$F_{N47}=-22.36\text{ kN},F_{N45}=10\text{ kN},F_{N57}=0,F_{N56}=20\text{ kN},$$
$$F_{N67}=0,F_{N68}=20\text{ kN},F_{N78}=-22.36\text{ kN}$$

最后对所求轴力进行校核,取结点 8 为截离体,受力图如图 6-37(i) 所示。

$$\sum F_x=-(-22.36)\times\frac{2}{\sqrt{5}}-20=0,\quad \sum F_y=-22.36\times\frac{1}{\sqrt{5}}+10=0$$

故知计算结果无误。

为了清晰起见,将此桁架各杆的内力标注在图 6-38 中。

桁架中轴力为零的杆件称为零杆。在计算桁架的轴力之前,若能预先判断出零杆,则使计算得以简化。常见的零杆有以下几种情况:

① 不共线的两杆结点上,当无荷载作用时[图 6-39(a)],两杆必为零杆。

② 不共线的两杆结点上,当荷载与其中一杆共线时[图 6-39(b)],另一杆必为零杆。

③ 两杆共线的三杆结点上,当无荷载作用时[图 6-39(c)],不共线的第三杆必为零杆。

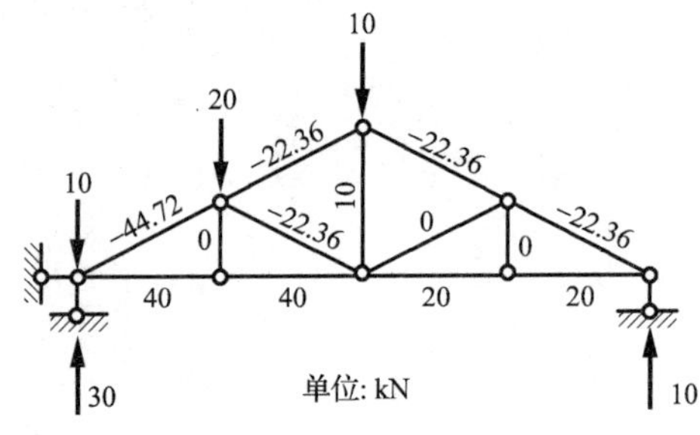

图 6-38 桁架各杆的内力

> 在例 6-11 中,由于 23 杆是一根零杆,所以杆 12 和 25 中的内力相等,在计算时此两杆可视为一根杆件 15。同理,由于 67、57 是两根零杆,杆 47 和 78 及杆 56 和 68 均可作为一根杆件对待,这样,计算将得到简化。

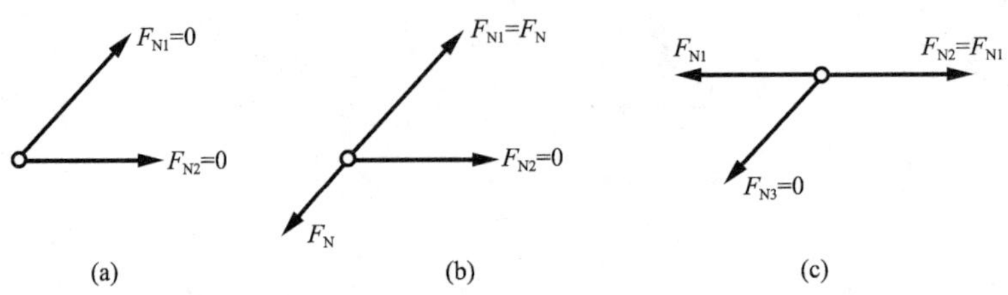

图 6-39 常见零杆的三种情况

3. 截面法

截面法就是用一假想的截面，先截取桁架上含有两个或两个以上结点的某一部分为截离体，然后建立它的静力平衡方程来求出桁架的一些杆件轴力的方法。在一般情况下，截离体受平面一般力系的作用，只要未知力的个数不多于三个，就可把截开杆件截面上的全部未知力求出。有时被截开杆件虽然超过三个，可通过取矩心和取投影轴的技巧，取矩心应取大多数未知轴力的交点，而取投影轴应使之垂直于大多数的未知力，求出杆件的轴力。例如，图6-40所示的截面，被截杆件有四个，除了第一根杆外，均交于B点，由$\sum M_B=0$可求出F_{N1}。如图6-41所示的截面中，被截杆件仍为四个，除一杆外均相互平行，这时F_{N4}仍可由投影方程(垂直于F_{N1}、F_{N2}、F_{N3})求出。

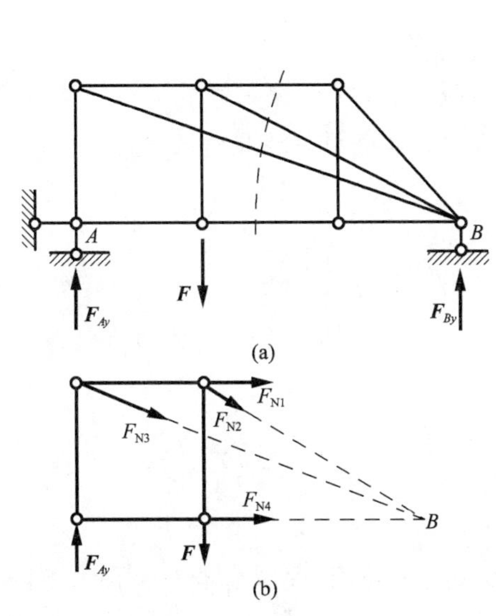

图6-40 截面法求桁架内力

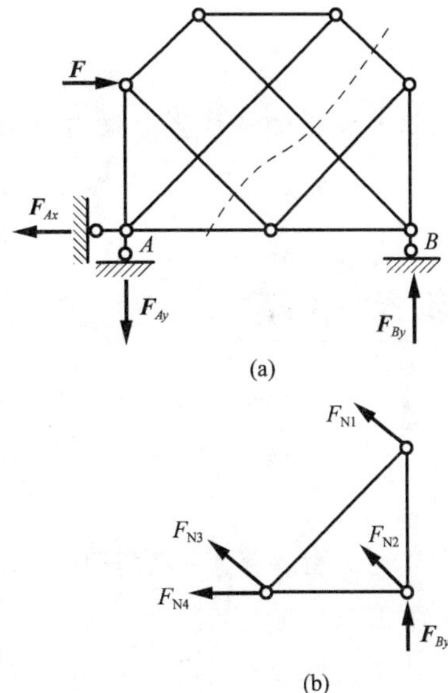

图6-41 截面法求桁架内力

【例6-12】 桁架尺寸及受力如图6-42(a)所示，$F=10$ kN。求其中1、2、3杆的轴力。

【解】 由图中几何关系得 $\sin\alpha=\cos\alpha=\dfrac{\sqrt{2}}{2}$

取Ⅰ-Ⅰ截面右边的截离体，受力分析如图6-42(b)所示。

由 $$\sum M_F=0,\quad F_{N1}\times 4-F\times 2=0$$

得 $$F_{N1}=\frac{F}{2}=\frac{10}{2}=5\ \text{kN}(拉力)$$

取Ⅱ-Ⅱ截面右边的截离体，受力分析如图6-42(c)所示。

由 $$\sum M_D=0,\quad F_{N1}\times 4+F_{N2}\times\left(2\times\frac{\sqrt{2}}{2}+2\times\frac{\sqrt{2}}{2}\right)-F\times 2-F\times 4=0$$

得 $$F_{N2}=\frac{4F}{2\sqrt{2}}=\frac{4\times 10}{2\sqrt{2}}=14.14\ \text{kN}(拉力)$$

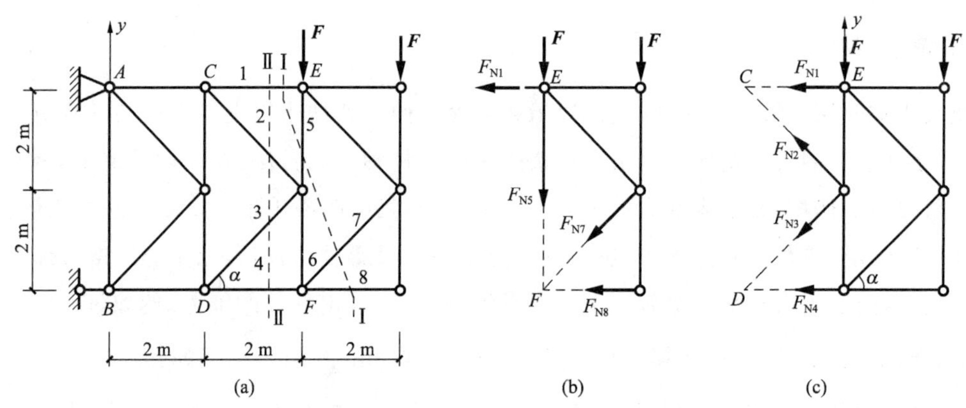

图 6-42 例 6-12 图

由 $$\sum F_y = 0,\quad F_{N2}\sin\alpha - F_{N3}\sin\alpha - F - F = 0$$

得 $$F_{N3} = -14.14\ \text{kN}(压力)$$

结点法和截面法是计算桁架内力的两种常用方法。通常在计算桁架全部杆件的内力时，采用结点法，截面法适用于求某些指定杆件的内力以及联合桁架连接杆的内力。

本章小结

本章学习了杆件的轴向拉伸(压缩)、剪切、扭转、弯曲四种基本变形的内力计算和内力图的绘制;也介绍了静定结构的内力计算和内力图的绘制。

1. 内力

内力是由外力作用引起的杆件内部的相互作用力。

2. 截面法

截面法是内力分析计算的基本方法，基本依据是平衡条件，其具体步骤可归纳为：截开、代替、平衡。

3. 几种基本变形的内力和内力图

内力表示一个具体截面上内力的大小和方向，内力图表示内力沿着构件轴线的变化规律。

①轴向拉压杆在横截面上只有一种内力，即轴力 F_N，它通过截面形心，与横截面相垂直。轴力的正负号规定：拉力为正，压力为负。

轴力图是表示轴力沿杆轴方向变化的图形。从轴力图上可以很直观地看出最大轴力的数值及所在横截面位置。

②圆轴扭转时，横截面上的内力为扭矩。扭矩的正负号规定：以右手的四指指向表示扭矩的转向，若大拇指的指向背离截面时，扭矩为正；反之，扭矩为负。

扭矩图是表示杆件各横截面上扭矩沿轴线变化规律的图形。根据扭矩图可以确定最大扭矩值及其所在截面的位置。

③梁弯曲时横截面上存在两种内力——剪力和弯矩。剪力和弯矩的正负号规定：

剪力——截面上的剪力使该截面的邻近微段作顺时针转动为正，反之为负。即对左段截离体，截面上的剪力向下为正，对右段截离体，截面上的剪力向上为正，反之为负。

弯矩——截面上的弯矩使该截面的邻近微段向下凸时为正，反之为负。即对左段截离体，截面上的弯矩逆时针转动为正，对右段截离体，截面上的弯矩顺时针转动为正，反之为负。

梁的内力图是指梁的剪力图和弯矩图。它们分别表示梁各横截面上的剪力和弯矩沿梁轴线变化规律的图形。

绘制内力图的方法有三种：根据剪力方程和弯矩方程作内力图；利用剪力 $F_S(x)$、弯矩 $M(x)$ 与分布荷载集度 $q(x)$ 之间的微分关系作内力图；用叠加法作内力图。由内力方程作内力图是最基本的方法，由微分关系作内力图是较简捷的方法。

4. 多跨静定梁的内力和内力图

多跨静定梁在竖向荷载作用下，主要内力为剪力和弯矩。解题的思路是先分析绘出多跨静定梁的层次图，把多跨静定梁拆成多个静定梁，按照依存关系依次计算各单跨静定梁的内力。

多跨静定梁内力图的绘制方法也和单跨静定梁相同，可采用将各附属部分和基本部分的内力图拼合在一起的方法，或根据整体受力图直接绘制的方法。

5. 静定平面刚架的内力和内力图

静定平面刚架的内力是指各杆横截面上的弯矩、剪力和轴力。

静定平面刚架的内力图绘制，在方法上也和静定梁基本相同。需要注意的是，刚架的弯矩图通常不统一规定正负号，只强调弯矩图应绘制在杆件的受拉侧。刚架弯矩图用区段叠加法绘制比较简单。

6. 静定平面桁架的内力

桁架结构是指由若干直杆在其两端用圆柱铰链连接而成的结构。在结点荷载作用下，桁架只承受轴力。

桁架的计算方法是结点法和截面法。桁架的内力计算可先判断零杆。

复习思考题

6-1　轴向拉伸或压缩的受力特点、变形特点是什么？

6-2　试指出图 6-43 中哪些构件是轴向拉伸或轴向压缩？

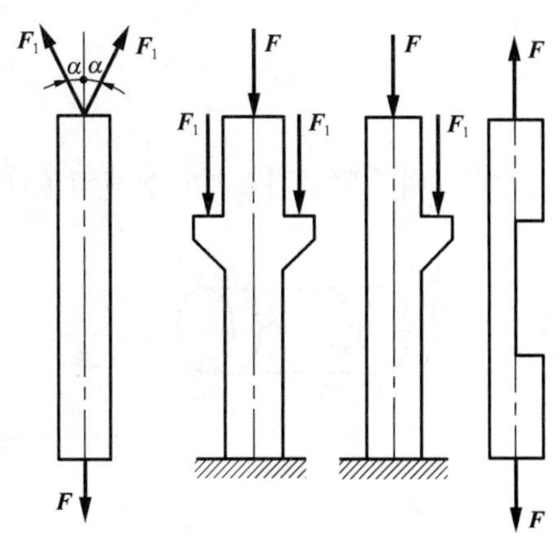

图 6-43　复习思考题 6-2 图

6-3　什么是内力？计算内力的一般步骤是什么？

6-4　什么是轴力？如何确定轴力的正负号？

6-5　什么是轴力图？如何绘制轴力图？

6-6　什么是剪切变形？什么是挤压变形？

6-7　什么是剪切面？什么是挤压面？

6-8　圆轴扭转时的受力特点和变形特点是什么？

6-9　简述平面弯曲梁的受力特点和变形特点？

6-10　何谓平面弯曲、纵向对称面？

6-11 单跨静定梁分为哪几类？

6-12 什么是剪力？什么是弯矩？剪力和弯矩的正负号如何规定？

6-13 简述截面法求梁横截面内力的一般步骤？

6-14 如何建立梁的剪力方程和弯矩方程？试问在梁的何处需要分段？

6-15 何谓剪力图和弯矩图？

6-16 剪力 F_S、弯矩 M 与分布荷载集度 q 之间的微分关系是什么？

6-17 简述用区段叠加法绘制弯矩图的一般步骤？

6-18 结构的基本部分与附属部分是如何划分的？荷载作用在结构的基本部分上时，在附属部分是否引起内力？若荷载作用在附属部分时，是否在所有基本部分都会引起内力？

6-19 在荷载作用下，刚架的弯矩图在刚节点处有何特点？

6-20 什么是桁架？桁架的类型有哪些？

6-21 对平面桁架使用结点法和截面法求解，每次能列出几个独立平衡方程？求得几个未知力？

6-22 桁架中的零杆是否可以拆除不要？为什么？

习 题

6-1 计算如图 6-44 所示拉（压）杆各指定截面的轴力，并作轴力图。

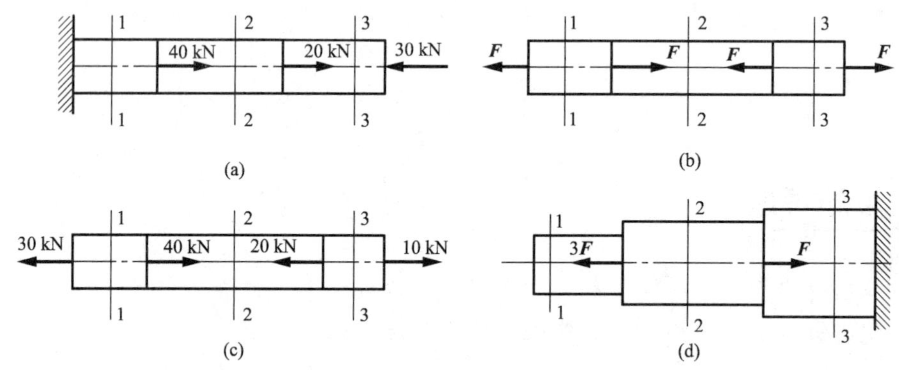

图 6-44 习题 6-1 图

6-2 求如图 6-45 所示各轴中每段的扭矩，并作扭矩图。

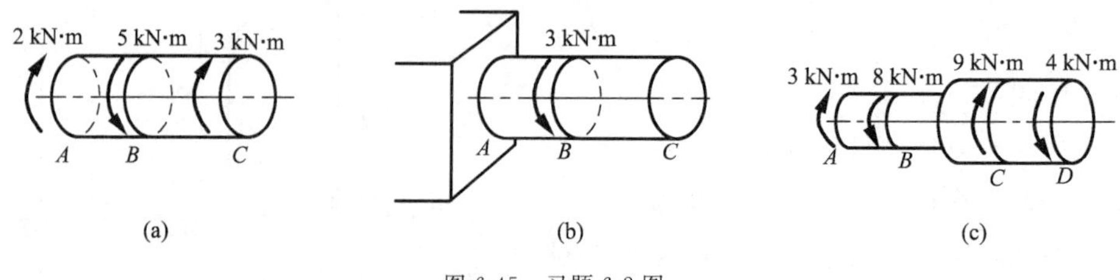

图 6-45 习题 6-2 图

6-3　用截面法计算如图 6-46 所示各梁指定的截面的剪力和弯矩。

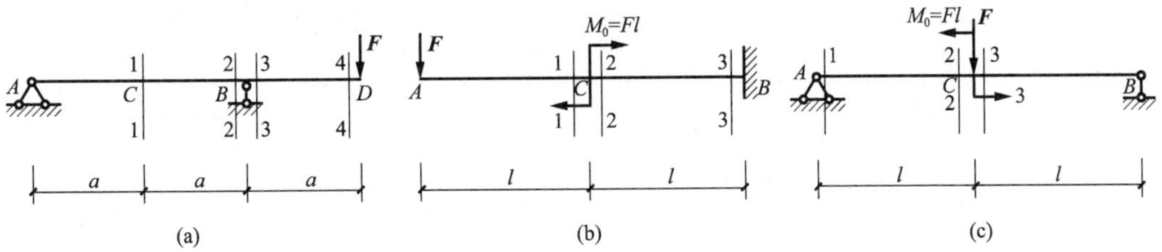

图 6-46　习题 6-3 图

6-4　列如图 6-47 所示各梁的剪力方程和弯矩方程，画出剪力图和弯矩图。

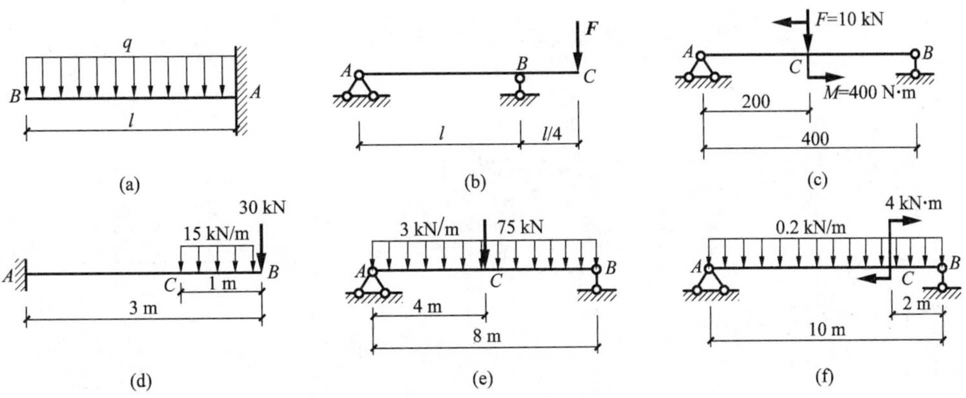

图 6-47　习题 6-4 图

6-5　利用微分关系画如图 6-48 所示各梁的剪力图和弯矩图。

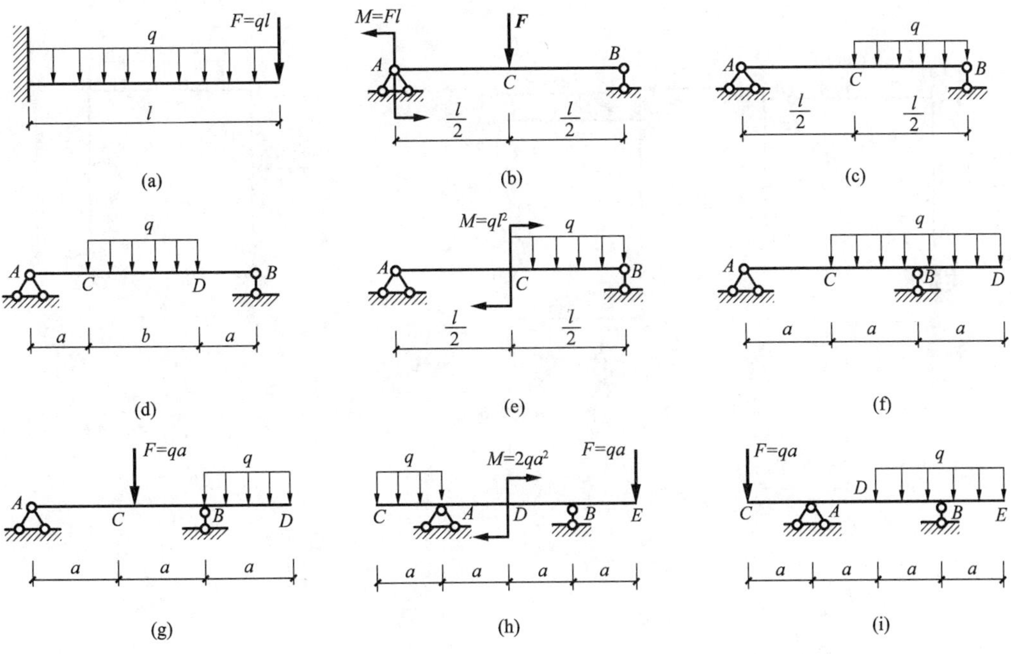

图 6-48　习题 6-5 图

6-6 试作出如图 6-49 所示多跨静定梁的剪力图和弯矩图。

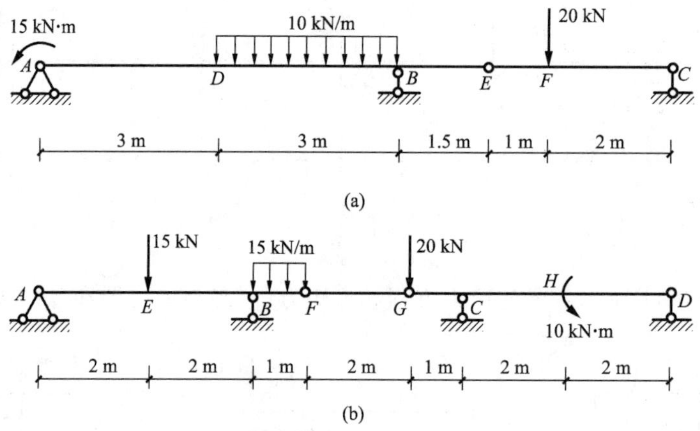

图 6-49 习题 6-6 图

6-7 试作出如图 6-50 所示平面刚架的内力图。

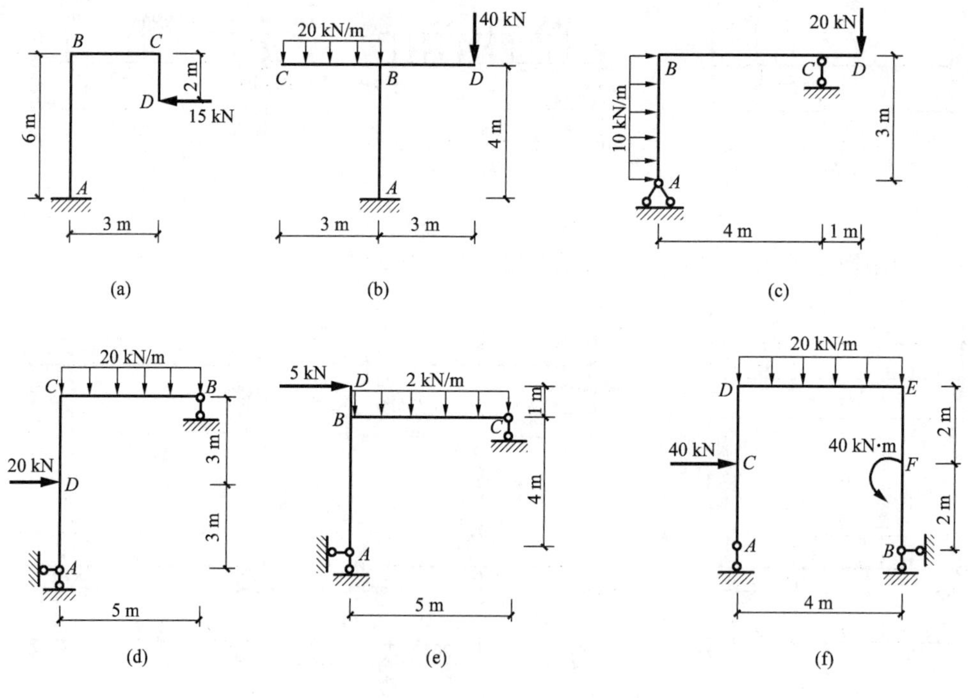

图 6-50 习题 6-7 图

6-8　用结点法计算如图 6-51 所示桁架各杆的内力。

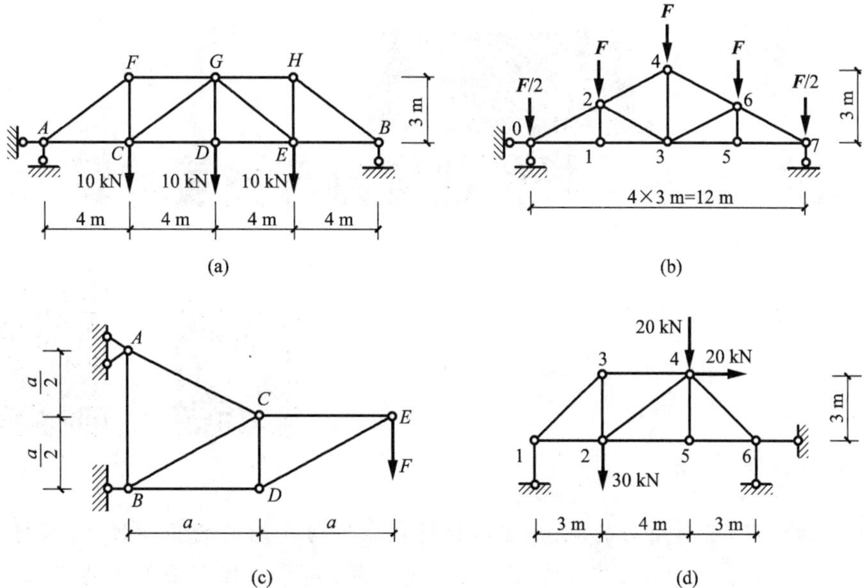

图 6-51　习题 6-8 图

6-9　用截面法计算如图 6-52 所示桁架各指定杆的内力。

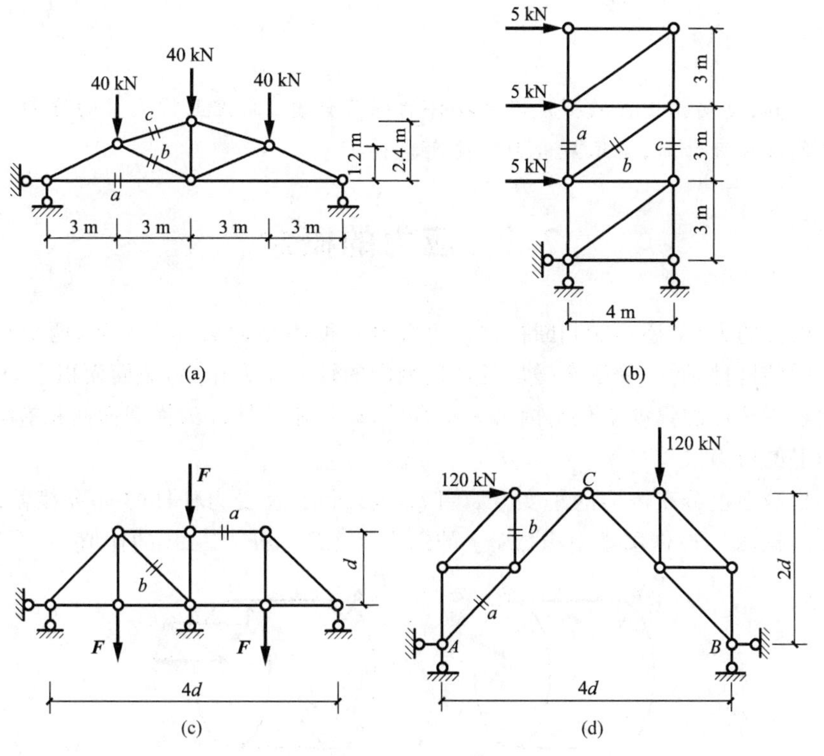

图 6-52　习题 6-9 图

第 7 章 杆件的应力与强度计算

第 7 章

第 7 章

学习目标

通过本章的学习，了解应力的概念；了解材料在拉伸与压缩时的力学性能；掌握轴向拉压杆横截面上的应力和强度计算；掌握连接件的强度计算；熟悉工程上常见梁的弯曲正应力、弯曲切应力的概念，掌握常见梁的弯曲正应力、弯曲切应力的计算及强度计算；掌握提高梁承载能力的措施。

学习重点

应力的计算；轴向拉压杆的强度与连接件的强度计算；工程上常见梁的弯曲正应力、弯曲切应力的计算及强度计算；梁承载能力的提高措施。

7.1 应力的概念

只知道内力的大小，还不能判断杆件是否会因强度不足而破坏。例如，两根材料相同、横截面面积不同的杆件，同时受逐渐增加且增速相同的轴向拉力作用，截面面积小的杆件必定先被拉断。这说明拉杆的强度不仅与内力大小有关，而且还与杆件的横截面面积有关，所以必须研究横截面上的应力。

应力是指截面上分布内力的集度。如图 7-1(a)所示，在受力杆件的 m-m 横截面上，围绕 k 点取一微小面积 ΔA，设作用于面积 ΔA 上的内力为 ΔF。ΔF 与 ΔA 的比值

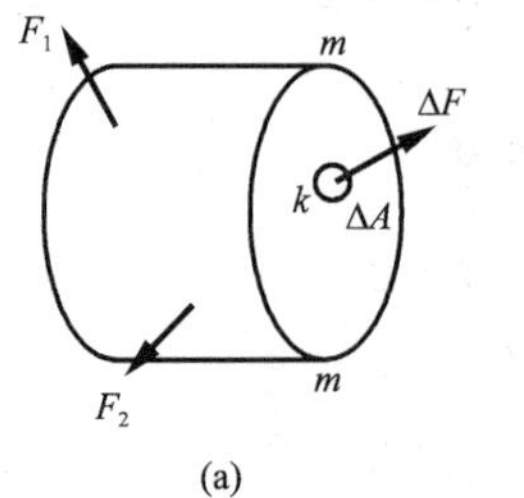

(a)

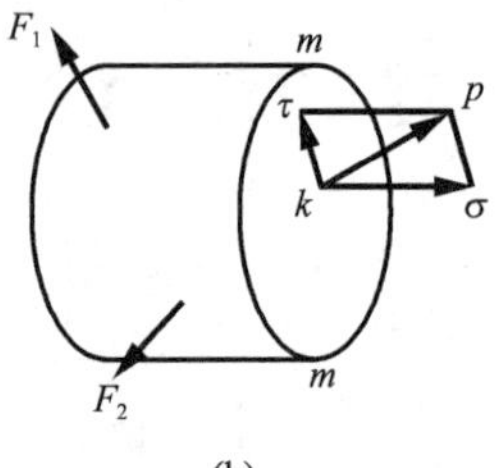

(b)

图 7-1 应力

$$p_m = \frac{\Delta F}{\Delta A}$$

称为面积 ΔA 上的平均应力；当 ΔA 趋近于零时平均应力 p_m 的极限

$$p = \lim_{\Delta A \to 0} \frac{\Delta F}{\Delta A} \tag{7-1}$$

则为分布内力 k 点的集度，称为 k 点的应力。

应力 p 是一个矢量，一般既不与截面垂直，也不与截面相切。通常将它分解为与截面垂直的分量 σ 和与截面相切的分量 τ。σ 称为正应力，τ 称为切应力，如图 7-1(b)所示。

在国际单位制中，应力的单位用 Pa(帕)表示，1 Pa=1 N/m^2。由于 Pa 这个单位太小，故工程中应力的常用单位为 MPa(兆帕)，有时还采用 kPa(千帕)、GPa(吉帕)。

1 kPa=10^3 Pa，1 MPa=10^6 Pa=1 N/ mm^2，1 GPa=10^9 Pa。

7.2　材料在拉伸与压缩时的力学性能

构件的强度、刚度与稳定性，不仅与材料的形状、尺寸及所受的外力有关，而且还与材料的力学性能有关。材料的力学性能又称机械性能，是指材料在外力作用下，在变形和强度方面所表现出来的性能。材料的力学性能需要通过试验确定。本节主要介绍材料在常温(指室温)、静载(加载速度缓慢平稳)条件下的力学性能。

工程材料的种类很多，通常根据其断裂时产生变形的大小分为塑性材料和脆性材料两类。塑性材料如低碳钢、合金钢、铜、铝等，在断裂时产生较大的塑性变形；而脆性材料如铸铁、混凝土、砖石和玻璃等，在断裂时塑性变形很小。通常以低碳钢和铸铁分别作为塑性材料和脆性材料的典型代表，通过拉伸和压缩试验来认识这两类材料的力学性能。

1. 低碳钢拉伸时的力学性能

拉伸试验是测定材料力学性能的基本试验。为了保证试验结果的可比性，将材料做成标准试样，标准拉伸试样如图 7-2 所示，试样中间的 AB 段作为工作段来测量变形，其长度 l 称为标距。根据国家金属拉伸试验的有关标准，对于试验段直径为 d 的圆形截面试样，规定

$$l=10d \quad 或 \quad l=5d$$

对于试验段横截面面积为 A 的矩形截面试样，规定

$$l=11.3\sqrt{A} \quad 或 \quad l=5.65\sqrt{A}$$

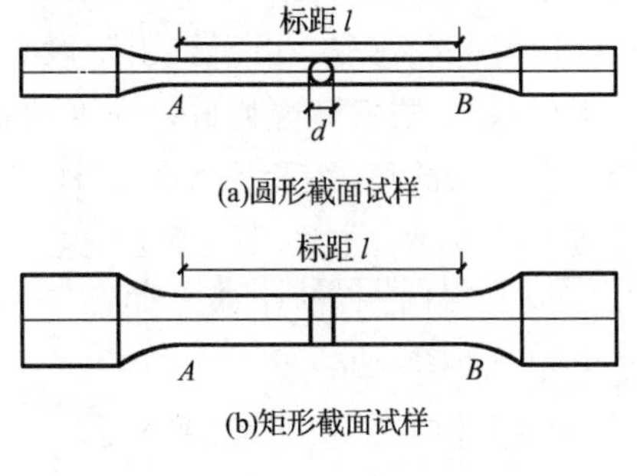

图 7-2　标准试样

(1)拉伸试验与 σ-ε 曲线　试验时，安装在材料试验机上的试样受到缓慢平稳的轴向拉力 F 的作用，试样逐渐被拉长，直至拉断。通过拉伸试验得到的轴向拉力 F 与试验段轴向变形 Δl 之间的关系曲线称为拉伸图或 F-Δl 曲线，如图 7-3(a)所示。一般材料试验机上均有自动绘图装置，在拉伸过程中能自动绘出拉伸图。

由于拉伸图还与试样横截面的尺寸及标距的大小有关，不能表征材料固有的力学性能。因此，将拉伸图中的纵坐标 F 除以试样横截面的原始面积 A，将横坐标 Δl 除以标距 l，得到试验段横截面上的正应力 σ 与试验段内线应变 ε 之间的关系曲线，该曲线图称为应力-应变图或 σ-ε 曲线，如图 7-3(b)所示。σ-ε 曲线是确定材料力学性能的主要依据。

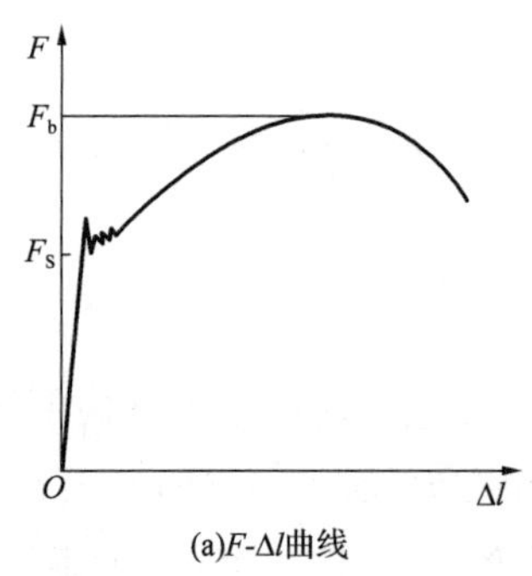

(a)F-Δl曲线

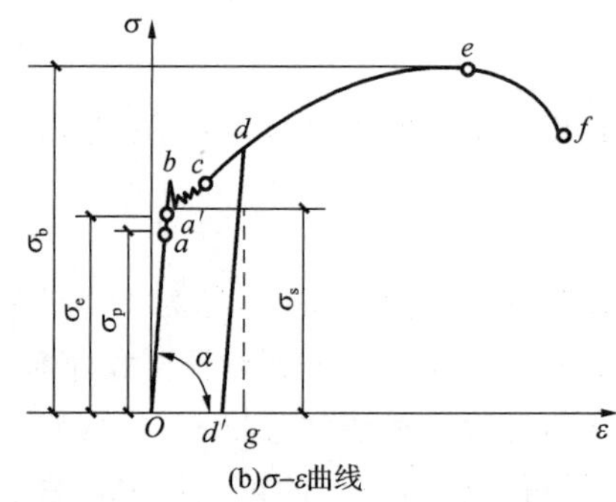

(b)σ-ε曲线

图 7-3 低碳钢拉伸时的力学性能

(2)拉伸过程中的四个阶段 图 7-3(b)所示为 Q235 钢的 σ-ε 曲线。从图中和试验过程中观察到的现象可见，整个拉伸过程可分为四个阶段。

①弹性阶段：在试样拉伸的初始阶段，σ 与 ε 的表现为直线 Oa，说明在此阶段应力 σ 和应变 ε 成正比，直线 Oa 的斜率为 $\tan\alpha=\dfrac{\sigma}{\varepsilon}=E$，有

$$\sigma=E\varepsilon$$

式中 E——弹性模量。

这就是胡克定律。

直线段最高点 a 所对应的应力称为比例极限，用 σ_p 表示。由此可见，胡克定律的适用范围为 $\sigma\leqslant\sigma_p$。Q235 钢材的 $\sigma_p\approx200$ MPa，$E\approx200$ GPa。弹性阶段最高点 a' 所对应的应力称为弹性极限，用 σ_e 表示。此时，$a\,a'$ 已不再保持直线，但如果在 a' 点卸载，试样的变形将会完全消失。由于 a、a' 两点非常接近，弹性极限与比例极限相差很小，故工程中对两者一般不作严格区分。

②屈服阶段：当应力超过弹性极限后，σ-ε 曲线图上出现一段近似水平的锯齿形线段，说明在该阶段，应力基本维持不变，而应变却在显著增加，好像材料暂时丧失了抵抗变形的能力，这种现象称为屈服。这一阶段称为屈服阶段。屈服阶段的最低点所对应的应力称为屈服点或屈服极限，用 σ_s 表示。由于屈服阶段会产生明显的塑性变形，这将影响构件的正常工作，因此，屈服极限 σ_s 是衡量这类材料强度的重要指标。Q235 钢材的屈服点 $\sigma_s\approx235$ MPa。

在屈服阶段，表面抛光的试样将出现一些与轴线大致成 45°夹角的斜线，如图 7-4 所示，这些斜线称为滑移线。这是由于在 45°斜面上存在最大切应力，材料内部晶格沿该截面发生相对滑移造成的。

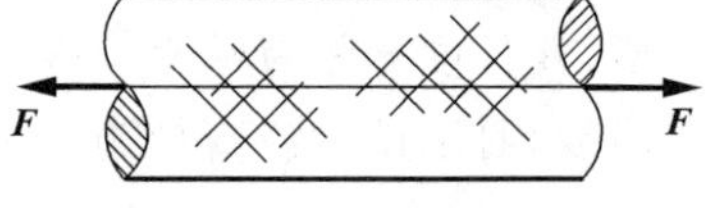

图 7-4 试样表面出现滑移线

③强化阶段：过了屈服阶段，σ-ε 曲线又开始逐渐上升，直至最高点 e。这表明材料恢复了抵抗变形的能力，要使试件继续变形必须加大拉力，这种现象称为材料的强化。这一阶段称为强化阶段。强化阶段的最高点 e 所对应的应力是材料拉断前所能承受的最大应力，称为抗拉强度或强度极限，用 σ_b 表示，它是材料的另一个重要的强度指标。Q235 钢材的强度极限 $\sigma_b\approx400$ MPa。

强化阶段发生的变形是弹塑性变形，其中弹性变形占较小部分，大部分是塑性变形。

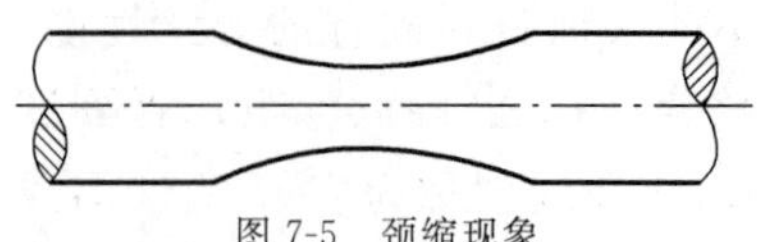
图 7-5 颈缩现象

④颈缩阶段：在前面三个阶段，试样的变形基本上是均匀的。当过了最高点 e 之后，试样的变形突然集中至某一局部，使该处的横向尺寸急剧减小，这种现象称为颈缩，如图 7-5

所示。由于在颈缩部分横截面面积明显减少，继续拉伸所需拉力也相应减少，故在 σ-ε 曲线中，应力由最高点 e 下降至 f 点，最后试样在颈缩处被拉断。

综上所述，在低碳钢的整个拉伸过程中，材料经历了弹性、屈服、强化与颈缩四个阶段，并存在三个特征点，相应的应力分别为比例极限 σ_p、屈服点 σ_s 和抗拉强度 σ_b，其中 σ_s 和 σ_b 是衡量材料强度的重要指标。

(3)材料的塑性指标　试样拉断后，弹性变形消失，塑性变形则残留下来。试样拉断后塑性变形的大小，常用来衡量材料的塑性性能。

①伸长率：试样拉断后工作段的标距长度 l_1 与标距原长 l 之差除以原长 l 的百分数，称为材料的伸长率，即

$$\delta=\frac{l_1-l}{l}\times100\% \tag{7-2}$$

伸长率是衡量材料塑性变形程度的重要指标之一，低碳钢的伸长率一般为 20%～30%。伸长率越大，材料的塑性性能越好。工程中常按伸长率的大小将材料分为两类，伸长率 $\delta\geqslant5\%$的材料称为塑性材料，如低碳钢、铜、铝等；伸长率 $\delta<5\%$的材料称为脆性材料，如铸铁、混凝土、砖石等。

②断面收缩率：试样拉断后，其工作段的原始横截面面积 A 在断口处缩小为 A_1，断口横截面面积改变量的百分数，称为材料的断面收缩率。即

$$\psi=\frac{A-A_1}{A}\times100\% \tag{7-3}$$

低碳钢的断面收缩率 ψ 值约为 60%。

(4)卸载规律与冷作硬化　当试样被加载到强化阶段内某点 d 时，逐渐卸载直至荷载为零，如图 7-6(a)所示，可以看到，卸载过程中 σ-ε 曲线将沿着与 Oa 近似平行的直线 dd' 回到应变轴上。这说明卸载过程中，应力与应变之间按直线规律变化，这就是卸载规律。由图可见，与 d 点对应的总应变包括 Od' 和 $d'g$ 两部分，卸载后，弹性应变 $d'g$ 消失，塑性应变 Od' 将残留下来。如果卸载后在短期内再加载，则应力和应变将基本上沿着卸载时的同一直线 $d'd$ 上升，直至开始卸载时的应力为止，且以后的曲线与该材料原来的 σ-ε 曲线大致相同，见图 7-6(b)。比较 $Oadef$ 和 $d'def$ 两条曲线可知，在强化阶段内加载后再卸载，比例极限得到了提高，而塑性却有所下降，这种现象称为冷作硬化。由于冷作硬化提高了材料的比例极限，从而提高了材料在弹性范围内的承载能力，故工程中常利用冷作硬化来提高杆件的承载能力，如对钢筋常用冷拔工艺，对某些型钢采用冷轧工艺来提高其强度。

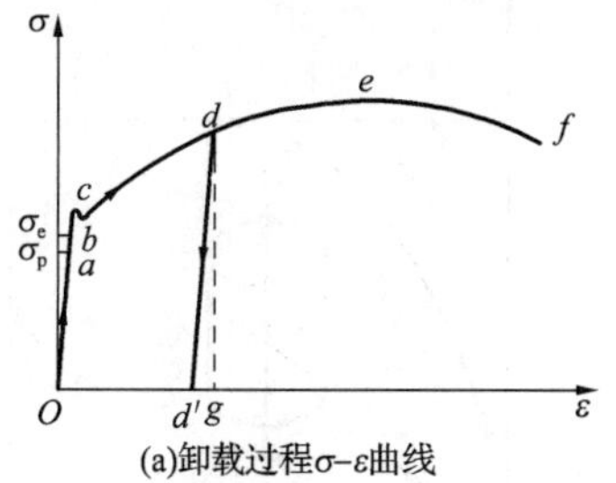

(a)卸载过程σ-ε曲线

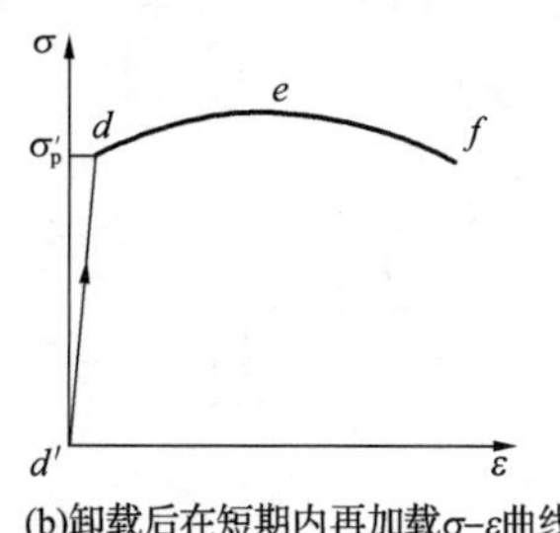

(b)卸载后在短期内再加载σ-ε曲线

图 7-6　卸载规律和冷作硬化

2. 铸铁拉伸时的力学性能

铸铁试样拉伸时的σ-ε曲线如图7-7所示，它是一段连续的微弯曲线，从开始受拉到断裂，没有明显直线段和屈服阶段，也不存在颈缩现象。它在较低的拉应力作用下即被拉断，断口垂直于试样轴线，拉断时的变形很小，应变仅为0.4%～0.5%，说明铸铁是典型的脆性材料。拉断时σ-ε曲线最高点所对应的应力σ_b称为抗拉强度。

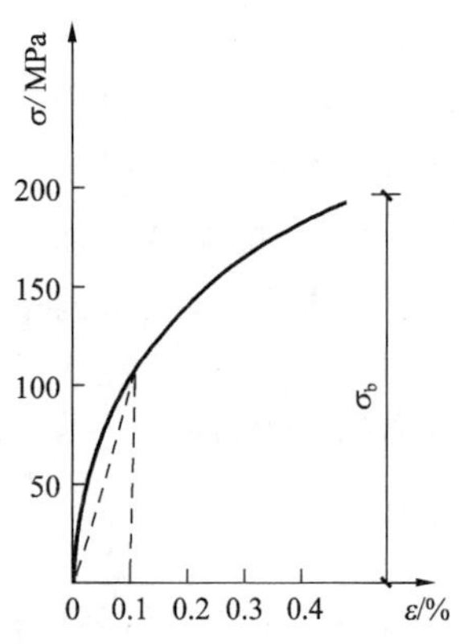

图7-7 铸铁拉伸时的σ-ε曲线

由于铸铁的σ-ε曲线没有明显的直线段，故应力与应变不再成正比关系。但由于铸铁拉伸时总是在较低的应力下工作，且变形很小，可近似地认为其变形符合胡克定律。通常取总应变为0.1%时σ-ε曲线的割线(图7-7的虚线)斜率来确定其弹性模量，称为割线弹性模量。

3. 材料压缩时的力学性能

材料压缩试验的试样常为圆截面(金属材料)或方截面(混凝土、石材等非金属材料)的短柱体，为避免压弯，试样的高度h与直径d或截面边长b的比值一般规定为1～3。

(1)低碳钢的压缩试验 实线为低碳钢压缩试验的σ-ε曲线，虚线为其拉伸试验的σ-ε曲线，如图7-8所示。比较两者可知，在弹性阶段和屈服阶段两曲线重合，说明低碳钢压缩时的比例极限σ_p、屈服极限σ_s、弹性模量E均与拉伸时相同。进入强化阶段以后，试样越压越扁，横截面面积不断增大，先被压成鼓形，最后成为饼状但不会断裂，无法测得抗压强度。

其他塑性金属材料受压时与低碳钢相似。工程中认为塑性金属材料在拉伸和压缩时具有相同的主要力学性能，且以拉伸时所测得的力学性能为准。

(2)铸铁的压缩试验 铸铁压缩时的σ-ε曲线如图7-9所示，曲线最高点的应力值σ_{bc}称为抗压强度。由图可见，铸铁压缩与拉伸时的σ-ε曲线形状类似，但其抗压强度σ_{bc}要远高于抗拉强度σ_b(约为3～4倍)。其他脆性材料的抗压强度也都远高于抗拉强度。因此，脆性材料适宜制作承压构件。

铸铁压缩破坏的断口大致与轴线成45°～55°倾角，这是由于该斜截面上的切应力较大，由此表明，铸铁的压缩破坏主要是切应力引起的。

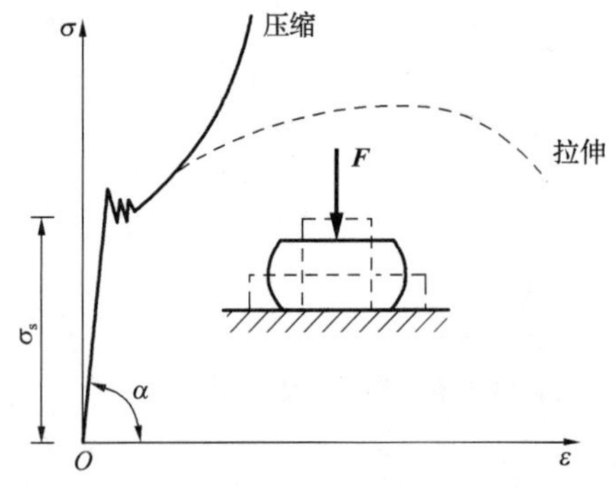

图7-8 低碳钢压缩时的σ-ε曲线

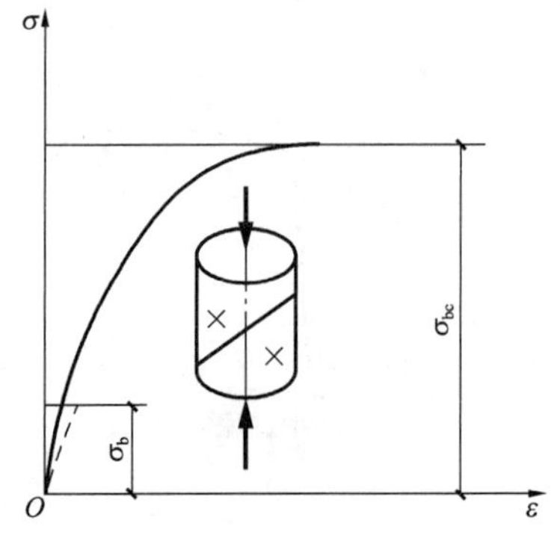

图7-9 铸铁压缩时的σ-ε曲线

5. 极限应力、工作应力、许用应力与安全系数

材料力学的主要任务之一是保证杆件具备足够的强度，即足够的抵抗破坏的能力，从而能够使杆件安全可靠地工作。为了解决强度问题，必须掌握下面几个重要概念。

(1)极限应力　工程上将材料失效时的应力称为极限应力或危险应力，用 σ_u 表示。

对于塑性材料，当工作应力达到屈服极限 σ_s 时，杆件将发生屈服或出现显著的塑性变形，从而导致杆件不能正常工作。此时，一般认为材料已破坏。故取屈服极限 σ_s 作为塑性材料的极限应力 σ_u。

对于脆性材料，直到杆件被拉断时也无明显的塑性变形，其失效形式表现为脆性断裂，故取 σ_b(拉伸)或 σ_{bc}(压缩)作为脆性材料的极限应力 σ_u。

(2)工作应力　杆件在外力作用下产生的应力称为工作应力，为截面上的真实应力，用 σ 表示。

(3)许用应力与安全系数　材料安全工作所允许承受的最大应力称为材料的许用应力，用 $[\sigma]$ 表示。

从理论上讲，只要杆件的工作应力低于材料的极限应力 σ_u，就是安全的。在实际设计计算时有许多无法预计的因素对杆件产生影响，如实际材料的成分、性质难免存在差异，杆件的设计计算尺寸与施工的实际尺寸存在偏差，计算应力并非像理想中的那样准确等，为了确保安全，杆件必须留有必要的强度储备。

材料的许用应力

$$[\sigma]=\frac{\sigma_u}{n} \tag{7-4}$$

式中　n——大于1的系数，称为安全系数。对于塑性材料，安全系数通常用 n_s 表示；对于脆性材料，安全系数则用 n_b 表示。

综上所述，安全系数的确定要考虑很多因素，不同材料在不同工作条件下的安全系数可从有关设计规范中查到。在一般条件下的静强度计算中，塑性材料的安全系数取 $n_s=1.2\sim2.5$，脆性材料的安全系数取 $n_b=2.0\sim3.5$。

注意到，对于脆性材料，拉伸与压缩的极限应力或许用应力差异较大，必须严格区分。脆性材料的拉伸许用应力用 $[\sigma_t]$ 表示，压缩许用应力用 $[\sigma_c]$ 表示。

7.3　轴向拉压杆的应力和强度计算

1. 拉压杆横截面上的应力

拉压杆横截面上的轴力是横截面上分布内力系的合力，为确定拉压杆横截面上每一点的应力，需要分析轴力在横截面上的分布情况。

首先观察拉(压)杆的变形。如图7-10所示为一等截面直杆，在杆表面画出两条垂直于杆轴线的横向线 ab 和 cd，然后在杆两端作用一对等值、反向的轴向拉力 F，使其产生伸长变形。拉伸变形后，横向线 ab 和 cd 分别平移至 $a'b'$ 和 $c'd'$ 的位置，其间距变大，仍然保持为直线并

垂直于杆轴线。由杆件表面的这一变形现象，即可假设：横截面变形前是平面，变形后仍然保持为与杆轴线垂直的平面。这个假设称为平面假设。

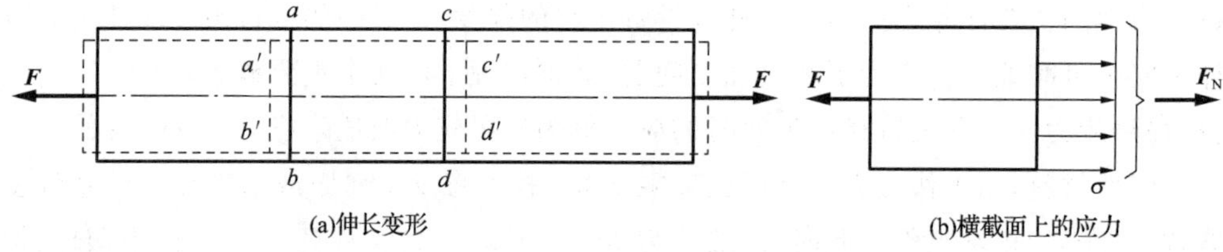

图 7-10 轴向受拉等截面直杆

设想杆件是由无数根纵向“纤维”叠合组成的，由平面假设可知，拉(压)杆任意两个横截面之间的所有纵向“纤维”都伸长(缩短)了相同的长度。再根据材料的均匀连续性假设可知，变形相同，受力也相同，因而横截面上的内力是均匀分布的，且方向垂直于横截面。由此可知：拉(压)杆横截面上只存在均匀分布的正应力，于是得拉压杆横截面上正应力的计算公式为

$$\sigma=\frac{F_N}{A} \tag{7-5}$$

式中 F_N——横截面上的轴力；

A——横截面的面积。

正应力 σ 与轴力 F_N 具有相同的正负号，即拉应力为正，压应力为负。

【例 7-1】 如图 7-11 所示为一正方形截面阶梯砖柱，上段柱边长为 240 mm，下段柱边长为 370 mm，荷载 $F=60$ kN，不计自重，试求该阶梯砖柱横截面上的最大正应力。

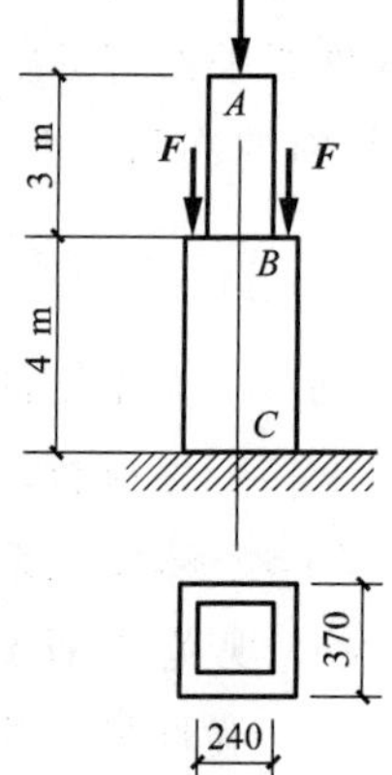

图 7-11 例 7-1 图

【解】 (1)计算杆件各段的轴力

用截面法分别计算各段轴力。

$$AB\text{ 段}\quad F_{NAB}=-60\text{ kN}$$

$$BC\text{ 段}\quad F_{NBC}=-180\text{ kN}$$

(2)计算正应力

注意到，尽管 AB 段的轴力较小，但其横截面也较小；而 BC 段虽然轴力较大，但其横截面也较大。因此，需要计算后才能确定哪一段杆横截面上的正应力较大。

$$AB\text{ 段}\quad \sigma_{AB}=\frac{F_{NAB}}{A_{AB}}=\frac{-60\times10^3}{240\times240}=-1.04\text{ MPa(压应力)}$$

$$BC\text{ 段}\quad \sigma_{BC}=\frac{F_{NBC}}{A_{BC}}=\frac{-180\times10^3}{370\times370}=-1.31\text{ MPa(压应力)}$$

可见阶梯砖柱横截面上的最大正应力在柱的 BC 段

$$\sigma_{max}=|\sigma_{BC}|=1.31\text{ MPa}$$

2. 拉压杆的强度条件和计算

为保证拉压杆在外力作用下安全可靠地工作，应使杆件的最大工作应力不超过材料的许用应力，由此，拉压杆的强度条件为

$$\sigma_{max}=\frac{F_N}{A}\leqslant[\sigma] \tag{7-4}$$

式中　F_N——拉压杆的轴力；

A——拉压杆的横截面面积；

σ_{max}——拉压杆横截面上的最大工作应力。

根据上述强度条件，可以解决以下三种类型的强度计算问题：

(1)校核强度　已知杆件所受外力、横截面面积和材料的许用应力，检验强度条件是否满足，从而确定在给定的外力作用下是否安全，即

$$\sigma_{max} \leqslant [\sigma]$$

工程中规定，在强度计算中，当杆件的最大工作应力 σ_{max} 大于材料的许用应力$[\sigma]$时，只要超出量($\sigma_{max}-[\sigma]$)不大于许用应力$[\sigma]$的 5%，仍然认为杆件是能够安全工作的。

(2)设计截面尺寸　已知杆件所受外力和材料的许用应力，根据强度条件设计杆件的横截面尺寸，则由式(7-4)可得

$$A \geqslant \frac{F_N}{[\sigma]}$$

(3)确定许可荷载　已知杆件的横截面面积和材料的许用应力，根据强度条件确定杆件允许承受的外力，由式(7-4)可得

$$F_N \leqslant [\sigma]A$$

【例 7-2】　一结构如图 7-12(a)所示，在钢板 BC 上作用一荷载 $F=80$kN，杆 AB 的直径 $d_1=22$ mm，杆 CD 的直径 $d_2=16$ mm，材料的许用应力$[\sigma]=170$ MPa。试校核 AB、CD 杆的强度。

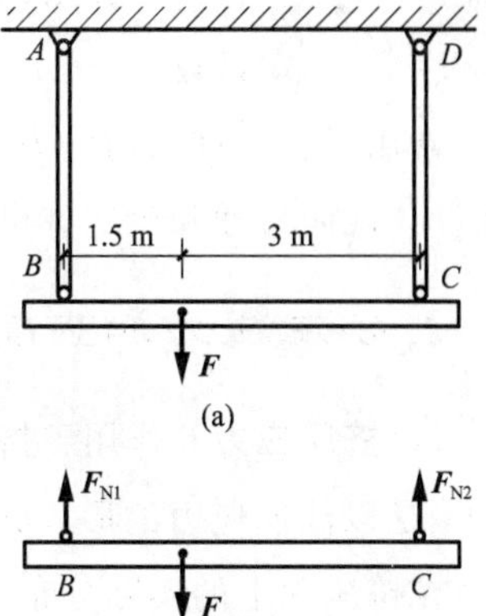

图 7-12　例 7-2 图

【解】　(1)计算杆的轴力

选钢板 BC 为研究对象，受力如图 7-12(b) 所示，钢板受到平面平行力系作用，列平衡方程

$$\sum M_B=0,\quad 4.5F_{N2}-1.5F=0$$

得

$$F_{N2}=26.67\ \text{kN}$$

$$\sum F_y=0\quad F_{N1}+F_{N2}-F=0$$

得

$$F_{N1}=53.33\ \text{kN}$$

因为杆 AB、CD 均为二力杆，故 F_{N1}、F_{N2} 分别为两杆的轴力。

(2) 校核两杆的轴力

AB 杆　$$\sigma_1=\frac{F_{N1}}{A_1}=\frac{F_{N1}}{\pi d_1^2/4}=\frac{53.33\times 10^3}{3.14\times 22^2/4}=140.36\ \text{MPa}<[\sigma]=170\ \text{MPa}$$

CD 杆　$$\sigma_2=\frac{F_{N2}}{A_2}=\frac{F_{N2}}{\pi d_2^2/4}=\frac{26.67\times 10^3}{3.14\times 16^2/4}=132.71\ \text{MPa}<[\sigma]=170\ \text{MPa}$$

所以杆 AB、CD 的强度满足要求。

7.4 剪切与挤压变形的应力与强度计算

1. 剪切应力和强度条件

(1)剪切面上的切应力 剪切面上内力分布的集度，称为切应力，用 τ 表示，如图 6-8(b)所示。切应力在剪切面上的实际分布规律比较复杂，工程上通常采用实用计算法，即假设切应力在剪切面上是均匀分布的。故切应力的计算公式为

$$\tau=\frac{F_S}{A_s} \tag{7-5}$$

式中 F_S——剪切面上的剪力；

A_s——剪切面的面积。

(2)剪切强度条件 为了保证构件在工作时不发生剪切破坏，必须使构件剪切面上的工作切应力不超过材料的许用切应力，故剪切强度条件为

$$\tau=\frac{F_S}{A_s}\leqslant[\tau] \tag{7-6}$$

式中 $[\tau]$——材料的许用切应力，其值等于通过实验得到的材料的剪切强度极限除以安全系数。

常用材料的许用切应力可从有关设计规范中查到。剪切强度条件同样可以解决强度校核、设计截面尺寸和确定许可荷载三类问题。

2. 挤压应力和强度条件

(1)挤压应力 作用于挤压面上的压力称为挤压力，用 F_{bs}表示，如图 7-13(a)所示。挤压力 F_{bs}是以法向应力的形式分布在挤压面上的，这种法向应力称为挤压应力，用 σ_{bs}表示。挤压应力在挤压面上的实际分布规律也比较复杂，如图 7-13(b)所示。在工程上仍然采用实用计算法，即假设挤压应力在挤压面上是均匀分布的。故挤压应力的计算公式为

$$\sigma_{bs}=\frac{F_{bs}}{A_{bs}} \tag{7-7}$$

式中 F_{bs}——挤压面上的挤压力；

A_{bs}——挤压面的计算面积。

挤压面的计算面积应根据接触面的具体情况而定。当挤压面为半圆柱面时，例如螺栓、铆钉和销钉连接件，则挤压面的计算面积为半圆柱面的正投影面积[7-13(c)中的阴影线面积]，即 $A_{bs}=d\times t$。其中，d 为圆柱面的直径，t 为被连接件的厚度。当挤压面为平面时，则挤压面的计算面积为接触面的面积。

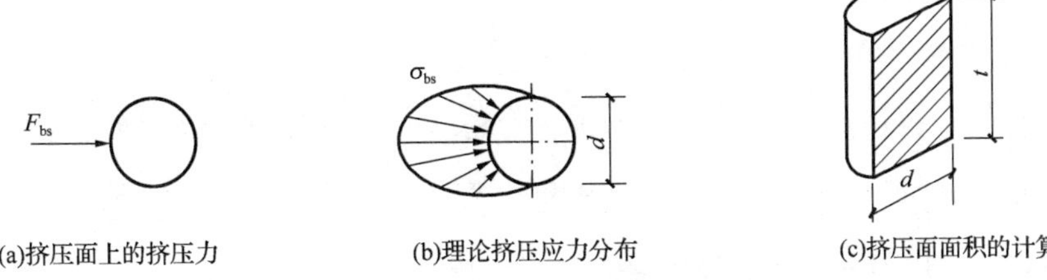

图 7-13 挤压力、理论挤压应力的分布和挤压面面积

(2)挤压强度条件 为了保证构件不发生挤压破坏,必须使构件的工作挤压应力不超过材料的许用挤压应力,故挤压强度条件为

$$\sigma_{bs}=\frac{F_{bs}}{A_{bs}}\leqslant[\sigma_{bs}] \tag{7-8}$$

式中 $[\sigma_{bs}]$——材料的许用挤压应力,其值等于通过实验得到的材料的挤压强度极限除以安全系数。

常用材料的许用挤压应力可从有关设计规范中查到。挤压强度条件仍然可以解决强度校核、设计截面尺寸和确定许可荷载三类问题。

由于挤压变形总是伴随剪切变形产生的,因此在进行剪切强度计算的同时,还应进行挤压强度计算,只有既满足剪切强度条件同时又满足挤压强度条件,构件才能正常工作,连接件既不会被剪断也不会被压溃。

【例 7-3】 如图 7-14(a)所示两块钢板用螺栓连接,钢板的厚度 $t=10$ mm,螺栓的直径 $d=16$ mm,螺栓材料的许用切应力$[\tau]=60$ MPa,许用挤压应力$[\sigma_{bs}]=180$ MPa。若承受的轴向拉力 $F=11.5$ kN,试校核螺栓的强度。

【解】 (1)校核螺栓的剪切强度

螺栓剪切面上的剪力

$$F_S=F=11.5\ \text{kN}$$

$$\tau=\frac{F_S}{A_s}=\frac{F}{\pi d^2/4}=\frac{11.5\times10^3}{\pi\times16^2/4}=57.23\ \text{MPa}<[\tau]=60\ \text{MPa}$$

螺栓满足剪切强度条件。

(2)校核螺栓的挤压强度

由如图 7-14(b)可见,两块钢板的厚度相同,螺栓与上、下板孔壁之间的挤压力、挤压应力均相同,分别为

$$F_{bs}=F=11.5\ \text{kN}$$

$$\sigma_{bs}=\frac{F_{bs}}{A_s}=\frac{F}{dt}=\frac{11.5\times10^3}{16\times10}=71.88\ \text{MPa}<[\sigma_{bs}]=180\ \text{MPa}$$

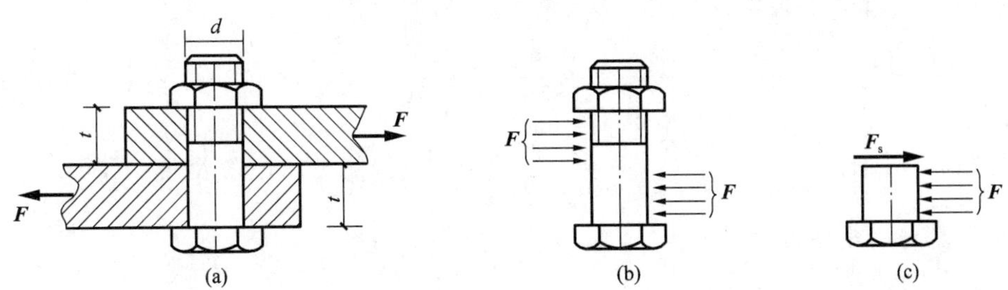

图 7-14 例 7-3 图

螺栓满足挤压强度条件。

综上所述，该螺栓的强度满足要求。

> 在对连接结构的强度计算中，除了要进行剪切、挤压强度计算外，还应对被连接件进行拉伸或压缩强度计算，因为在连接处被连接件的横截面受到削弱，往往成为危险截面。

【例 7-4】 如图 7-15(a)所示两块钢板用 4 个铆钉连接，已知钢板宽 $b=85$ mm，板厚 $\delta=10$ mm，铆钉直径 $d=16$ mm，板和铆钉材料相同，其许用切应力$[\tau]=120$ MPa，许用挤压应力$[\sigma_{bs}]=300$ MPa，许用拉应力$[\sigma]=160$ MPa。若承受的轴向拉力 $F=95$ kN，试校核铆接各部分的强度。

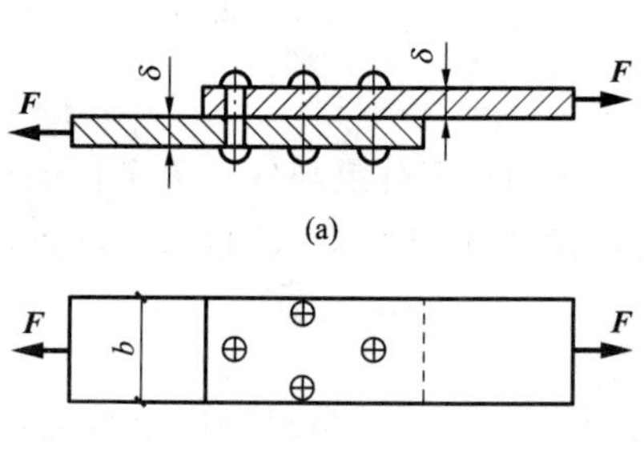

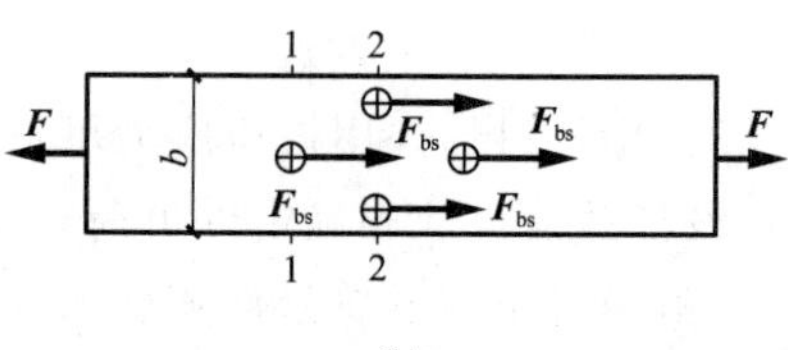

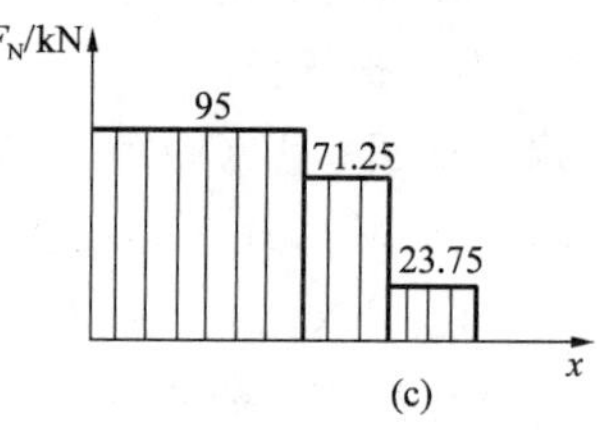

图 7-15 例 7-4 图

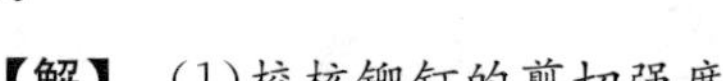

【解】 (1)校核铆钉的剪切强度

由于连接铆钉对称布置，可假设每个铆钉受力相同，于是，各铆钉剪切面上的剪力均为

$$F_S=\frac{F}{4}=23.75\ \text{kN}$$

$$\tau=\frac{F_S}{A_s}=\frac{F/4}{\pi d^2/4}=\frac{23.75\times10^3}{\pi\times16^2/4}=118.18\ \text{MPa}<[\tau]=120\ \text{MPa}$$

铆钉剪切强度满足要求。

(2)校核铆钉和钢板的挤压强度

各挤压面上铆钉和钢板的挤压力均为

$$F_{bs}=\frac{F}{4}=23.75\ \text{kN}$$

$$\sigma_{bs}=\frac{F_{bs}}{A_s}=\frac{F/4}{d\delta}=\frac{23.75\times10^3}{16\times10}=148.44\ \text{MPa}<[\sigma_{bs}]=300\ \text{MPa}$$

铆钉和钢板挤压强度满足要求。

(3)校核钢板的拉伸强度

两块钢板的厚度相同，受力情况也相同，故可校核其中任意一块，本例中校核下面一块。板的受力图与轴力图分别如图 7-15(b)、(c)所示，由于截面 1-1 的轴力最大，截面 2-2 的削弱最严重，所以 1-1、2-2 两截面都可能是危险截面，需同时校核。

1-1 截面 $\sigma_{1-1}=\frac{F_{N1-1}}{A_{1-1}}=\frac{F}{(b-d)\delta}=\frac{95\times10^3}{(85-16)\times10}=137.68\ \text{MPa}<[\sigma]=160\ \text{MPa}$

2-2 截面 $\sigma_{2-2}=\frac{F_{N2-2}}{A_{2-2}}=\frac{3F/4}{(b-2d)\delta}=\frac{3\times95\times10^3/4}{(85-2\times16)\times10}=134.43\ \text{MPa}<[\sigma]=160\ \text{MPa}$

钢板的拉伸强度满足要求。

7.5　平面弯曲梁的应力与强度计算

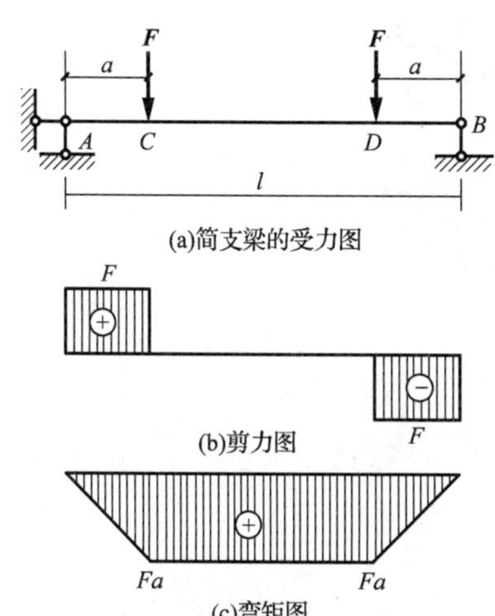

图 7-16　梁平面弯曲时横截面上的内力

前面研究了如何计算梁横截面上的内力(剪力 F_S 和弯矩 M)。为解决梁的强度问题,必须进一步研究梁横截面上各点的应力分布规律,确定应力计算公式。梁弯曲时,一般情况下各横截面上既有剪力又有弯矩,这种弯曲称为横力弯曲。如图 7-16 所示中 AC、DB 两段梁为横力弯曲。若梁在某段的各横截面上剪力为零,弯矩为常数,这种弯曲称为纯弯曲。如图 7-16 所示中 CD 段梁。由于纯弯曲时,横截面上的应力情况较为简单,且能反映弯曲变形的实质,故本节先研究梁纯弯曲时横截面上的应力,进而把该结论推广到横力弯曲的情况。

1. 弯曲梁横截面上的正应力

(1)纯弯曲梁的观察与假设　取一根矩形截面梁,在其表面上画上与梁轴线平行的纵向线及垂直于梁轴线的横向线,如图 7-17(a)所示,然后在梁两端的纵向对称平面内施加一对等值反向的力偶 M,使梁产生纯弯曲,如图 7-17(b)所示,即可观察到以下现象:

①各横向线仍为直线,只是倾斜了一个角度;

②各纵向线弯成曲线,梁下部分的纤维伸长,上部分纤维缩短,轴线长度不变;

③在纵向线伸长区,梁的宽度减小;在纵向线缩短区,梁的宽度增大。

根据以上变形现象,认为梁内部的变形情况与表面一样,所以,可做出如下假设:

①变形后,横截面仍保持为平面,且垂直于变形后的轴线,只是绕横截面内某一轴旋转了一个角度。这个假设称为平面假设。

②各纵向纤维,变形后有的伸长,有的缩短,纵向纤维之间无挤压,只受到单方向的拉伸或压缩,这个假设称为单向受力假设。

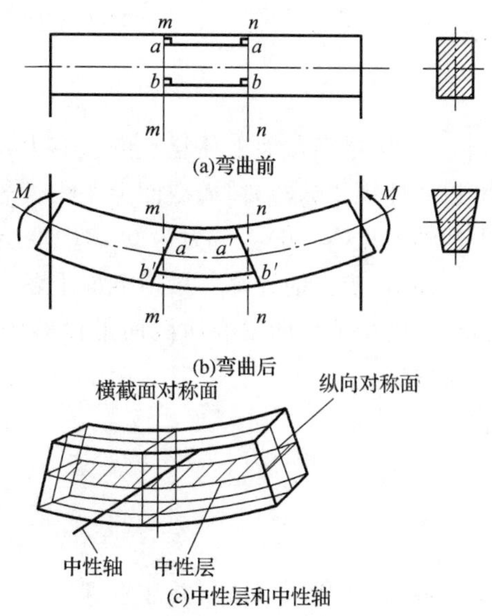

图 7-17　纯弯曲变形

根据以上观察到的现象和假设,可推想到:从凸侧纤维的伸长过渡到凹侧纤维的缩短,由于材料和变形的连续性,其间必有一层既不伸长也不缩短的纵向纤维层,称为中性层。中性层与横截面的交线称为中性轴。如图 7-17(c)所示,梁弯曲时横截面绕中性轴转动。在平面弯曲中,中性轴与荷载作用的纵向对称面垂直。

变形后,横截面上只有正应力,而无切应力。以中性轴为界,一侧为拉应力,另一侧为压应力。

(2)变形及正应力分布规律 如图 7-18(a)所示，取纯弯曲梁相距 dx 的微段来研究两横截面 m-m、n-n，在梁弯曲时绕各自的中性轴转动，形成了夹角 $d\theta$，梁的中性层的半径变为 ρ。取截面的对称轴为 y 轴，中性轴为 z 轴，梁的轴线为 x 轴，建立坐标系如图 7-18(b)所示。

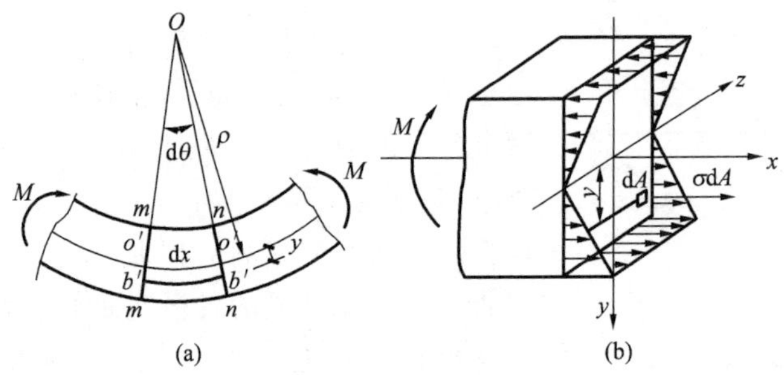

图 7-18 弯曲变形和正应力分布

为了求任一点 A 的正应力，取距中性轴为 y 的纵向线 $b'b'$，计算其线应变。

变形前 $$bb=\overline{OO}=\overset{\frown}{OO}=\rho\cdot d\theta$$

变形后 $$\overset{\frown}{b'b'}=(\rho+y)\cdot d\theta$$

则得纵向线应变

$$\varepsilon=\frac{(\rho+y)d\theta-\rho d\theta}{\rho d\theta}=\frac{y}{\rho} \tag{a}$$

对于同一横截面，ρ 不变，故式(a)表明：横截面上任意点处的纵向线应变 ε 与该点到中性层的距离 y 成正比。

根据单向受力假设，当应力小于比例极限时，利用胡克定律由式(a)即有

$$\sigma=E\varepsilon=E\cdot\frac{y}{\rho} \tag{b}$$

可见，梁横截面上任意点的正应力 σ 与该点到中性轴的距离成正比。即正应力沿截面高度按线性规律分布，在横截面上距中性轴等距离的各点的正应力均相等，如图 7-18(b)所示。中性轴各点($y=0$)正应力为 0，离中性层最远的上下边缘，正应力的值最大。

(3)正应力的计算 梁横截面上各点的法向内力元素构成一平行于轴线 x 轴的空间平行力系。由于纯弯曲梁的横截面上没有轴力 F_N，只存在一个位于纵向对称平面 x-y 内的弯矩 M，故有

$$\int_A \sigma dA=F_N=0 \tag{c}$$

$$\int_A y\sigma dA=M \tag{d}$$

将(b)式代入(c)式，并注意到对同一截面 $\frac{E}{\rho}$ 为常数，即得：$S_z=\int_A y dA=0$。

这表明：中性轴 z 一定过截面的形心。

将(b)式代入(d)式，则得

$$\frac{E}{\rho}\int_A y^2 dA=\frac{E}{\rho}I_z=M \tag{e}$$

由此得中性层的曲率

$$\frac{1}{\rho}=\frac{M}{EI_z} \tag{7-9}$$

上式表明，梁弯曲变形后的曲率与弯矩 M 成正比、与 EI_z 成反比。故将 EI_z 称为梁的抗弯刚度，它反映了梁抵抗弯曲变形的能力。在同样的荷载作用下，梁的抗弯刚度越大，其弯曲的曲率就越小，即弯曲的变形程度就越小。

将式(7-9)代入(b)，得纯弯曲时横截面上任一点正应力计算公式为

$$\sigma=\frac{My}{I_z} \tag{7-10}$$

应用式(7-10)时，通常将弯矩 M 和 y 值代入绝对值，应力是拉还是压，可由该点位于凸侧或是凹侧直观判定，凸侧为拉应力，凹侧为压应力。关于梁的变形，即何为凸侧，何为凹侧，可由弯矩的正负来判断，即弯矩为正时，中性轴上侧凹，下侧凸。

应该指出：式(7-9)、式(7-10)是在纯弯曲的前提下建立的。对于工程上常见的受横力弯曲的梁，在弯曲时横截面不再保持为平面，其上不仅有正应力，而且还有切应力；同时在与中性层平行的纵截面上还有由横向力引起的挤压应力。但进一步的理论研究表明，对于一般的横力弯曲，只要梁的长度与梁的截面高度之比 $l/h>5$，它同样适用。

【例 7-5】 求如图 7-19 所示矩形截面梁 A 右邻截面上和 C 截面上 a、b、c 三点处的正应力。

【解】 (1)求得的 M 图如图 7-19(c)所示。

(2)截面参数

$$I_z=\frac{bh^3}{12}=\frac{15\times30^3}{12}=33750\ \text{cm}^4$$

(3)计算各点正应力

A 右邻截面上

$$\sigma_a=\frac{M_A\cdot y}{I_z}=\frac{10\times10^6\times150}{33750\times10^4}=4.44\ \text{MPa}$$

$$\sigma_b=\frac{M_A\cdot y}{I_z}=\frac{10\times10^6\times80}{33750\times10^4}=2.37\ \text{MPa}$$

$$\sigma_c=0$$

C 截面上

$$\sigma_a=\frac{M_C\cdot y}{I_z}=\frac{20\times10^6\times150}{33750\times10^4}=8.89\ \text{MPa}$$

$$\sigma_b=\frac{M_C\cdot y}{I_z}=\frac{20\times10^6\times80}{33750\times10^4}=4.74\ \text{MPa}$$

$$\sigma_c=0$$

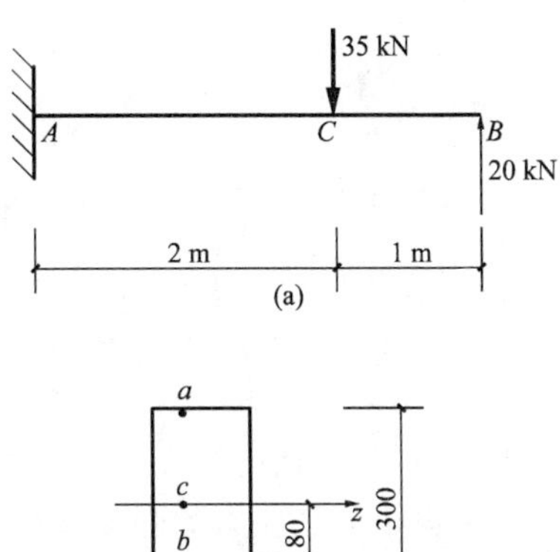

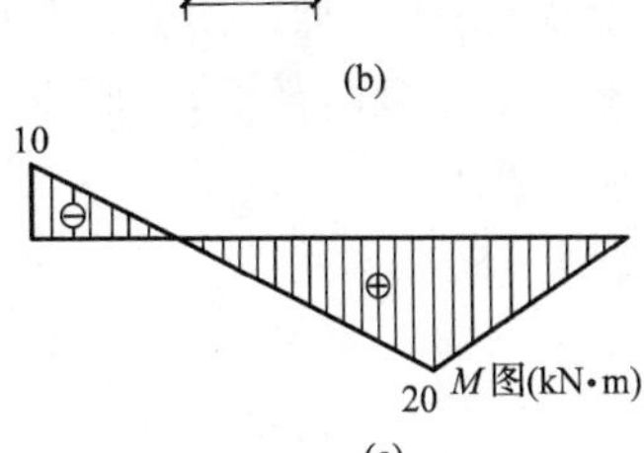

图 7-19　例 7-5 图

2. 弯曲梁横截面上的正应力强度条件

由弯曲正应力的计算公式(7-10)知：当 $y=y_{\max}$，即在横截面上距中性轴 z 最远的上、下边缘各点处，弯矩正应力有最大值，为

$$\sigma_{\max}=\frac{My_{\max}}{I_z} \tag{7-11}$$

令

$$W_z=\frac{I_z}{y_{\max}} \tag{7-12}$$

则式(7-11)可改写为

$$\sigma_{\max}=\frac{M}{W_z} \tag{7-13}$$

式中 W_z——抗弯截面系数,它取决于截面的几何形状与尺寸,单位为 m^3、cm^3 或 mm^3。

对于宽为 b、高为 h 的矩形截面

$$W_z=\frac{I_z}{h/2}=\frac{bh^3/12}{h/2}=\frac{bh^2}{6}$$

对于直径为 d 的圆形截面

$$W_z=\frac{I_z}{\frac{d}{2}}=\frac{\frac{\pi d^4}{64}}{\frac{d}{2}}=\frac{\pi d^3}{32}$$

对于内径为 d,外径为 D 的圆环截面

$$W_z=\frac{I_z}{\frac{D}{2}}=\frac{\frac{\pi(D^4-d^4)}{64}}{\frac{D}{2}}=\frac{\pi D^3}{32}(1-\alpha^4)$$

上式中的 $\alpha=\frac{d}{D}$,为圆环的内外径之比。

确定弯曲正应力的最大值后,即得弯曲正应力强度条件

$$\sigma_{\max}=\frac{M_{\max}}{W_z}\leqslant[\sigma] \tag{7-14}$$

式中 $[\sigma]$——材料的许用正应力,其值可在有关设计规范中查得。

根据梁的正应力的强度条件,可以进行三方面的计算:①强度校核;②截面选择;③许可载荷计算。

对于拉伸许用应力和压缩许用应力相等的塑性材料,危险截面只有一个,即弯矩绝对值最大的截面;对于拉伸许用应力和压缩许用应力不相等的脆性材料,最大正弯矩和最大负弯矩所在的截面都是危险截面,这时则应根据式(7-13),计算出梁的最大拉应力和最大压应力后分别进行强度校核。

【例 7-6】 如图 7-20 所示支承在墙上的木梁承受由地板传来的荷载。若地板的均布面荷载 $q'=3\ kN/m^2$,木梁间距 $a=1.2\ m$,跨度 $l=5\ m$,木材的许用弯曲应力 $[\sigma]=12\ MPa$,要求木材做成矩形截面,其高宽比为 $\frac{h}{b}=1.5$,试确定此梁的截面尺寸。

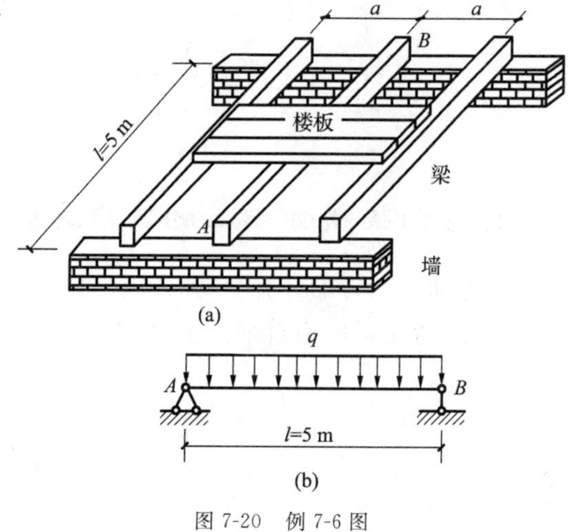

图 7-20 例 7-6 图

【解】 (1)计算最大弯矩。木梁支承在墙上,可按简支梁计算。每根梁承受载荷的宽度为 $a=1.2m$,所以每根梁承受的均布线载荷是

$$q=q'a=3\times1.2=3.6\ kN/m$$

最大弯矩发生在跨中截面，其值为

$$M_{\max}=\frac{1}{8}ql^2=\frac{1}{8}\times3.6\times5^2=11.25\ \text{kN}\cdot\text{m}$$

(2)根据强度条件计算需要的抗弯截面系数 W_z

$$W_z\geqslant\frac{M_{\max}}{[\sigma]}=\frac{11.25\times10^6}{12}=937.5\times10^3\ \text{mm}^3$$

(3)确定截面的尺寸

$$W_z=\frac{bh^2}{6}=\frac{b(1.5b)^2}{6}\geqslant937.5\times10^3\ \text{mm}^3$$

$$b^3\geqslant\frac{937.5\times10^3\times6}{2.25}=2500\times10^3\ \text{mm}^3$$

$$b\geqslant136\ \text{mm},\quad h\geqslant204\ \text{mm}$$

为施工方便，取截面宽 $b=140$ mm，$h=210$ mm。

【例 7-7】 T 字形截面铸铁梁所受载荷和截面尺寸如图 7-21 所示。材料的许用拉应力 $[\sigma_t]=40$ MPa，许用压应力 $[\sigma_c]=100$ MPa，试按正应力强度条件校核梁的强度。

【解】 (1)确定最大弯矩

作出梁的弯矩图，由图 7-21(c)可见，截面 B 上有最大负弯矩。其值为 $|M_B|=20$ kN·m；截面 E 上有最大正弯矩。其值为 $M_E=10$ kN·m

(2)确定截面的几何性质

横截面形心位于对称轴 y 轴上，C 点到截面下边缘的距离

$$y_1=\frac{A_1y_{C1}+A_2y_{C2}}{A_1+A_2}=\frac{200\times30\times185+30\times170\times85}{200\times30+30\times170}=139\ \text{mm}$$

即中性轴 z 到截面下边缘的距离 $y_1=139$ mm，到截面上边缘的距离 $y_2=61$ mm。

截面对中性轴 z 的惯性

$$I_z=I_{1z}+I_{2z}=\left(\frac{200\times30^3}{12}+200\times30\times46^2\right)+\left(\frac{30\times170^3}{12}+30\times170\times54^2\right)=40.3\times10^6\ \text{mm}^4$$

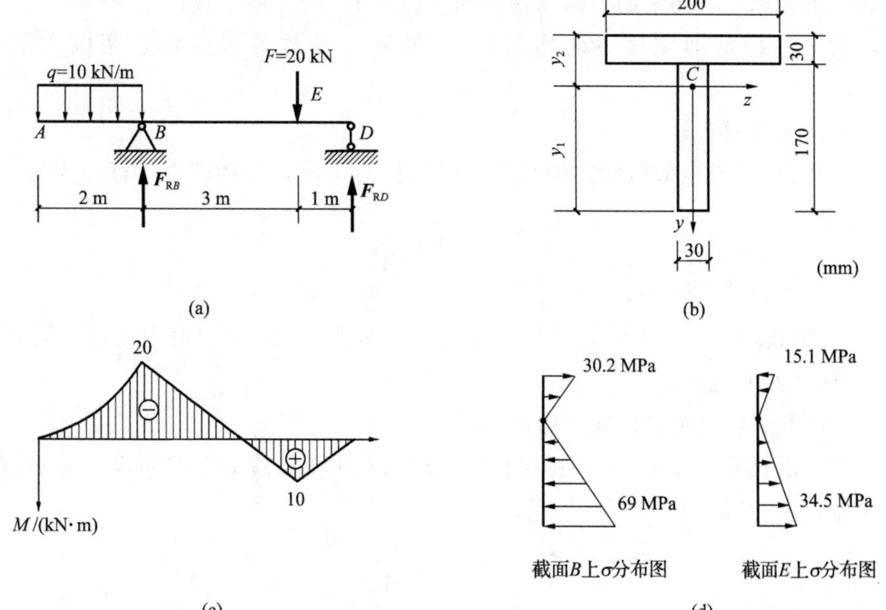

图 7-21　例 7-7 图

(3)强度校核

由于梁的截面关于中性轴不对称，且材料的抗拉、压许用应力不同，故截面 E 和截面 B 都有可能是危险截面，须分别对这两个截面进行计算。

截面 B：弯矩 M_B 为负值，故截面中性轴上部受拉，下部受压，其最大值分别为

$$\sigma_t=\frac{M_B\cdot y_2}{I_z}=\frac{20\times10^6\times61}{40.3\times10^6}=30.2\ \text{MPa}<[\sigma_t]$$

$$\sigma_c=\frac{M_B\cdot y_1}{I_z}=\frac{20\times10^6\times139}{40.3\times10^6}=69.0\ \text{MPa}<[\sigma_c]$$

截面 E：弯矩 M_E 为正值，故截面中性轴上部受压，下部受拉，其最大值分别为

$$\sigma_t=\frac{M_E\cdot y_1}{I_z}=\frac{10\times10^6\times139}{40.3\times10^6}=34.5\ \text{MPa}<[\sigma_t]$$

$$\sigma_c=\frac{M_E\cdot y_2}{I_z}=\frac{10\times10^6\times61}{40.3\times10^6}=15.1\ \text{MPa}<[\sigma_c]$$

因此得结论：该梁的强度满足要求。

注意：在对拉压强度不同、截面关于中性轴有不对称的梁进行强度校核时，一般需同时考虑最大正弯矩和最大负弯矩所在的两个截面。只有这两个截面都满足强度条件时，整根梁才是安全的。

3. 弯曲梁横截面上的切应力

横力弯曲梁的横截面上，弯矩产生正应力，剪力产生切应力，弯曲切应力的分布规律要比正应力复杂。横截面的形状不同，切应力的分布情况也就不同，本节介绍几种常见的简单形状截面梁弯曲切应力的分布规律，并直接给出相应的公式。具体推导过程参见有关资料。

(1)矩形截面梁

①关于矩形截面梁弯曲切应力分布规律的假设

a. 横截面上各点切应力 τ 的方向与该截面上剪力 F_S 的方向一致；

b. 切应力 τ 沿横截面宽度方向均匀分布，即距中性轴等远处各点切应力值相等，如图 7-22 所示。

②弯曲切应力计算公式

根据上述假设，可得矩形截面梁横截面上纵坐标为 y 的点的切应力计算公式为

$$\tau=\frac{F_S S_z^*}{I_z b} \tag{7-15}$$

式中 F_S——横截面上的剪力；

S_z^*——横截面上过纵坐标为 y 的点横线以外面积(阴影部分)对中性轴 z 的面积矩；

b——横截面的宽度；

I_z——整个横截面对中性轴 z 的惯性矩。

弯曲切应力沿截面高度按二次抛物线规律分布；在上下边缘处弯曲切应力为零；在中性轴上弯曲切应力最大，其值为

$$\tau_{max}=1.5\frac{F_S}{A} \tag{7-16}$$

即矩形截面梁最大弯曲切应力为截面上名义平均切应力的 1.5 倍。

(2)工字形截面梁

如图 7-23 所示工字形截面由上、下翼缘和中间的腹板组成。由于腹板为狭长矩形，腹板上任一点的弯曲切应力也类似于矩形截面。其计算公式为

$$\tau=\frac{F_{S}S_{z}^{*}}{I_{z}d} \tag{7-17}$$

式中　d——横截面腹板的宽度；

S_{z}^{*}——图 7-23(a)所示阴影部分区域面积对中性轴 z 的面积矩。

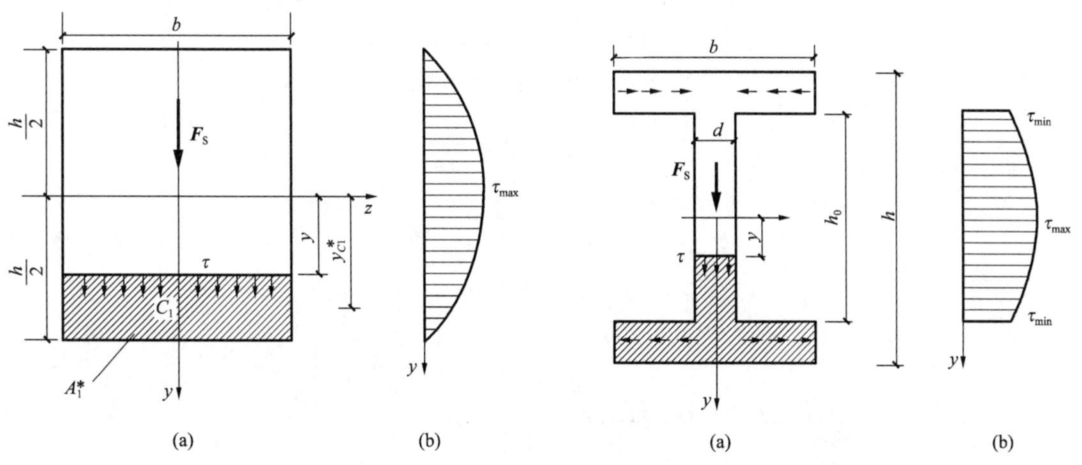

图 7-22　矩形截面梁的弯曲切应力

图 7-23　工字形截面梁的弯曲切应力

弯曲切应力沿腹板高度方向按二次抛物线规律分布；如图 7-23(b)所示，在腹板与翼缘交界处切应力最小；在中性轴上切应力最大，其值为

$$\tau_{\max}=\frac{F_{S}S_{z\max}^{*}}{I_{z}d}=\frac{F_{S}}{\left(\frac{I_{z}}{S_{z\max}^{*}}\right)d} \tag{7-22}$$

式中　$S_{z\max}^{*}$——工字钢截面中性轴以上(或以下)面积对中性轴的面积矩。

对于工字钢，$\frac{I_{z}}{S_{z\max}^{*}}$可直接从型钢表中查得。

工字形截面翼缘上的切应力，其值远小于腹板上的切应力，故一般忽略不计。

(3)圆形和薄壁圆环形截面梁

圆形和薄壁圆环形截面梁弯曲切应力的最大值发生在中性轴上，且沿中性轴均匀分布，如图 7-24 所示，其值分别为

圆形截面
$$\tau_{\max}=\frac{4F_{S}}{3A} \tag{7-23}$$

薄壁圆环形截面
$$\tau_{\max}=\frac{2F_{S}}{A} \tag{7-24}$$

式中　A——圆形或薄壁圆环形截面的面积。

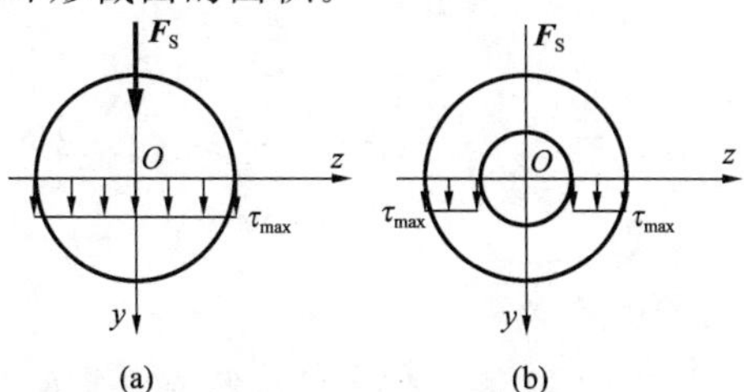

图 7-24　圆形和薄壁圆环形截面梁的弯曲切应力

4. 弯曲梁横截面上的切应力强度条件

由上述讨论知，梁的弯曲切应力的最大值发生在中性轴上，而中性轴上点的正应力为零，因此中性轴上的点受到纯剪切，弯曲切应力的强度条件即为

$$\tau_{max} \leqslant [\tau] \tag{7-25}$$

式中 $[\tau]$——材料的许用切应力，其值可在有关设计规范中查得。

与梁的正应力强度条件在工程中的应用相似，切应力强度条件在工程中同样能解决强度方面的三类问题，即进行切应力强度校核、设计截面和计算许用应力。

【例 7-8】 如图 7-25 所示的一简支梁受均布荷载作用，截面为矩形，$b=100$ mm，$h=200$ mm。已知 $q=4$ kN/m，跨度 $l=10$ m。试求：

(1)截面 $A_{右}$ 上距中性轴为 $y=50$ mm 处 k 点的切应力；

(2)比较梁上的最大正应力和最大切应力；

(3)若用 32a 工字钢梁，计算其最大切应力；

(4)计算工字形梁截面 $A_{右}$ 上腹板与翼板交界处 m 点(在腹板上)的切应力。

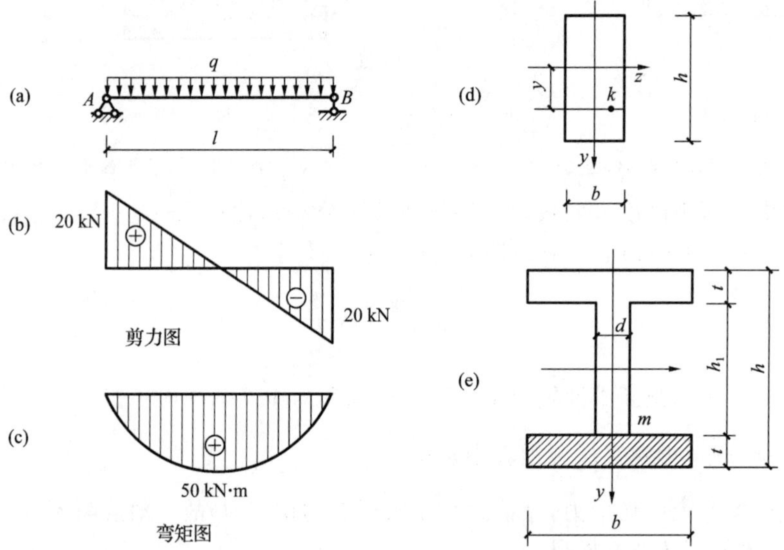

图 7-25 例 7-8

【解】 (1)求矩形截面梁 $A_{右}$ 截面上 k 点的切应力

画出梁的 F_S 图、M 图，截面的剪力为 $F_S=20$ kN，I_z 与 S_z^* 分别为

$$I_z=\frac{bh^3}{12}=\frac{100\times200^3}{12}=6.67\times10^7\ \text{mm}^4$$

$$S_z^*=100\times50\times75=3.75\times10^5\ \text{mm}^3$$

k 点的切应力为

$$\tau_k=\frac{F_S S_z^*}{I_z b}=\frac{20\times10^3\times375\times10^3}{66.7\times10^6\times100}=1.12\ \text{MPa}$$

(2)比较梁中的 σ_{max} 和 τ_{max}

梁上的最大剪力和最大弯矩分别为

$$F_{Smax}=20\ \text{kN(在支座内侧截面处)}$$

$$M_{max}=50\ \text{kN}\cdot\text{m}(在跨中截面)$$

最大正应力发生在跨中截面的上、下边缘处，其值为

$$\sigma_{max}=\frac{M_{max}}{W_z}=\frac{50\times10^6}{\frac{1}{6}\times100\times200^2}=75\ \text{MPa}$$

最大切应力发生在支座内侧截面的中性轴上，其值为

$$\tau_{max}=\frac{3F_S}{2A}=\frac{3}{2}\times\frac{20\times10^3}{100\times200}=1.5\ \text{MPa}$$

故

$$\frac{\sigma_{max}}{\tau_{max}}=\frac{75}{1.5}=50$$

可见梁中的最大正应力比最大切应力大得多，故在梁的强度计算中，其正应力是主要的。

(3)计算工字钢梁最大切应力

由型钢表，查得 32a 工字钢截面有关数据：$h=32$ cm，$b=13$ cm，$d=0.95$ cm，$t=1.5$ cm，$I_z=11075.5\ \text{cm}^4$，$I_z/S_z=27.5$ cm。

最大切应力为

$$\tau_{max}=\frac{F_{Smax}}{d(\frac{I_z}{S_{zmax}^*})}=\frac{20\times10^3}{0.95\times10\times27.5\times10}=7.66\ \text{MPa}$$

(4)计算工字钢梁 $A_{右}$ 截面上 m 点的切应力

m 点以下部分截面对中性轴的面积矩为

$$S_z^*=bt(\frac{h}{2}-\frac{t}{2})=130\times15\times(\frac{320}{2}-\frac{15}{2})=2.97\times10^8\ \text{mm}^3$$

$$\tau_m=\frac{F_S S_z^*}{I_z b}=\frac{20\times10^3\times297\times10^6}{11075\times10^4\times0.95\times10}=5.65\ \text{MPa}$$

7.6　提高梁承载能力的措施

一般情况下，在对梁进行强度设计时，主要是依据梁的弯曲正应力强度控制，由正应力强度条件 $\sigma_{max}=\frac{M_{max}}{W_z}\leqslant[\sigma]$ 可知，降低最大弯矩、提高抗弯截面系数都能降低梁的最大正应力，从而提高梁的承载能力，使梁设计更为合理。现将工程中经常采用的几种措施分述如下。

1. 合理安排梁的支座和加载方式

合理安排梁的支座和加载方式，可以显著降低弯矩的最大值，以达到提高梁的强度的目的。

(1)合理安排梁的支座　如图 7-26(a)所示受均布荷载作用简支梁，若将梁的两端支座各向里移动 $0.2l$，如图 7-26(b)所示，则其最大弯矩将由原来的 $ql^2/8=0.125ql^2$ 减小至 $ql^2/40=0.025ql^2$，即相当于梁的强度提高为原来的 5 倍。

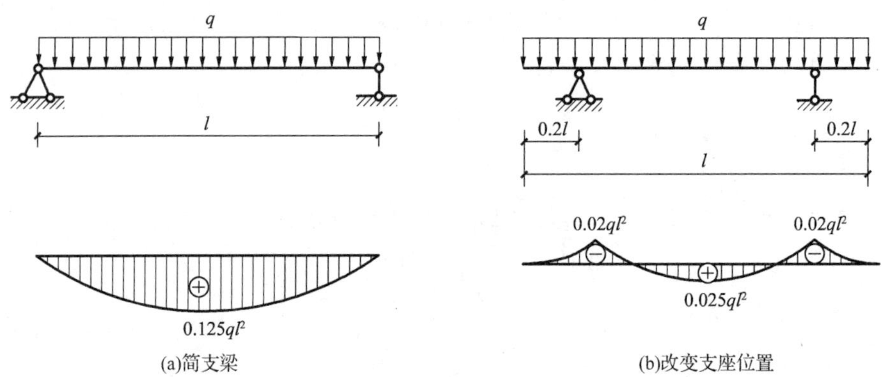

(a)简支梁　　(b)改变支座位置

图 7-26　合理安排梁的支座

(2)合理布置荷载　将梁上的集中荷载分散为两处靠近支座的集中力，如图 7-27 所示，梁的最大弯矩也将显著减小，从而可提高梁的强度。

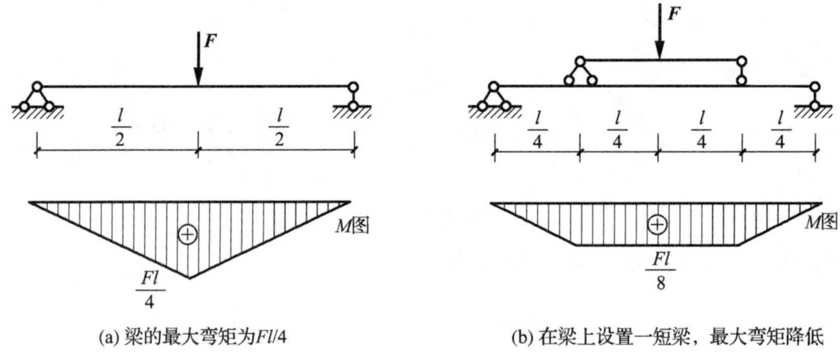

(a) 梁的最大弯矩为Fl/4　　(b) 在梁上设置一短梁，最大弯矩降低

图 7-27　合理布置梁上荷载

2. 合理设计梁的截面形状

(1)对于平面弯曲梁，从弯曲正应力强度考虑，比较合理的截面形状是在截面面积 A 一定的前提下，使截面具有尽可能大的弯曲截面系数 W_z，比值 W_z/A 越大，截面越开展，越经济合理。工程中常见截面的比值 W_z/A 如表 7-1 所示。

表 7-1　　几种常见的截面 W_z/A 值

	矩形	圆形	圆环形	工字形	槽形
截面形状	h, b, z	d, z	d, D, z, d/D=0.8	h, z	h, z
W_z/A	$0.167h$	$0.125d$	$0.205D$	$(0.27-0.31)h$	$(0.27-0.31)h$

可见，实心圆截面最不经济，矩形截面也不太经济，工字钢和槽钢截面最为合理。这可以从弯曲正应力的分布规律得到解释。由于弯曲正应力沿截面高度方向呈线性分布，在中性轴附近弯曲正应力很小，而在截面的上、下边缘处弯曲正应力最大。因此，应尽可能将材料配置在距离中性轴较远处，使截面尽量开展，以充分发挥材料的强度潜能。工程中的钢梁，大多采

用工字形、槽形或者箱形截面就是这个道理。而圆形截面因在中性轴附近聚集了较多材料，截面不开展，不能做到材尽其用，故不合理。对于需做成圆形截面的承弯轴类构件，则宜采用圆环形截面。

(2)根据材料性质合理确定截面形状

合理确定梁的截面形状，还应结合材料特性，使处于拉、压不同区域材料的强度潜能都能得以充分利用。

对于拉伸许用应力和压缩许用应力相等的塑性材料梁(如钢梁)，宜采用以中性轴为对称轴的截面形状，如工字形、矩形和箱形等截面。这样可使截面上的最大拉应力和最大压应力相等，并同时达到材料的许用应力。而对于拉伸许用应力远低于压缩许用应力的脆性材料梁，则宜采用中性轴偏于受拉一侧的截面形状，如 T 字形与槽形截面，从而使得截面上的最大拉应力和最大压应力同时接近材料的许用应力。

本章小结

本章主要讨论了杆件的轴向拉伸(压缩)、剪切、平面弯曲三种基本变形的应力和强度条件的分析计算方法。

1. 轴向拉压杆的应力和强度计算

(1)正应力计算公式　$\sigma=\dfrac{F_N}{A}$

横截面上的应力是均匀分布在整个横截面上，适用条件是等截面直杆受轴向拉伸或压缩。

(2)正应力强度条件　$\sigma_{max}=\dfrac{F_N}{A}\leqslant[\sigma]$

根据强度条件，可以解决三种类型的强度计算问题:校核强度、设计截面尺寸、确定许可荷载。

2. 剪切与挤压变形的应力与强度计算

(1)剪切应力和强度条件

①切应力计算公式　$\tau=\dfrac{F_S}{A_s}$

假设切应力在剪切面上是均匀分布的。

②剪切强度条件　$\tau=\dfrac{F_S}{A_s}\leqslant[\tau]$

(2)挤压应力和强度条件

①挤压应力　$\sigma_{bs}=\dfrac{F_{bs}}{A_{bs}}$

假设挤压应力在挤压面上是均匀分布的，挤压面的计算面积应根据接触面的具体情况而定。

②挤压强度条件　$\sigma_{bs}=\dfrac{F_{bs}}{A_{bs}}\leqslant[\sigma_{bs}]$

剪切与挤压强度条件仍然可以解决强度校核、设计截面尺寸和确定许可荷载三类问题。

3.平面弯曲梁的应力与强度计算

(1)正应力和强度条件

①正应力计算公式 $\sigma=\frac{My}{I_z}$

正应力沿截面高度按线性规律分布,中性轴上各点正应力为零,离中性层最远的上下边缘,正应力的值最大。适用条件是平面弯曲的梁,且在弹性范围内工作。

②正应力强度条件 $\sigma_{max}=\frac{M_{max}}{W_z}\leqslant[\sigma]$

(2)切应力和强度条件

①切应力计算公式 $\tau=\frac{F_S S_z^*}{I_z b}$

弯曲切应力沿截面高度按二次抛物线规律分布;在上下边缘处弯曲切应力为零;在中性轴上弯曲切应力最大

②切应力强度条件 $\tau_{max}=\frac{F_S S_{zmax}^*}{I_z b}\leqslant[\tau]$

正应力和切应力强度条件在工程中同样能解决强度方面的三类问题,即进行强度校核、设计截面和计算许用应力。

4.提高梁承载能力的措施

(1)降低最大弯矩;

(2)合理设计梁的截面形状。

复习思考题

7-1 什么是应力?什么是正应力与切应力?如何确定正应力与切应力的正负号?

7-2 应力的量纲是什么?常用的单位是什么?如何换算?

7-3 何谓拉压杆的平面假设?平面假设对确定拉压杆横截面上的正应力有何意义?

7-4 杆件是否破坏,起决定作用的因素是内力还是应力?

7-5 低碳钢在拉伸的过程中经历了哪四个阶段?各个阶段有何主要特点?

7-6 三种材料的应力—应变曲线如图 7-28 所示,试问哪一种材料的强度高?哪一种材料的塑性好?哪一种材料的刚度大?

7-7 图 7-29 所示结构中所选用的材料是否合理?为什么?其中杆①用低碳钢制作,杆②用铸铁制作。

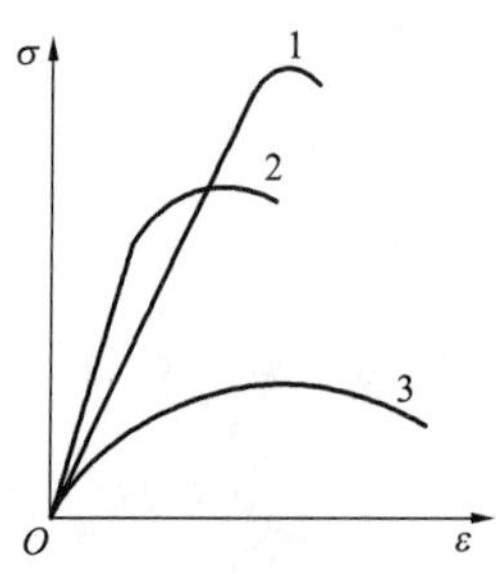

图 7-28 复习思考题 7-6 图

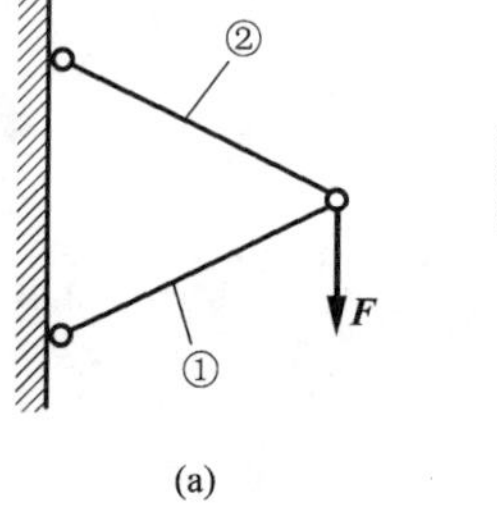

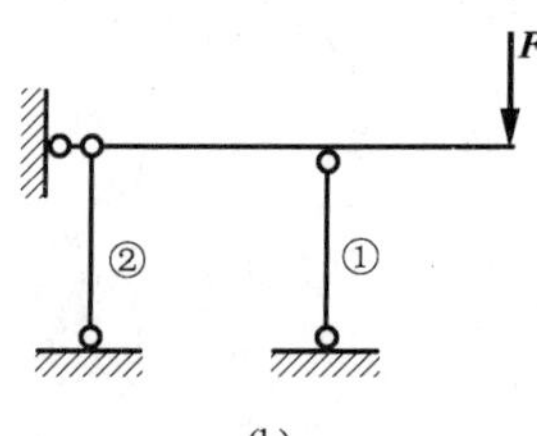

图 7-29 复习思考题 7-7 图

7-8　工程中是如何划分塑性材料和脆性材料的？

7-9　什么是材料的极限应力、工作应力、许用应力？如何确定材料的许用应力？

7-10　何谓强度条件？利用强度条件可以解决哪几类强度问题？

7-11　如图 7-30 所示圆截面悬臂梁受集中力 F 作用，画出力沿图示各方位作用时中性轴的位置，并分别指出最大拉、压应力发生在什么位置？

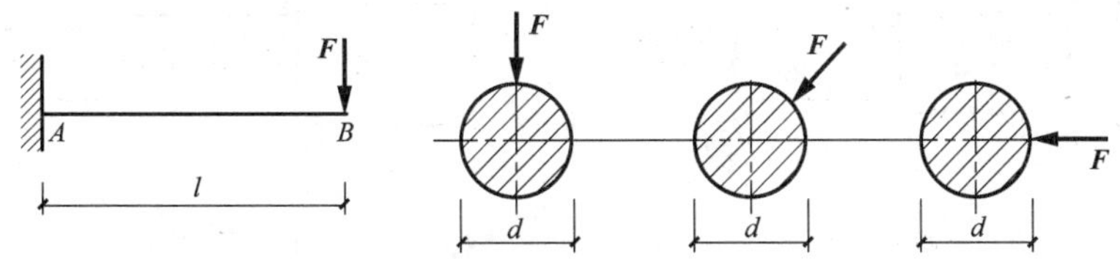

图 7-30　复习思考题 7-11 图

7-12　横力弯曲时最大弯曲正应力和最大弯曲切应力分别发生在横截面的什么位置？

习　题

7-1　计算图 7-31 所示，杆件各段横截面上的应力。

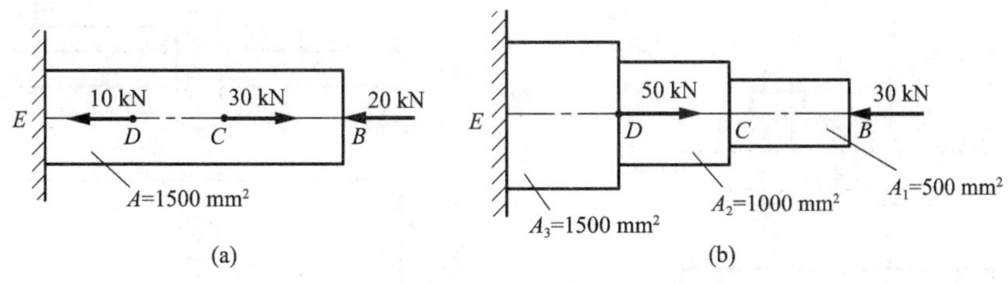

图 7-31　习题 7-1 图

7-2　如图 7-32 所示，BC 杆为直径 $d=16$ mm 的圆截面杆，计算 BC 杆横截面上的正应力。

7-3　如图 7-33 所示为某雨篷的计算简图，沿水平梁的均布荷载 $q=10$ kN/m，BC 杆为一斜拉杆，斜杆由两根等边角钢组成，其许用应力$[\sigma]=160$ Mpa，试选择角钢的型号。

7-4　如图 7-34 所示一横截面为正方形的阶梯形混凝土柱，已知混凝土的质量密度 $\rho=2.04\times10^3$ kg/m³，$F=100$ kN，混凝土的许用压应力$[\sigma_c]=2$ MPa。试确定截面尺寸 a 与 b。

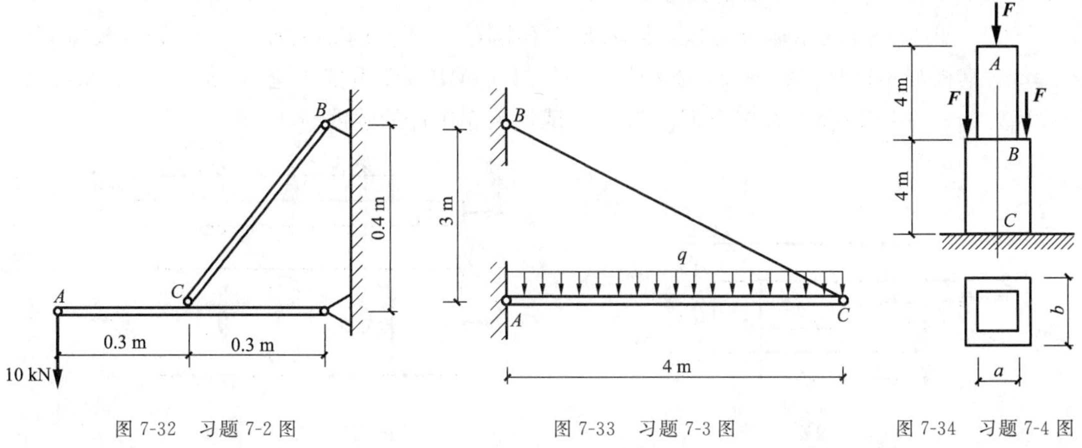

图 7-32　习题 7-2 图　　图 7-33　习题 7-3 图　　图 7-34　习题 7-4 图

7-5 一阶梯形圆截面轴向拉(压)杆,其直径及荷载如图 7-35 所示。杆由钢材制成,许用应力$[\sigma]$=170 MPa。试校核该杆的强度。

7-6 一阶梯形圆截面轴向拉(压)杆,其直径及荷载如图 7-36 所示。杆由铸铁制成,许用拉应力$[\sigma_t]$=30 MPa,许用压应力$[\sigma_c]$=150 MPa。试校核该杆的强度。

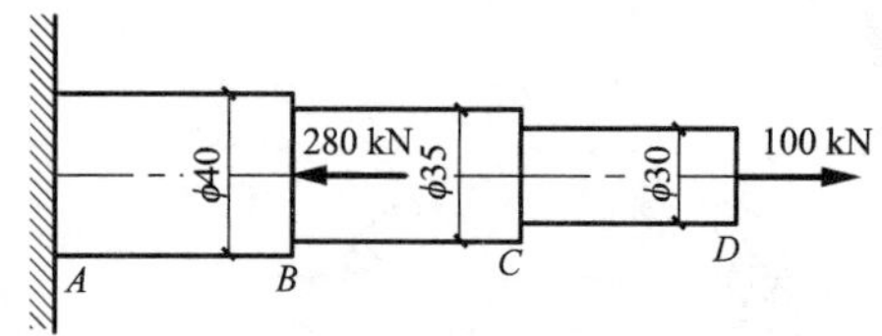

图 7-35 习题 7-5 图

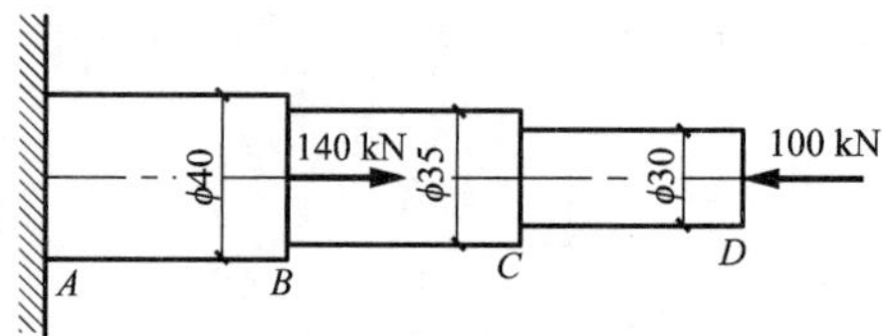

图 7-36 习题 7-6 图

7-7 如图 7-37 所示螺栓连接,已知螺栓直径 d =20 mm,钢板厚 t=12 mm,钢板与螺栓材料相同,许用切应力$[\tau]$=100 MPa,许用挤压应力$[\sigma_{bs}]$=320 MPa。若拉力 F =30 kN,试校核连接件的强度。

7-8 如图 7-38 所示铆钉连接,已知铆钉直径 d =20 mm,板宽 b =100 mm,中间板厚 δ=15 mm,上下盖板厚 t=10 mm;板与铆钉材料相同,许用切应力$[\tau]$=80 MPa,许用挤压应力$[\sigma_{bs}]$=220 MPa,许用拉应力$[\sigma]$=100 MPa。若拉力 F=80 kN,试校核连接件的强度。

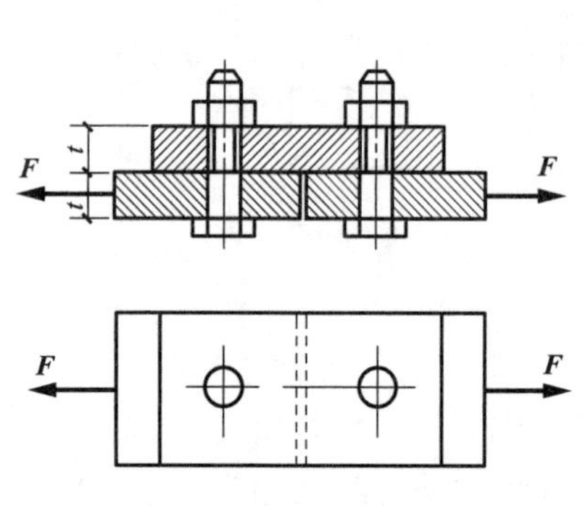

图 7-37 习题 7-7 图

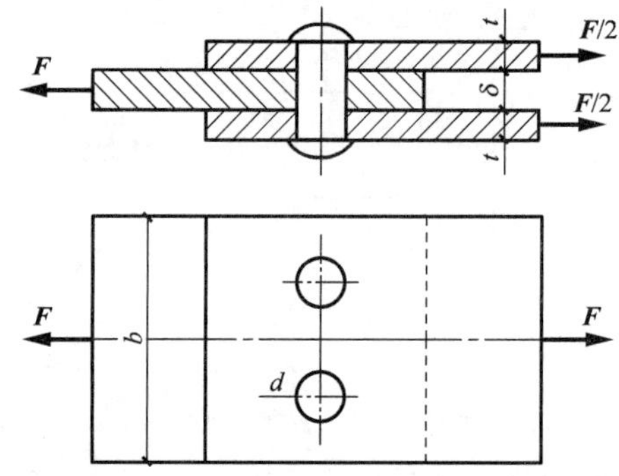

图 7-38 习题 7-8 图

7-9 如图 7-39 所示,一矩形截面拉杆的接头,已知截面宽度 b =250 mm,木材顺纹的许用切应力$[\tau]$=1 MPa,顺纹的许用挤压应力$[\sigma_{bs}]$=10 MPa,许用拉应力$[\sigma]$=100 MPa。若拉力 F=50 kN,试求接头处所需的尺寸 l 和 a。

7-10 如图 7-40 所示铆钉连接,已知铆钉直径 d =16 mm,钢板厚 t=10 mm,板宽 b =100 mm,钢板与铆钉材料相同,许用切应力$[\tau]$=120 MPa,许用挤压应力$[\sigma_{bs}]$=320 MPa,许用拉应力$[\sigma]$=160 MPa。若拉力 F=80 kN,试校核连接件的强度。

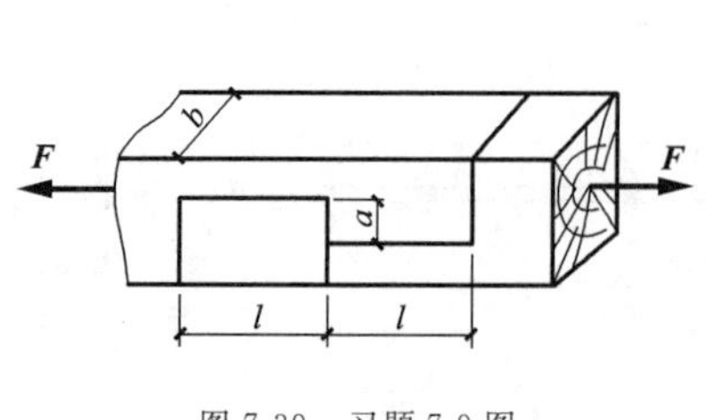

图 7-39 习题 7-9 图

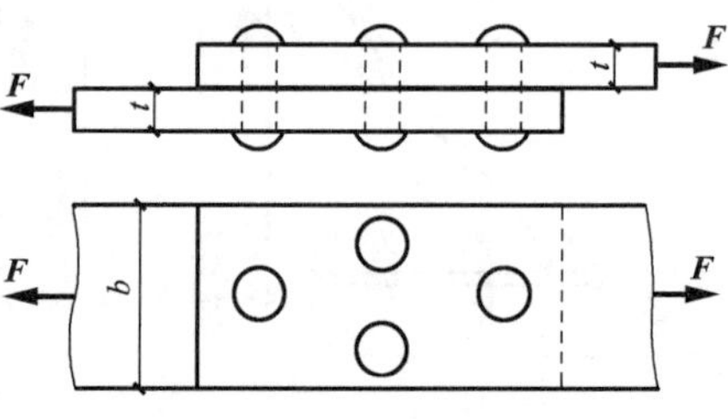

图 7-40 习题 7-10 图

7-11　如图 7-41 所示，矩形截面梁 AB 受均布荷载作用。试计算：(1)截面 1-1 上点 k 处的弯曲正应力；(2)截面 1-1 上的最大弯曲正应力，并指出其所在位置；(3)全梁的最大弯曲正应力和切应力，并指出其所在截面和在该截面上的位置。

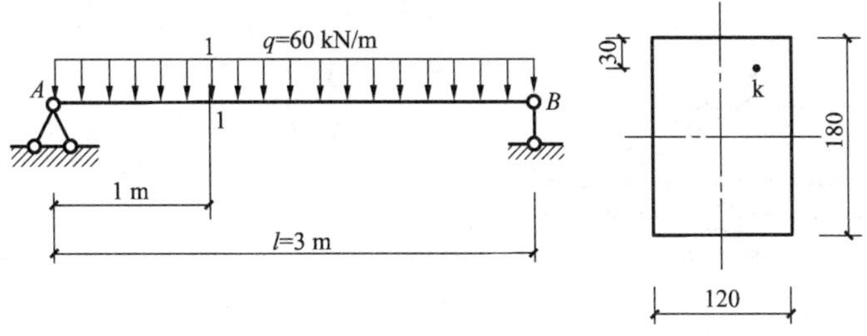

图 7-41　习题 7-11 图

7-12　矩形截面悬臂梁如图 7-42 所示，已知 $l=4$ m，$b/h=2/3$，$q=10$ kN/m，$[\sigma]=10$ MPa，试确定梁的横截面尺寸。

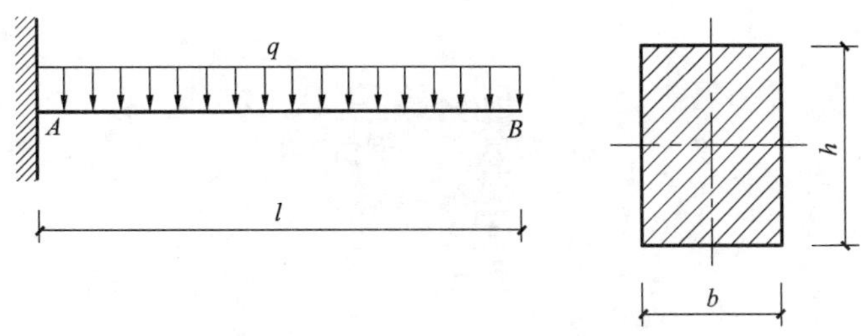

图 7-42　习题 7-12 图

7-13　如图 7-43 所示 T 形截面铸铁梁，截面对形心轴 z 的惯性矩为 $I_z=7.63\times10^6$ mm^4。求梁横截面上的最大拉应力和最大压应力。

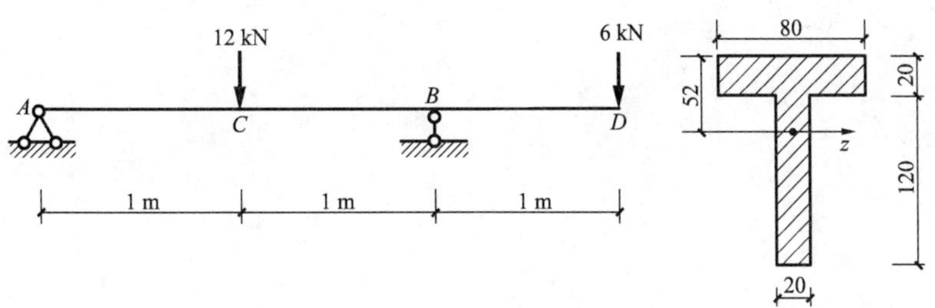

图 7-43　习题 7-13 图

7-14　如图 7-44 所示钢管外伸梁，外径 $D=60$ mm，当最大工作应力达到 150 MPa 时，求钢管内径 d 的大小。

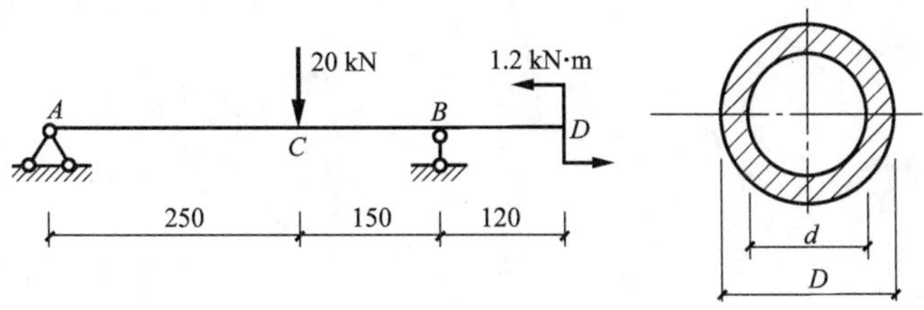

图 7-44　习题 7-14 图

7-15　如图 7-45(a)所示的悬臂式起重架，在横梁的中点 D 作用集中力 $F=15.5$ kN，横梁材料的许用应力$[\sigma]=170$ MPa。试按强度条件选择横梁工字钢的型号(自重不考虑)。

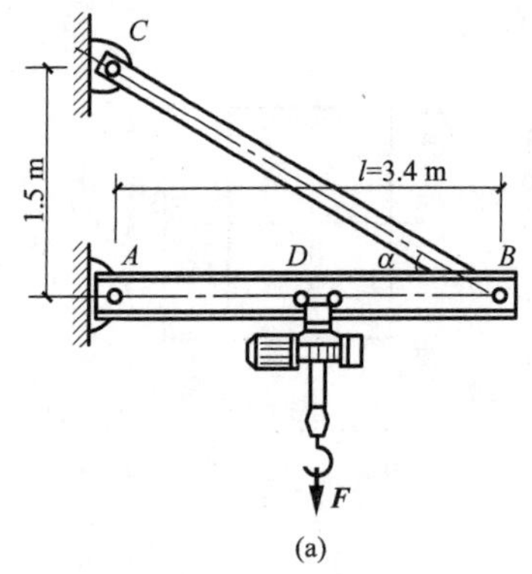

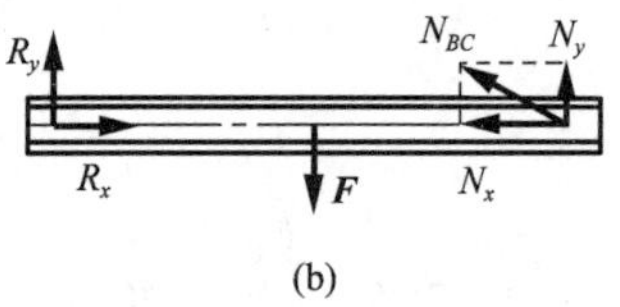

图 7-45　习题 7-15 图

第 7 章

第8章 压杆稳定

第8章

学习目标

通过本章的学习，熟悉压杆失稳的概念，掌握等直细长压杆临界力和临界应力计算的欧拉公式及适用范围；会确定各种杆端支承时压杆的长度系数，正确选用计算压杆临界力的公式；掌握提高压杆稳定性的措施。

学习重点

压杆失稳的概念，临界力、临界应力、欧拉公式及适用范围，压杆稳定的计算，压杆稳定性的提高措施。

8.1 压杆稳定的概念

1. 压杆失稳的概念

在第7章中研究过受压直杆的强度问题，只要杆件横截面上的正应力不超过材料的许用应力，就能保证杆件正常工作。这个结论对于始终保持其原有直线形状的短粗压杆是正确的。但是，对于细长压杆则不然，它在应力远低于材料的极限应力时，就会突然产生显著的弯曲变形甚至折断而失去承载能力。

例如，一根宽20 mm，厚1 mm，长300 mm的条形钢板，其许用应力为$[\sigma]=196$ MPa，按轴向压杆的强度条件，钢板所能承受的轴向压力为

$$F=A[\sigma]=20\times1\times196=3920\ \text{N}=3.92\ \text{kN}$$

但试验发现，当压力不足40 N时，钢板就会沿厚度方向突然变弯而丧失承载能力，如图8-1所示。这时钢板横截面上的正应力仅为2 MPa，其承载能力仅为许用承载能力的1/98。可见，细长压杆丧失承载能力并不是因为其强度不够，而是由于杆件突然产生显著的弯曲变形，轴线不能保持原有直线形状的平衡状态所造成的。压杆不能保持原有直线平衡状态而突然变弯的现象，称为失稳。

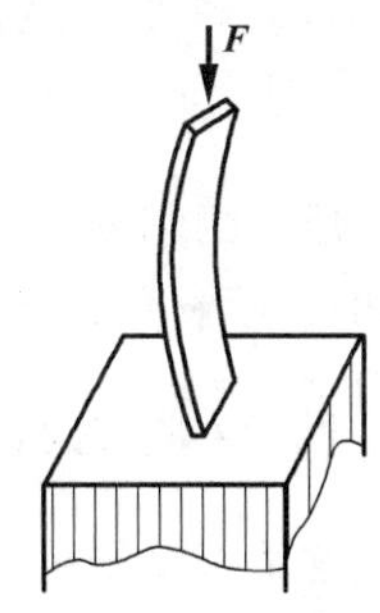

图8-1 分析压杆稳定性

2. 轴心压杆稳定性的分析

压杆保持原有直线平衡状态的能力，称为压杆的稳定性。如图 8-2(a)所示的细长压杆，在轴向力 F 作用下处于平衡状态。若给杆一微小的横向干扰力 Q，使其产生弹性弯曲变形，如图 8-2(b)所示，然后撤去干扰力 Q，则随着压力的逐渐增大，会出现以下三种情况：

①如图 8-2(c)所示，当轴向压力 F 小于某个临界值 F_{cr} 时，压杆经若干次左、右摆动后，最终恢复到原来的直线平衡状态位置。这表明压杆原来的直线平衡状态是稳定平衡状态。

②如图 8-2(d)所示，当轴向压力 F 逐渐增加到某个临界值 F_{cr} 时，去掉干扰力 Q 后，压杆不能恢复到原来的直线平衡状态，而是在微弯状态下处于平衡，这表明压杆原来的直线平衡状态为临界平衡状态。

③如图 8-2(e)所示，当轴向压力 F 大于临界值 F_{cr} 时，去掉干扰力 Q 后，压杆不仅不能恢复到原来的直线平衡状态，而且在微弯的基础上继续弯曲，甚至折断，这表明压杆原来的直线平衡状态是不稳定平衡状态。

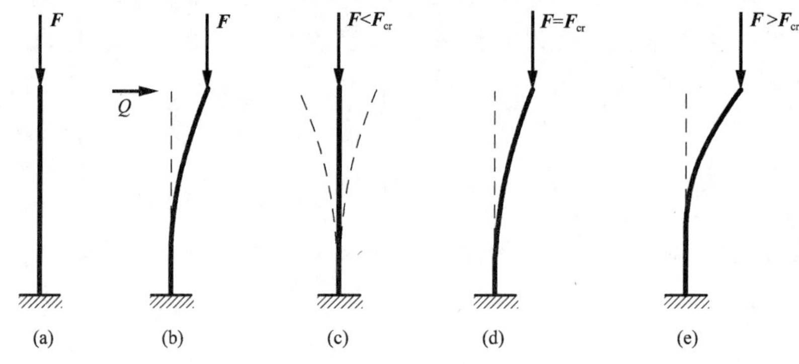

图 8-2 压杆的平衡状态

由以上的讨论可知，压杆的直线平衡状态是否稳定取决于轴向压力 F 的大小。当 $F<F_{cr}$ 时，压杆的直线平衡是稳定的；当 $F>F_{cr}$ 时，压杆的直线平衡是不稳定的；当 $F=F_{cr}$ 时，压杆由稳定平衡转变为不稳定平衡的临界状态。或者说，压杆的临界状态是压杆的不稳定平衡的开始，与临界状态相对应的轴向压力称为临界力或临界荷载，用 F_{cr} 表示。所以，临界力是压杆保持直线平衡状态所能承受的最大压力，临界力的大小标志着压杆稳定性的强弱，临界力越大，压杆的稳定性越强，越不容易失稳。

8.2 压杆临界力和临界应力的计算

压杆的临界力大小可由试验测试或理论推导得到。临界力的大小与压杆的长度、截面形状和尺寸、材料以及两端的支承情况有关。

1. 细长压杆临界力的计算式——欧拉公式

这里直接给出细长压杆临界力计算的通用公式，即

$$F_{cr}=\frac{\pi^2 EI}{(\mu l)^2} \tag{8-1}$$

式中 E——压杆材料的弹性模量；

I——压杆横截面对形心主轴的惯性矩；

l——压杆的长度；

μ——长度系数，它反映了杆端支承情况对临界力的影响。

式(8-1)就是计算各种不同杆端支承情况下的细长压杆的临界力公式。式中 μl 称为压杆的计算长度。表 8-1 列出了各种支承情况下等截面细长压杆的临界力公式及长度系数 μ。

表 8-1　各种支承情况下等截面细长压杆的临界力公式及长度系数 μ

杆端约束	两端铰支	一端铰支一端固定	两端固定	一端固定一端自由
失稳时挠曲线形状	F_{cr}, l	F_{cr}, l, $0.7l$	F_{cr}, l, $0.5l$	F_{cr}, l, l
临界力	$F_{cr}=\frac{\pi^2 EI}{l^2}$	$F_{cr}\approx\frac{\pi^2 EI}{(0.7l)^2}$	$F_{cr}=\frac{\pi^2 EI}{(0.5l)^2}$	$F_{cr}=\frac{\pi^2 EI}{(2l)^2}$
长度系数	$\mu=1$	$\mu\approx0.7$	$\mu=0.5$	$\mu=2$

需要注意的是，当压杆两端在各个方向支承情况相同时，I 应取横截面的最小惯性矩 I_{min}；当压杆两端在各个方向支承情况不同时，应分别考虑，将各个方向的临界力都算出来，经比较选择合适的数值。

2. 临界应力

在临界力作用下，横截面上的平均应力称为压杆的临界应力，用 σ_{cr} 表示。若用 A 表示压杆的横截面面积，则

$$\sigma_{cr}=\frac{F_{cr}}{A}=\frac{\pi^2 E}{(\mu l)^2}\frac{I}{A}$$

令 $i=\sqrt{\frac{I}{A}}$（i 即为截面的惯性半径），则上式可写为

$$\sigma_{cr}=\frac{\pi^2 Ei^2}{(\mu l)^2}=\frac{\pi^2 E}{\left(\frac{\mu l}{i}\right)^2}$$

令 $\lambda=\frac{\mu l}{i}$，则上式又可写为

$$\sigma_{cr}=\frac{\pi^2 E}{\lambda^2} \tag{8-2}$$

式(8-2)称为欧拉临界应力公式，实际是欧拉公式(8-1)的另一种表达形式。λ 称为压杆的柔度或长细比。柔度 λ 与 μ、l、i 有关。λ 综合反映了压杆的长度、截面形状和尺寸以及支承情况对临界应力的影响。这表明，对由一定材料制成的压杆来说 λ 值越大，则临界应力越小，压杆越容易失稳。

3. 欧拉公式的适用范围

欧拉公式是材料在线弹性的条件下推导出来的，因此，它的适用范围是压杆的临界应力 σ_{cr} 不超过材料的比例极限 σ_p，即

$$\sigma_{cr}=\frac{\pi^2 E}{\lambda^2}\leqslant\sigma_p$$

设 λ_p 为压杆的临界应力达到材料比例极限时的柔度值，即

$$\lambda_p=\sqrt{\frac{\pi^2 E}{\sigma_p}} \tag{8-3}$$

则欧拉公式的适用范围可用柔度表示为

$$\lambda\geqslant\lambda_p \tag{8-4}$$

工程中把 $\lambda\geqslant\lambda_p$ 的压杆称为大柔度杆或细长杆。由式(8-3)可知，λ_p 值仅与压杆的材料性质有关。例如，由 Q235 钢制成的压杆，$\sigma_p=200$ MPa，$E=200$ GPa，代入式(8-3)后算得 $\lambda_p\approx 100$。这说明用 Q235 钢制成的压杆，其柔度 $\lambda\geqslant 100$ 时，才能应用欧拉公式进行稳定性计算。对于木材 $\lambda_p\approx 110$。

当临界应力超过比例极限时，材料处于弹塑性阶段，此类压杆的柔度 $\lambda<\lambda_p$，为中长杆，此时，欧拉公式已不再适用。而要采用以试验为基础的经验公式进行计算。在结构中常用抛物线公式，其表达式为

$$\sigma_{cr}=a-b\lambda^2 \tag{8-5}$$

式中 λ——压杆的柔度；

a、b——与材料有关的常数。

如对于 Q235 钢及 Q345 钢分别有

$$\sigma_{cr}=(235-0.00668\lambda^2)\text{MPa},\quad \sigma_{cr}=(345-0.0142\lambda^2)\text{ MPa}$$

【例 8-1】 如图 8-3 所示，一两端铰接的中心受压直杆，长度 $l=3.2$ m，横截面为矩形，截面尺寸 $b=60$ mm、$h=120$ mm；材料为 Q235 钢，弹性模量 $E=200$ GPa，试确定该压杆的临界力。

【解】 (1)计算直杆的柔度

由于两端铰接在各方面的约束效果相同，则压杆将在 I_{min} 平面内失稳。显然，$I_y<I_z$，则可见压杆将在 I_y 所在的 xz 平面内失稳(图平面内的失稳称为平面内失稳，图平面的垂直面内的失稳称为平面外失稳)，故应按 I_y 计算临界力。

$$I_y=\frac{hb^3}{12}=\frac{1}{12}\times120\times60^3=2.16\times10^6\ \text{mm}^4$$

$$i_y=\sqrt{\frac{I_y}{A}}=\sqrt{\frac{2.16\times10^6}{60\times120}}=17.32\ \text{mm}$$

查表 8-1，两端铰接，长度系数 $\mu=1$

$$\lambda_y=\frac{\mu l}{i_y}=\frac{1\times3200}{17.32}=184.76>\lambda_p=100$$

为大柔度杆，应按欧拉公式计算临界力。

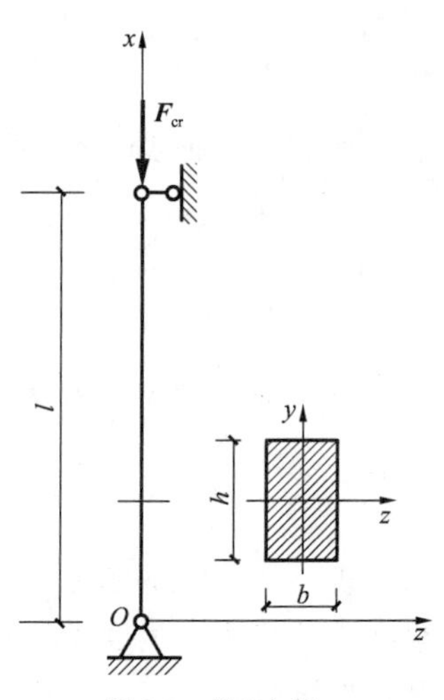

图 8-3 例 8-1 图

(2)计算临界力

$$F_{cr}=\frac{\pi^2 EI_y}{l^2}=\frac{\pi^2\times200\times10^3\times2.16\times10^6}{3200^2}=415.95\times10^3\text{N}=415.95\ \text{kN}$$

【例 8-2】 如图 8-4 所示轴心压杆，长度为 $l=3$ m，一端固定，另一端自由。该杆由 I22a 型钢制成，钢材为 Q235 钢，弹性模量 $E=200$ GPa。求该杆的临界力 F_{cr}。

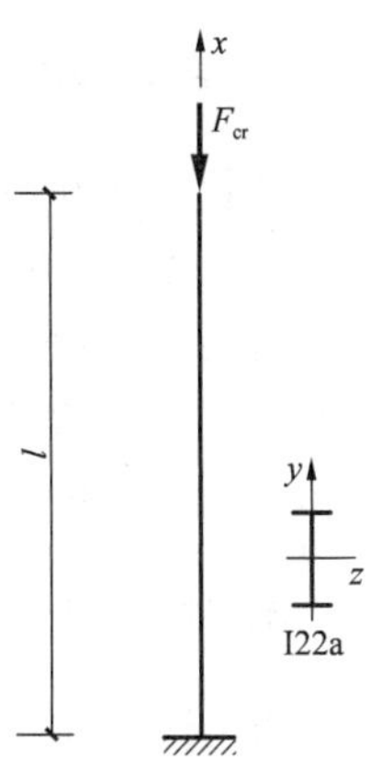

图 8-4　例 8-2 图

【解】 (1)计算压杆的柔度

由附录查 I22a 型钢：$I_z=3400\ \text{cm}^4$，$I_y=225\ \text{cm}^4$，$i_y=2.31$ cm，截面积 $A=42.13\ \text{cm}^2$，故应按 I_y 计算临界力。

查表 8-1，一端固定，另一端自由，长度系数 $\mu=2$。

$$\lambda_y=\frac{\mu l}{i_y}=\frac{2\times 300}{2.31}=259.74>\lambda_p$$

为大柔度杆，应按欧拉公式计算临界力。

(2)计算临界力

$$F_{cr}=\frac{\pi^2 EI_y}{(\mu l)^2}=\frac{3.14^2\times 200\times 10^3\times 225\times 10^4}{(2\times 3000)^2}=123.25\times 10^3\ \text{N}=123.25\ \text{kN}$$

8.3 提高压杆稳定性的措施

压杆临界应力的大小，反映了压杆稳定性的强弱，因此要提高压杆的稳定性，就必须设法增大其临界应力的目的。由临界应力的计算公式可知，压杆的临界应力与材料的弹性模量和压杆的柔度有关，而柔度又与压杆的长度、压杆两端的支承情况和截面的几何性质等因素有关。下面从四个方面来讨论提高压杆稳定性的措施。

1. 减小压杆的长度

由临界应力的欧拉公式和抛物线试验公式可以看出，减小杆长，可以减小柔度，提高压杆的临界应力，从而提高压杆的稳定性。如图 8-5 所示的两端铰支压杆，若在中间增加一个横向支点，则计算长度减少为原来的一半，加支承后压杆的临界应力是原来的 4 倍。

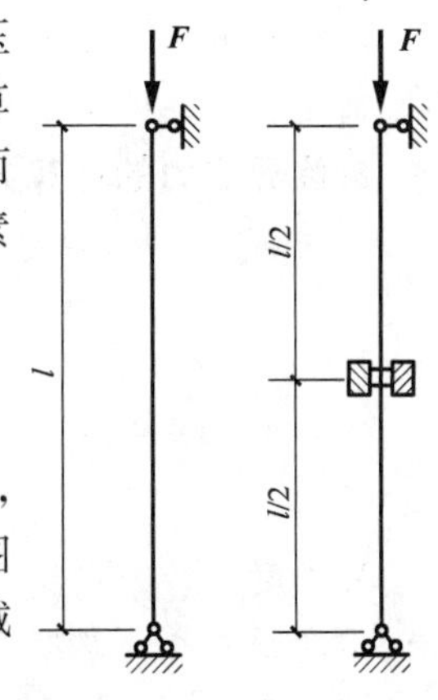

图 8-5　增加支承

2. 选择合理的截面形状，增大截面的惯性半径

在横截面面积不变的条件下，合理选择截面的形状以增大惯性矩，从而达到增大惯性半径，减小压杆柔度，提高其临界应力。如图 8-6 所示的空心截面要比实心截面更加合理。对两根槽钢组成的压杆，应采用如图 8-7 所示的方式放置，以增大惯性矩 I。压杆总是在柔度大的纵向平面内失稳，为了充分利用压杆的抗失稳内力，使压杆各纵向平面内具有等稳定性，应使各个纵向平面内的柔度相同或接近。例如，当压杆的两端在各纵向平面内具有相同的支承条件时，其失稳总是发生在最小惯性矩所在的平面内，所以为了充分发挥材料的力学性能，提高压杆的承载能力，应该选择 $I_y=I_z$ 的截面，即 $\lambda_y=\lambda_z$，使压杆在各个平面内的稳定性相同。

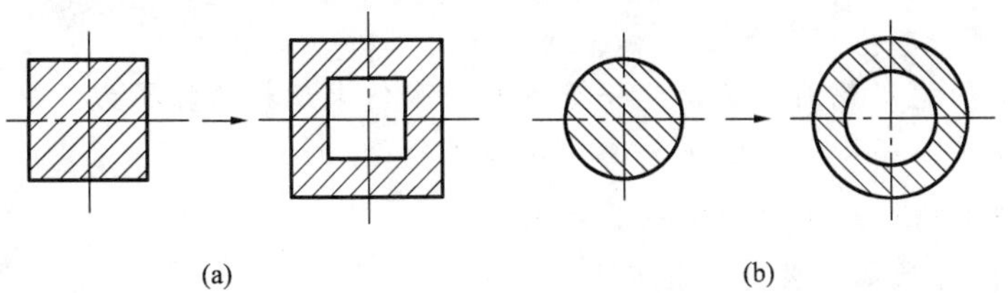

图 8-6　实心截面与空心截面

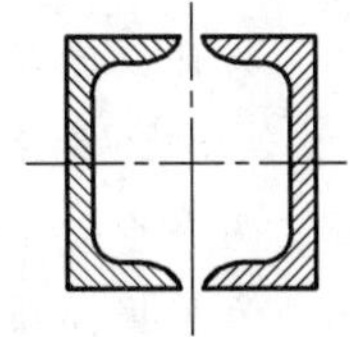
图 8-7　组合截面的合理布置

3. 合理选择材料

欧拉公式和经验公式都与压杆的材料有关。对于大柔度压杆，临界应力与材料的弹性模量 E 成正比，因此选择 E 值大的材料可提高大柔度杆的稳定性。钢的弹性模量比铝合金、铜合金、铸铁等材料都大，所以细长压杆大多采用钢材制造。但由于各种钢材的 E 值大致相同，因此选用高强度钢并不能提高其临界应力。对于中、小柔度杆，临界应力则与材料的强度有关，σ_s 越大，σ_{cr} 也就越高，故采用高强度钢可以大大提高其稳定性。

4. 改善支承情况，降低长度系数

由表 8-1 可以看出，加强杆端约束，降低长度系数 μ，可以减小柔度 λ，从而增加压杆的稳定性。

本章小结

1. 压杆的失稳

压杆不能保持原有直线平衡状态而突然变弯的现象，称为失稳。压杆失稳的条件是受到的轴向压力 $F>F_{cr}$，F_{cr} 称为临界力。

2. 临界应力的计算方法

①当 $\lambda \geqslant \lambda_p$ 时，称为细长压杆，采用欧拉公式计算其临界应力

$$\sigma_{cr}=\frac{\pi^2 E}{\lambda^2}$$

②当 $\lambda<\lambda_p$ 时，称为中长压杆，采用抛物线公式计算其临界应力

$$\sigma_{cr}=a-b\lambda^2$$

3. 柔度

柔度是压杆的长度、支承情况、截面形状和尺寸等因素的一个综合值。它确定压杆将在哪个平面失稳，确定应该使用哪个公式计算临界力。

4. 提高压杆稳定性的措施

减小压杆的长度、选择合理的截面形状、合理选择材料和改善支承情况等。

复习思考题

8-1　何谓失稳？什么是压杆的临界力？

8-2　压杆受小于临界力的轴心压力作用时处于什么样的平衡状态？受临界力作用时处于什么样的平衡状态？受大于临界力的轴心压力作用并经历横向干扰后处于什么样的平衡状态？

8-3　为什么欧拉公式有一定的适用范围？超出这一范围时应如何求压杆的临界力？

8-4　压杆的柔度 λ 综合反映了影响压杆稳定性的哪几种因素？

8-5　两个形心主惯性矩相等的截面是不是压杆的合理截面？

8-6　为了提高压杆的稳定性，可采取一些什么措施？

8-7　一端固定、一端自由的压杆，横截面为如图 8-8 所示的各种形式。试问当压杆失稳

时，其横截面将分别绕哪根轴转动。

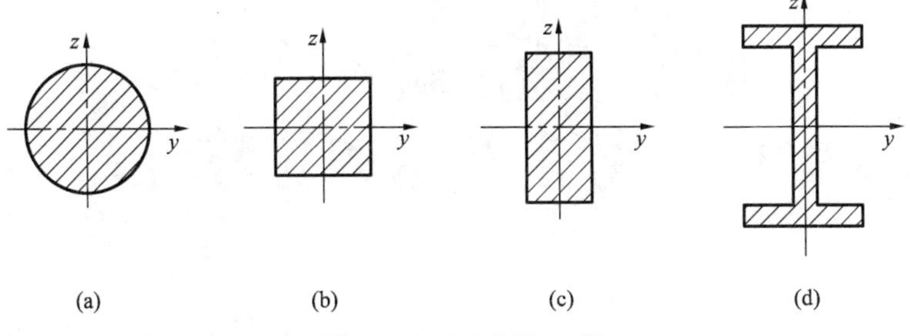

图 8-8　复习思考题 8-7 图

习　题

8-1　如图 8-9 所示两端铰支的细长压杆，材料的弹性模量 $E=200$ GPa，试用欧拉公式计算其临界力 F_{cr}。(1)圆形截面 $d=25$ mm，$l=1.0$ m；(2)矩形截面 $h=2b=40$ mm，$l=1.0$ m；(3) I22a 号工字钢，$l=5.0$ m；(4) L200×125×18 不等边角钢，$l=5.0$ m。

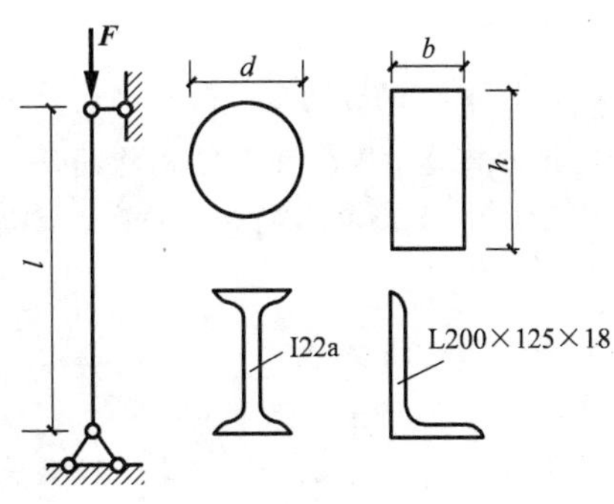

图 8-9　习题 8-1 图

8-2　如图 8-10 所示，一端固定一端自由的矩形截面细长压杆，其杆长 $l=2.0$ m，截面宽度 $b=20$ mm，高度 $h=45$ mm，材料的弹性模量 $E=200$ GPa。试求：(1)压杆的临界力；(2)在面积大小不变的情况下，若将压杆改为正方形截面，其临界力又为多大？

8-3　一细长木柱压杆，长度 $l=8.0$ m，矩形截面 $b\times h=120\text{ mm}\times200\text{ mm}$。木材的弹性模量 $E=10$ GPa，杆的下端固定，上端如图 8-11 所示，在 xy 面内(弯曲时截面绕 z 轴转动)为铰支，在 xz 面内(弯曲时截面绕 y 轴转动)为固定，试求该压杆的临界力。

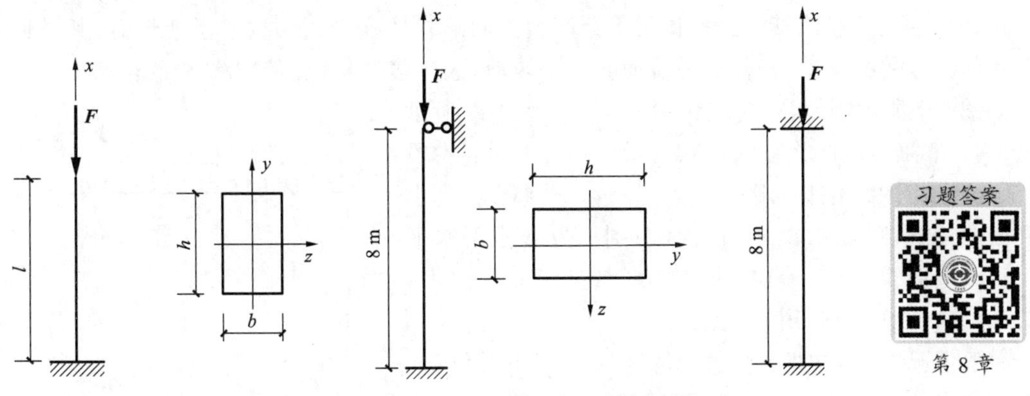

图 8-10　习题 8-2 图　　图 8-11　习题 8-3 图

第9章 静定结构的位移计算

第9章

第9章

学习目标

通过本章的学习，能正确描述结构位移的概念，解释位移计算的目的；了解变形、应变和胡克定律的概念；熟悉简单荷载作用下，用叠加法计算梁的弯曲变形和刚度校核；理解单位荷载法计算静定结构位移的步骤；熟练掌握图乘法计算位移。

学习重点

叠加法计算梁的变形，单位荷载法、图乘法计算梁和结构的位移。

9.1 概　述

1. 结构位移的基本概念

结构构件在荷载或其他因素作用下会产生不同形式的变形。结构发生变形时，其横截面上各点的位置将会移动，杆件的横截面会产生转动，这些移动和转动称为结构的位移。

如图9-1所示刚架，在荷载作用下发生图中虚线所示的变形，使截面 A 的形心从 A 点移动到了 A' 点，线段 AA' 称为 A 点的线位移，用符号 Δ_A 表示。若将 Δ_A 沿水平和竖向分解，则其分量 Δ_{AH} 和 Δ_{AV} 分别称为 A 点的水平线位移和竖向线位移。同时截面 A 还转动了一个角度，称为截面 A 的角位移，用 φ_A 表示。

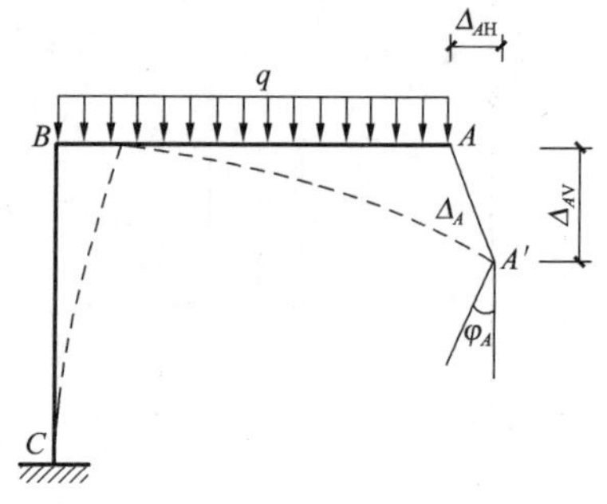

图9-1　刚架的位移

一般情况下，结构的线位移、角位移或者相对位移，与结构原来的几何尺寸相比都是极其微小的。即在计算结构的支座反力和内力时，可以认为结构的几何形状和尺寸，以及荷载的位置和方向均保持不变。

除荷载外，温度改变、支座移动、材料收缩和制造误差等因素，也会引起位移，如图9-2所示。

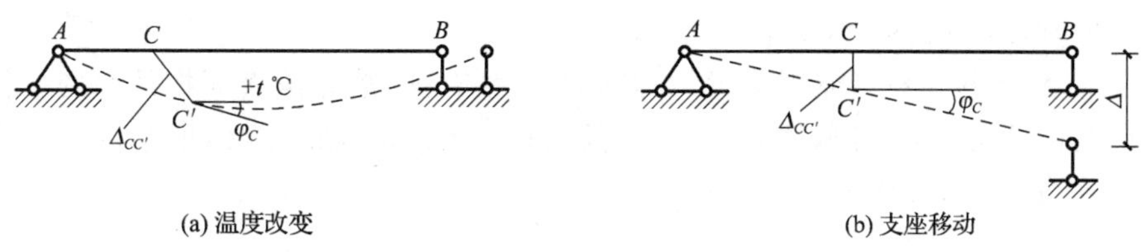

图 9-2　其他因素引起的位移

2. 结构位移计算的目的

静定结构的位移计算是结构分析的一项重要内容，在工程结构设计和施工过程中，都需要计算结构的位移。同时，静定结构的位移计算也是超静定结构内力分析的基础。概括地讲，它有以下三个目的：

①校核结构的刚度。验算结构的变形是否超过允许的限值，以确保结构在使用过程中不致发生过大变形而影响正常使用。

②为超静定结构的内力计算打下基础。在计算超静定结构的内力时，除利用静力平衡条件外，还需要考虑变形协调条件，因此需要计算结构的位移。

③确定结构变形后的位置。在结构的制作、架设和养护等施工过程中，常常需预先知道承载结构在产生位移后的所在位置，以便在施工时采取相应的措施，这时也需要对结构的位移进行计算。

9.2　轴向拉压杆的变形

拉压杆在轴向外力作用下，杆件的长度和横向尺寸都将发生改变，杆件沿轴线方向伸长（或缩短），同时杆件横向尺寸缩短（或增大），如图 9-3 所示。

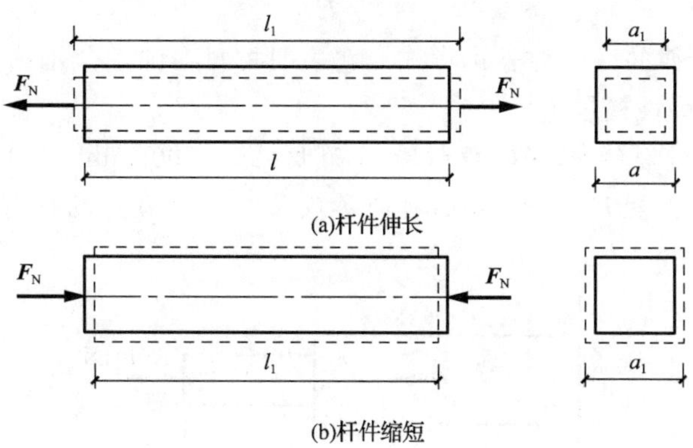

图 9-3　纵向和横向变形

1. 拉压杆纵向变形和应变

轴向拉压杆的变形与胡克定律

拉压杆在轴向外力作用下，杆件沿轴线方向的伸长（或缩短）量称为轴线变形或纵向变形。如图 9-3 所示正方形截面杆，设杆的原长为 l，在轴向外力 F_N 作用下受拉伸或压缩，杆长由 l 变为 l_1。则杆件的纵向变形为

$$\Delta l = l_1 - l$$

杆件拉伸时，Δl 为正；压缩时，Δl 为负。

纵向变形 Δl 为拉压杆的绝对变形，与其原始尺寸有关，故无法表征杆件的变形程度。为了准确地表明杆件的变形情况，消除原尺寸的影响，引入线应变的定义，即单位长度的变形量称为线应变，以 ε 表示，其值为

$$\varepsilon=\frac{\Delta l}{l} \tag{9-1}$$

杆件受拉时，纵向线应变 ε 为正；杆件压缩时，ε 为负。ε 为无量纲的量。

2. 胡克定律

实验表明，在弹性变形范围内，杆件的伸长量 Δl 与力 F_N 及杆长 l 成正比，与截面面积 A 成反比，即

$$\Delta l \propto \frac{F_N l}{A}$$

引入比例常数 E，上式可写成

$$\Delta l=\frac{F_N l}{EA} \tag{9-2}$$

这一比例关系，称为胡克定律。式中 E 值与材料性质有关，由试验测定，称为弹性模量，其基本单位为帕(Pa)，与应力单位相同。

对于长度相同，所受轴力相等的杆件，EA 值越大，则杆的变形 Δl 就越小；EA 值越小，则杆的变形 Δl 就越大。由此可见，EA 反映了拉压杆抵抗变形的能力，所以称为杆件的抗拉压刚度。

将式(9-2)两端同时除以 l，并把 $\varepsilon=\frac{\Delta l}{l}$ 和 $\sigma=\frac{F_N}{A}$ 代入，可得

$$\varepsilon=\frac{\sigma}{E} \tag{9-3}$$

式(9-3)是胡克定律的另一种表达形式。它表明材料在弹性范围内，应力与应变成正比，比例系数即为材料的弹性模量 E。

【例 9-1】 一阶梯形钢杆，AC 段横截面面积 $A_1=500\ \text{mm}^2$，CD 段横截面面积 $A_2=200\ \text{mm}^2$，材料的弹性模量 $E=200$ GPa，杆的各段长度及受力情况如图 9-4 所示。试求阶梯形杆的总变形。

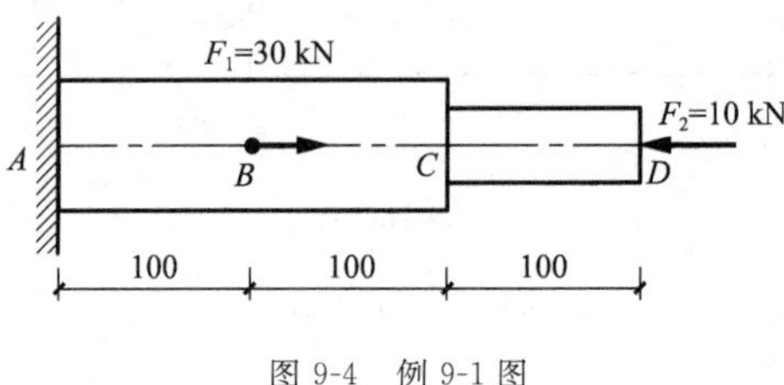

图 9-4 例 9-1 图

【解】 (1)求各截面上的内力

AB 段 $F_{N1}=F_1-F_2=30-10=20$ kN

BC 段与 CD 段 $F_{N2}=-F_2=-10$ kN

(2)阶梯形杆的总变形

阶梯形杆的总变形 Δl 等于 AB、BC、CD 三段杆变形的代数和，即

$$\Delta l=\Delta l_{AB}+\Delta l_{BC}+\Delta l_{CD}=\frac{F_{N1}l_{AB}}{EA_1}+\frac{F_{N2}l_{BC}}{EA_1}+\frac{F_{N2}l_{CD}}{EA_2}$$
$$=\frac{20\times10^3\times0.1}{200\times10^9\times500\times10^{-6}}+\frac{-10\times10^3\times0.1}{200\times10^9\times500\times10^{-6}}+\frac{-10\times10^3\times0.1}{200\times10^9\times200\times10^{-6}}$$
$$=-0.015\times10^{-3}\ \mathrm{m}=-0.015\ \mathrm{mm}$$

计算结果为负值，说明杆的总长度缩短了 0.015 mm，同时也说明杆的绝对变形的确是微小的。

9.3　平面弯曲梁的变形和刚度校核

梁在荷载作用下，既产生应力也产生变形，要保证梁的正常工作，除满足强度要求外，还需满足刚度要求。所谓刚度要求就是控制梁的变形，使梁在荷载作用下产生的变形不能过大，否则会影响结构的正常使用。例如，楼面梁变形过大，会使下面的抹灰层开裂、脱落；吊车梁的变形过大会影响吊车的正常运行。在工程中，根据不同的用途，对梁的变形给以一定的限制，使之不超过一定的容许值。此外，在解超静定梁时，也需要借助梁的变形来建立补充方程。

1. 梁的变形

梁的整体变形是用横截面形心的竖向位移挠度和横截面的转角这两种位移来表示。

现以图 9-5 所示简支梁为例，说明梁在平面弯曲时变形的一些概念。以梁变形前的轴线为 x 轴，梁的左端为坐标原点，y 轴向下为正，xy 面是梁的纵向对称面，当梁在 xy 面内发生平面弯曲时，梁变形后的轴线成为该平面内的一条光滑而连续的平面曲线，这条曲线称为梁的挠曲线。

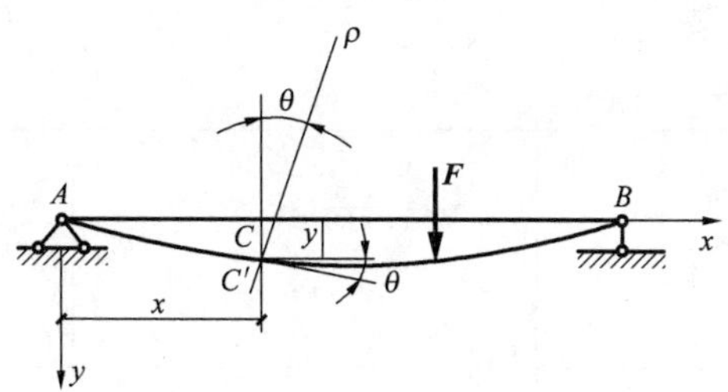

图 9-5　梁的挠度和转角

(1)挠度　梁任一横截面的形心沿 y 轴方向的线位移，称为梁在该截面的挠度，用 y 表示，单位 mm。规定向下为正。梁弯曲时，任一横截面形心的挠度通常用梁的挠曲线方程来表示，即

$$y=f(x)$$

(2)转角　梁弯曲时，任一横截面绕其中性轴相对于原来位置所转动的角度，称为该截面的转角，用 θ 表示，单位度(°)或弧度(rad)。规定顺时针转动为正。

2. 用叠加法求梁的挠度和转角

梁的位移计算的基本方法是积分法，但其运算繁杂。实际工程中，往往只需要求出梁特定截面的转角和挠度，这时可用叠加法。

在小变形、线弹性的前提下，梁的挠度和转角与荷载之间为线性关系。为此，梁在 M、q、F 等荷载同时作用下的变形等于各荷载单独作用时引起变形的代数和。

首先将作用在梁上的复杂荷载分解为若干简单荷载，然后从表 9-1 中查得每一种荷载单独作用下引起的挠度和转角，并将其进行叠加，即得到梁在复杂荷载作用下的挠度和转角。

表 9-1　梁在简单荷载作用下的转角和挠度

序号	梁的计算简图	挠曲线方程	梁端转角	最大挠度
1		$y=\frac{Fx^2}{6EI}(3l-x)$	$\theta_B=\frac{Fl^2}{2EI}$	$y_{max}=\frac{Fl^3}{3EI}$
2		$y=\frac{Fx^2}{6EI}(3a-x)(0\leqslant x\leqslant a)$ $y=\frac{Fa^2}{6EI}(3x-a)(a\leqslant x\leqslant l)$	$\theta_B=\frac{Fa^2}{2EI}$	$y_{max}=\frac{Fa^2}{6EI}(3l-a)$
3		$y=\frac{Mx^2}{2EI}$	$\theta_B=\frac{Ml}{EI}$	$y_{max}=\frac{Ml^2}{2EI}$
4		$y=\frac{qx^2}{24EI}(x^2-4lx+6l^2)$	$\theta_B=\frac{ql^3}{6EI}$	$y_{max}=\frac{ql^4}{8EI}$
5		$y=\frac{Mx}{6EIl}(l^2-x^2)$	$\theta_A=\frac{Ml}{6EI}$ $\theta_B=-\frac{Ml}{3EI}$	在 $x=l/\sqrt{3}$ 处， $y_{max}=\frac{Ml^2}{9\sqrt{3}EI}$ 在 $x=l/2$ 处， $y=\frac{Ml^2}{16EI}$
6		$y=\frac{Fx}{48EI}(3l^2-4x^2)$ $(0\leqslant x\leqslant \frac{l}{2})$	$\theta_A=-\theta_B=\frac{Fl^2}{16EI}$	在 $x=l/2$ 处， $y_{max}=\frac{Fl^3}{48EI}$
7		$y=\frac{Fbx}{6EIl}(l^2-x^2-b^2)$ $(0\leqslant x\leqslant a)$ $y=\frac{F}{EI}[\frac{b}{6l}(l^2-x^2-b^2)x$ $+\frac{1}{6}(x-a)^3]$ $(a\leqslant x\leqslant l)$	$\theta_A=\frac{Fab(l+b)}{6EIl}$ $\theta_B=-\frac{Fab(l+a)}{6EIl}$	设 $a>b$， 在 $x=\sqrt{\frac{l^2-b^2}{3}}$ 处， $y_{max}=\frac{Fb(l^2-b^2)^{3/2}}{9\sqrt{3}EIl}$ 在 $x=\frac{l}{2}$ 处， $y=\frac{Fb(3l^2-4b^2)}{48EI}$
8		$y=\frac{qx}{24EI}(l^3-2lx^2+x^3)$	$\theta_A=-\theta_B=\frac{ql^3}{24EI}$	在 $x=l/2$ 处， $y_{max}=\frac{5ql^4}{384EI}$

【例 9-2】 简支梁 AB 受力如图 9-6(a)所示。已知梁的抗弯刚度为 EI，试用叠加法求跨中 C 截面的挠度 y_C 和 A 截面的转角 θ_A。

【解】　将图9-6(a)所示梁的受力分解为图9-6(b)、(c)两种简单受力，则梁分别在 q 和 F 单独作用下 C 截面的挠度和 A 截面的转角，查表9-1得

$$y_{C1\max}=\frac{5ql^4}{384EI},\quad \theta_{A1}=\frac{ql^3}{24EI};\quad y_{C2\max}=\frac{Fl^3}{48EI},\quad \theta_{A2}=\frac{Fl^2}{16EI}$$

则在 q 和 F 共同作用下 C 截面的挠度和 A 截面的转角

$$y_C=y_{C1\max}+y_{C2\max}=\frac{5ql^4}{384EI}+\frac{Fl^3}{48EI},\quad \theta_A=\theta_{A1}+\theta_{A2}=\frac{ql^3}{24EI}+\frac{Fl^2}{16EI}$$

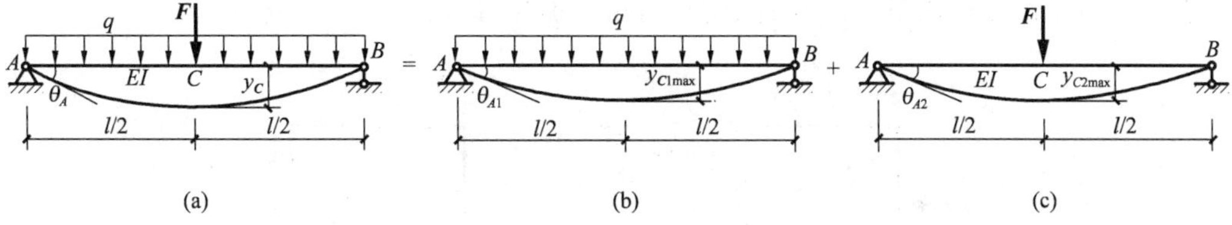

图 9-6　例 9-2 图

【例 9-3】　如图9-7(a)所示的悬臂梁 AB，在自由端 B 受集中力 F 和力偶 M 作用。已知 EI 为常数，试用叠加法求自由端 B 的转角和挠度。

【解】　梁(a)的变形等于(b)和(c)两种情况的代数和。则梁分别在 F 和 M 单独作用下自由端 B 的转角和挠度，可查表9-1得

$$\theta_{B1}=\frac{Fl^2}{2EI},\quad y_{B1\max}=\frac{Fl^3}{3EI};\quad \theta_{B2}=-\frac{Ml}{EI},\quad y_{B2\max}=-\frac{Ml^2}{2EI}$$

叠加得

$$\theta_B=\theta_{B1}+\theta_{B2}=\frac{Fl^2}{2EI}-\frac{Ml}{EI},\quad y_B=y_{B1\max}+y_{B2\max}=\frac{Fl^3}{3EI}-\frac{Ml^2}{2EI}$$

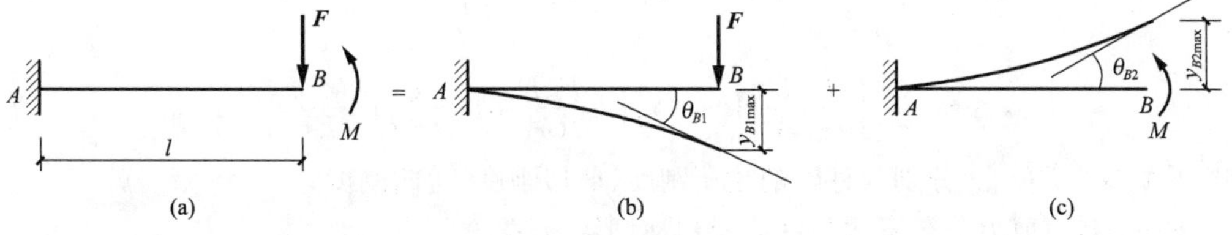

图 9-7　例 9-3 图

3. 梁的刚度校核

工程中，根据构件的使用要求，将梁弯曲时的最大挠度和转角限制在某一规定数值的范围内，则梁的刚度条件为

$$y_{\max}\leqslant[f] \tag{9-4}$$

$$\theta_{\max}\leqslant[\theta] \tag{9-5}$$

梁的刚度条件

提高梁抗弯刚度的措施

式中　$[f]$、$[\theta]$——规定的许用挠度和许用转角，可从有关的设计规范中查得。

在土木工程中，大多只校核挠度。校核挠度时通常是对梁的许用挠度与梁跨长的比值 $[f/l]$ 作出限制。这样，梁在荷载作用下产生的最大挠度 $y_{\max}$ 与跨长 l 之比就不能超过 $[f/l]$，即

$$\frac{y_{\max}}{l}\leqslant\left[\frac{f}{l}\right] \tag{9-6}$$

对于大多数工程杆件，一般是先进行强度计算，然后用刚度条件进行校核。

荷载引起的位移计算

9.4 静定结构在荷载作用下的位移计算

1. 单位荷载法

单位荷载法在杆系结构的位移计算中有着广泛的应用，该方法可由虚功原理导出。以下直接给出结构在荷载作用下的位移计算公式，略去推导过程。

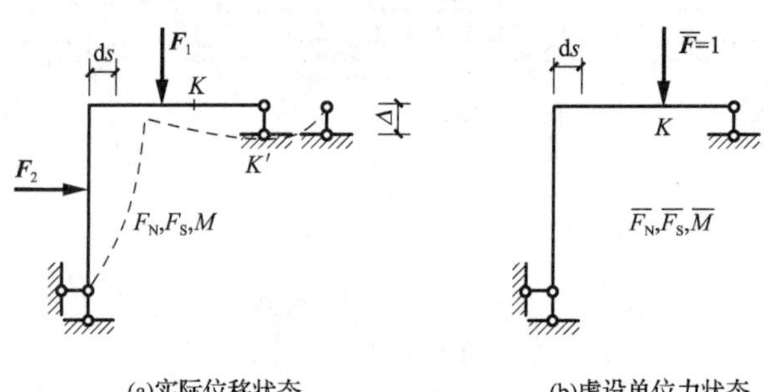

图 9-8 静定结构在荷载作用下位移计算

如图 9-8(a)所示为一结构在荷载作用下的位移状态，其中虚线为变形曲线，结构中 K 截面移动到 K' 位置，设 K 截面的竖向位移为 Δ。为了计算 K 截面的竖向位移 Δ，必须虚设一个单位力状态，即假定在发生实际位移的结构上，在待求位移的截面，沿待求位移的方向单独施加一单位力，如图 9-8(b)所示。若用 F_N、F_S、M 表示实际位移状态中由荷载引起的结构内力，用 $\overline{F}_N$、$\overline{F}_S$、$\overline{M}$ 表示虚设单位力状态中由单位力引起的结构内力，则待求位移 Δ 可用下式进行计算

$$\Delta = \sum\int_l \frac{\overline{F}_N F_N}{EA}\mathrm{d}s + \sum\int_l k\frac{\overline{F}_S F_S}{GA}\mathrm{d}s + \sum\int_l \frac{\overline{M}M}{EI}\mathrm{d}s \tag{9-7}$$

式中 EA、GA、EI——分别为杆件的拉压刚度、剪切刚度、弯曲刚度；

k——截面剪力分布不均匀系数，与截面形状有关。

式(9-7)中的积分是沿单根杆件长度方向的积分，而求和是对结构中所有杆件的积分结果求和。

上述方法就是计算在荷载作用下结构位移的单位荷载法，也称为单位力法。应用这个方法，每次只能计算一种位移。在虚设单位力时其指向可以任意假设，如计算结果为正值，即表示位移方向与虚设的单位力指向相同，否则相反。

单位荷载法不仅可以用来计算结构的线位移，而且可以计算任意的广义位移，只要所设的虚单位荷载与所求的广义位移相对应即可。在计算各种位移时，可按以下方法假设虚拟状态下的单位荷载：

①若计算的位移是结构上某两点沿指定方向的相对线位移，则应在该两点处沿指定方向施加一对反向共线的单位集中力，如图 9-9(a)、(b)所示。

②若计算的位移是结构上某一截面的角位移，则应在该截面上施加一个单位集中力偶，如图 9-9(c)所示。

③若计算的位移是结构上某两个截面的相对角位移，则应在这两个截面上施加一对反向的单位集中力偶，如图 9-9(d)所示。

④若计算的位移是桁架结构上某一杆件的角位移，则应在该杆件施加一对与杆轴垂直的反向平行集中力使其构成一个单位力偶，每个集中力的大小等于杆长的倒数，如图 9-9(e)所示。

⑤若计算的位移是桁架结构上某两杆件的相对角位移，则应在该两杆上施加两个方向相反的单位力偶，如图 9-9(f)所示。

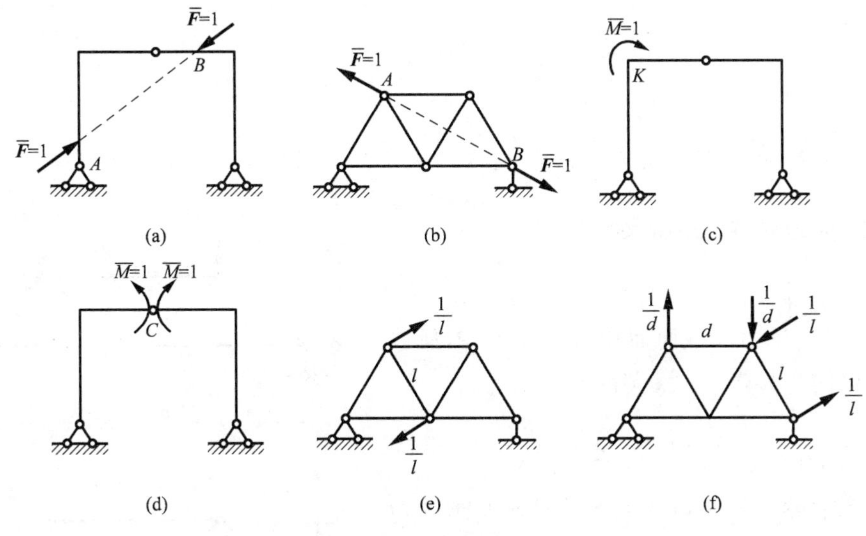

图 9-9　虚设单位荷载

2. 梁和刚架的位移计算公式

对梁和刚架而言，弯曲变形是主要变形，而轴向变形和剪切变形对结构位移的影响很小，可以忽略不计，所以式(9-7)简化为

$$\Delta = \sum\int_l \frac{\overline{M}M}{EI}\mathrm{d}s \tag{9-8}$$

【例 9-4】 试求如图 9-10(a)所示等截面简支梁跨中点 C 的竖向位移 Δ_{CV} 和 B 端截面的角位移 φ_B，已知梁的弯曲刚度 EI 为常数。

【解】 (1)求 C 点的竖向位移 Δ_{CV}

在梁中点 C 施加一竖向单位荷载 $\overline{F}=1$ 作为虚拟状态，如图 9-10(b)所示。分别建立虚拟荷载和实际荷载作用下梁的弯矩方程。以左支座 A 为坐标原点，当 $0\leqslant x\leqslant \frac{l}{2}$ 时，有

$$\overline{M}=\frac{1}{2}x,\quad M=\frac{q}{2}(lx-x^2)$$

因为对称，所以由式(9-5)得

$$\Delta_{CV}=2\int_0^{\frac{l}{2}}\frac{1}{EI}\times\frac{x}{2}\times\frac{q}{2}(lx-x^2)\mathrm{d}x=\frac{5ql^4}{384EI}$$

(2)求截面 B 的角位移 φ_B

在梁 B 端施加一单位力偶 $\overline{M}=1$ 作为虚拟状态，如图 9-10(c)所示。分别建立虚拟荷载和实际荷载作用下梁的弯矩方程。以左支座 A 为坐标原点，当 $0\leqslant x\leqslant l$ 时，$\overline{M}$ 和 M 的方程为 $\overline{M}=-\frac{x}{l}$，$M=\frac{q}{2}(lx-x^2)$。

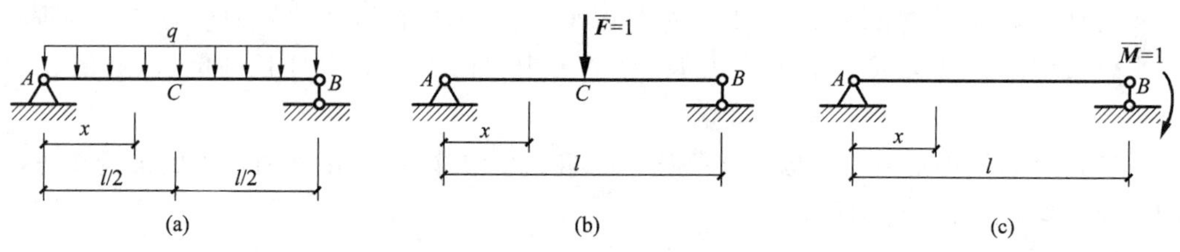

图 9-10　例 9-4 图

由式(9-5)，得 $\varphi_B=\int_0^l \frac{1}{EI}\times(-\frac{x}{l})\times\frac{q}{2}(lx-x^2)\mathrm{d}x=-\frac{ql^3}{24EI}$。

计算结果为负值，说明实际的转角 φ_B 与所设单位力偶的方向相反，即是逆时针方向。

3. 桁架的位移计算公式

对于桁架，由于其所有杆件均只有轴向变形，而且每一杆件的轴力和截面面积沿杆长不变，所以式(9-7)可以简化为

$$\Delta=\sum\int_l \frac{\overline{F}_N F_N}{EA}\mathrm{d}s=\sum\frac{\overline{F}_N F_N l}{EA} \quad (9\text{-}9)$$

【例 9-5】 求如图 9-11 所示桁架结点 C 的竖向位移 Δ_{CV}。已知各杆的弹性模量均为 $E=2.1\times10^5$ MPa，截面面积 $A=1200$ mm^2。

【解】 在桁架结点 C 处加一竖向单位荷载 $\overline{F}=1$，作为桁架结构的虚拟状态，计算虚拟状态的杆件内力如图 9-11(b)所示，计算实际状态的杆件内力如图 9-11(c)所示。桁架结点 C 的竖向位移为

$$\Delta_{CV}=\frac{1}{2.1\times10^2\times1200}\left[-75\times(-\frac{5}{6})\times2.5\times2+60\times\frac{2}{3}\times4\times2+(-60)\times(-\frac{4}{3})\times4\right]$$

$$=3.76\times10^{-3}\text{m}=3.76\text{ mm}$$

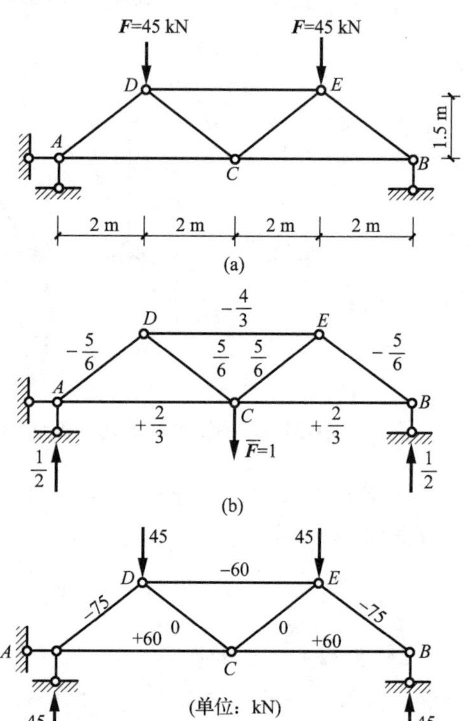

图 9-11　例 9-5 图

计算结果为正，表明桁架结点 C 的实际竖向位移与所设单位荷载方向相同，即方向向下。

9.5　图乘法

图乘法

由上节可知，在计算由荷载作用引起的梁和刚架的位移时，先要列出 $\overline{M}$ 和 M 的方程，然后代入位移公式进行繁琐的积分计算。利用图乘法求位移可以避免这些繁琐的计算。

1. 图乘公式及适用条件

杆件在积分段内若为直杆，则 $\mathrm{d}s=\mathrm{d}x$。这样，梁和刚架的位移公式变为

$$\Delta = \sum\int_l \frac{\overline{M}M}{EI}\mathrm{d}s = \sum\int_l \frac{\overline{M}M}{EI}\mathrm{d}x$$

式中　$\overline{M}M$——两种状态下弯矩函数的乘积。

若在满足一定条件的情况下，能画出两种状态下的弯矩图，可以通过利用两个弯矩图相乘的方法来计算此积分的结果。这种借助图形相乘的方法称为图乘法。这样可使计算得到简化，现在对上面的积分式进行分析：

如图 9-12 所示为直杆 AB 的两个弯矩图，假设 $\overline{M}$ 图为一直线图形，M 图为任意形状图形。现以杆轴为 x 轴，将 $\overline{M}$ 图倾斜直线延长与 x 轴相交于 O 点，倾角为 α，当横坐标值为 x 时，则 $\overline{M}$ 图直线上任意一点的竖标为

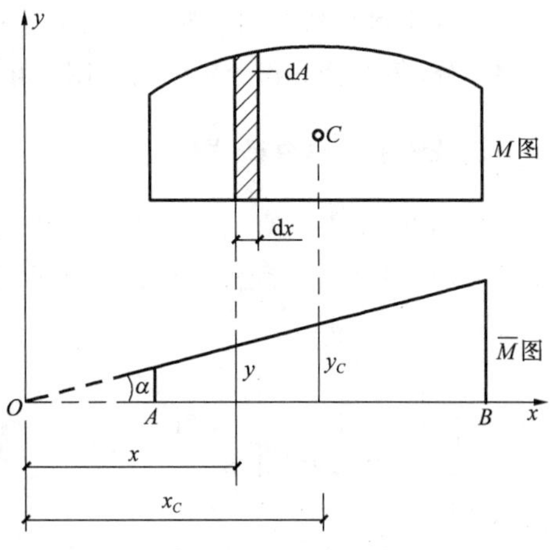

图 9-12　图乘法

$$\overline{M} = y = x\tan\alpha$$

如果该杆段截面的弯曲刚度 EI 为一常数，则有

$$\int_l \frac{\overline{M}M}{EI}\mathrm{d}x = \frac{1}{EI}\tan\alpha\int_A^B xM\mathrm{d}x \qquad \text{(a)}$$

式中　$\int_A^B xM\mathrm{d}x$——整个 M 图的面积对于 y 轴的静矩，它等于 M 图的面积 A 乘以其形心 C 到 y 轴的距离 x_C，即

$$\int_A^B xM\mathrm{d}x = \int_A^B x\,\mathrm{d}A = Ax_C \qquad \text{(b)}$$

式中　$\mathrm{d}A$——M 图中的微面积（图 9-12 中阴影线部分的面积），$\mathrm{d}A = M\mathrm{d}x$；

$x\mathrm{d}A$——M 图中微面积对 y 轴的静矩。

将式(b) 代入式(a)，得

$$\int_l \frac{\overline{M}M}{EI}\mathrm{d}x = \frac{1}{EI}\tan\alpha\int_A^B xM\mathrm{d}x = \frac{1}{EI}Ax_C\tan\alpha$$

设 M 图的形心 C 所对应的 $\overline{M}$ 图中的竖坐标为 y_C，$y_C = x_C\tan\alpha$，则图乘法计算位移的公式为

$$\Delta = \int_A^B \frac{\overline{M}M}{EI}\mathrm{d}x = \frac{1}{EI}Ay_C \qquad \text{(9-10)}$$

显然，图乘法是将位移计算的积分问题转化为求图形的面积、形心和竖坐标的问题。

需要说明的是，在运用图乘法计算位移时，梁和刚架的杆件必须满足下述三个条件：

①杆件的轴线为直线。

②杆件的弯曲刚度 EI 为常数（包括杆件分段为常数）。

③各杆段的 M 图和 $\overline{M}$ 图中至少有一个为直线图形。

对于等截面直杆（包括截面分段变化的杆件），前两个条件自然满足。至于第三个条件，虽然在均布荷载作用下 M 图是曲线图形，但 $\overline{M}$ 图是由单位力引起的，对于直杆 $\overline{M}$ 图总是由直线线段组成，只要分段考虑就可以满足。所以，对于由等截面直杆所构成的梁和刚架，在计算位移时均可应用图乘法。

应用图乘法时应注意几个问题：

①在图乘前要先对图形进行分段处理，保证两个图形中至少有一个是直线图形。

②A 与 y_C 分别取自两个弯矩图，竖坐标 y_C 必须取自直线图形；当两个弯矩图均为直线时，y_C 可取自任一图中。

③当面积 A 与相应的竖坐标 y_C 在杆的同一侧时，乘积 Ay_C 取正号；不在同一侧时，乘积 Ay_C 取负号。

④如果遇到弯矩图的形心位置或面积不便于确定，应将该图分解为几个易于确定形心或面积的部分，各部分面积分别同另一图形相对应的竖坐标相乘，然后把各自相乘结果求代数和。

2. 图乘法的应用

如图 9-13 所示给出了图乘运算中几种常见图形的面积公式和形心位置，在应用图示抛物线图形的公式时，必须注意曲线在顶点处的切线应与基线平行，即在顶点处剪力为零。

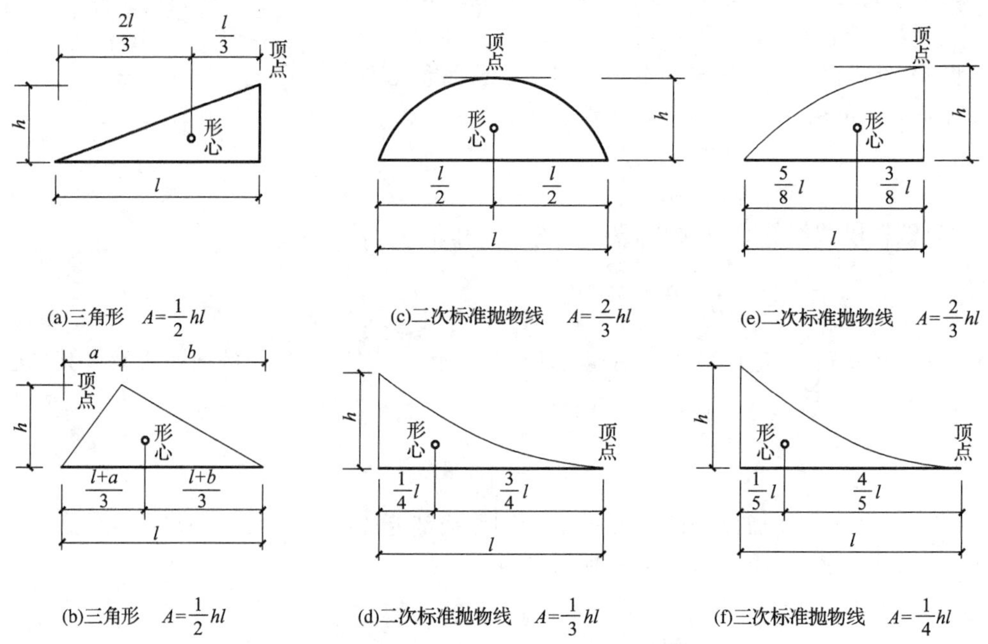

图 9-13 几种常见图形的面积和形心位置

在应用图乘法进行图乘时，还有几个具体问题需要注意：

①M 和 $\overline{M}$ 图中，若一个图形是曲线，另一个图形是由几段直线组成或分段变刚度情况，应分段进行图乘，再进行叠加，如图 9-14 所示。

对于图 9-14(a)应为 $\Delta=\frac{1}{EI}(A_1y_{C1}+A_2y_{C2}+A_3y_{C3})$

对于图 9-14(b)应为 $\Delta=\frac{1}{EI_1}A_1y_{C1}+\frac{1}{EI_2}A_2y_{C2}$

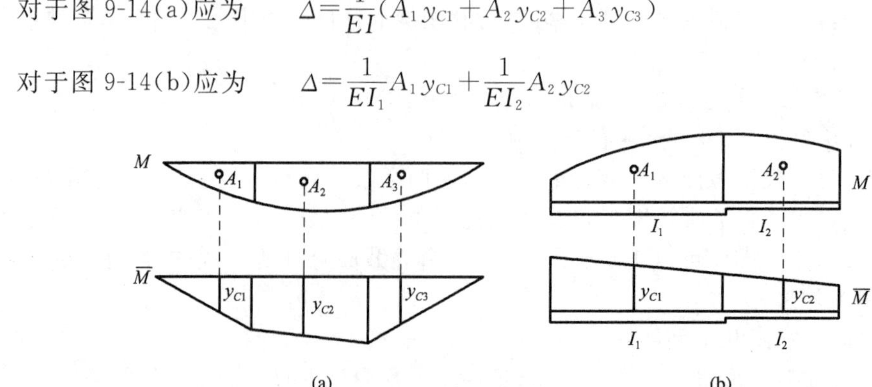

图 9-14 分段图乘

②M 和 $\overline{M}$ 图都是梯形，可不必求出梯形的形心坐标位置，而是把其中一个梯形分为两个三角形（也可分为一个矩形和一个三角形），分别图乘后再叠加。如图 9-15 所示的图形，即有

$$\Delta=\frac{1}{EI}(A_1y_{C1}+A_2y_{C2})$$

其中　　$A_1=\frac{1}{2}al,\quad y_{C1}=\frac{2}{3}c+\frac{1}{3}d;\quad A_2=\frac{1}{2}bl,\quad y_{C2}=\frac{2}{3}d+\frac{1}{3}c$

③若 M 或 $\overline{M}$ 图的两个竖坐标 a、b 或 c、d 不在基线的同侧时，如图 9-16 所示，可将其中一个图形分成两个三角形，分别与另一个图形图乘后叠加。即有

$$\Delta=\frac{1}{EI}(A_1y_{C1}+A_2y_{C2})$$

其中　　$A_1=\frac{1}{2}al,\quad y_{C1}=\frac{2}{3}c-\frac{1}{3}d;\quad A_2=\frac{1}{2}bl,\quad y_{C2}=\frac{2}{3}d-\frac{1}{3}c$

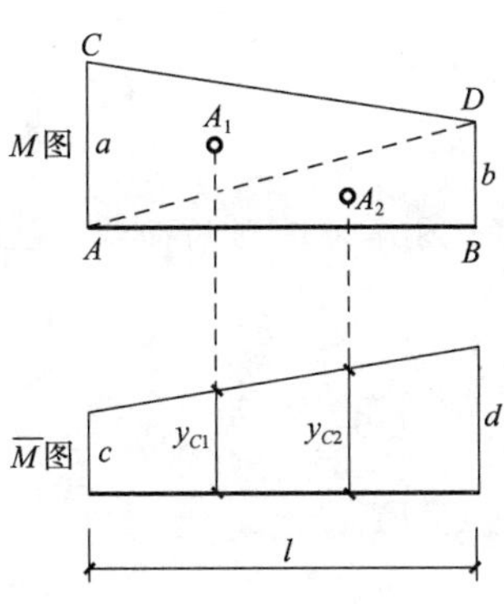

图 9-15　两个梯形图乘

图 9-16　竖坐标不在基线的同侧

注意区分 A_1 和 y_{Ci} 在杆件的同一侧，还是在异侧，以确定其乘积的符号。

【例 9-6】　试求如图 9-17(a)所示简支梁左端 A 的角位移 φ_A 和梁跨中 C 的竖向位移 Δ_{CV}。已知刚度 EI 为常数。

【解】　绘制均布线荷载作用下的 M 图，如图 9-17(b)所示，以及两个设定单位荷载的弯矩图即 $\overline{M}_1$ 和 $\overline{M}_2$，如图 9-17(c)、(d)所示。将图 9-17(b)与图 9-17(c)相乘，得

$$\varphi_A=\frac{1}{EI}\left(\frac{2}{3}\times l\times\frac{ql^2}{8}\right)\times\frac{1}{2}=\frac{ql^3}{24EI}$$

将图 9-17(b)与图 9-17(d)相乘，得

$$\Delta_{CV}=\frac{1}{EI}(A_1y_{C1}+A_2y_{C2})$$

$$=\frac{2}{EI}\left(\frac{2}{3}\times\frac{l}{2}\times\frac{ql^2}{8}\right)\times\frac{5l}{32}=\frac{5ql^4}{384EI}$$

计算结构为正，表明所求位移方向与所设单位荷载方向相同，即方向向下。

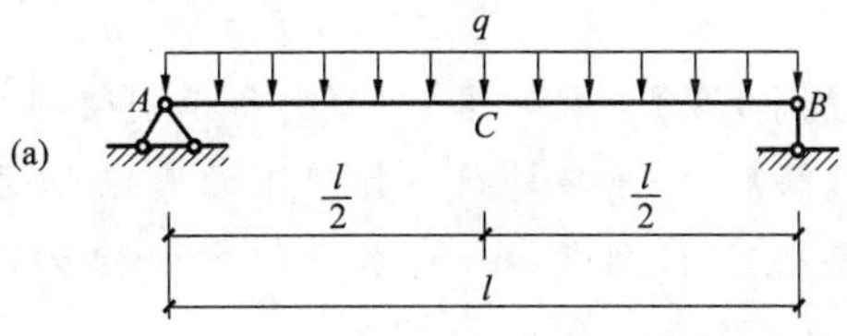

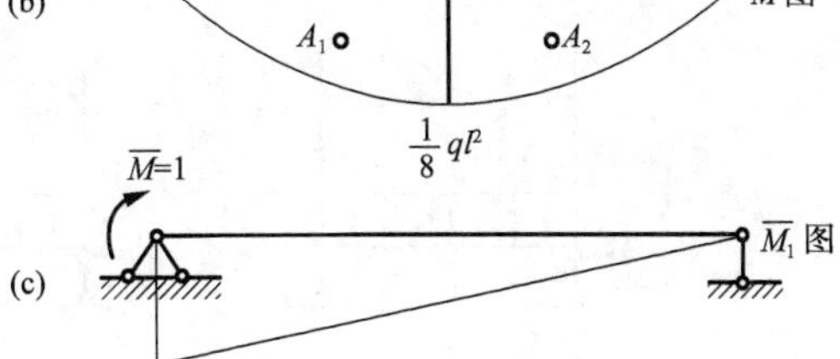

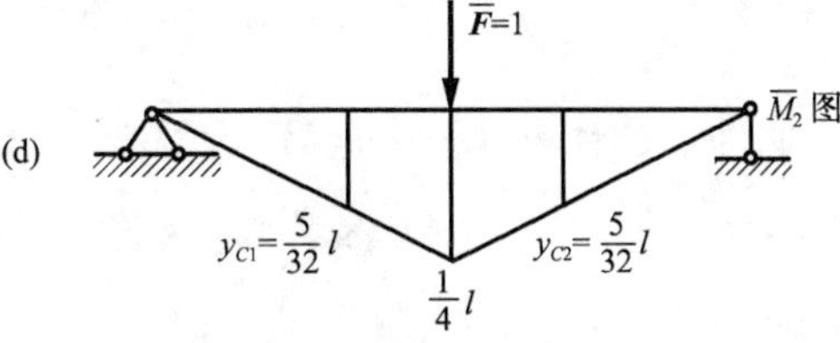

图 9-17　例 9-6 图

【例 9-7】 求如图 9-18(a)所示悬臂刚架 D 点的竖向位移 Δ_{DV}。已知各杆的 EI 为常数。

【解】 在 D 点加竖向单位力，如图 9-18(c)所示。分别绘制荷载作用下的 M 图和单位力作用下的 $\overline{M}$ 图，如图 9-18(b)、(c)所示。

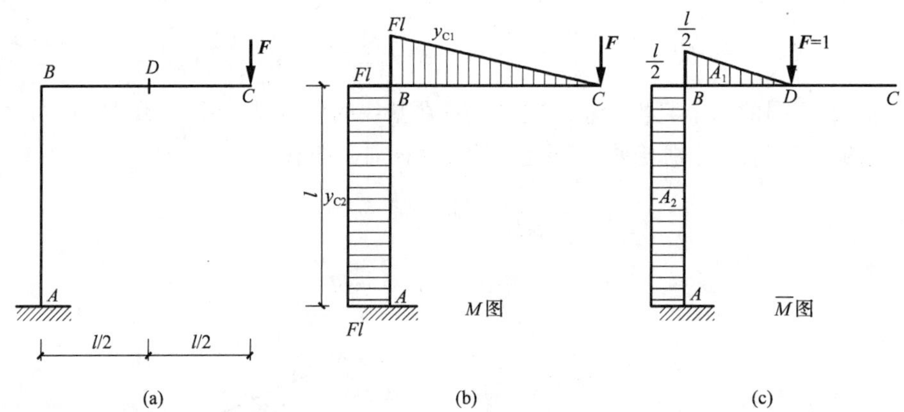

图 9-18 例 9-7 图

计算 Δ_{DV}。在应用图乘法时，把单位力作用下的 $\overline{M}$ 图作为图形的面积，梁上的 $\overline{M}$ 图面积为 A_1，柱上的 $\overline{M}$ 图面积为 A_2，如图 9-18(c)所示。

$$A_1=\frac{1}{2}\times\frac{l}{2}\times\frac{l}{2}=\frac{l^2}{8},\quad y_{C1}=\frac{5}{6}Fl$$

$$A_2=\frac{l}{2}\times l=\frac{l^2}{2},\quad y_{C2}=Fl$$

于是，D 点的竖向位移为

$$\Delta_{CV}=\sum\frac{1}{EI}Ay_C=\frac{1}{EI}\left(\frac{l^2}{8}\times\frac{5}{6}Fl+\frac{l^2}{2}\times Fl\right)=\frac{29}{48EI}Fl^3$$

【例 9-8】 求如图 9-19(a)所示刚架 A、B 两点的相对水平位移，EI 为常数。

【解】 绘出在外荷载作用下的弯矩 M 图，如图 9-19(b)所示。求 A、B 两点的相对水平位移，要在 A、B 两点加一对水平但方向相反的单位力 $\overline{F}=1$。作弯矩图 $\overline{M}$ 如图 9-19(c)所示。利用这两个弯矩图进行图乘。

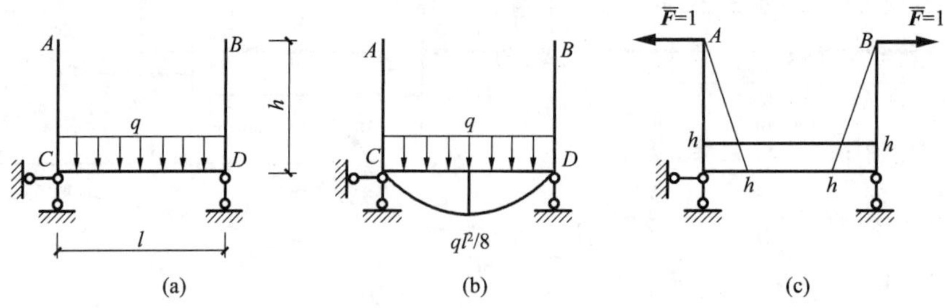

图 9-19 例 9-8 图

因为 AC 杆和 BD 杆的 M 为零，所以仅对 CD 杆图乘。

面积 $$A=\frac{2}{3}\times\frac{ql^2}{8}\times l=\frac{ql^3}{12},\quad y_C=h\quad (A、y_C \text{ 在杆轴的异侧})$$

$$\Delta_{AB}=\frac{-1}{EI}Ay_C=\frac{-1}{EI}\times\frac{ql^3}{12}\times h=-\frac{qhl^3}{12EI}$$

负号表明 A、B 两点的相对水平位移是相互靠拢，并非如图单位力所示相互背离。

本章小结

1. 结构发生变形时，其横截面上各点的位置将会移动，杆件的横截面会产生转动，这些移动和转动称为结构的位移。结构的位移可分为线位移和角位移两大类。

2. 胡克定律 $\sigma=E\varepsilon$ 是一个基本定律，它揭示了材料在弹性范围内应力与应变之间的关系。在学习时要注意理解它的意义，并运用它求轴向拉压变形。

3. 积分法是求挠度和转角的基本方法。叠加法是利用叠加原理，通过梁在简单荷载作用下的挠度和转角求梁在几种荷载共同作用下变形的一种简便方法。

4. 工程设计时，构件和结构不但要满足强度条件，还要满足刚度条件，把位移控制在允许范围内。

5. 梁和刚架在弯曲时产生线位移和角位移，位移计算的基本方法是单位荷载法，需进行积分计算。图乘法是求受弯构件指定截面位移的最简单方法。在学习时应注意图乘法的适用条件，掌握好图乘法应用的分段和叠加技巧。

复习思考题

9-1　胡克定律有几种表达式？它的适用范围是什么？

9-2　在计算不同类型的位移时，如何虚设单位力状态？试举例说明。

9-3　图乘法的应用条件及注意事项是什么？

9-4　对于静定结构，没有变形就没有位移，这种说法对吗？

习　题

9-1　如图 9-20 所示，等直杆的横截面面积 $A=80\ \text{mm}^2$，弹性模量 $E=200\ \text{GPa}$，所受轴向荷载 $F_1=2\ \text{kN}$、$F_2=6\ \text{kN}$，计算杆的轴向变形。

9-2　如图 9-21 所示，一阶梯形钢杆，AC 段横截面面积 $A_1=1000\ \text{mm}^2$，CB 段横截面面积 $A_2=500\ \text{mm}^2$，材料的弹性模量 $E=200\ \text{GPa}$，计算该阶梯形钢杆的轴向变形。

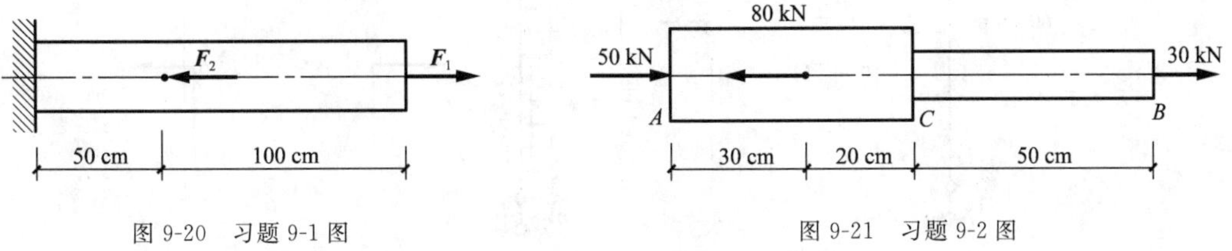

图 9-20　习题 9-1 图　　图 9-21　习题 9-2 图

9-3　用叠加法求如图 9-22 所示梁截面 C 的挠度和截面 B 的转角。EI 为已知常数。

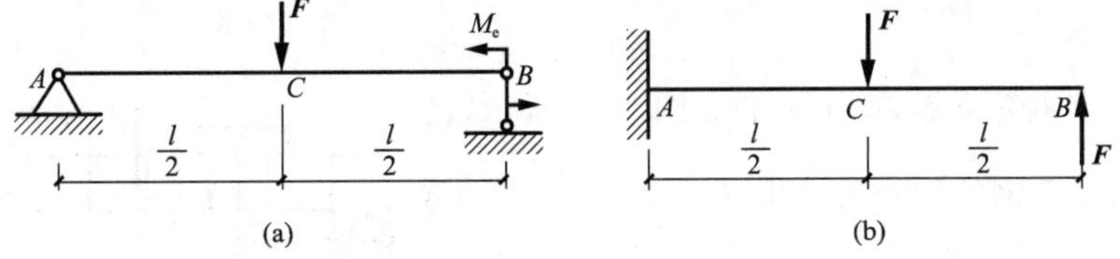

图 9-22　习题 9-3 图

9-4　试求如图 9-23 所示简支梁 C 点的竖向位移 Δ_{CV}，EI 为常数。

9-5　试求如图 9-24 所示变截面悬臂梁 B 端的竖向位移 Δ_{BV} 和角位移 φ_B。

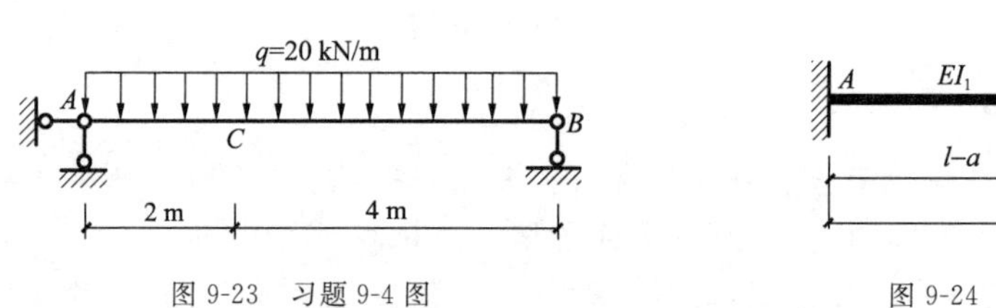

图 9-23　习题 9-4 图　　　　图 9-24　习题 9-5 图

9-6　如图 9-25 所示，求桁架图（a）中结点 C 的水平位移 Δ_{CH} 和图（b）中点的竖向位移 Δ_{BV}。已知各杆的 EA 为常数。

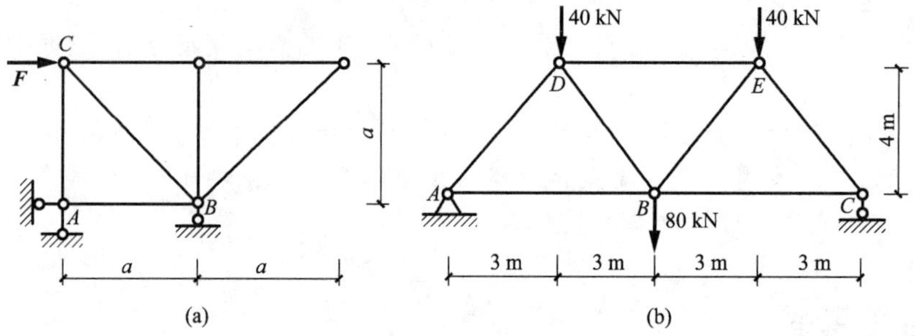

图 9-25　习题 9-6 图

9-7　用图乘法求如图 9-26 所示梁中 A 端的角位移 φ_A 和 C 点的竖向位移 Δ_{CV}，EI 为常数。

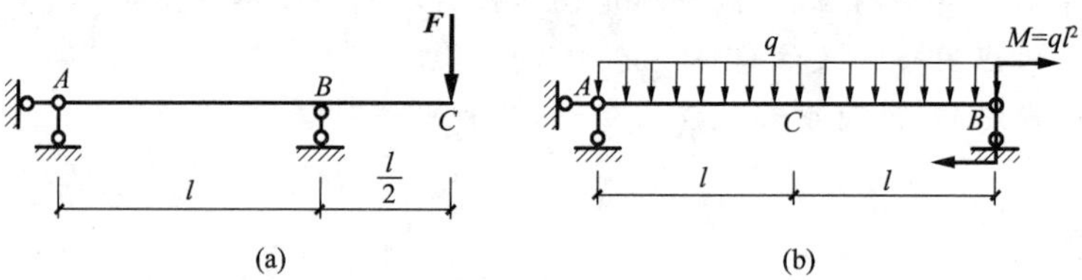

图 9-26　习题 9-7 图

9-8　用图乘法求如图 9-27 所示结构中的指定位移。

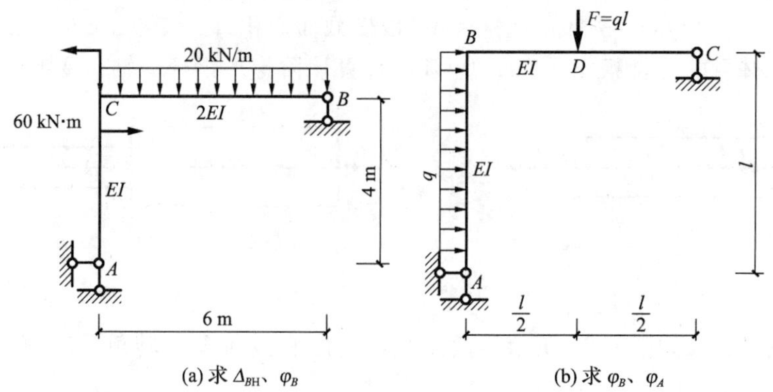

(a) 求 Δ_{BH}、φ_B　　　　(b) 求 φ_B、φ_A

图 9-27　习题 9-8 图

9-9　一工字钢简支梁，梁上荷载如图 9-28 所示，已知 $\left[\frac{f}{l}\right]=\frac{1}{400}$，工字钢的型号为 20b，$I=2.5\times10^{-5}\ \text{m}^4$，钢材的弹性模量 $E=2\times10^5$ MPa，试校核该梁的刚度。

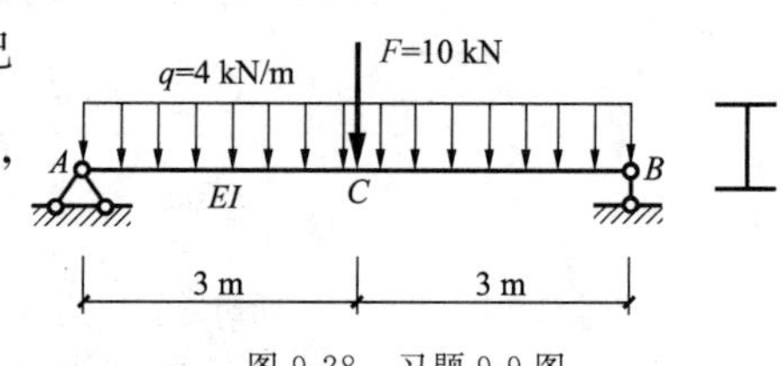

图 9-28　习题 9-9 图

第10章 超静定结构的内力计算

在线自测

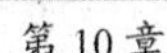

第10章

学习目标

通过本章的学习，能正确判定超静定次数；掌握力法的基本原理及基本结构的选取原则，理解力法方程及系数、自由项的物理意义，熟练掌握在荷载作用下用力法计算超静定结构的方法和步骤。掌握位移法的基本原理，能应用位移法计算超静定结构。

学习重点

超静定次数的确定，力法的基本原理、力法典型方程及应用。结点位移的种类及个数的确定；单杆超静定梁的杆端内力的确定；位移法的原理及应用。

10.1 概　述

1. 超静定结构的概念和性质

超静定结构概述

对于前几章所讲述的各种类型的静定结构，其支座反力和截面内力都可用静力平衡方程求得，如图10-1所示结构，约束反力有3个，而静力平衡方程也有3个，用静力平衡方程可以求出全部反力和内力。但在工程实际中，对于有些结构，例如，图10-2所示结构，其支座反力有4个，但只能列3个独立的平衡方程，像这样，如果一个结构的支座反力和各截面的内力不能完全由静力平衡条件唯一确定，这种结构称为超静定结构，又称为静不定结构。

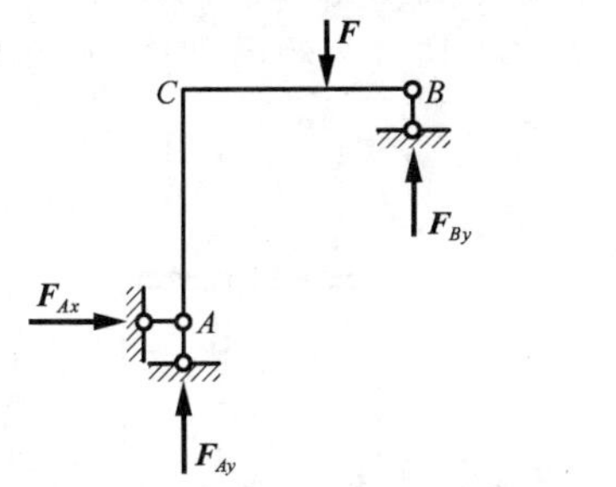

图10-1　静定结构

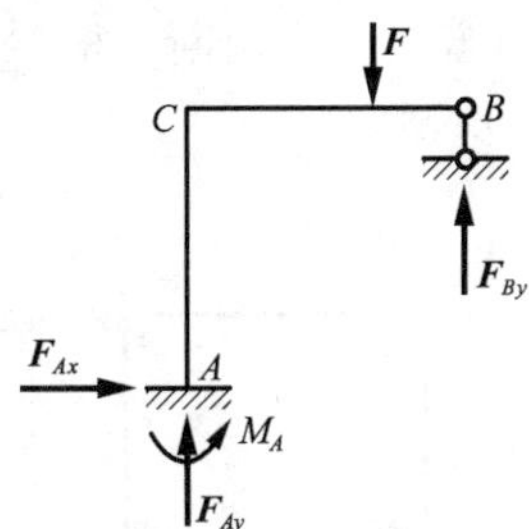

图10-2　超静定结构

从几何组成方面来分析，图10-1所示刚架和图10-2所示刚架都是几何不变的。若从图

10-1 所示的刚架中去掉支杆 B,就变成了几何可变体系。而从图 10-2 所示刚架中去掉支杆 B,则其仍是几何不变体系,从几何组成上看支杆 B 是多余约束,所以,该体系有一个多余约束,是一次超静定结构。由此引出结论:静定结构是没有多余约束的几何不变体系;而超静定结构则是有多余约束的几何不变体系。

2. 超静定次数的确定

超静定次数的确定

超静定结构中多余约束的个数称为超静定次数,也就是多余未知力的个数。所以,结构超静定次数的确定方法是:去掉 n 个多余约束,使原结构变为一个静定结构,所去掉的多余约束的个数 n 就是结构的超静定次数,则称原结构为 n 次超静定。由此,可以采用去掉多余约束使超静定结构成为静定结构的方法,来确定该结构的超静定次数。

通常情况下,从超静定结构中去掉多余约束的方式有如下几种:

①去掉一个支座链杆或切断体系内部的一根链杆,相当于去掉一个约束,用一个约束反力代替该约束作用,如图 10-3(a)、(b)所示。

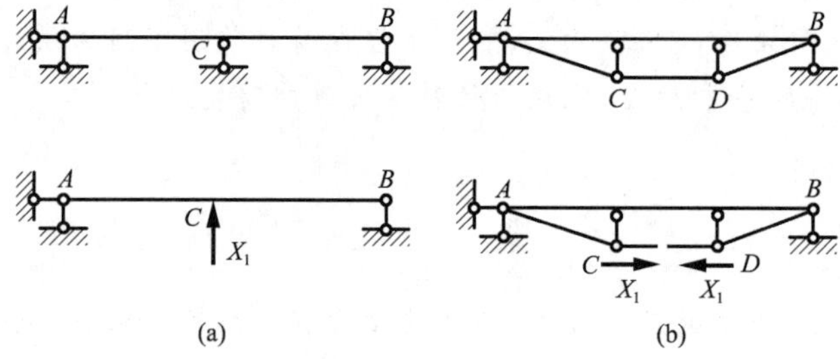

图 10-3 去掉超静定结构多余约束的方式(1)

②去掉一个固定铰支座或撤去一个单铰,相当于去掉两个约束,用两个约束反力代替该约束作用,如图 10-4(a)、(b)所示。

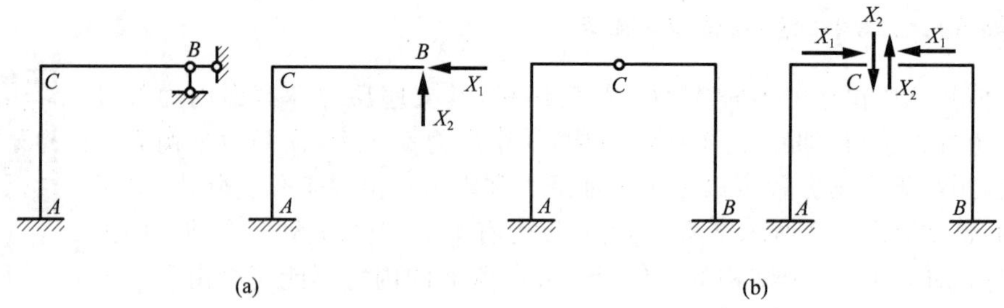

图 10-4 去掉超静定结构多余约束的方式(2)

③去掉一个固定支座或切断一根梁式杆,相当于去掉三个约束,用三个约束反力代替该约束作用,如图 10-5 所示。

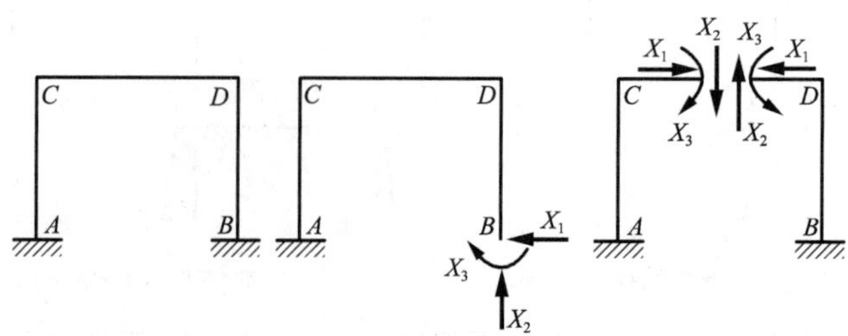

图 10-5 去掉超静定结构多余约束的方式(3)

④将一刚结点改为单铰连接或将一个固定支座改为固定铰支座，相当于去掉一个约束，用一个约束反力代替该约束作用，如图 10-6 所示。

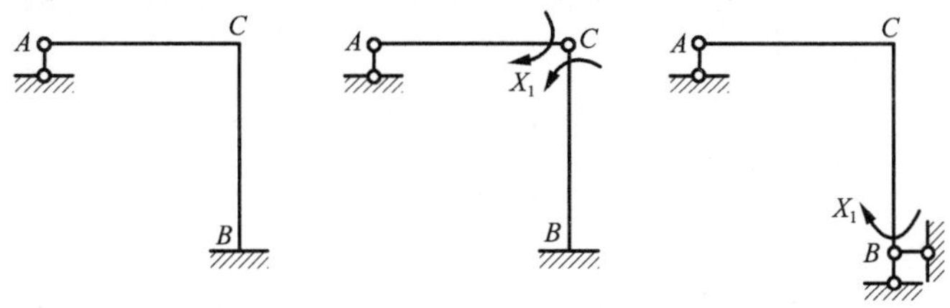

图 10-6　去掉超静定结构多余约束的方式(4)

采用上述方法，可以确定任何超静定结构的超静定次数。由于去掉多余约束的方案具有多样性，所以同一超静定结构可以得到不同形式的静定结构体系。但是，不论采用哪种方式，最后所去掉多余约束的数目必然是相等的。另外，在去掉超静定结构的多余约束后，所得到的静定结构应是几何不变的。

微课

荷载作用下用力法计算超静定梁与刚架

10.2　力法计算超静定结构

1. 力法的基本原理

力法是以多余未知力作为基本未知量，以静定结构计算为基础，根据变形协调条件建立力法方程求解出多余未知力，从而把超静定结构计算问题转化为静定结构计算问题。

下面通过对一次超静定结构的分析，阐述力法的基本原理。

如图 10-7(a)所示单跨梁为一次超静定结构，将 B 支座链杆视为多余约束，去掉后所得悬臂梁称为用力法求解的基本结构。用多余未知力 X_1 代替 B 端的约束对原结构的作用，便得如图 10-7(b)所示的用力法求解的基本体系。为使基本结构与原结构等效，必须使如图 10-7(b)所示结构满足 B 截面处沿 X_1 方向的位移与原结构该处位移相同的条件，即 $\Delta_1=0$。

若用 Δ_{11} 和 Δ_{1F} 分别表示多余未知力 X_1 和荷载 q 单独作用在基本结构上时，B 截面沿 X_1 方向产生的位移，如图 10-7(c)、(d)所示，这些位移与多余未知力的正方向相同时为正，根据叠加原理，有

$$\Delta_1=\Delta_{11}+\Delta_{1F}=0$$

若以 δ_{11} 表示 $\overline{X}_1=1$ 时，B 截面沿 X_1 方向产生的位移，则有 $\Delta_{11}=\delta_{11}X_1$，于是上式可改写成

$$\delta_{11}X_1+\Delta_{1F}=0 \tag{10-1}$$

δ_{11} 和 Δ_{1F} 都是静定结构在已知力作用下的位移，可由位移计算方法求得。式(10-1)称为力法方程。

为了计算 δ_{11} 和 Δ_{1F}，分别作出 $\overline{X}_1=1$ 和荷载 q 单独作用在基本结构上的弯矩图 $\overline{M}_1$ 图(图 10-7(e))和 M_F 图(图 10-7(f))，应用图乘法可得

$$\delta_{11}=\frac{1}{EI}\times\frac{1}{2}\times l\times l\times\frac{2l}{3}=\frac{l^3}{3EI}$$

$$\Delta_{1F}=-\frac{1}{EI}\times\frac{1}{3}\times l\times\frac{ql^2}{2}\times\frac{3l}{4}=-\frac{ql^4}{8EI}$$

代入力法方程式(10-1)得

$$X_1=-\frac{\Delta_{1F}}{\delta_{11}}=\frac{3}{8}ql$$

多余未知力 X_1 求得后，即可用计算静定结构的方法来确定原结构的反力和内力。也可以用叠加公式计算原结构的弯矩

$$M=\overline{M}_1X_1+M_F$$

其杆端弯矩分别为

$$M_{BA}=0$$

$$M_{AB}=\overline{M}_1X_1+M_F=l\times\frac{3}{8}ql-\frac{1}{2}ql^2=-\frac{1}{8}ql^2\text{（上侧受拉）}$$

杆端弯矩求出后可用叠加法作弯矩图。最后弯矩图如图 10-7(g)所示。

剪力可用杆端弯矩及杆上的荷载按平衡条件求出，最后作出剪力图如图 10-7(h)所示。

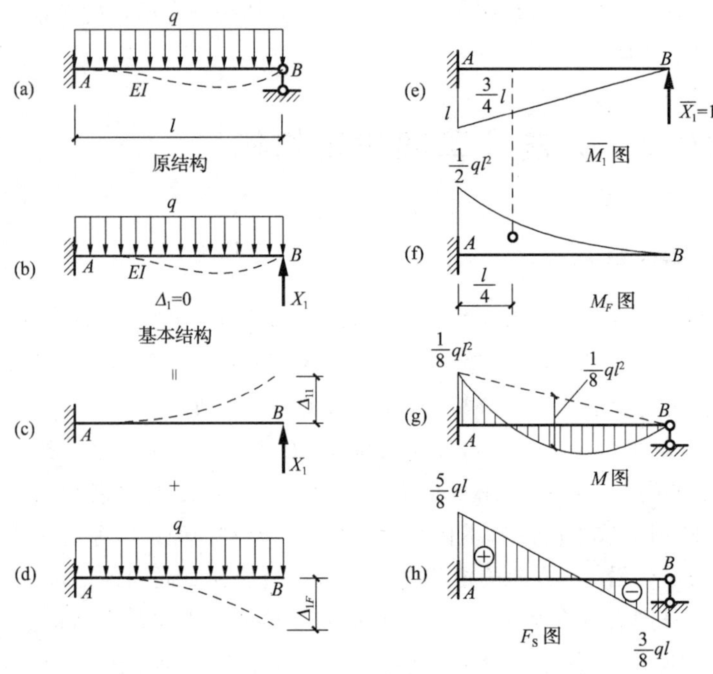

图 10-7　力法的基本原理

综上所述，我们把这种取多余未知力作为基本未知量，通过基本结构，利用计算静定结构的位移，达到求解超静定结构的方法，称为力法。

用力法计算超静定结构时，解除超静定结构的多余约束而得到静定的基本结构后，整个计算过程自始至终都是在基本结构上进行的，这就把超静定结构的计算问题，转化为静定结构的位移和内力计算问题。

2. 力法的典型方程

用力法计算超静定结构的关键在于根据已知的位移条件建立力法方程，以求解多余未知力。下面就超静定结构力法方程的形式及建立进行讨论。

如图 10-8(a)所示刚架为二次超静定结构，取如图 10-8(b)所示悬臂刚架作为基本结构进行计算。原结构中支座 C 为固定铰支座，因而基本结构中 C 截面沿 X_1、X_2 方向的位移应等于零，即 $\Delta_1=0$，$\Delta_2=0$。

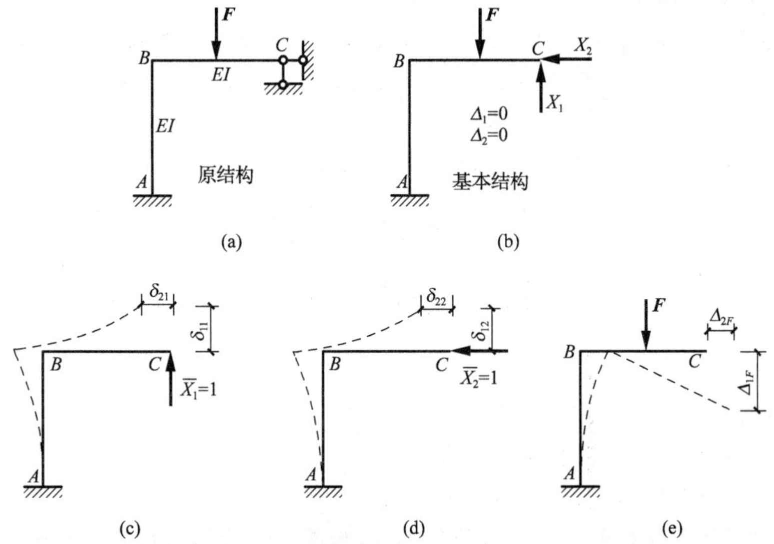

图 10-8　建立求解多余未知力的位移方程

设单位力 $\overline{X}_1=1$、$\overline{X}_2=1$ 和荷载 F 单独作用于基本结构上时，在 C 处沿 X_1 方向的位移分别为 δ_{11}、δ_{12} 和 Δ_{1F}，沿 X_2 方向的位移分别为 δ_{21}、δ_{22} 和 Δ_{2F}。根据叠加原理，C 处应满足的位移条件可表示为

$$\left.\begin{aligned}\Delta_1=\delta_{11}X_1+\delta_{12}X_2+\Delta_{1F}=0\\ \Delta_2=\delta_{21}X_1+\delta_{22}X_2+\Delta_{2F}=0\end{aligned}\right\} \tag{10-2}$$

式(10-2)就是由位移条件所建立的求解 X_1、X_2 的二次超静定结构的力法方程。

对于 n 次超静定结构有 n 个多余约束，也就是有 n 个多余未知力 $X_1, X_2, \cdots, X_n$，且在 n 个多余约束处有 n 个已知的位移条件，故可建立 n 个方程，例如原结构在荷载作用下各多余约束处的位移为零时，有

$$\left.\begin{aligned}&\delta_{11}X_1+\delta_{12}X_2+\cdots+\delta_{1i}X_i+\cdots+\delta_{1n}X_n+\Delta_{1F}=0\\ &\delta_{21}X_1+\delta_{22}X_2+\cdots+\delta_{2i}X_i+\cdots+\delta_{2n}X_n+\Delta_{2F}=0\\ &\vdots\\ &\delta_{n1}X_1+\delta_{n2}X_2+\cdots+\delta_{ni}X_i+\cdots+\delta_{nn}X_n+\Delta_{nF}=0\end{aligned}\right\} \tag{10-3}$$

式(10-3)为力法方程的一般形式，常称为力法典型方程。其物理意义是：基本结构在全部多余未知力和已知荷载作用下，沿着每个多余未知力方向的位移，应与原结构相应的位移相等。

上列方程中，系数 δ_{ii} 称为主系数，δ_{ij} 称为副系数，Δ_{iF} 称为自由项。主系数恒为正值，对称的副系数相等。

由力法方程解出多余未知力 X_1、$X_2, \cdots, X_n$ 后，即可按照静定结构的分析方法求得原结构的约束反力和内力。或按下述叠加公式求出弯矩

$$M=X_1\overline{M}_1+X_2\overline{M}_2+\cdots,+X_n\overline{M}_n+M_F \tag{10-4}$$

再根据平衡条件即可求得剪力和轴力。

【例 10-1】　作如图 10-9(a)所示超静定刚架的内力图。已知刚架各杆 EI 均为常数。

【解】　(1)选取基本结构：此结构为二次超静定刚架，去掉 C 支座约束，代之以相应的多余未知力 X_1、X_2 得如图 10-9(b)所示悬臂刚架作为基本结构。

(2)建立力法方程：原结构 C 支座处无竖向位移和水平位移，则其力法方程为

$$\delta_{11}X_1+\delta_{12}X_2+\Delta_{1F}=0$$
$$\delta_{21}X_1+\delta_{22}X_2+\Delta_{2F}=0$$

(3)计算系数和自由项：分别作基本结构的荷载弯矩图 M_F 图和单位弯矩图 $\overline{M}_1$ 图、$\overline{M}_2$ 图，如图 10-9(c)、(d)、(e)所示。利用图乘法计算各系数和自由项分别为

$$\delta_{11}=4a^3/3EI,\quad \delta_{22}=a^3/3EI,\quad \delta_{12}=\delta_{21}=a^3/2EI$$

$$\Delta_{1F}=-5qa^4/8EI,\quad \Delta_{2F}=-qa^4/4EI$$

(4)求多余未知力：将以上各系数和自由项代入力法方程得

$$\frac{4a^3}{3EI}X_1+\frac{a^3}{2EI}X_2-\frac{5qa^4}{8EI}=0$$

$$\frac{a^3}{2EI}X_1+\frac{a^3}{3EI}X_2-\frac{qa^4}{4EI}=0$$

解得
$$X_1=\frac{3}{7}qa,\quad X_2=\frac{3}{28}qa$$

(5)作内力图

①根据叠加原理作弯矩图，如图 10-9(f)所示。

②根据弯矩图和荷载作剪力图，如图 10-9(g)所示。

③根据剪力图和荷载利用结点平衡作轴力图，如图 10-9(h)所示。

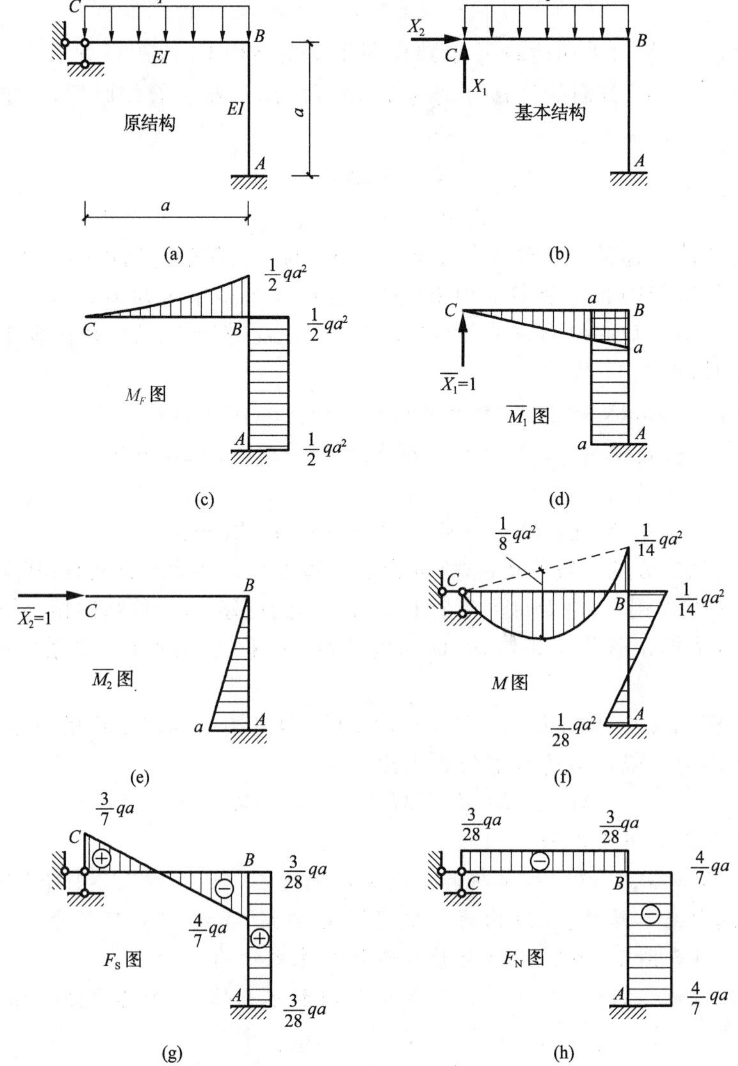

图 10-9　例 10-1 图

10.3　位移法计算超静定结构

力法是以多余约束反力为基本未知量，通过变形条件建立力法方程，将这些未知量求出，然后通过平衡条件计算结构的其他支座反力、内力和位移。当结构的超静定次数较高时，用力法计算比较麻烦。而位移法则是以独立的结点位移为基本未知量，未知量个数与超静定次数无关，故一些高次超静定结构用位移法计算比较简便。

1. 等截面单跨超静定梁的杆端内力

在计算超静定结构时，往往要用到等截面单跨超静定梁的杆端内力。掌握等截面单跨超静定梁在荷载及支座移动时的杆端内力计算方法，对结构分析有着重要作用。常见的三种类型等截面单跨超静定梁如图 10-10 所示，通常也称为三种类型的单元。

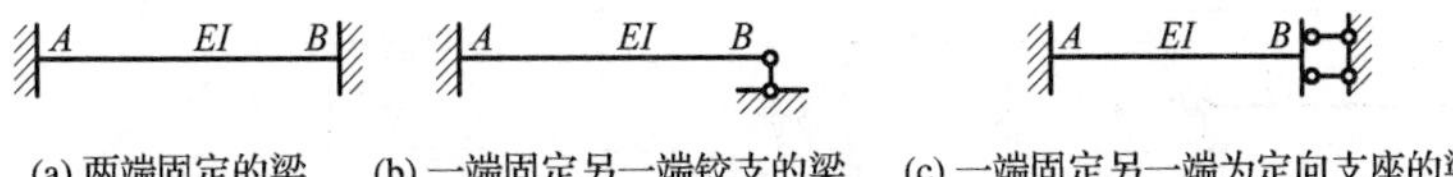

图 10-10　单跨超静定梁的形式

为了计算方便，在位移法中杆端内力均采用两个下标来表示，其中前一个下标表示该弯矩或剪力所在杆件的近端；后一个下标表示杆件的另一端。如图 10-11 所示的等截面 AB 梁，位于梁近端 A 端的内力分别用 M_{AB} 和 F_{SAB} 表示，而远端 B 端分别用 M_{BA} 和 F_{SBA} 表示。

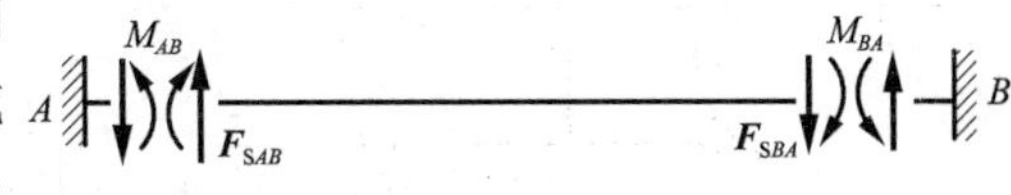

图 10-11　杆端内力及正负号规定

单跨超静定梁仅由于荷载作用所产生的杆端弯矩和杆端剪力分别称为固端弯矩和固端剪力。固端弯矩用 M_{AB}^{F}、M_{BA}^{F} 表示，固端剪力用 F_{SAB}^{F}、F_{SBA}^{F} 表示。

对于各种超静定梁，当其上作用某种形式的荷载或支座位移时，用力法可计算出超静定梁的杆端内力，列于表 10-1 中，以供查用。其中 $i=EI/l$，称为杆件的线刚度。

表 10-1　　**等截面单跨超静定梁的杆端弯矩和剪力**

编号	梁的简图和变形曲线	弯矩图		杆端剪力	
		M_{AB}	M_{BA}	F_{SAB}	F_{SBA}
1	$\theta=1$, A, EI, B, l	$4i$	$2i$	$-\frac{6EI}{l^2}=-6\frac{i}{l}$	$-\frac{6EI}{l^2}=-6\frac{i}{l}$
2	A, EI, B, 1, l	$6\frac{i}{l}$	$6\frac{i}{l}$	$12\frac{EI}{l^3}=12\frac{i}{l^2}$	$12\frac{EI}{l^3}=12\frac{i}{l^2}$
3	F, A, B, a, b, l	$\frac{Fab^2}{l^2}$	$\frac{Fa^2b}{l^2}$	$\frac{Fb^2(l+2a)}{l^3}$	$-\frac{Fa^2(l+2b)}{l^3}$

（续表）

编号	梁的简图和变形曲线	弯矩图		杆端剪力	
		M_{AB}	M_{BA}	F_{SAB}	F_{SBA}
4	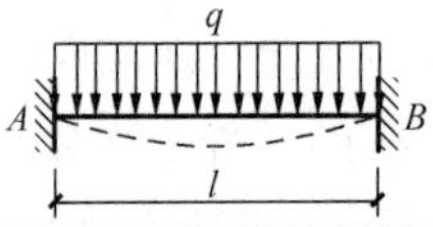 q; A, B; l	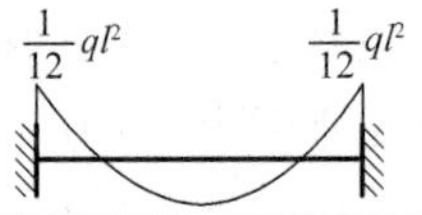 $\frac{1}{12}ql^2$	$\frac{1}{12}ql^2$	$\frac{1}{2}ql$	$-\frac{1}{2}ql$
5	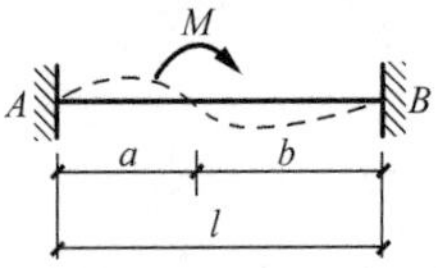 M; A, B; a, b; l	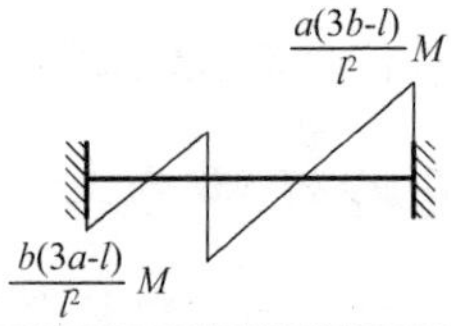 $\frac{b(3a-l)}{l^2}M$	$\frac{a(3b-l)}{l^2}M$	$-\frac{6ab}{l^3}M$	$-\frac{6ab}{l^3}M$
6	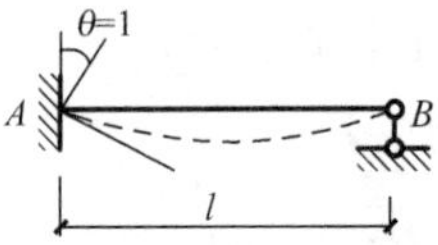 $\theta=1$; A, B; l	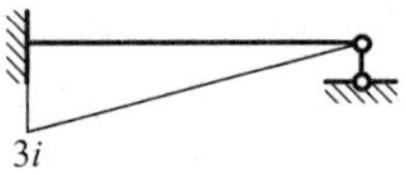 $3i$		$-\frac{3EI}{l^2}=-\frac{3i}{l}$	$-\frac{3EI}{l^2}=-\frac{3i}{l}$
7	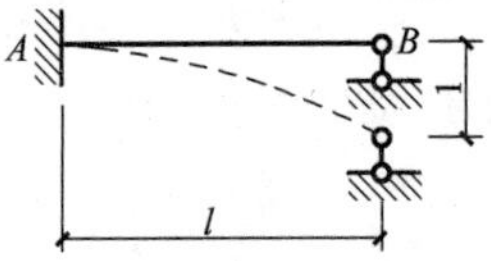 A, B; 1; l	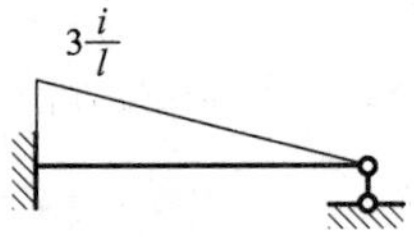 $3\frac{i}{l}$		$\frac{3EI}{l^3}=\frac{3i}{l^2}$	$\frac{3EI}{l^3}=\frac{3i}{l^2}$
8	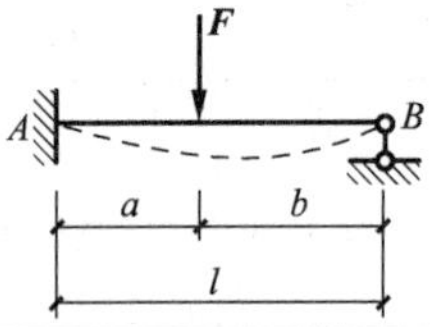 F; A, B; a, b; l	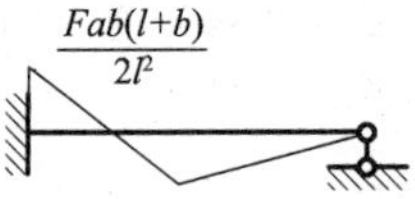 $\frac{Fab(l+b)}{2l^2}$		$\frac{Fb(3l^2-b^2)}{2l^3}$	$-\frac{Fa^2(2l+b)}{2l^3}$
9	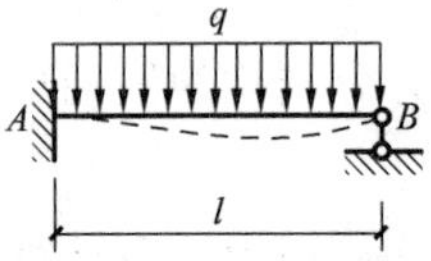 q; A, B; l	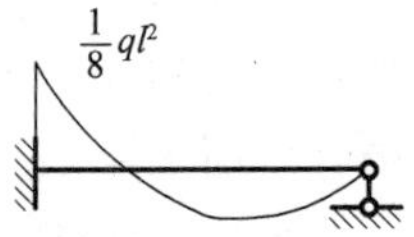 $\frac{1}{8}ql^2$		$\frac{5}{8}ql$	$-\frac{3}{8}ql$
10	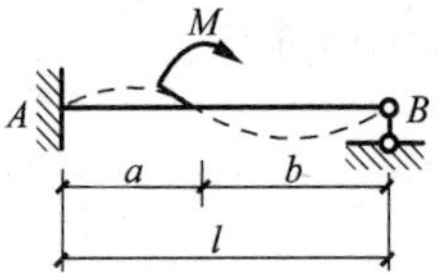 M; A, B; a, b; l	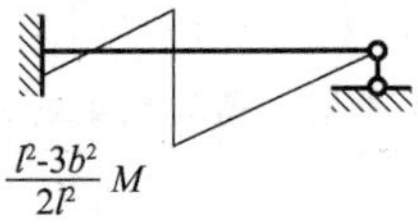 $\frac{l^2-3b^2}{2l^2}M$		$-\frac{3(l^2-b^2)}{2l^3}M$	$-\frac{3(l^2-b^2)}{2l^3}M$
11	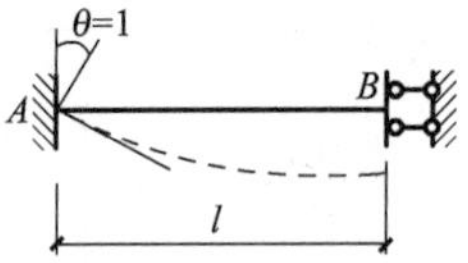 $\theta=1$; A, B; l	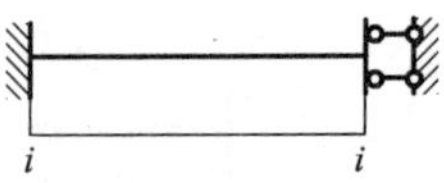 i	i	0	0
12	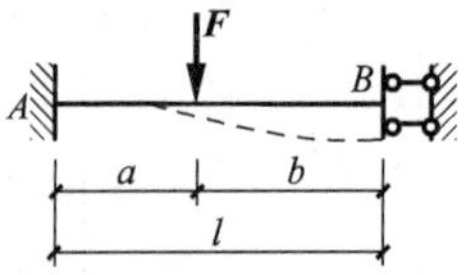 F; A, B; a, b; l	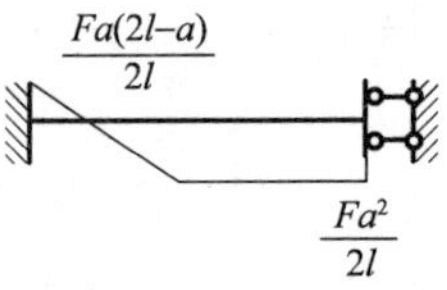 $\frac{Fa(2l-a)}{2l}$	$\frac{Fa^2}{2l}$	F	0
13	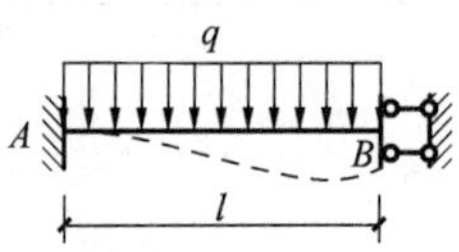 q; A, B; l	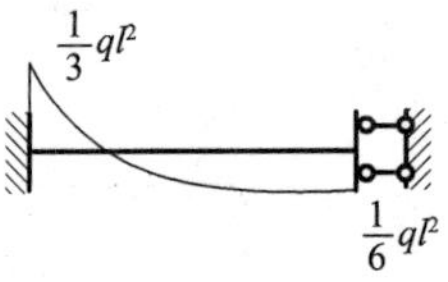 $\frac{1}{3}ql^2$	$\frac{1}{6}ql^2$	ql	0

在位移法中杆端力和杆端位移，采用以下正负号规定：

(1)杆端力　杆端弯矩 M_{AB}、M_{BA} 对杆端以顺时针方向转动为正；杆端剪力 F_{SAB}、F_{SBA} 以该剪力使杆产生顺时针转动为正，如图 10-11 所示，反之为负。

(2)杆端位移　杆端角位移 θ_A、θ_B 以顺时针方向转动为正；杆两端相对线位移 Δ_{AB} 使杆产生顺时针方向转动为正，如图 10-12 所示，反之为负。

在计算图中，杆端位移和杆端力均以正向标出。

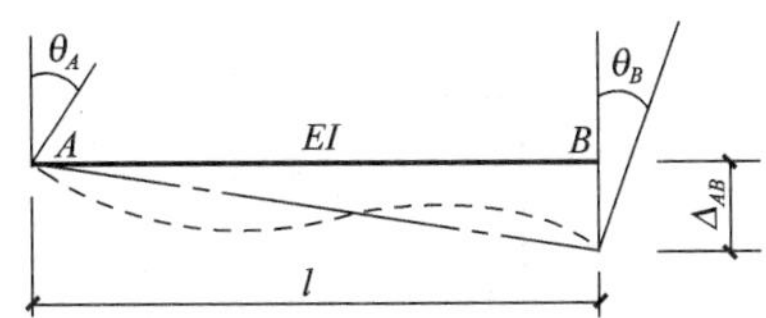

图 10-12　杆端角位移和相对线位移正负号规定

2. 位移法的基本未知量

位移法是以结点位移作为基本未知量，结点位移有两种，即结点角位移和结点线位移。运用位移法计算时，首先要明确基本未知量。

(1)结点角位移　杆件的交点称为结点，一般结构上的结点分为刚结点和铰结点两类。对于同一刚结点，各杆端转角是相等的，即每一个刚结点只有一个独立的角位移。因此，结构的结点角位移数目等于该结构刚结点的数目。

如图 10-13 所示刚架，只有 B 结点为刚结点，所以只有一个角位移 θ_B，这里要注意：固定铰支座和可动铰支座不约束杆件的转动，其角位移随刚结点 B 处的角位移而变化，不是独立的，所以不能作为基本未知量。固定端支座 D 的角位移是已知的，且为零，不需作为未知量。如图 10-14 所示连续梁，B、C 处均为刚结点，有两个角位移 θ_B 和 θ_C。

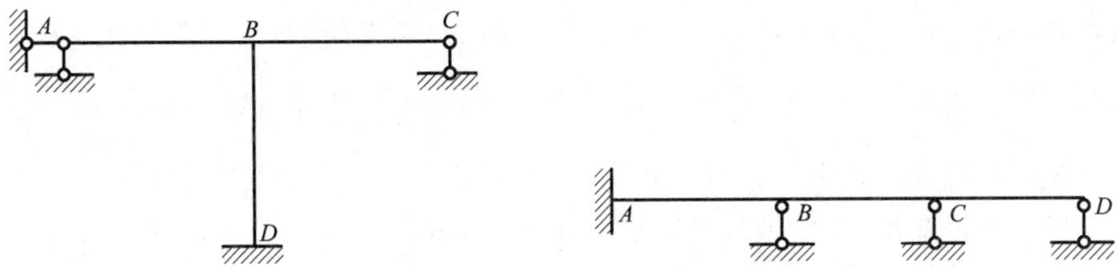

图 10-13　刚架 B 结点有一个角位移　　　图 10-14　连续梁 B、C 结点各有一个角位移

(2)结点线位移　刚结点在转动的同时，也要发生移动，其最终的位置和原位置间的距离，称为结点的线位移。在位移法中，往往不考虑杆件的轴向变形和剪切变形，弯曲也非常微小，于是认为受弯直杆两端之间的距离在变形后保持不变，所以杆端结点沿杆轴线的线位移是相等的，如图 10-15(a)所示刚架，由于忽略了杆件长度的改变，所以 C、D 两结点的线位移相同，均为 Δ_1，因此，该两结点共有一个独立的结点线位移。同理 E、F 两结点也共有一个独立的结点线位移 Δ_2。所以，该刚架有两个独立结点线位移。

对于简单的结构可以用直观的方法来判定。当独立的结点线位移的数目不易直观判定时，可以用几何组成分析的方法采用铰化法来判定。将所有刚结点及固定端支座都改为铰结点和固定铰支座。若此体系几何不变，则结构无独立结点线位移；若该体系为可变体系，添加链杆使其成为无多余约束的几何不变体系，则结构的独立结点线位移数就等于所加链杆的数目。

如图 10-15(a)所示刚架把结点 A、B、C、D、E、F 改为铰结点后，得到如图 10-15(b)所示的铰接体系，该体系几何可变，需增加两根链杆才能成为几何不变体系，如图 10-15(c)所示，所以该刚架具有两个独立结点线位移。

位移法基本未知量的数目等于结点角位移与独立结点线位移数目的总和。

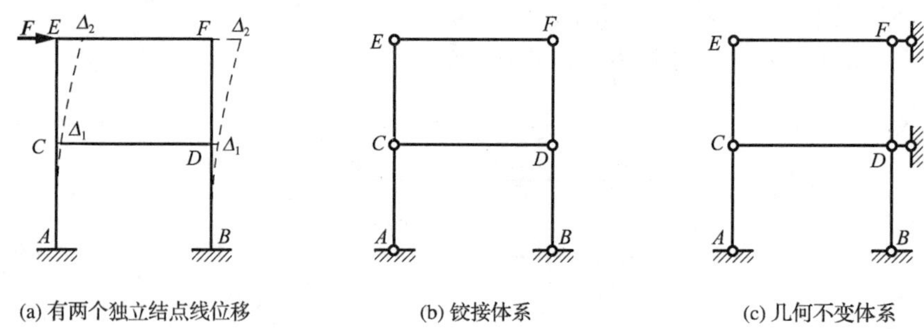

图 10-15　独立结点线位移和铰化结点判断法

3. 位移法原理

位移法典型方程

如图 10-16(a)所示超静定刚架，在荷载的作用下其变形如图中虚线所示。此刚架没有独立结点线位移，只有刚结点 A 处的角位移，记为 θ_A，假设为顺时针方向转动。

将刚架拆为两个单杆。AB 杆 B 端为固定支座，A 端为刚结点，视为固定支座，所以 AB 杆为两端固定的杆件，没有荷载作用，只有 A 端有角位移 θ_A，如图 10-16(b)所示；AC 杆 C 端为固定铰支座，视为垂直于杆轴线的可动铰支座，A 端为刚结点，视为固定支座，所以 AC 杆为一端固定，另一端铰支的杆件，跨中作用一个集中力，A 端同样有一个角位移 θ_A，如图 10-16(c)所示。

直接查表，写出各杆的杆端弯矩表达式(注意，AC 杆既有荷载，又有角位移，故应叠加)。

$$M_{BA}=2i\theta_A,\quad M_{AB}=4i\theta_A,\quad M_{AC}=3i\theta_A-\frac{3}{16}Fl,\quad M_{CA}=0$$

以上各杆端弯矩表达式中均含有未知量 θ_A，所以又称为转角位移方程。

为了求出位移未知量，我们来研究结点 A 的平衡，取隔离体如图 10-16(d)所示。

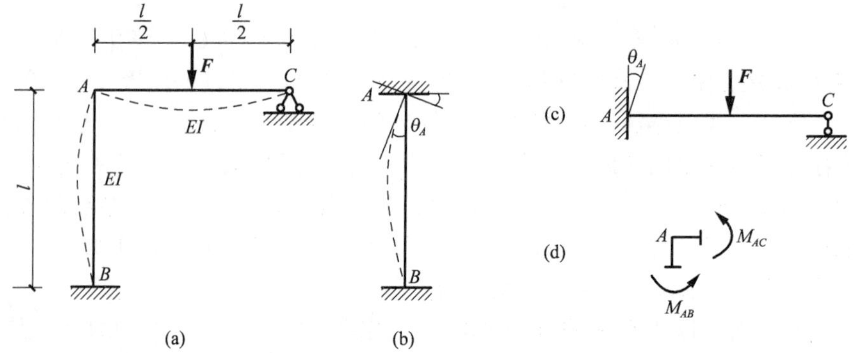

图 10-16　位移法原理

根据 $\sum M_A=0$，有 $M_{AB}+M_{AC}=0$ 。把上面 M_{AB}、M_{AC} 的表达式代入 $4i\theta_A+3i\theta_A-\frac{3}{16}Fl=0$，

解得 $i\theta_A=\dfrac{3}{112}Fl$。

结果为正，说明转向和原来假设的顺时针方向一致。

再把 $i\theta_A$ 代回各杆端弯矩式得

$$M_{BA}=\frac{3}{56}Fl\text{（顺时针、右侧受拉）},\qquad M_{AB}=\frac{6}{56}Fl\text{（顺时针、左侧受拉）}$$

$$M_{AC}=-\frac{6}{56}Fl\text{（逆时针、上侧受拉）},\qquad M_{CA}=0$$

根据杆端弯矩及区段叠加法，可作出弯矩图，亦可作出剪力图、轴力图，如图 10-17 所示。

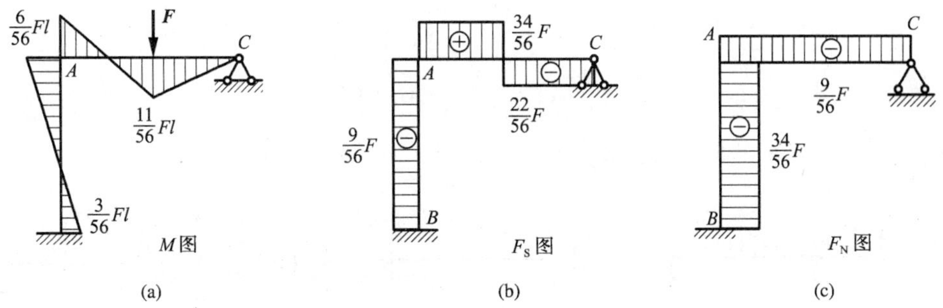

图 10-17　刚架内力图

通过以上叙述可知，位移法的基本思路就是选取结点位移为基本未知量，把每段杆件视为独立的单跨超静定梁，然后根据其位移以及荷载写出各杆端弯矩的表达式，再利用静力平衡条件求解出位移未知量，进而求解出各杆端弯矩。

该方法正是采用了位移作为未知量，故称为位移法。而力法则以多余未知力为基本未知量，故称为力法。在建立方程的时候，位移法是根据静力平衡条件来建立，而力法则是根据位移几何条件来建立，这是两个方法的相互对应之处。

4. 位移法的应用

利用位移法求解超静定结构的一般步骤如下：

①确定基本未知量。

②将结构拆成单杆。

③查表 10-1，列出各杆端转角位移方程。

④根据平衡条件建立平衡方程（一般对有转角位移的刚结点取力矩平衡方程，有结点线位移时，则考虑线位移方向的静力平衡方程）。

⑤解出未知量，求出杆端内力。

⑥作出内力图。

【例 10-2】　用位移法计算如图 10-18(a)所示连续梁，并作出弯矩图和剪力图，已知 $F=\dfrac{3}{2}ql$，各杆刚度 EI 为常数。

【解】　(1)确定基本未知量：此连续梁只有一个刚结点 B，转角位移个数为 1，记作 θ_B，整个梁无线位移，因此，基本未知量只有 B 结点角位移 θ_B。

(2)将连续梁拆成两个单杆，如图 10-18(b)、(d)所示。

(3)查表 10-1，写出转角位移方程

$$M_{AB}=2i\theta_B-\frac{1}{8}Fl=2i\theta_B-\frac{3}{16}ql^2,\qquad M_{BA}=4i\theta_B+\frac{1}{8}Fl=4i\theta_B+\frac{3}{16}ql^2$$

$$M_{BC}=3i\theta_B-\frac{1}{8}ql^2,\qquad M_{CB}=0$$

(4)考虑刚结点 B 的力矩平衡,如图 10-18(c)所示。

由 $\sum M_B=0$,得 $M_{BA}+M_{BC}=0$,即 $4i\theta_B+3i\theta_B+\frac{1}{16}ql^2=0$,解得 $i\theta_B=-\frac{1}{112}ql^2$。

负号说明 θ_B 逆时针转。

(5)代入转角位移方程,求出各杆的杆端弯矩

$$M_{AB}=2i\theta_B-\frac{3}{16}ql^2=-\frac{23}{112}ql^2,\qquad M_{BA}=4i\theta_B+\frac{3}{16}ql^2=\frac{17}{112}ql^2$$

$$M_{BC}=3i\theta_B-\frac{1}{8}ql^2=\frac{17}{112}ql^2,\qquad M_{CB}=0$$

(6)根据杆端弯矩求出杆端剪力,并作出弯矩图、剪力图,如图 10-18(e)、(f)所示。

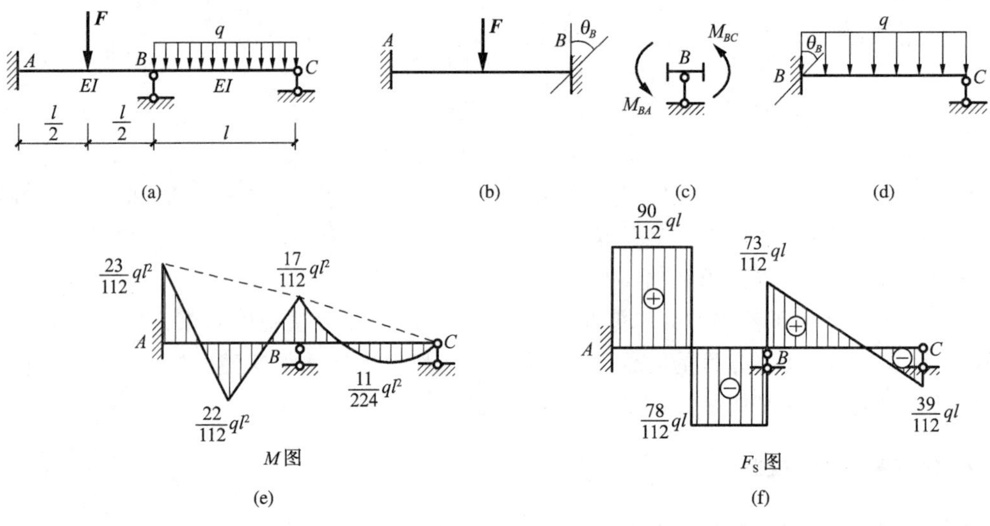

图 10-18 例 10-2 图

【例 10-3】 用位移法计算如图 10-19(a)所示超静定刚架,并作出弯矩图。

【解】 (1)确定基本未知量:此刚架有一个刚结点 C,其转角位移记作 θ,有一个线位移,记作 Δ,如图 10-19(b)所示。

(2)将刚架拆成单杆,如图 10-19(c)所示。

(3)查表 10-1,写出转角位移方程

$$M_{AC}=2i\theta-\frac{6i}{l}\Delta-\frac{1}{12}ql^2=2\theta-\frac{3}{2}\Delta-8,\qquad M_{CA}=4i\theta-\frac{6i}{l}\Delta+\frac{1}{12}ql^2=4\theta-\frac{3}{2}\Delta+8$$

$$M_{CD}=3i\theta=6\theta,\qquad M_{BD}=-\frac{3i}{l}\Delta=-\frac{3}{4}\Delta$$

$$F_{SAC}=-\frac{6i}{l}\theta+\frac{12i}{l^2}\Delta+\frac{ql}{2}=-\frac{3}{2}\theta+\frac{3}{4}\Delta+12,\qquad F_{SBD}=\frac{3i}{l^2}\Delta=\frac{3}{16}\Delta$$

(4)考虑刚结点 C 的力矩平衡,如图 10-19(d)所示。

由 $\sum M_C=0$,得

$$M_{CA}+M_{CD}=0,\quad 即\quad 10\theta-\frac{3}{2}\Delta+8=0$$

取整体结构，考虑水平力的平衡，如图 10-19(e)所示。

由 $\sum X=0$，得

$$ql-F_{SAC}-F_{SBD}=0,\quad 即\quad \frac{3}{2}\theta-\frac{15}{16}\Delta+12=0$$

将上述两式联立，解得

$$\theta=1.47,\quad \Delta=15.16$$

(5)代入转角位移方程，求出各杆的杆端弯矩

$$M_{AC}=2\theta-\frac{3}{2}\Delta-8=2\times1.47-\frac{3}{2}\times15.16-8=-27.79\ \text{kN}\cdot\text{m}$$

$$M_{CA}=4\theta-\frac{3}{2}\Delta+8=4\times1.47-\frac{3}{2}\times15.16+8=-8.82\ \text{kN}\cdot\text{m}$$

$$M_{CD}=6\theta=6\times1.47=8.82\ \text{kN}\cdot\text{m}$$

$$M_{BD}=-\frac{3}{4}\Delta=-\frac{3}{4}\times15.16=-11.37\ \text{kN}\cdot\text{m}$$

(6)作出弯矩图，如图 10-19(f)所示。

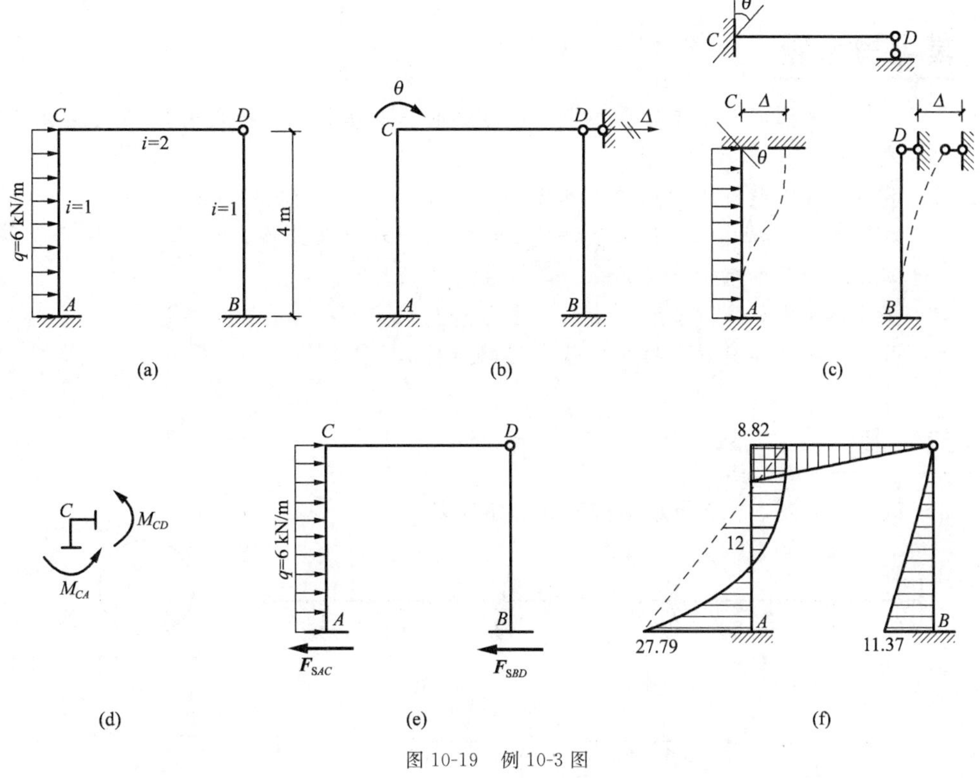

图 10-19　例 10-3 图

本章小结

超静定结构是具有多余约束的几何不变体系，仅凭静力平衡条件不能确定全部反力和内力，必须建立补充方程才能求解。本章介绍了求解超静定结构的两种方法，即力法、位移法。

1. 力法

将超静定结构中的多余约束去掉，以多余未知力代替，得到的静定结构作为基本结构。以多余未知力作为力法的基本未知量，利用基本结构在荷载和多余未知力共同作用下的变形条件建立力法方程，从而求解多余未知力。求得多余未知力后，超静定结构计算问题就转化为静定结构计算问题，可用静力平衡方程或内力叠加公式计算超静定结构的内力和绘制内力图。

因此，力法计算的关键是：确定基本未知量，选择基本结构，建立力法典型方程。

2. 位移法

位移法以结点位移作为基本未知量，根据静力平衡条件求解基本未知量。计算时将整个结构拆成单杆，分别计算各个杆件的杆端弯矩。杆件的杆端弯矩由固端弯矩和位移弯矩两部分组成，固端弯矩和位移弯矩均可查表 10-1 获得，根据查表结果列出含有基本未知量的转角位移方程，再根据静力平衡条件求解基本未知量，将解得的基本未知量代回转角位移方程就得到各杆的杆端弯矩，最后绘制弯矩图，同时根据弯矩图及静力平衡条件可计算剪力、轴力，并绘制剪力图与轴力图。

在运用位移法进行计算和绘制弯矩图时，应注意位移法的弯矩和剪力正负号规定：杆端弯矩以顺时针方向转动为正；杆端剪力使杆产生顺时针转动为正，反之为负。

位移法基本未知量个数的判定：角位移个数等于结构的刚结点个数；独立结点线位移个数等于限制所有结点线位移所需添加的链杆数。

复习思考题

10-1　什么是力法的基本未知量？什么是力法的基本结构？一个超静定结构是否只有唯一形式的基本结构？

10-2　用力法计算超静定结构的基本思路是什么？

10-3　力法典型方程是根据什么条件建立的？其物理意义是什么？

10-4　位移法的基本未知量是什么？如何确定其数目？

10-5　在位移法中杆端弯矩和剪力的正负号如何规定？

10-6　用位移法计算超静定结构的基本思路是什么？

习　题

10-1　试确定如图 10-20 所示结构的超静定次数。

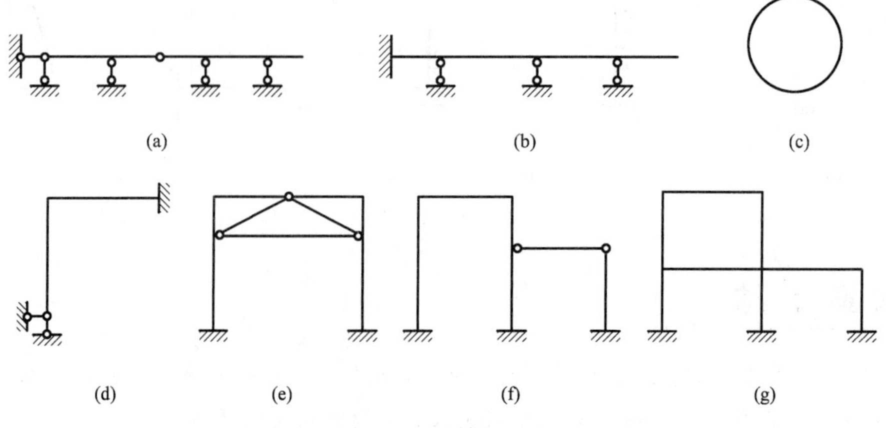

图 10-20　习题 10-1 图

10-2　试用力法计算如图 10-21 所示超静定梁，并绘出内力图。

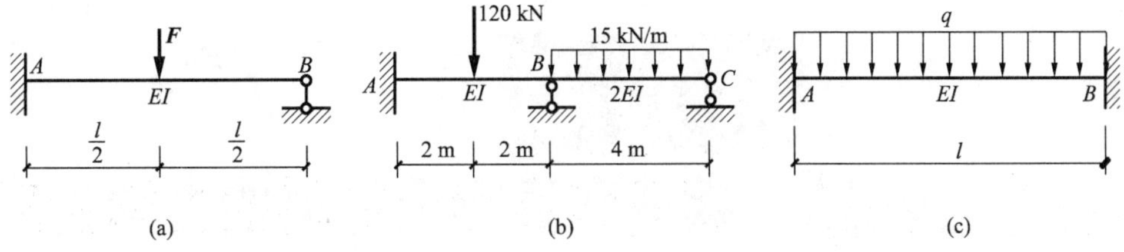

图 10-21　习题 10-2 图

10-3　试用力法计算如图 10-22 所示超静定刚架，并绘出内力图。

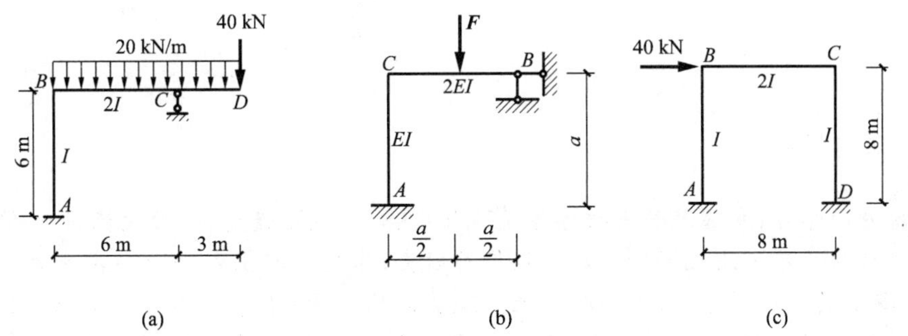

图 10-22　习题 10-3 图

10-4　试用位移法计算如图 10-23 所示连续梁，并绘出内力图。

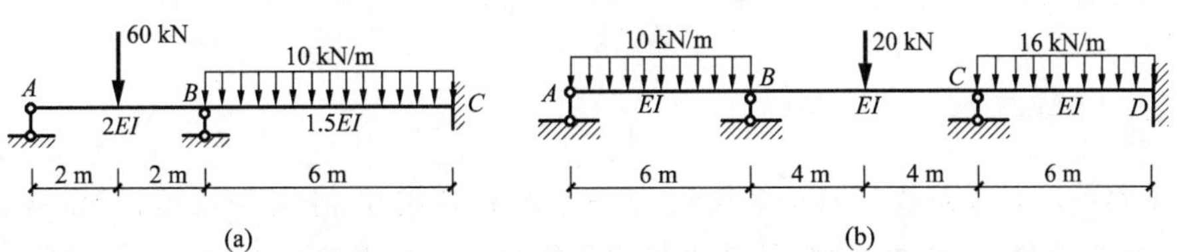

图 10-23　习题 10-4 图

10-5　试用位移法计算如图 10-24 所示刚架，并绘出弯矩图。

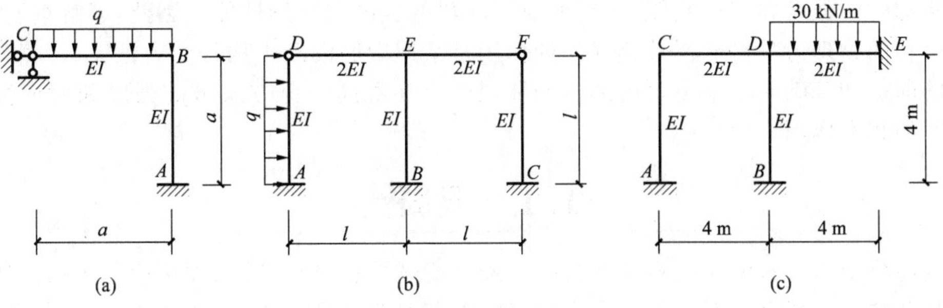

图 10-24　习题 10-5 图

第 10 章

第11章 钢筋和混凝土材料的力学性能

学习目标

通过本章的学习，掌握混凝土立方体抗压强度、轴心抗压强度、轴心抗拉强度的概念；了解各类强度指标的确定方法及影响混凝土强度的因素；掌握混凝土在一次短期加载下的变形性能，理解混凝土的弹性模量、徐变和收缩性能及其影响因素；了解钢筋的种类、级别与形式，混凝土结构对钢筋性能的要求，掌握钢筋应力-应变曲线的特点；掌握有明显屈服点钢筋和无明显屈服点钢筋设计时强度的取值标准；理解钢筋与混凝土之间黏结应力的作用，了解钢筋与混凝土共同工作原理。

学习重点

混凝土在一次短期加载下的变形性能；混凝土的弹性模量、徐变和收缩性能；钢筋的强度和变形、钢筋的成分、级别和品种，混凝土结构对钢筋性能的要求；钢筋的应力-应变曲线的特点；钢筋和混凝土的黏结性能。

结构构件的强度和变形性能，主要取决于材料的强度和变形性能。因此，了解钢筋和混凝土两种材料的物理力学性能及其相互间的作用是掌握钢筋混凝土构件受力性能、计算理论、设计方法的前提和基础。本章主要讲述钢筋和混凝土在不同受荷方式下的强度和变形性能，以及二者间的相互作用。

11.1 混凝土

普通混凝土是由水泥、砂、石和水按一定配合比例拌和，经过凝固硬化后形成的人造石材，是一种复杂的多相复合材料。在混凝土中，砂、石起骨架作用，称为骨料。水泥与水形成水泥浆，包裹在骨料表面并填充其空隙。混凝土的强度和变形性能不仅与组成成分的水泥的强度、骨料的性质、水胶比、级配和配合比等有直接关系外，还与制作方法、硬化养护条件、龄期、试件的形状和尺寸、试验方法、加载速度等有密切关系。

11.1.1 混凝土的强度

混凝土的强度

1. 立方体抗压强度

混凝土结构中，主要是利用混凝土的抗压强度。因此混凝土的抗压强度是衡量混凝土力学性能中最主要的指标。《混凝土结构设计规范》(GB50010－2010)(以下简称《混凝土规范》)规定,混凝土强度等级应按立方体抗压强度标准值确定。立方体抗压强度标准值系指按标准方法制作、养护(温度为 20 ℃±3 ℃,湿度在 90%以上的标准养护室中)的边长为 150 mm 的立方体试件,在 28d 或设计规定龄期以标准试验方法(加荷速度 C30 以下控制在0.3～0.5 N·mm^{-2}·s^{-1} 范围,C30 以上控制在 0.5～0.8 N·mm^{-2}·s^{-1}范围,两边不涂润滑剂)测得的具有 95%保证率的抗压强度值,用符号 $f_{cu,k}$表示。

试验方法对立方体强度有很大的影响。试块在试验机上单向受压时,竖向压缩,横向膨胀。由于混凝土试件的刚度比试验机承压垫板的刚度小得多,而混凝土的横向变形系数大于垫板的横向变形系数,因而试件受压时,垫板通过接触面上的摩擦力约束混凝土试块的横向变形,就像在试件上、下端各加了一个"套箍",最后导致试件形成两个对顶的角锥形破坏面。如图 11-1(a)所示。

如果在承压钢板与试块接触面之间涂一些润滑剂,这时试件与试验机垫板间的摩擦力大大减小,其横向变形几乎不受约束,受压时没有"套箍"作用的影响,试块将出现与压力方向大致平行的竖向裂缝,把试块分裂成若干个小柱体而使之破坏,如图 11-1(b)所示。此时测得的抗压强度就较不涂润滑剂时要小。

(a) 不涂润滑剂

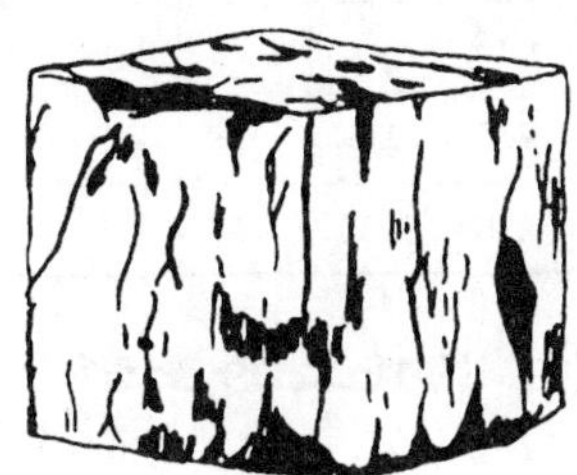
(b) 涂润滑剂

图 11-1　混凝土立方体试块的破坏

试验加载速度对立方体强度也有影响,加载速度越快,测得的强度越高。

《混凝土规范》规定,混凝土按立方体抗压强度标准值的大小共划分为 14 个强度等级,即 C15、C20、C25、C30、C35、C40、C45、C50、C55、C60、C65、C70、C75、C80。符号 C 表示混凝土,C 后面的数值表示立方体抗压强度标准值,单位是 N/mm^2。C50 级及以下为普通强度混凝土,C50 级以上的为高强混凝土。目前在实验室已能配制出 C100 级以上的混凝土,且也有一定的工程应用。

试验表明,由于尺寸效应的影响,对于同样的混凝土,试块尺寸越小测得的强度越高。当采用非标准立方体试块时,需将其实测的强度乘以下列换算系数,以换算成标准立方体抗压强度:

200 mm×200 mm×200 mm 的立方体试块——1.05

100 mm×100 mm×100 mm 的立方体试块——0.95

2. 混凝土轴心抗压强度

混凝土的抗压强度与试件的形状尺寸有关,采用棱柱体测定的抗压强度能够更好地反映混凝土在实际构件中的受压情况。我国《普通混凝土力学性能试验方法》规定以 150 mm×150 mm×300 mm 的棱柱体作为混凝土轴心抗压强度试验的标准试件,用标准方法测得的抗压强度为混凝土轴心抗压强度标准值,用符号 f_{ck}表示。

3. 混凝土轴心抗拉强度

轴心抗拉强度也是混凝土的基本力学性能,它是混凝土结构计算中计算抗裂度和裂缝宽度以及斜截面强度的主要指标。常用轴心抗拉试验或劈裂试验来测得混凝土的轴心抗拉强度。混凝土轴心抗拉强度标准值用符号 f_{tk}表示,其值远小于立方体抗压强度,一般只有抗压强度的 1/18～1/9。

4. 混凝土强度的标准值和设计值

材料强度的标准值是一种特征值，《混凝土规范》取具有 95%保证率的下限分位值作为材料强度的代表值，该代表值即为材料强度的标准值。

混凝土轴心抗压强度的标准值 f_{ck}、抗拉强度的标准值 f_{tk} 按表 11-1 采用。

表 11-1　混凝土轴心抗压强度、抗拉强度标准值　　N/mm²

强度种类	混凝土强度等级													
	C15	C20	C25	C30	C35	C40	C45	C50	C55	C60	C65	C70	C75	C80
f_{ck}	10.0	13.4	16.7	20.1	23.4	26.8	29.6	32.4	35.5	38.5	41.5	44.5	47.4	50.2
f_{tk}	1.27	1.54	1.78	2.01	2.20	2.39	2.51	2.64	2.74	2.85	2.93	2.99	3.05	3.11

混凝土的强度设计值由强度标准值除混凝土材料分项系数 γ_c 确定，$\gamma_c=1.4$。

混凝土轴心抗压强度的设计值 f_c、抗拉强度的设计值 f_t 按表 11-2 采用。

表 11-2　混凝土轴心抗压强度、抗拉强度设计值　　N/mm²

强度种类	混凝土强度等级													
	C15	C20	C25	C30	C35	C40	C45	C50	C55	C60	C65	C70	C75	C80
f_c	7.2	9.6	11.9	14.3	16.7	19.1	21.1	23.1	25.3	27.5	29.7	31.8	33.8	35.9
f_t	0.91	1.10	1.27	1.43	1.57	1.71	1.80	1.89	1.96	2.04	2.09	2.14	2.18	2.22

11.1.2 混凝土的变形

混凝土的变形可分为两大类，一类是由外荷载作用而产生的受力变形，包括一次短期加载变形、荷载长期作用下的变形和重复荷载作用下的变形；另一类是非荷载引起的体积变形，包括混凝土收缩变形、温度变形等。

1. 混凝土在一次短期加载下的变形性能

混凝土在一次短期加载下的受压应力-应变关系，反映了混凝土受力全过程的重要力学特征，它是混凝土构件应力分析、建立承载力和变形计算理论的基础。

微课

混凝土一次短期加荷作用变形

混凝土棱柱体试件在一次短期加载下的应力-应变曲线如图 11-2 所示，由图可见，曲线由上升段和下降段两部分组成。

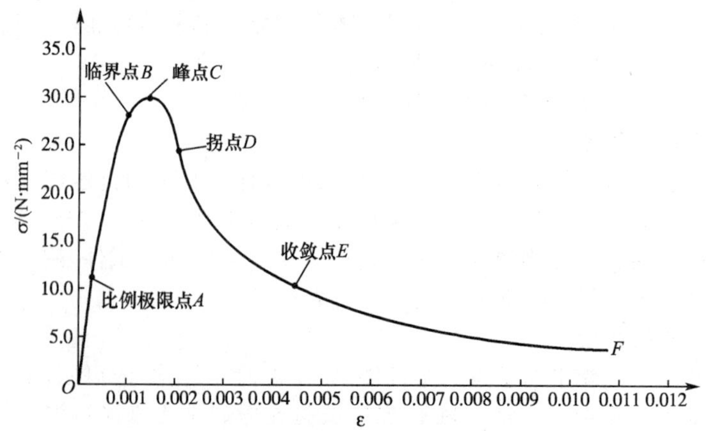

图 11-2　混凝土受压时的应力-应变曲线

OA 段：应力较小($\sigma\leqslant0.3f_c$)，应力-应变关系接近于直线，可将混凝土视为理想的弹性体，其内部的初始微裂缝没有发展，混凝土变形主要是骨料和水泥结晶体受力产生的弹性变形。

AB 段：应力 $\sigma=(0.3\sim0.8)f_c$，应变增长速度大于应力增长速度，应力-应变曲线逐渐偏离直线，呈现出非弹性性质。在此阶段，混凝土内部微裂缝已有所发展，但仍处于稳定状态。

BC 段：应力 $\sigma>0.8f_c$，应变增长速度进一步加快，曲线斜率急剧减小，混凝土内部微裂缝扩大且贯通，进入非稳定发展阶段。当应力达到 C 点即峰值应力 σ_{max} 时，混凝土发挥出它受压时的最大承载能力。这时的峰值应力即为混凝土棱柱体的轴心抗压强度 f_c，相应的应变为峰值应变 ε_0，其值在 0.0015～0.0025 之间变动，平均值 $\varepsilon_0=0.002$。

压应力超过 C 点后，随着压应变的增加，压应力将不断降低，试件表面相继出现多条不连续的纵向裂缝，横向变形急剧发展，混凝土骨料与砂浆的黏结不断遭到破坏，达到 E 点时裂缝连通形成斜向破坏面。E 点的应变 ε_E 约为 0.004～0.006。E 点以后，应力下降缓慢，趋向于稳定的残余应力。由图可见，混凝土的应力-应变关系是一条曲线，这说明混凝土是一种弹塑性材料，只有在压应力很低时才可将它视为弹性材料。

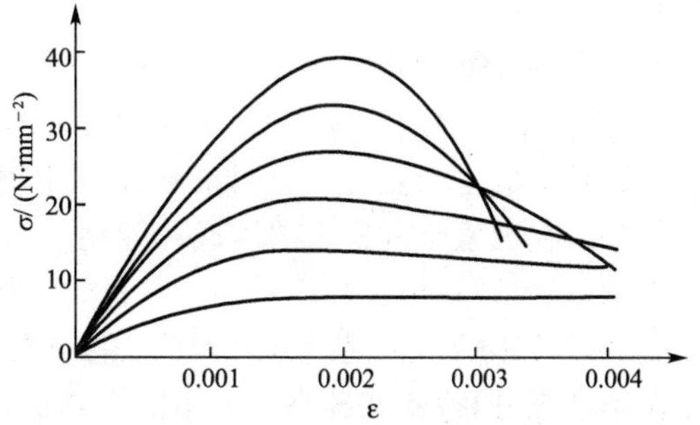

图 11-3　不同强度等级混凝土的应力-应变曲线

对于不同强度等级的混凝土，其相应的应力-应变曲线有着相似的形状，但也有区别。如图 11-3 所示，随着混凝土强度的提高，曲线上升段和峰值应变的变化不是很显著，峰值应力 f_c 所对应的应变 ε_0 大致都在 0.002 左右，而下降段形状有较大的差异，强度越高，混凝土的极限压应变 ε_{cu} 明显减少。《混凝土规范》规定：混凝土的极限压应变 ε_{cu} 可按 $\varepsilon_{cu}=0.0033-(f_{cu,k}-50)\times10^{-5}$ 计算；如算得的 $\varepsilon_{cu}\geqslant0.0033$，则取 $\varepsilon_{cu}=0.0033$。

2. 混凝土的弹性模量

在分析计算混凝土构件的变形、裂缝以及预应力混凝土构件中的预压应力和应力损失等时，都要应用混凝土的弹性模量。由于混凝土应力-应变关系呈曲线变化，只有当应力很小时，应力-应变关系才近似于直线。

如图 11-4 所示，过混凝土应力-应变曲线的原点 O 作切线，该切线的斜率即为混凝土的弹性模量，用 E_c 表示。则

$$E_c=\tan\alpha_0 \tag{11-1}$$

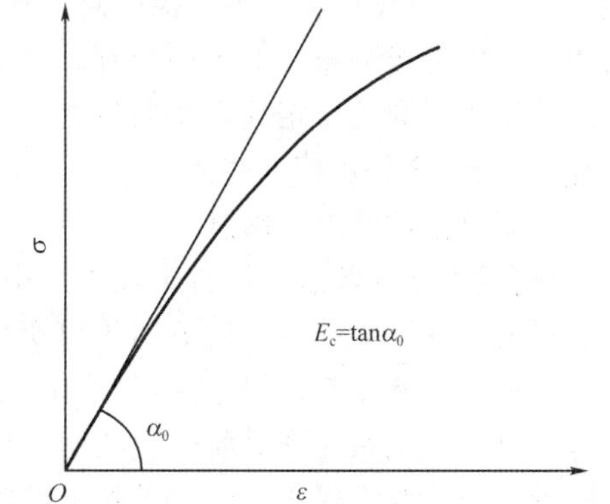

图 11-4　混凝土弹性模量的表示方法

混凝土弹性模量的确定并非易事，因为要在混凝土一次加载应力-应变曲线上作原点切线，找出 α_0 角是很难做到准确的。但其近似值可以利用重复加载、卸载后应力-应变关系趋于直线的特性来测定。即先加载至 $\sigma_c=(0.4\sim0.5)f_c$，然后卸载至零，再重复加载卸载 5～10 次，应力-应变曲线渐趋稳定并接近于一直线，该直线基本上平行于一次加载应力-应变曲线的原点切线，故该直线的斜率即为混凝土的弹性模量。根据不同等级混凝土弹性模量试验值的统计分析，混凝土弹性模量 E_c(N/mm²)与立方体抗压强度 $f_{cu,k}$ 的关系为

$$E_c=\frac{10^5}{2.2+\dfrac{34.7}{f_{cu,k}}} \tag{11-2}$$

《混凝土规范》规定的各混凝土强度等级的弹性模量 E_c 按表 11-3 采用。

表 11-3 混凝土的弹性模量 10^4 N/mm²

混凝土强度等级	C15	C20	C25	C30	C35	C40	C45	C50	C55	C60	C65	C70	C75	C80
E_c	2.20	2.55	2.80	3.00	3.15	3.25	3.35	3.45	3.55	3.60	3.65	3.70	3.75	3.80

注:(1)当有可靠试验数据时,弹性模量值也可根据实测数据确定;

(2)当混凝土中掺有大量矿物掺和料时,弹性模量可按规定龄期根据实测值确定。

混凝土的剪切变形模量 G_c 取 $0.4E_c$。

3. 混凝土在长期荷载作用下的变形性能

混凝土在长期荷载作用下,应力不变,应变随时间的增加还会不断增长的现象称为混凝土的徐变。徐变主要是由混凝土中水泥凝胶体的黏性流动以及骨料界面和砂浆内部微裂缝的发展引起的。

徐变的发展规律是先快后慢,前 4 个月徐变增长较快,6 个月可达最终徐变值的 70%～80%,以后增长逐渐缓慢,2～3 年后趋于稳定。

影响混凝土徐变的主要因素有:内在因素、环境影响和应力条件。

①内在因素是混凝土的组成和配比。水泥用量越多,徐变越大;水胶比越大,徐变也越大。骨料越坚硬、弹性模量越高,对水泥石徐变的约束作用越大,徐变越小。

②环境影响是指混凝土的养护条件和使用条件。受荷前养护温度越高、湿度越大,水泥水化作用越充分,徐变就越小。采用蒸汽养护可使徐变减少 20%～35%。而混凝土受荷后所处的环境的温度越高、相对湿度越小,则徐变越大。构件的形状、截面尺寸也会影响徐变大小。截面积与截面周界长度的比值越大,混凝土内部失水受限,徐变减小。

③应力条件是指初应力水平(σ/f_c)和加荷时混凝土的龄期,它们是影响徐变的主要因素。加荷时混凝土构件的龄期越长,水泥石中结晶体所占比例就越大,胶体的黏结流动相对就越小,徐变也越小。加荷龄期相同时,初应力越大,徐变也越大。

混凝土的徐变对混凝土结构或构件的受力性能有较大影响,它将使结构或构件的变形增大,特别是对于以自重为主的大跨结构;在预应力混凝土结构中,徐变变形将引起相当大的预应力损失,降低预应力效果。徐变对结构和构件的影响,在多数情况下是不利的。但徐变引起的内力或应力重分布及应力松弛有时候对结构构件有利。如对钢筋混凝土轴心受压柱,徐变引起的混凝土和受压钢筋之间的应力重分布,使钢筋和混凝土的应力有可能同时达到各自的强度,有利于充分发挥材料强度。

4. 混凝土的收缩与膨胀

(1)混凝土的收缩 混凝土在空气中结硬时体积随时间增长而缩小的现象称为收缩。收缩是混凝土在不受外力情况下因体积变化而产生的变形。混凝土的收缩主要是由于混凝土中的水分散失或湿度降低引起的,收缩是使混凝土内部产生初始裂缝的主要原因。

混凝土从浇筑完毕后就产生收缩,早期收缩变形发展较快,6 个月后就趋于稳定。蒸汽养护的混凝土的收缩值小于常温养护下的收缩值。这是因为高温高湿的养护条件促进了水泥石水化作用,加速了其凝结与硬化。

除养护条件外,混凝土的收缩还与下列因素有关:①水泥品种,所用水泥强度等级越高,混凝土收缩越大;②水泥用量和水胶比,水泥用量越多,水胶比越大,收缩也越大;③骨料性质,骨料颗粒越小,空隙率越大,骨料的弹性模量越低,收缩越大;④混凝土的振捣和所处环境,混凝土振捣越密实,收缩越小,构件所处环境湿度越大,收缩越小;⑤构件的体积与表面面积比值越小,收缩越大。

混凝土的收缩会使结构或构件在未受荷前就产生裂缝，影响结构的正常使用；在预应力混凝土构件中，收缩将引起预应力筋的应力损失。

(2)混凝土的膨胀　混凝土在水中结硬时，其体积略有膨胀，混凝土的膨胀一般是有利的，故可不予考虑。

11.1.3　混凝土的选用

为提高材料的利用效率(包括提高耐久性以及延长使用年限)，工程中应用的混凝土强度等级宜适当提高。素混凝土结构的混凝土强度等级不应低于 C15；钢筋混凝土结构的混凝土强度等级不应低于 C20；采用强度等级 400 MPa 及以上的钢筋时，混凝土强度等级不应低于 C25。

预应力混凝土结构的混凝土强度等级不宜低于 C40，且不应低于 C30。

承受重复荷载的钢筋混凝土构件，混凝土强度等级不应低于 C30。

11.2　钢　筋

11.2.1　钢筋的品种和级别分类

1. 按化学成分不同分类

混凝土结构中所采用的钢筋按其化学成分的不同，可分为碳素钢和普通低合金钢。碳素钢的化学成分以铁为主，还含少量的碳、硅、锰、硫、磷等元素。碳素钢按其含碳量的多少可分为低碳钢(含碳量＜0.25%)、中碳钢(含碳量 0.25%～0.6%)和高碳钢(含碳量 0.6%～1.4%)。碳素钢的强度随含碳量增加而提高，但塑性和韧性随之降低，可焊接性变差。普通低合金钢是在碳素钢已有成分中再加入少量的合金元素，如锰、硅、钒、钛、铬等，加入这些元素后可有效地提高钢材的强度，改善塑性和可焊接性能。细晶粒钢筋是不需要添加或只需添加很少的合金元素，通过控制轧钢的温度形成细粒晶的金相组织，就可以达到与添加合金元素相同的效果，其强度和延性完全满足混凝土结构对钢筋性能的要求。

微课

钢筋的分类和力学性能

2. 按生产加工工艺和力学性能不同分类

钢筋和钢丝按生产加工工艺和力学性能的不同，分为热轧钢筋、中强度预应力钢丝、消除应力钢丝、钢绞线和预应力螺纹钢筋。

(1)热轧钢筋　热轧钢筋是经热轧成型并自然冷却的成品钢筋，由低碳钢、普通低合金钢或细粒晶钢在高温状况下轧制而成的，用于混凝土结构中的钢筋和预应力混凝土结构中的非预应力钢筋主要是热轧钢筋，分为热轧光圆钢筋和热轧带肋钢筋两种，如图 11-5 所示。

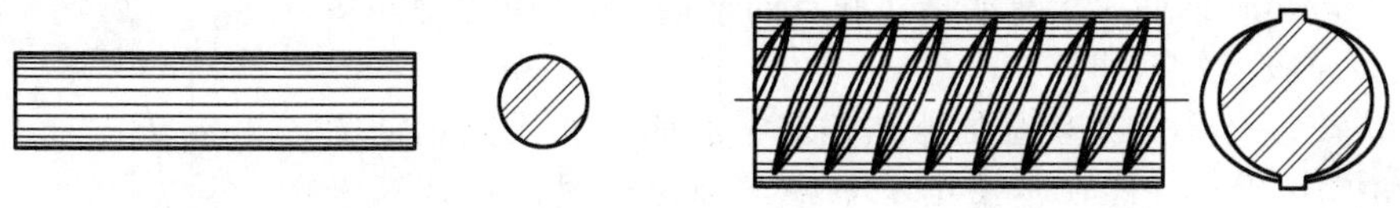

(a) 光面钢筋　　(b) 月牙纹钢筋

图 11-5　钢筋的形式

热轧钢筋是经热轧成型并自然冷却的成品钢筋，由低碳钢、普通低合金钢在高温状况下轧制而成的，有明显的屈服点和流幅，断裂时有颈缩现象，伸长率比较大。热轧钢筋根据其强度的高低分为 HPB300 级、HRB335 级、HRBF335 级、HRB400 级、HRBF400 级、RRB400 级、HRB500 级、HRBF500 级。其中 HPB300 级为光面钢筋，HRB335 级、HRB400 级和 HRB500

级为普通低合金钢热轧月牙纹变形钢筋，HRBF335 级、HRBF400 级和 HRBF500 级为细晶粒热轧月牙纹变形钢筋，RRB400 级为余热处理月牙纹变形钢筋。

(2)中强度预应力钢丝和消除应力钢丝 预应力钢丝是由优质高碳钢经冷加工或冷加工后热处理而成的抗拉强度很高的钢丝。中强度预应力钢丝按外形分为光圆钢丝和螺旋肋钢丝两种。消除应力钢丝按外形也分为光圆钢丝和螺旋肋钢丝两种，如图 11-6(a)、(b)所示。

(3)钢绞线 钢绞线是由多根高强钢丝捻制在一起经过低温回火处理内应力后而制成，分为 2 股、3 股和 7 股三种，如图 11-6(c)所示。

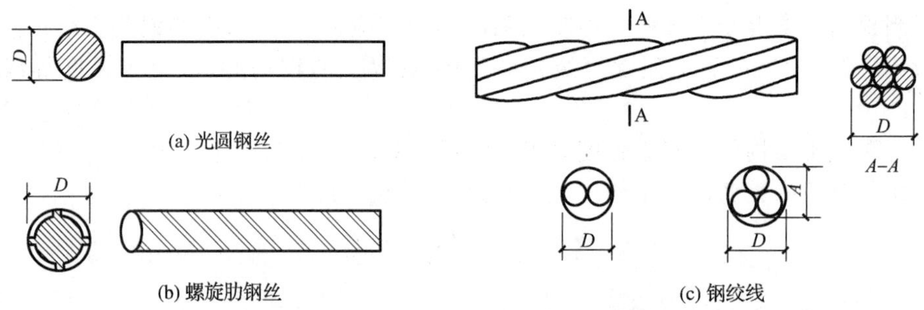

图 11-6 钢丝和钢绞线

(4)预应力螺纹钢筋 预应力混凝土用螺纹钢筋，也称精轧螺纹钢筋。它是一种热轧成带有不连续的外螺纹的直条钢筋，该钢筋在任意截面处，均可以用带有匹配开关的内螺纹的连接器或锚具进行连接或锚固，如图 11-7 所示。

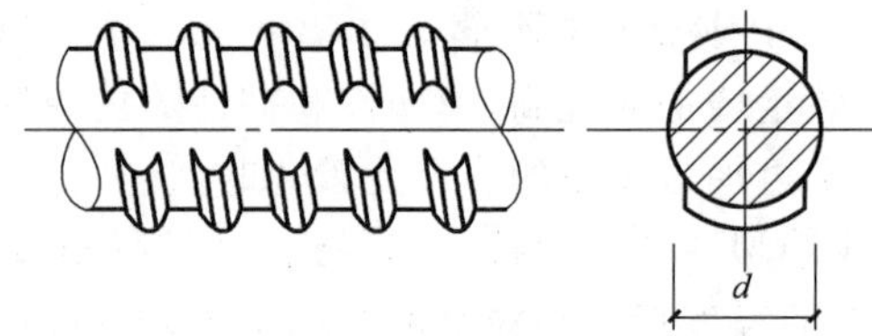

图 11-7 精轧螺纹钢筋

中强度预应力钢丝、消除应力钢丝、钢绞线和预应力螺纹钢筋是用于预应力混凝土结构的预应力筋。

11.2.2 钢筋的力学性能

1. 拉伸性能

混凝土结构所用的钢筋，按其拉伸试验所得到的应力-应变曲线性质的不同，分为有明显屈服点钢筋(软钢)和无明显屈服点钢筋(硬钢)。一般热轧钢筋属于有明显屈服点的钢筋，而预应力钢筋多属于无明显屈服点的钢筋。

有明显屈服点的钢筋力学性能

(1)有明显屈服点钢筋 有明显屈服点钢筋的力学性能在本书第 7 章中详细讨论过。在计算承载力时屈服强度作为钢筋的强度标准值。因为钢筋屈服后将产生很大的塑性变形，且卸载后塑性变形不可恢复，这会使钢筋混凝土构件出现很大的变形和不可闭合的裂缝，以致无法使用。由于屈服上限不稳定，一般取屈服下限作为钢材的屈服强度。

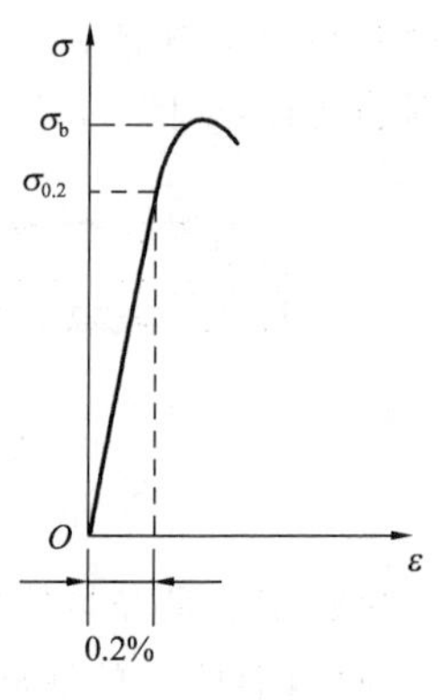

图 11-8 无明显屈服点钢筋的应力-应变曲线

(2)无明显屈服点钢筋 无明显屈服点钢筋的应力-应变曲线，

如图 11-8 所示。设计中一般取残余应变为 0.2%时所对应的应力作为强度指标，称为条件屈服强度，也就是该种钢筋的强度标准值，用 $\sigma_{0.2}$ 表示。对于消除应力钢丝、中强度预应力钢丝、钢绞线和预应力螺纹钢筋，《混凝土规范》取条件屈服强度为 $0.85\sigma_b$。

无明显屈服点的钢筋力学性能

2. 钢筋的总伸长率

《混凝土规范》用钢筋在最大力（极限强度）下的总伸长率（又称均匀伸长率）δ_{gt} 表示钢筋的变形能力，普通钢筋及预应力筋的总伸长率 δ_{gt} 不应小于表 11-4 规定的数值。

表 11-4　普通钢筋及预应力筋在最大力下的总伸长率限值

钢筋品种	普通钢筋			预应力筋
	HPB300	HRB335、HRBF335、HRB400、HRBF400、HRB500、HRBF500	RRB400	
δ_{gt}/%	10.0	7.5	5.0	3.5

3. 冷弯性能

钢筋除需有足够的强度外，还应具有一定的塑性变形能力。反映钢筋塑性性能的基本指标除了总伸长率外，还有冷弯性能。冷弯性能指钢筋在常温下承受弯曲的能力，采用冷弯试验测定，如图 11-9 所示。冷弯是把直径为 d 的钢筋围绕直径为 D（$D=1d$ 或 $D=3d$）的钢辊进行弯折，在达到规定的冷弯角度 α（90°或 180°）时，不能出现裂纹或断裂。若钢筋所绕钢辊直径 D 越小，冷弯角度 α 越大，则该钢筋的塑性性能就越好。

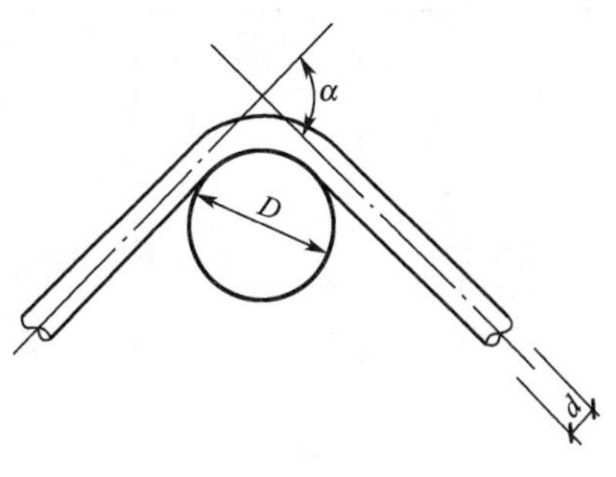

图 11-9　钢筋的冷弯

α—冷弯角度；D—辊轴直径；d—钢筋直径

屈服强度、抗拉强度、总伸长率和冷弯性能是有明显屈服点钢筋进行质量检验的四项主要指标，对无明显屈服点的钢筋则只测定后三项。

4. 钢筋强度的标准值和设计值

对钢筋强度标准值，考虑到我国冶金生产钢材质量控制标准的废品限值具有 97.73%的保证率，已满足《混凝土规范》规定材料强度标准值的保证率不小于 95%的要求，因此，钢筋的强度标准值取钢材质量控制标准的废品限值。

普通钢筋的屈服强度标准值 f_{yk}、极限强度标准值 f_{stk} 按表 11-5 采用；预应力钢丝、钢绞线和预应力螺纹钢筋的屈服强度标准值 f_{pyk}、极限强度标准值 f_{ptk} 按表 11-6 采用。

表 11-5　普通钢筋强度标准值　N/mm²

种类	符号	公称直径 d/mm	屈服强度标准值 f_{yk}	极限强度标准值 f_{stk}
HPB300	Φ	6～22	300	420
HRB335 HRBF335	Φ Φ^F	6～50	335	455
HRB400 HRBF400 RRB400	Φ Φ^F Φ^R	6～50	400	540
HRB500 HRBF500	Φ Φ^F	6～50	500	630

表 11-6 **预应力筋强度标准值** N/mm²

种类		符号	公称直径 d/mm	屈服强度标准值 f_{pyk}	极限强度标准值 f_{ptk}
中强度预应力钢丝	光面螺旋肋	ϕ^{PM} ϕ^{HM}	5、7、9	620	800
				780	970
				980	1270
预应力螺纹钢筋	螺纹	ϕ^{T}	18、25、32、40、50	785	980
				930	1080
				1080	1230
消除应力钢丝	光面螺旋肋	ϕ^{F} ϕ^{H}	5	—	1570
				—	1860
			7	—	1570
			9	—	1470
				—	1570
钢绞线	1×3（三股）	ϕ^{S}	8.6、10.8、12.9	—	1570
				—	1860
				—	1960
	1×7（七股）		9.5、12.7、15.2、17.8	—	1720
				—	1860
				—	1960
			21.6	—	1860

注：极限强度标准值为 1960 N/mm² 的钢绞线作后张预应力配筋时，应有可靠的工程经验。

钢筋的强度设计值为其强度标准值除以材料分项系数 γ_s 的数值。对 400 MPa 级及以下的普通钢筋，其材料分项系数 γ_s 取 1.10，对 500 MPa 级钢筋取 1.15，对预应力筋取 1.20。

普通钢筋的抗拉强度设计值 f_y、抗压强度设计值 f'_y 按表 11-7 采用；预应力筋的抗拉强度设计值 f_{py}、抗压强度设计值 f'_{py} 按表 11-8 采用。

表 11-7 **普通钢筋强度设计值** N/mm²

种类	抗拉强度设计值 f_y	抗压强度设计值 f'_y
HPB300	270	270
HRB335、HRBF335	300	300
HRB400、HRBF400、RRB400	360	360
HRB500、HRBF500	435	410

表 11-8 **预应力筋强度设计值** N/mm²

种类	极限强度标准值 f_{ptk}	抗拉强度设计值 f_{py}	抗压强度设计值 f'_{py}
中强度预应力钢丝	800	510	410
	970	650	
	1270	810	

（续表）

种类	极限强度标准值 f_{ptk}	抗拉强度设计值 f_{py}	抗压强度设计值 f'_{py}
消除应力钢丝	1470	1040	410
	1570	1110	
	1860	1320	
钢绞线	1570	1110	390
	1720	1220	
	1860	1320	
	1960	1390	
预应力螺纹钢筋	980	650	410
	1080	770	
	1230	900	

注：当预应力筋的强度标准值不符合表中规定时，其强度设计值应进行相应的比例换算。

(5)钢筋的弹性模量

钢筋的弹性模量由拉伸试验来测定，同一种类钢筋的受拉和受压弹性模量相同。

普通钢筋和预应力筋的弹性模量 E_s 按表 11-9 采用。

表 11-9　　**钢筋的弹性模量**　　10^5 N/mm^2

种类弹性模量	E_s
HPB300 钢筋	2.10
HRB335、HRB400、HRB500 钢筋 HRBF335、HRBF400、HRBF500 钢筋 RRB400 钢筋 预应力螺纹钢筋	2.00
消除应力钢丝、中强度预应力钢丝	2.05
钢绞线	1.95

注：必要时可采用实测的弹性模量。

11.2.3　混凝土结构对钢筋性能的要求

1. 钢筋的强度

钢筋应具有可靠的屈服强度和极限强度，屈服强度是设计计算时的主要依据，钢筋的屈服强度越高，则钢筋的用量就越少，所以要选用高强度钢筋。

2. 钢筋的塑性

要求钢筋在断裂前有足够的变形，能给人以破坏的预兆。另外，钢筋的塑性好，钢筋的加工成型也较容易。因此应保证钢筋的伸长率和冷弯性能合格。

3. 钢筋的可焊性

在很多情况下，钢筋的接长和钢筋之间的连接需通过焊接，因此要求在一定的工艺条件下钢筋焊接后施焊热影响区域不能产生裂纹及过大的变形，保证焊接后的接头性能良好。

4. 钢筋与混凝土的黏结力

钢筋和混凝土这两种物理性能不同的材料之所以能结合在一起共同工作，主要是由于混凝土在结硬时,牢固地与钢筋黏结在一起,相互传递内力的缘故。通常在钢筋表面上加以刻痕或制成各种肋纹,来提高钢筋与混凝土的黏结力。

在寒冷地区,对钢筋的低温性能也有一定的要求,以防钢筋低温冷脆而致破坏。

11.2.4 钢筋的选用

混凝土结构的钢筋应按下列规定选用:

①纵向受力普通钢筋宜采用 HRB400、HRB500、HRBF400、HRBF500 钢筋;也可采用 HPB300、HRB335、HRBF335 和 RRB400 钢筋;

②梁、柱纵向受力普通钢筋应采用 HRB400、HRB500、HRBF400、HRBF500 钢筋;

③箍筋宜采用 HRB400、HRBF400、HPB300、HRB500、HRBF500 钢筋;也可采用 HRB335、HRBF335 钢筋;

④预应力筋宜采用预应力钢丝、钢绞线和预应力螺纹钢筋。

RRB 系列余热处理钢筋由轧制钢筋经高温淬火,余热处理后提高强度。其延性、可焊性、机械连接性能及施工适应性降低,一般可用于对变形性能及加工性能要求不高的构件中,如基础、大体积混凝土、楼板、墙体以及次要的中小结构构件等。

11.3 钢筋与混凝土的黏结

11.3.1 黏结力的概念

钢筋与混凝土这两种力学性能完全不同的材料为什么能结合在一起共同工作呢?除了两者具有相近的温度线膨胀系数及混凝土对钢筋具有保护作用以外,主要是由于混凝土硬化后,在钢筋与混凝土之间的接触面上产生了良好的黏结力。一般来说,外力很少直接作用在钢筋上,钢筋所受到的力是通过周围的混凝土传递给它的,这就要依靠钢筋与混凝土之间的黏结力来传力。所谓黏结力是指在钢筋与混凝土接触界面上所产生的沿钢筋纵向的剪应力。正是通过这种黏结作用使钢筋与混凝土两者之间可进行应力传递并协调变形。试验表明,钢筋与混凝土之间的黏结力由三部分组成:一是因混凝土收缩将钢筋紧紧握固而产生的摩擦力,钢筋和混凝土之间挤压力越大、接触面越粗糙,则摩擦力越大;二是因水泥凝胶体与钢筋表面之间的化学吸附作用产生的胶合力,该力一般较小,当接触面发生相对滑移时,该力即行消失;三是由于钢筋表面凹凸不平与混凝土之间产生的机械咬合力,机械咬合力约占总黏结力的一半以上。另外,钢筋端部弯折、弯钩、焊接件等的附加机械作用也起到两种材料共同受力与变形的作用。光圆钢筋以摩擦力为主,变形钢筋则以机械咬合力为主。

11.3.2 黏结强度及其影响因素

黏结强度通常采用拔出试验来确定,如图 11-10 所示,将钢筋的一端埋置在混凝土试件中,在伸出的一端施力将钢筋拔出。取钢筋拉拔力到达极限时的平均黏结应力来代表钢筋与混凝土之间的黏结强度 τ_u,由下式确定

$$\tau_u=\frac{F}{\pi dl} \tag{11-3}$$

式中 F——拉拔力的极限值;

d——钢筋的直径;

l——钢筋的埋入长度。

影响钢筋与混凝土之间黏结强度的主要因素：

①混凝土的强度等级。混凝土的强度等级越高，黏结强度越大。

②混凝土保护层厚度及钢筋间的净距。钢筋外围的混凝土保护层太薄时，外围混凝土将发生径向劈裂；钢筋间的净距过小，外围混凝土将发生水平劈裂，形成贯穿整个梁宽的劈裂裂缝，造成整个混凝土保护层剥落，黏结强度显著降低。为此，《混凝土规范》对保护层最小厚度和钢筋的最小间距均作了要求。

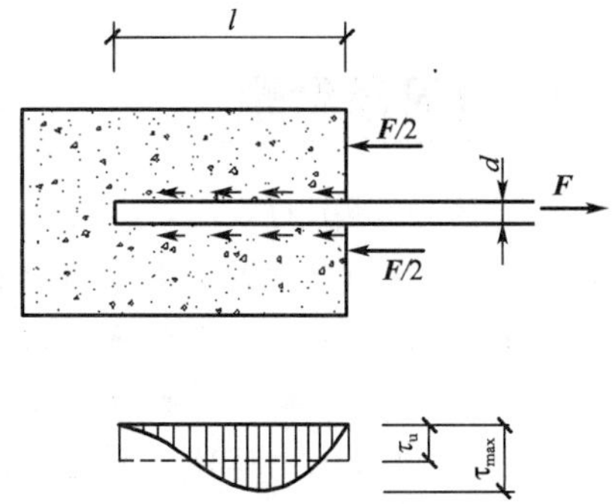

图 11-10　拔出试验及黏结应力分布

③钢筋的表面形状。变形钢筋表面凹凸不平与混凝土之间产生的机械咬合力大，则黏结强度高于光面钢筋。所以设计时要在受拉光面钢筋端部做弯钩来增加其黏结强度。

④横向钢筋的设置。构件中设置横向钢筋(如箍筋)，可以限制混凝土内部裂缝的发展，提高黏结强度。因此，在使用较大直径钢筋的锚固区、搭接长度范围内，以及当一排的并列钢筋根数较多时，应设置一定数量的附加箍筋，以防止混凝土保护层的劈裂崩落。

另外，黏结强度还和钢筋周围有无侧向压力及浇筑混凝土时钢筋所处位置有关。有侧向压力，可以约束混凝土的横向变形，增大摩阻力，则黏结力增大；浇筑混凝土时，如果钢筋下部的混凝土厚度较大，钢筋底面的混凝土会出现沉淀收缩和离析泌水，使水平钢筋的底面与混凝土之间形成了疏松空隙层，黏结强度就将大大降低。

本章小结

(1)混凝土的强度有立方体抗压强度、轴心抗压强度和轴心抗拉强度。其中，立方体抗压强度是最基本的指标，是划分混凝土强度等级的依据；轴心抗拉强度是确定混凝土构件的抗裂度和裂缝宽度的重要力学指标；在实际工程中，混凝土的强度等级应根据规范规定的最低限制要求选用。

(2)由混凝土的应力-应变曲线可知混凝土是一种弹塑性材料。

(3)混凝土在长期荷载作用下，应力不变，应变随时间的增加还会不断增长的现象称为混凝土的徐变。徐变将使结构或构件的变形增大，在预应力混凝土结构中将引起较大的预应力损失。混凝土在空气中结硬时体积随时间增长而缩小的现象称为收缩。收缩是使混凝土内部产生初始裂缝的主要原因。

(4)钢筋按其化学成分的不同，可分为碳素钢和普通低合金钢。钢筋和钢丝按生产加工工艺和力学性能的不同，分为热轧钢筋、中强度预应力钢丝、消除应力钢丝、钢绞线和预应力螺纹钢筋。

(5)钢筋按应力-应变曲线可分为有明显屈服点钢筋和无明显屈服点钢筋。有明显屈服点的钢筋以钢筋的屈服强度作为钢筋强度限值的依据，无明显屈服点的钢筋以条件屈服强度作为钢筋强度限值的依据。

(6)钢筋与混凝土这两种力学性能完全不同的材料能够结合在一起共同工作，除了两者具有相近的温度线膨胀系数外，主要是由于混凝土硬化后，在钢筋与混凝土之间的接触面上产生了良好的黏结力。

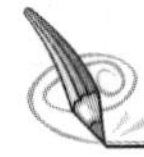

复习思考题

11-1 混凝土的强度等级是如何确定的?《混凝土规范》规定的混凝土强度等级有哪些?混凝土结构中对使用的混凝土有什么要求?

11-2 混凝土有哪几个强度指标?各用什么符合表示?

11-3 混凝土受压时的应力-应变曲线有何特点?

11-4 混凝土的弹性模量是如何确定的?

11-5 什么是混凝土的徐变?影响徐变的主要因素有哪些?徐变对钢筋混凝土结构有哪些影响?

11-6 什么是混凝土的收缩?收缩对混凝土结构有哪些影响?影响收缩的主要因素有哪些?如何减少混凝土的收缩?

11-7 建筑结构用钢筋的种类有哪些?并说明各种钢筋的应用范围?

11-8 钢筋的塑性性能用什么反映?

11-9 有明显屈服点的钢筋取什么强度作为强度标准值?为什么?

11-10 无明显屈服点的钢筋,怎样确定它的强度标准值?

11-11 混凝土结构对钢筋的性能有哪些要求?

11-12 钢筋与混凝土之间的黏结力由哪几部分组成?影响黏结强度的主要因素有哪些?

第12章 建筑结构设计方法

学习目标

通过本章的学习，了解结构的功能要求和极限状态的基本概念；掌握结构上的荷载、荷载效应和结构抗力的概念；学会荷载效应标准值、组合值和准永久值的计算；掌握结构构件承载力极限状态和正常使用极限状态的实用设计表达式以及表达式中各符号所代表的含义；熟悉耐久性设计。

学习重点

荷载、荷载效应和结构抗力；荷载效应标准值、组合值和准永久值；结构构件承载力极限状态和正常使用极限状态实用设计表达式的应用。

12.1 建筑结构的功能要求和极限状态

12.1.1 结构的功能要求

建筑结构的功能要求

结构设计的基本目的是以最经济的手段，使结构在规定的使用期限内，能满足设计所预定的各种功能要求。我国《工程结构可靠性设计统一标准》(GB50153—2008)规定，结构应满足下列功能要求：

1. 安全性

结构在正常施工和正常使用期间应能承受可能出现的各种作用而不发生破坏，如荷载、外加变形和约束变形等；在偶然事件发生时及发生后能保持必要的整体稳定性，不出现与起因不相称的后果；如遇强震、爆炸、撞击等，建筑结构虽有局部损伤但不致发生倒塌。

2. 适用性

结构在正常使用过程中应保持良好的工作性能。如不发生影响正常使用的过大变形和振幅，不产生过宽的裂缝。

3. 耐久性

在正常维护条件下，结构应在预定的设计使用期限内满足各项功能的要求，即应具有足够的耐久性。例如，不致因混凝土的劣化、腐蚀或钢筋锈蚀等影响使结构不能正常使用至预定的设计使用年限。

结构的安全性、适用性和耐久性统称为结构的可靠性。结构的可靠性用可靠度来进行定量描述，即结构在规定的时间内(一般建筑结构规定为50年，称为设计基准期)，规定的条件下(正常设计、正常施工、正常使用和正常维修)完成预定功能的概率，称为结构的可靠度，结构的可靠度是衡量结构可靠性的重要指标。

12.1.2 结构的极限状态

结构的极限状态

结构在使用期间的工作情况称为结构的工作状态。整个结构或结构的一部分超过某一特定状态就不能满足设计规定的某一功能要求，这个特定状态称为该功能的极限状态。

结构功能的极限状态可分为两类：承载能力极限状态和正常使用极限状态。前者主要是使结构满足安全要求，后者则是使结构满足适用性能要求。

1. 承载能力极限状态

结构或结构构件达到最大承载能力、出现疲劳破坏、发生不适于继续承载的变形或结构局部破坏而引发的连续倒塌。具体来说，当结构或结构构件出现下列状态之一时，即认为超过了承载能力极限状态：

①整个结构或其中一部分作为刚体失去平衡，如雨篷的倾覆，挡土墙的滑移等；

②构件截面或其连接因超过材料强度而破坏；

③结构或构件达到最大承载力；

④结构或构件因受动力荷载的作用而产生疲劳破坏；

⑤结构塑性变形过大而不适于继续承载；

⑥结构转变为机动体系，如超静定结构中出现足够多塑性铰；

⑦结构或构件因达到临界荷载而丧失稳定，如细长受压构件的压屈失稳。

此外，对意外事件或偶然发生事件，如地震、爆炸、撞击等，结构应具有良好的整体性，不致因个别构件或结构局部破坏而导致连续倒塌或大范围破坏。美国纽约世界贸易中心双塔大厦遭恐怖分子的飞机撞击，产生爆炸、燃烧而最终导致整体倒塌，即是一个非常典型的事例。

2. 正常使用极限状态

结构或结构构件达到正常使用的某项规定限值或耐久性的某种规定状态。具体来说，当结构或结构构件出现下列状态之一时，即认为超过了正常使用极限状态：

①影响正常使用或外观的变形，如吊车梁变形过大致使吊车不能正常行驶，梁挠度过大影响外观或导致非结构构件的开裂等；

②影响正常使用或耐久性能的局部损坏，如混凝土构件裂缝过宽导致钢筋锈蚀，水池池壁开裂漏水不能正常使用；

③影响正常使用的震动，如震动过大使人感到不舒适，影响精密仪器的运作；

④影响正常使用的其他特定状态，地基相对沉降量过大，在侵蚀性介质作用下结构或构件严重腐蚀。

结构超过该类状态时将不能正常工作，影响其耐久性和适用性，但一般不会导致人身伤亡或重大经济损失。设计时，可靠度水平允许比承载能力极限状态的可靠度水平适当降低。通常先按承载能力极限状态设计或计算结构构件，再按正常使用极限状态进行验算(校核)。

12.2 极限状态设计法

12.2.1 结构上的荷载和荷载效应

1. 荷载

结构在施工和使用期间要承受各种作用。作用是指直接施加在结构上的集中力或分布力（如构件自重、人群重量、风压力和积雪重量等），以及引起结构外加变形或约束变形的原因（如温度变化、混凝土收缩和徐变、基础沉降、地震作用等）。前者称为“直接作用”，后者则称为“间接作用”。由于能使结构产生效应的原因，多数可归结为直接作用在结构上的力集（集中荷载和分布荷载），因此习惯上都将结构上的各种作用称为荷载。

(1)荷载分类 结构上的荷载按其作用时间的长短和性质不同，可分为以下三类。

①永久荷载。在结构使用期间，其值不随时间变化，或其变化与平均值相比可以忽略不计，或其变化是单调的并能趋于限值的荷载。如结构自重、土压力、预应力、固定设备重等，永久荷载又称恒荷载。

②可变荷载。在结构使用期间，其值随时间变化，且其变化与平均值相比不可以忽略不计的荷载。如楼面活荷载、屋面活荷载和积灰荷载、吊车荷载、风荷载、雪荷载、温度作用等，可变荷载又称活荷载。

③偶然荷载。在结构设计使用年限内不一定出现，而一旦出现其量值很大，且持续时间很短的荷载。如爆炸力、撞击力等。

(2)荷载代表值 在结构设计时，应根据各种极限状态的设计要求采用不同的荷载代表值。永久荷载采用标准值作为代表值，可变荷载采用标准值、组合值和准永久值等作为代表值。标准值是荷载的基本代表值，荷载的其他代表值均以标准值乘以相应的系数后得到。

①荷载标准值。不同的荷载，其变异情况不同。对于不同的荷载，根据大量的统计分析，可以取具有一定保证率的上限分位值作为荷载的代表值。该代表值称为荷载标准值。

a. 永久荷载标准值。可按结构构件的设计尺寸与材料单位体积的自重计算确定。常用材料与构件自重详见《建筑结构荷载规范》(GB50009－2012)（以下简称《荷载规范》）。

b. 可变荷载标准值。《荷载规范》已给出了各种可变荷载标准值的取值，设计时可直接查用。如民用建筑楼面均布活荷载的标准值及其组合值系数、频遇值系数和准永久值系数的取值，不应小于表 12-1 的规定。

表 12-1　民用建筑楼面均布活荷载标准值及其组合值、频遇值和准永久系数

项次	类别	标准值/($kN \cdot m^{-2}$)	组合值系数 ψ_c	频遇值系数 ψ_f	准永久值系数 ψ_q
1	(1)住宅、宿舍、旅馆、办公楼、医院病房、托儿所、幼儿园	2.0	0.7	0.5	0.4
	(2)试验室、阅览室、会议室、医院门诊室	2.0	0.7	0.6	0.5
2	教室、食堂、餐厅、一般资料档案室	2.5	0.7	0.6	0.5
3	(1)礼堂、剧院、影院、有固定座位的看台	3.0	0.7	0.5	0.3
	(2)公共洗衣房	3.0	0.7	0.6	0.5

（续表）

<table>
<tr><th>项次</th><th colspan="3">类别</th><th>标准值/(kN·m^{-2})</th><th>组合值系数 ψ_c</th><th>频遇值系数 ψ_f</th><th>准永久值系数 ψ_q</th></tr>
<tr><td rowspan="2">4</td><td colspan="3">(1)商店、展览厅、车站、港口、机场大厅极其旅客等候室</td><td>3.5</td><td>0.7</td><td>0.6</td><td>0.5</td></tr>
<tr><td colspan="3">(2)无固定座位的看台</td><td>3.5</td><td>0.7</td><td>0.5</td><td>0.3</td></tr>
<tr><td rowspan="2">5</td><td colspan="3">(1)健身房、演出舞台</td><td>4.0</td><td>0.7</td><td>0.6</td><td>0.5</td></tr>
<tr><td colspan="3">(2)运动场、舞厅</td><td>4.0</td><td>0.7</td><td>0.6</td><td>0.3</td></tr>
<tr><td rowspan="2">6</td><td colspan="3">(1)书库、档案库、贮藏室</td><td>5.0</td><td>0.9</td><td>0.9</td><td>0.8</td></tr>
<tr><td colspan="3">(2)密集柜书库</td><td>12.0</td><td>0.9</td><td>0.9</td><td>0.8</td></tr>
<tr><td>7</td><td colspan="3">通风机房、电梯机房</td><td>7.0</td><td>0.9</td><td>0.9</td><td>0.8</td></tr>
<tr><td rowspan="4">8</td><td rowspan="4">汽车通道及客车停车库</td><td rowspan="2">(1)单向板楼盖(板跨不小于 2 m)和双向板楼盖(板跨不小于 3 m×3 m)</td><td>客车</td><td>4.0</td><td>0.7</td><td>0.7</td><td>0.6</td></tr>
<tr><td>消防车</td><td>35.0</td><td>0.7</td><td>0.5</td><td>0.0</td></tr>
<tr><td rowspan="2">(2)双向板楼盖(板跨不小于 6 m×6 m)和无梁楼盖(柱网不小于 6 m×6 m)</td><td>客车</td><td>2.5</td><td>0.7</td><td>0.7</td><td>0.6</td></tr>
<tr><td>消防车</td><td>20.0</td><td>0.7</td><td>0.5</td><td>0.0</td></tr>
<tr><td rowspan="2">9</td><td rowspan="2">厨房</td><td colspan="2">(1)餐厅</td><td>4.0</td><td>0.7</td><td>0.7</td><td>0.7</td></tr>
<tr><td colspan="2">(2)其他</td><td>2.0</td><td>0.7</td><td>0.6</td><td>0.5</td></tr>
<tr><td>10</td><td colspan="3">浴室、卫生间、盥洗室</td><td>2.5</td><td>0.7</td><td>0.6</td><td>0.5</td></tr>
<tr><td rowspan="3">11</td><td rowspan="3">走廊、门厅</td><td colspan="2">(1)宿舍 、旅馆、医院病房、托儿所、幼儿园、住宅</td><td>2.0</td><td>0.7</td><td>0.5</td><td>0.4</td></tr>
<tr><td colspan="2">(2)办公室、餐厅、医院门诊部</td><td>2.5</td><td>0.7</td><td>0.6</td><td>0.5</td></tr>
<tr><td colspan="2">(3)教学楼及其他可能出现人员密集的情况</td><td>3.5</td><td>0.7</td><td>0.5</td><td>0.3</td></tr>
<tr><td rowspan="2">12</td><td rowspan="2">楼梯</td><td colspan="2">(1)多层住宅</td><td>2.0</td><td>0.7</td><td>0.5</td><td>0.4</td></tr>
<tr><td colspan="2">(2)其他</td><td>3.5</td><td>0.7</td><td>0.5</td><td>0.3</td></tr>
<tr><td rowspan="2">13</td><td rowspan="2">阳台</td><td colspan="2">(1)可能出现人员密集的情况</td><td>3.5</td><td>0.7</td><td>0.6</td><td>0.5</td></tr>
<tr><td colspan="2">(2)其他</td><td>2.5</td><td>0.7</td><td>0.6</td><td>0.5</td></tr>
</table>

注：(1)本表所给各项活荷载适用于一般使用条件，当使用荷载较大、情况特殊或有专门要求时，应按实际情况采用；

(2)第 6 项书库活荷载当书架高度大于 2 m 时，书库活荷载尚应按每米书架高度不小于 2.5 kN/m^2 确定；

(3)第 8 项中的客车活荷载仅适用于停放载人少于 9 人的客车；消防车活荷载适用于满载总重为 300 kN 的大型车辆；当不符合本表的要求时，应将车轮的局部荷载按结构效应的等效原则，换算为等效均布荷载；

(4) 第 8 项消防车活荷载，当双向板楼盖板跨介于 3 m×3 m～6 m×6 m 之间时，应按跨度线性插值确定；

(5)第 12 项楼梯活荷载，对预制楼梯踏步平板，尚应按 1.5 kN 集中荷载验算；

(6)本表各项荷载不包括隔墙自重和二次装修荷载；对固定隔墙的自重应按永久荷载考虑，当隔墙位置可灵活自由布置时，非固定隔墙的自重应取不小于 1/3 的每延米长墙重(kN/ m)作为楼面活荷载的附加值(kN/ m^2)计入，且附加值不应小于 1.0 kN/ m^2。

②可变荷载组合值。当两种或两种以上可变荷载同时作用在结构上时，考虑到各种可变荷载同时达到其标准值的可能性较小，故除产生最大效应的荷载(主导荷载)仍用标准值外，其他可变荷载标准值均乘以小于 1 的组合值系数 ψ_c 作为代表值，称为可变荷载组合值。

③可变荷载准永久值。对可变荷载，在设计基准期内，其超越的总时间约为设计基准期一半的荷载值。它对结构的影响类似于永久荷载。可变荷载准永久值由可变荷载标准值乘以准

永久值系数 Ψ_q 得到。

2. 荷载效应

作用效应 S 是指在各种作用（如荷载、基础的差异沉降、混凝土收缩、温度变化、地震等）下使结构或构件内产生的内力（如轴力、剪力、弯矩、扭矩等）、变形（如挠度、转角等）和裂缝的总称。当内力和变形由荷载产生时，称为荷载效应。荷载效应和荷载一般近似呈线性关系，即

$$S=CQ \tag{12-1}$$

式中　S——荷载效应；

Q——某种荷载；

C——荷载效应系数。例如，一承受均布荷载作用的简支梁，$C=\frac{1}{8}l_0^2$。

12.2.2　结构抗力

结构抗力 R 是指结构或构件能够承受作用效应的能力。对应于作用的各种效应，结构构件具有相应的抗力，如截面的抗弯承载力、抗剪承载力、抗压承载力、刚度、抗裂度等均为结构构件的抗力。

结构抗力是材料性能、截面几何特征以及计算模式的函数。由于材料性能的变异性、结构构件几何特征的不定性以及基本假设和计算公式不精确等，结构抗力 R 是一个随机变量。

12.2.3　结构的功能函数与极限状态方程

1. 结构的功能函数

结构构件的工作状态可以用结构抗力 R 与作用效应 S 的关系式来描述，这种表达式称为结构的功能函数，以 Z 表示。即

$$Z=g(R,S)=R-S \tag{12-2}$$

结构功能函数表达式可用来判断结构的工作状态：

当 $Z>0$ 时，结构处于可靠状态；

当 $Z=0$ 时，结构处于极限状态；

当 $Z<0$ 时，结构处于失效状态。

2. 极限状态方程

$$Z=g(R,S)=R-S=0$$

称为极限状态方程。

结构设计必须满足功能要求，即结构不应超过极限状态，要满足

$$S\leqslant R \tag{12-3}$$

12.2.4　极限状态实用设计表达式

1. 承载能力极限状态设计表达式

对于承载能力极限状态，应按荷载的基本组合或偶然组合计算荷载组合的效应设计值，并应采用下列设计表达式进行设计

$$\gamma_0 S_d\leqslant R_d \tag{12-4}$$

式中　γ_0——结构重要性系数；

S_d——承载能力极限状态下作用组合的效应设计值；

R_d——结构构件的抗力设计值。

(1)结构重要性系数 γ_0 根据建筑结构破坏后果的严重程度,将建筑结构划分为三个安全等级:对安全等级为一级或设计使用年限为 100 年及以上的结构构件,不应小于 1.1;对安全等级为二级或设计使用年限为 50 年的结构构件,不应小于 1.0;对安全等级为三级或设计使用年限为 5 年及以下的结构构件,不应小于 0.9。在抗震设计中不考虑结构构件的重要性系数。

设计时应根据具体情况按照表 12-2 的规定选用相应的安全等级。

表 12-2　　建筑结构的安全等级

安全等级	破坏后果	建筑物类型
一级	很严重	重要的建筑物
二级	严重	一般的建筑物
三级	不严重	次要的建筑物

(2)作用组合的效应设计值 S_d 作用组合的效应设计值 S_d 是指由可能同时出现的各种荷载设计值所产生的结构内力设计值(N、M、V、T 等)。

荷载设计值是荷载标准值与相应的荷载分项系数的乘积。当两种或两种以上可变荷载同时作用在结构上时,除主导可变荷载外,其他可变荷载标准值还应乘以组合值系数,即采用荷载组合值。荷载分项系数及组合值系数由可靠度分析,并结合工程经验确定。

荷载基本组合的效应设计值 S_d,应从下列荷载组合值中取用最不利的效应设计值确定。

①由可变荷载效应控制的组合

$$S_d=\sum_{j=1}^{m}\gamma_{Gj}S_{Gjk}+\gamma_{Q1}\gamma_{L1}S_{Q1k}+\sum_{i=2}^{n}\gamma_{Qi}\gamma_{Li}\psi_{ci}S_{Qik} \tag{12-5}$$

②由永久荷载效应控制的组合

$$S_d=\sum_{j=1}^{m}\gamma_{Gj}S_{Gjk}+\sum_{i=1}^{n}\gamma_{Qi}\gamma_{Li}\psi_{ci}S_{Qik} \tag{12-6}$$

式中 γ_{Gj}——第 j 个永久荷载的分项系数,对由可变荷载效应控制的组合,应取 1.2;对由永久荷载效应控制的组合,应取 1.35;

γ_{Qi}——第 i 个可变荷载的分项系数,其中 γ_{Q1} 为主导可变荷载 Q_1 的分项系数,一般情况下应取 1.4;对标准值大于 4 kN/m^2 的工业房屋楼面结构的活荷载应取 1.3;

γ_{Li}——第 i 个可变荷载考虑设计使用年限的调整系数,其中 γ_{L1} 为主导可变荷载 Q_1 考虑设计使用年限的调整系数;

S_{Gjk}——按第 j 个永久荷载标准值 G_{jk} 计算的荷载效应值;

S_{Qik}——按第 i 个可变荷载标准值 G_{ik} 计算的荷载效应值,其中 S_{Q1k} 为诸可变荷载效应中起控制作用者;

ψ_{ci}——第 i 个可变荷载 Q_i 的组合值系数;

m——参与组合的永久荷载数;

n——参与组合的可变荷载数。

可变荷载考虑设计使用年限的调整系数 γ_L 应按下列规定采用:

①楼面和屋面活荷载考虑设计使用年限的调整系数 γ_L 应按表 12-3 采用。

表 12-3　　楼面和屋面活荷载考虑设计使用年限的调整系数 γ_L

结构设计使用年限/年	5	50	100
γ_L	0.9	1.0	1.1

注:(1)当设计使用年限不为表中数值时,调整系数 γ_L 可按线性内插确定;

(2)对于荷载标准值可控制的活荷载,设计使用年限调整系数 γ_L 取 1.0。

②对雪荷载和风荷载，应取重现期为设计使用年限，按《荷载规范》第 E.3.3 条的规定确定基本雪压和基本风压，或按有关规范的规定采用。

为简化计算，对一般排架、框架结构，按下列组合值中取最不利值确定。

①由可变荷载效应控制的组合

$$S_d=\sum_{j=1}^{m}\gamma_{Gj}S_{Gjk}+\gamma_{Q1}\gamma_{L1}S_{Q1k} \tag{12-7}$$

$$S_d=\sum_{j=1}^{m}\gamma_{Gj}S_{Gjk}+0.9\sum_{i=1}^{n}\gamma_{Qi}\gamma_{Li}S_{Qik} \tag{12-8}$$

②由永久荷载效应控制的组合仍按公式(12-6)采用。

(3)结构构件的抗力设计值 R_d　结构构件的抗力设计值的大小，取决于截面的几何尺寸、截面上材料的种类、用量与强度等级等多种因素，以钢筋混凝土结构构件为例，它的一般形式为

$$R_d=R(f_c,f_s,a_k,\cdots)/\gamma_{Rd} \tag{12-9}$$

式中　f_c、f_s——混凝土、钢筋的强度设计值。

a_k——几何参数的标准值；当几何参数的变异性对结构性能有明显的不利影响时，应增减一个附加值；

γ_{Rd}——结构构件的抗力模型不定性系数。静力设计取 1.0，对不确定性较大的结构构件根据具体情况取大于 1.0 的数值；抗震设计应用承载力抗震调整系数 γ_{RE} 代替 γ_{Rd}。

【例 12-1】　某教学楼教室楼面构造层分别为：20 mm 厚水泥砂浆抹面（重力密度为 20 kN/m^3）；50 mm 厚钢筋混凝土垫层（重力密度为 25 kN/m^3）；120 mm 厚现浇钢筋混凝土楼板（重力密度为 25 kN/m^3）；16 mm 厚底板抹灰（重力密度为 17 kN/m^3）。楼面均布活荷载 2.5 kN/m^2，设计使用年限为 50 年，安全等级为二级，求该楼板的荷载设计值。

【解】　取 1 m 宽的板带作为计算单元。

(1)永久荷载标准值

20 mm 厚水泥砂浆抹面　20×0.02 kN/m^2=0.40 kN/m^2

50 mm 厚钢筋混凝土垫层　25×0.05 kN/m^2=1.25 kN/m^2

120 mm 厚现浇钢筋混凝土楼板　25×0.12 kN/m^2=3.00 kN/m^2

16 m 厚底板抹灰　17×0.016 kN/m^2=0.272 kN/m^2

$$g_k=(0.40+1.25+3.00+0.272)\times1.0=4.922\ \text{kN/m}$$

(2)可变荷载标准值　$q_k=2.5\times1.0=2.5$ kN/m

(3)荷载设计值

由可变荷载效应控制的组合，取荷载分项系数 $\gamma_G=1.2$，$\gamma_Q=1.4$。

$q=\gamma_0(\gamma_G g_k+\gamma_Q\gamma_L q_k)=1.0\times(1.2\times4.922+1.4\times1.0\times2.5)$kN/m=9.41 kN/m

由永久荷载效应控制的组合，取荷载分项系数 $\gamma_G=1.35$，$\gamma_Q=1.4$；组合值系数 $\psi_c=0.7$。

$q=\gamma_0(\gamma_G g_k+\gamma_Q\gamma_L\psi_c q_k)=1.0\times(1.35\times4.922+1.4\times1.0\times0.7\times2.5)$kN/m=9.09 kN/m

则楼板荷载设计值为

$$q=9.41\ \text{kN/m}$$

2.正常使用极限状态设计表达式

与承载能力极限状态相比，正常使用极限状态的目标可靠指标要低一些。因而在计算中对荷载和材料强度不再乘以分项系数，直接采用标准值，结构的重要性系数 γ_0 也不予考虑。

对于正常使用极限状态，应根据不同的设计要求，采用荷载的标准组合、频遇组合或准永久组合，并应按下列设计表达式进行设计

$$S_d \leqslant C$$

式中 S_d——正常使用极限状态的荷载效应组合值；

C——结构或结构构件达到正常使用要求的规定限值，如变形、裂缝、振幅、加速度、应力等的限值，应按各有关建筑结构设计规范的规定采用。

(1)标准组合 荷载标准组合的效应设计值 S_d 应按下式进行计算

$$S_d = \sum_{j=1}^{m} S_{Gjk} + S_{Qik} + \sum_{i=2}^{n} \psi_{ci} S_{Qik} \tag{12-10}$$

(2)准永久组合 荷载准永久组合的效应设计值 S_d 应按下式进行计算

$$S_d = \sum_{j=1}^{m} S_{Gjk} + \sum_{i=1}^{n} \psi_{qi} S_{Qik} \tag{12-11}$$

式中 ψ_{qi}——第 i 个可变荷载的准永久值系数。

【例 12-2】 已知某受弯构件在各种荷载引起的弯矩标准值分别为：永久荷载2000 N· m，使用活荷载 1500 N· m，风荷载 300 N· m，雪荷载 200 N· m。其中使用活荷载的组合值系数 $\psi_{c1}=0.7$，风荷载的组合值系数 $\psi_{c2}=0.6$，雪荷载的组合值系数 $\psi_{c3}=0.7$。设计使用年限为50 年，雪荷载和风荷载重现期为 50 年，安全等级为二级，求按承载能力极限状态设计时的荷载效应 M，又若各种可变荷载的准永久值系数分别为：使用活荷载 $\psi_{q1}=0.4$，风荷载 $\psi_{q2}=0$，雪荷载 $\psi_{q3}=0.2$，求在正常使用极限状态下的荷载标准组合 M_s 和荷载准永久组合 M_l。

【解】 (1)按承载能力极限状态计算荷载效应 M

由可变荷载效应控制的组合

$$\begin{aligned} M &= \gamma_0 (\gamma_G M_{Gk} + \gamma_{Q1} \gamma_{L1} M_{Q1k} + \sum_{i=2}^{3} \gamma_{Qi} \gamma_{Li} \psi_{ci} M_{Qik}) \\ &= 1.0 \times (1.2 \times 2000 + 1.4 \times 1.0 \times 1500 + 1.4 \times 1.0 \times 0.6 \times 300 + 1.4 \times 1.0 \times 0.7 \times 200) = 4948 \text{ N} \cdot \text{m} \end{aligned}$$

由永久荷载效应控制的组合

$$\begin{aligned} M &= \gamma_0 (\gamma_G M_{Gk} + \sum_{i=1}^{3} \gamma_{Qi} \gamma_{Li} \psi_{ci} M_{Qik}) \\ &= 1.0 \times [1.35 \times 2000 + 1.4(1.0 \times 0.7 \times 1500 + 1.0 \times 0.6 \times 300 + 1.0 \times 0.7 \times 200)] = 4618 \text{ N} \cdot \text{m} \end{aligned}$$

可见是由可变荷载效应控制。

(2)按正常使用极限状态计算荷载效应 M_s 和 M_l。

荷载效应的标准组合

$$M_s = M_{Gk} + M_{Q1k} + \sum_{i=2}^{3} \psi_{ci} M_{Qik} = 2000 + 1500 + 0.6 \times 300 + 0.7 \times 200 = 3820 \text{ N} \cdot \text{m}$$

荷载效应的准永久组合

$$M_l = M_{Gk} + \sum_{i=1}^{3} \psi_{qi} M_{Qik} = 2000 + 0.4 \times 1500 + 0 \times 300 + 0.2 \times 200 = 2640 \text{ N} \cdot \text{m}$$

12.3 结构的耐久性

混凝土结构在自然环境和人为环境的长期作用下，发生着极其复杂的物理化学反应，除应保证建成后的承载力和适用性外，还应能保证在其预定的使用年限内，不出现无法接受的承载力减小、使用功能降低和不能接受的外观破损等的耐久性要求，以免影响结构的使用寿命。

混凝土结构耐久性问题表现为：钢筋混凝土构件表面出现锈渍或锈胀裂缝；预应力筋开始锈蚀；结构表面混凝土出现可见的耐久性损伤(酥裂、粉化等)。

混凝土结构应根据环境类别和设计使用年限进行耐久性设计。

混凝土结构所处的使用环境是影响耐久性的重要外因，根据混凝土结构暴露表面所处的环境条件，设计时按表 12-4 的要求确定环境类别。

表 12-4　　混凝土结构的环境类别

环境类别	条件
一	室内干燥环境； 无侵蚀性静水浸没环境
二 a	室内潮湿环境； 非严寒和非寒冷地区的露天环境； 非严寒和非寒冷地区与无侵蚀性的水或土壤直接接触的环境； 严寒和寒冷地区的冰冻线以下与无侵蚀性的水或土壤直接接触的环境
二 b	干湿交替环境； 水位频繁变动环境； 严寒和寒冷地区的露天环境； 严寒和寒冷地区冰冻线以上与无侵蚀性的水或土壤直接接触的环境
三 a	严寒和寒冷地区冬季水位变动区环境； 受除冰盐影响环境； 海风环境
三 b	盐渍土环境； 受除冰盐作用环境； 海岸环境
四	海水环境
五	受人为或自然的侵蚀性物质影响的环境

注：(1)室内潮湿环境是指构件表面经常处于结露或湿润状态的环境；

(2)严寒和寒冷地区的划分应符合现行国家标准《民用建筑热工设计规程》(GB50176)的有关规定；

(3)海岸环境和海风环境宜根据当地情况，考虑主导风向及结构所处迎风、背风部位等因素的影响，由调查研究和工程经验确定；

(4)受除冰盐影响环境是指受到除冰盐盐雾影响的环境，受除冰盐作用环境是指被除冰盐溶液溅射的环境以及使用除冰盐地区的洗车房、停车楼等建筑；

(5)暴露的环境是指混凝土结构表面所处的环境。

结构混凝土材料的质量是影响耐久性的主要内因，对设计使用年限为 50 年的混凝土结构，其混凝土材料宜符合表 12-5 的规定。

表 12-5　　结构混凝土材料的耐久性基本要求

环境类别	最大水胶比	最低强度等级	最大氯离子含量/%	最大碱含量/(kN·m^{-3})
一	0.60	C20	0.30	不限制
二 a	0.55	C25	0.20	3.0
二 b	0.50(0.55)	C30(C25)	0.15	
三 a	0.45(0.50)	C35(C30)	0.15	
三 b	0.40	C40	0.10	

注：(1)氯离子含量系指其占胶凝材料总量的百分比；

(2)预应力混凝土构件中的最大氯离子含量为 0.06%，其最低混凝土强度等级宜按表中的规定提高两个等级；

(3)素混凝土构件的水胶比及最低强度等级的要求可适当放松；

(4)有可靠工程经验时，二类环境中的最低混凝土强度等级可降低一个等级；

(5)处于严寒和寒冷地区二 b、三 a 类环境中的混凝土应使用引气剂，并可采用括号中的有关参数；

(6)当使用非碱活性骨料时，对混凝土中的碱含量可不作限制。

一类环境中，设计使用年限为100年的混凝土结构应符合下列规定：

①钢筋混凝土结构的最低强度等级为C30；预应力混凝土结构的最低强度等级为C40；

②混凝土中的最大氯离子含量为0.06%；

③宜使用非碱活性骨料，当使用碱活性骨料时，混凝土中的最大碱含量为3.0 kg/m^3；

④混凝土保护层厚度应符合表13-5的规定；当采取有效的表面防护措施时，混凝土保护层厚度可适当减小。

二、三类环境中，设计使用年限100年的混凝土结构应采取专门的有效防护措施。

耐久性环境类别为四类和五类的混凝土，其耐久性要求应符合有关标准的规定。

本章小结

1. 结构设计的基本目的是以最经济的手段，使结构在规定的使用期限内，能满足设计所预定的各种功能要求，即安全性、适用性和耐久性。极限状态是指其中某一种功能的特定状态，当整个结构或结构的一部分超过它时就认为结构不能满足这一功能要求。根据结构功能要求可分为两类极限状态，即与安全性对应的承载能力极限状态和适用性对应的正常使用极限状态。

2. 结构上的作用分为直接作用和间接作用两种，习惯上都将结构上的各种作用称为荷载。结构上的荷载按其作用时间的长短和性质不同，分为永久荷载、可变荷载和偶然荷载。

3. 极限状态设计表达式有承载能力极限状态设计表达式和正常使用极限状态设计表达式两种。对于按承载能力极限状态设计，应按荷载的基本组合或偶然组合计算荷载组合的效应设计值。对于正常使用极限状态设计，应根据不同的设计要求，采用荷载效应的标准组合、准永久组合等并适当考虑荷载长期作用的影响进行计算。

4. 混凝土结构在进行承载力极限状态和正常使用极限状态设计的同时，还应根据环境类别和设计使用年限进行耐久性设计。

复习思考题

12-1　建筑结构应满足哪些功能要求？

12-2　什么是结构的极限状态？说明两种极限状态的具体内容。

12-3　荷载分为哪几类？什么是荷载代表值、标准值、可变荷载组合值、可变荷载准永久值？

12-4　什么是荷载效应？什么是结构的抗力？

12-5　什么是功能函数？如何用功能函数表达“可靠”、“失效”和“极限状态”？

12-6　建筑结构的安全等级分为几级？结构构件的重要性系数如何取值？

12-7　试写出承载能力极限状态实用设计表达式，说明表达式中各项符号的含义。

12-8　正常使用极限状态的验算具体包括哪些内容？试写出正常使用极限状态实用设计表达式，为什么在正常使用极限状态的验算中不考虑荷载分项系数和材料分项系数，即取荷载和材料强度的标准值？

习　题

12-1　某办公楼用简支空心板，板长 3300 mm，计算跨度 3180 mm，板宽 900 mm，板自重 2.04 kN/m^2，40 mm 厚后浇混凝土（重力密度为 25 kN/m^3）；20 mm 厚底板抹灰（重力密度为 20 kN/m^3），楼面均布活荷载 2.0 kN/m^2，其中使用活荷载的组合值系数 $\psi_c=0.7$、准永久值系数 $\psi_q=0.4$，设计使用年限为 50 年，安全等级为二级。试计算按承载能力极限状态和正常使用极限状态设计时的跨中截面弯矩设计值。

12-2　某钢筋混凝土简支梁，计算跨度 $l_0=6.15$ m，在梁上作用永久荷载标准值 $g_k=8.5$ kN/m（包括梁自重），活荷载标准值 $p_k=8.5$ kN/m，其中使用活荷载的组合值系数 $\psi_c=0.7$、准永久值系数 $\psi_q=0.4$，设计使用年限为 50 年，安全等级为二级，求：(1) 按承载能力极限状态设计时的荷载效应 M。(2) 在正常使用极限状态下的荷载标准组合 M_s 和荷载准永久组合 M_l。

第 12 章

第 13 章 钢筋混凝土受弯构件承载力计算

学习目标

通过本章的学习，掌握梁、板的构造要求；了解受弯构件正截面的 3 种破坏形式，理解适筋梁从加荷到破坏的 3 个阶段；熟练掌握单筋矩形、双筋矩形、T 形截面受弯构件正截面承载力设计、截面复核的方法及适用条件的验算；了解斜截面受剪破坏的 3 种主要形态，熟练掌握斜截面受剪承载力的计算方法及适用条件的验算；熟悉抵抗弯矩图的绘制方法，掌握纵向钢筋的弯起、锚固、截断及箍筋间距的主要构造要求；了解受弯构件的变形特点，钢筋混凝土构件的刚度；掌握受弯构件挠度计算和裂缝宽度的验算方法；掌握减少构件挠度和裂缝宽度的措施。

学习重点

受弯构件正截面承载力计算；受弯构件斜截面受剪承载力计算；纵向钢筋的弯起、锚固、截断及箍筋间距的主要构造要求；受弯构件挠度计算和裂缝宽度的验算。

受弯构件是指截面上通常有弯矩和剪力共同作用而轴力忽略不计的构件，它是土木工程中数量最多，使用较为广泛的一类构件。工程结构中的梁、板就是典型的受弯构件。

受弯构件在弯矩和剪力共同作用下，其破坏有两种可能：一种破坏主要是由弯矩作用引起的，破坏时截面大致与构件的纵轴线垂直正交，称为正截面破坏，如图 13-1(a)所示；另一种破坏主要是由弯矩和剪力共同作用引起的，破坏时截面与构件的纵轴线呈一定角度斜向相交，称为斜截面破坏，如图 13-1(b)所示。

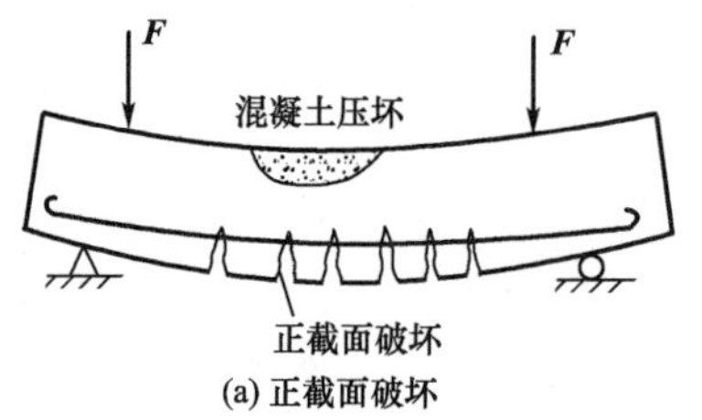

(a) 正截面破坏

F
F
混凝土压坏
斜截面破坏

(b) 斜截面破坏

图 13-1　受弯构件破坏情况

13.1　受弯构件的一般构造要求

13.1.1　梁的一般构造要求

1. 梁的截面形式和截面尺寸

(1)截面形式　梁的截面形式常见的有矩形、T 形、倒 L 形、L 形、工字形和花篮形等，如图 13-2 所示。

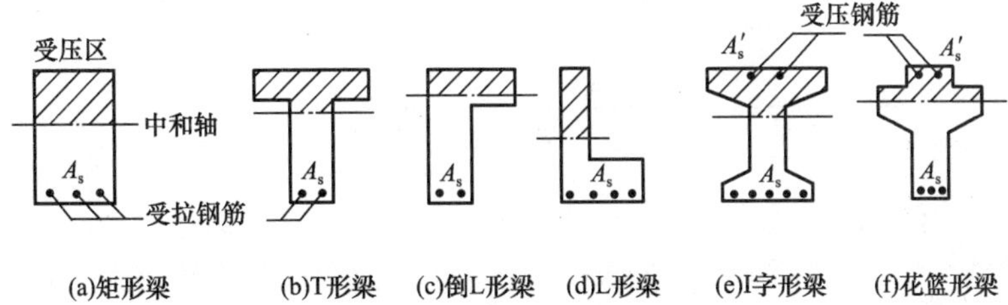

图 13-2　梁的截面形式

(2)截面尺寸　梁的截面尺寸要满足承载力、刚度和裂缝宽度限值三方面的要求，截面高度 h 可根据梁的计算跨度来确定，表 13-1 给出了不需要做挠度验算的梁的截面最小高度。

表 13-1　不需要做挠度验算的梁的截面最小高度

项次	构件种类		简支	两端连续	悬臂
1	整体肋形梁	主梁	$l_0/12$	$l_0/15$	$l_0/6$
		次梁	$l_0/15$	$l_0/20$	$l_0/8$
2	独立梁		$l_0/12$	$l_0/15$	$l_0/6$

注：l_0 为梁的计算跨度；当 $l_0>9$ m 时表中数值应乘以 1.2 的系数；悬臂梁的高度指其根部的高度。

为便于统一模板尺寸，梁高 h 常用 250 mm、300 mm、…、800 mm，以 50 mm 为模数递增；800 mm 以上则以 100 mm 为模数递增。

一般情况下，矩形截面梁高宽比 h/b 取 2.0～3.5，T 形截面梁 h/b 取 2.5～4.0。

梁宽 b 常用 120 mm、150 mm、180 mm、200 mm、220 mm、250 mm，250 mm 以上以 50 mm 为模数递增。

2. 梁的钢筋

梁的钢筋

钢筋混凝土受弯构件

梁内的钢筋有纵向受力钢筋、箍筋、弯起钢筋和架立钢筋等，构成钢筋骨架，如图 13-3 所示。当梁的截面高度较大时，还应在梁侧设置纵向构造钢筋。

(1)纵向受力钢筋

①直径：为使钢筋骨架有较好的刚度并便于施工，纵向受力钢筋的直径不宜过细；同时为了避免受拉区混凝土产生过宽的裂缝，直径也不宜太粗，通常采用 10～32 mm，常用的直径为 12、14、16、18、20、22、25、28 mm。当梁高 $h \geq 300$ mm 时，受力钢筋直径不应小于 10 mm；当梁高 $h<300$ mm 时直径不宜小于 8 mm ；同一截面一边的受力钢筋直径一般不要超过两种，直径差应不小于 2 mm，以便于识别，但也不宜超过 4～6 mm。

②间距：为保证钢筋与混凝土的黏结和混凝土浇筑的密实性，梁上部钢筋水平方向的净间

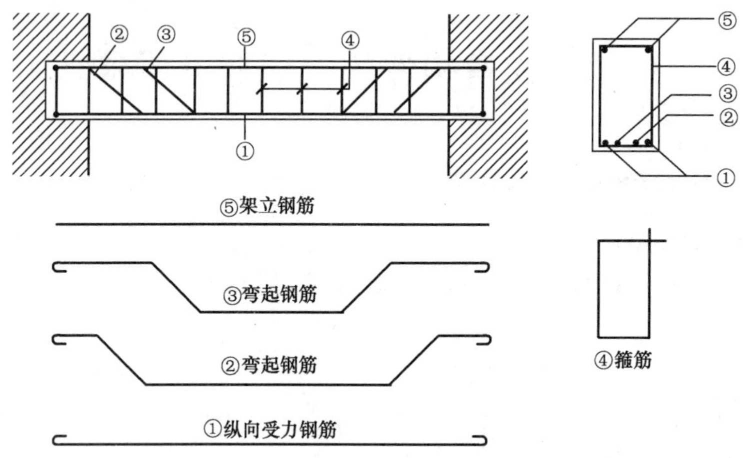

图 13-3　梁内钢筋布置

距 d_1 不应小于 30 mm 和 $1.5d$；梁下部钢筋水平方向的净间距不应小于 25 mm 和 d。当下部钢筋多于两层时，两层以上钢筋水平方向的中距应比下面两层的中距增大一倍；各层钢筋之间的净间距 d_2 不应小于 25 mm 和 d，d 为钢筋的最大直径，如图 13-4 所示。

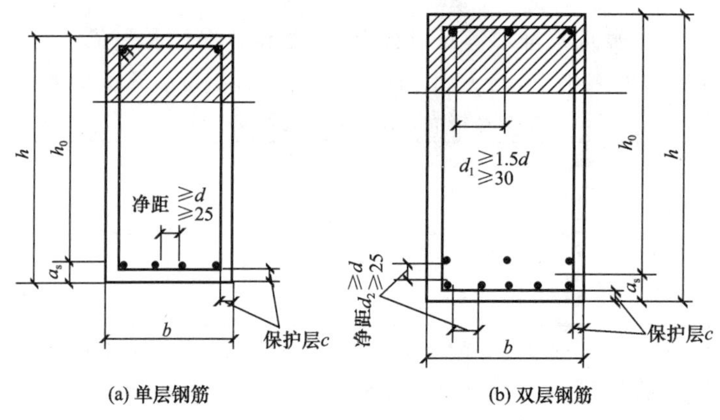

图 13-4　梁内钢筋净距

③钢筋的根数：梁内一般纵向受力钢筋不应少于两根，当梁宽小于 100 mm 时，可为一根。

④钢筋的层数：纵向受力钢筋的层数，与梁的宽度、钢筋根数、直径、间距及混凝土保护层厚度等因素有关，尽可能排成一层，以增大梁截面的内力臂，提高梁的抗弯能力。只有当钢筋的根数较多，排成一层不能满足钢筋净距和混凝土保护层厚度时，才考虑将钢筋排成两层。当钢筋排成两层或多于两层时，要避免上下钢筋互相错位，以免使混凝土浇筑困难。

(2)箍筋

箍筋主要用来承受剪力和弯矩在梁内引起的主拉应力，并通过绑扎或焊接和其他钢筋联系在一起，形成空间骨架。

①箍筋直径：当梁截面高度 $h \leqslant 800$ mm 时，不宜小于 6 mm；当 $h > 800$ mm 时，不宜小于 8 mm。梁中配有计算需要的纵向受压钢筋时，箍筋直径尚不应小于 $d/4$，d 为受压钢筋最大直径。为了便于加工，箍筋直径一般不宜大于 12 mm。常用直径为 6、8、10 mm。

②箍筋间距：为了控制使用荷载下的斜裂缝宽度，并保证必要数量的箍筋穿过每一条斜裂缝。梁中箍筋的最大箍筋间距宜符合表 13-2 的规定。当梁中配有按计算需要的纵向受压钢筋时，箍筋应做成封闭式，箍筋的间距不应大于 $15d$，并不应大于 400 mm。当一层内的纵向受

压钢筋多于 5 根且直径大于 18 mm 时，箍筋间距不应大于 $10d$，d 为纵向受压钢筋的最小直径。

表 13-2　　梁中箍筋的最大间距　　mm

梁高 h	$V>0.7f_tbh_0$	$V\leqslant 0.7f_tbh_0$
$150<h\leqslant 300$	150	200
$300<h\leqslant 500$	200	300
$500<h\leqslant 800$	250	350
$h>800$	300	400

③箍筋的形式与肢数：箍筋的形式有封闭式和开口式两种，如图 13-5 所示。在一般的梁中通常采用封闭式箍筋，在受压区的水平肢将约束混凝土的横向变形，有助于提高混凝土的强度。对于现浇 T 形截面梁，当不承受扭矩和动荷载时，在承受正弯矩的区段内，为了节约钢筋可采用开口式箍筋。对于箍筋的肢数，当梁的宽度 $b\leqslant 150$ mm 时，可采用单肢；当 $b\leqslant$ 400 mm，且一层内的纵向受压钢筋不多于 4 根时，可采用双肢箍筋；当 $b>400$ mm，且一层内的纵向受压钢筋多于 3 根时，或当梁的宽度不大于 400 mm 但一层内的纵向受压钢筋多于 4 根时，应设置复合箍筋。

箍筋末端采用 135°弯钩，弯钩端头直线段长度不小于 50 mm，且不小于 $5d$，d 为箍筋直径。

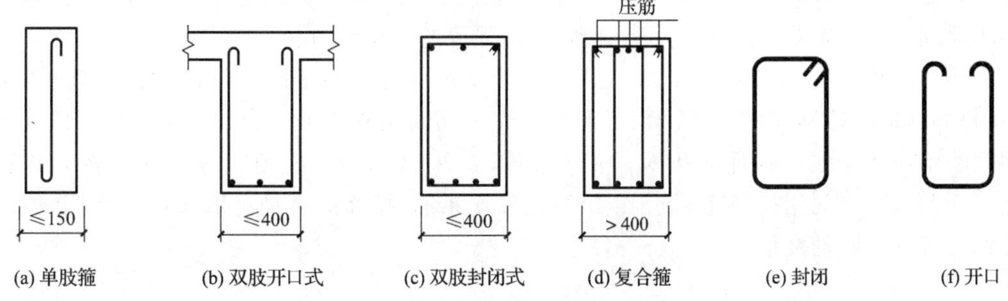

图 13-5　箍筋的肢数与形式

④箍筋的布置：如按计算需要配置箍筋时，一般可在梁的全长均匀布置箍筋，也可以在梁两端剪力较大的部位布置得密一些；按承载力计算不需要配置箍筋的梁，当截面高度 $h>$ 300 mm 时，应沿梁全长设置构造箍筋；当截面高度 h 在 150～300 mm 时，可仅在构件端部 $l_0/4$ 范围内设置构造箍筋，l_0 为跨度。但当在构件中部 $l_0/2$ 范围内有集中荷载作用时，则应沿梁全长设置箍筋。当截面高度 $h<150$ mm 时，可不设箍筋。

梁支座处的箍筋一般从梁边(或墙边)处开始设置。支承在砌体结构上的钢筋混凝土独立梁，在纵向受力钢筋的锚固长度范围内应配置不少于 2 个箍筋，其直径不宜小于 $d/4$，d 为纵向受力钢筋的最大直径；间距不宜大于 $10d$，当采取机械锚固措施时箍筋间距尚不宜大于 $5d$，d 为纵向受力钢筋的最小直径。当梁与钢筋混凝土梁或柱整体连接时，支座内可不设置箍筋，如图 13-6 所示。

(3)弯起钢筋　弯起钢筋由纵向受力钢筋在支座附近弯起而成。弯起段承受斜截面剪力，弯起后的水平段可承受压力，也可承受支座处负弯矩产生的拉力。常用的直径为12～28 mm。钢筋的弯起角度一般为 45°，当梁高 $h>800$ mm 时，可采用 60°。

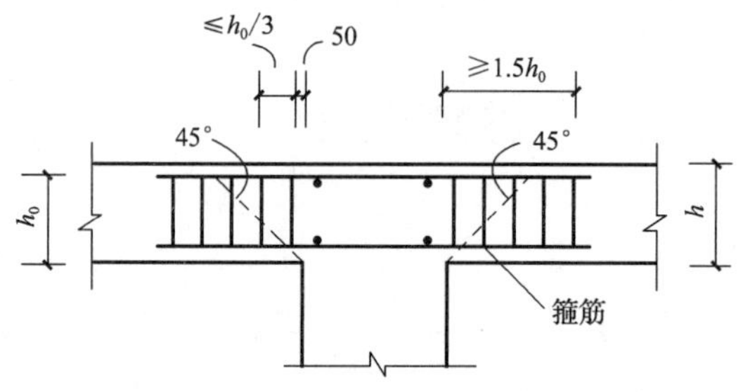

图 13-6 箍筋的布置

梁底层钢筋中的角部钢筋不应弯起，顶层钢筋中的角部钢筋不应弯下，而应直通至梁端部，以便和箍筋构成钢筋骨架。当梁宽较大(例如 $b \geqslant 250$ mm)时，为使弯起钢筋在整个宽度范围内受力均匀，宜在一个截面内同时弯起两根钢筋。

(4)架立钢筋 梁上部无须配纵向受力钢筋时，需配置与纵向受力钢筋平行的架立钢筋。其作用：一是固定箍筋位置，与纵向受力钢筋形成钢筋骨架；二是承受因温度变化、混凝土收缩而产生的内应力，以防止发生裂缝。架立钢筋一般为两根，布置在梁截面受压区的角部。

架立钢筋的直径，当梁的跨度 $l<4$ m 时，直径不宜小于 8 mm；当 l 为 4～6 m 时，直径不应小于 10 mm；当 $l>6$ m 时，直径不宜小于 12 mm。

(5)纵向构造钢筋 纵向构造钢筋的作用是控制由于混凝土收缩和温度变化产生垂直于梁轴线的裂缝，同时也可控制受拉区弯曲裂缝在梁腹部汇集成宽度较大的根状裂缝，如图 13-7(b)所示，也可加强梁内钢筋骨架的刚性，增强梁的抗扭能力。

当梁的腹板高度 $h_w \geqslant 450$ mm 时，在梁的两个侧面应沿高度配置纵向构造钢筋(俗称腰筋)。每侧纵向构造钢筋(不包括梁上、下部受力钢筋及架立钢筋)的间距不宜大于 200 mm，截面面积不应小于腹板截面面积(bh_w)的 0.1%，如图 13-7(a)所示，但当梁宽较大时可以适当放松。两侧腰筋之间用拉筋连系起来，拉筋也称连系筋，拉筋的直径可取与箍筋相同，拉筋的间距约为箍筋间距的 2 倍。

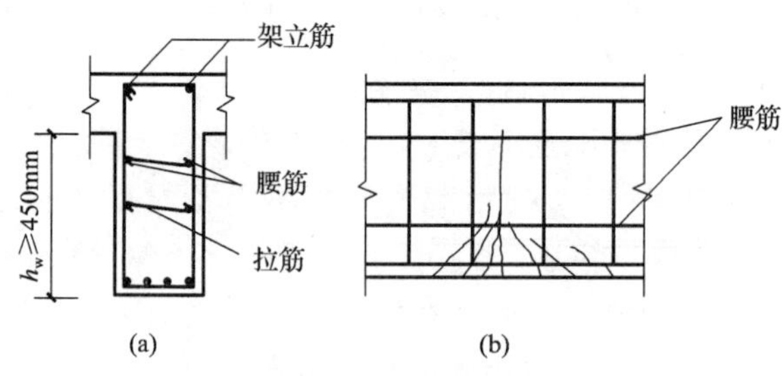

图 13-7 腰筋和拉筋

13.1.2 板的一般构造要求

1.板的截面形式和厚度

(1)截面形式 板的截面形式常见的有矩形板、空心板和槽形板等，如图 13-8 所示。

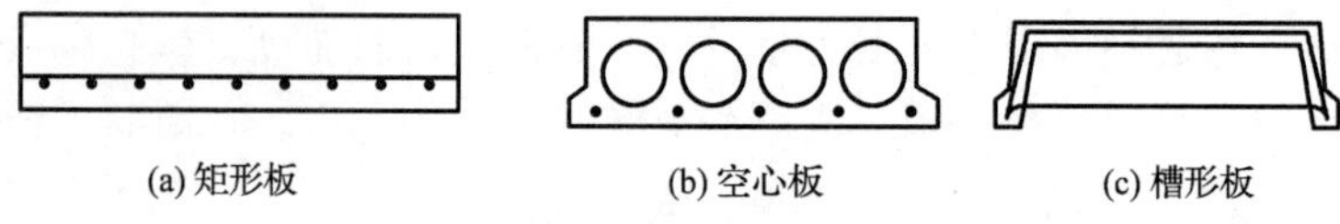

图 13-8 板的截面形式

(2)板的厚度　板的厚度除应满足承载力、刚度和裂缝宽度限值的要求外，还应考虑施工方便和经济因素等。现浇钢筋混凝土板的厚度 h 取 10 mm 为模数，从刚度条件出发，板的厚度可按表 13-3 确定，同时板的最小厚度不应小于表 13-4 规定的数值。

表 13-3　不需要做挠度验算的板的截面最小厚度

项次	板的支承情况	板的种类		
		单向板	双向板	悬臂板
1	简支	$l_0/35$	$l_0/45$	—
2	连续	$l_0/40$	$l_0/50$	$l_0/12$

注：l_0 为板的计算跨度。

表 13-4　现浇钢筋混凝土板的最小厚度　mm

板的类别		最小厚度
单向板屋	面板	60
	民用建筑楼板	60
	工业建筑楼板	70
	行车道下的楼板	80
双向板		80
密肋楼盖	面板	50
	肋高	250
悬臂板(根部)	悬臂长度不大于 500 mm	60
	悬臂长度 1200 mm	100
无梁楼板		150
现浇空心楼盖		200

2. 板内配筋

板内配筋一般有纵向受力钢筋和分布钢筋两种，板的基本构造如图 13-9 所示。

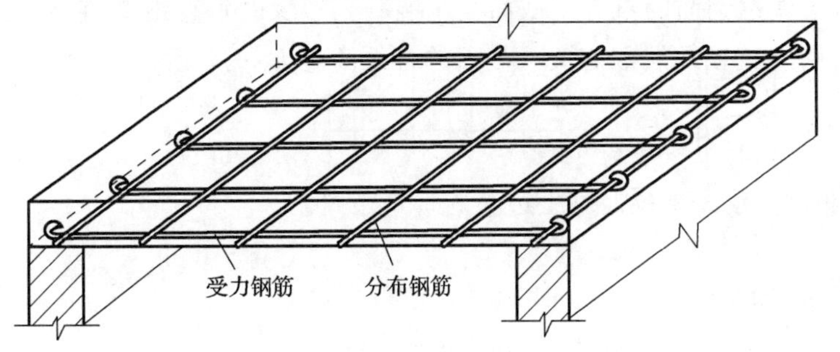

图 13-9　纵向受力钢筋和分布钢筋

(1)受力钢筋　受力钢筋沿板的跨度方向布置在截面受拉一侧，用来承受弯矩产生的拉力。

①钢筋直径：常用的直径为 6～12 mm，板厚度较大时，钢筋直径可用 14～18 mm。

②钢筋间距：钢筋间距一般在 70～200 mm 之间。当板厚 $h\leqslant150$ mm 时，不宜大于 200 mm；当板厚 $h>150$ mm 时，不宜大于 $1.5h$，且不宜大于 250 mm。

(2)分布钢筋　分布钢筋与受力钢筋垂直，设置在受力钢筋的内侧。其作用是将板上的荷载均匀地传递给受力钢筋,并便于在施工中固定受力钢筋的位置,同时也可抵抗温度变化和混凝土收缩等沿分布钢筋方向产生的应力。

分布钢筋单位宽度上的配筋不宜小于单位宽度上的受力钢筋的15%,且配筋率不宜小于0.15%,分布钢筋直径不宜小于6 mm,间距不宜大于250 mm;当集中荷载较大时,分布钢筋的配筋面积尚应增加,且间距不宜大于200 mm。

13.1.3 混凝土保护层和截面的有效高度

1. 混凝土保护层

为防止钢筋锈蚀,保证耐久性、防火性以及钢筋与混凝土的黏结,梁内钢筋的两侧和近边都应有足够的混凝土保护层。构件最外层钢筋(包括箍筋、构造筋、分布筋等)的外缘至混凝土表面的距离 c 为钢筋的混凝土保护层的最小厚度。《混凝土规范》规定,构件中受力钢筋的保护层厚度不应小于钢筋的公称直径 d;对设计使用年限为50年的混凝土结构,最外层钢筋的保护层厚度应符合表13-5的规定;对设计使用年限为100年的混凝土结构,考虑混凝土碳化速度的影响,其最外层钢筋的保护层厚度不应小于表13-5中数值的1.4倍。当有充分依据并采取一定的有效措施时,可适当减小混凝土保护层的厚度。

表13-5　混凝土保护层的最小厚度 c　mm

环境类别	板、墙、壳	梁、柱、杆
一	15	20
二 a	20	25
二 b	25	35
三 a	30	40
三 b	40	50

注:(1)凝土强度等级不大于C25时,表中保护层厚度数值应增加5 mm;

(2)钢筋混凝土基础宜设置混凝土垫层,基础中钢筋的混凝土保护层厚度应从垫层顶面算起,且不应小于40 mm。

2. 截面的有效高度

截面的有效高度 h_0 是指受拉钢筋的重心至截面受压混凝土边缘的垂直距离,它与混凝土保护层厚度、箍筋和受拉钢筋的直径及层数有关。截面的有效高度 h_0 的计算公式为

$$h_0=h-a_s \tag{13-1}$$

式中　h——截面高度;

a_s——受拉钢筋的重心至截面受拉混凝土边缘的垂直距离。

对板　$a_s=c+d/2$

对梁,当受拉钢筋放置一层时　$a_s=c+d_V+d/2$

当受拉钢筋放置双层时　$a_s=c+d_V+d+d_n/2$

式中　c——混凝土保护层厚度;

d_V——箍筋直径;

d——受力钢筋直径;

d_n——上下层钢筋之间的垂直净距。

若取受拉钢筋直径为20 mm,则不同环境类别下钢筋混凝土梁设计计算中 a_s 取值可参考表13-6的数值。

表 13-6 钢筋混凝土梁 a_s 取近似值 mm

环境类别	梁混凝土保护层最小厚度	箍筋直径 $\phi 6$		箍筋直径 $\phi 8$	
		受拉钢筋一层	受拉钢筋两层	受拉钢筋一层	受拉钢筋两层
一	20	35	60	40	65
二 a	25	40	65	45	70
二 b	35	50	75	55	80
三 a	40	55	80	60	85
三 b	50	65	90	70	95

板类构件的受力钢筋通常布置在外侧，常用直径为 8～12 mm，对于一类环境可取 $a_s=20$ mm，对于二 a 类环境可取 $a_s=25$ mm。

13.2 受弯构件正截面承载力计算

纵向受力钢筋配筋率

13.2.1 受弯构件正截面破坏特征

受弯构件正截面的破坏特征主要与纵向受拉钢筋的配筋率 ρ 的大小有关。纵向受拉钢筋总截面面积 A_s 与正截面的有效面积 bh_0 的比值，称为配筋率 ρ，即

$$\rho=\frac{A_s}{bh_0} \tag{13-2}$$

式中 A_s——纵向受拉钢筋总截面面积；

b——梁的截面宽度；

h_0——截面的有效高度。

由于配筋率 ρ 的不同，钢筋混凝土受弯构件将产生不同的破坏形态，根据其正截面的破坏特征可分为适筋梁、超筋梁和少筋梁三种破坏形态，如图 13-10 所示。

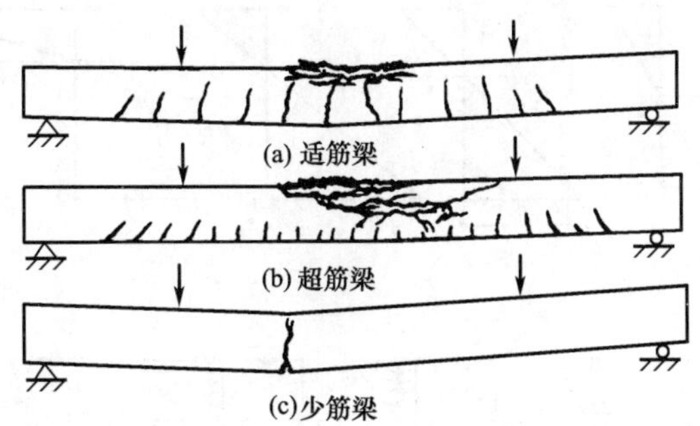

梁正截面破坏形态

图 13-10 梁正截面破坏形态

适筋梁受力三个阶段

1. 适筋梁

纵向受拉钢筋配置适中（$\rho_{min}\leqslant\rho\leqslant\rho_{max}$）的梁称为适筋梁，如图 13-10(a)所示。适筋梁从开始加荷到完全破坏，其应力变化经历了三个阶段，如图 13-11 所示。

(1)弹性工作阶段(第Ⅰ阶段) 从开始加荷到受拉区混凝土即将开裂的整个受力过程，称为第Ⅰ阶段。加荷初期，由于荷载较小，混凝土处于弹性阶段，截面上混凝土的拉应力和压应力分布呈直线变化，截面混凝土的受拉应变和受压应变很小，应变分布符合平截面假定，受拉区的拉力由受拉钢筋和拉区的混凝土共同承担，如图 13-11(a)所示。随着荷载的逐渐增加，受拉区混凝土表现出明显的塑性特征，拉应力呈曲线分布。当弯矩达到开裂弯矩 M_{cr}时，受拉区边缘混凝土拉应力达到极限抗拉强度 f_t，应变达到混凝土的极限拉应变 ε_{tu}，此时，截面处于将裂未裂的极限状态，标志着第Ⅰ阶段结束，称为$Ⅰ_a$阶段。而受压区混凝土仍处于弹性状态，应力、应变呈直线分布，如图13-11(b)所示。$Ⅰ_a$阶段的应力状态是受弯构件抗裂计算的依据。

(2)带裂缝工作阶段(第Ⅱ阶段) 在开裂弯矩 M_{cr}下，梁纯弯段最薄弱截面位置处首先出现第一条裂缝开始，到受拉区钢筋即将屈服的整个受力过程，称为第Ⅱ阶段(带裂缝工作阶段)。开裂瞬间，裂缝截面受拉区混凝土退出工作，其开裂前承担的拉力将转给钢筋承担，导致裂缝截面钢筋应力发生突然增加，这使中和轴比开裂前有较大上移，中和轴附近受拉区未开裂的混凝土仍能承受部分拉力。随着荷载的增加，裂缝不断扩大并向上延伸，中和轴逐渐上移，受压区高度减小，受压区混凝土出现塑性变形，压应力图形呈曲线形，如图 13-11(c)所示。随着荷载继续增加，钢筋应力达到屈服强度 f_y 时，为第Ⅱ阶段的结束，称为$Ⅱ_a$阶段，相应的截面弯矩为 M_y，如图 13-11(d)所示。对于一般钢筋混凝土结构构件，在正常使用时都是带裂缝工作的。故第Ⅱ阶段的应力状态是受弯构件在正常使用阶段变形和裂缝宽度验算的依据。

(3)破坏阶段(第Ⅲ阶段) 钢筋应力达到屈服强度 f_y 以后，即认为梁已进入"破坏阶段"。此时钢筋应力不增加而应变急剧增大，促使裂缝显著开展并向上延伸，中和轴迅速上移，受压区高度减小将使混凝土的压应力和压应变迅速增大，受压混凝土表现出充分的塑性特征，压应力曲线趋于丰满，如图 13-11(e)所示。当受压区最外边缘处混凝土的压应变达到极限压应变 ε_{cu}时，受压混凝土发生纵向水平裂缝而被压碎，构件达到极限承载力 M_u，此时称为$Ⅲ_a$阶段，如图 13-11(f)所示。$Ⅲ_a$阶段是受弯构件破坏的极限状态，作为受弯构件正截面承载力计算的依据。

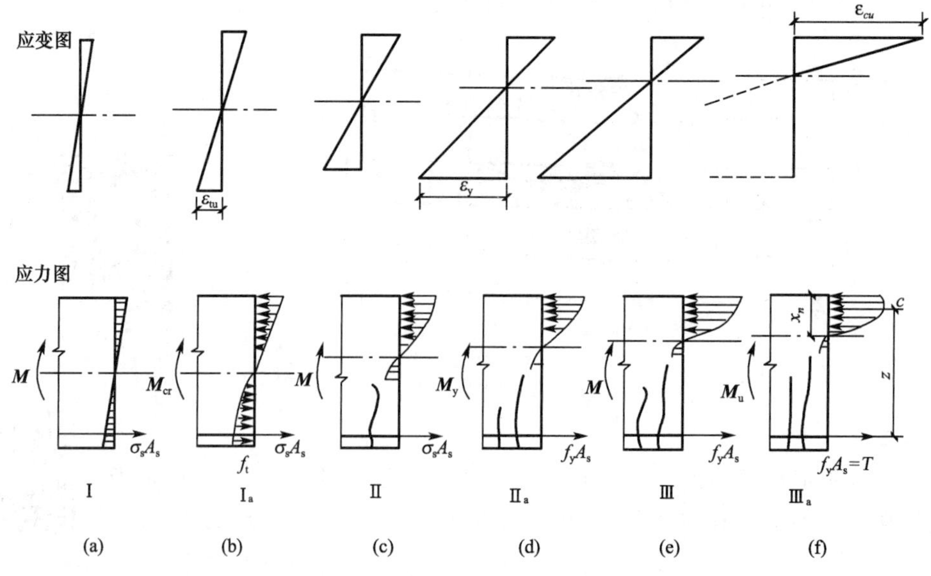

图 13-11 适筋梁工作的三个阶段

综上所述，适筋梁的破坏特征为受拉钢筋首先屈服，发生很大的塑性变形，有一根或几根裂缝迅速开展并向上延伸，受压区面积减小，最终混凝土最外边缘处压应变达到极限压应变

ε_{cu}值，混凝土被压碎，梁即告破坏。从屈服弯矩 M_y 到极限弯矩 M_u 有一个较长的变形过程，梁可吸收较大的变形能，破坏前有明显的预兆，这种破坏属于延性破坏。

2. 超筋梁

当配筋率超过界限配筋率($\rho>\rho_{max}$)时，梁中受拉钢筋应力尚未达到屈服，而受压区边缘混凝土压应变就已经达到极限压应变 ε_{cu} 而被压坏，表现为没有明显预兆的混凝土受压脆性破坏的特征，这种梁称为超筋梁，如图 13-10(b)所示。超筋梁的破坏特征表现为受压混凝土先压碎，受拉钢筋未屈服。超筋梁的破坏取决于受压区混凝土的抗压强度，受拉钢筋的强度未得到充分发挥。超筋梁在破坏时裂缝根数较多，裂缝宽度比较细，挠度也比较小。由于超筋构件混凝土压坏前无明显预兆，属于脆性破坏，而且浪费钢材，因此，在实际工程中应避免采用。

3. 少筋梁

当配筋率低于最小配筋率($\rho<\rho_{min}$)时，构件中受拉区混凝土一旦出现裂缝，导致裂缝截面受拉钢筋应力突然增加，因钢筋的配筋面积过少，其应力会很快达到屈服并进入强化阶段，或者钢筋被拉断，称为少筋梁。这种少筋梁在破坏时往往只出现一条裂缝，但裂缝开展较宽，梁的挠度也较大，如图 13-10(c)所示。少筋梁的破坏特征是混凝土一开裂就破坏。梁的强度取决于混凝土的抗拉强度，混凝土的受压强度未得到充分发挥，极限弯矩很小。少筋梁破坏类似于素混凝土梁，属于受拉脆性破坏，且承载能力低，应用不经济，实际工程中也应避免采用。

13.2.2 受弯构件正截面承载力计算基本规定

1. 基本假定

根据前述钢筋混凝土梁受弯性能分析，正截面受弯承载力计算可采用以下基本假定：

①截面应变保持平面，即截面上各点的平均应变与该点到中和轴的距离成正比。

②不考虑混凝土的抗拉强度，受拉区开裂后全部拉力均由纵向受拉钢筋承担。

③混凝土受压的应力-应变关系采用如图 13-12 所示的曲线，其中 ε_0 为混凝土压应力达到 f_c 时的压应变，取为 0.002；ε_{cu} 为正截面的混凝土极限压应变，取为 0.0033。

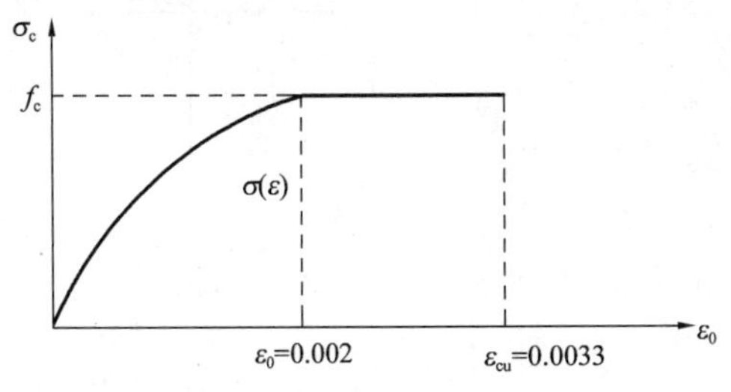

图 13-12 混凝土受压应力-应变关系

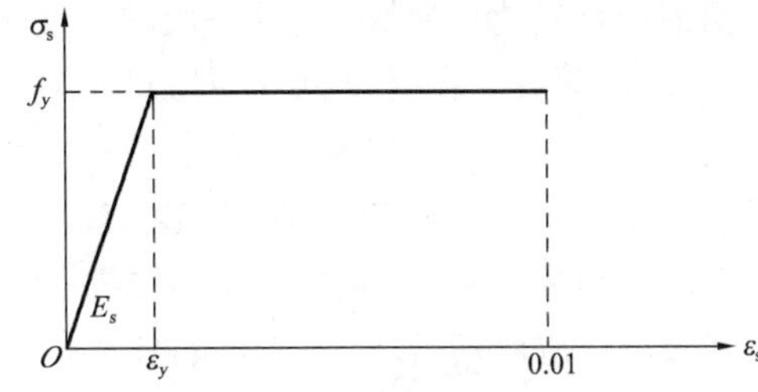

图 13-13 纵向受力钢筋应力-应变关系

③纵向受力钢筋的应力与应变关系采用如图 13-13 所示的曲线，即当 $\varepsilon_s\leqslant\varepsilon_y$ 时，$\sigma_s=E_s\varepsilon_s$；当 $\varepsilon_s>\varepsilon_y$ 时，$\sigma_s=f_y$；纵向受拉钢筋的极限拉应变取为 0.01。

2. 受压区混凝土的等效矩形应力图形

由上述可知，达到极限弯矩 M_u 时，受压区混凝土压应力分布与应力-应变曲线形状相似，其合力 C 和作用位置 y_C 仅与混凝土应力-应变曲线形状及受压区高度 x_C 有关，而在极限弯矩的计算中也仅需知道 C 的大小和作用位置 y_C 就足够了。因此，为简化计算，《混凝土规范》规定取等效矩形应力图来代替受压区混凝土实际应力图，如图 13-14 所示。

等效代换的原则是：

①压应力的合力大小不变；

②合力作用点位置不变。

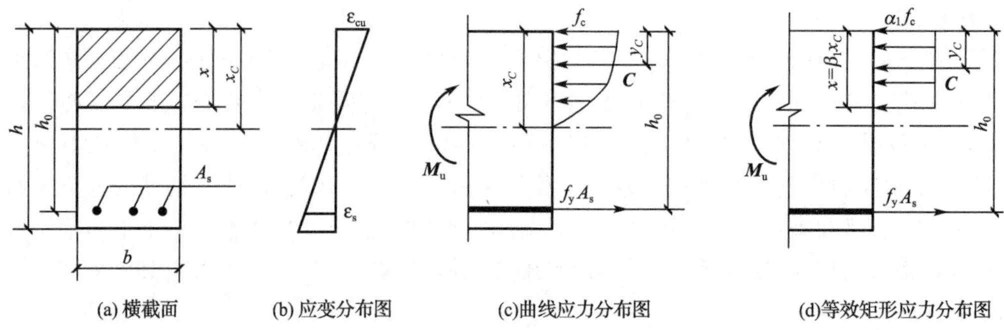

图 13-14　曲线应力图形与等效矩形应力图形

等效矩形应力图的应力值取为 $\alpha_1 f_c$，α_1 为矩形应力图形中混凝土的抗压强度与混凝土轴心抗压强度的比值。等效矩形应力图的高度为 $x=\beta_1 x_C$，β_1 为等效受压区高度 x 与实际应力图受压区高度 x_C 的比值。α_1、β_1 的取值按表 13-7 直接查用。

表 13-7　　混凝土压区等效矩形应力图系数 α_1、β_1

混凝土强度等级	≤C50	C55	C60	C65	C70	C75	C80
α_1	1.0	0.99	0.98	0.97	0.96	0.95	0.94
β_1	0.8	0.79	0.78	0.77	0.76	0.75	0.74

3. 界限相对受压区高度

为研究问题方便，引入相对受压区高度的概念。将等效矩形应力图受压区高度 x 与截面有效高度 h_0 的比值称为相对受压区高度，用 ξ 表示，即

$$\xi=\frac{x}{h_0} \tag{13-3}$$

如前所述，适筋梁与超筋梁破坏的本质区别在于，前者纵向受拉钢筋首先达到屈服，经过一段塑性变形后，受压区混凝土才被压碎；而后者在受拉钢筋屈服前，受压区混凝土的压应变已经达到极限压应变，导致构件破坏。显然，在适筋梁和超筋梁破坏之间必定存在着一种界限状态，这种状态的特征是受拉钢筋达到屈服强度，同时受压区混凝土边缘的压应变恰好达到极限压应变而破坏，即为界限破坏。根据如图 13-15 所示界限破坏时的截面应变分布，可得界限中和轴高度 x_{cb}。

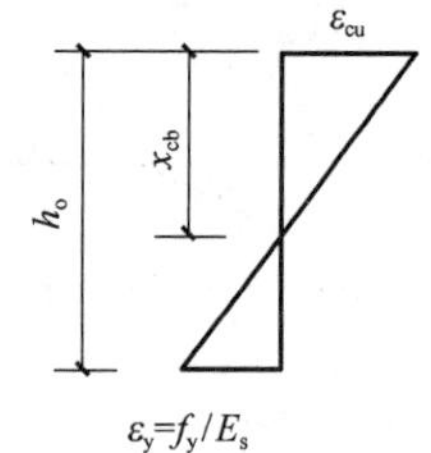

图 13-15　界限破坏时截面应变分布

$$x_{cb}=\frac{\varepsilon_{cu}}{\varepsilon_{cu}+\varepsilon_y}h_0 \tag{13-4}$$

相应地，等效矩形截面的受压区高度 x_b 与截面有效高度 h_0 的比值，称为界限相对受压区高度，用 ξ_b 表示。

$$\xi_b=\frac{x_b}{h_0}=\frac{\beta_1 x_{cb}}{h_0}=\frac{\beta_1\varepsilon_{cu}}{\varepsilon_{cu}+\varepsilon_y} \tag{13-5}$$

取 $\varepsilon_y=f_y/E_s$，代入上式，可得

$$\xi_b=\frac{\beta_1}{1+\dfrac{f_y}{\varepsilon_{cu}E_s}} \tag{13-6}$$

当相对受压区高度 $\xi \leqslant \xi_b$ 时，受拉钢筋首先达到屈服，然后混凝土受压破坏，属于适筋梁情况；当 $\xi > \xi_b$ 时，受压区混凝土先压坏，受拉钢筋未屈服，属超筋梁情况。

对于常用的有明显屈服点的热轧钢筋，将其抗拉设计强度 f_y 和弹性模量 E_s 代入式(13-6)中，可算得有明显屈服点配筋的受弯构件的界限相对受压区高度 ξ_b，如表 13-8 所示，设计时可直接查用。

表 13-8　有明显屈服点配筋的受弯构件的界限相对受压区高度 ξ_b

混凝土强度等级	≤C50	C55	C60	C65	C70	C75	C80
HPB300	0.576	0.566	0.556	0.547	0.537	0.528	0.518
HRB335、HRBF335	0.550	0.541	0.531	0.522	0.512	0.503	0.493
HRB400、HRBF400、RRB400	0.518	0.508	0.499	0.490	0.481	0.472	0.463
HRB500、HRBF500	0.482	0.473	0.464	0.455	0.447	0.438	0.429

4. 适筋构件的最小配筋率

从理论上讲，应以钢筋混凝土构件破坏时的极限弯矩 M_u 等于同截面、同强度素混凝土受弯构件所能承担的极限弯矩 M_{cr} 时的受力状态，为适筋破坏与少筋破坏的界限，这时梁的配筋率应是适筋受弯构件的最小配筋率 ρ_{min}。《混凝土规范》在确定最小配筋率 ρ_{min} 时，不仅考虑了这种"等承载力"原则，而且还考虑了温度应力、混凝土收缩的影响，以及以往工程设计经验。《混凝土规范》规定钢筋混凝土结构构件中纵向受力钢筋的配筋率不应小于表 13-9 规定的数值。

表 13-9　纵向受力钢筋的最小配筋百分率 ρ_{min}

受力类型			最小配筋百分率/%
受压构件	全部纵向钢筋	强度等级 500 MPa	0.50
		强度等级 400 MPa	0.55
		强度等级 300 MPa、335 MPa	0.60
	一侧纵向钢筋		0.20
受弯构件、偏心受拉、轴心受拉构件一侧的受拉钢筋			0.20 和 $45f_t/f_y$ 中的较大值

注：(1)受压构件全部纵向钢筋最小配筋百分率，当采用 C60 以上强度等级的混凝土时，应按表中规定增加 0.10；

(2)板类受弯构件(不包括悬臂板)的受拉钢筋，当采用强度等级为 400 MPa、500 MPa 的钢筋时，其最小配筋百分率应允许采用 0.15 和 $45f_t/f_y$ 中的较大值；

(3)偏心受拉构件中的受压钢筋，应按受压构件一侧纵向钢筋考虑；

(4)受压构件的全部纵向钢筋和一侧纵向钢筋的配筋率以及轴心受拉构件和小偏心受拉构件一侧受拉钢筋的配筋率均应按构件的全截面面积计算；

(5)受弯构件、大偏心受拉构件一侧受拉钢筋的配筋率应按全截面面积扣除受压翼缘面积 $(b'_f-b)h'_f$ 后的截面面积计算；

(6)当钢筋沿构件截面周边布置时，"一侧纵向钢筋"系指沿受力方向两个对边中一边布置的纵向钢筋。

13.2.3　单筋矩形截面受弯构件正截面承载力计算

单筋矩形正截面基本计算公式及适用条件

1. 基本计算公式

根据等效矩形应力图形原则，得到单筋矩形截面受弯构件正截面承载力的计算应力图形如图 13-16 所示。

根据承载能力极限状态设计表达式 $M \leqslant M_u$，受弯构件正截面承载力计算的基本公式为

$$\sum X=0,\quad \alpha_1 f_c bx = f_y A_s \tag{13-7}$$

$$\sum M=0,\quad M \leqslant M_u = \alpha_1 f_c bx\left(h_0-\frac{x}{2}\right) \tag{13-8}$$

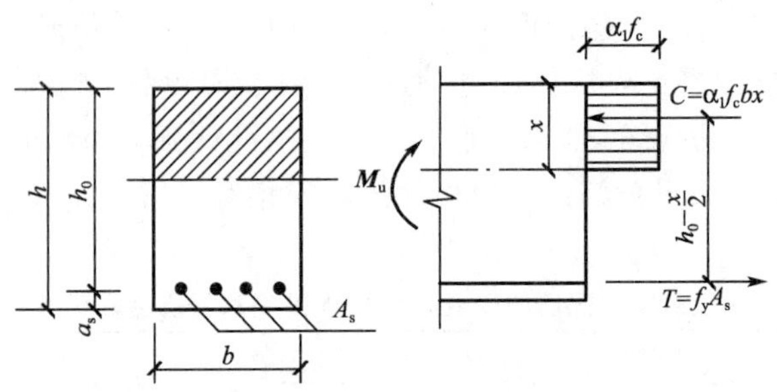

图 13-16 单筋矩形截面受弯构件正截面承载力计算应力图

或
$$M \leqslant M_u = f_y A_s (h_0 - \frac{x}{2}) \tag{13-9}$$

式中 M——弯矩设计值；

M_u——正截面极限抵抗弯矩设计值；

f_c——混凝土轴心抗压强度设计值，按表 11-2 取用；

b——截面宽度；

x——等效矩形应力图形的混凝土受压区高度；

f_y——钢筋抗拉强度设计值，按表 11-7 取用；

α_1—— 系数，按表 13-7 取用；

A_s——受拉纵向钢筋的截面面积；

h_0——截面的有效高度。

2. 适用条件

①为防止发生超筋破坏，应满足

$$\xi \leqslant \xi_b \text{ 或 } x \leqslant \xi_b h_0 \tag{13-10}$$

或
$$\rho \leqslant \rho_{max} \tag{13-11}$$

②为防止发生少筋破坏，应满足

$$\rho \geqslant \rho_{min} \tag{13-12}$$

当计算所得的配筋率 ρ 小于最小配筋率 ρ_{min} 时，则按 $\rho=\rho_{min}$ 配筋，即取

$$A_s \geqslant A_{s,min} = \rho_{min} bh \tag{13-13}$$

取 $x=\xi_b h_0$，得到单筋矩形截面所能承受的最大弯矩为

$$M_{u,max} = \xi_b (1-0.5\xi_b) \alpha_1 f_c b h_0^2$$

令
$$\alpha_{s,max} = \xi_b (1-0.5\xi_b) \tag{13-14}$$

则有
$$M_{u,max} = \alpha_{s\,max} \alpha_1 f_c b h_0^2 \tag{13-15}$$

$\alpha_{s,max}$——截面最大的抵抗矩系数。

对于有明显屈服点配筋的受弯构件，其截面最大的抵抗矩系数可按表 13-10 直接查用。

表 13-10 受弯构件截面最大的抵抗矩系数 $\alpha_{s,max}$

混凝土强度等级	≤C50	C55	C60	C65	C70	C75	C80
HPB300	0.4101	0.4058	0.4014	0.3974	0.3928	0.3886	0.3838
HRB335、HRBF335	0.3988	0.3947	0.3900	0.3858	0.3809	0.3765	0.3715
HRB400、HRBF400、RRB400	0.3838	0.3790	0.3745	0.3700	0.3653	0.3606	0.3558
HRB500、HRBF500	0.3658	0.3611	0.3564	0.3515	0.3471	0.3421	0.3370

3. 单筋矩形截面受弯构件正截面设计计算方法

工程设计中，受弯构件正截面承载力的计算分为截面设计和截面复核两种情况。

(1)截面设计　已知构件的截面尺寸($b\times h$)、材料强度设计值(f_c，f_y)、截面承受的弯矩设计值(M)，求受拉钢筋截面面积 A_s。

①基本公式法

a. 先估计钢筋一层或两层放置，取定 a_s，计算截面有效高度 $h_0=h-a_s$。

b. 计算截面受压区高度 x

$$x=h_0-\sqrt{h_0^2-\frac{2M}{\alpha_1 f_c b}}$$

c. 求纵向受拉钢筋 A_s

若 $x\leqslant\xi_b h_0$，则
$$A_s=\frac{\alpha_1 f_c bx}{f_y}$$

若 $x>\xi_b h_0$，则为超筋梁，说明截面尺寸过小，应加大截面尺寸或提高混凝土强度等级(其中以加大截面高度 h 最为有效)，重新设计。

d. 根据计算的 A_s 在表 13-11 或表 13-12 中选择合适的钢筋直径及根数。实际采用的钢筋面积一般宜等于或大于计算所需的钢筋面积，其差值宜控制在 5%以内。应注意满足有关构造要求，特别是钢筋的净距。

e. 验算最小配筋率，检查截面实际配筋率是否大于最小配筋率，即 $\rho\geqslant\rho_{min}$ 或 $A_s\geqslant\rho_{min}bh$。否则取 $\rho=\rho_{min}$，则 $A_{s,min}=\rho_{min}bh$。

表 13-11　　钢筋的公称直径、计算截面面积及理论重量

公称直径/mm	不同根数钢筋的计算截面面积/mm²									单根钢筋理论重量/(kg·m⁻¹)
	1	2	3	4	5	6	7	8	9	
6	28.3	57	85	113	142	170	198	226	255	0.222
8	50.3	101	151	201	252	302	352	402	453	0.395
10	78.5	157	236	314	393	471	550	628	707	0.617
12	113.1	226	339	452	565	678	791	904	1017	0.888
14	153.9	308	461	615	769	923	1077	1231	1385	1.21
16	201.1	402	603	804	1005	1206	1407	1608	1809	1.58
18	254.5	509	763	1017	1272	1527	1781	2036	2290	2.00
20	314.2	628	942	1256	1570	1884	2199	2513	2827	2.47
22	380.1	760	1140	1520	1900	2281	2661	3041	3421	2.98
25	490.9	982	1473	1964	2454	2945	3436	3927	4418	3.85
28	615.8	1232	1847	2463	3079	3695	4310	4926	5542	4.83
32	804.2	1609	2413	3217	4021	4826	5630	6434	7238	6.31
36	1017.9	2036	3054	4072	5089	6107	7125	8143	9161	7.99
40	1256.6	2513	3770	5027	6283	7540	8796	10053	11310	9.87
50	1964	3928	5892	7856	9820	11784	13748	15712	17676	15.42

表 13-12　　各种钢筋间距时每米板宽内的钢筋截面面积(mm^2)钢筋间距

钢筋间距/mm	钢筋直径/mm													
	3	4	5	6	6/8	8	8/10	10	10/12	12	12/14	14	14/16	16
70	101	179	281	404	561	719	920	1121	1369	1616	1908	2199	2536	2872
75	94.3	167	262	377	524	671	859	1047	1277	1508	1780	2053	2367	2681
80	88.4	157	245	354	491	629	805	981	1198	1414	1669	1924	2218	2513
85	83.2	148	231	333	462	592	758	924	1127	1331	1571	1811	2088	2365
90	78.5	140	218	314	437	559	716	872	1064	1257	1484	1710	1972	2234
95	74.5	132	207	298	414	529	678	826	1008	1190	1405	1620	1868	2116
100	70.6	126	196	283	393	503	644	785	958	1131	1335	1539	1775	2011
110	64.2	114	178	257	357	457	585	714	871	1028	1214	1399	1614	1828
120	58.9	105	163	236	327	419	537	654	798	942	1112	1283	1480	1676
125	56.5	100	157	226	314	402	515	628	766	905	1068	1232	1420	1608
130	54.4	96.6	151	218	302	387	495	604	737	870	1027	1184	1366	1547
140	50.5	89.7	140	202	281	359	460	561	684	808	954	1100	1268	1436
150	47.1	83.8	131	189	262	335	429	523	639	754	890	1026	1188	1340
160	44.1	78.5	123	177	246	314	403	491	599	707	834	962	1110	1257
170	41.5	73.9	115	166	231	296	379	462	564	665	786	906	1044	1183
180	39.2	69.8	109	157	218	279	358	436	532	628	742	855	985	1117
190	37.2	66.1	103	149	207	265	339	413	504	595	702	810	934	1053
200	35.3	62.8	98.2	141	196	251	322	393	479	565	668	770	888	1005
220	32.1	57.1	89.3	129	178	228	292	357	436	514	607	700	807	914
240	29.4	52.4	81.9	118	164	209	268	327	399	471	556	641	740	838
250	28.3	50.2	78.5	113	157	201	258	314	383	452	534	616	710	804
260	27.2	48.3	75.5	109	151	193	248	302	368	435	514	592	682	773
280	25.2	44.9	70.1	101	140	180	230	281	342	404	477	550	634	718
300	23.6	41.9	65.5	94	131	168	215	262	320	377	445	513	592	670
320	22.1	39.2	61.4	88	123	157	201	245	299	353	417	481	554	628

【例 13-1】 已知某办公楼钢筋混凝土楼面简支梁，计算跨度 $l_0=6.3$ m，梁的截面尺寸 $b\times h=250$ mm×500 mm，永久荷载(包括梁自重)标准值 $g_k=16.5$ kN/m，可变荷载标准值 $q_k=8.2$ kN/m，混凝土强度等级为 C35，HRB500 级钢筋，构件的安全等级为二级，设计使用年限为 50 年，环境类别为一类。求梁所需的纵向受拉钢筋面积 A_s。

【解】 (1)确定基本数据

由表 11-2、13-7 查得，混凝土的设计强度 $f_c=16.7$ N/mm²，$f_t=1.57$ N/mm²；$\alpha_1=1.0$；

由表 11-7、13-8 查得，钢筋的设计强度 $f_y=435$ N/mm²，$\xi_b=0.482$；

由表 13-5 查得，钢筋的混凝土最小保护层厚度为 20 mm，设纵向受拉钢筋按一层放置，设箍筋直径为 6 mm，取 $a_s=35$ mm，则梁的有效高度

$$h_0=h-a_s=500-35=465\ \text{mm}$$

构件的安全等级为二级，重要性系数 $\gamma_0=1.0$；设计使用年限 50 年，$\gamma_L=1.0$。

(2)求跨中截面最大设计弯矩

由可变荷载效应控制的组合，取荷载分项系数 $\gamma_G=1.2$，$\gamma_Q=1.4$。

$$M=\gamma_0\times\frac{1}{8}(\gamma_G g_k+\gamma_Q\gamma_L q_k)l_0^2=1.0\times\frac{1}{8}(1.2\times16.5+1.4\times1.0\times8.2)\times6.3^2=155.19\ \text{kN}\cdot\text{m}$$

由永久荷载效应控制的组合，取荷载分项系数 $\gamma_G=1.35$，$\gamma_Q=1.4$；组合值系数 $\psi_c=0.7$。

$$M=\gamma_0\times\frac{1}{8}(\gamma_G g_k+\gamma_Q\gamma_L\psi_c q_k)l_0^2=1.0\times\frac{1}{8}(1.35\times16.5+1.4\times1.0\times0.7\times8.2)\times6.3^2=150.38\ \text{kN}\cdot\text{m}$$

则跨中截面最大设计弯矩值为 $M=155.19$ kN·m。

(3)求受压区高度

$$x=h_0-\sqrt{h_0^2-\frac{2M}{\alpha_1 f_c b}}=465-\sqrt{465^2-\frac{2\times 155.19\times 10^6}{1.0\times 16.7\times 250}}=88.33\ \text{mm}$$

(4)验算适用条件

$x=88.33\ \text{mm}<\xi_b h_0=0.482\times 465=224.13\ \text{mm}$,满足要求。

(5)求受拉钢筋 A_s

$$A_s=\frac{\alpha_1 f_c bx}{f_y}=\frac{1.0\times 16.7\times 250\times 88.33}{435}=847.76\ \text{mm}^2$$

(6)选配钢筋直径及根数

查表 13-11 选配 2Φ16＋2Φ18,实际配筋面积 $A_s=402+509=911\ \text{mm}^2$,配筋如图 13-17 所示。

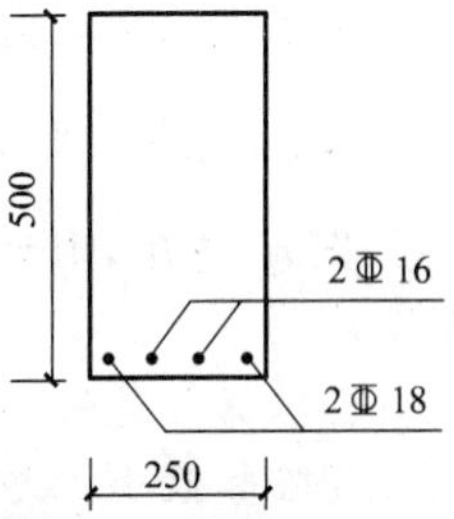

钢筋净距

$s=(250-2\times 20-2\times 6-2\times 16-2\times 18)/3=43.33\ \text{mm}>25\ \text{mm}$

图 13-17　例 13-1 图

(7)验算适用条件

$\rho_{\min}$ 取 0.2%和 $45f_t/f_y(\%)$ 中的较大值

$$45f_t/f_y(\%)=45\times 1.57/435=0.16\%$$

故取 $\rho_{\min}=0.2\%$。

$$A_{s,\min}=\rho_{\min}bh=0.2\%\times 250\times 500=250\ \text{mm}^2<A_s=911\ \text{mm}^2$$

满足要求。

②表格法:为了方便工程设计,可将基本公式适当变换,引入参数编制成计算表格,采用查表计算。

将 $\xi=x/h_0$ 代入式(13-8)得

$$M=\alpha_1 f_c bx\left(h_0-\frac{x}{2}\right)=\alpha_1 f_c bh_0^2\xi(1-0.5\xi)$$

令

$$\alpha_s=\xi(1-0.5\xi) \tag{13-16}$$

则

$$M=\alpha_s\alpha_1 f_c bh_0^2 \tag{13-17}$$

式中　α_s——截面抵抗矩系数。

同时由式(13-9)得　$M=f_yA_s\left(h_0-\dfrac{x}{2}\right)=f_yA_sh_0(1-0.5\xi)$

令

$$\gamma_s=1-0.5\xi \tag{13-18}$$

则

$$M=f_yA_s\gamma_sh_0 \tag{13-19}$$

由式(13-19),得纵向钢筋截面面积为

$$A_s=\frac{M}{f_y\gamma_sh_0} \tag{13-20}$$

由式(13-7),亦可得纵向钢筋截面面积为

$$A_s=\frac{\alpha_1 f_c bx}{f_y}=\frac{x}{h_0}bh_0\frac{\alpha_1 f_c}{f_y}=\xi bh_0\frac{\alpha_1 f_c}{f_y} \tag{13-21}$$

式中　γ_s——内力臂系数。

α_s、γ_s 都是相对受压区高度 ξ 的函数,根据不同的 ξ 值可由式(13-16)、式(13-18)计算出 α_s 及 γ_s,并编制计算表格见表 13-13,当已知 ξ、α_s、γ_s 三个系数中的任一值时,就可以查出相对应的另外两个系数。

利用表 13-13 查取 ξ 和 γ_s 时,可能要用插入法。这时,ξ 和 γ_s 可直接按下列公式计算

$$\xi=1-\sqrt{1-2\alpha_s} \tag{13-22}$$

$$\gamma_s = 0.5(1+\sqrt{1-2\alpha_s}) \tag{13-23}$$

表格法计算步骤：

①先估计钢筋一层或两层放置，取定 a_s，计算截面有效高度 $h_0 = h - a_s$。

②计算 α_s

$$\alpha_s = \frac{M}{\alpha_1 f_c b h_0^2}$$

验算 $\alpha_s \leqslant \alpha_{s,\max}$，如不满足，则应加大截面尺寸或提高混凝土强度等级后重新设计。

③查表或计算系数 γ_s 或 ξ。

④求纵向受拉钢筋 A_s

若 $x \leqslant \xi_b h_0$，则 $A_s = \dfrac{M}{f_y \gamma_s h_0}$ 或 $A_s = \xi b h_0 \dfrac{\alpha_1 f_c}{f_y}$。

若 $x > \xi_b h_0$，则为超筋梁，说明截面尺寸过小，应加大截面尺寸或提高混凝土强度等级，重新设计。

⑤根据计算的 A_s 在表 13-11 或表 13-12 中选择合适的钢筋直径及根数。

⑥验算最小配筋率，检查截面实际配筋率是否大于最小配筋率，即 $\rho \geqslant \rho_{\min}$ 或 $A_s \geqslant \rho_{\min} bh$。否则取 $\rho = \rho_{\min}$，则 $A_{s,\min} = \rho_{\min} bh$。

表 13-13　钢筋混凝土受弯构件正截面承载力计算系数表

ξ	γ_s	α_s	ξ	γ_s	α_s
0.01	0.995	0.010	0.31	0.845	0.262
0.02	0.990	0.020	0.32	0.840	0.269
0.03	0.985	0.030	0.33	0.835	0.276
0.04	0.980	0.039	0.34	0.830	0.282
0.05	0.975	0.048	0.35	0.825	0.289
0.06	0.970	0.058	0.36	0.820	0.295
0.07	0.965	0.067	0.37	0.815	0.302
0.08	0.960	0.077	0.38	0.810	0.308
0.09	0.955	0.085	0.39	0.805	0.314
0.10	0.950	0.095	0.40	0.800	0.320
0.11	0.945	0.104	0.41	0.795	0.326
0.12	0.940	0.113	0.42	0.790	0.332
0.13	0.935	0.121	0.43	0.785	0.338
0.14	0.930	0.130	0.44	0.780	0.343
0.15	0.925	0.139	0.45	0.775	0.349
0.16	0.920	0.147	0.46	0.770	0.354
0.17	0.915	0.155	0.47	0.765	0.360
0.18	0.910	0.164	0.48	0.760	0.365
0.19	0.905	0.172	0.482	0.759	0.366
0.20	0.900	0.180	0.49	0.755	0.370
0.21	0.895	0.188	0.50	0.750	0.375
0.22	0.890	0.196	0.51	0.745	0.380
0.23	0.885	0.203	0.518	0.741	0.384
0.24	0.880	0.211	0.52	0.740	0.385
0.25	0.875	0.219	0.53	0.735	0.390
0.26	0.870	0.226	0.54	0.730	0.394
0.27	0.865	0.234	0.550	0.725	0.399
0.28	0.860	0.241	0.56	0.720	0.403
0.29	0.855	0.248	0.57	0.715	0.408
0.30	0.850	0.255	0.576	0.713	0.410

注：(1)本表数值适用于混凝土强度等级不超过 C50 的受弯构件；

(2)表中 $\xi=0.482$ 以下数值不适用于 500 MPa 级钢筋，$\xi=0.518$ 以下数值不适用于 400 MPa 级钢筋，$\xi=0.550$ 以下数值不适用于 335 MPa 级钢筋。

【例 13-2】　如图 13-18 所示，某教学楼的内廊为简支在砖墙上的现浇钢筋混凝土板（重力密度为 25 kN/m^3），计算跨度 $l_0=2.56$ m，板上作用的均布活荷载标准值为 $q_k=2.5\ kN/m^2$。水磨石地面及细石混凝土垫层共 30 mm 厚（平均重力密度为 22 kN/m^3），板底白灰砂浆粉刷 12 mm 厚（重力密度为 17 kN/m^3），混凝土强度等级为 C30，采用 HRB400 级钢筋，环境类别为一类，构件的安全等级为二级，设计使用年限为 50 年。求板所需的纵向受拉钢筋。

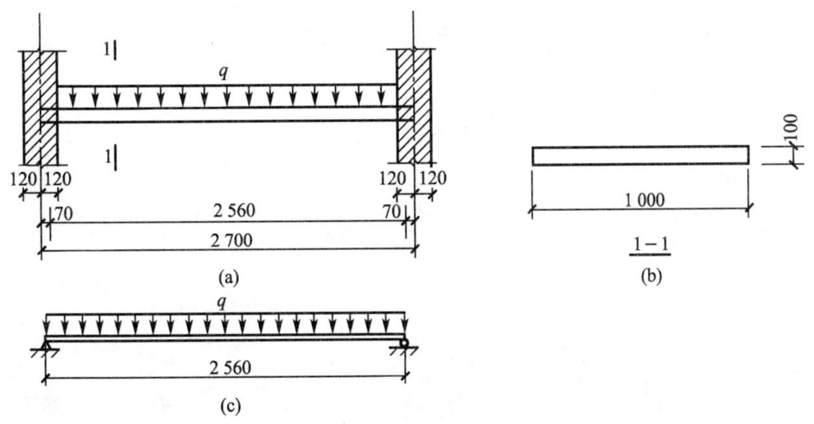

图 13-18　例 13-2 计算简图

【解】　(1)确定基本数据

由表 11-2、13-7 查得，混凝土的设计强度 $f_c=14.3\ N/mm^2$，$f_t=1.43\ N/mm^2$；$\alpha_1=1.0$；

由表 11-7、13-8 查得，钢筋的设计强度 $f_y=360\ N/mm^2$，$\xi_b=0.518$；

由表 13-5 查得，钢筋的混凝土保护层最小厚度为 15 mm，取 $a_s=20$ mm，板厚 $\geqslant l/30=2700/30=90$ mm，取板厚 $h=100$ mm，则板的有效高度

$$h_0=h-a_s=100-20=80\ \text{mm}$$

取 1 m 宽的板带作为计算单元。即 $b=1000$ mm，如图 13-18(b)所示。

构件的安全等级为二级，重要性系数 $\gamma_0=1.0$；设计使用年限 50 年，$\gamma_L=1.0$。

(2)荷载设计值的计算

①永久荷载标准值

30 mm 厚水磨石地面　$(1.0\times0.03\times22)$kN/m=0.66 kN/m

100 mm 厚现浇钢筋混凝土板　$(1.0\times0.10\times25)$kN/m=2.5 kN/m

12 m 厚底板白灰砂浆粉刷　$(1.0\times0.012\times17)$kN/m=0.204 kN/m

$$g_k=(0.66+2.5+0.204)\text{kN/m}=3.364\ \text{kN/m}$$

②可变荷载标准值　$q_k=(2.5\times1.0)$kN/m=2.5 kN/m

③荷载设计值

由可变荷载效应控制的组合，取荷载分项系数 $\gamma_G=1.2$，$\gamma_Q=1.4$。

$q=\gamma_G\ g_k+\gamma_Q\gamma_L\ q_k=(1.2\times3.364+1.4\times1.0\times2.5)$kN/m=7.537 kN/m

由永久荷载效应控制的组合，取荷载分项系数 $\gamma_G=1.35$，$\gamma_Q=1.4$；组合值系数 $\psi_c=0.7$。

$q=\gamma_G\ g_k+\gamma_Q\gamma_L\ \psi_c q_k=(1.35\times3.364+1.4\times1.0\times0.7\times2.5)$kN/m=6.991 kN/m

故取荷载设计值 $q=7.537$ kN/m。

(3)跨中截面的弯矩设计值

$$M=\gamma_0\ \frac{1}{8}ql_0^2=1.0\times\frac{1}{8}\times7.537\times2.56^2=6.174\ \text{kN}\cdot\text{m}$$

(4)求 α_s

$$\alpha_s=\frac{M}{\alpha_1 f_c bh_0^2}=\frac{6.174\times10^6}{1\times14.3\times1000\times80^2}=0.067$$

查表 13-13 得　　　$\gamma_s=0.965$，　$\xi=0.069<\xi_b=0.518$

(5)求受拉钢筋 A_s

$$A_s=\frac{M}{f_y\gamma_s h_0}=\frac{6.174\times10^6}{360\times0.965\times80}=222.15\ \text{mm}^2$$

(6)选配钢筋直径及根数

查表 13-12 选配 6 Φ@120，实际配筋面积 $A_s=236\ \text{mm}^2$，配筋如图 13-19 所示。

(7)验算适用条件

ρ_{min}取 0.2% 和 $45f_t/f_y$(%)中的较大值，$45f_t/f_y$(%)$=45\times1.43/360=0.18\%$，故取$\rho_{min}=0.2\%$。

$A_{s,min}=\rho_{min}bh=0.2\%\times1000\times100=200\ \text{mm}^2<A_s=236\ \text{mm}^2$

满足要求。

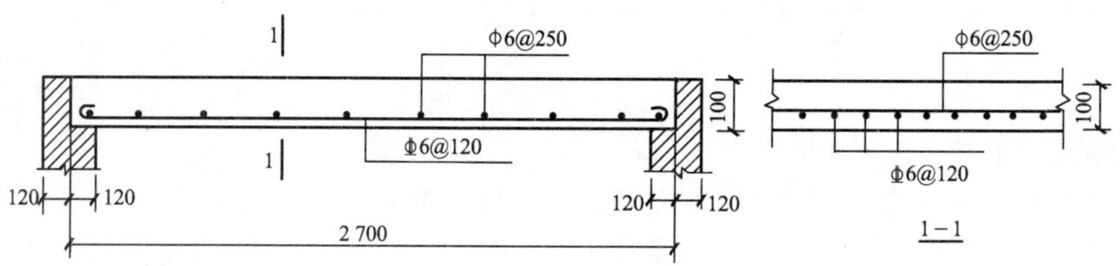

图 13-19　例 13-2 截面配筋图

(2)截面复核　已知构件的截面尺寸($b\times h$)、材料强度设计值(f_c，f_y)、受拉钢筋截面面积(A_s)以及截面承受的弯矩设计值(M)。

按下列步骤进行：

①截面有效高度 h_0。

②计算受压区高度 $x=\frac{f_y A_s}{\alpha_1 f_c b}$。

③求截面受弯极限承载力 M_U。

a. 当 $x\leqslant\xi_b h_0$ 时，$M_u=f_y A_s(h_0-\frac{x}{2})$；

b. 当 $x>\xi_b h_0$ 时，$M_u=\xi_b(1-0.5\xi_b)\alpha_1 f_c bh_0^2=\alpha_{s,max}\alpha_1 f_c bh_0^2$。

④承载力复核。按承载能力极限状态计算要求，应满足 $M\leqslant M_u$。

【例 13-3】　已知单筋矩形截面梁如图 13-20 所示，$b\times h=250\ \text{mm}\times700\ \text{mm}$，环境类别为一类，混凝土强度等级为 C25，钢筋采用 5 Φ 22，$A_s=1900\ \text{mm}^2$。求该截面能否承受弯矩设计值 $M=300\ \text{kN}\cdot\text{m}$?

【解】　(1)确定基本数据

由表 11-2、13-7 查得，混凝土的设计强度 $f_c=11.9\ \text{N/mm}^2$，$f_t=1.27\ \text{N/mm}^2$；$\alpha_1=1.0$；

由表 11-7、13-8 查得，钢筋的设计强度 $f_y=300\ \text{N/mm}^2$，$\xi_b=0.550$；

(2)求 a_s 和 h_0

判别 5 Φ 22 能否放在一层：混凝土保护层最小厚度为 25 mm，设箍筋直径为 8 mm，则

$$2\times25+5\times22+4\times25+2\times8=276\ \text{mm}>b=250\ \text{mm}$$

改为二层，第一层 3Φ22，第二层 2Φ22。

$$a_s=\frac{3\times(25+11)+2\times(25+22+25+11)}{5}+8=62.8\ \text{mm}$$

$$h_0=700-62.8=637.2\ \text{mm}$$

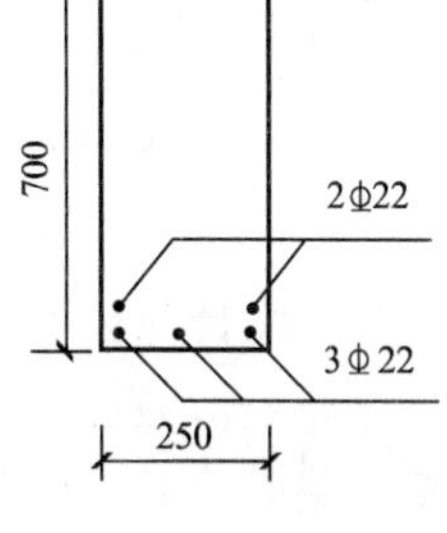

图 13-20　例 13-3 图

(3)验算适用条件

ρ_{min} 取 0.2% 和 $45f_t/f_y$(%) 中的较大值，$45f_t/f_y(\%)=45\times1.27/300=0.19\%$，故取 $\rho_{min}=0.2\%$。

$A_{s,min}=\rho_{min}bh=0.2\%\times250\times700=350\ \text{mm}^2<A_s=1900\ \text{mm}^2$，满足要求。

(4)求受压区高度 x

$x=\dfrac{f_yA_s}{\alpha_1f_cb}=\dfrac{300\times1900}{1\times11.9\times250}=191.6\ \text{mm}<\xi_bh_0=0.550\times637.2=350.46\ \text{mm}$

(5)计算正截面受弯极限承载力

$$M_u=f_yA_s(h_0-\frac{x}{2})=300\times1900\times(637.2-\frac{191.6}{2})=308.6\times10^6\ \text{N}\cdot\text{mm}=308.6\ \text{kN}\cdot\text{m}$$

(6)承载力复核

$$M=300\ \text{kN}\cdot\text{m}<M_u=308.6\ \text{kN}\cdot\text{m}$$

该梁正截面是安全的。

13.2.4　双筋矩形截面受弯构件正截面承载力计算

钢筋混凝土结构中，钢筋不但可以设置在构件的受拉区，而且也可以配置在受压区与混凝土共同抗压。这种在梁的受拉区和受压区都配置纵向受力钢筋的截面，称为双筋截面。一般情况下，梁中采用受压钢筋来协同混凝土承受压力是不经济的，但在下列情况下可考虑采用双筋截面。

①梁承受的弯矩很大，按单筋截面计算，出现 $\xi>\xi_b$，同时构件截面尺寸和混凝土强度等级受到使用和施工条件限制不便加大或提高，则应采用双筋截面。

②在实际工程中，有些受弯构件在不同荷载组合下，同一控制截面可能承受正、负弯矩作用，为承受变号弯矩分别作用于截面的拉力，需要配置受拉和受压钢筋形成双筋截面构件。

③在截面的受压区配置一定数量的受压钢筋，可提高混凝土的极限压应变，增加构件的延性，使构件在最终破坏之前产生较大的塑性变形，吸收大量的能量，对结构抗震有利。因此，设计地震区的构件时，可考虑采用双筋截面。

1. 计算应力图形

双筋梁与单筋梁的区别，是只在截面的受压区配置了纵向受压钢筋。试验证明，若满足 $\xi\leqslant\xi_b$ 及双筋截面构造条件，双筋截面梁达到极限弯矩时的破坏形态与适筋梁类似。即双筋梁破坏时仍然是受拉钢筋应力先达到屈服强度 f_y，然后受压最外边缘混凝土的压应变达到极限压应变 ε_{cu}，受压区混凝土应力分布图形仍采用等效矩形应力图形，其应力值取为 α_1f_c，如图 13-21 所示。由于构件中混凝土受配箍约束，极限受压应变加大，受压钢筋可以达到较高的强度，其抗压强度 f_y' 取与抗拉强度相同。

双筋矩形截面梁截面计算应力图形如图 13-21 所示。

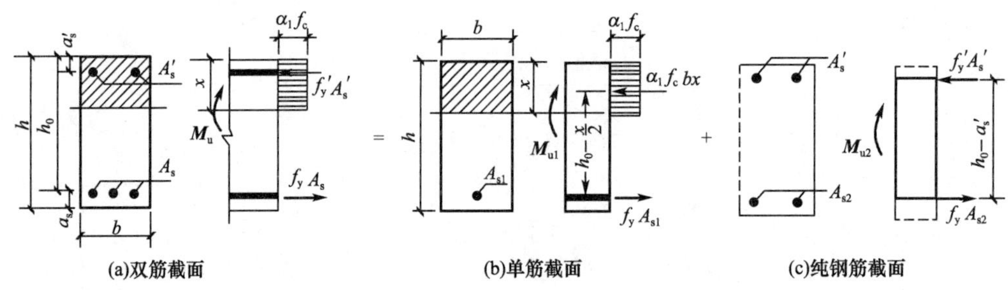

图 13-21 双筋矩形截面

2. 基本计算公式

双筋矩形截面达到受弯承载力极限状态时的截面应力如图 13-21(a)所示，由平衡条件，双筋矩形截面承载力的基本公式为

$$\alpha_1 f_c bx + f'_y A'_s = f_y A_s \tag{13-24}$$

$$M \leqslant M_u = \alpha_1 f_c bx\left(h_0 - \frac{x}{2}\right) + f'_y A'_s (h_0 - a'_s) \tag{13-25}$$

式中 f_y'——钢筋抗压强度设计值；

A_s'——受压区纵向钢筋的截面面积；

a_s'——受压钢筋合力点到截面受压边缘的距离。

双筋矩形截面的受弯承载力设计值 M_u 及纵向受拉钢筋 A_s 可分解为两部分之和，即 $M_u = M_{u1} + M_{u2}$，$A_s = A_{s1} + A_{s2}$。

由图 13-21(b)得

$$\alpha_1 f_c bx = f_y A_{s1} \tag{13-26}$$

$$M_{u1} = \alpha_1 f_c bx\left(h_0 - \frac{x}{2}\right) \tag{13-27}$$

由图 13-21(c)得

$$f'_y A'_s = f_y A_{s2} \tag{13-28}$$

$$M_{u2} = f'_y A'_s (h_0 - a'_s) \tag{13-29}$$

第一部分是由受压混凝土合力 $\alpha_1 f_c bx$ 与部分受拉钢筋合力 $f_y A_{s1}$ 组成的单筋矩形截面的受弯承载力 M_{u1}；第二部分则是由受压钢筋合力 $f_y' A_s'$ 与另一部分受拉钢筋合力 $f_y A_{s2}$ 构成"纯钢筋截面"的受弯承载力 M_{u2}。

3. 适用条件

①为防止发生超筋破坏，应满足

$$\xi \leqslant \xi_b \text{ 或 } x \leqslant \xi_b h_0$$

或

$$\rho = \frac{A_{s1}}{bh_0} \leqslant \xi_b \frac{\alpha_1 f_c}{f_y} \tag{13-30}$$

②为保证受压钢筋达到抗压设计强度值，应满足

$$x \geqslant 2a_s' \tag{13-31}$$

4. 设计计算方法

(1)截面设计 双筋截面受弯构件正截面设计，可一般有以下两种情况。

①第一种情况：已知截面尺寸($b \times h$)，截面弯矩设计值(M)，混凝土的强度等级和钢筋的种类(f_c、f_y、f_y')，求受拉钢筋截面积 A_s 和受压钢筋截面积 A_s'。

由于式(13-24)、(13-25)两个基本公式中，含有 x、A_s、A_s'三个未知数，可有多组解，故应补

充一个条件才能求定解。为使钢筋的总用量(A_s+A_s')为最小,应充分发挥混凝土的抗压作用,由适用条件 $x\leqslant\xi_b h_0$,取 $x=\xi_b h_0$ 作为补充条件。

计算步骤如下:

a.判断是否需要采用双筋截面

若 $M>M_{u,max}=\alpha_1 f_c bh_0^2\xi_b(1-0.5\xi_b)$,则按双筋截面设计,否则按单筋截面设计。

b.令 $x=\xi_b h_0$,由式(13-25)可得

$$A'_s=\frac{M-\alpha_1 f_c bh_0^2\xi_b(1-0.5\xi_b)}{f'_y(h_0-a'_s)} \tag{13-32}$$

由式(13-24)得

$$A_s=\xi_b bh_0\frac{\alpha_1 f_c}{f_y}+A'_s\frac{f'_y}{f_y} \tag{13-33}$$

②第二种情况:已知截面尺寸($b\times h$),截面弯矩设计值(M),混凝土的强度等级和钢筋的种类(f_c、f_y、f_y'),受压钢筋截面面积 A_s'。求受拉钢筋的截面面积 A_s。

a.由已知的 A_s'求纯钢筋截面承担的弯矩 M_{u2}和所需受拉钢筋 A_{s2}

$$M_{u2}=f'_yA'_s(h_0-a'_s),\quad A_{s2}=A'_s\frac{f'_y}{f_y}$$

b.求单筋矩形截面承担的弯矩 M_{u1}

$$M_{u1}=M-M_{u2}=M-f'_yA'_s(h_0-a'_s)$$

c.求 α_{s1}、ξ、x

$$\alpha_{s1}=\frac{M_{u1}}{\alpha_1 f_c bh_0^2},\quad \xi=1-\sqrt{1-2\alpha_{s1}},x=\xi h_0$$

d.求所需受拉钢筋 A_s

当 $2a_s'\leqslant x\leqslant\xi_b h_0$ 时

$$A_s=A_{s1}+A_{s2}=\frac{\alpha_1 f_c bx}{f_y}+A'_s\frac{f'_y}{f_y}$$

当 $x<2a'_s$时,说明受压钢筋 A'_s的应力达不到抗压强度,这时应取 $x=2a'_s$,$A_s=\dfrac{M}{f_y(h_0-a'_s)}$

当 $x>\xi_b h_0$ 时,说明已配置的受压钢筋 A_s'数量不足,此时应按受压钢筋 A_s'未知的情况重新计算 A_s 和 A_s'。

【例 13-4】 一矩形截面简支梁,截面尺寸为 $b\times h=200$ mm×500 mm;混凝土强度等级为 C30;采用 HRB400 级钢筋,环境类别为二 a 类;截面的弯矩设计值为 295 kN·m,求此截面所需配置的纵向受力钢筋。

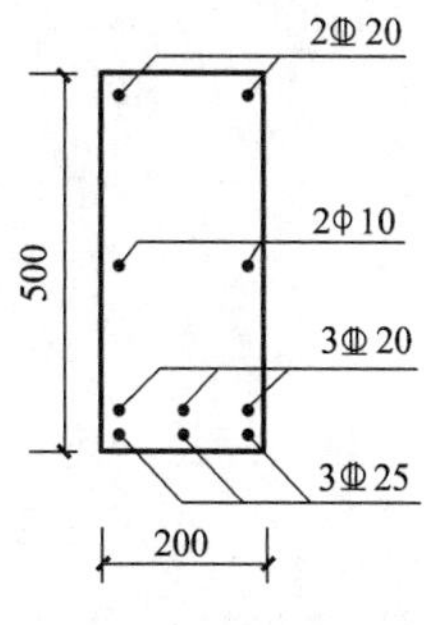

图 13-22　例 13-4 图

【解】 (1)确定基本数据

由表 11-2、13-7 查得,混凝土的设计强度 $f_c=14.3\ \text{N/mm}^2$,$f_t=1.43\ \text{N/mm}^2$;$\alpha_1=1.0$;

由表 11-7、13-8 查得,钢筋的设计强度 $f_y=360\ \text{N/mm}^2$,$\xi_b=0.518$;

由表 13-5 查得,钢筋的混凝土保护层最小厚度为 25 mm,纵向受拉钢筋按两层放置,设箍筋直径为 8 mm,取 $a_s=70$ mm,则梁的有效高度

$$h_0=h-a_s=500-70=430\ \text{mm}$$

(2)判断是否需要采用双筋截面

$M=295\ \text{kN}\cdot\text{m}>\alpha_1 f_c bh_0^2\xi_b(1-0.5\xi_b)=1.0\times14.3\times200\times430^2\times0.518(1-0.5\times0.518)$

$=202.98\times10^6\ \text{N}\cdot\text{mm}=202.98\ \text{kN}\cdot\text{m}$

因此应采用双筋截面。

(3)配筋计算

受压钢筋为单层,取 $a_s'=40$ mm,为节约钢筋,充分利用混凝土抗压,令 $\xi=\xi_b$,则

$$A'_s=\frac{M-\alpha_1 f_c bh_0^2\xi_b(1-0.5\xi_b)}{f'_y(h_0-a'_s)}=\frac{295\times10^6-202.98\times10^6}{360\times(430-40)}=655.41\ \text{mm}^2$$

$$A_s=\frac{\alpha_1 f_c\xi_b bh_0+f'_yA'_s}{f_y}=\frac{1.0\times14.3\times0.518\times200\times430+360\times655.41}{360}=2424.96\ \text{mm}^2$$

(4)选配钢筋直径及根数

受拉钢筋选配 3Φ25+3Φ20,实际配筋面积 $A_s=2415\ \text{mm}^2$,受压钢筋选配 2Φ20,$A'_s=628\ \text{mm}^2$,配筋如图 13-22 所示。

钢筋净距 $s=(200-2\times25-2\times8-3\times25)/2=29.5\ \text{mm}>25\ \text{mm}$。

【例 13-5】 某矩形截面梁,截面尺寸为 $b\times h=250\ \text{mm}\times500\ \text{mm}$;混凝土强度等级为 C25;采用 HRB400 级钢筋,环境类别为一类,梁的受压区已配置 3Φ20 的受压钢筋,$A_s'=942\ \text{mm}^2$,梁承受的设计弯矩值 201 kN·m,求受拉钢筋的截面面积 A_s。

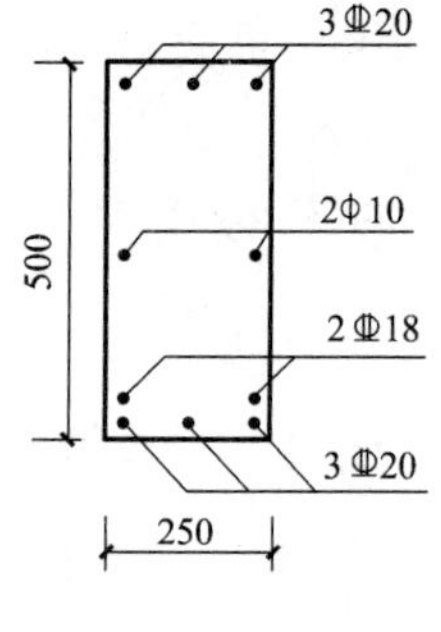

图 13-23 例 13-5 图

【解】 (1)确定基本数据

由表 11-2、13-7 查得,混凝土的设计强度 $f_c=11.9\ \text{N/mm}^2$,$f_t=1.27\ \text{N/mm}^2$;$\alpha_1=1.0$;

由表 11-7、13-8 查得,钢筋的设计强度 $f_y=360\ \text{N/mm}^2$,$\xi_b=0.518$;

由表 13-5 查得,钢筋的混凝土最小保护层厚度为 25 mm,设箍筋直径为 8 mm,受压钢筋为一层,取 $a_s'=25+8+20/2=43$ mm,纵向受拉钢筋按两层放置,取 $a_s=70$ mm,则梁的有效高度

$$h_0=h-a_s=500-70=430\ \text{mm}$$

(2)计算 ξ 及 x

$$M_{u2}=f'_yA'_s(h_0-a'_s)=360\times942(430-43)=131.24\times10^6\ \text{N}\cdot\text{mm}=131.24\ \text{kN}\cdot\text{m}$$

$$M_{u1}=M-M_{u2}=(201-131.24)\text{kN}\cdot\text{m}=69.76\ \text{kN}\cdot\text{m}$$

$$\alpha_{s1}=\frac{M_{u1}}{\alpha_1 f_c bh_0^2}=\frac{69.76\times10^6}{1.0\times11.9\times250\times430^2}=0.127$$

$$\xi=1-\sqrt{1-2\alpha_{s1}}=1-\sqrt{1-2\times0.127}=0.136<\xi_b=0.518$$

$$x=\xi h_0=0.136\times430=58.48\ \text{mm}<2a'_s=2\times43=86\ \text{mm}$$

(3)受拉钢筋面积

$$A_s=\frac{M}{f_y(h_0-a'_s)}=\frac{201\times10^6}{360(430-43)}=1442.72\ \text{mm}^2$$

(4)选配钢筋直径及根数

受拉钢筋选配 3Φ20+2Φ18,实际配筋面积 $A_s=1451\ \text{mm}^2$,配筋如图 13-23 所示。

钢筋净距 $s=(250-2\times25-2\times8-3\times20)/2=62\ \text{mm}>25\ \text{mm}$。

(2)截面复核　已知截面尺寸($b\times h$)，混凝土的强度等级和钢筋的种类(f_c、f_y、f_y')，受拉钢筋和受压钢筋截面面积(A_s、A_s')，截面弯矩设计值 M。复核截面是否安全。

①先由式(13-24)计算受压区高度 x

$$x=\frac{f_yA_s-f'_yA'_s}{\alpha_1 f_c b}$$

②受弯承载力极限值 M_u

当 $2a'_s\leqslant x\leqslant \xi_b h_0$ 时，直接由式(13-25)得 $M_u=\alpha_1 f_c bx(h_0-\frac{x}{2})+f'_yA'_s(h_0-a'_s)$；

当 $x>\xi_b h_0$ 时，说明单筋截面部分可能发生超筋破坏，此时，以 $x=\xi_b h_0$ 代入式(13-25)得 $M_u=\alpha_1 f_c bh_0^2\xi_b(1-0.5\xi_b)+f'_yA'_s(h_0-a'_s)$；

当 $x<2a'_s$ 时，则 $M_u=f_yA_s(h_0-a'_s)$。

③如 $M\leqslant M_u$，则正截面承载力满足要求，否则不满足。

【例 13-6】　某双筋矩形截面梁如图 13-24 所示，截面尺寸为 $b\times h=$ 200 mm×500 mm，混凝土强度等级为 C30；采用 HRB335 级钢筋，环境类别为一类，梁的受压区已配置 2Φ16 的受压钢筋，$A'_s=402\ \text{mm}^2$，受拉钢筋 3Φ25，$A_s=1473\ \text{mm}^2$；梁承受的弯矩设计值 $M=175$ kN·m，试校核该截面是否安全。

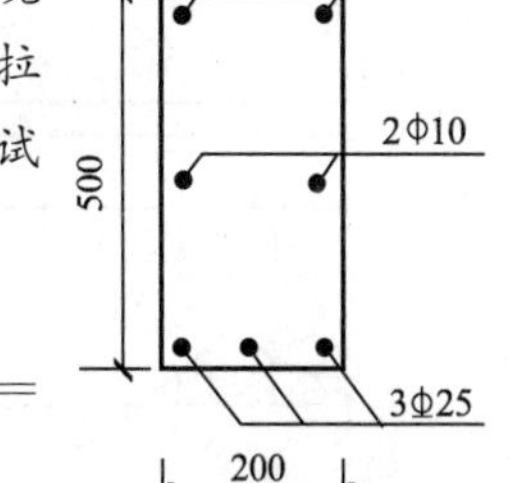

图 13-24　例 13-6 图

【解】　(1)确定基本数据

由表 11-2、13-7 查得，混凝土的设计强度 $f_c=14.3\ \text{N/mm}^2$，$f_t=1.43\ \text{N/mm}^2$；$\alpha_1=1.0$；

由表 11-7、13-8 查得，钢筋的设计强度 $f_y=300\ \text{N/mm}^2$，$\xi_b=0.55$；

由表 13-5 查得，钢筋的混凝土最小保护层厚度为 20 mm，由于受拉钢筋直径为 25 mm，取混凝土保护层厚度为 25 mm，设箍筋直径为 8 mm，受压钢筋为一层，$a'_s=25+8+16/2=41$ mm，纵向受拉钢筋一层放置，$a_s=25+8+25/2=45.5$ mm，则梁的有效高度

$$h_0=h-a_s=500-45.5=454.5\ \text{mm}$$

(2)计算受压区高度

$$x=\frac{f_yA_s-f'_yA'_s}{\alpha_1 f_c b}=\frac{300\times1473-300\times402}{1.0\times14.5\times200}=112.34\ \text{mm}$$

$$2a'_s=2\times41=82\ \text{mm},\quad \xi_b h_0=0.55\times454.5=249.98\ \text{mm}$$

所以满足 $2a'_s<x<\xi_b h_0$

(3)计算受弯承载力

$$\begin{aligned}M_u&=\alpha_1 f_c bx(h_0-\frac{x}{2})+f'_yA'_s(h_0-a'_s)\\&=1.0\times14.3\times200\times112.34\times(454.5-\frac{112.34}{2})+300\times402\times(454.5-41)\\&=177.85\times10^6\ \text{N·mm}=177.85\ \text{kN·m}\end{aligned}$$

$M=175\ \text{kN·m}<M_u=177.85\ \text{kN·m}$

此截面是安全的。

13.2.5　T 形截面受弯构件正截面承载力计算

矩形截面受弯构件具有构造简单和施工方便等优点，但由于受拉区混凝土开裂退出工作，实际上受拉区混凝土的作用未能得到充分发挥。若把拉区混凝土去掉一部分，并将钢筋集中

放置在肋部，就形成 T 形截面，如图 13-25(a)所示，这样做并不降低截面的受弯承载力，却能节省混凝土、减轻结构自重、降低造价的目的。若受拉钢筋较多，为便于布置钢筋，可将截面底部适当增大，形成工字形截面，如图 13-25(b) 所示。工字形截面的受弯承载力的计算与 T 形截面相同。

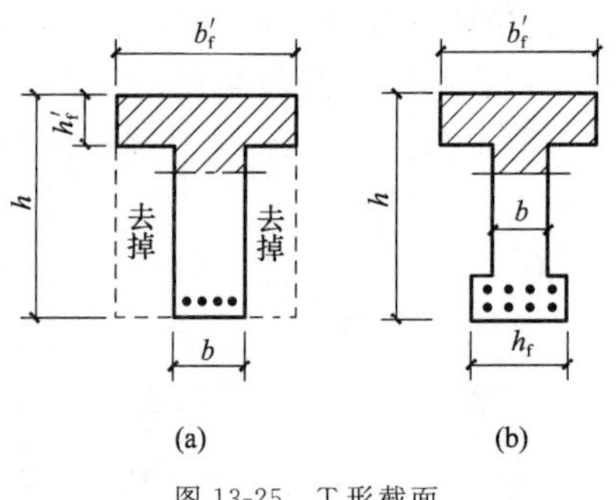

图 13-25　T 形截面

T 形和工字形截面受弯构件在工程中应用非常广泛，如 T 形吊车梁、薄腹屋面梁、槽形板和现浇肋形楼盖中的主、次梁等均为 T 形截面；空心楼板、箱形截面、桥梁中的梁为工字形截面。T 形梁由梁肋和位于受压区的翼缘组成。对于翼缘位于受拉区的 T 形截面，因翼缘受拉后混凝土会发生裂缝，不起受力作用，所以仍按矩形截面计算，如图 13-26 所示肋形楼盖中的负弯矩区段(2-2 截面)。T 形梁受压区较大，混凝土足够承担压力，一般不必再加受压钢筋，采用单筋截面。

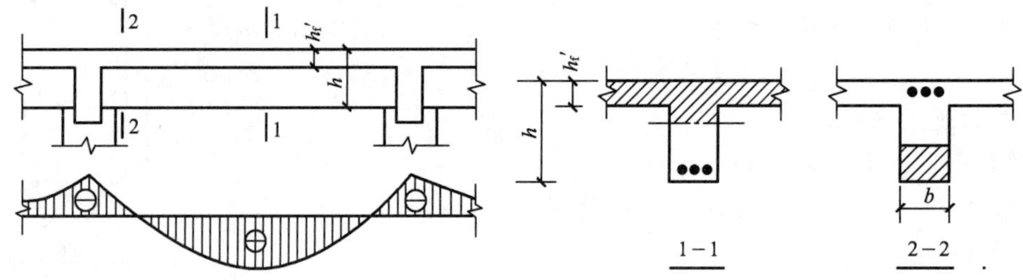

图 13-26　T 形截面构件

1. 有效翼缘计算宽度

根据试验和理论分析可知，当 T 形梁受力时，压应力沿翼缘宽度的分布是不均匀的，压应力由梁肋中部向两边逐渐减小，如图 13-27(a)、(b)所示。为了简化计算，在设计中把翼缘宽度限制在一定范围内，称为有效翼缘计算宽度 b'_f，并认为在 b'_f 范围内应力是均匀分布的，而在 b'_f 范围以外的翼缘不考虑其作用，如图 13-27(c)、(d)所示。

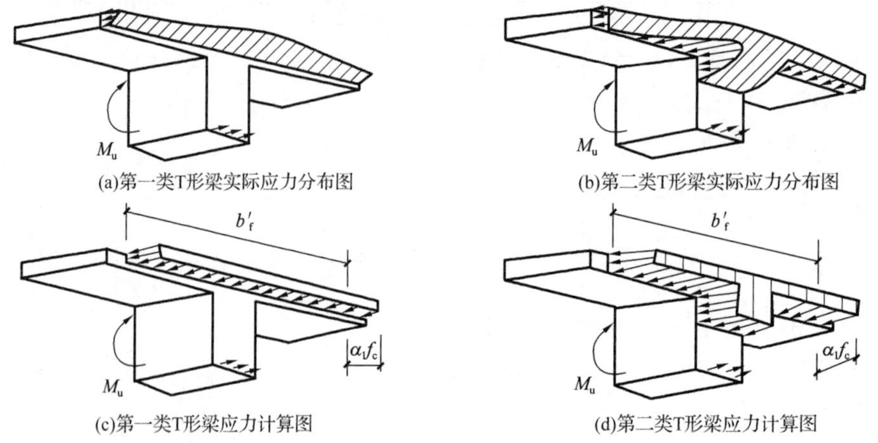

图 13-27　T 形梁受压区实际应力和计算应力图

《混凝土规范》规定梁受压区有效翼缘计算宽度 b'_f 可按表 13-14 所列情况中的最小值取用。

表 13-14　　受弯构件受压区有效翼缘计算宽度 b'_f

情况			T 形、I 形截面		倒 L 形截面
			肋形梁(板)	独立梁	肋形梁(板)
1	按计算跨度 l_0 考虑		$l_0/3$	$l_0/3$	$l_0/6$
2	按梁(肋)净距 s_n 考虑		$b+s_n$	—	$b+s_n/2$
3	按翼缘高度 h'_f 考虑	$h'_f/h_0 \geqslant 0.1$	—	$b+12h'_f$	—
		$0.1>h'_f/h_0 \geqslant 0.05$	$b+12h'_f$	$b+6h'_f$	$b+5h'_f$
		$h'_f/h_0<0.05$	$b+12h'_f$	b	$b+5h'_f$

注:(1)表中 b 为梁的腹板厚度;

(2)肋形梁在梁跨内设有间距小于纵肋间距的横肋时,可不考虑表中情况 3 的规定;

(3)加腋的 T 形、I 形和倒 L 形截面,当受压区加腋的高度 h_h 不小于 h'_f 且加腋的长度 b_h 不大于 $3h_h$ 时,其翼缘计算宽度可按表中情况 3 的规定分别增加 $2b_h$(T 形、I 形截面)和 b_h(倒 L 形截面);

(4)独立梁受压区的翼缘板在荷载作用下经验算沿纵肋方向可能产生裂缝时,其计算宽度应取腹板宽度 b。

2. T 形截面的类型及判别条件

根据中和轴所处的位置或受压区高度 x 的大小,可将 T 形截面分为两类:

①第一类 T 形截面　中和轴在翼缘内,即 $x \leqslant h'_f$,受压区面积为矩形,如图 13-28(a)所示。

②第二类 T 形截面　中和轴在梁肋内,即 $x>h'_f$,受压区面积为 T 形,如图 13-28(b)所示。

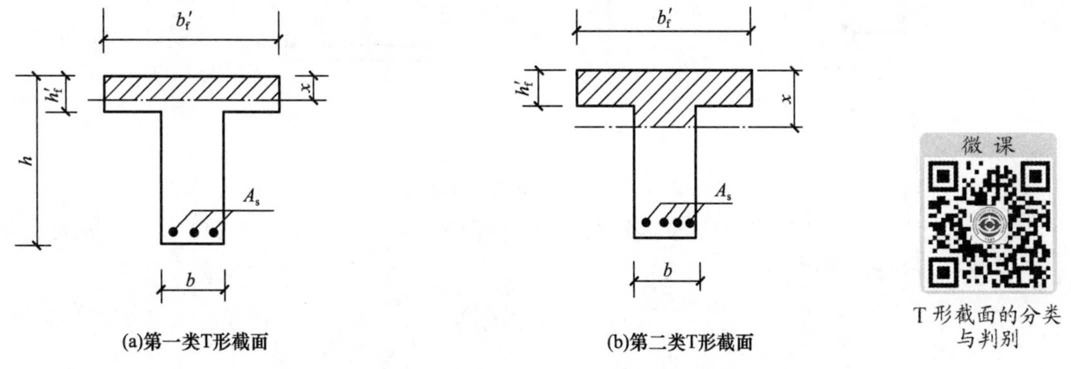

图 13-28　两类 T 形截面

两类 T 形截面的界限情况为 $x=h'_f$,如图 13-29 所示,由平衡方程可得

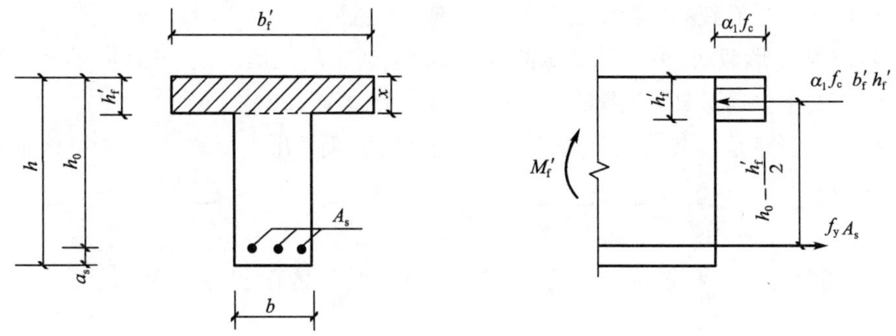

图 13-29　两类 T 形截面的界限

$$\alpha_1 f_c b'_f h'_f = f_y A_s \tag{13-34}$$

$$M'_f = \alpha_1 f_c b'_f h'_f \left(h_0 - \frac{h'_f}{2}\right) \tag{13-35}$$

两类 T 形截面的判别可按下述方法进行：

①截面设计时

如果 $M \leqslant M'_f = \alpha_1 f_c b'_f h'_f \left(h_0 - \frac{h'_f}{2}\right)$，说明 $x \leqslant h'_f$，属于第一类 T 形截面；

如果 $M > M'_f = \alpha_1 f_c b'_f h'_f \left(h_0 - \frac{h'_f}{2}\right)$，说明 $x > h'_f$，属于第二类 T 形截面。

②截面复核时

如果 $f_y A_s \leqslant \alpha_1 f_c b'_f h'_f$，说明 $x \leqslant h'_f$，属于第一类 T 形截面；

如果 $f_y A_s > \alpha_1 f_c b'_f h'_f$，说明 $x > h'_f$，属于第二类 T 形截面。

3. T 形截面的基本计算公式及适用条件

(1)第一类 T 形截面 对第一类 T 形截面，因 $x \leqslant h'_f$，故其受压区混凝土为 $b'_f \times x$ 的矩形截面，因此，可以把 T 形截面看成 $b'_f \times h$ 的单筋矩形截面来计算。计算应力图形如图 13-30 所示。

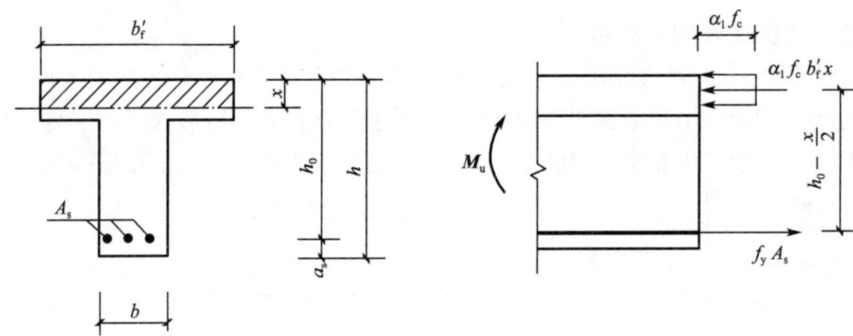

图 13-30 第一类 T 形截面计算应力图

①基本计算公式：计算公式与单筋矩形截面计算公式完全一样，只需将梁宽 b 换成翼缘宽度 b'_f 即可，由平衡条件得

$$\alpha_1 f_c b'_f x = f_y A_s \tag{13-36}$$

$$M \leqslant M_u = \alpha_1 f_c b'_f x \left(h_0 - \frac{x}{2}\right) \tag{13-37}$$

②适用条件

a. 为防止发生超筋破坏，应满足 $\xi \leqslant \xi_b$ 或 $x \leqslant \xi_b h_0$

对于第一类 T 形截面，由于受压区高度 x 较小，通常均能满足这一条件，不必验算。

②为防止发生少筋破坏，应满足 $\rho \geqslant \rho_{min}$ 或 $A_s \geqslant A_{s,min} = \rho_{min} bh$

由于最小配筋率是由截面的开裂弯矩 M_{cr} 决定的，而 M_{cr} 主要取决于受拉区混凝土的面积，故 $\rho = A_s / bh$。

(2)第二类 T 形截面

①基本计算公式：中和轴位于梁肋内，即 $x > h'_f$，受压区面积为 T 形，计算应力图形如图 13-31(a)所示。

由截面平衡条件可得基本计算公式为

$$\alpha_1 f_c bx + \alpha_1 f_c (b'_f - b) h'_f = f_y A_s \tag{13-38}$$

$$M \leqslant M_u = \alpha_1 f_c bx (h_0 - \frac{x}{2}) + \alpha_1 f_c (b'_f - b) h'_f (h_0 - \frac{h'_f}{2}) \tag{13-39}$$

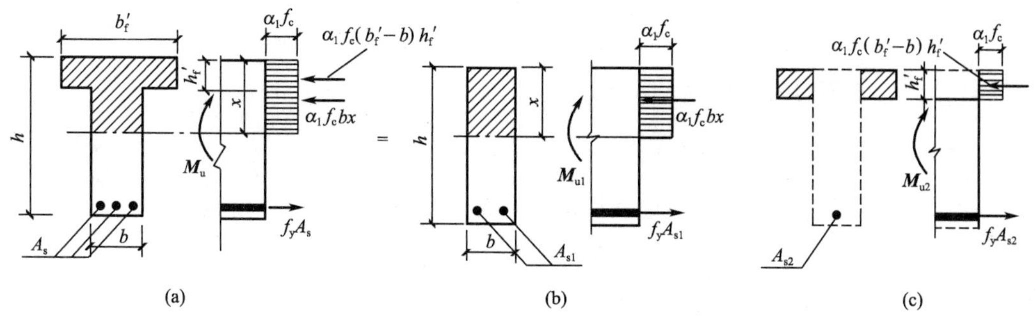

图 13-31　第二类 T 形截面受弯构件承载力计算应力图

由式(13-38)和(13-39)可以看出，第二类 T 形截面的受弯承载力设计值 M_u 及纵向受拉钢筋 A_s 可看成由两部分组成，即 $M_u=M_{u1}+M_{u2}$，$A_s=A_{s1}+A_{s2}$。

对第一部分，如图 13-31(b)所示，由平衡条件可得

$$\alpha_1 f_c bx=f_y A_{s1} \tag{13-40}$$

$$M_{u1}=\alpha_1 f_c bx\left(h_0-\frac{x}{2}\right) \tag{13-41}$$

对第二部分，如图 13-31(c)所示，由平衡条件可得

$$\alpha_1 f_c(b'_f-b)h'_f=f_y A_{s2} \tag{13-42}$$

$$M_{u2}=\alpha_1 f_c(b'_f-b)h'_f\left(h_0-\frac{h'_f}{2}\right) \tag{13-43}$$

第一部分是由肋部受压混凝土与相应部分受拉钢筋 A_{s1} 组成的单筋矩形截面部分的受弯承载力 M_{u1}；第二部分则是由受压翼缘挑出部分 $(b'_f-b)h'_f$ 混凝土与相应其余部分受拉钢筋 A_{s2} 组成的受弯承载力 M_{u2}。

②适用条件

a. 为防止发生超筋破坏，应满足

$$x\leqslant\xi_b h_0 \text{或}\ \rho_1=\frac{A_s}{bh}\leqslant\xi_b\frac{\alpha_1 f_c}{f_y}\cdot\frac{h_0}{h}$$

b. 为防止发生少筋破坏，应满足

$$\rho_1\geqslant\rho_{min}$$

由于截面受压区已进入肋部，相应地受拉钢筋配置较多，故此条件一般均能满足，不必验算。

4. 设计计算方法

(1)截面设计　已知构件的截面尺寸(b、h、b'_f、h'_f)、材料强度设计值(f_c、f_y)、截面承受的弯矩设计值(M)，求受拉钢筋截面面积 A_s。

①第一类 T 形截面：当 $M\leqslant\alpha_1 f_c b'_f h'_f\left(h_0-\frac{h'_f}{2}\right)$时，属于第一类 T 形截面。其计算方法与 $b'_f\times h$ 的单筋矩形截面完全相同。

②第二类 T 形截面：当 $M>\alpha_1 f_c b'_f h'_f\left(h_0-\frac{h'_f}{2}\right)$时，属于第二类 T 形截面。其计算方法与双筋截面梁类似，其计算步骤如下：

a. 计算 A_{s2} 和相应承担的弯矩 M_{u2}

$$A_{s2}=\frac{\alpha_1 f_c(b'_f-b)h'_f}{f_y}$$

$$M_{u2}=\alpha_1 f_c(b'_f-b)h'_f\left(h_0-\frac{h'_f}{2}\right)$$

b. 计算受压肋部的受弯承载力 M_{u1}

$$M_{u1}=M-M_{u2}=M-\alpha_1 f_c(b'_f-b)h'_f\left(h_0-\frac{h'_f}{2}\right)$$

c. 计算在弯矩 M_{u1} 作用下所需的受拉钢筋截面面积 A_{s1}

$$\alpha_{s1}=\frac{M_{u1}}{\alpha_1 f_c b h_0^2}=\frac{M-\alpha_1 f_c(b'_f-b)h'_f(h_0-\frac{h'_f}{2})}{\alpha_1 f_c b h_0^2}$$

由 α_{s1} 可求得相应的 ξ、γ_s。

如 $\xi>\xi_b$，表明梁的截面尺寸不够，应加大截面尺寸或改用双筋 T 形截面。

如 $\xi\leqslant\xi_b$，表明梁处于适筋状态，截面尺寸满足要求，则

$$A_{s1}=\frac{M_{u1}}{f_y\gamma_s h_0} \quad 或 \quad A_{s1}=\xi b h_0\frac{\alpha_1 f_c}{f_y}$$

d. 受拉钢筋截面面积 $A_s=A_{s1}+A_{s2}$。

【例 13-7】 已知 T 形截面梁如图 13-32 所示，承受弯矩设计值 $M=142$ kN · m，混凝土强度等级 C30，采用 HRB400 级钢筋，环境类别为二 a 类。求梁所需的纵向受拉钢筋面积 A_s。

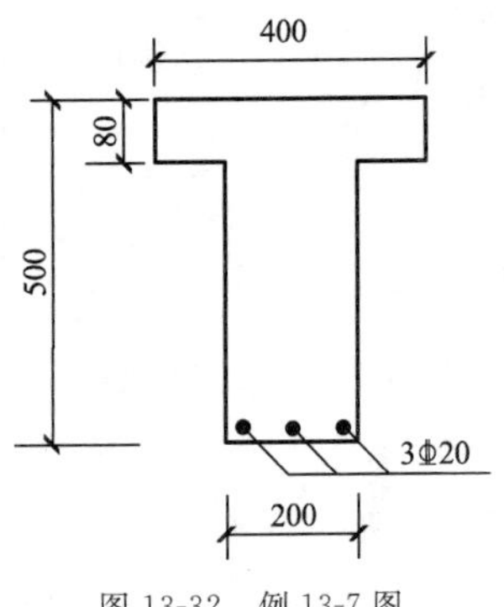

图 13-32 例 13-7 图

【解】 (1)确定基本数据

由表 11-2、13-7 查得，混凝土的设计强度 $f_c=14.3$ N/mm²，$f_t=1.43$ N/mm²；$\alpha_1=1.0$；

由表 11-7、13-8 查得，钢筋的设计强度 $f_y=360$ N/mm²，$\xi_b=0.518$；

由表 13-5 查得，钢筋的混凝土最小保护层厚度为 25 mm，设纵向受拉钢筋按一层放置，设箍筋直径为 8 mm，取 $a_s=45$ mm，则梁的有效高度

$$h_0=h-a_s=500-45=455 \text{ mm}$$

(2)判别 T 形截面类型

$$\alpha_1 f_c b'_f h'_f(h_0-\frac{h'_f}{2})=1.0\times14.3\times400\times80\times(455-80/2)=189.9\times10^6 \text{ N}\cdot\text{mm}$$

$$=189.9 \text{ kN}\cdot\text{m}>M=142 \text{ kN}\cdot\text{m}$$

属于第一类 T 形截面。

(3)配筋计算

$$\alpha_s=\frac{M}{\alpha_1 f_c b'_f h_0^2}=\frac{142\times10^6}{1.0\times14.3\times400\times455^2}=0.12$$

$$\xi=1-\sqrt{1-2\alpha_s}=1-\sqrt{1-2\times0.12}=0.128<\xi_b=0.518$$

$$A_s=\xi\frac{\alpha_1 f_c b'_f h_0}{f_y}=0.128\times\frac{1.0\times14.3\times400\times455}{360}=925.37 \text{ mm}^2$$

(4)选配钢筋直径及根数

选配 3Φ20，实际配筋面积 $A_s=942$ mm²，配筋如图 13-32 所示。

钢筋净距 $s=(200-2\times25-2\times8-3\times20)/2=37$ mm>25 mm。

(5)验算适用条件

ρ_{min}取 0.2%和 $45f_t/f_y$(%)中的较大值，$45f_t/f_y$(%)=45×1.43/360=0.18%，故取 ρ_{min}=0.2%。

$$A_{s,min}=\rho_{min}bh=0.2\%\times200\times500=200\ mm^2<A_s=942\ mm^2$$

满足要求。

【例 13-8】 已知 T 形截面梁如图 13-33 所示，承受弯矩设计值 M=650 kN·m，混凝土强度等级 C25，采用 HRB400 级钢筋，环境类别为一类。求梁所需的纵向受拉钢筋面积 A_s。

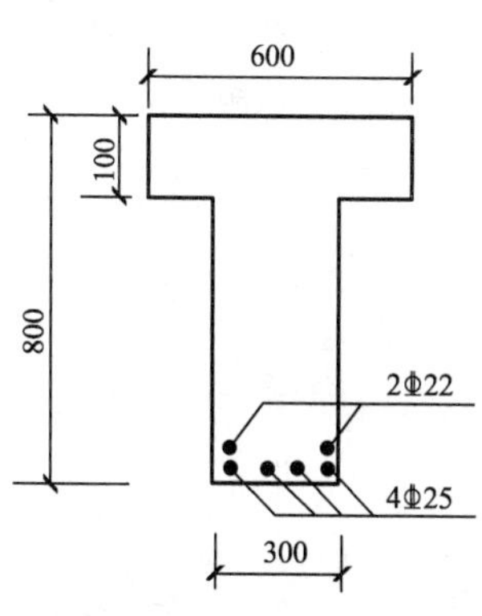

图 13-33　例 13-8 图

【解】 (1)确定基本数据

由表 11-2、13-7 查得，混凝土的设计强度 f_c=11.9 N/mm²，f_t=1.27 N/mm²；α_1=1.0；

由表 1-7、13-8 查得，钢筋的设计强度 f_y=360 N/mm²，ξ_b=0.518；

由表 13-5 查得，钢筋的混凝土最小保护层厚度为 25 mm，设纵向受拉钢筋按两层放置，设箍筋直径为 8 mm，取 a_s=70 mm，则梁的有效高度

$$h_0=h-a_s=800-70=730\ mm$$

(2)判别 T 形截面类型

$$\alpha_1 f_c b'_f h'_f\left(h_0-\frac{h'_f}{2}\right)=1.0\times11.9\times600\times100\times(730-100/2)=485.5\times10^6\ N\cdot mm$$

$$=485.5\ kN\cdot m<M=650\ kN\cdot m$$

属于第二类 T 形截面。

(3)配筋计算

$$A_{s2}=\frac{\alpha_1 f_c(b'_f-b)h'_f}{f_y}=\frac{1.0\times11.9\times(600-300)\times100}{360}=991.67\ mm^2$$

$$M_{u2}=\alpha_1 f_c(b'_f-b)h'_f\left(h_0-\frac{h'_f}{2}\right)=1.0\times11.9\times(600-300)\times100\times\left(730-\frac{100}{2}\right)$$

$$=242.76\times10^6\ N\cdot mm=242.76\ kN\cdot m$$

$$M_{u1}=M-M_{u2}=650-242.76=407.24\ kN\cdot m$$

$$\alpha_{s1}=\frac{M_{u1}}{\alpha_1 f_c b' h_0^2}=\frac{407.24\times10^6}{1.0\times11.9\times300\times730^2}=0.214$$

$$\xi=1-\sqrt{1-2\alpha_{s1}}=1-\sqrt{1-2\times0.214}=0.244<\xi_b=0.518$$

$$\gamma_s=0.5(1+\sqrt{1-2\alpha_{s1}})=0.5(1+\sqrt{1-2\times0.214})=0.878$$

$$A_{s1}=\frac{M_{u1}}{f_y\gamma_s h_0}=\frac{407.24\times10^6}{360\times0.878\times730}=1764.9\ mm^2$$

(4)受拉钢筋截面面积 A_s

$$A_s=A_{s1}+A_{s2}=1764.9+991.67=2756.6\ mm^2$$

(5)选配钢筋直径及根数

选配 4Φ25+2Φ22，实际配筋面积 A_s=2724 mm²，配筋如图 13-33 所示。

钢筋净距 s=(300−2×25−2×8−4×25)/3=44.7 mm>25 mm。

2. 截面复核

已知截面尺寸(b、h、b_f'、h_f'),混凝土的强度等级和钢筋的级别(f_c、f_y),受拉钢筋截面面积(A_s),截面弯矩设计值 M。

(1)第一类 T 形截面 当 $f_yA_s \leqslant \alpha_1 f_c b'_f h'_f$ 时,属于第一类 T 形截面。其计算方法与 $b'_f \times h$的单筋矩形截面完全相同。

(2)第二类 T 形截面 当 $f_yA_s > \alpha_1 f_c b'_f h'_f$ 时,属于第二类 T 形截面。其计算步骤如下:

①求受压区高度 x $\quad x=\dfrac{f_yA_s-\alpha_1 f_c(b'_f-b)h'_f}{\alpha_1 f_c b}$

②求极限承载力 M_u

当 $x \leqslant \xi_b h_0$ 时,由式(13-39)得 $M_u=\alpha_1 f_c bx(h_0-\dfrac{x}{2})+\alpha_1 f_c(b'_f-b)h'_f(h_0-\dfrac{h'_f}{2})$

当 $x > \xi_b h_0$ 时,以 $x=\xi_b h_0$ 代入式(13-39)得

$$M_u=\alpha_1 f_c bh_0^2\xi_b(1-0.5\xi_b)+\alpha_1 f_c(b'_f-b)h'_f(h_0-\frac{h'_f}{2})$$

③如 $M \leqslant M_u$,则正截面承载力满足要求,否则不满足。

【例 13-9】 一 T 形截面梁,$b_f'=450$ mm,$h_f'=100$ mm,$b=250$ mm,$h=600$ mm,混凝土强度等级 C25,采用 HRB335 级钢筋,环境类别为一类。受拉纵筋为 4Φ25,$A_s=1964\ \text{mm}^2$,求梁截面所能承受的弯矩设计值 M_u。

【解】 (1)确定基本数据

由表 11-2、13-7 查得,混凝土的设计强度 $f_c=11.9\ \text{N/mm}^2$,$f_t=1.27\ \text{N/mm}^2$;$\alpha_1=1.0$;

由表 11-7、13-8 查得,钢筋的设计强度 $f_y=300\ \text{N/mm}^2$,$\xi_b=0.55$;

由表 13-5 查得,钢筋的混凝土最小保护层厚度为 25 mm,纵向受拉钢筋一层放置,设箍筋直径为 6 mm,$a_s=25+6+25/2=43.5$ mm,则梁的有效高度

$$h_0=h-a_s=600-43.5=556.5\ \text{mm}$$

(2)判别 T 形截面类型

$f_yA_s=300\times1964\times10^{-3}=589.2\ \text{kN} > \alpha_1 f_c b'_f h'_f$

$\quad =1.0\times11.9\times450\times100\times10^{-3}=535.5\ \text{kN}$

属于第二类 T 形截面。

(3)计算受压区高度

$x=\dfrac{f_yA_s-\alpha_1 f_c(b'_f-b)h'_f}{\alpha_1 f_c b}=\dfrac{300\times1964-1.0\times11.9\times(450-250)\times100}{1.0\times11.9\times250}=118.05\ \text{mm} <$

$\xi_b h_0=0.55\times556.5=306.08\ \text{mm}$

(4)计算弯矩设计值

$M_u=\alpha_1 f_c bx(h_0-\dfrac{x}{2})+\alpha_1 f_c(b'_f-b)h'_f(h_0-\dfrac{h_f'}{2})$

$\quad =1.0\times11.9\times250\times118.05\times(556.5-118.05/2)+1.0\times11.9\times(450-250)\times100\times(556.5-100/2)$

$\quad =295.3\times10^6\ \text{N}\cdot\text{mm}=295.3\ \text{kN}\cdot\text{m}$

13.3　受弯构件斜截面承载力计算

13.3.1　概　述

受弯构件在荷载作用下，截面上除产生弯矩 M 外，还作用有剪力 V。如图 13-34 所示的钢筋混凝土简支梁，在两集中荷载之间，剪力 V 为零，仅有弯矩 M 作用，该区段称为纯弯段，可能发生正截面破坏；而在集中荷载到支座之间的区段，截面上既有弯矩 M 又有剪力 V 的作用，该区段称为剪弯段。在剪弯段内可能产生斜裂缝，导致斜截面破坏，这种破坏通常较为突然，具有脆性性质。因此，对于受弯构件既要进行正截面承载力计算，还要进行斜截面承载力计算。

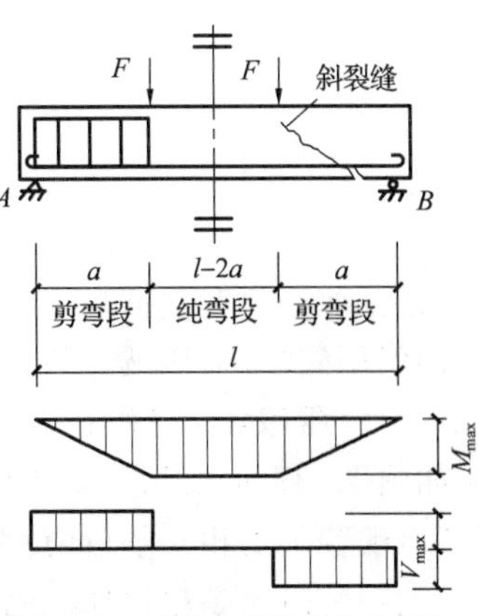

图 13-34　对称加载简支梁示意图

为防止斜截面破坏，首先应保证梁的斜截面受剪承载力满足要求，即应使梁具有合理的截面尺寸并配置适当的腹筋。腹筋包括箍筋和弯起钢筋。配置了箍筋、弯起钢筋和纵向钢筋的梁称为有腹筋梁，仅有纵向钢筋而未配置腹筋的梁称为无腹筋梁。由腹筋、纵向钢筋以及架立钢筋构成的钢筋骨架如图 13-35 所示。

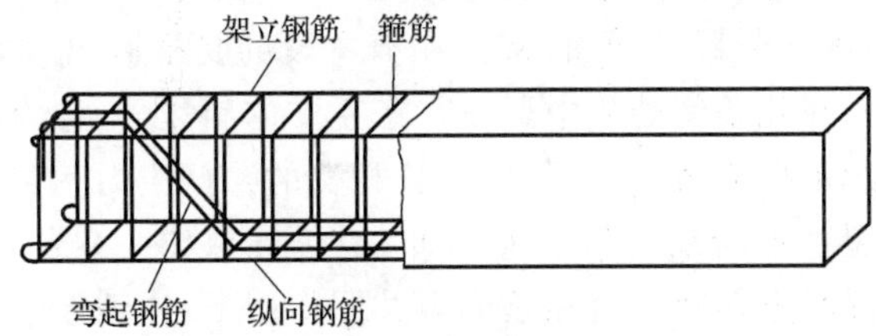

图 13-35　钢筋骨架图

除满足斜截面受剪承载力要求外，还应使梁具有合理的构造配筋，以使梁的斜截面抗弯承载力不低于相应的正截面抗弯承载力。

微课
配箍率与剪跨比

13.3.2　受弯构件斜截面破坏形态

受弯构件斜截面破坏形态主要取决于剪跨比 λ 和配箍率 ρ_{sv}。

对如图 13-34 所示集中荷载作用下的简支梁，集中荷载作用截面的剪跨比为

$$\lambda=\frac{a}{h_0} \tag{13-44}$$

式中　a——集中荷载作用点至支座的距离，称为剪跨。

配箍率是指混凝土单位水平截面面积上的箍筋截面面积，如图 13-36 所示。钢筋混凝土梁的配箍率按下式计算

$$\rho_{sv}=\frac{A_{sv}}{bs}=\frac{nA_{sv1}}{bs} \tag{13-45}$$

式中　A_{sv}——配置在同一截面内箍筋各肢的截面面积总和，$A_{sv}=nA_{sv1}$，n 为同一截面内的箍筋肢数，A_{sv1} 为单肢箍筋的截面面积；

s——沿梁长度方向上箍筋的间距；

b——矩形截面的宽度，T 形截面或 I 形截面的腹板宽度。

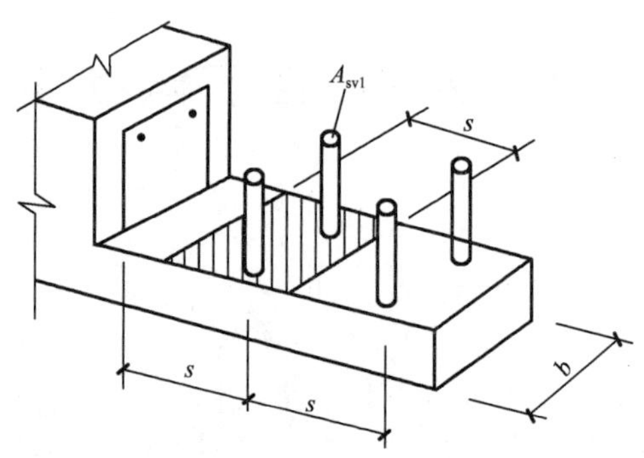

图 13-36 配箍率示意图

受弯构件斜截面的破坏形态

根据剪跨比和配箍率的不同,受弯构件主要有三种不同的斜截面破坏形态,即斜压破坏、剪压破坏和斜拉破坏。

(1)斜压破坏 这种破坏一般发生在剪跨比较小($\lambda<1$)或箍筋配置过多时,如图 13-37(a)所示。斜压破坏一般发生在支座附近,破坏过程是:先在梁腹部出现若干条相互平行的斜裂缝,随着荷载的增加,梁腹部被这些斜裂缝分割成若干倾斜的受压短柱,最后短柱混凝土在斜向压应力的作用下受压破坏,没有预兆呈脆性破坏,破坏时箍筋尚未达到屈服强度。

(2)剪压破坏 这种破坏一般发生在剪跨比适中($1<\lambda<3$)、箍筋配置合适时,如图 13-37(b)所示。破坏过程是:随着荷载的增加,首先在剪弯段的受拉区出现垂直裂缝和斜裂缝。当荷载增大到一定程度时,在几条斜裂缝中形成一条主要的斜裂缝,称为临界斜裂缝。临界斜裂缝出现以后,梁还能继续承担荷载,直到与斜裂缝相交的箍筋应力达到屈服强度。由于钢筋塑性变形的发展,临界斜裂缝不断地向斜上方延伸,但仍能保留一定的压区混凝土截面而不裂通,直到斜裂缝顶端处混凝土在剪应力和压应力共同作用下,达到极限强度而破坏。

(3)斜拉破坏 这种破坏一般发生在剪跨比较大($\lambda>3$)且箍筋配置过少时,如图 13-37(c)所示。破坏过程是:随着荷载的增加,斜裂缝一旦出现,与斜裂缝相交的箍筋应力立即达到屈服强度,箍筋对斜裂缝发展的约束作用消失,斜裂缝迅速延伸到梁的受压区边缘,整个构件被斜拉为两部分而破坏。斜拉破坏的破坏过程非常突然,没有预兆呈脆性破坏。

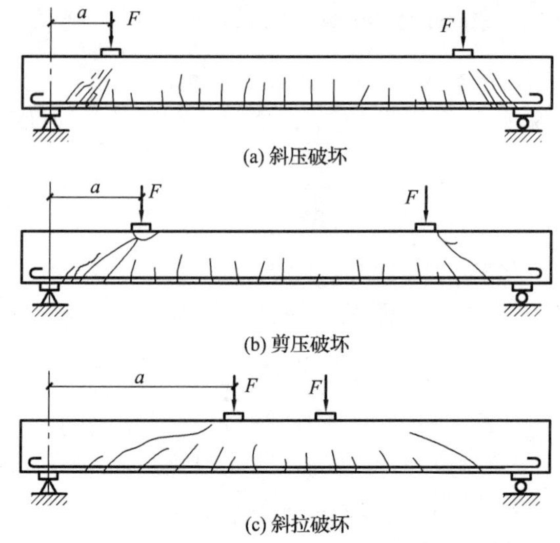

图 13-37 斜截面受剪破坏形态

对于钢筋混凝土梁的三种斜截面破坏形态，在工程设计时都应设法避免，但采用的方式有所不同。对于斜拉破坏，通常用满足最小配箍率条件和构造要求来防止；对于斜压破坏，则用限制截面尺寸的条件来防止；对于常见的剪压破坏，因为梁的受剪承载力变化幅度较大，必须通过计算，使构件满足一定的斜截面受剪承载力，从而防止剪压破坏。

13.3.3 斜截面受剪承载力的计算

斜截面受剪承载力的计算是以剪压破坏形态为依据的。发生这种破坏时，与斜截面相交的腹筋应力达到屈服强度，斜截面剪压区混凝土达到极限强度。现取斜截面左侧部分为受力体，如图 13-38 所示。

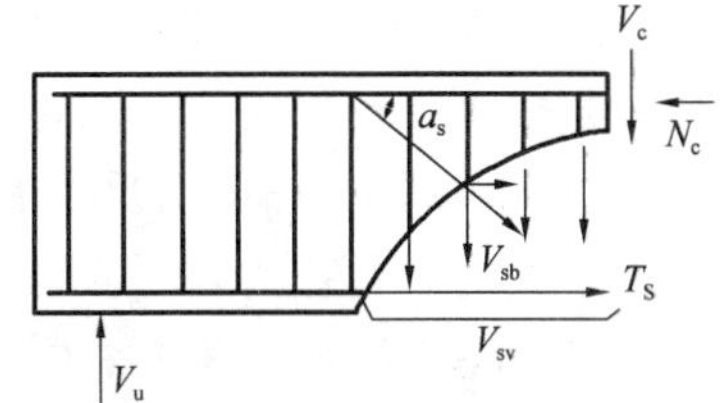

图 13-38　斜截面计算简图

可见，斜截面受剪承载力由三部分组成，即

$$V_u = V_c + V_{sv} + V_{sb} \tag{13-46}$$

或

$$V_{cs} = V_c + V_{sv} \tag{13-47}$$

式中　V_u——构件斜截面受剪承载力设计值；

V_c——构件斜截面上混凝土受剪承载力设计值；

V_{sv}——构件斜截面上箍筋受剪承载力设计值；

V_{sb}——构件斜截面上弯起钢筋的受剪承载力设计值；

V_{cs}——构件斜截面上混凝土和箍筋的受剪承载力设计值。

1. 斜截面受剪承载力计算公式

(1)仅配箍筋的受弯构件

①对矩形、T 形和 I 形截面一般受弯构件，其受剪承载力计算公式为

$$V \leqslant V_{cs} = 0.7 f_t b h_0 + f_{yv} \frac{A_{sv}}{s} h_0 \tag{13-48}$$

式中　f_{yv}——箍筋的抗拉强度设计值，一般可取 $f_{yv} = f_y$，但当 $f_y > 360\ \text{N/mm}^2$ 时，应取 $f_{yv} = 360\ \text{N/mm}^2$；

A_{sv}——配置在同一截面内箍筋各肢的全部截面面积，即 nA_{sv1}，此处，n 为在同一个截面内箍筋的肢数，A_{sv1} 为单肢箍筋的截面面积；

s——沿构件长度方向的箍筋间距。

②对集中荷载作用下(包括作用有多种荷载，其中集中荷载对支座截面或节点边缘所产生的剪力值占总剪力的 75%以上的情况)的独立梁，其受剪承载力计算公式为

$$V \leqslant V_{cs} = \frac{1.75}{\lambda + 1.0} f_t b h_0 + f_{yv} \frac{A_{sv}}{s} h_0 \tag{13-49}$$

式中　λ——计算截面的剪跨比，可取 $\lambda = a/h_0$。当 $\lambda < 1.5$ 时，取 $\lambda = 1.5$；当 $\lambda > 3$ 时，取 $\lambda = 3$。a 为集中荷载作用点至支座截面或节点边缘的距离。

(2)同时配置箍筋和弯起钢筋的受弯构件

①对矩形、T 形和 I 形截面一般受弯构件，其受剪承载力计算公式为

$$V \leqslant V_u = 0.7 f_t b h_0 + f_{yv} \frac{A_{sv}}{s} h_0 + 0.8 f_{yv} A_{sb} \sin\alpha_s \tag{13-50}$$

式中　A_{sb}——同一弯起平面内的弯起钢筋的截面面积；

f_{yv}——弯起钢筋的抗拉强度设计值，其取值同箍筋的抗拉强度；

0.8——考虑到弯起钢筋与破坏斜截面相交位置的不定性，其应力可能达不到屈服强度的不均匀系数；

α_s——斜截面上弯起钢筋的切线与梁纵轴线之间的夹角，一般取 45°；当梁高 h 大于 800 mm 时，取 60°。

②对集中荷载作用下的矩形、T 形和 I 形截面独立梁，其受剪承载力计算公式为

$$V \leqslant V_{cs} = \frac{1.75}{\lambda + 1.0} f_t b h_0 + f_{yv} \frac{A_{sv}}{s} h_0 + 0.8 f_{yv} A_{sb} \sin\alpha_s \tag{13-51}$$

2. 计算公式的适用条件

受弯构件斜截面受剪承载力计算公式是根据剪压破坏的受力特点建立的，为防止斜压破坏和斜拉破坏的发生，为此《混凝土规范》规定了计算公式的上、下限值。

(1)上限值——截面尺寸的最小值 当梁的截面尺寸较小而剪力过大时，可能在梁的腹部产生过大的主压应力，使梁腹产生斜压破坏。这种梁的承载力取决于混凝土的抗压强度和截面尺寸，不能靠增加腹筋来提高承载力，多配置的腹筋不能充分发挥作用。因此，《混凝土规范》规定：矩形、T 形和 I 形截面受弯构件的受剪截面应符合下列条件：

当 $h_w/b \leqslant 4.0$ 时 $$V \leqslant 0.25\beta_c f_c b h_0 \tag{13-52}$$

当 $h_w/b \geqslant 6.0$ 时 $$V \leqslant 0.2\beta_c f_c b h_0 \tag{13-53}$$

当 $4.0 < h_w/b < 6.0$ 时，按线性内插法确定。

式中 V——构件斜截面上的最大剪力设计值；

β_c——混凝土强度影响系数：当混凝土强度等级不超过 C50 时，取 $\beta_c = 1.0$；当混凝土强度等级为 C80 时，取 $\beta_c = 0.8$；其间按线性内插法确定；

b——矩形截面的宽度，T 形截面和 I 形截面的腹板宽度；

h_w——截面的腹板高度：对矩形截面，取有效高度 h_0；对 T 形截面，取有效高度减去翼缘高度；对 I 形截面，取腹板净高。

如果上述条件不能满足，则必须加大截面尺寸或提高混凝土强度等级。

(2)下限值——最小配箍率 当配箍率小于一定值时，斜裂缝出现后，箍筋不足以承担沿斜裂缝截面混凝土退出工作所释放出来的拉应力，受剪承载力与无腹筋梁基本相同，且当剪跨比较大时，可能产生斜拉破坏。为防止这种情况发生，《混凝土规范》规定当 $V > \alpha_{cv} f_t b h_0$ 时，箍筋的配筋率应满足：

$$\rho_{sv} = \frac{A_{sv}}{bs} \geqslant \rho_{sv,\min} = 0.24 \frac{f_t}{f_{yv}} \tag{13-54}$$

对于一般受弯构件，将上述最小配箍率代入式(13-48)，可得

$$V_{cs} = 0.7 f_t b h_0 + f_{yv} \times (0.24 f_t / f_{yv}) \times b h_0 = 0.94 f_t b h_0 \tag{13-55}$$

上式表明，当设计剪力 V 小于 $0.94 f_t b h_0$ 时，可直接按最小配箍率配置箍筋。

为了控制使用荷载下的斜裂缝宽度，并保证必要数量的箍筋穿过每一条斜裂缝。《混凝土规范》规定了箍筋的最大间距 s_{max}(表 13-2)和箍筋的最小直径。当梁中配有计算需要的纵向受压钢筋时，箍筋直径及间距尚应满足防止受压钢筋压屈的有关构造要求。

3. 斜截面受剪承载力的计算截面

保证梁不发生斜截面剪切破坏，必须首先选择控制截面即受剪承载力的关键部位，其次验算这些控制截面，使之满足斜截面所受剪力设计值小于该截面的受剪承载力。根据梁上受剪情况分析，控制截面即斜截面剪力设计值的计算截面应按下列规定选定，如图 13-39 所示。

①支座边缘处的截面[图 13-39(a)、(b)截面 1-1]。通常支座边缘处截面的剪力最大，用该值确定第一排弯起钢筋 A_{sb1} 的用量和 1-1 截面箍筋的用量。

②受拉区弯起钢筋弯起点处的截面[图 13-39(a)截面 2-2、3-3]。用该处的剪力设计值计算后排弯起钢筋的数量。

③箍筋截面面积或间距改变处的截面[图 13-39(b)截面 4-4]。用该处的剪力设计值计算改变处截面箍筋的数量。

④截面尺寸改变处的截面。

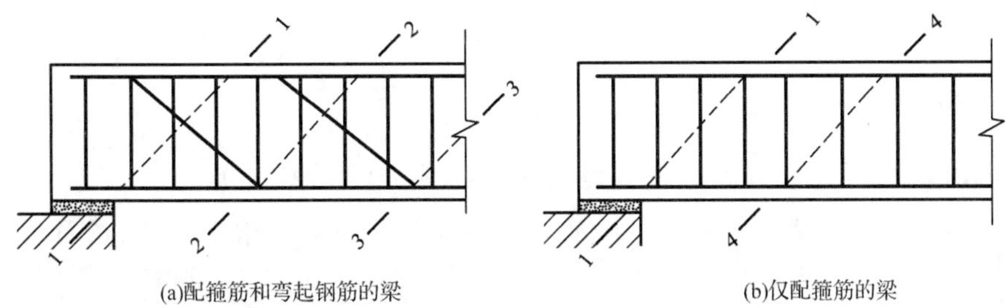

图 13-39　斜截面受剪承载力剪力设计值的计算截面

4. 斜截面受剪承载力的设计计算方法

受弯构件斜截面受剪承载力的设计计算包括两类问题，即截面设计和承载力复核。

(1)截面设计　截面设计是在正截面计算完成以后，即在截面尺寸(b、h 等)、材料强度(f_c、f_t、f_{yv})、纵向受力钢筋已知的条件下，计算箍筋和弯起钢筋的数量。

计算步骤如下：

①复核截面尺寸：按公式(13-52)或公式(13-53)复核梁截面尺寸。若不满足要求，应加大截面尺寸或提高混凝土强度等级。

②判别是否需要按计算配置腹筋：对一般受弯构件满足 $V \leqslant 0.7 f_t b h_0$，对集中荷载作用下的独立梁满足 $V \leqslant \dfrac{1.75}{\lambda+1.0} f_t b h_0$ 时，只需按构造要求配置箍筋；否则，应按计算配置腹筋。

③计算腹筋用量：配置腹筋有两种方案：一是仅配箍筋；二是既配箍筋又配弯起钢筋。

a. 仅配箍筋

对一般受弯构件

$$\frac{nA_{sv1}}{s} \geqslant \frac{V-0.7 f_t b h_0}{f_{yv} h_0} \tag{13-56}$$

对集中荷载作用下的独立梁

$$\frac{nA_{sv1}}{s} \geqslant \frac{V-\dfrac{1.75}{\lambda+1.0} f_t b h_0}{f_{yv} h_0} \tag{13-57}$$

求得 $\dfrac{nA_{sv1}}{s}$ 后，可先确定箍筋肢数(常用双肢箍 $n=2$)、箍筋直径和单肢箍筋截面面积 A_{sv1}，然后求出箍筋的间距 s，对 s 取整，并应满足最大箍筋间距的要求；也可先按构造要求选取 s，再算出 A_{sv}，确定 n 和 A_{sv1}，确定直径。

b. 既配箍筋又配弯起钢筋

一般先按常规配置箍筋数量(肢数、直径和间距)$\dfrac{nA_{sv1}}{s}$，不足部分用弯起钢筋承担，则需要弯起钢筋面积为

$$A_{sb} \geqslant \frac{V-V_{cs}}{0.8 f_{yv} \sin\alpha_s} \tag{13-58}$$

也可先选定弯起钢筋的截面面积 A_{sb}(结合斜截面受弯承载力的构造要求)，再按只配箍筋的方法计算箍筋，箍筋的用量可按下式计算

对一般受弯构件

$$\frac{nA_{sv1}}{s} \geqslant \frac{V-0.7f_t bh_0-0.8f_{yv}A_{sb}\sin\alpha_s}{f_{yv}h_0} \tag{13-59}$$

对集中荷载作用下的独立梁

$$\frac{nA_{sv1}}{s} \geqslant \frac{V-\dfrac{1.75}{\lambda+1.0}f_t bh_0-0.8f_{yv}A_{sb}\sin\alpha_s}{f_{yv}h_0} \tag{13-60}$$

【例 13-10】 如图 13-40 所示钢筋混凝土矩形截面简支梁，支座为厚度 240 mm 的砌体墙，净跨 $l_n=3.56$ m，承受均布荷载设计值 $q=100$ kN/m(包括梁自重)。梁截面尺寸 $b\times h=200$ mm×600 mm。混凝土强度等级为 C30，箍筋采用 HRB335 级钢筋，纵向受力筋采用 HRB400 级钢筋，环境类别为一类。且已按正截面受弯承载力计算配置了 2Φ22+1Φ16 纵向钢筋。试进行斜面受剪承载力计算。

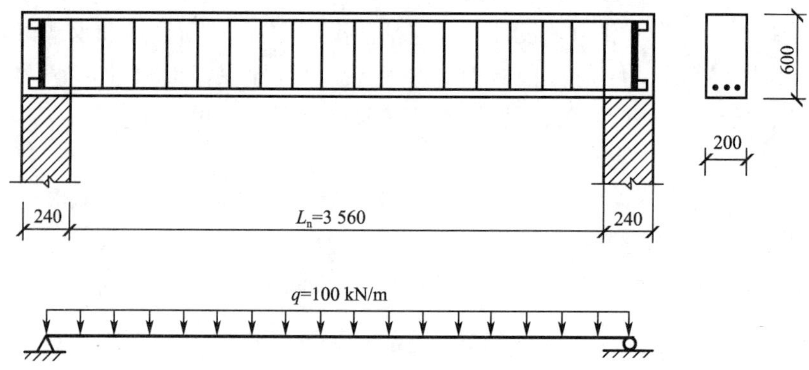

图 13-40 例 13-10 计算简图

【解】 (1)确定基本数据

由表 11-2 查得，混凝土的设计强度 $f_c=14.3\ \text{N/mm}^2$，$f_t=1.43\ \text{N/mm}^2$；

由表 11-7 查得，箍筋的设计强度 $f_{yv}=300\ \text{N/mm}^2$；

由表 13-5 查得，钢筋的混凝土最小保护层厚度为 20 mm，纵向钢筋最大直径为 22 mm，取混凝土保护层厚度为 25 mm，设箍筋直径为 6 mm，纵向受拉钢筋一层放置，$a_s=25+6+22/2=42$ mm，则梁的有效高度

$$h_0=h-a_s=600-42=558\ \text{mm}$$

(2)计算剪力设计值

最危险截面在支座边缘处，该处剪力设计值为

$$V=\frac{1}{2}ql_n=\frac{1}{2}\times100\times3.56=178\ \text{kN}$$

(3)复核截面尺寸

$$h_w=h_0=558\ \text{mm}$$

$$h_w/b=558/200=2.79<4.0$$

$$0.25\beta_c f_c bh_0=0.25\times1\times14.3\times200\times558=398970\ \text{N}=398.97\ \text{kN}>V=178\ \text{kN}$$

截面尺寸满足要求。

(4)判别是否需要按计算配置箍筋

$$0.7f_tbh_0=0.7\times1.43\times200\times558=111710\ \text{N}=111.71\ \text{kN}<V=178\ \text{kN}$$

需要按计算配置箍筋。

(5)计算腹筋数量

$$\frac{nA_{sv1}}{s}\geqslant\frac{V-0.7f_tbh_0}{f_{yv}h_0}=\frac{178\times10^3-0.7\times1.43\times200\times558}{300\times558}=0.396\ \text{mm}^2/\text{mm}$$

选Φ6 双肢箍,将 $n=2$、单肢箍筋截面面积 $A_{sv1}=28.3\ \text{mm}^2$ 代入上式得

$$s\leqslant\frac{2\times28.3}{0.396}=142.93(\text{mm}),\text{取 } s=140\ \text{mm}$$

配箍率 $\rho_{sv}=\dfrac{nA_{sv1}}{bs}=\dfrac{2\times28.3}{200\times140}=0.202\%>\rho_{sv,min}=0.24\dfrac{f_t}{f_{yv}}=0.24\times\dfrac{1.43}{300}=0.114\%$

且选择箍筋间距和直径均满足构造要求。

【例 13-11】 如图 13-41 所示的矩形截面独立梁,截面尺寸 $b\times h=250\ \text{mm}\times600\ \text{mm}$,承受图示的荷载设计值。混凝土强度等级为 C35 级,箍筋采用 HRB400 级钢筋,环境类别为一类。试确定箍筋数量。

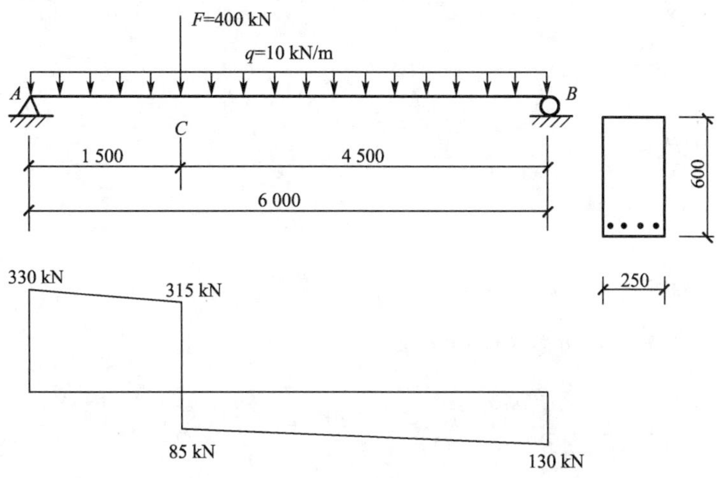

图 13-41　例 13-11 计算简图

【解】 (1)确定基本数据

由表 11-2 查得,混凝土的设计强度 $f_c=16.7\ \text{N/mm}^2$,$f_t=1.57\ \text{N/mm}^2$;

由表 11-7 查得,箍筋的设计强度 $f_{yv}=360\ \text{N/mm}^2$;

由表 13-5 查得,钢筋的混凝土最小保护层厚度为 20 mm,取 $a_s=40$ mm,则梁的有效高度

$$h_0=h-a_s=600-40=560\ \text{mm}$$

(2)计算剪力设计值,画出剪力图

支座边缘处剪力设计值为 $V_A=330$ kN,$V_B=130$ kN,剪力图如图 13-41 所示。

(3)复核截面尺寸

$$h_w=h_0=560\ \text{mm}$$

$$h_w/b=560/250=2.24<4.0$$

$$0.25\beta_cf_cbh_0=0.25\times1\times16.7\times250\times560=584500\ \text{N}=584.5\ \text{kN}>V_A=330\ \text{kN}$$

截面尺寸满足要求。

(4)判别是否需要按计算配置箍筋

A 支座边集中荷载产生的剪力与总剪力的比值 300/330=90.9%，大于 75%，B 支座边集中荷载产生的剪力与总剪力的比值 100/130=76.9%，大于 75%，均应考虑剪跨比的影响。

AC 段：$\lambda=\dfrac{a}{h_0}=\dfrac{1500}{560}=2.68<3.0$

$$\frac{1.75}{\lambda+1.0}f_tbh_0=\frac{1.75}{2.68+1.0}\times1.57\times250\times560=104524\ \text{N}=104.52\ \text{kN}<V_A=330\ \text{kN}$$

应按计算配置箍筋。

CB 段：$\lambda=\dfrac{a}{h_0}=\dfrac{4500}{560}=8.04>3.0$ 取 $\lambda=3.0$

$$\frac{1.75}{\lambda+1.0}f_tbh_0=\frac{1.75}{3+1.0}\times1.57\times250\times560=96162.5\ \text{N}=96.16\ \text{kN}<V_B=130\ \text{kN}$$

应按计算配置箍筋。

(5)计算箍筋用量

$$AC\ 段：\frac{nA_{sv1}}{s}\geqslant\frac{V_A-\dfrac{1.75}{\lambda+1.0}f_tbh_0}{f_{yv}h_0}=\frac{330000-104524}{360\times560}=1.118\ \text{mm}^2/\text{mm}$$

选Φ10 双肢箍，将 $n=2$、单肢箍筋截面面积 $A_{sv1}=78.5\ \text{mm}^2$ 代入上式得

$$s\leqslant\frac{2\times78.5}{1.118}=140.4\ \text{mm}$$

取 $s=140$ mm。

配箍率

$$\rho_{sv}=\frac{nA_{sv1}}{bs}=\frac{2\times78.5}{250\times140}=0.449\%>\rho_{sv,\min}=0.24\frac{f_t}{f_{yv}}=0.24\times\frac{1.57}{360}=0.105\%$$

且选择箍筋间距和直径均满足构造要求。

$$CB\ 段：\frac{nA_{sv1}}{s}\geqslant\frac{V-\dfrac{1.75}{\lambda+1.0}f_tbh_0}{f_{yv}h_0}=\frac{130000-96162.5}{360\times560}=0.168\ \text{mm}^2/\text{mm}$$

Φ6 双肢箍，将 $n=2$、单肢箍筋截面面积 $A_{sv1}=28.3\ \text{mm}^2$ 代入上式得

$$s\leqslant\frac{2\times28.3}{0.168}=336.9\ \text{mm}$$

按构造要求取 $s=200$ mm。

配箍率

$$\rho_{sv}=\frac{nA_{sv1}}{bs}=\frac{2\times28.3}{250\times200}=0.113\%>\rho_{sv,\min}=0.24\frac{f_t}{f_{yv}}=0.24\times\frac{1.57}{360}=0.105\%$$

且选择箍筋间距和直径均满足构造要求。

(2)承载力复核 承载力复核是在截面尺寸(b、h 等)、材料强度(f_c、f_t、f_{yv})、纵向受力钢筋和腹筋已知的条件下，验算梁的受剪承载力是否满足要求，即计算斜截面能承受的剪力设计值。

计算步骤如下：

①复核截面尺寸：按公式(13-52)或公式(13-53)复核梁截面尺寸。若不满足要求，应取 $V_u=0.25\beta_cf_cbh_0$(或 $0.2\beta_cf_cbh_0$)。

②复核配箍率：用公式(13-54)复核配箍率。

③根据荷载形式按以下两种情况，计算可能的斜截面承载能力设计值。

当梁只配置箍筋时，对一般受弯构件，将已知数据代入公式(13-48)计算 V_u；对集中荷载作用下的独立梁，将已知数据代入公式(13-49)计算 V_u。

当梁同时配置箍筋和弯起钢筋时，对一般受弯构件，将已知数据代入公式(13-50)计算 V_u；对集中荷载作用下的独立梁，将已知数据代入公式(13-51)计算 V_u。

④承载力校核。按承载能力极限状态计算要求，应满足 $V \leqslant V_{u,\min}$。

【例 13-12】 一矩形截面简支梁，截面尺寸 $b \times h = 200\ \text{mm} \times 500\ \text{mm}$，混凝土强度等级为 C30，箍筋采用 HRB400 级钢筋，沿梁全长已配置双肢⌀8@200 箍筋，环境类别为一类。试按受剪承载力确定该梁所能承受的最大剪力设计值。如该梁净跨 $l_n = 5.86$ m，求按受剪承载力计算，梁所能承担的单位均布荷载设计值 q 为多大？

【解】 (1)确定基本数据

由表 11-2 查得，混凝土的设计强度 $f_c = 14.3\ \text{N/mm}^2$，$f_t = 1.43\ \text{N/mm}^2$；

由表 11-7 查得，箍筋的设计强度 $f_{yv} = 360\ \text{N/mm}^2$；

由表 13-5 查得，钢筋的混凝土最小保护层厚度为 20 mm，纵向受拉钢筋按一层放置，则梁的有效高度

$$h_0 = h - a_s = 500 - 40 = 460\ \text{mm}$$

(2)验算配箍率是否符合要求

配箍率

$$\rho_{sv} = \frac{nA_{sv1}}{bs} = \frac{2 \times 50.3}{200 \times 200} = 0.252\% > \rho_{sv,\min} = 0.24\frac{f_t}{f_{yv}} = 0.24 \times \frac{1.43}{360} = 0.095\%$$

满足要求。

(3)计算 V_{cs}

$$V_{cs} = 0.7 f_t b h_0 + f_{yv}\frac{nA_{sv1}}{s}h_0 = 0.7 \times 1.43 \times 200 \times 460 + 360 \times \frac{2 \times 50.3}{200} \times 460$$

$$= 175390\ \text{N} = 175.39\ \text{kN}$$

(4)复合截面尺寸

$$h_w = h_0 = 460\ \text{mm}, \quad h_w/b = 460/200 = 2.3 < 4.0$$

$$0.25\beta_c f_c b h_0 = 0.25 \times 1 \times 14.3 \times 200 \times 460 = 328900\ \text{N} = 328.9\ \text{kN} > V_{cs} = 175.39\ \text{kN}$$

截面尺寸满足要求。故该梁能承担的最大剪力设计值 $V = V_{cs} = 175.39$ kN。

(5)按受剪承载力计算，梁所能承担的单位均布荷载设计值 q 为

$$q = \frac{2V}{l_n} = \frac{2 \times 175.39}{5.86} = 59.86\ \text{kN/m}$$

13.3.4 受弯构件纵向钢筋的构造要求

在实际工程设计中，梁的弯矩和剪力是沿梁轴线变化的，在进行梁的纵向钢筋配置时，一般是根据跨中最大正弯矩或支座最大负弯矩通过正截面承载力计算来确定的。在弯矩数值逐渐减小的区段，可以考虑将部分纵向钢筋弯起或截断，使截面的实际抗弯承载力随弯矩设计值的大小而变化，底部钢筋可以弯起作为支座的负钢筋来抵抗支座截面的负弯矩，同时弯起钢筋在支座附近可以协同箍筋抗剪，这种考虑从受力和节约材料方面来看是合理的，但是纵向钢筋的弯起和截断不是随意的，弯起钢筋必须满足正截面抗弯承载力、斜截面抗剪承载力的要求，也应满足斜截面抗弯承载力要求及锚固要求。

下面探讨弯起钢筋与截断时如何保证斜截面抗弯强度，但需先介绍抵抗弯矩图的概念。

1.材料抵抗弯矩图

抵抗弯矩图是按实际配置的纵向受力钢筋绘制的梁上各正截面所能抵抗的弯矩图形，又称为 M_R 图。如图 13-42 所示，为一承受均布荷载作用的钢筋混凝土简支梁，按跨中截面最大设计弯矩 M_{max} 计算，需配置 2Φ25+1Φ22 纵向受拉钢筋。如将 2Φ25+1Φ22 钢筋全部伸入支座并可靠锚固，则该梁所有截面均具有 $M_R=M_{max}$ 的抵抗弯矩，也即 M_R 图为一水平线。这种钢筋布置方式显然满足正截面受弯承载力的要求，但仅在跨中截面与设计弯矩相等，钢筋得到充分利用，而其他截面钢筋的应力均未达到抗拉设计强度 f_y。为节约钢筋，可根据设计弯矩图 M 的变化将钢筋弯起作受剪钢筋或截断。因此，需要研究钢筋弯起或截断时 M_R 图的变化及其有关配筋构造要求，以使得钢筋弯起或截断后的 M_R 图能包住 M 图，满足受弯承载力的要求。

做 M_R 图的过程就是对钢筋布置进行图解设计的过程，绘制应按照一定比例。下面以图 13-42 所示简支梁为例说明 M_R 图的做法。

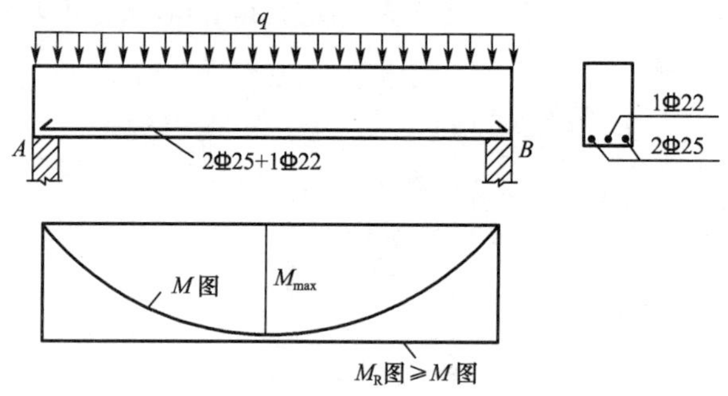

图 13-42 纵筋通长伸入支座的 M_R 图

(1)充分利用点和不需要点 如果实际配筋面积等于计算所需纵向钢筋的面积，则 M_R 图的外围水平线正好与 M 图上最大设计弯矩点相切，若实际配筋面积略大于计算面积(事实上，由于实际配筋面积一般比计算面积要大一些，M_R 通常略大于 M_{max})，则可根据实际配筋量 A_s 按下式计算求得 M_R 图处水平线的位置，即

$$M_R=A_s f_y\left(h_0-\frac{f_y A_s}{2\alpha_1 f_c b}\right) \tag{13-61}$$

当钢筋等级相同时，每根钢筋所承担的 M_{Ri} 可按该钢筋的面积 A_{si} 与总钢筋面积 A_s 的比值乘以 M_R 求得，即

$$M_{Ri}=\frac{A_{si}}{A_s}M_R \tag{13-62}$$

确定了每根钢筋所承担的 M_{Ri}，然后给钢筋编号(直径、形状、长度相同的编号可相同)。例如在图 13-43 中，记①号钢筋 1Φ25 的抵抗弯矩为 M_{R1}($A_s=490.9\ mm^2$)、②号钢筋 1Φ25 的抵抗弯矩为 M_{R2}($A_s=490.9\ mm^2$)、③号钢筋 1Φ22 的抵抗弯矩为 M_{R3}($A_s=380.1\ mm^2$)。按各钢筋所承担的弯矩 M_{Ri} 布置钢筋，把先截断或先弯起的钢筋放在 M_R 图外边；分别从各 M_{Ri} 点引水平线，抵抗图中的 M_{Ri} 水平线与弯矩包络图 M 图的交点为强度充分利用点。

如所有钢筋的两端都伸入支座，则 M_R 图即为图 13-43 中的 $abdc$。

在图 13-43 中，i 点为③号钢筋的强度充分利用点；M_{R2} 图水平线与 M 图的交点为 j，在该点②号钢筋的强度可充分发挥，故 j 点为②号钢筋的强度充分利用点；同理，k 点为①号钢筋的强度充分利用点。在 j 点以外范围(向支座方向)，仅有②号和①号钢筋即可满足受弯承载力的要求，不再需要③号钢筋，因此，j 点也是③号钢筋的不需要点。同理，在 k 点以外不再需要②号钢筋，在 a 点以外不再需要①号钢筋，则 k、a 两点分别为②号、①号钢筋的不需要点。下面介绍钢筋弯起与截断时抵抗弯矩图的画法。

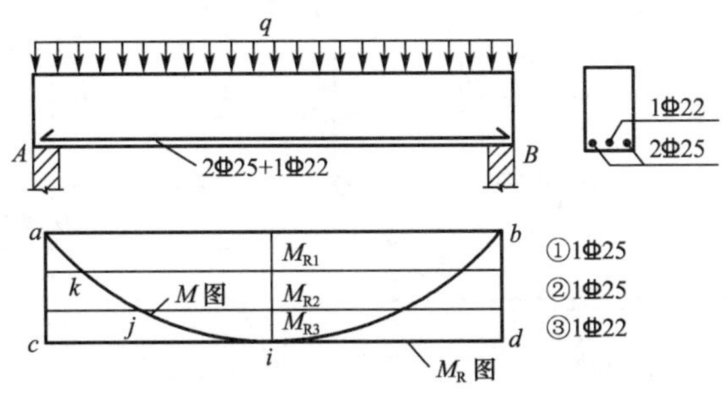

图 13-43　钢筋的充分利用点和不需要点

一般在梁的设计中，不宜将梁底部的纵向受拉钢筋在跨中截断，而是在靠近支座处将钢筋弯起抗剪，但伸入梁支座范围内的纵向受力钢筋不应少于两根。在连续梁中还可以利用弯起钢筋抵抗支座负弯矩。

由图 13-44 可见，除跨度中部外，M_R 比 M 大得多，临近支座处正截面抗弯能力大大富余。如果将③号钢筋在临近支座处弯起，弯起点 e、f 必须在 j 截面的外面，弯起钢筋在与梁中心线相交处 G，可近似认为它不再提供受弯承载力，故该处的 M_R 图成为图 13-44 中所示的 $algefhmb$。图中 e、f 点分别垂直对应于弯起点 E 和 F，g、h 点分别垂直对应于弯起钢筋与梁中心线的交点 G、H。由于弯起钢筋的正截面抗弯内力臂逐渐减小，所以反映在 M_R 图上 eg 和 fh 也呈斜线，承担的正截面受弯承载力相应减少。

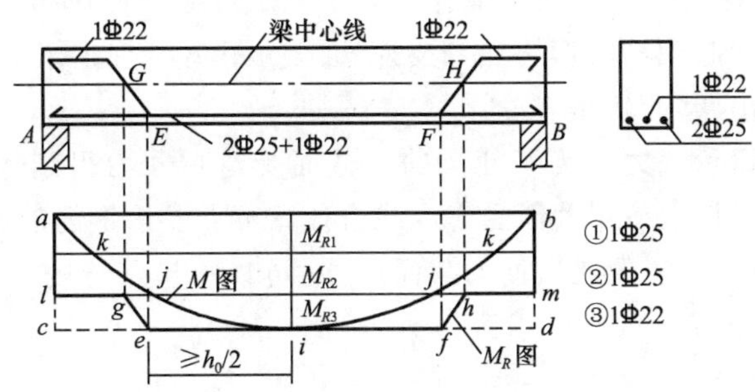

图 13-44　钢筋弯起时的材料抵抗弯矩图(M_R 图)

钢筋的截断在 M_R 图上反映为截面抵抗弯矩的突变。如图 13-45 所示，③号、④号钢筋在 j、f 截面处截断，在 M_R 图上就表现为 j、f 处产生突变，表明该截面抗弯承载力的突然减少。②号钢筋弯起，作为承担支座负弯矩的钢筋。

(2)M_R 图与 M 图的关系　M_R 图代表梁正截面的抗弯承载力，因此 M_R 图各点都不能落在 M 图以内，即 M_R 图应能完全包住 M 图，M_R 图与 M 图越贴近则钢筋利用越充分。由此可见，为确保构件正截面抗弯承载力的正确无误，M_R 图与 M 图必须严格按统一比例作图，并保证图形有足够的精度。

2. 纵向钢筋的弯起

在梁的底部承受正弯矩的纵向钢筋弯起后承受剪力或作为在支座承受负弯矩的钢筋。在纵向钢筋弯起时，必须满足以下三方面的要求。

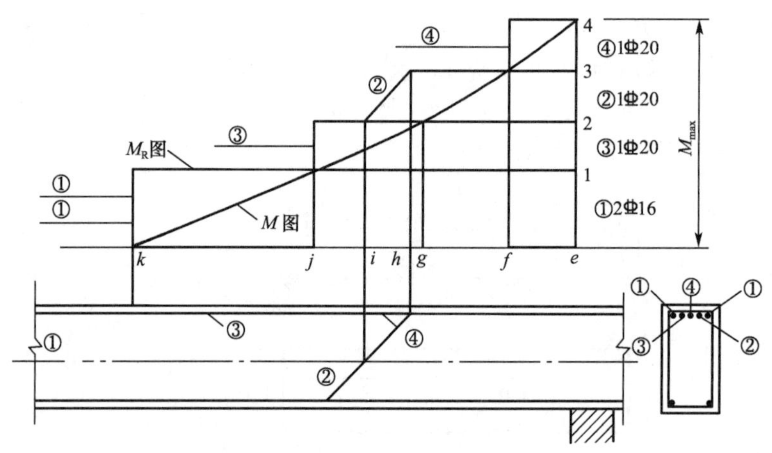

图 13-45　钢筋截断时的材料抵抗弯矩图（M_R 图）

(1)保证正截面受弯承载力　部分纵向钢筋弯起后，应保证剩余的钢筋仍能满足正截面受弯承载力的要求，即 M_R 图应能完全包住 M 图。

(2)保证斜截面受剪承载力　当按计算需要设置弯起钢筋时，还必须满足相应的构造要求。即从支座边缘到第一排弯起钢筋弯终点的距离及第一排弯起钢筋的弯起点到第二排弯起钢筋的弯终点的距离均不应大于箍筋最大间距 s_{max}。目的是为了使每根弯起钢筋都能与斜裂缝相交，以保证斜截面的受剪承载力，如图 13-46 所示。

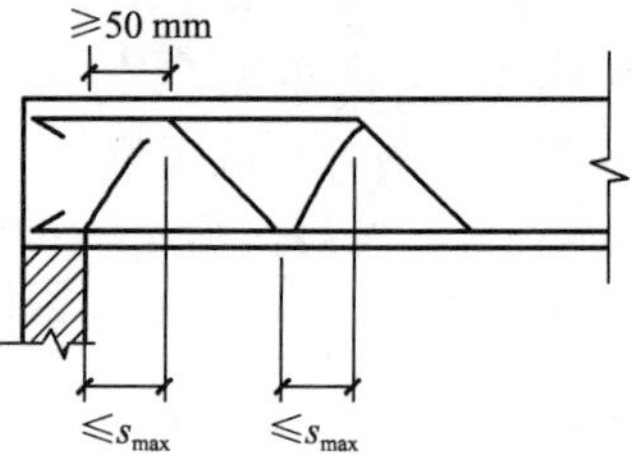

≥50 mm　≤s_{max}　≤s_{max}

图 13-46　弯起钢筋的构造要求

为了避免由于钢筋尺寸误差而使弯起钢筋的弯终点进入梁的支座内，以至不能充分发挥其抗剪作用，且不利于施工，靠近支座处第一排弯起钢筋的弯终点到支座边缘的距离不宜小于 50 mm，亦不应大于箍筋的最大间距 s_{max}，如图 13-46 所示。

(3)保证斜截面受弯承载力　为了使梁的斜截面受弯承载力得到保证，《混凝土规范》规定：弯起钢筋的弯起点可设在按正截面受弯承载力计算不需要该钢筋的截面之前，但弯起钢筋与梁中心线的交点应位于不需要该钢筋的截面之外；同时弯起点与按计算充分利用该钢筋的截面之间的距离不应小于 $h_0/2$。

3. 纵向钢筋的截断

一般正弯矩区段内的纵向钢筋是采用弯向支座（用来抗剪或抵抗负弯矩）的方式来减少其多余数量的，而不宜在受拉区截断。一方面，在截断处受力钢筋面积突然减少，对受力不利；另一方面，一般在正弯矩区段内弯矩图变化比较平缓，考虑截断后需一定的锚固长度，通常截断点已接近支座，截断钢筋意义不大。对于在支座附近的负弯矩区段内的纵向钢筋，则往往根据弯矩图的变化，采用分批截断钢筋的方式来减少纵向钢筋的数量。

从理论上讲，某一纵向钢筋在其不需要点处截断似乎无可非议，但事实上，当在其不需要点处截断后，相应于该处的混凝土拉应力会突然增大，在截断处会过早地出现斜裂缝。因此，对梁底部承受正弯矩的纵向钢筋，当计算不需要的部分，通常将其弯起作为抗剪钢筋或承受支座负弯矩的钢筋，不采用截断形式。

对于钢筋混凝土梁支座截面负弯矩纵向受拉钢筋不宜在受拉区截断。当需要截断时，可根据弯矩图的变化，采用分批截断钢筋的方式来减少纵向钢筋的数量。并应符合以下规定：

①当 $V \leqslant 0.7f_tbh_0$ 时，应延伸至按正截面受弯承载力计算不需要该钢筋的截面以外不小于 $20d$ 处截断，且从该钢筋强度充分利用截面伸出的长度不应小于 $1.2l_a$。

②当 $V > 0.7f_tbh_0$ 时，应延伸至按正截面受弯承载力计算不需要该钢筋的截面以外不小于 h_0 且不小于 $20d$ 处截断，且从该钢筋强度充分利用截面伸出的长度不应小于 $1.2l_a + h_0$。

③若按上述规定确定的截断点仍位于负弯矩对应的受拉区内，则应延伸至按正截面受弯承载力计算不需要该钢筋的截面以外不小于 $1.3h_0$ 且不小于 $20d$ 处截断，且从该钢筋强度充分利用截面伸出的长度不应小于 $1.2l_a + 1.7h_0$。

在钢筋混凝土悬臂梁中，应有不少于 2 根上部钢筋伸至悬臂梁外端，并向下弯折不小于 $12d$，其余钢筋不应在梁的上部截断，而应根据弯矩图按纵向钢筋弯起的规定向下弯折，并按弯起钢筋的规定在梁的下边锚固。

4. 钢筋的锚固

为保证钢筋混凝土构件可靠地工作，防止纵向受力钢筋被从混凝土中拔出导致构件破坏，钢筋在混凝土中必须有可靠的锚固。

(1)受拉钢筋的锚固　当计算中充分利用钢筋的抗拉强度时，受拉钢筋的基本锚固长度应按下列公式计算：

普通钢筋
$$l_{ab} = \alpha \frac{f_y}{f_t} d \tag{13-63}$$

预应力筋
$$l_{ab} = \alpha \frac{f_{py}}{f_t} d \tag{13-64}$$

式中　l_{ab}——受拉钢筋的基本锚固长度；

f_y、f_{py}——普通钢筋、预应力筋的抗拉强度设计值；

f_t——混凝土轴心抗拉强度设计值，当混凝土强度等级高于 C60 时，按 C60 取值；

d——锚固钢筋的公称直径；

α——锚固钢筋的外形系数，按表 13-15 取用。

表 13-15　锚固钢筋的外形系数 α

钢筋类型	光面钢筋	带肋钢筋	螺旋肋钢丝	三股钢绞线	七股钢绞线
α	0.16	0.14	0.13	0.16	0.17

注：光面钢筋末端应做 180°标准弯钩，弯后平直段长度不应小于 $3d$，但作受压钢筋时可不做弯钩。

受拉钢筋的锚固长度应根据锚固条件按下式计算，且不应小于 200 mm

$$l_a = \zeta_a l_{ab} \tag{13-65}$$

式中　l_a——受拉钢筋的锚固长度；

ζ_a——锚固长度修正系数，修正系数详见《混凝土规范》。

(2)受压钢筋的锚固　混凝土结构中的纵向受压钢筋，当计算中充分利用其抗压强度时，锚固长度不应小于相应受拉锚固长度的 70%。

其余规定详见《混凝土规范》。

(3)纵向钢筋在支座内的锚固　①简支支座：钢筋混凝土简支梁和连续梁简支端的下部纵向受力钢筋，如图 13-47 所示，从支座边缘算起伸入支座内的锚固长度应符合下列规定：

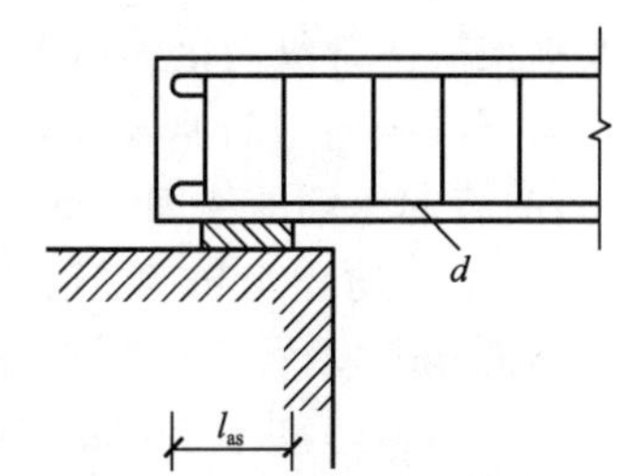

图 13-47　简支端纵向受力钢筋的锚固

a. 当 $V \leqslant 0.7f_tbh_0$ 时，不小于 $5d$；当 $V > 0.7f_tbh_0$ 时，对带肋钢筋不小于 $12d$，对光面钢筋不小于 $15d$，d 为钢筋的最大

直径；

b.如纵向受力钢筋伸入梁支座范围内的锚固长度不符合上述要求时，可采取弯钩或机械锚固措施，并应满足钢筋弯钩和机械锚固的形式和技术要求等；

c.支承在砌体结构上的钢筋混凝土独立梁，在纵向受力钢筋的锚固长度范围内应配置不少于2个箍筋，其直径不宜小于$d/4$，d为纵向受力钢筋的最大直径；间距不宜大于$10d$，当采取机械锚固措施时箍筋间距尚不宜大于$5d$，d为纵向受力钢筋的最小直径。

②中间层中间节点：框架中间层中间节点或连续梁中间支座，梁的上部纵向钢筋应贯穿节点或支座。梁的下部纵向钢筋宜贯穿节点或支座。当必要锚固时，应符合下列锚固要求：

a.当计算中不利用该钢筋的强度时，其伸入节点或支座的锚固长对带肋钢筋不小于$12d$，对光面钢筋不小于$15d$，d为钢筋的最大直径；

b.当计算中充分利用钢筋的抗压强度时，钢筋应按受压钢筋锚固在中间节点或中间支座内，其直线锚固长度不应小于$0.7l_a$；

c.当计算中充分利用钢筋的抗拉强度时，钢筋可采用直线方式锚固在节点或支座内，锚固长度不应小于钢筋的受拉锚固长度l_a，如图13-48(a)所示；当柱截面尺寸不足时，宜采用钢筋端部加锚头的机械锚固措施，也可采用90°弯折锚固的方式[图13-48(b)]。

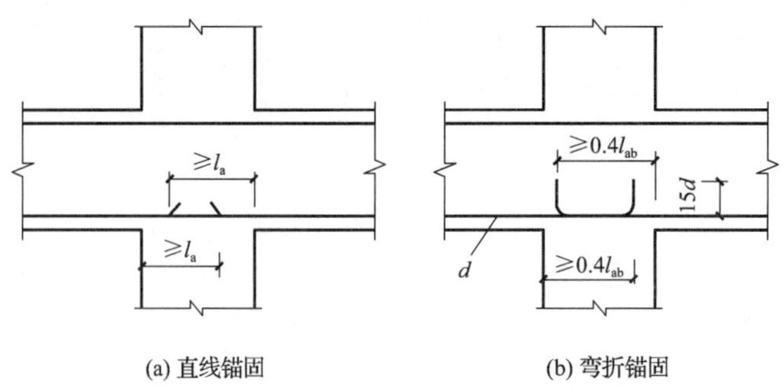

(a) 直线锚固　　(b) 弯折锚固

图13-48　梁下部纵向钢筋在中间节点或中间支座范围的锚固

③中间层端节点：梁纵向钢筋在框架中间层端节点的锚固应符合下列要求：

梁上部纵向钢筋伸入节点的锚固：

a.当采用直线锚固形式时，锚固长度不应小于l_a；且应伸过柱中心线，伸过的长度不宜小于$5d$，d为梁上部纵向钢筋的直径。

b.当柱截面尺寸不满足直线锚固要求时，梁上部纵向钢筋可采用在钢筋端部加机械锚头的锚固方式。梁上部纵向钢筋宜伸至柱外侧纵向钢筋内边，包括机械锚头在内的水平投影锚固长度不应小于$0.4l_{ab}$，如图13-49(a)所示。

c.梁上部纵向钢筋也可采用90°弯折锚固的方式，此时梁上部纵向钢筋应伸至柱外侧纵向钢筋内边并向节点内弯折，其包含弯弧在内的水平投影长度不应小于$0.4l_{ab}$，弯折钢筋在弯折平面内包含弯弧段的投影长度不应小于$15d$，如图13-49(b)所示。

框架梁下部纵向钢筋伸入端节点的锚固：

梁下部纵向钢筋伸入端节点的锚固要求与中间层中间节点相同。

(4)弯起钢筋的锚固　梁中弯起钢筋的弯起角一般宜取45°，当梁高h大于800 mm时，宜取60°。为了防止弯起钢筋因锚固不善而发生滑动，导致斜裂缝开展过大及弯起钢筋本身的强度不能充分发挥，在弯终点外应留有平行于梁轴线方向的锚固长度，且在受拉区不应小于$20d$，在受压区不应小于$10d$，d为弯起钢筋的直径，如图13-50所示。对于光圆钢筋，在其末端尚应设置弯钩。

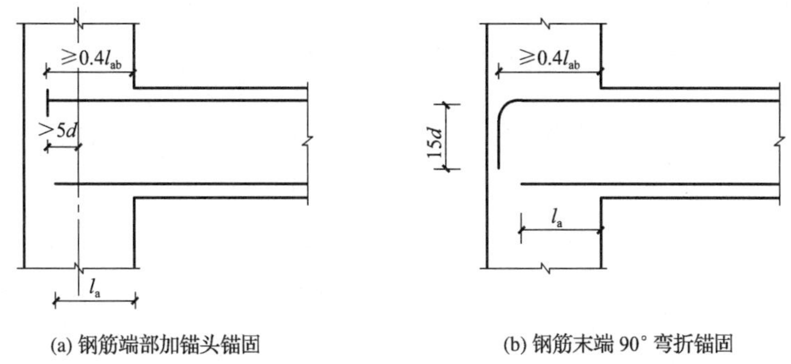

图 13-49 梁上部纵向钢筋在中层端节点内的锚固

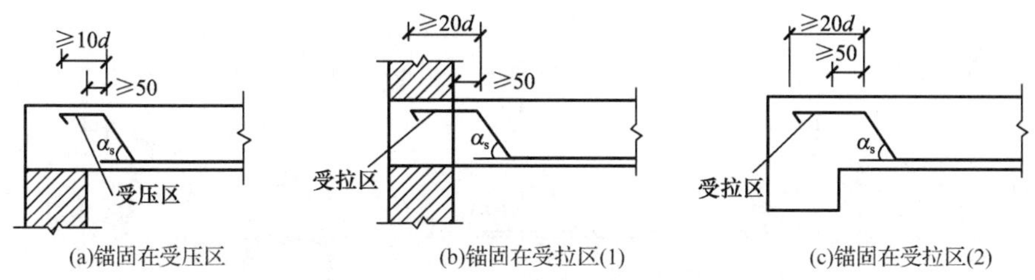

图 13-50 弯起钢筋的锚固

若弯起钢筋不能同时满足正截面和斜截面的承载力要求时，可单独设置仅用作抗剪的弯起钢筋用以抗剪，但必须在集中荷载或支座两侧均设置弯起钢筋，称为“鸭筋”或“吊筋”，如图 13-51(a)所示；但不能采用仅在受拉区有一小段水平长度的“浮筋”，如图 13-51(b)所示，以防止由于浮筋发生较大的滑移使斜裂缝开展过大。

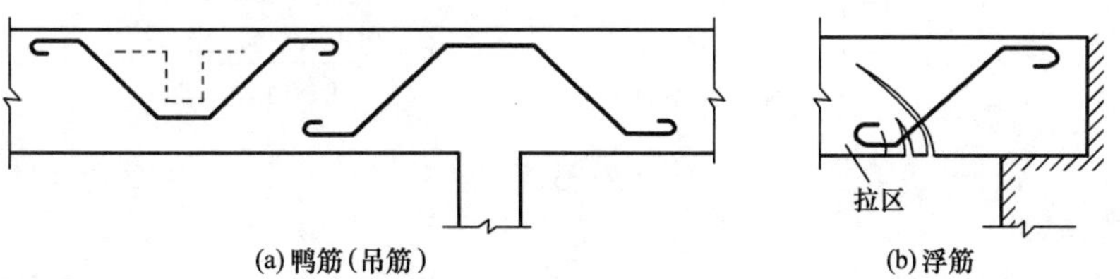

图 13-51 鸭筋、吊筋及浮筋

(5)箍筋的锚固 有腹筋梁斜裂缝出现后箍筋受拉，必须有良好的锚固。通常箍筋都采用封闭式，箍筋末端采用 135°弯钩，弯钩端头直线段长度不小于 50 mm 或 5 倍箍筋直径，如图 13-52(a)所示。如采用 90°弯钩，则箍筋受拉时弯钩会翘起，从而会导致混凝土保护层崩裂。若梁两侧有楼板与梁整浇时，亦可采用 90°弯钩，但弯钩端头直线段长度不小于 10 倍箍筋直径，如图 13-52(b)所示。

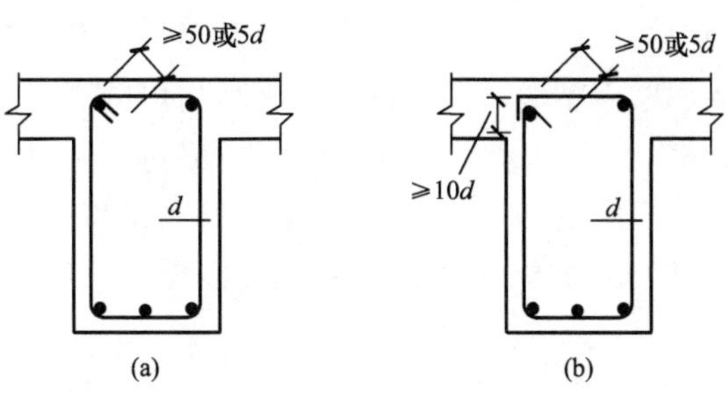

图 13-52 箍筋的锚固要求

5.钢筋细部尺寸

为了钢筋加工成型及计算用钢量的需要，在构件施工图中还应给出钢筋细部尺寸，或编制钢筋表。

(1)直钢筋 按实际长度计算；光圆钢筋两端有标准弯钩，该钢筋的总长度为设计长度加 12.5d，如图 13-53(a)所示。

(2)弯起钢筋 弯起钢筋的高度以钢筋外皮至外皮的距离作为控制尺寸；弯折段的斜长如图 13-53(b)所示。

(3)箍筋 宽度和高度均按箍筋内皮至内皮距离计算，如图 13-53(c)所示，以保证纵筋保护层厚度的要求，故箍筋的高度和宽度分别为构件截面高度 h 和宽度 b 减去保护层厚度和箍筋直径的 2 倍。

(4)板的上部钢筋 为了保证截面的有效高度 h_0，板的上部钢筋(承受负弯矩钢筋)端部宜做成直钩，以便撑在模板上，如图 13-53(d)所示，直钩的高度为板厚减去保护层厚度。

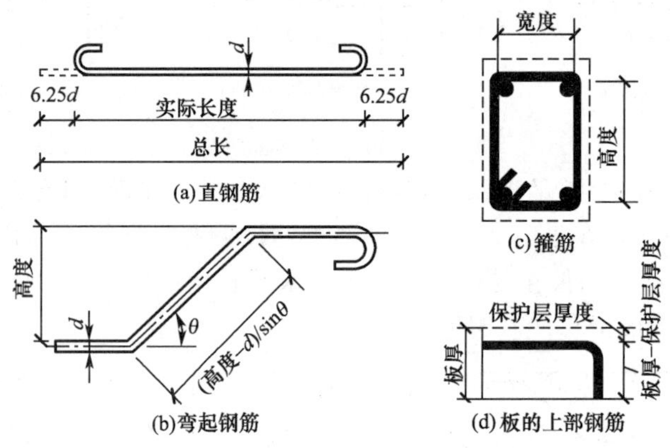

图 13-53 钢筋的尺寸

6.钢筋的连接

在构件中由于钢筋长度不够或设置施工缝的要求需要采用连接接头。钢筋连接可采用绑扎搭接、机械连接或焊接。

钢筋的连接应符合下列构造要求：

①混凝土结构中受力钢筋的连接接头宜设置在受力较小处。在同一根受力钢筋上宜少设接头。在结构的重要构件和关键传力部位，纵向受力钢筋不宜设置连接接头。

②轴心受拉及小偏心受拉杆件的纵向受力钢筋不得采用绑扎搭接；其他构件中的钢筋采用绑扎搭接时，受拉钢筋直径不宜大于 25 mm，受压钢筋直径不宜大于 28 mm。

③同一构件中相邻纵向受力钢筋的绑扎搭接接头宜互相错开。钢筋绑扎搭接接头连接区段的长度为 1.3 倍搭接长度，凡搭接接头中点位于该连接区段长度内的搭接接头均属于同一连接区段，如图 13-54 所示。同一连接区段内纵向受力钢筋搭接接头面积百分率为该区段内有搭接接头的纵向受力钢筋与全部纵向受力钢筋截面面积的比值。当直径不同的钢筋搭接时，按直径较小的钢筋计算。

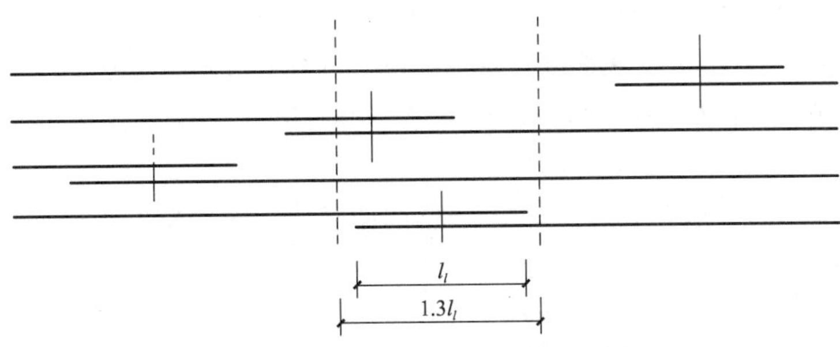

图 13-54 同一连接区段内纵向受拉钢筋的绑扎搭接接头

注：图中所示同一连接区段内的搭接接头钢筋为两根，当直径相同时，钢筋搭接接头面积百分率为 50%。

位于同一连接区段内的受拉钢筋搭接接头面积百分率：对梁类、板类及墙类构件，不宜大于 25%；对柱类构件，不宜大于 50%。当工程中确有必要增大受拉钢筋搭接接头面积百分率时，对梁类构件，不宜大于 50%；对板、墙及柱构件及预制构件的拼接处，可根据实际情况放宽。

并筋应按单筋错开、分散搭接的方式布置，并计算相应的接头面积百分率及搭接长度。

④纵向受拉钢筋绑扎搭接接头的搭接长度，应根据位于同一连接区段内的钢筋搭接接头面积百分率按下式计算

$$l_l = \zeta_l l_a \tag{13-66}$$

式中 l_l——纵向受拉钢筋的搭接长度；

ζ_l——纵向受拉钢筋搭接长度修正系数，按表 13-16 采用。当纵向搭接钢筋接头面积百分率为表的中间值时，修正系数可按内插取值。

表 13-16 纵向受拉钢筋搭接长度修正系数

纵向搭接钢筋接头面积百分率/%	≤25%	50%	100%
ζ_l	1.2	1.4	1.6

在任何情况下，纵向受拉钢筋绑扎搭接接头的搭接长度均不应小于 300 mm。

⑤构件中的纵向受压钢筋当采用搭接连接时，其受压搭接长度不应小于纵向受拉钢筋搭接长度的 0.7 倍，且在任何情况下不应小于 200 mm。

⑥对梁、柱类构件，在纵向受力钢筋搭接长度范围内应配置横向构造钢筋，其直径不应小于 $d/4$，间距不应大于 $5d$，且不应大于 100 mm，d 为纵向钢筋的直径。当受压钢筋直径大于 25 mm 时，尚应在搭接接头两个端面外 100 mm 的范围内各设置两道箍筋。

⑦纵向受力钢筋的机械连接接头宜相互错开。钢筋机械连接区段的长度为 $35d$，d 为连接钢筋的较小直径。凡接头中点位于该连接区段长度内的机械连接接头均属于同一连接区段。

位于同一连接区段内的纵向受拉钢筋接头面积百分率不宜大于 50%；但对板、墙、柱及预制构件的拼接处，可根据实际情况放宽。纵向受压钢筋的接头百分率可不受限制。

机械连接套筒的保护层厚度宜满足有关钢筋最小保护层厚度的规定。机械连接套筒的横向净间距不宜小于 25 mm；套筒处箍筋的间距仍应满足相应的构造要求。

直接承受动力荷载结构构件中的机械连接接头，除应满足设计要求的抗疲劳性能外，位于同一连接区段内的纵向受力钢筋接头面积百分率不应大于 50%。

⑧细晶粒热轧带肋钢筋以及直径大于 28 mm 的带肋钢筋，其焊接应经试验确定，余热处理钢筋不宜焊接。纵向受力钢筋的焊接接头应相互错开。钢筋焊接接头连接区段的长度为 $35d$ 且不小于 500 mm，d 为连接钢筋的较小直径，凡接头中点位于该连接区段长度内的焊接

接头均属于同一连接区段。纵向受拉钢筋的接头面积百分率不宜大于 50%，但对预制构件的拼接处，可根据实际情况放宽。纵向受压钢筋的接头百分率可不受限制。

⑨需进行疲劳验算的构件，其纵向受拉钢筋不得采用绑扎搭接接头，也不宜采用焊接接头，除端部锚固外不得在钢筋上焊有附件。

当直接承受吊车荷载的钢筋混凝土吊车梁、屋面梁及屋架下弦的纵向受拉钢筋采用焊接接头时，应符合下列规定：

①应采用闪光接触对焊，并去掉接头的毛刺及卷边；

②同一连接区段内纵向受拉钢筋焊接接头面积百分率不应大于 25%，焊接接头连接区段的长度应取为 $45d$，d 为纵向受力钢筋的较大直径；

③疲劳验算时，焊接接头应符合《混凝土规范》疲劳应力幅限值的规定。

13.4 钢筋混凝土构件的变形、裂缝

13.4.1 概 述

混凝土构件除为保证安全性功能要求必须进行承载力计算外，还应考虑适用性和耐久性功能要求进行正常使用极限状态的验算，即对构件的变形及裂缝宽度进行验算。

1. 变形验算

钢筋混凝土受弯构件的最大挠度应按荷载的准永久组合，预应力混凝土受弯构件的最大挠度应按荷载的标准组合，并均应考虑荷载长期作用的影响进行计算，其计算值不应超过规定的挠度限值，即

$$f_{max} \leqslant [f] \tag{13-67}$$

式中 f_{max}——按荷载效应的准永久组合或标准组合并考虑荷载长期作用影响计算的最大挠度值；

$[f]$——最大挠度限值，混凝土结构受弯构件的最大挠度限值，见表 13-17。

表 13-17 受弯构件的挠度限值

构件类型		挠度限值
吊车梁	手动吊车	$l_0/500$
	电动吊车	$l_0/600$
屋盖、楼盖及楼梯构件	当 $l_0<7$ m 时	$l_0/200(l_0/250)$
	当 7 m$\leqslant l_0 \leqslant$9 m 时	$l_0/250(l_0/300)$
	当 $l_0>9$ m 时	$l_0/300(l_0/400)$

注：(1) 表中 l_0 为构件的计算跨度；计算悬臂构件的挠度限值时，其计算跨度 l_0 按实际悬臂长度的 2 倍取用；

(2)表中括号内的数值适用于使用上对挠度有较高要求的构件；

(3)如果构件制作时预先起拱，且使用上也允许，则在验算挠度时，可将计算所得的挠度值减去起拱值；对预应力混凝土构件，尚可减去预加力所产生的反拱值；

(4)构件制作时的起拱值和预加力所产生的反拱值，不宜超过构件在相应荷载组合作用下的计算挠度值。

2. 最大裂缝宽度验算

钢筋混凝土构件在荷载准永久组合并考虑长期作用的影响，计算的最大裂缝宽度不应超过《混凝土规范》规定的限值，应满足下式

$$w_{max} \leqslant w_{lim} \tag{13-68}$$

式中　w_{max}——按荷载准永久组合并考虑长期作用影响计算的最大裂缝宽度；

w_{lim}——最大裂缝宽度限值，结构构件的最大裂缝宽度限值见表 13-18。

表 13-18　结构构件的裂缝控制等级及最大裂缝宽度的限值　mm

<table>
<tr><th rowspan="2">环境类别</th><th colspan="2">钢筋混凝土结构</th><th colspan="2">预应力混凝土结构</th></tr>
<tr><th>裂缝控制等级</th><th>w_{lim}</th><th>裂缝控制等级</th><th>w_{lim}</th></tr>
<tr><td>一</td><td rowspan="4">三级</td><td>0.30(0.40)</td><td rowspan="2">三级</td><td>0.20</td></tr>
<tr><td>二 a</td><td rowspan="3">0.20</td><td>0.10</td></tr>
<tr><td>二 b</td><td>二级</td><td>—</td></tr>
<tr><td>三 a、三 b</td><td>一级</td><td>—</td></tr>
</table>

注：(1)对处于年平均相对湿度小于 60%地区一类环境下的受弯构件，其最大裂缝宽度限值可采用括号内的数值；

(2)在一类环境下，对钢筋混凝土屋架、托架及需作疲劳验算的吊车梁，其最大裂缝宽度限值应取为 0.20 mm；对钢筋混凝土屋面梁和托梁，其最大裂缝宽度限值应取为 0.30 mm；

(3)在一类环境下，对预应力混凝土屋架、托架及双向板体系，应按二级裂缝控制等级进行验算；对一类环境下的预应力混凝土屋面梁、托梁、单向板，应按表中二 a 类环境的要求进行验算；在一类和二 a 类环境下需作疲劳验算的预应力混凝土吊车梁，应按裂缝控制等级不低于二级的构件进行验算；

(4)表中规定的预应力混凝土构件的裂缝控制等级和最大裂缝宽度限值仅适用于正截面的验算；预应力混凝土构件的斜截面裂缝控制验算应符合预应力构件的有关规定；

(5)对于烟囱、筒仓和处于液体压力下的结构，其裂缝控制要求应符合专门标准的有关规定；

(6)对于处于四、五类环境下的结构构件，其裂缝控制要求应符合专门标准的有关规定；

(7)表中的最大裂缝宽度限值为用于验算荷载作用引起的最大裂缝宽度。

13.4.2　受弯构件的变形验算

1. 弹性材料梁

由材料力学可知，匀质弹性材料梁跨中最大挠度的一般形式为

$$f = S\frac{Ml_0^2}{EI} \tag{13-69}$$

式中　M——梁跨中最大弯矩；

S——与荷载形式、支承条件有关的系数，如承受均布荷载的简支梁，$S=5/48$；

l_0——梁的计算跨度；

EI——截面抗弯刚度。

由公式(13-69)可知，挠度与抗弯刚度成正比，对于匀质弹性材料梁，截面积和材料给定后，EI 为常数，容易求出挠度。对钢筋混凝土梁，由于其材料的非弹性性质和受拉区裂缝的发展，梁的截面抗弯刚度不是常数，而是随着荷载的增加不断降低。另外，在长期荷载作用下，由于混凝土的徐变因素，构件的抗弯刚度还会随时间的增长而降低。因此，变形计算要考虑荷载短期作用和长期作用的影响，钢筋混凝土梁在荷载准永久组合作用下的截面抗弯刚度简称为短期刚度，用 B_s 表示；钢筋混凝土梁在荷载准永久组合并考虑荷载长期作用影响的截面抗弯刚度简称为长期刚度，用 B 表示。

因此，钢筋混凝土受弯构件的挠度计算问题，关键在于截面抗弯刚度的取值。

2. 受弯构件短期刚度 B_s 的计算

按裂缝控制等级要求的荷载组合作用下，钢筋混凝土受弯构件的短期刚度，可按下式计算，即

$$B_s=\frac{E_sA_sh_0^2}{1.15\psi+0.2+\frac{6\alpha_E\rho}{1+3.5\gamma'_f}} \tag{13-70}$$

$$\psi=1.1-0.65\frac{f_{tk}}{\rho_{te}\sigma_{sq}} \tag{13-71}$$

式中 f_{tk}——混凝土轴心抗拉强度标准值，按表 11-1 采用；

σ_{sq}——按荷载准永久组合计算的纵向受拉钢筋的应力，取 $\sigma_{sq}=\frac{M_q}{0.87h_0A_s}$；

ρ_{te}——按有效受拉混凝土截面面积计算的纵向受拉钢筋配筋率；$\rho_{te}=A_s/A_{te}$，当 $\rho_{te}<0.01$ 时，取 $\rho_{te}=0.01$。$A_{te}=0.5bh+(b_f-b)h_f$，此处，b_f、h_f 为受拉翼缘的宽度、高度；

ψ——裂缝间纵向受拉钢筋应变不均匀系数：当 $\psi<0.2$ 时，取 $\psi=0.2$；当 $\psi>1$ 时，取 $\psi=1$；对直接承受重复荷载的构件，取 $\psi=1$；

A_s——纵向受拉钢筋截面面积；

α_E——钢筋弹性模量与混凝土弹性模量的比值，即 E_s/E_c；

ρ——纵向受拉钢筋配筋率，取 $A_s/(bh_0)$；

γ'_f——受压翼缘截面面积与腹板有效截面面积的比值，取 $\gamma'_f=\frac{(b'_f-b)h'_f}{bh_0}$，当 $h'_f>0.2h_0$ 时，取 $h'_f=0.2h_0$。

3. 受弯构件长期刚度 *B* 的计算

《混凝土规范》对矩形、T 形、倒 T 形和 I 形截面受弯构件按荷载准永久组合并考虑荷载长期作用影响的刚度可按下式计算，即

$$B=\frac{B_s}{\theta} \tag{13-72}$$

式中 θ——考虑荷载长期作用对挠度增大的影响系数。对于钢筋混凝土受弯构件，当 $\rho'=0$ 时，取 $\theta=2.0$；当 $\rho'=\rho$ 时，取 $\theta=1.6$；当 ρ' 为中间数值时，θ 按线性内插法取用。此处，$\rho'=A'_s/(bh_0)$，$\rho=A_s/(bh_0)$。

对翼缘位于受拉区的倒 T 形截面，θ 应增加 20%。

4. 受弯构件的挠度验算

上述刚度计算公式是指纯弯区段内平均的截面抗弯刚度。而实际上，一般钢筋混凝土受弯构件的截面弯矩沿构件轴线方向是变化的，因此抗弯刚度沿构件轴线方向也是变化的。如图 13-55 所示的简支梁，在靠近支座的剪跨范围内，各截面的弯矩是不相等的，越靠近支座，弯矩越小，因而，其刚度越大。由此可见，沿梁长不同区段的平均刚度是变值，按变刚度梁来计算挠度变形很麻烦。为简化计算，对图 13-55 所示的梁，可近似地按纯弯区段平均的截面弯曲刚度（即该区段的最小刚度 B_{min}）采用，这一计算原则通常称为最小刚度原则。

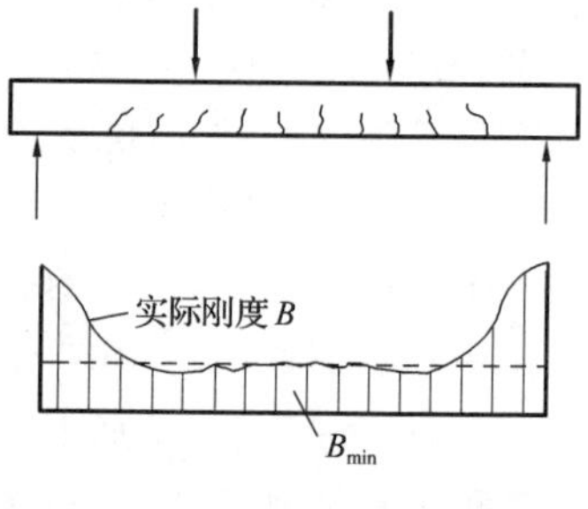

图 13-55 钢筋混凝土截面刚度的分布

在等截面构件中，可假定各同号弯矩区段内的刚度相等，并取用该区段内最大弯矩处的刚度。当计算跨度内的支座截面刚度不大于跨中截面刚度的 2 倍或不小于跨中截面刚度的 1/2 时，该跨也可按等刚度构件进行计算，其构件刚度可取跨中最大弯矩截面的刚度。

受弯构件的挠度计算可按材料力学公式计算，但要用 B 代替 EI。

当钢筋混凝土梁产生的挠度值不满足《混凝土规范》规定的限值要求时，提高刚度的最有效措施是增大截面高度，也可采取增大受拉钢筋配筋率、选择合理的截面形状、采用双筋截面以及提高混凝土的强度等级等措施。

【例 13-13】 已知某试验楼钢筋混凝土楼面简支梁，计算跨度 $l_0=6.3$ m，梁的截面尺寸 $b\times h=250\ \mathrm{mm}\times 500\ \mathrm{mm}$，永久荷载（包括梁自重）标准值 $g_k=16.5$ kN/m，可变荷载标准值 $q_k=8.2$ kN/m，准永久系数 $\psi_q=0.5$，混凝土强度等级为 C35，HRB400 级钢筋，已配置 2Φ20+2Φ16的纵向受拉钢筋，环境类别为一类。若挠度限值为 $f_{lim}=l_0/200$，试验算梁的挠度是否满足要求？

【解】 (1)确定基本数据

由表 11-1、11-3 查得，混凝土轴心抗拉强度标准值 $f_{tk}=2.20\ \mathrm{N/mm^2}$，混凝土弹性模量$E_c=3.15\times10^4\ \mathrm{N/mm^2}$；

由表 11-9 查得，钢筋的弹性模量 $E_s=2.0\times10^5\ \mathrm{N/mm^2}$；

由表 13-5 查得，钢筋的混凝土最小保护层厚度为 20 mm，$a_s=35$ mm，则梁的有效高度 $h_0=h-a_s=500-35=465$ mm，$A_s=628+402=1030\ \mathrm{mm^2}$。

(2)计算跨中弯矩标准值

荷载准永久组合下的弯矩值

$$M_q=\frac{1}{8}(g_k+\psi_q q_k)l_0^2=\frac{1}{8}(16.5+0.5\times8.2)\times6.3^2=102.2\ \mathrm{kN\cdot m}$$

(3)计算受拉钢筋应变不均匀系数 ψ

$$\sigma_{sq}=\frac{M_q}{0.87h_0A_s}=\frac{102.2\times10^6}{0.87\times465\times1030}=245.27\ \mathrm{N/mm^2}$$

$$\rho_{te}=\frac{A_s}{A_{te}}=\frac{1030}{0.5\times250\times500}=0.0165$$

$$\psi=1.1-0.65\times\frac{f_{tk}}{\rho_{te}\sigma_{sq}}=1.1-0.65\times\frac{2.2}{0.0165\times245.27}=0.747$$

(4)计算短期刚度 B_s

$$\alpha_E=\frac{E_s}{E_c}=\frac{2.0\times10^5}{3.15\times10^4}=6.35,\quad \rho=\frac{A_s}{bh_0}=\frac{1030}{250\times465}=0.0089$$

$$B_s=\frac{E_sA_sh_0^2}{1.15\psi+0.2+\dfrac{6\alpha_E\rho}{1+3.5\gamma'_f}}=\frac{2.0\times10^5\times1030\times465^2}{1.15\times0.747+0.2+\dfrac{6\times6.35\times0.0089}{1+3.5\times0}}=31858.29\times10^9\ \mathrm{N\cdot mm^2}$$

(5)计算长期刚度 B

$\rho'=0$，取 $\theta=2.0$，则有

$$B=\frac{B_s}{\theta}=\frac{31858.29\times10^9}{2}=15929.15\times10^9\ \mathrm{N\cdot mm^2}$$

(6)计算跨中挠度

$$f=\frac{5}{48}\frac{M_ql_0^2}{B}=\frac{5\times102.2\times10^6\times6300^2}{48\times15929.15\times10^9}=26.5\ \mathrm{mm}$$

$$f<f_{lim}=\frac{l_0}{200}=\frac{6300}{200}=31.5\ \mathrm{mm}$$

满足要求。

13.4.3 受弯构件的裂缝宽度验算

普通的钢筋混凝土受弯构件一般都是带裂缝工作的，如果裂缝宽度过大，将影响构件的正常使用和耐久性，在设计中必须进行验算，当不满足规定要求时，应采取合理措施进行控制。试验研究表明，裂缝间距和裂缝宽度的分布是不均匀的，但变化是有规律的，裂缝宽度与纵向受拉钢筋配筋率、纵向钢筋直径及外形特征、混凝土保护层厚度有关。

《混凝土规范》对矩形、T形、倒T形和I形截面的钢筋混凝土受弯构件，按荷载准永久组合并考虑长期作用影响的最大裂缝宽度可按下式计算

$$w_{\max}=1.9\psi\frac{\sigma_{sq}}{E_s}\left(1.9c_s+0.08\frac{d_{eq}}{\rho_{te}}\right) \tag{13-10}$$

式中 1.9——构件受力特征系数；

c_s——最外层纵向受拉钢筋外边缘至受拉区底边的距离：当 $c_s<20$ mm 时，取 $c_s=20$ mm；当 $c_s>65$ mm 时，取 $c_s=65$ mm；

d_{eq}——受拉区纵向钢筋的等效直径。当钢筋直径不同时，$d_{eq}=\frac{\sum n_i d_i^2}{\sum n_i \nu_i d_i}$，$n_i$ 为受拉区第 i 种纵向钢筋的根数；d_i 为受拉区第 i 种纵向钢筋的公称直径；ν_i 为受拉区第 i 种纵向钢筋的相对黏结特性系数，光圆钢筋 $\nu_i=0.7$，带肋钢筋 $\nu_i=1.0$。

当计算处的最大裂缝宽度不满足要求时，可采取下列措施减小裂缝宽度。

①合理布置钢筋。受拉钢筋直径与裂缝宽度成正比，在相同面积情况下，直径越大裂缝宽度也越大，因此在满足《混凝土规范》对纵向钢筋最小直径和钢筋之间最小间距的前提下，梁内尽量采用直径小、根数多的配筋方式，这样可以有效地分散裂缝，减小裂缝的宽度。

②适当增加钢筋截面面积。裂缝宽度与裂缝截面纵向受拉钢筋应力成正比，与有效受拉配筋率成反比，因此可适当增加钢筋截面面积 A_s，以提高 ρ_{te} 降低 σ_{sq}。

③尽可能采用带肋钢筋。光圆钢筋的相对黏结特性系数为0.7，带肋钢筋为1.0，表明带肋钢筋与混凝土的黏结较光圆钢筋要好得多，裂缝宽度也将减小。

【例13-14】 已知某教学楼钢筋混凝土楼面简支梁，计算跨度 $l_0=6.0$ m，梁的截面尺寸 $b\times h=250$ mm×600 mm，永久荷载(包括梁自重)标准值 $g_k=19$ kN/m，可变荷载标准值 $q_k=16$ kN/m，准永久系数 $\psi_q=0.5$，混凝土强度等级为C30，HRB335级钢筋，已配置2Φ22+2Φ20的纵向受拉钢筋，环境类别为一类。最大裂缝宽度限值为 $w_{\lim}=0.3$ mm，试验算梁的裂缝宽度是否满足要求？

【解】 (1)确定基本数据

由表11-1查得，混凝土轴心抗拉强度标准值 $f_{tk}=2.01\ \text{N/mm}^2$；

由表11-9查得，钢筋的弹性模量 $E_s=2.0\times10^5\ \text{N/mm}^2$；

由表3-11查得，钢筋的混凝土保护层最小厚度为20 mm；由于纵向钢筋最大直径为22 mm，取混凝土保护层厚度为25 mm，纵向受拉钢筋一排放置，设箍筋直径为6 mm，$a_s=25+6+22/2=42$ mm，则梁的有效高度 $h_0=h-a_s=600-42=558$ mm，$c_s=25+6=31$ mm，$A_s=760+628=1388\ \text{mm}^2$。

(2)计算跨中弯矩标准值

荷载准永久组合下的弯矩值

$$M_q=\frac{1}{8}(g_k+\psi_q q_k)l_0^2=\frac{1}{8}(19+0.5\times16)\times6.0^2=121.5\ \text{kN}\cdot\text{m}$$

(3)计算裂缝截面受拉钢筋的应力

$$\sigma_{sq}=\frac{M_q}{0.87h_0A_s}=\frac{121.5\times10^6}{0.87\times558\times1388}=180.32\ \text{N/mm}^2$$

(4)按有效受拉混凝土截面面积计算钢筋的配筋率

$$\rho_{te}=\frac{A_s}{A_{te}}=\frac{1388}{0.5\times250\times600}=0.0185$$

(5)计算受拉钢筋应变不均匀系数ψ

$$\psi=1.1-0.65\times\frac{f_{tk}}{\rho_{te}\sigma_{sq}}=1.1-0.65\times\frac{2.01}{0.0185\times180.32}=0.708$$

(6)计算受拉区纵向钢筋的等效直径

$$d_{eq}=\frac{\sum n_i d_i^2}{\sum n_i\nu_i d_i}=\frac{2\times22^2+2\times20^2}{2\times1\times22+2\times1\times20}=21.05$$

(7)计算最大裂缝宽度

$$w_{max}=\alpha_{cr}\psi\frac{\sigma_{sq}}{E_s}\left(1.9c_s+0.08\frac{d_{eq}}{\rho_{te}}\right)=1.9\times0.708\times\frac{180.32}{2.0\times10^5}\times\left(1.9\times31+0.08\times\frac{21.05}{0.0185}\right)$$

$$=0.182\ \text{mm}<w_{lim}=0.3\ \text{mm}$$

裂缝宽度满足要求。

本章小结

(1)在混凝土结构中，常用的梁、板是典型的受弯构件，其设计内容包括正截面承载力计算、斜截面承载力计算、正常使用极限状态验算及构造设计。

(2)根据配筋率不同，受弯构件正截面破坏形态有三种：适筋破坏、超筋破坏和少筋破坏。少筋梁和超筋梁在破坏前没有明显的预兆，为脆性破坏，在工程设计中不允许出现少筋梁和超筋梁。

(3)适筋梁从开始加荷到破坏，正截面经历了3个受力阶段。其中I_a阶段的应力状态是受弯构件抗裂计算的依据，第Ⅱ阶段的应力状态是受弯构件在正常使用阶段变形和裂缝宽度验算的依据，III_a阶段是受弯构件破坏的极限状态，作为受弯构件正截面承载力计算的依据。

(4)利用单筋矩形截面、双筋矩形截面、T形截面的基本公式和适用条件来解决受弯构件的正截面承载力计算中的截面设计和截面复核问题。

(5)影响受弯构件斜截面破坏特征的主要因素有：配箍率和剪跨比。受弯构件斜截面破坏形态主要有：斜压破坏、斜拉破坏和剪压破坏。其中斜压破坏和斜拉破坏均呈现明显的脆性破坏特征，故在实际工程中不允许发生。

(6)受弯构件斜截面受剪承载力主要与剪跨比、混凝土的强度、截面尺寸和腹筋的用量等有关。

(7)梁的斜截面承载力计算公式有两个限制条件。一是最小截面限制条件，主要是防止截面发生斜压破坏；另一个限制条件是最小配箍率条件，主要防止截面发生斜拉破坏。

(8)材料抵抗弯矩图是按实际配置的纵向受力钢筋绘制的梁上各正截面所能抵抗的弯矩图形。利用材料抵抗弯矩图并根据正截面和斜截面的受弯承载力来确定纵筋弯起点和截断的位置。同时注意保证受力钢筋在支座处的有效锚固的构造措施。

(9)受弯构件的主要构造要求包括钢筋的锚固长度、钢筋的连接、箍筋的布置、形式、直径和间距的有关要求。

(10)钢筋混凝土结构构件的裂缝控制和挠度验算时，采用荷载准永久组合并考虑荷载长期作用的影响，对材料则采用强度标准值。

(11)钢筋混凝土受弯构件的抗弯刚度是一个变量，随着荷载的增大而降低，随时间的增长而降低。

(12)钢筋混凝土受弯构件的挠度计算可以采用材料力学的方法进行，但计算时，必须用构件考虑荷载长期作用的刚度 B 代替 EI。

(13)影响裂缝宽度的主要因素有构件的受力状态、混凝土的抗拉强度、纵向受拉钢筋的配筋率与直径及其应力、纵向受拉钢筋外缘至受拉边缘的距离等。

复习思考题

13-1　梁、板中混凝土保护层的作用是什么？其最小值是多少？

13-2　构造上对梁纵向钢筋的直径、根数、间距和排列有哪些规定？

13-3　梁内各类钢筋名称是什么？各起什么作用？设置构造要求有哪些？

13-4　板中分布钢筋的作用是什么？其构造要求有哪些？

13-5　什么是配筋率？配筋率对梁的正截面承载力有何影响？

13-6　适筋梁从开始加荷到破坏，经历了哪几个阶段？各阶段的主要特征是什么？每个阶段分别是哪种极限状态计算的依据？

13-7　正截面承载力计算的基本假定是什么？等效矩形应力图形的等效原则是什么？

13-8　适筋梁、超筋梁和少筋梁的破坏特征各是什么？为什么在实际工程中应避免超筋梁和少筋梁？

13-9　写出单筋矩形截面受弯构件正截面承载力的计算公式和适用条件，并说明适用条件的意义。

13-10　钢筋混凝土梁的最小配筋率 ρ_{min} 是如何确定的？

13-11　影响钢筋混凝土受弯承载力的主要因素有哪些？截面尺寸一定时，改变混凝土和钢筋的强度对受弯承载力的影响哪个更有效？

13-12　当计算出纵向钢筋的面积后，如何选用钢筋的根数和直径？

13-13　在什么情况下采用双筋梁？双筋矩形截面受弯构件的适用条件是什么？适用条件有何意义？

13-14　两类 T 形截面在截面设计和承载力复核时是如何判别的？分别写出第一、二类 T 形截面承载力计算(设计、复核)的步骤。

13-15　T 形截面翼缘计算宽度如何确定？

13-16　什么是剪跨比？它对梁的斜截面抗剪有什么影响？

13-17　影响梁斜截面受剪承载力的主要因素有哪些？

13-18　梁斜截面受剪破坏的主要形态有哪几种？它们分别在什么情况下发生？破坏特征如何？

13-19　在设计中采取什么措施来防止斜压破坏和斜拉破坏？

13-20　在斜截面受剪承载力计算时，梁上应考虑哪些危险截面的计算？

13-21　梁斜截面受剪承载力计算公式有哪些限制条件？并说明限制条件的意义？

13-22　均布荷载作用下钢筋混凝土简支梁，沿梁长配置直径相同的等间距箍筋，如单从受力角度来考虑，合理不合理？如果综合地从受力、施工、构造等要求来考虑则又怎么样？如果按计算不需配置箍筋和弯起钢筋，这时梁中是否还要配置腹筋？

13-23　在一般情况下，限制箍筋及弯起钢筋的最大间距的目的是什么？为什么设计箍筋时构造上还要满足其直径不小于最小直径的要求？当箍筋满足最小直径及最大间距要求时，是否必然满足最小配筋率的要求？

13-24　什么是抵抗弯矩图？它与弯矩图有何关系？如何绘制？

13-25　钢筋伸入支座的锚固长度有哪些要求？钢筋截断时有哪些要求？梁中部分受弯纵筋弯起用于抗剪时应注意哪些问题？

13-26　鸭筋或吊筋的作用是什么？为什么不能布置成浮筋？

13-27　钢筋混凝土受弯构件与匀质弹性材料受弯构件的挠度计算有何异同？

13-28　何谓最小刚度原则？有哪些措施可以减少挠度？最有效的措施是什么？

13-29　减少受弯构件裂缝宽度的有效措施有哪些？

习　题

13-1　一矩形截面简支梁，承受的最大弯矩设计值 M=160 kN·m，环境类别为一类。试按下列条件计算所需的纵向受拉钢筋截面积 A_s，并进行对比分析。

(1)截面尺寸 $b\times h$=200 mm×550 mm，混凝土强度等级为 C30，采用 HRB400 级钢筋；

(2)截面尺寸、混凝土强度等级同上，改用 HRB500 级钢筋；

(3)截面尺寸、钢筋级别同(1)，改用 C40 混凝土强度等级；

(4)混凝土强度等级及钢筋级别同(1)，截面尺寸改为 $b\times h$=200 mm×650 mm；

(5)混凝土强度等级及钢筋级别同(1)，截面尺寸改为 $b\times h$=200 mm×500 mm。

13-2　某矩形截面梁，截面尺寸为 $b\times h$=200 mm×500 mm，采用混凝土等级为 C25，配有 HRB400 级钢筋 3Φ18，环境类别为一类。如承受弯矩设计值 M=82 kN·m，试验算此梁正截面是否安全。

13-3　已知一矩形截面梁，截面尺寸为 $b\times h$=200 mm×400 mm，环境类别为二 a 类。求下列条件下梁所能承受的设计弯矩 M。

(1)采用 C30 混凝土强度等级，HRB400 级钢筋 3Φ25；

(2)采用 C35 混凝土强度等级，HRB500 级钢筋 3Φ25。

13-4　已知一矩形截面简支梁，截面尺寸为 $b\times h$=250 mm×500 mm，采用 C25 混凝土强度等级，HRB400 级钢筋，环境类别为二 a 类。受压区已配有 2Φ18 的受力钢筋，承受弯矩设计值 M=155 kN·m。求受拉钢筋截面积。

13-5　已知某矩形截面简支梁，截面尺寸为 $b\times h$=250 mm×600 mm，采用 C30 混凝土强度等级，HRB400 级钢筋，受压区配置 2Φ16 的受力钢筋，受拉区配有钢筋 4Φ25+2Φ22 的受力钢筋；环境类别为一类。求该截面所能承受的最大弯矩设计值。

13-6　一 T 形截面简支梁，b'_f=600 mm，h'_f=120 mm，b=250 mm，h=650 mm。承受均布设计荷载 122 kN/m(包括自重)，梁的计算跨度 l_0=5.4 m。采用 C30 混凝土强度等级，HRB500 级钢筋，环境类别为二 a 类。求受拉钢筋截面面积 A_s。

13-7　一 T 形截面简支梁，b'_f=650 mm，h'_f=100 mm，b=250 mm，h=600 mm。采用

C25 混凝土强度等级，HRB400 级钢筋，环境类别为一类。跨中截面承受弯矩设计值 $M=420\ kN\cdot m$。求受拉钢筋截面面积 A_s。

13-8 一 T 形截面梁，截面尺寸 $b'_f=500\ mm$，$h'_f=100\ mm$，$b=200\ mm$，$h=660\ mm$，采用 C25 混凝土强度等级，配置 4Φ22 的 HRB400 级钢筋，环境类别为一类。承受设计弯矩 $M=610\ kN\cdot m$，试验算该梁正截面是否安全。

13-9 承受均布荷载作用的矩形截面简支梁，支座为厚度 370 mm 的砌体墙，净跨 $L_n=5.63\ m$，承受均布荷载设计值 $q=60\ kN/m$（包括梁自重）。梁截面尺寸 $b\times h=250\ mm\times 600\ mm$，混凝土强度等级为 C25 级，箍筋采用 HPB300 级钢筋，环境类别为一类。试确定所需要配置的箍筋。

13-10 一矩形截面简支梁如图 13-56 所示，截面尺寸 $b\times h=250\ mm\times 600\ mm$，集中荷载设计值 $F=100\ kN$，均布荷载（包括梁自重）设计值 $q=7\ kN/m$。混凝土强度等级为 C30 级，箍筋采用 HRB400 级钢筋，环境类别为二 a 类。根据正截面承载力计算已配置 2Φ20+2Φ22的纵向受拉钢筋，试确定所需要配置的箍筋。

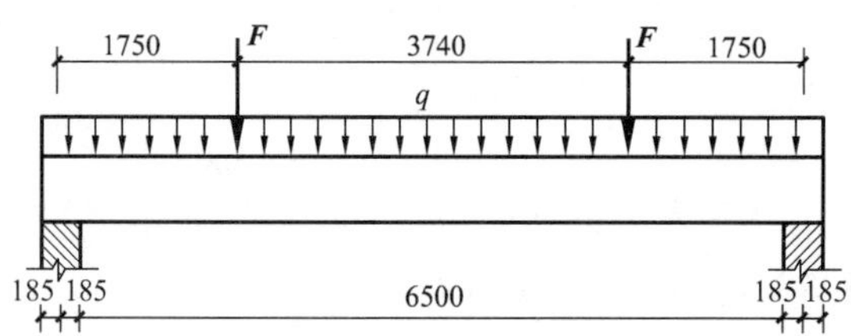

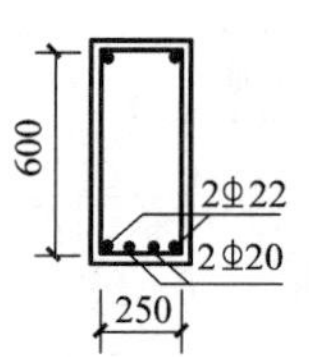

图 13-56 习题 13-10 图

13-11 一矩形截面简支梁，截面尺寸 $b\times h=200\ mm\times 400\ mm$，混凝土强度等级为 C30，箍筋采用 HRB400 级钢筋，已配有双肢箍Φ6@120，环境类别为一类。求该梁所能承受的最大剪力设计值 V，若梁的净跨 $l_n=3.76\ m$，计算跨度 $l_0=4\ m$，由正截面强度计算已配置了 3Φ16 的纵向受拉钢筋，求梁所能承受均布荷载设计值 $g+q$（含自重）是多少？

13-12 已知某教学楼钢筋混凝土楼面简支梁，计算跨度 $l_0=5.2\ m$，梁的截面尺寸 $b\times h=200\ mm\times 450\ mm$，承受均布荷载，其中永久荷载（包括梁自重）标准值 $g_k=5\ kN/m$，可变荷载标准值 $q_k=10\ kN/m$，准永久系数 $\psi_q=0.5$，混凝土强度等级为 C30，HRB400 级钢筋，已配置 3Φ16 的纵向受拉钢筋，环境类别为一类。最大裂缝宽度限值为 $w_{lim}=0.3\ mm$，试验算梁的最大裂缝宽度是否满足要求？

13-13 一矩形截面简支梁，计算跨度 $l_0=4.5\ m$，梁的截面尺寸 $b\times h=200\ mm\times 500\ mm$，承受均布荷载，其中永久荷载（包括梁自重）标准值 $g_k=17.5\ kN/m$，可变荷载标准值 $q_k=11.5\ kN/m$，可变荷载的准永久系数 $\psi_q=0.5$，混凝土强度等级为 C25，HRB400 级钢筋，已配置 2Φ16+2Φ14 的纵向受拉钢筋，环境类别为一类。若挠度限值为 $f_{lim}=l_0/250$，试验算梁的挠度是否满足要求？

第 13 章

第 14 章 钢筋混凝土受压构件承载力计算

学习目标

通过本章的学习，掌握受压构件的构造要求；理解轴心受压短柱和长柱的受力特点，掌握轴心受压构件的正截面承载力的计算方法。

学习重点

配筋构造要求；轴心受压构件的正截面承载力计算。

14.1 概 述

以承受轴向压力作用为主的构件称为受压构件，如建筑结构中的柱和墙、桁架中的受压腹杆和弦杆、桥梁中的桥墩等。受压构件一般在结构中起着重要的作用，一旦产生破坏，将导致整个结构严重损坏，甚至倒塌。

当轴向力作用线与构件截面形心轴重合时，称为轴心受压构件；当弯矩和轴力共同作用于构件上或轴向力作用线与构件截面形心轴不重合时，称为偏心受压构件。当轴向力作用线与截面的形心轴平行且沿某一主轴偏离重心时，称为单向偏心受压构件；当轴向力作用线与截面的形心轴平行且偏离两个主轴时，称为双向偏心受压构件，如图 14-1 所示。

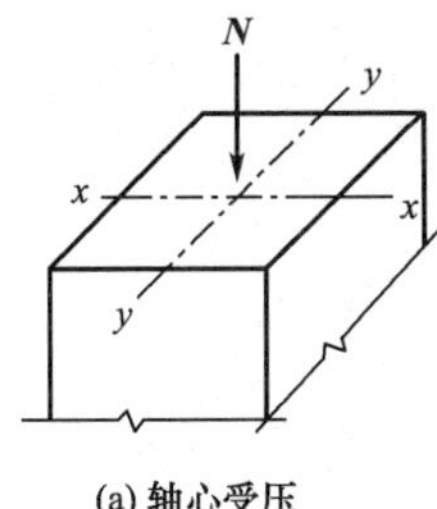

(a) 轴心受压

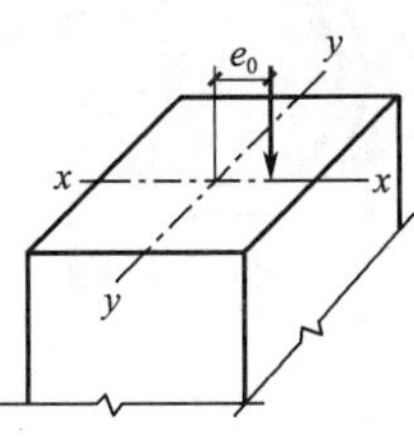

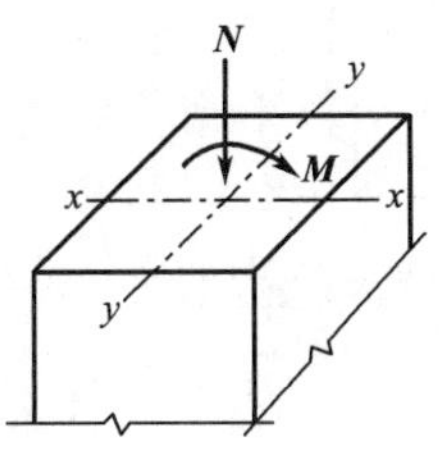

(b) 单向偏心受压

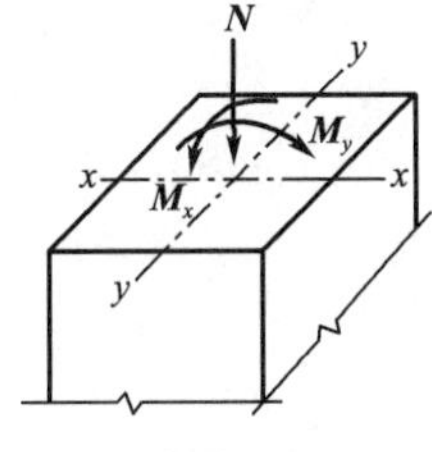

(c)双向偏心受压

图 14-1 轴心受压与偏心受压

在实际工程结构中，理想的轴心受压构件几乎是不存在的。通常由于混凝土质量不均匀、荷载作用位置的偏差和施工制造的误差等原因，往往存在一定的初始偏心距。但是，由于轴心受压构件计算简单，有时可把初始偏心距较小的构件近似按轴心受压构件计算，如以承受恒载为主的等跨多层房屋的内柱、屋架中的受压腹杆等，如图 14-2 所示；单层厂房柱、多层框架柱、屋架上弦杆、拱等都属于偏心受压构件，如图 14-3 所示；框架结构的角柱则属于双向偏心受压构件。

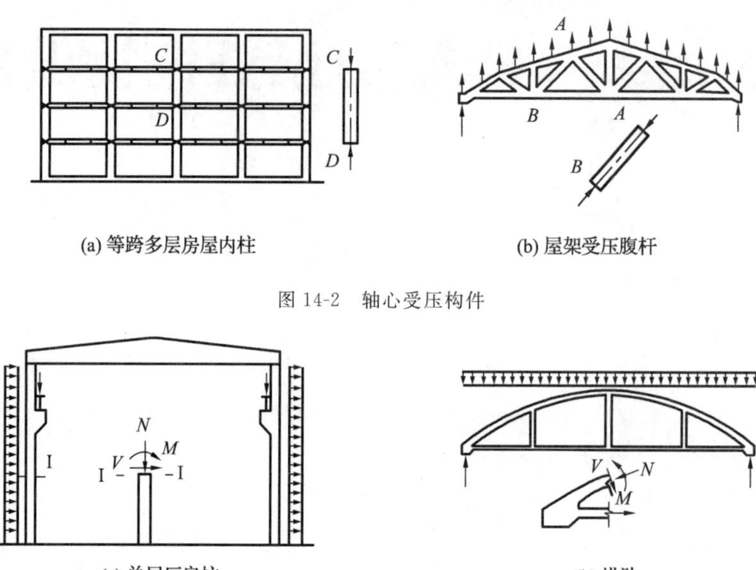

(a) 等跨多层房屋内柱　　(b) 屋架受压腹杆

图 14-2　轴心受压构件

(a) 单层厂房柱　　(b) 拱肋

图 14-3　偏心受压构件

按照钢筋混凝土柱中箍筋的配置方式和作用不同，轴心受压构件分为两种情况：普通箍筋轴心受压柱和螺旋式箍筋轴心受压柱，如图 14-4 所示。

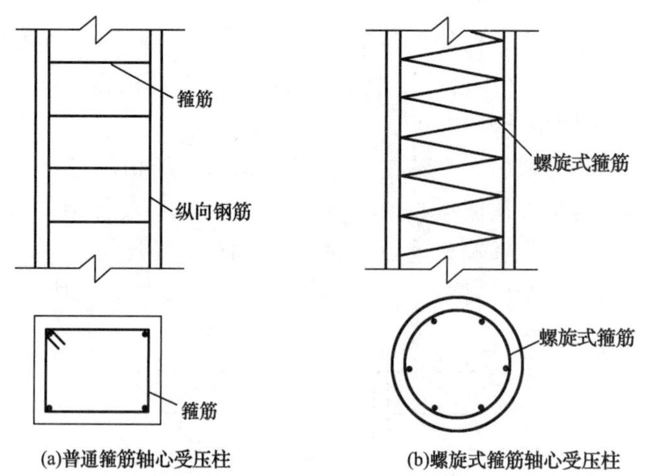

(a)普通箍筋轴心受压柱　　(b)螺旋式箍筋轴心受压柱

图 14-4　钢筋混凝土柱

14.2　受压构件的构造要求

1. 材料的强度等级

混凝土强度等级对受压构件的承载能力影响较大。为了充分利用混凝土承压，减小构件的截面尺寸，节省钢材，宜采用较高强度等级的混凝土。一般设计中常用的混凝土强度等级为 C30～C50，对于高层建筑的底层柱，必要时可采用高强度等级的混凝土。

在受压构件中不宜采用高强度钢筋，因其强度不能充分发挥作用。因此，一般设计中纵向受力普通钢筋应采用 HRB400、HRB500、HRBF400、HRBF500 钢筋；箍筋宜采用 HRB400、HRBF400、HPB300、HRB500、HRBF500 钢筋，也可采用 HRB335、HRBF335 钢筋。

2. 截面形式和尺寸

轴心受压构件的截面一般采用正方形或矩形，建筑上有特殊要求时，可采用圆形或多边形截面；偏心受压构件一般采用正方形、矩形、T 形或 I 字形截面。

截面的最小边长不宜小于 250 mm。为施工制作方便，柱截面尺寸宜取整数，边长在 800 mm 以下者，取 50 mm 为模数，边长在 800 mm 以上者，取 100 mm 为模数。

3. 纵向钢筋

纵向受力钢筋的主要作用是与混凝土共同承担纵向压力，以减小构件尺寸；承受可能的弯矩，以及混凝土收缩和温度变化引起的拉应力；防止构件突然脆性破坏及增强构件的延性。

①纵向受力钢筋直径不宜小于 12 mm，且宜采用大直径的钢筋。全部纵向钢筋的配筋率不宜大于 5%。

②柱中纵向钢筋的净间距不应小于 50 mm，且不宜大于 300 mm。对水平浇筑的预制柱，纵向钢筋的最小净间距可按梁的有关规定取用。

③偏心受压柱的截面高度不小于 600 mm 时，在柱的侧面上设置直径不小于 10 mm 的纵向构造钢筋，并相应设置复合箍筋或拉筋。

④圆柱中纵向钢筋不宜少于 8 根，不应少于 6 根，且宜沿周边均匀布置。

⑤在偏心受压柱中，垂直于弯矩作用平面的侧面上的纵向受力钢筋以及轴心受压柱中各边的纵向受力筋，其中距不宜大于 300 mm。

⑥全部纵向受力钢筋的配筋率，对强度等级为 300 MPa、335 MPa 的钢筋不应小于0.6%，对强度等级为 400 MPa 的钢筋不应小于 0.55%，对强度等级为 500 MPa 的钢筋不应小于 0.5%，同时一侧钢筋的配筋率不应小于 0.2%。全部纵向钢筋和一侧纵向钢筋的配筋率均按构件的全截面面积计算。

4. 箍筋

在受压构件中配置箍筋的作用是与纵向钢筋形成钢筋骨架，保证纵向钢筋的位置正确，防止纵向钢筋压屈；承担剪力、扭矩；约束混凝土，提高柱的承载能力。

①箍筋直径不应小于 $d/4$，且不应小于 6 mm，d 为纵向钢筋的最大直径。

②箍筋间距不应大于 400 mm 及构件截面的短边尺寸，且不应大于 $15d$，d 为纵向钢筋的最小直径

③柱及其他受压构件中的周边箍筋应做成封闭式；对圆柱中的箍筋，搭接长度不应小于《混凝土规范》规定的锚固长度，且末端应做成 135°弯钩，弯钩末端平直段长度不应小于 $5d$，d 为箍筋直径。

④当柱截面短边尺寸大于 400 mm 且各边纵向钢筋多于 3 根时，或当柱截面短边尺寸不大于 400 mm 但各边纵向钢筋多于 4 根时，应设置复合箍筋，如图 14-5 所示；复合箍筋的直径和间距与普通箍筋要求相同。

⑤柱中全部纵向受力钢筋的配筋率大于 3%时，箍筋直径不应小于 8 mm，间距不应大于 $10d$，且不应大于 200 mm。箍筋末端应做成 135°弯钩，且弯钩末端平直段长度不应小于 $10d$，

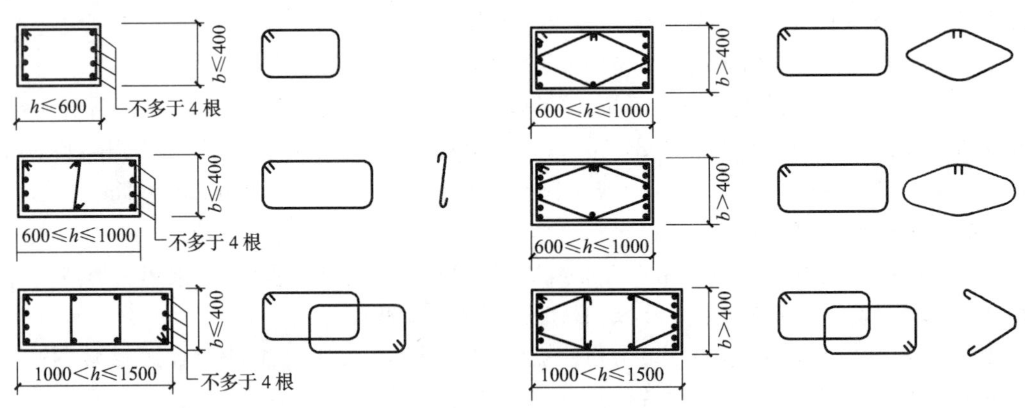

图 14-5 箍筋的配置

d 为纵向受力钢筋的最小直径。

⑥在配有螺旋式或焊接环式箍筋的柱中，如在正截面受压承载力计算中考虑间接钢筋的作用时，箍筋间距不应大于 80 mm 及 $d_{cor}/5$，且不宜小于 40 mm，d_{cor} 为按箍筋内表面确定的核心截面直径。

当柱截面有内折角时，如图 14-6 所示；不应采用带内折角的箍筋，因为内折角处受拉箍筋的合力向外，会使该处的混凝土保护层崩裂，而应采用分离式封闭箍筋。

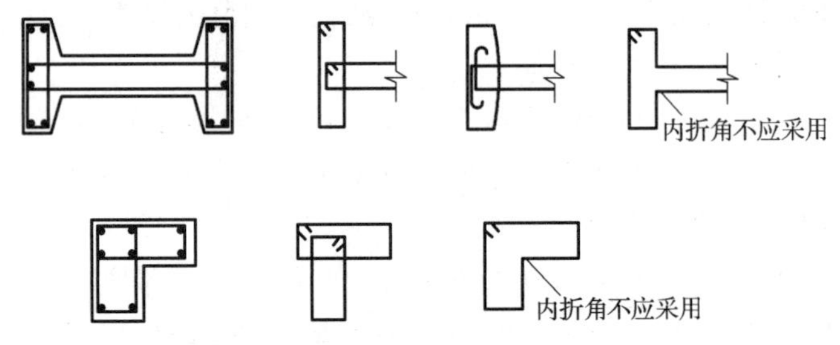

图 14-6 截面有内折角的箍筋

14.3 轴心受压构件承载力计算

14.3.1 普通箍筋轴心受压构件

1. 轴心受压短柱的受力特点及破坏形态

钢筋混凝土轴心受压短柱在轴向压力作用下，整个截面的压应变沿构件长度上基本为均匀分布，由于钢筋和混凝土之间存在着黏结力，从开始加载直至破坏，混凝土与纵向钢筋始终保持共同变形。当荷载较小时，混凝土处于弹性工作阶段，混凝土与钢筋的应力按照弹性规律分布，其应力比值约为两者弹性模量之比。随着荷载的增大，混凝土塑性变形的发展和变形模量的降低，混凝土应力增长逐渐变慢，而钢筋应力的增加则越来越快。当达到极限荷载时，在构件最薄弱区段的混凝土内将出现由微裂纹发展而成的肉眼可见的纵向裂纹，随着压应变的增长，这些裂纹将相互贯通，在混凝土保护层剥落之后，核心部分的混凝土将在纵向裂缝之间被完全压碎。在这个过程中，混凝土的侧向膨胀将向外推挤钢筋，从而使纵向受压钢筋在箍筋之间呈灯笼状向外受压屈服，如图 14-7 所示。破坏时，一般中等强度的钢筋均能达到其抗压屈服强度，混凝土能达到轴心抗压强度，钢筋和混凝土都得到充分的利用。柱的承载力由混凝土和钢筋两部分组成，轴心受压短柱的承载力计算公式可写成

$$N_u = f_c A + f'_y A'_s \tag{14-1}$$

式中　f_c——混凝土轴心抗压强度设计值；

A——构件截面面积，

$f_y{}'$——纵向钢筋抗压强度设计值；

$A_s{}'$——全部纵向受压钢筋截面面积。

图 14-7　轴心受压短柱的破坏形态

2. 轴心受压长柱的破坏形态及稳定系数

对于钢筋混凝土轴心受压长柱，由于存在初始偏心距，在加载后将产生附加弯矩和相应的侧向挠度，而侧向挠度又增大了荷载的偏心距；随着荷载的增加，侧向挠度和附加弯矩将不断增大，这样相互影响的结果，使长柱在轴力 N 和弯矩 M 的共同作用下破坏。破坏时，首先在凹侧出现纵向裂缝，接着混凝土被压碎，纵向钢筋压屈向外凸出，凸侧混凝土出现垂直于纵轴方向的横向裂缝，侧向挠度急剧增大，柱子破坏，如图 14-8 所示。特别细长的柱还可能发生失稳破坏。

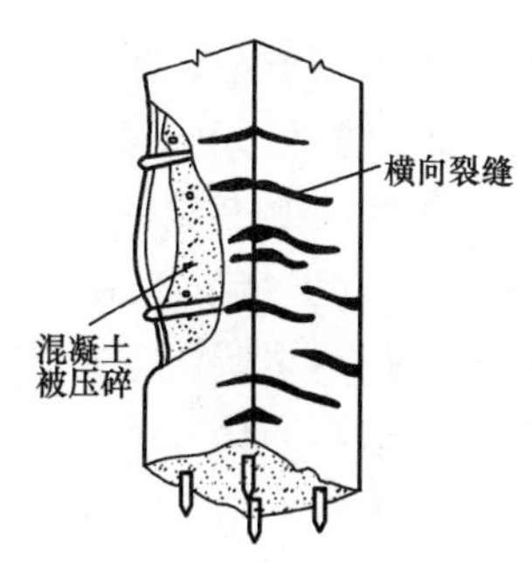

图 14-8　轴心受压长柱的破坏形态

试验表明：由于纵向弯曲的影响，长柱的承载力低于相同条件下短柱的承载力。《混凝土规范》采用一个降低系数 φ 来反映这种承载力随长细比增大而降低的现象，称为“稳定系数”。稳定系数 φ 的大小主要与构件的长细比有关，而混凝土强度等级及配筋率对其影响较小。轴心受压构件稳定系数 φ 按表 14-1 取用。

表 14-1　　钢筋混凝土轴心受压构件的稳定系数

l_0/b	≤8	10	12	14	16	18	20	22	24	26	28
l_0/d	≤7	8.5	10.5	12	14	15.5	17	19	21	22.5	24
l_0/i	≤28	35	42	48	55	62	69	76	83	90	97
φ	1.00	0.98	0.95	0.92	0.87	0.81	0.75	0.70	0.65	0.60	0.56
l_0/b	30	32	34	36	38	40	42	44	46	48	50
l_0/d	26	28	29.5	31	33	34.5	36.5	38	40	41.5	43
l_0/i	104	111	118	125	132	139	146	153	160	167	174
φ	0.52	0.48	0.44	0.40	0.36	0.32	0.29	0.26	0.23	0.21	0.19

注：(1)l_0 为构件的计算长度，对钢筋混凝土柱可按表 14-2 的规定取用；

(2)b 为矩形截面的短边尺寸；d 为圆形截面的直径；i 为截面的最小回转半径。

对于一般多层房屋中梁柱为刚接的框架结构，各层柱的计算长度 l_0 可按表 14-2 的规定取用。

表 14-2　　框架结构各层柱段的计算长度

楼盖类型	柱的类别	l_0
现浇楼盖	底层柱	$1.0H$
	其余各层柱	$1.25H$

（续表）

楼盖类型	柱的类别	l_0
装配式楼盖	底层柱	$1.25H$
	其余各层柱	$1.5H$

注：表中 H 为底层柱从基础顶面到一层楼盖顶面的高度；对其余各层柱为上下两层楼盖顶面之间的高度。

3. 正截面承载力计算公式

普通箍筋受压柱正截面承载力计算公式

①根据如图 14-9 所示柱截面计算简图，可得普通箍筋柱的正截面承载力计算公式为

$$N \leqslant N_u = 0.9\varphi(f_c A + f'_y A'_s) \tag{14-2}$$

式中 N——轴向压力设计值；

0.9——可靠度调整系数；

φ——钢筋混凝土构件的稳定系数，按表 14-1 采用；

当纵向普通钢筋配筋率 ρ' 大于 3%时，公式(14-2)中的 A 应改用($A-A_s'$)代替。

②配筋率。由于混凝土在长期荷载作用下具有徐变的特性，因此，钢筋混凝土轴心受压柱在长期荷载作用下，混凝土和钢筋将产生应力重分布，混凝土压应力将减少，而钢筋压应力将增大。配筋率越小，钢筋压应力增加越大，所以为了防止在正常使用荷载作用下，钢筋压应力由于徐变而增大到屈服强度，《混凝土规范》规定了受压构件的最小配筋率。

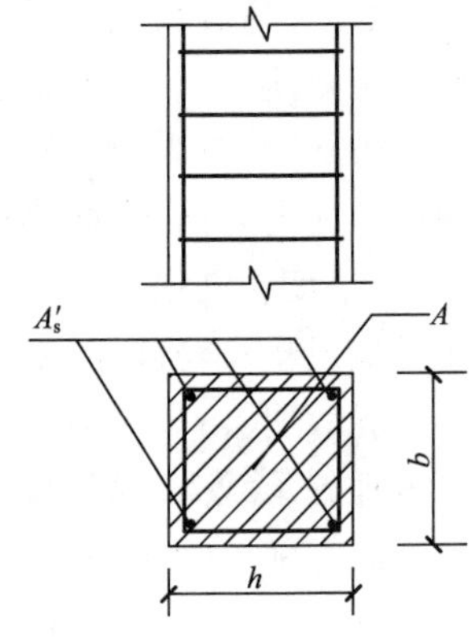

图 14-9 配置箍筋的钢筋混凝土轴心受压构件

但是，受压构件的配筋也不宜过多，因为考虑到实际工程中存在受压构件突然卸载的情况，如果配筋率太大，卸载后钢筋回弹，可能造成混凝土受拉甚至开裂。同时，为了施工方便和经济，故要求全部纵向钢筋的配筋率不宜大于 5%。

4. 设计计算方法

(1)截面设计

已知：轴向力设计值 N，柱的计算长度 l_0 和材料的强度等级 f_c、f_y'。计算柱的截面尺寸 $b\times h$ 及配筋 A_s'。

此时，A_s'、A、φ 均为未知数，有许多组解答。求解时先假设 $\varphi=1$，$\rho'=0.6\%\sim5\%$（一般取 $\rho'=1\%$），估算出 A，然后利用式(14-2)确定 A_s'。

【例 14-1】 某钢筋混凝土柱，承受轴心压力设计值 $N=2400$ kN，柱的计算长度 $l_0=4.8$ m，混凝土强度等级为 C30，纵向钢筋采用 HRB400 级钢筋，HPB300 级箍筋。试求该柱的截面尺寸并配置钢筋。

【解】 (1)确定基本数据

由表 11-2 查得，混凝土的设计强度 $f_c=14.3\ \text{N/mm}^2$；

由表 11-7 查得，钢筋的设计强度 $f_y'=360\ \text{N/mm}^2$。

(2)确定截面形式和尺寸

设稳定系数 $\varphi=1$，$\rho'=1\%$，由式(14-2)得

$$A=\frac{N}{0.9\varphi(f_c+f'_y\rho)}=\frac{2\,400\times10^3}{0.9\times1\times(14.3+360\times1\%)}=148\,976\ \text{mm}^2$$

由于是轴心受压构件，因此采用方形截面形式，则有方形截面的边长

$$b=h=\sqrt{A}=\sqrt{148\ 976}=385.97\ \text{mm，取}\ b=400\ \text{mm}$$

(3)求稳定系数

$$\frac{l_0}{b}=\frac{4800}{400}=12\text{，查表 14-1，得}\ \varphi=0.95$$

(4)计算纵向钢筋

$$A'_s=\frac{\dfrac{N}{0.9\varphi}-f_cA}{f'_y}=\frac{\dfrac{2400\times10^3}{0.9\times0.95}-14.3\times400\times400}{360}=1441.72\ \text{mm}^2$$

纵向受压钢筋选 4Φ22，实际配筋面积 $A'_s=1520\ \text{mm}^2$。

(5)验算纵向钢筋配筋率

$$\rho'=\frac{A'_s}{bh}=\frac{1520}{400\times400}=0.95\%>\rho'_{min}=0.55\%\text{且}<\rho'_{max}=5\%$$

满足要求。

箍筋选用双肢箍Φ6@300，符合构造要求。

(2)承载力校核

已知：柱的截面尺寸 $b\times h$ 及配筋 A_s'、柱的计算长度 l_0、材料强度等级 f_c、f_y'。求柱所能承担的轴向压力设计值 N_u。

直接用式(14-2)求解即可。

【例 14-2】 某多层框架的二层钢筋混凝土轴心受压柱(装配式楼盖)，二层层高为3.6 m。柱的截面尺寸为 350 mm×350 mm，混凝土强度等级为 C30，已配置纵向受力钢筋 4Φ20。求该柱所能承担的轴向压力设计值 N_u。

【解】 (1)确定基本数据

由表 11-2 查得，混凝土的设计强度 $f_c=14.3\ \text{N/mm}^2$；

由表 11-7 查得，钢筋的设计强度 $f_y'=360\ \text{N/mm}^2$。

(2)求稳定系数

查表 14-2 得，柱的计算长度 $l_0=1.5\times3.6=5.4\ \text{m}$，$\dfrac{l_0}{b}=\dfrac{5400}{350}=15.43$，查表 14-1，得 $\varphi=0.884$。

(3)求轴向压力设计值

$$\rho'=\frac{A'_s}{bh}=\frac{1256}{350\times350}=1.03\%>\rho'_{min}=0.55\%\text{且}<\rho'_{max}=5\%$$

$$\begin{aligned}N_u&=0.9\varphi(f_cA+f'_yA'_s)=0.9\times0.884\times(14.3\times350\times350+360\times1256)\\&=1753.43\times10^3\ \text{N}=1753.43\ \text{kN}\end{aligned}$$

14.3.2　螺旋式箍筋轴心受压柱的受力特点

当柱承受较大的轴心受压荷载，并且柱的截面尺寸由于建筑使用方面的要求受到限制时，若设计成普通箍筋柱，即使提高了混凝土强度等级和增加了纵筋配筋量也不足以承受该荷载时，可考虑采用螺旋箍筋柱或焊接环式箍筋柱以提高承载力。这种柱的截面形状一般为圆形和多边形，如图 14-10 所示。螺旋式箍筋柱因施工复杂，用钢量多，造价高，过去较少采用。但地震灾害的调查表明，螺旋式箍筋能大大增加柱的延性，因此，近年来在抗震设计中常有应用。

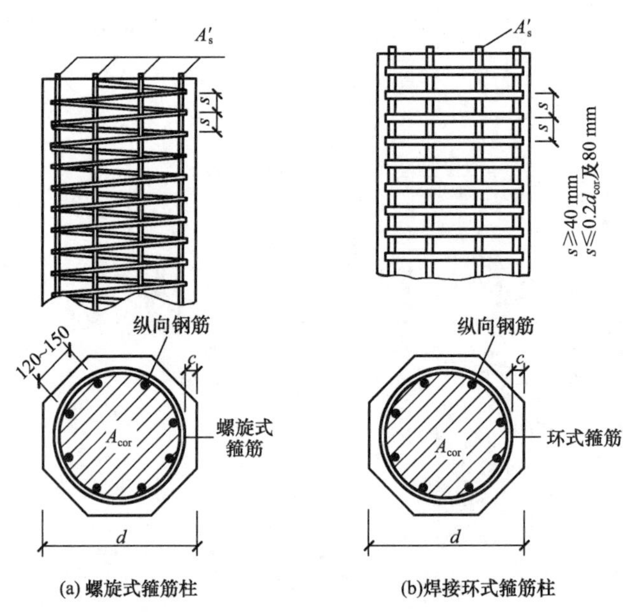

图 14-10　螺旋式和焊接环式箍筋柱

混凝土的抗压强度与其横向变形的条件有关。当横向变形受到约束时，混凝土的抗压强度将得到提高，轴心受压柱的承载力也得到提高。配有螺旋式箍筋轴心受压柱就是这一原理的具体应用。对配置沿柱高连续缠绕、间距很密的螺旋式或焊接环式箍筋柱，箍筋所包围的核心部分混凝土相当于受到一个套箍作用，有效地限制了核心混凝土的横向变形，使核心混凝土在三向压应力作用下工作，从而提高了轴心受压构件的正截面承载力。当混凝土纵向压缩产生横向膨胀时，将受到密排螺旋式箍筋或焊接环式箍筋的约束，在箍筋中产生拉力而在混凝土中产生侧向压力。当构件的压应变超过无约束混凝土的极限应变后，尽管箍筋以外的表层混凝土会开裂甚至剥落而退出工作，但核心混凝土尚能继续承担更大的压力，直至箍筋屈服。显然，混凝土抗压强度的提高程度与箍筋的约束力的大小有关。由于螺旋式箍筋或焊接环式箍筋间接地起到了纵向受力钢筋的作用，故又称为间接钢筋。

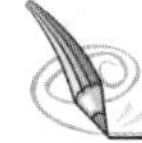

本章小结

(1)钢筋混凝土结构受压构件分为轴心受压构件和偏心受压构件。

(2)按照钢筋混凝土柱中箍筋的配置方式和作用不同，分为普通箍筋轴心受压柱和螺旋式箍筋轴心受压柱。由于加密设置的螺旋式箍筋对核心混凝土具有较大的约束作用，故其承载力较普通箍筋轴心受压柱有较大的提高。

(3)配有普通箍筋的轴心受压构件承载力由混凝土和纵向受力钢筋两部分抗压能力组成，同时，对长细比较大的柱子，还要考虑纵向弯曲的影响。

复习思考题

14-1　什么是轴心受压构件和偏心受压构件？试举例说明。

14-2　轴心受压短柱的受力特点如何？轴心受压长柱的破坏形态与短柱有何区别？

14-3　受压构件中对材料强度等级和截面尺寸各有哪些构造要求？

14-4　轴心受压柱中配纵向钢筋的作用是什么？对纵向受力钢筋的直径、根数和间距有什么要求？

14-5　钢筋混凝土柱中配置箍筋的目的是什么？对箍筋直径、间距有什么要求？在什么情况下要设置纵向构造钢筋、复合箍筋？为什么不能采用内折角的箍筋？

14-6　试描述配有螺旋箍筋轴心受压柱的破坏形态。

14-7　配置螺旋箍筋轴心受压柱承载力提高的原因是什么？

14-8　受压构件中为什么要控制配筋率？

习　题

14-1　某现浇多层钢筋混凝土框架柱，底层中柱按轴心受压构件计算，承受的轴向压力设计值 $N=2\ 450$ kN，柱高 $H=7.4$ m，混凝土强度等级为 C30，HRB400 级纵向钢筋。试求柱截面尺寸和纵向钢筋。

14-2　某轴心受压柱，截面尺寸为 400 mm×400 mm，柱的计算长度 $l_0=5.4$ m。混凝土强度等级为 C35，钢筋采用 HRB500 级，已配置 4 Φ22 的纵向钢筋。试求该柱所能承担的轴向压力设计值 N_u。

第 14 章

第 15 章 预应力混凝土构件基本知识

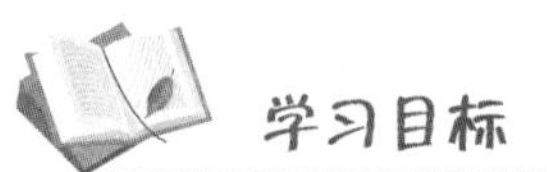

学习目标

通过本章的学习，掌握预应力混凝土的基本概念以及预应力的施加方法；掌握预应力材料的选择；熟悉张拉控制应力及预应力损失产生的原因；掌握预应力混凝土构件的构造要求。

学习重点

预应力材料；张拉控制应力及预应力损失。

15.1 概 述

在普通钢筋混凝土结构或构件中，由于混凝土的抗拉强度及极限拉应变值都很低（其极限拉应变值约为 $1.0\times10^{-4}\sim1.5\times10^{-4}$），对使用上不允许开裂的构件，受拉钢筋的应力只能用到 20～30 N/mm^2，不能充分利用其强度。对于允许开裂的构件，当裂缝宽度为 0.2～0.3 mm 时，受拉的钢筋应力也只能用到 250 N/mm^2 左右。若采用高强度钢筋，在使用阶段其应力可达到 500～1000 N/mm^2，即在结构中钢筋的强度得到了充分利用，但其裂缝宽度已经很大，以致无法满足裂缝和变形限值的要求。因此，在普通钢筋混凝土结构中采用高强度钢筋是不能充分发挥其作用的，这就使普通钢筋混凝土结构用于大跨度或承受动力荷载的结构成为不可能或很不经济。另外，在普通钢筋混凝土结构中，提高混凝土强度等级对增加其极限拉应变的作用是极其有限的，即采用高强度混凝土也是不合理的。

15.1.1 预应力混凝土的基本原理

工程实践发现：为了避免普通钢筋混凝土结构裂缝的过早出现，可以设法在结构构件正常受力前，在使用时的受拉区预先施加压力，使之产生预压应力。当构件在荷载作用下产生拉应力时，首先要抵消混凝土构件内的施加压力，然后随着荷载的增加，混凝土构件才会受拉、出现裂缝，因此，可推迟裂缝的出现，减小裂缝的宽度，满足使用要求。这种在构件正常受荷前预先对混凝土受拉区施加一定的压应力以改善其在使用荷载作用下混凝土抗拉性能的结构称为预应力混凝土结构。

美国混凝土协会(ACI)对预应力混凝土的定义是“预应力混凝土是根据需要人为地引入某一数值与分布的内应力,用以部分或全部抵消外荷载应力的一种加筋混凝土”。这种预压应力可以部分或全部抵消外荷载产生的拉应力,从而推迟或避免裂缝的产生,因此,预应力混凝土是改善混凝土抗裂性能的一种有效手段。

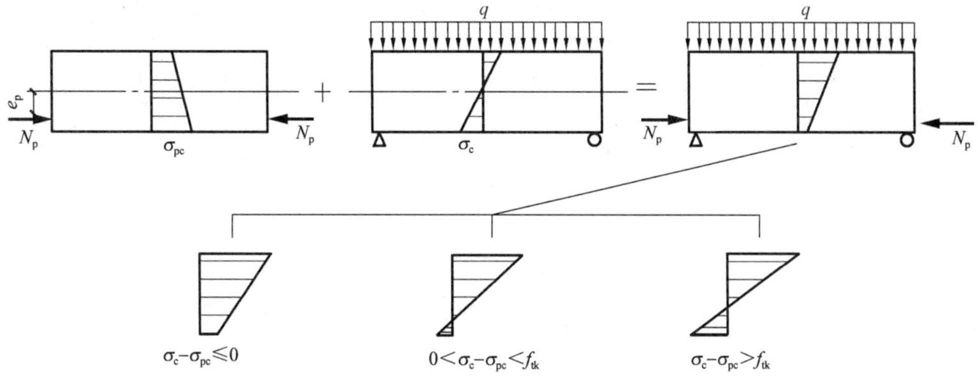

图 15-1　预应力混凝土的概念

如图 15-1 所示,梁在受荷之前,在构件受拉侧距截面形心轴偏心距为 e_p 的位置处预先施加压力 N_p,则梁底部预先产生的压应力为

$$\sigma_{pc}=\frac{N_p}{A}+\frac{N_p e_p}{I}\cdot\frac{h}{2}(\text{压}) \tag{15-1}$$

然后再施加荷载,荷载 q 产生的弯矩 M 在梁底引起的拉应力为

$$\sigma_c=\frac{M}{I}\cdot\frac{h}{2}(\text{拉}) \tag{15-2}$$

预加偏心压力 N_p 和弯矩 M 叠加后,梁底部的应力为(以拉为正)

$$\sigma_b=\sigma_c-\sigma_{pc}=\frac{M}{I}\cdot\frac{h}{2}-\left(\frac{N_p}{A}+\frac{N_p e_p}{I}\cdot\frac{h}{2}\right) \tag{15-3}$$

根据预加偏心压力 N_p 和偏心距 e_p 的大小,上式叠加结果可能产生以下三种情况:

①$\sigma_c-\sigma_{pc}\leqslant 0$,即由于预加应力 σ_{pc} 较大,施加荷载后梁底边缘仍没有产生拉应力,故在梁使用阶段不会出现开裂;

②$0<\sigma_c-\sigma_{pc}<f_{tk}$,施加荷载后梁底边缘虽然产生一定的拉应力,但其值小于混凝土的抗拉强度 f_{tk},故一般不会出现开裂;

③$\sigma_c-\sigma_{pc}>f_{tk}$,施加荷载后梁底边缘的拉应力超过混凝土的抗拉强度 f_{tk},虽然会产生裂缝,但与未施加预压力的钢筋混凝土构件($N_p=0$)相比,其开裂会明显推迟,裂缝宽度也将明显减小。

因此,可以通过不同预加外力的大小和位置,实现不同裂缝控制要求的目标。

预应力的原理在日常生活中也是常见的,如图 15-2 所示。一个盛水用的木桶是由一块块木板由竹箍或铁箍箍成的,如图 15-2(a)所示,当用力套紧竹箍时,竹箍由于伸长产生拉应力,使木板与木板之间产生预压应力。当木桶盛水后,水压使木桶产生的环向拉应力只能抵消木板板缝之间的一部分预压应力,而木板与木板之间能始终保持受压的紧密状态,木桶就不会开裂和漏水。又如图 15-2(b)所示,当从书架上取下一叠书时,由于受到双手施加的压力,这一叠书就如同一横梁,可以承担全部书的重量。这就是预应力的简单原理。

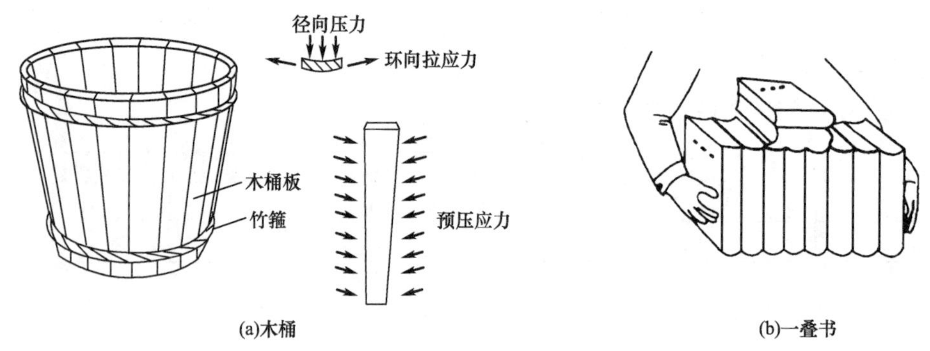

图 15-2　预应力原理的应用

15.1.2　预应力混凝土的分类

根据制作、设计和施工等特点,预应力混凝土可按下述方法分类。

①根据张拉钢筋与浇筑混凝土的先后次序可分为先张法和后张法预应力混凝土。

②根据预应力大小的程度可分为如下三种类型:①全预应力混凝土,相当于裂缝控制等级为一级的构件;②有限预应力混凝土,相当于裂缝控制等级为二级的构件;③部分预应力混凝土,相当于裂缝控制等级为三级的构件。

③根据钢筋与混凝土之间是否有黏结力,可分为有黏结预应力混凝土和无黏结预应力混凝土。

15.1.3　预应力混凝土的特点

1. 预应力混凝土构件的优点

①改善结构的使用性能。通过对结构受拉区施加预压力,可延缓裂缝的出现,减少使用荷载下的裂缝宽度,甚至避免开裂;同时预应力产生的反拱可以降低构件的变形,从而改善结构的使用性能,提高结构的耐久性。

②节约材料,减轻自重。能充分发挥高强度钢筋和高强度等级混凝土的性能,减少了钢筋用量和构件截面尺寸,减轻构件的自重,节约材料,降低造价。

③提高构件的受剪承载力。施加纵向预应力可延缓斜裂缝的形成,使受剪承载力得到提高。

④提高构件的疲劳承载力。预应力筋在使用阶段因加载或卸载所引起的应力变化幅度相对较小,增加钢筋的疲劳强度。

⑤卸载后的结构变形或裂缝得到恢复。由于预应力的作用,使用活荷载移去后,裂缝会闭合,结构变形也会得到复位,从而提高了截面刚度,减小了结构变形,进一步改善了结构的耐久性。

2. 预应力混凝土构件的缺点

①工艺较复杂,对施工设备及施工质量要求较高。

②预应力混凝土构件的设计计算较复杂。

15.2　施加预应力的方法

对混凝土施加预应力的方法，一般是通过张拉预应力筋，利用钢筋被拉伸后产生的弹性回缩来挤压混凝土，使混凝土受到预压。根据张拉钢筋与浇筑混凝土的先后次序，可分为先张法与后张法两大类。

15.2.1　先张法

先张法是指首先在台座上或者钢模内张拉钢筋，并加以临时锚固，然后浇筑混凝土的一种施工方法。台座张拉设备如图 15-3 所示。

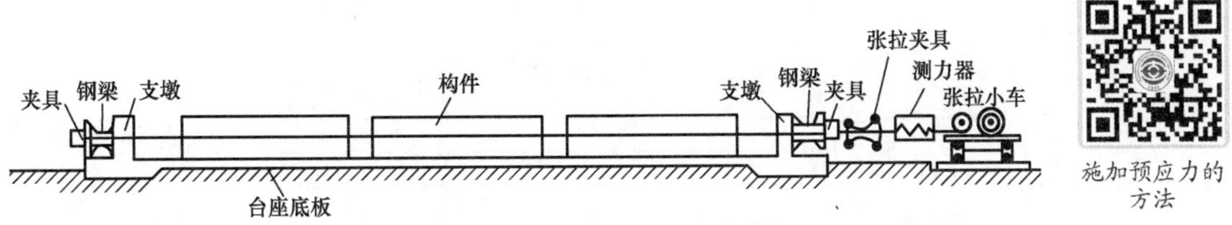

图 15-3　台座张拉设备

先张法的过程和工序如图 15-4 所示，具体过程为：①钢筋就位；②用张拉机械将预应力筋张拉至预定控制应力或伸长值后，将预应力筋用夹具固定在台座或钢模上，再卸去张拉机具；③支模、绑扎非预应力钢筋，浇筑并养护混凝土；④待混凝土达到规定强度后（约为设计强度的 75％以上），切断或放松预应力筋，预应力筋回缩使混凝土受到挤压，产生预压应力。

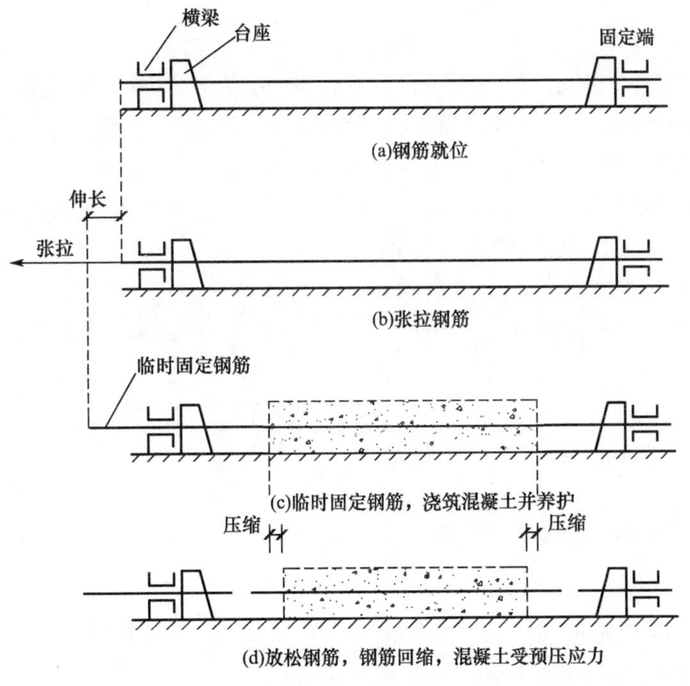

图 15-4　先张法的过程和工序

15.2.2 后张法

后张法是指先浇筑混凝土构件，待混凝土达到规定强度后直接在构件上张拉预应力筋的一种施工方法。

后张法的过程和工序如图 15-5 所示，具体过程为：①浇筑混凝土构件，并在构件中预留孔道和灌浆孔；②待混凝土达到预定的强度后，在孔道中穿钢筋或钢筋束，安装固定端锚具，利用构件自身作为加力台座，用千斤顶张拉预应力筋，同时挤压混凝土；③当预应力筋张拉到预定控制应力后，用锚具将张拉端预应力筋锚固，使混凝土受到预压应力；④用压力泵将高强水泥浆灌入预留孔道，使预应力筋与混凝土形成整体，即成有黏结的预应力构件。也可以不灌浆，形成无黏结预应力构件。后张法是靠构件两端的锚具来保持和传递预应力的。

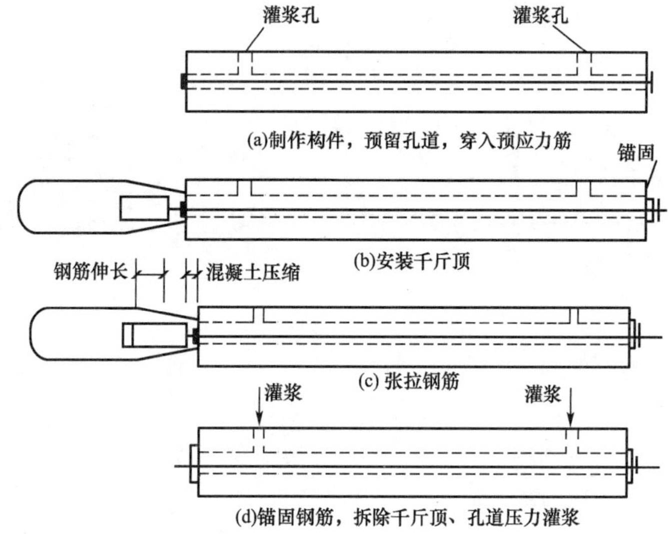

图 15-5 后张法的过程和工序

从比较来看，先张法工序比较简单，质量容易保证，但需要台座（或钢模）设施；后张法工序较复杂，需要对构件安装永久性的工具锚，耗钢量较大，但不需要台座。前者适用于在预制构件厂成批生产的，方便运输的中小型构件；后者适用于在现场成型的大型构件，在现场分阶段张拉的特大型构件，以至整个结构。先张法一般只适用于直线或折线形预应力筋；后张法既适用于直线预应力筋，又适用于曲线预应力筋。

先张法与后张法的本质差别在于对混凝土构件施加预应力的途径，先张法是通过预应力筋与混凝土间的黏结作用来施加预应力；后张法则通过锚具直接施加预应力。

15.3 预应力混凝土材料及锚夹具

15.3.1 预应力混凝土材料

1.混凝土

预应力混凝土构件是通过张拉预应力钢筋来预压混凝土，以提高构件的抗裂能力，因此预应力混凝土结构构件所用的混凝土应满足下列要求：

①高强度。采用较高强度等级的混凝土，才能承受较高的预应力，有效地减少构件的截面

尺寸,减轻构件自重,以适应大跨度的要求。因此,《混凝土规范》规定预应力混凝土结构的混凝土强度等级不宜低于 C40,且不应低于 C30。

②收缩、徐变小。这样可以减少因混凝土收缩、徐变引起的预应力损失。

③快硬、早强。混凝土快硬、早强可尽早地施加预应力,以提高台座、模具及夹具的周转,加快施工进度,降低间接费用。

④弹性模量高。弹性模量高有利于提高截面的抗弯刚度,变形减小,并可减小预压时混凝土的弹性回缩。

2. 预应力筋

用于预应力混凝土结构中的预应力筋宜采用钢丝、钢绞线和精轧螺纹钢筋三大类。

预应力混凝土结构构件所用的预应力筋应满足下列要求:

①具有较高的强度。混凝土预应力构件在制作和使用过程中将产生各种预应力损失。为保证扣除应力损失后仍具有较高的有效张拉应力,必须采用高强度钢材作为预应力筋。

②具有一定的塑性。为了避免构件发生脆性破坏,要求预应力筋在拉断前有一定的延性,特别是当构件处于低温环境或受到冲击荷载作用以及在抗震结构中,此点更为重要。

③具有良好的加工性能。要求钢筋应具有良好的可焊性、冷墩性及热墩性等,并且钢筋在镦粗后不影响原来的物理力学性能。

④与混凝土之间有良好的黏结强度。先张法构件主要是通过预应力筋与混凝土之间的黏结力来传递预压应力的,故必须保证两者之间有足够的黏结强度。

15.3.2　锚具和夹具

为了阻止被张拉的钢筋发生回缩,必须将钢筋端部进行锚固。锚固预应力筋的工具分为锚具和夹具两类。预应力构件制成后能够取下重复使用的称为夹具,而留在构件上不再取下的称为锚具。夹具和锚具之所以能夹住或锚住钢筋,主要是依靠摩阻、握裹和承压锚固。

无论是夹具还是锚具,都是保证预应力混凝土施工安全、结构可靠的关键性设备。因此,对夹具和锚具的一般要求为:受力性能安全可靠;具有足够的强度和刚度;预应力损失小;构造简单,制作方便,节约钢材;张拉锚固方便迅速等。

锚具的种类很多,《混凝土规范》根据锚固原理的不同,将锚具分为支承式和夹片式。支承式锚具有钢丝束墩头锚具、精轧螺纹钢筋锚具等;夹片式锚具有 JM 型锚具、XM 型锚具、QM 型锚具及 OVM 型锚具等。现将几种国内常用锚具简要介绍如下:

1. 墩头锚具

墩头锚具用于锚固钢丝束或钢筋束。张拉端采用锚环,如图 15-6(a)所示,固定端采用锚板,如图 15-6(b)所示。先将钢丝或钢筋端头镦粗成球形,穿入锚环孔内,边张拉边拧紧锚环

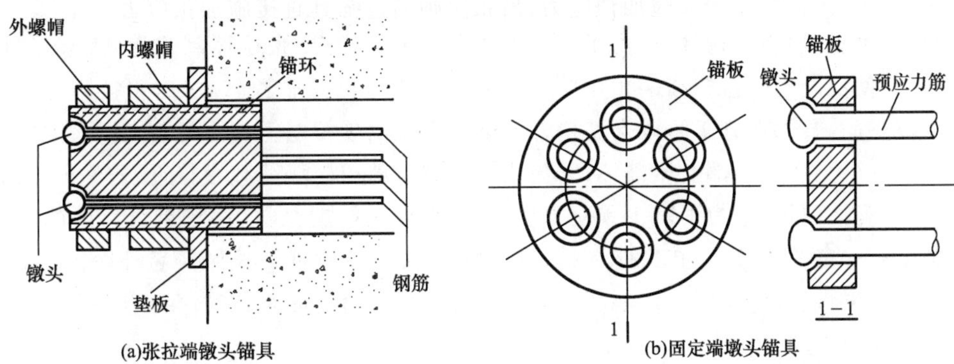

图 15-6　墩头锚具

的螺帽。每个锚具可同时锚固几根到一百多根5～7 mm 的高强钢丝，也可用于单根粗钢筋。采用这种锚具时，要求钢丝或钢筋的下料长度精确度较高，否则会使预应力钢筋受力不均匀。

2. 精轧螺纹钢筋锚具

精轧螺纹钢筋锚具用于锚固高强粗钢筋。锚具由螺帽和钢板组成，如图 15-7 所示。通常作为后张法构件的锚固，借助粗钢筋两端的螺纹，在钢筋张拉后直接拧上螺帽进行锚固。钢筋的回缩力由螺帽经钢板承压传递给构件而获得预应力。

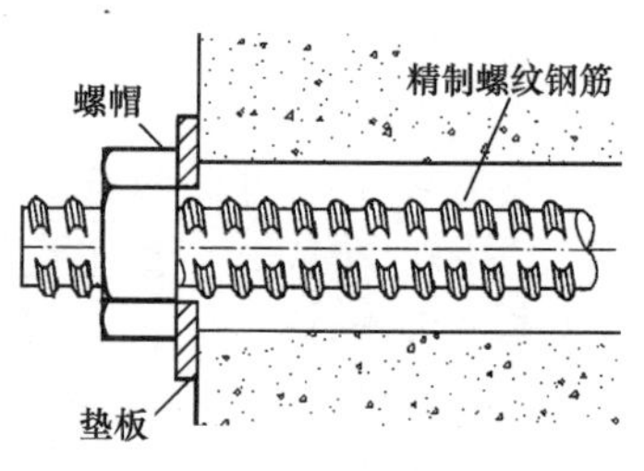

图 15-7 精轧螺纹钢筋锚具

3. 夹片式锚具

夹片式锚具主要用于锚固钢绞线束。夹片式锚具由带锥孔的锚板、夹片和锚垫板组成，如图 15-8 所示。张拉时，每个锥孔置一根钢绞线，张拉后各自用夹片将钢绞线抱夹锚固。JM 型锚具是我国 20 世纪 60 年代研制的夹片锚具。随着钢绞线的大量使用和钢绞线强度的大幅度提高，JM 型锚具已难满足要求，随之研制了 XM 型锚具、QM 型锚具系列，在 QM 型锚具的基础上又研制出了 OVM 型锚具系列。JM 型、XM 型锚具等既可用作工作锚，又可用作工具锚。

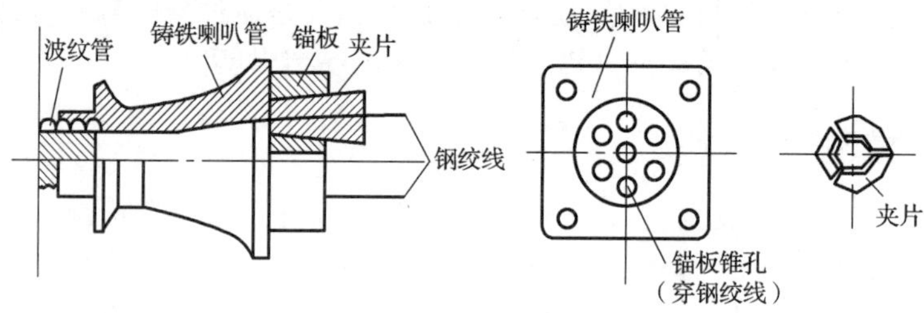

图 15-8 夹片式锚具

15.4 张拉控制应力和预应力损失

张拉控制应力与预应力损失

1. 张拉控制应力

张拉控制应力是指张拉预应力筋时，张拉设备的测力装置显示的总张拉力除以预应力筋横截面面积所求得的应力值，以 σ_{con} 表示。即

$$\sigma_{con}=\frac{N_p}{A_p} \tag{15-4}$$

设计预应力混凝土构件时，为了充分发挥预应力的优点，张拉控制应力 σ_{con} 宜尽可能定的高一些，以使混凝土获得较高的预压应力。但张拉应力也并非越高越好，张拉应力过高时，则会产生以下问题：①在施工阶段会使构件的某些部位出现拉应力甚至开裂，还可能造成后张法构件端部混凝土产生局部受压破坏；②使构件开裂荷载与破坏荷载很接近，构件破坏前无明显的预兆，呈脆性破坏；③为了减少预应力损失，往往要进行超张拉，由于钢材材质的不均匀，钢筋的强度有一定的离散性，有可能在超张拉过程中使个别钢筋被拉断。另外，σ_{con} 过高，钢筋的应力松弛损失将会增大，因此，《混凝土规范》规定，预应力筋的张拉控制力应符合下列规定：

消除应力钢丝、钢绞线　　$\sigma_{con}\leqslant 0.75f_{ptk}$　　(15-5)

中强度预应力钢丝　　$\sigma_{con}\leqslant 0.70f_{ptk}$　　(15-6)

预应力螺纹钢筋

$$\sigma_{con} \leqslant 0.85 f_{pyk} \quad (15\text{-}7)$$

f_{ptk}——预应力筋极限强度标准值；

f_{pyk}——预应力螺纹钢筋屈服强度标准值。

消除应力钢丝、钢绞线、中强度预应力钢丝的张拉控制应力值不应小于 $0.4 f_{ptk}$；预应力螺纹钢筋的张拉控制应力值不宜小于 $0.5 f_{pyk}$。

当符合下列情况之一时，上述张拉控制应力限值可相应提高 $0.05 f_{ptk}$ 或 $0.05 f_{pyk}$：

①要求提高构件在施工阶段的抗裂性能而在使用阶段受压区内设置的预应力筋；

②要求部分抵消由于应力松弛、摩擦、钢筋分批张拉以及预应力筋与张拉台座之间的温差等因素产生的预应力损失。

2. 预应力损失

预应力混凝土构件在制作、运输、安装及使用的各个过程中，由于张拉工艺、材料性能和锚固等原因，使预应力筋中的张拉应力逐渐降低的现象称为预应力损失。预应力损失从张拉钢筋开始，在整个使用期间都存在。引起预应力损失的原因有：①张拉端锚具变形和预应力筋内缩 σ_{l1}；②预应力筋的摩擦 σ_{l2}；③预应力筋与承受拉力的设备之间的温差 σ_{l3}；④预应力筋的应力松弛 σ_{l4}；⑤混凝土的收缩和徐变 σ_{l5}；⑥环形截面构件受张拉的螺旋式预应力筋挤压混凝土引起的预应力损失 σ_{l6}。

3. 预应力损失值的组合

上面介绍的六种预应力损失并不同时存在，也不同时发生。有的只发生在先张法构件中，有的只发生在后张法构件中，有的是两种构件都发生，且是分批产生的。如先张法(除采用折线预应力筋时)不会有摩擦损失，后张法构件不应有温差引起的损失。为了分析计算方便，《混凝土规范》将预应力损失分为两个阶段：第一阶段指预应力损失在混凝土预压时能完成的，称为第一批损失，用 $\sigma_{l\mathrm{I}}$ 表示；第二阶段指预应力损失是在混凝土预压后逐渐完成的，称为第二批损失，用 $\sigma_{l\mathrm{II}}$ 表示。总的预应力损失为 $\sigma_l=\sigma_{l\mathrm{I}}+\sigma_{l\mathrm{II}}$。对于预应力构件在各阶段的预应力损失值可按表 15-1 的规定进行相应的组合。

表 15-1 各阶段预应力损失值的组合

预应力损失值的组合	先张法构件	后张法构件
混凝土预压前(第一批)的损失 $\sigma_{l\mathrm{I}}$	$\sigma_{l1}+\sigma_{l2}+\sigma_{l3}+\sigma_{l4}$	$\sigma_{l1}+\sigma_{l2}$
混凝土预压后(第二批)的损失 $\sigma_{l\mathrm{II}}$	σ_{l5}	$\sigma_{l4}+\sigma_{l5}+\sigma_{l6}$

注：先张法构件由于预应力筋应力松弛引起的损失值 σ_{l4} 在第一批和第二批损失中所占的比例，如需区分，可根据实际情况确定，一般可各取 50%。

考虑到预应力损失计算的误差，避免因总损失计算值过小而产生的不利影响，《混凝土规范》规定当计算求得的预应力总损失值小于下列数值时，应按下列数值取用：

先张法构件　100 $\mathrm{N/mm^2}$；

后张法构件　80 $\mathrm{N/mm^2}$。

4. 减少预应力损失值的措施

选择变形和钢筋内缩小的锚具；减少垫板数量；对预应力筋进行超张拉；选择高强混凝土；加强养护措施等。

15.5 预应力混凝土构造要求

预应力混凝土构件除应满足以下基本构造要求以外，尚应符合其他章节的有关规定。

15.5.1 先张法构件

(1)先张法预应力筋之间的净间距不宜小于其公称直径的 2.5 倍和混凝土粗骨料最大直径的 1.25 倍，且应符合下列规定：预应力钢丝，不应小于 15 mm；三股钢绞线，不应小于 20 mm；七股钢绞线，不应小于 25 mm 。当混凝土振捣密实性具有可靠保证时，净间距可放宽为最大粗骨料直径的 1.0 倍。

(2)先张法预应力混凝土构件端部宜采取下列构造措施：

①单根配置的预应力筋，其端部宜设置螺旋筋；

②分散布置的多根预应力钢筋，在构件端部 $10d$ 且不小于 100 mm 长度范围内，宜设置 3～5 片与预应力筋垂直的钢筋网片，此处 d 为预应力筋的公称直径；

③采用预应力钢丝配筋的薄板，在板端 100 mm 长度范围内宜适当加密横向钢筋；

④槽形板类构件，应在构件端部 100 mm 长度范围内沿构件板面设置附加横向钢筋，其数量不应少于 2 根。

(3)预制肋形板，宜设置加强其整体性和横向刚度的横肋。端横肋的受力钢筋应弯入纵肋内。当采用先张长线法生产有端横肋的预应力混凝土肋形板时，应在设计和制作上采取防止放张预应力时端横肋产生裂缝的有效措施。

(4)在预应力混凝土屋面梁、吊车梁等构件靠近支座的斜向主拉应力较大部位，宜将一部分预应力筋弯起配置。

(5)预应力筋在构件端部全部弯起的受弯构件或直线配筋的先张法构件，当构件端部与下部支承结构焊接时，应考虑混凝土收缩、徐变及温度变化所产生的不利影响，宜在构件端部可能产生裂缝的部位设置纵向构造钢筋。

15.5.2 后张法构件

(1)后张法预应力筋所用锚具、夹具和连接器等的形式和质量应符合国家现行有关标准的规定。

(2)后张法预应力筋及预留孔道布置应符合下列构造规定：

①预制构件中预留孔道之间的水平净间距不宜小于 50 mm，且不宜小于粗骨料粒径的 1.25倍；孔道至构件边缘的净间距不宜小于 30 mm，且不宜小于孔道直径的 50%；

②现浇混凝土梁中预留孔道在竖直方向的净间距不应小于孔道外径，水平方向的净间距不宜小于 1.5 倍孔道外径，且不应小于粗骨料粒径的 1.25 倍；从孔道外壁至构件边缘的净间距，对梁底不宜小于 50 mm，梁侧不宜小于 40 mm；裂缝控制等级为三级的梁，梁底、梁侧分别不宜小于 60 mm 和 50 mm；

③预留孔道的内径宜比预应力束外径及需穿过孔道的连接器外径大 6～15 mm，且孔道的截面积宜为穿入预应力束截面积的 3.0～4.0 倍；

④当有可靠经验并能保证混凝土浇筑质量时，预留孔道可水平并列贴紧布置，但并排的数量不应超过 2 束；

⑤在现浇楼板中采用扁形锚固体系时，穿过每个预留孔道的预应力筋数量宜为 3～5 根；在常用荷载情况下，孔道在水平方向的净间距不应超过 8 倍板厚及 1.5 m 中的较大值；

⑥板中单根无黏结预应力筋的间距不宜大于板厚的 6 倍，且不宜大于 1 m，带状束的无黏结预应力筋根数不宜多于 5 根，带状束间距不宜大于板厚的 12 倍，且不宜大于 2.4 m；

⑦梁中集束布置的无黏结预应力筋，集束的水平净间距不宜小于 50 mm，束至构件边缘的净距不宜小于 40 mm。

(3)后张法预应力混凝土构件的端部锚固区，应按下列规定配置间接钢筋：

①采用普通垫板时，应按局部受压承载力计算的规定进行局部受压承载力计算，并配置间接钢筋，其体积配筋率不应小于 0.5%，垫板的刚性扩散角应取 45°；

②局部受压承载力计算时，局部压力设计值对有黏结预应力混凝土构件取 1.2 倍张拉控制力，对无黏结预应力混凝土取 1.2 倍张拉控制力和($f_{ptk}A_p$)中的较大值；

③在局部受压间接钢筋配置区以外，应按《混凝土规范》要求均匀配置附加防劈裂箍筋或网片；

④当构件端部预应力筋需集中布置在截面下部或集中布置在上部和下部时，应在构件端部按《混凝土规范》要求设置附加竖向防端面裂缝构造钢筋。

(4)构件端部尺寸应考虑锚具的布置、张拉设备的尺寸和局部受压的要求，必要时应适当加大。

(5)后张预应力混凝土外露金属锚具，应按《混凝土规范》要求采取可靠的防腐及防火措施。

本章小结

(1)在构件正常受荷前预先对混凝土受拉区施加一定的压应力，以改善其在使用荷载作用下混凝土抗拉性能的结构称之为预应力混凝土结构。

(2)按施加预应力的方法可分为先张法和后张法预应力混凝土。根据预应力大小的程度可分为全预应力混凝土、有限预应力混凝土和部分预应力混凝土。根据钢筋与混凝土之间是否有黏结力，可分为有黏结预应力混凝土和无黏结预应力混凝土。

(3)根据材料特性，讲述了预应力混凝土结构对两种主要建筑材料的要求。

(4)预应力混凝土构件在制作、运输、安装及使用的各个过程中，由于张拉工艺、材料性能和锚固等原因，使预应力筋中的张拉应力逐渐降低的现象称为预应力损失。《混凝土规范》给出了六种引起预应力损失的原因及计算方法。由于预应力损失对构件的抗裂度和刚度会产生不利影响，故应采取有效措施减小预应力损失。

(5)对预应力混凝土构件除了进行必要的设计计算外，还必须符合有关构造规定。

复习思考题

15-1　何谓预应力混凝土结构？为什么要对构件施加预应力？预应力混凝土构件有何优缺点？

15-2　为什么在普通钢筋混凝土结构中一般不采用高强度钢筋？而在预应力混凝土结构中则必须采用高强度钢筋及高强度混凝土？

15-3　预应力施加方法有几种？它们主要区别是什么？其特点和适用范围如何？

15-4　制作预应力构件时锚固预应力钢筋的锚具形式有哪些？对锚具有何要求？

15-5　预应力混凝土结构对材料性能有哪些要求？

15-6　什么是张拉控制应力？为何不能取得过高也不能取得过低？为何后张法的 σ_{con} 略低于先张法？

15-7　何为预应力损失？主要有哪些因素引起的？如何针对不同情况减少预应力损失？

15-8　预应力损失值为何要分第一批损失和第二批损失？先张法和后张法各项预应力损失值是怎样组合的？

15-9　预应力混凝土构件主要构造要求有哪些？

第16章 钢筋混凝土梁板结构

学习目标

通过本章的学习，了解梁板结构的类型及受力特点；理解梁板结构的计算简图，熟练掌握单向板肋形楼盖的计算方法、构件截面设计特点及配筋构造要求；了解梁式、板式楼梯的应用范围，掌握计算方法和配筋构造要求。

学习重点

单向板和双向板的受力特点；单向板肋梁楼盖设计计算；楼盖结构的构造要求；楼梯的计算方法和构造要求。

16.1 概 述

微课

梁板结构的特点及应用

钢筋混凝土梁板结构是工程结构中最常用的水平结构体系，广泛应用于建筑中的楼盖和屋盖、筏板基础、水池的底板和顶板、桥梁的桥面以及楼梯、阳台、雨篷等。其中楼盖是最典型的梁板结构。按施工方法的不同，楼盖可分为现浇整体式、装配式和装配整体式三种。现浇整体式楼盖由于整体性好、刚度大、抗震性强、防水性好，在工程中应用较为普遍。

1. 现浇整体式楼盖

现浇整体式楼盖按楼板受力和支承条件不同，可分为现浇肋形楼盖、井式楼盖和无梁楼盖。

(1)现浇肋形楼盖 现浇肋形楼盖一般由板、次梁和主梁组成。它是楼盖中最常用的结构形式，其特点是结构布置灵活，可以适应不规则的柱网布置和复杂的工艺及建筑平面要求，且构造简单。同其他结构相比一般用钢量较低，缺点是耗费模板多，工期长，受施工季节影响大。

按照梁格边长的长宽比，现浇肋形楼盖又可分为单向板肋形楼盖和双向板肋形楼盖，如图16-1(a)、(b)所示。

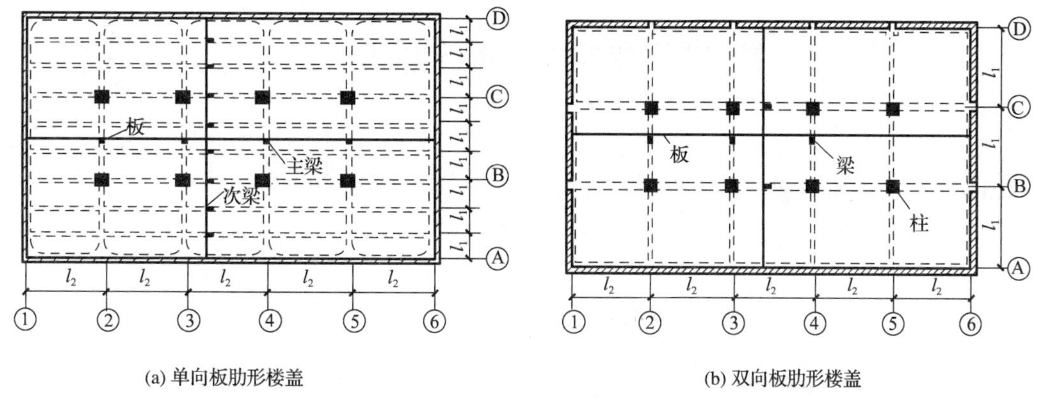

图 16-1　肋形楼盖

(2)井式楼盖　用梁将楼板划分成若干个正方形或接近正方形的小区格，两个方向梁的截面相同，不分主梁和次梁，都直接承受板传来的荷载，这种楼盖称为井式楼盖，如图 16-2 所示。常用于餐厅、展览厅、会议室以及公共建筑的门厅或大厅。

(3)无梁楼盖　不设梁，将板直接支承在柱上的楼盖称为无梁楼盖，如图 16-3 所示。无梁楼盖与柱构成板柱结构，在柱的上端通常要设置柱帽。

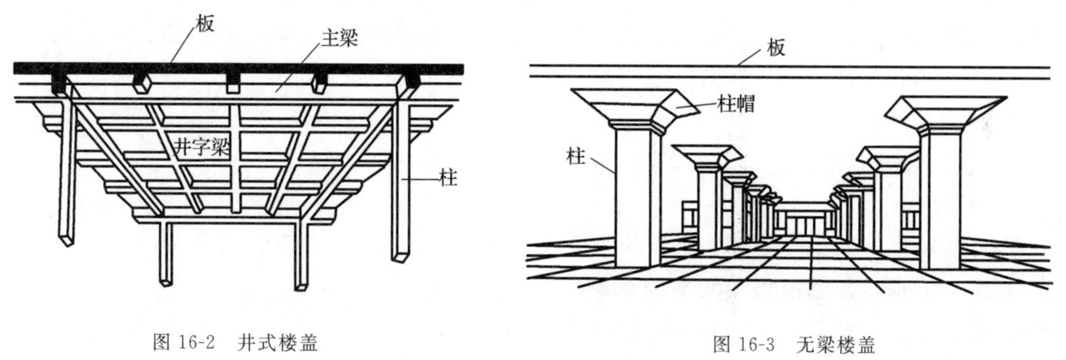

图 16-2　井式楼盖

图 16-3　无梁楼盖

无梁楼盖的优点是楼层净空高，底板平整美观；缺点是自重大，用钢量大。适用于各种多层的工业与民用建筑，如厂房、仓库、书库、商场、冷藏库等。

2. 装配式楼盖

装配式钢筋混凝土楼盖，可以是现浇梁和预制板结合而成，也可以是预制梁和预制板结合而成，由于楼盖采用混凝土预制构件，便于工业化生产，在多层工业与民用建筑中得到广泛应用。但这种楼盖由于整体性、抗震性和防水性较差，不便于开设洞口，所以对于高层建筑、有抗震设防要求的建筑以及在使用上要求防水和开设洞口的楼面，均不宜采用。

3. 装配整体式楼盖

装配整体式混凝土楼盖是在预制板或预制板和预制梁上现浇一叠合层而成为一个整体。这种楼盖兼有现浇整体式和预制装配式楼盖的特点，其优缺点介于二者之间。但这种楼盖需进行混凝土二次浇灌，有时还需要增加焊接工作量。此种楼盖仅适用于荷载较大的多层工业厂房、高层民用建筑以及有抗震设防要求的建筑。

16.2 整体式单向板肋形楼盖

浅析现浇单向板肋梁楼盖

现浇肋形楼盖的板可支承在次梁、主梁或砖墙上。设计板时,《混凝土规范》规定:两对边支承的板应按单向板计算;四边支承的板,当长边与短边之比不大于2.0时,应按双向板计算;当长边与短边之比大于2.0,且小于3.0时,宜应按双向板计算;但也可按沿短边方向受力的单向板计算,此时应沿长边方向布置足够数量的构造钢筋;当长边与短边之比不小于3.0时,宜按沿短边方向受力的单向板计算。

现浇单向板肋形楼盖的设计步骤为:①结构平面布置,确定板厚和主、次梁的截面尺寸;②确定梁、板的计算简图;③梁、板的内力计算;④截面承载力计算,配筋及构造处理;⑤绘施工图。

16.2.1 结构平面布置

在肋形楼盖中,结构布置包括柱网、承重墙、梁格和板的布置。结构平面布置的原则是:适用、合理、经济、整齐。

1. 梁板布置

单向板肋形楼盖一般是由板、次梁和主梁组成。板的四边支承在梁或墙上,次梁支承在主梁上,主梁支承在墙或柱上。其中,次梁的间距决定了板的跨度;主梁的间距决定了次梁的跨度;墙或柱的间距决定了主梁的跨度。

2. 截面尺寸和厚度

梁、板的尺寸要求详见第13章第1节。

3. 跨度

主梁的跨度一般为5~8 m,次梁的跨度一般为4~6 m,板的跨度一般为1.7~2.7 m。

4. 常用的单向板肋形楼盖的结构平面布置方案

①主梁横向布置,次梁纵向布置,如图16-4(a)所示。

②主梁纵向布置,次梁横向布置,如图16-4(b)所示。

③只布置次梁,不设主梁,如图16-4(c)所示。

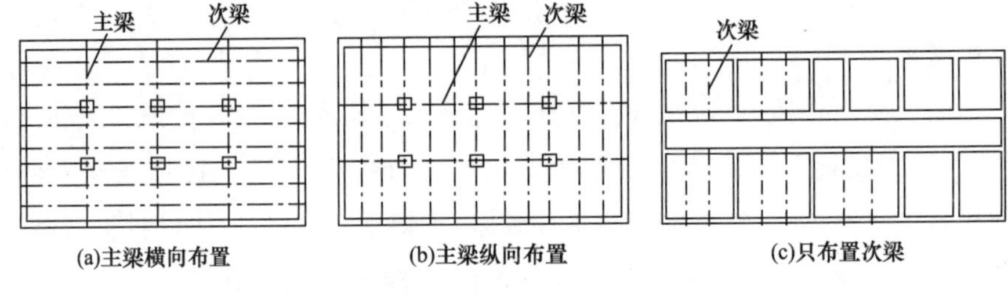

图16-4 梁的平面布置

16.2.2 计算简图

单向板肋形楼盖中,荷载的传力路线为:板→次梁→主梁→柱或墙→基础→地基。

1. 板的计算简图

取1 m宽板带作为计算单元,如图16-5(a)所示。板带可以用轴线代替,板支承在次梁或墙上，其支座按铰支座考虑，板按多跨连续板计算。

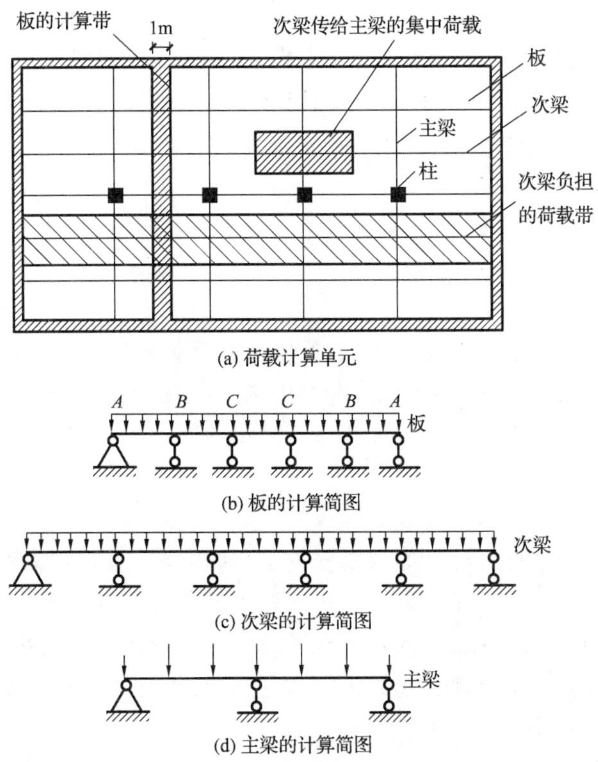

(a) 荷载计算单元

(b) 板的计算简图

(c) 次梁的计算简图

(d) 主梁的计算简图

图 16-5　单向板肋形楼盖板、梁的计算简图

作用在板上的荷载包括活荷载和恒荷载两种，其值可查《荷载规范》。

梁、板的计算跨度 l_0 是指在内力计算时所采用的跨间长度，该值与支座反力分布有关，即与构件本身刚度和支承条件有关。各跨的计算跨度按表 16-1 取用。

表 16-1　梁、板的计算跨度 l_0

跨数	支承情况	按弹性理论计算		按塑性理论计算	
		梁	板	梁	板
单跨	两端简支	$l_0=l_n+a\leqslant 1.05l_n$	$l_0=l_n+h$	—	—
	一端简支 另一端与梁整体连接		$l_0=l_n+0.5h$		
	两端与梁整体连接		$l_0=l_n$		
多跨	两端与梁(柱)整体连接	$l_0=l_c$	$l_0=l_c$	$l_0=l_n$	$l_0=l_n$
	两端搁置在墙上	当 $a\leqslant 0.05l_c$ 时， $l_0=l_c$ 当 $a>0.05l_c$ 时， $l_0=1.05l_n$	当 $a\leqslant 0.1l_c$ 时，$l_0=l_c$ 当 $a>0.1l_c$ 时， $l_0=1.1\ l_n$	$l_0=1.05\ l_n\leqslant l_n+b$	$l_0=l_n+h\leqslant l_n+a$
	一端与梁整体连接 另一端搁置在墙上	$l_0=l_c\leqslant 1.025l_n+b/2$	$l_0=l_n+b/2+h/2$	$l_0=l_n+a/2\leqslant$ $1.025\ l_n$	$l_0=l_n+h/2\leqslant$ $l_c+a/2$

注：表中的 l_c 为支座中心线间的距离，l_n 为净跨，h 为板的厚度，a 为板、梁在墙上的支承长度，b 为板、梁在梁或柱上的支承长度。

对于跨数多于五跨的等截面连续梁、板，当其各跨上荷载相同且跨度差不超过 10%时，可按五跨等跨连续梁进行计算，小于五跨的按实际跨数计算。板的计算简图如图 16-5(b)所示。

2. 次梁的计算简图

次梁支承在主梁或墙上，其支座按铰支座考虑，次梁按多跨连续梁计算。次梁所受荷载为板传来的荷载和本身自重，也是均布荷载。计算板传来的荷载时，取次梁相邻板跨度的一半作为次梁的受荷宽度。次梁的计算简图如图 16-5(c)所示。

3. 主梁的计算简图

当主梁支承在砖墙(柱)上时，其支座按铰支座考虑；当主梁与钢筋混凝土柱整体现浇时，若梁柱的线刚度比大于 5，则主梁支座也可视为铰支座(否则简化为框架)，主梁按多跨连续梁计算。

主梁承受次梁传来的荷载和本身自重，次梁传来的荷载是集中荷载，取主梁相邻跨度一半作为主梁的受荷宽度，由于主梁肋部自重与次梁传来的荷载相比很小，为简化计算，可将次梁间主梁肋部自重也折算成集中荷载。主梁的计算简图如图 16-5(d)所示。

16.2.3 内力计算

梁、板的内力计算有弹性计算法(如力矩分配法)和塑性计算法(如弯矩调幅法)两种。弹性计算法是采用结构力学方法计算内力。塑性计算法是考虑了混凝土开裂、受拉钢筋屈服、内力重分布的影响；进行了内力调幅，降低和调整了按弹性理论计算的某些截面的最大弯矩。对重要构件及使用上一般不允许出现裂缝的构件，如主梁及其他处于有腐蚀性、湿度大等环境中的构件，不宜采用塑性计算法。

1. 板和次梁的内力计算

(1)弯矩计算 板和次梁的内力一般采用塑性理论进行计算，不考虑活荷载的不利位置。对于等跨连续板、梁，在均布荷载作用下，各跨跨中和支座截面的弯矩设计值 M 可按下式计算

$$M=\alpha_m(g+q)l_0^2 \tag{16-1}$$

式中 α_m——弯矩系数，按图 16-6(a)采用；

g、q ——沿板、梁单位长度上的恒荷载设计值、活荷载设计值；

l_0——计算跨度，按表 16-1 采用。

(2)剪力计算 连续板中的剪力较小，通常能满足抗剪要求，故不必进行剪力计算。在均布荷载作用下，等跨连续次梁支座边缘的剪力设计值 V 可按下式计算

$$V=\alpha_v(g+q)l_n \tag{16-2}$$

式中 α_v——剪力系数，按图 16-6(b)采用；

l_n——梁的净跨度。

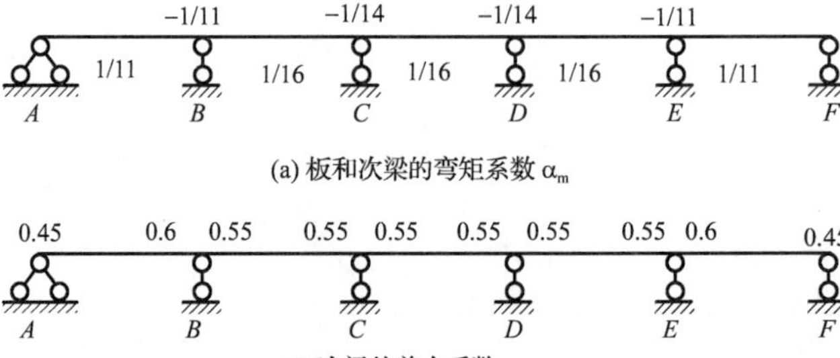

图 16-6 板和次梁按塑性理论计算的内力系数

2. 主梁的内力计算

主梁的内力采用弹性计算法，即按结构力学方法计算内力。此时要考虑活荷载的不利组合。

(1)活荷载的最不利布置

连续梁、板上活荷载的大小或作用位置会发生变化，则必然会引起构件各截面内力的变化。因此在设计连续梁、板时，应研究活荷载如何布置将使梁、板内支座截面或跨内截面产生最大内力，这种布置称为活荷载的最不利布置。

①求某跨跨中最大正弯矩时，应在该跨布置活荷载，然后向其左右两边隔跨布置活荷载，如图 16-7(a)、(b)所示；

②求某跨跨中最大负弯矩时，该跨不布置活荷载，而在其左右邻跨布置，然后向左右隔跨布置，如图 16-7(a)、(b)所示；

③求某支座最大的负弯矩时，或支座截面最大剪力时，应在该支座左右两跨布置活荷载，然后向左右隔跨布置，如图 16-7(c)所示。

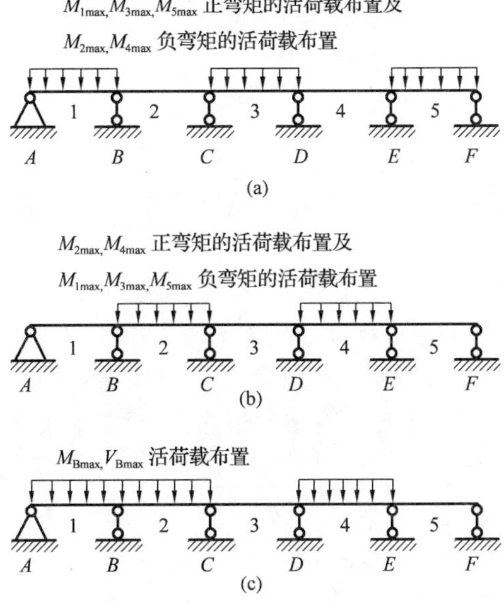

图 16-7　活荷载的不利布置图

恒荷载应按实际情况分布。

(2)内力计算

活荷载最不利布置确定后，可按《结构力学》中讲述的方法计算弯矩和剪力。对于等跨的连续梁、板的内力，可直接利用表格查得在恒载和各种活载最不利位置下梁的内力系数，求出梁有关截面的弯矩及剪力。

在均布荷载作用下

$$M=k_1 g l_0^2+k_2 q l_0^2 \tag{16-3}$$

$$V=k_3 g l_0+k_4 q l_0 \tag{16-4}$$

在集中荷载作用下

$$M=k_5 G l_0+k_6 P l_0 \tag{16-5}$$

$$V=k_7 G+k_8 P \tag{16-6}$$

式中　g、q——单位长度上的均布恒荷载设计值、均布活荷载设计值；

G、P——集中恒荷载设计值、集中活荷载设计值；

l_0——计算跨度；

k_1、k_2、k_5、k_6——按弹性理论计算时的弯矩系数，其数值可查有关设计手册；

k_3、k_4、k_7、k_8——按弹性理论计算时的剪力系数，其数值可查有关设计手册。

对于跨度相对差值小于10%的不等跨连续梁，其内力也可近似按等跨度结构进行分析。计算跨内截面弯矩时，采用各自跨的计算跨度；而计算支座截面弯矩时，采用相邻两跨计算跨度的平均值。

16.2.4 配筋计算

1.板的计算

板的内力求出后，只需按钢筋混凝土受弯构件正截面承载力计算基本公式进行配筋计算，不需要进行斜截面受剪承载力计算。

2.梁的计算

梁的内力求出后，按钢筋混凝土受弯构件正截面承载力计算和斜截面承载力计算基本公式进行配筋计算。正截面承载力计算中，跨中截面按T形截面考虑，支座截面按矩形截面考虑。

16.2.5 构造要求

1.板的构造要求

板的支承长度应满足其受力钢筋在支座内锚固的要求，且一般不小于板厚，当搁置在砖墙上时，不小于120 mm。

板的厚度、单跨和悬臂板的配筋已在第13章介绍过。现介绍连续板的配筋构造。

(1)配筋方式 连续板受力筋的配筋方式有弯起式和分离式两种，如图16-8所示。弯起式配筋是将跨中一部分正弯矩钢筋在距支座边 $l_n/6$ 处弯起，以承受支座上的负弯矩，若数量不足则可另加直的负钢筋。支座承受负弯矩的钢筋，可在距支座边 a 处截断，其取值如下：

当 $q/g \leqslant 3$ 时 $a=l_n/4$

当 $q/g > 3$ 时 $a=l_n/3$

式中 g、q——板上均布恒荷载，均布活荷载；

l_n——板的净跨长。

弯起式配筋具有锚固和整体性好，节约钢筋等优点，但施工复杂，一般用于板厚 $h \geqslant$ 120 mm及经常承受动荷载的板。

分离式配筋是指板支座和跨中截面的钢筋全部各自独立配置。具有设计施工简单的优点，但钢筋锚固差且用钢量大。适用于不受震动和较薄的板，实际工程中应用较多。

(2)构造钢筋

①分布钢筋可按第13章13.1节所述要求配置。

②板面构造钢筋

按简支边或非受力边设计的现浇混凝土板，当与混凝土梁、墙整体浇筑或嵌固在砌体墙内时，应设置板面构造钢筋。

a.垂直于混凝土梁、墙的构造钢筋。靠近混凝土梁、墙的板面荷载将直接传递给梁、墙，由于梁、墙的约束，将产生一定的负弯矩，所以，应在跨越梁、墙的板上部配置与梁、墙垂直的构造钢筋。《混凝土规范》规定，钢筋直径不宜小于8 mm，间距不宜大于200 mm，且单位宽度内的

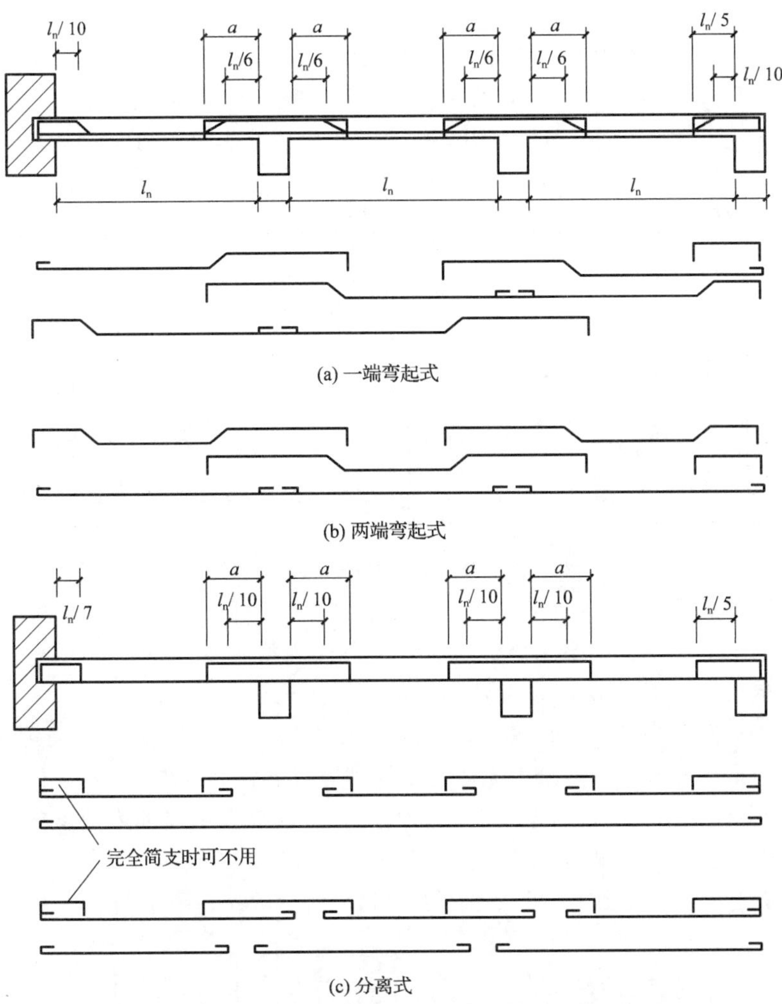

图 16-8　连续单向板的配筋方式

配筋面积不宜小于跨中相应方向板底钢筋截面面积的 1/3。与混凝土梁、墙整体浇筑单向板的非受力方向，钢筋截面面积尚不宜小于受力方向跨中板底钢筋截面面积的 1/3。钢筋从混凝土梁边、柱边、墙边伸入板内的长度不宜小于 $l_0/4$，其中计算跨度 l_0 对单向板按受力方向考虑，对双向板按短边方向考虑。在楼板角部，宜按两个方向正交、斜向平行或放射状布置；按受拉钢筋可靠锚固在梁内、墙内或柱内，如图 16-9 所示为现浇板与主梁垂直的构造钢筋。

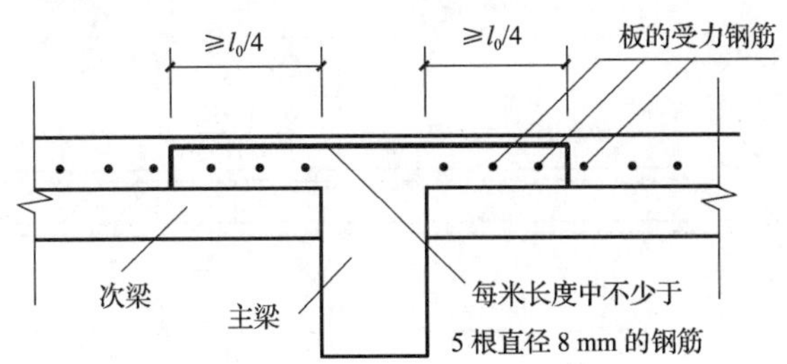

图 16-9　现浇板与主梁垂直的构造钢筋

b. 嵌固在砌体墙内的构造钢筋。嵌固在砌体墙内的现浇板，在板的上部应配置构造钢筋。《混凝土规范》规定，钢筋直径不宜小于 8 mm，间距不宜大于 200 mm，且单位宽度内的配筋面积不宜小于跨中相应方向板底钢筋截面面积的 1/3，钢筋从墙边伸入板内的长度不宜小于$l_0/7$。对两边均嵌固在墙内的板角部分，应双向配置上部构造钢筋，从墙边伸入板内的长度不宜小于 $l_0/4$，其中计算跨度 l_0 对单向板按受力方向考虑，对双向板按短边方向考虑。

单向板内的受力筋、分布筋和板面构造负筋的布置情况如图 16-10 所示。

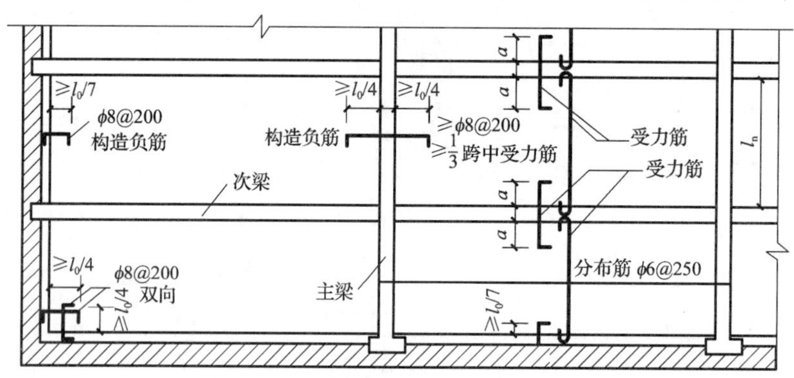

图 16-10 梁边、墙边和板角处的构造钢筋

2. 次梁的构造要点

次梁在砖墙上的支承长度不应小于 240 mm，并应满足墙体局部受压承载力的要求。

次梁的一般构造要求与第 13 章受弯构件的配筋构造相同。

次梁的剪力一般较小，斜截面抗剪承载力计算中一般仅需设置箍筋，弯筋可按构造设置。

次梁的纵向钢筋配置形式可分为无弯起钢筋和有弯起钢筋两种。

当不设弯起钢筋时，支座负弯矩钢筋全部另设。要求纵向钢筋伸入边支座的锚固长度不得小于 l_a。对于承受均布荷载的次梁，当 $q/g \leqslant 3$ 且相邻跨跨度相差不大于 20%时，支座负弯矩钢筋截断位置与一次截断数量，可按如图 16-11(a)所示的构造要求确定。

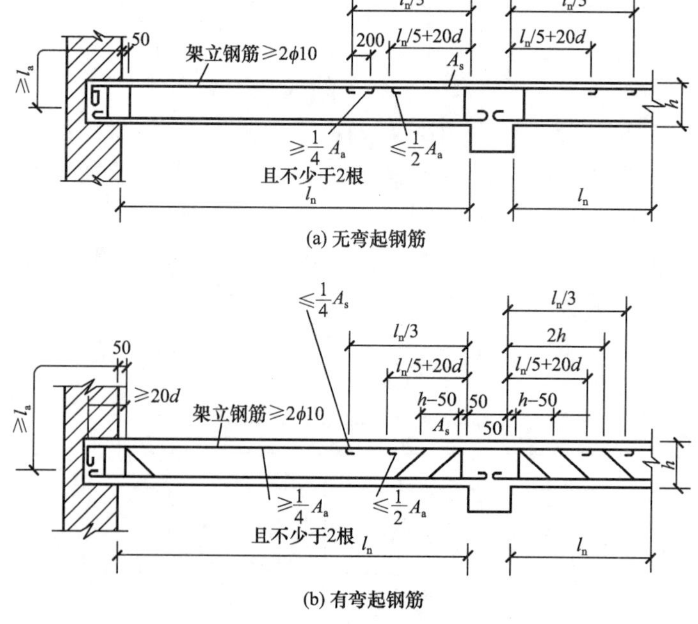

图 16-11 次梁的钢筋布置

当设置弯起钢筋时，弯起钢筋的位置及支座负弯矩钢筋的截断，可按如图 16-11(b)所示的构造要求确定。

3. 主梁的构造要求

主梁支承在砌体上的长度不应小于 370 mm，并应满足墙体局部受压承载力的要求。

主梁纵向受力钢筋的弯起和截断应由抵抗弯矩图确定。

在主梁支座处，板、次梁、主梁上部钢筋相互交叉重叠，且主梁负筋位于次梁和板的负筋之下，如图 16-12 所示，故截面有效高度在支座处有所减小。当钢筋单层布置时，$h_0=h-(55\sim60)$mm；当双层布置时，$h_0=h-(85\sim90)$mm。

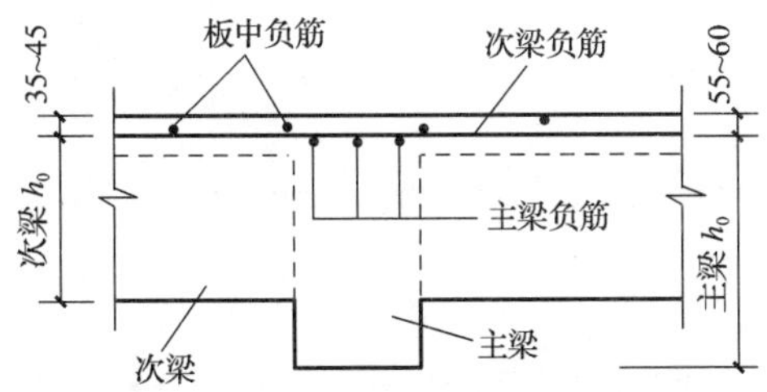

图 16-12 主梁支座处的截面有效高度

主梁和次梁相交处，次梁的集中荷载传至主梁的腹部，有可能产生斜裂缝而引起局部破坏，如图 16-13(a)所示。为此，应在次梁两侧设置附加横向钢筋，把集中力传递到主梁顶部受压区。横向钢筋的形式有箍筋和吊筋两种，如图 16-13(b)所示，一般宜优先采用箍筋。

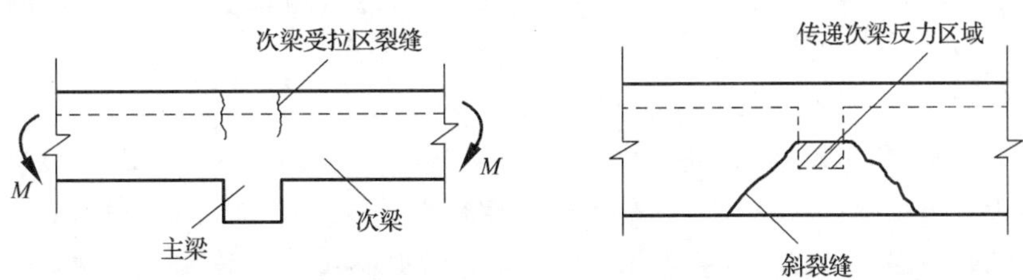

(a) 次梁和主梁相交处的裂缝情况

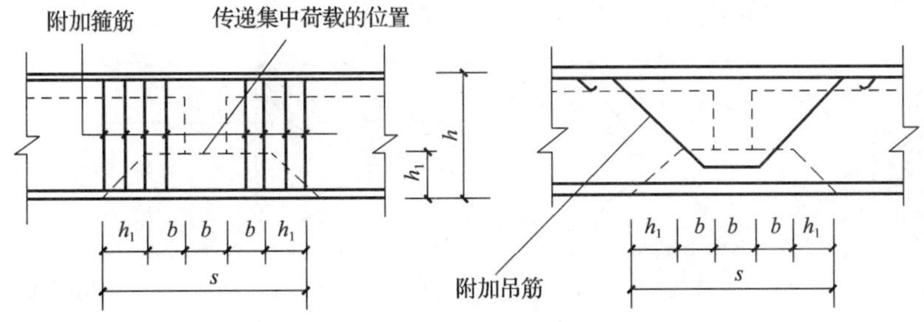

(b) 集中荷载处附加箍筋和附加吊筋的布置

图 16-13 附加横向钢筋的布置

16.3 双向板肋形楼盖简介

简述双向板的破坏特点

由双向板和梁组成的现浇楼盖即双向板肋形楼盖。

16.3.1 双向板肋形楼盖的结构布置

现浇双向板肋形楼盖的结构平面布置如图 16-14 所示。当面积不大且接近正方形时(如门厅),可不设中柱,双向板的支承梁为两个方向均支承在边墙(或柱)上,形成井字梁,如图 16-14(a)所示;当平面较大时,宜设中柱,双向板的纵、横梁分别支承在边墙(或柱)上,为多跨连续梁,如图 16-14(b)所示;当柱距较大时,还可在柱网格中再设井字梁,如图 16-14(c)所示。

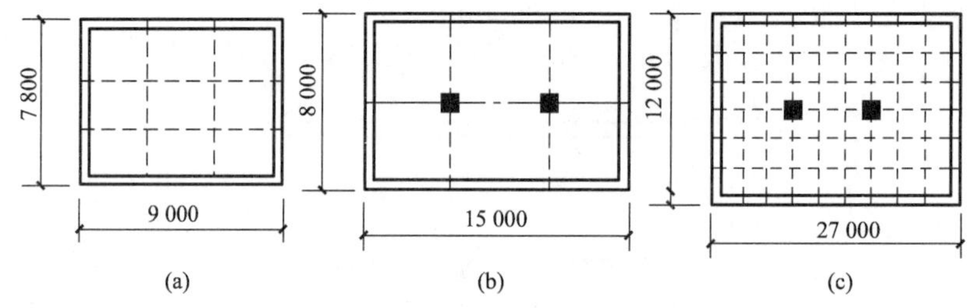

图 16-14 双向板肋形楼盖结构布置

16.3.2 双向板的受力特点

双向板上的荷载将向两个方向传递,在两个方向上发生弯曲并产生内力,内力的分布取决于双向板四边的支承条件(简支、固定、自由等)、几何条件(板边长的比值)以及作用于板上荷载的形式(集中力、均布荷载)等因素。

对于均布荷载作用下的四边简支双向板,通过试验表明:在裂缝出现之前,板基本上处于弹性工作阶段。随着荷载的增加,第一批裂缝首先出现在板底中央,随后沿对角线呈 45°向四角延伸,如图 16-15(a)、(c)所示。当荷载增加到板接近破坏时,在板顶面的四角附近出现垂直于对角线方向的裂缝,大体呈环状,如图 16-15(b)、(d)所示。这种裂缝的出现,使得板中钢筋的应力增大,应变增大,直至跨中钢筋达到屈服,板底裂缝的进一步发展,最后整个板发生破坏。

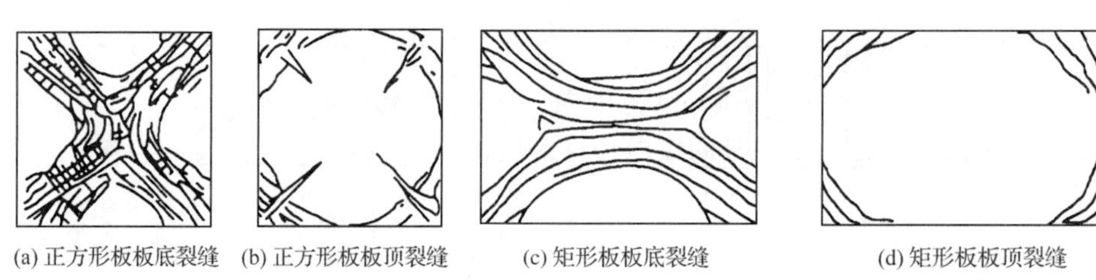

图 16-15 双向板的破坏裂缝

通过对双向板试验研究发现,双向板在两个方向受力较大,因此对于双向板要在两个方向同时配置受力钢筋。

16.3.3 内力计算

内力计算的顺序是先板后梁。内力计算的方法有弹性理论计算方法和塑性理论计算方法。但因塑性理论计算方法存在局限性,在工程中很少采用,一般采用弹性理论计算方法。

1. 板的内力计算

当板厚 h 远小于平面尺寸，挠度不超过 $h/5$ 时，双向板可按弹性薄板小挠度理论计算，但计算较为复杂，对于工程应用而言，现已列出计算表格，可查设计手册，具体计算略。

2. 双向板支承梁的内力计算

(1)双向板支承梁的荷载　双向板的荷载沿四周向最近的支承梁传递。因此，支承梁承受的荷载范围可用从每一区格板的四角作 45°等分角线的方法确定。传给短跨梁的是三角形分布荷载，传给长跨梁的是梯形分布荷载，如图 16-16 所示。梁的自重为均布荷载。

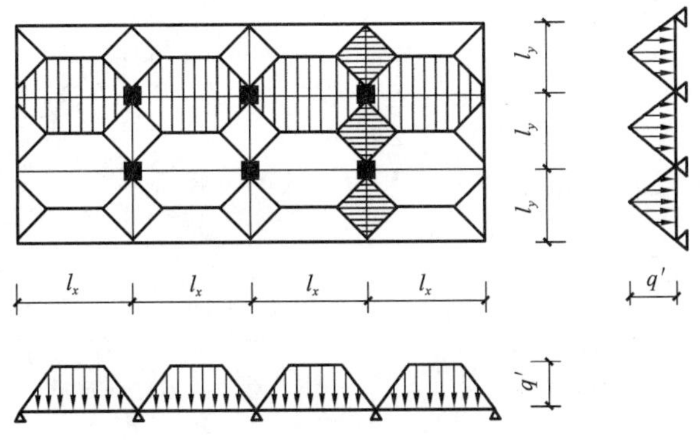

图 16-16　双向板支承梁承受的荷载及计算简图

(2)梁的内力计算　中间有柱时，纵、横梁一般可按连续梁计算；当梁柱线刚度比小于等于 5 时，宜按框架计算；中间无柱的井字梁，可查设计手册。

16.3.4　配筋计算

对于周边与梁整体连接的双向板，由于支座的约束，导致周边支承梁对板产生水平推力，使整块平板内形成了拱作用，这样板内弯矩将大大减小。因此，截面设计时所采用的弯矩，必须考虑这一有利因素，即将计算所得的弯矩值根据规定予以减少，折减系数可查设计手册，具体计算略。

16.3.5　构造要求

1. 板厚

双向板的厚度通常在 80～160 mm 范围内。同时，为满足刚度要求，简支板还应不小于 $l/45$，连续板不小于 $l/50$，l 为双向板的短向计算跨度。

2. 受力钢筋

双向板的配筋方式有弯起式和分离式两种。沿短跨方向的跨中钢筋放在外侧，沿长跨方向的跨中钢筋放在内侧。

3. 构造钢筋

双向板的板边若置于砖墙上时，其沿墙边、墙角处的构造钢筋均与单向板楼盖中相同。

16.4　楼　梯

楼梯案例分析

16.4.1　概　述

楼梯是房屋的竖向通道，由梯段、平台和栏杆等组成。其平面布置、踏步尺寸、栏杆形式等由建筑设计确定。由于钢筋混凝土的耐火、耐久性能均比其他材料制作的楼梯好，故建筑中采用钢筋混凝土楼梯最为广泛。

钢筋混凝土楼梯按施工方法的不同可分为现浇式和装配式。现浇钢筋混凝土楼梯的整体性好，刚度大，抗震性好。按结构形式的不同，又可分为板式、梁式、悬挑式和螺旋式，如图16-16所示。前两种属于平面受力体系，后两种则为空间受力体系。

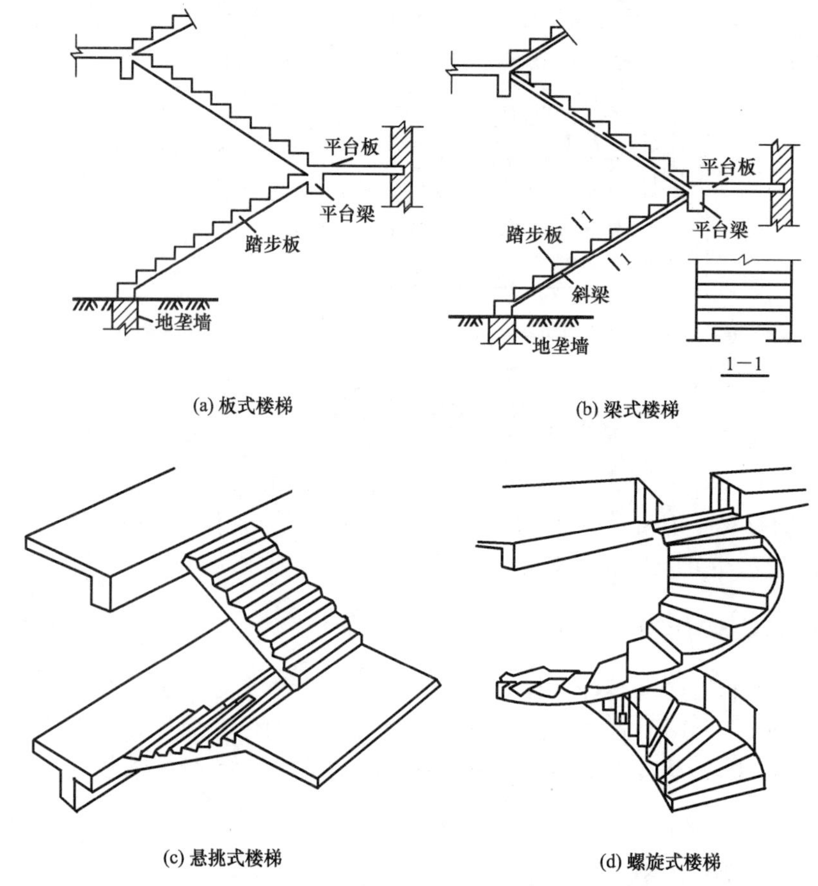

图 16-16　各种形式楼梯的示意图

由于工程中多见板式和梁式楼梯，下面介绍其设计方法。

16.4.2　现浇板式楼梯的计算与构造

板式楼梯由梯段板、平台板和平台梁组成，如图16-16(a)所示。梯段板是一块斜放的齿形板，板端支承在平台梁和楼层梁上，最下端的梯段可支承在地垄墙上，因此板式楼梯的荷载传递途径是：梯段上的荷载以均布荷载的形式传给梯段板，梯段板和平台板以均布荷载的形式传递给平台梁，平台梁再以集中荷载的形式传递给侧墙或柱。

这种楼梯下表面平整，因而施工支模较方便，外观也较轻巧，一般适用于梯段水平投影在3 m以内的楼梯，其缺点是斜板较厚，为水平长度的1/25～1/30；当荷载较大，且水平投影大于3 m时，采用梁式楼梯较为经济。

板式楼梯的计算包括梯段板、平台板和平台梁。

1. 梯段板

计算梯段斜板的内力时，取1 m宽板带或整个斜板作为计算单元。梯段斜板可简化为两端支承在平台梁上的简支斜板，简支斜板再转化为水平板，按简支梁计算，如图16-17所示。

设梯段板单位长度上的竖向均布荷载为 $g+q$，g 为沿斜板斜向单位长度的恒荷载 g'（踏步自重、斜板自重、面层自重等）等效化为沿水平单位长度的竖向荷载，q 为沿水平方向的竖向活荷载。

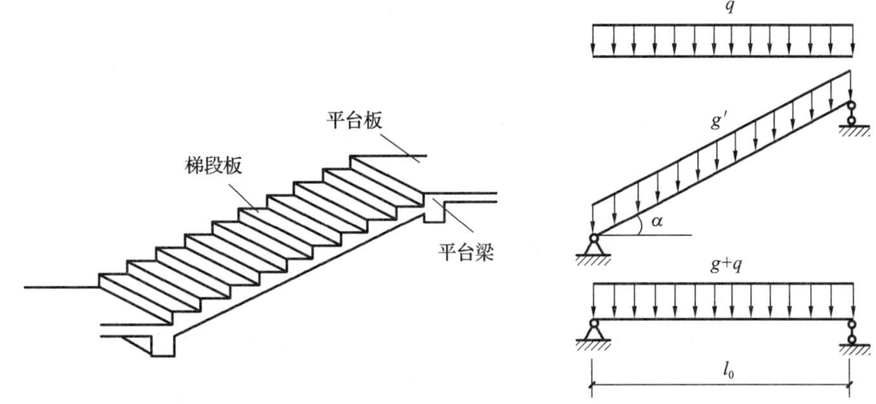

图 16-17　梯段板的计算简图

线荷载 g 与线荷载 g' 的换算关系为

$$g=\frac{g'}{\cos\alpha} \tag{16-7}$$

式中　α——梯段板的倾角。

简支斜板在竖向均布荷载作用下的跨中弯矩为

$$M_{\max}=\frac{1}{8}(g+q)l_0^2 \tag{16-8}$$

式中　l_0——梯段板的计算跨度。

斜板与平台梁是整浇在一起的，并非铰接，平台梁对斜板的转动变形有一定的约束作用，即减少了斜板的跨中弯矩。故计算板的跨中弯矩时，可近似取

$$M_{\max}=\frac{1}{10}(g+q)l_0^2 \tag{16-9}$$

斜板的厚度一般取 $l_n/25\sim l_n/30$，常用厚度为 100～120 mm。为避免斜板在支座处产生裂缝，应在板上面配置一定数量的钢筋，一般取为 ϕ8@200 mm，离支座边缘距离为 $l_n/4$。斜板内分布钢筋可采用 ϕ6 或 ϕ8，放置在受力钢筋的内侧，每级踏步不少于一根，如图 16-18 所示。

和一般板的计算一样，梯段斜板可以不考虑剪力和轴力。

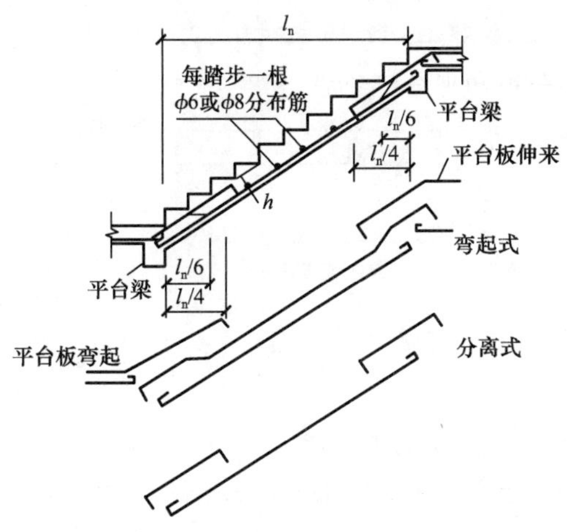

图 16-18　板式楼梯梯段斜板配筋

2. 平台板

平台板一般设计成单向板，可取 1 m 宽板带进行计算。当平台板两边都与梁整浇时，板跨中弯矩按 $M_{max}=(g+q)l_0^2/10$ 计算。当平台板的一端与平台梁整体连接，另一端支承在砖墙上时，板跨中弯矩按 $M_{max}=(g+q)l_0^2/8$ 计算，式中 l_0 为平台板的计算跨度。

考虑到板支座的转动会受到一定约束，一般应将板下部钢筋在支座附近弯起一半，或在板面支座处另配短钢筋，伸出支承边缘长度为 $l_n/4$，如图 16-19 所示。

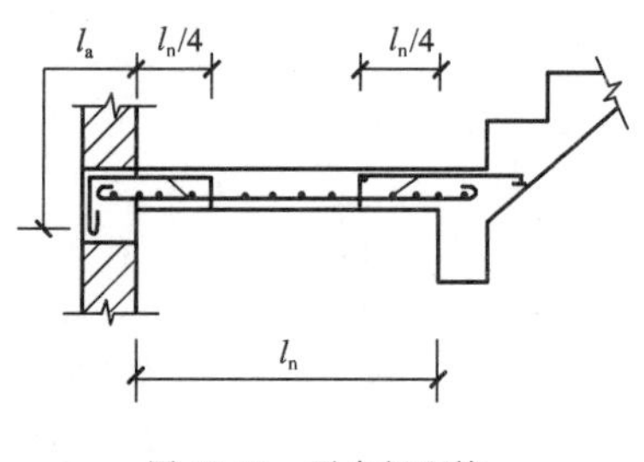

图 16-19 平台板配筋

3. 平台梁

平台梁承受平台板和斜板传来的均布荷载，按简支梁计算，其计算和构造与一般受弯构件相同。

16.4.3 梁式楼梯的计算与构造

梁式楼梯的计算包括踏步板、斜梁、平台板和平台梁。其荷载传递途径是：踏步板上的荷载以均布荷载的形式传给梯段斜梁，斜梁以集中荷载的形式、平台板以均布荷载的形式将荷载传递给平台梁，平台梁再以集中荷载的形式传递给侧墙或柱。

1. 踏步板

踏步板两端支承在斜梁上，如图 16-20(a)所示，按两端简支的单向板计算，一般取一个踏步作为计算单元，如图 16-20(b)所示。踏步板为梯形截面，板截面计算高度可近似取平均高度 $h=(h_1+h_2)/2$，按矩形截面简支梁计算，计算简图如图 16-20(c)所示。

板厚一般不小于 30～40 mm。踏步板配筋除按计算确定外，要求每一踏步一般需配置不少于 2ϕ6 的受力钢筋，沿斜向布置的分布筋直径不小于 ϕ6，间距不大于 300 mm。梁式楼梯踏步板的配筋如图 16-20 所示。

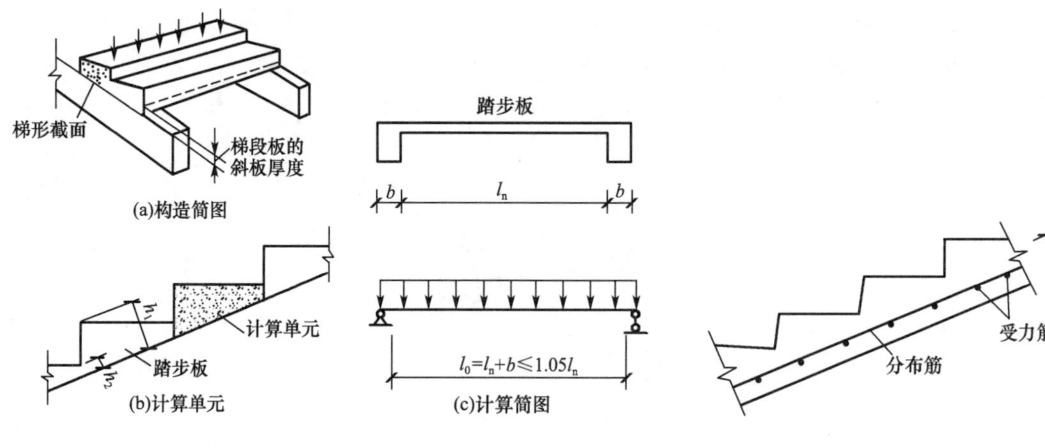

图 16-20 梁式楼梯踏步板的构造简图和计算简图

图 16-21 梁式楼梯踏步板配筋示意图

2. 斜梁

斜梁两端支承在平台梁上，承受踏步板传来的均布荷载和斜梁自重。斜梁的计算中不考虑平台梁的约束作用，按简支计算，其内力计算简图如图 16-22 所示。斜梁的内力可按下列公式计算

$$M_{\max}=\frac{1}{8}(g+q)l_0^2 \tag{16-10}$$

$$V_{\max}=\frac{1}{2}(g+q)l_n\cos\alpha \tag{16-11}$$

式中　g、q——作用于梯段斜梁上沿水平投影方向的恒荷载设计值、活荷载设计值；

l_0、l_n——梯段斜梁的水平计算跨度、净跨度的水平投影长度。

斜梁的配筋和构造要求与一般梁相同，如图 16-23 所示。

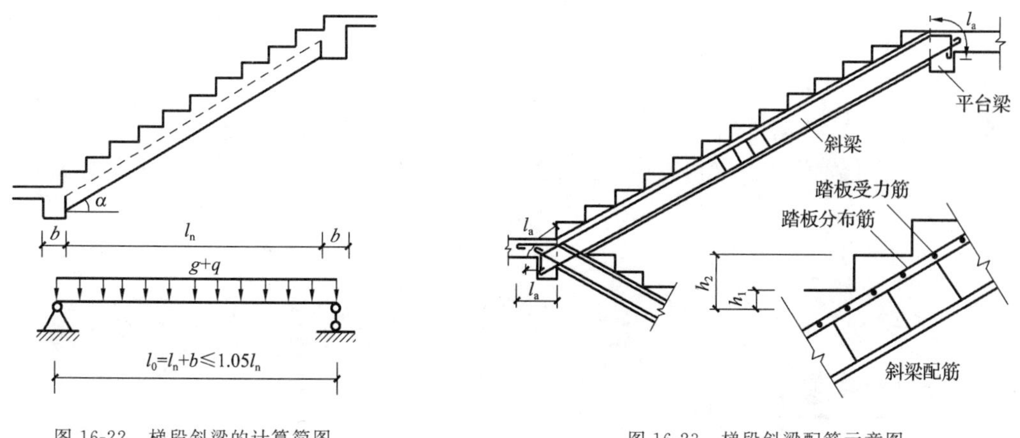

图 16-22　梯段斜梁的计算简图

图 16-23　梯段斜梁配筋示意图

3. 平台板

梁式楼梯平台板的计算及构造与板式楼梯相同。

4. 平台梁

平台梁支承在楼梯间两侧的横墙上，按简支梁计算，承受斜梁传来的集中荷载和平台板传来的均布荷载及平台梁自身的均布荷载，如图 16-24 所示。配筋和构造要求与一般梁相同。

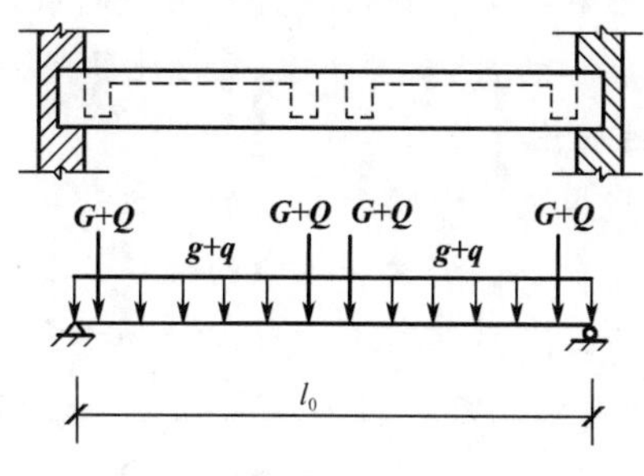

图 16-24　平台梁的计算简图

本章小结

(1)在实际工程中，钢筋混凝土楼盖是最典型的梁板结构。按施工方法的不同，楼盖可分为现浇整体式、装配式和装配整体式三种，其中现浇整体式应用较为普遍。

(2)现浇整体式楼盖按楼板受力和支承条件不同，可分为现浇肋形楼盖(包括单向板肋形楼盖和双向板肋形楼盖)、井式楼盖和无梁楼盖。在实际工程中，应根据使用要求并结合各种楼盖的特点合理地选用楼盖的结构形式。

(3)设计现浇整体式肋形楼盖中的板时，应根据板的四周支承条件及其长边与短边之比，分别按单向板或双向板计算，并采取相应的构造措施。

(4)连续梁、板设计计算前，首先要明确计算简图。当连续梁、板各跨计算跨度相差不超过10%时，可按等跨计算。五跨以上按五跨计算，小于五跨按实际跨数计算。对于多跨连续梁、板要考虑活荷载的不利位置。

(5)梁、板的内力计算有弹性计算法和塑性计算法两种。单向板肋形楼盖板和次梁的内力一般采用塑性理论进行计算，主梁一般采用弹性理论进行计算。

(6)钢筋混凝土连续梁、板的配筋方式有弯起式和分离式。次梁和板可按构造规定确定钢筋的弯起和截断。主梁纵向受力钢筋的弯起和截断，则应按弯矩包络图和抵抗弯矩图确定。次梁与主梁的交接处，应设主梁的附加横向钢筋。

(7)双向板的配筋方式有弯起式和分离式两种。双向板配置受力筋时，应把短向受力钢筋放在长向受力钢筋的外侧。双向板传给四边支承梁上的荷载按自每一个区格板的四角作45°等分角线的方法确定，传给短跨梁的是三角形分布荷载，传给长跨梁的是梯形分布荷载。

(8)整体式现浇楼梯主要有梁式和板式两种。二者的主要区别在于楼梯段是梁承重还是板承重。

复习思考题

16-1 现浇单向板肋形楼盖的设计步骤是什么？

16-2 钢筋混凝土楼盖有哪几种类型？说明他们各自的受力特点和适用范围。

16-3 单向板由哪些构造配筋？这些构造配筋的作用是什么？

16-4 现浇梁板结构中单向板和双向板是如何划分的？

16-5 单向板、次梁和主梁的常用跨度各为多少？

16-6 什么是活荷载的最不利布置？如何进行活荷载的最不利布置？

16-7 现浇单向板肋形楼盖中的板、次梁和主梁的计算简图如何确定？为什么主梁只能用弹性理论计算，而不采用塑性理论计算？

16-8 试绘出四边简支矩形板裂缝出现和开展的过程及破坏时板底裂缝分布示意图。

16-9 现浇单向板肋形楼盖中，板、次梁和主梁的配筋计算和构造有哪些要点？

16-10 在主次梁交接处，为什么要在主梁中设置附加横向钢筋？如何设置？

16-11 常用楼梯有哪几种类型？它们的优缺点及适用范围有何不同？如何确定楼梯各组成构件的计算简图？

16-12 板式楼梯与梁式楼梯的荷载传递路线有何异同？

第 17 章 多高层房屋结构简介

学习目标

通过本章的学习，了解多高层建筑结构的常用类型；掌握多高层建筑结构的受力特点和适用范围。

学习重点

框架结构、框架—剪力墙结构、剪力墙结构。

17.1 概 述

随着世界经济的发展和现代科学技术的进步，高层建筑在国内外均有较大发展，层数日益增多，高度日益增高，体形越来越复杂，结构体系越来越新颖，新材料的应用日益增多，高层建筑的兴建几乎成了城市现代化的标志。多高层建筑主要应用于住宅、商场、办公楼、旅馆等建筑。

高层建筑发展到今天已超过一个世纪。1884 年，美国芝加哥建造了第一座 11 层的建筑，被认为是现代高层建筑的开端。但高层建筑是相对而言的，多少层的建筑或多少高度的建筑为高层建筑，在国际上至今尚无统一的划分标准，不同国家、不同地区、不同时期均有不同规定。我国《高层建筑混凝土结构技术规程》(JGJ3—2010)以 10 层及 10 层以上或房屋高度超过 28 m 的住宅建筑和房屋高度大于 24 m 的其他高层民用建筑称为高层建筑。《高层民用建筑设计防火规范》(GB50045—2005)以 10 层及 10 层以上居住建筑和高度超过 24 m 的公共建筑为高层建筑。《民用建筑设计通则》(GB50352—2005)以 10 层及 10 层以上或大于 24 m 为高层住宅，大于 100 m 的民用建筑为超高层建筑。目前，多层建筑多采用混合结构和钢筋混凝土结构，高层建筑常采用钢筋混凝土结构、钢结构和钢—混凝土组合结构。

高层建筑中，高度和层数是其两个主要的指标，在 1972 年召开的联合国国际高层建筑会议上，将高层建筑划分为四类：第一类高层建筑为 9～16 层(最高到 50 m)；第二类高层建筑为 17～25 层(最高到 75 m)；第三类高层建筑为 26～40 层(最高到 100 m)；第四类高层建筑为 40 层以上(即超高层建筑)。我国规定超过 100 m 的为超高层。

多高层建筑是随着社会生产的发展和人们生活的需要而发展起来的，是商业化、工业化和城市化的结果。现在世界最高的建筑为 2010 年建成的阿拉伯联合酋长国迪拜哈利法塔，高 828 m，共 162 层。位于第二高的建筑为 2004 年建成的中国台北 101 大厦，高 508 m，共 101 层。排名第三的是 2008 年建成的上海环球金融中心大厦，高 495 m，共 101 层。排名第四的为 1998 年建成的马来西亚首都吉隆坡的双子塔，高 452 m，共 88 层，由两座完全相似的塔楼组成。排名第五的是 1974 年建成的美国芝加哥西尔斯大厦，高 443 m，共 110 层。排名第六至排名第十的大厦依次为：上海金茂大厦（高 420.5 m，共 88 层）、香港国际金融中心大厦（高 420 m，共 88 层）、广州中信广场大厦（高 391 m，共 80 层）、深圳信兴广场大厦（高 384 m，共 69 层）、纽约曼哈顿帝国大厦（高 374 m，共 102 层）。

高层建筑结构的受力特点与多层建筑结构的主要区别在于侧向力成为影响结构内力、结构变形及建筑物土建造价的主要因素。在一般多层建筑结构中，竖向荷载是影响结构内力的主要因素。在结构变形方面，主要考虑梁在竖向荷载作用下的挠度，一般不考虑结构侧向位移对建筑使用功能或结构可靠性的影响。在高层建筑结构中，竖向荷载的作用与多层建筑相似，柱内轴力随层数的增加而增大，可近似认为轴力与建筑物的层数呈线性关系；而水平方向作用的风荷载或地震力作用可近似认为呈倒三角分布，所产生的弯矩和侧向位移常成为决定结构方案、结构布置、构件截面尺寸的控制因素，因此高层建筑结构设计的关键问题就是应设置合理形式的抗侧力构件及有效的抗侧力结构体系，使结构具有相应的刚度来抵抗侧向力。多高层建筑结构中基本的抗侧力单元是：框架、剪力墙、井筒、框筒及支撑。

在确定高层建筑结构体系时应遵循以下原则：

①应具有明确的计算简图和合理的水平地震作用力传递路径。

②应具有多道抗震防线，避免因部分结构或构件破坏导致整个结构体系丧失抗震能力。

③应具有必要的强度和刚度、良好的变形能力和能量吸收能力，结构体系的抗震能力表现在强度、刚度和延性恰当地匹配。

④具有合理的刚度和强度分布，避免因局部削弱或突变形成薄弱部位，产生过大的应力集中或塑性变形集中。

⑤宜选用有利于抗风作用的高层建筑体型，即选用风压较小的建筑体型形状。

⑥高层结构的开间、进深尺寸和选用的构件类型应减少规格，符合建筑模数。高层建筑的建筑平面宜选用风压较小的形状，并考虑临近建筑对其风压分布的影响。

⑦高层建筑结构的平面布置宜简单、规则、对称，减少偏心；平面长度及结构平面外伸部分长度均不宜过长；竖向体型应力求规则、均匀，避免有过大的外挑和内收使竖向刚度突变以致在一些楼层形成变形集中而最终导致严重的震害。

17.2 多高层建筑结构体系

结构构件受力与传力的结构组成方式称为结构体系。目前，多高层建筑常用的结构体系有混合结构、框架结构、框架－剪力墙结构、剪力墙结构和筒体结构等。高层建筑结构的承载能力、侧移刚度、抗震性能、材料用量和造价高低，与其采用何种结构体系有着密切关系，不同结构体系适用于不同层数、高度和功能的建筑。

17.2.1 混合结构

混合结构是用不同材料做成的构件组成的房屋，通常墙体采用砖砌体，屋盖、楼盖采用钢筋混凝土结构，故亦称混合结构。目前，我国的混合结构最高已达到 11 层，局部已达到 12 层。混合结构体系多用于多层民用建筑和一般的中小型工业厂房。

17.2.2　框架结构

由梁和柱以刚性连接而构成的承受竖向和水平作用的结构称为框架结构，如图 17-1 所示。有时也将部分梁柱交接处的节点做成铰接或半铰接。按楼板上荷载向梁传递的方向可分为横向框架承重、纵向框架承重和纵横向框架承重。当高层建筑采用框架结构体系时，框架梁应纵横向布置，形成双向抗侧力结构。使之具有较强的空间整体性，以承受任意方向的侧向力。

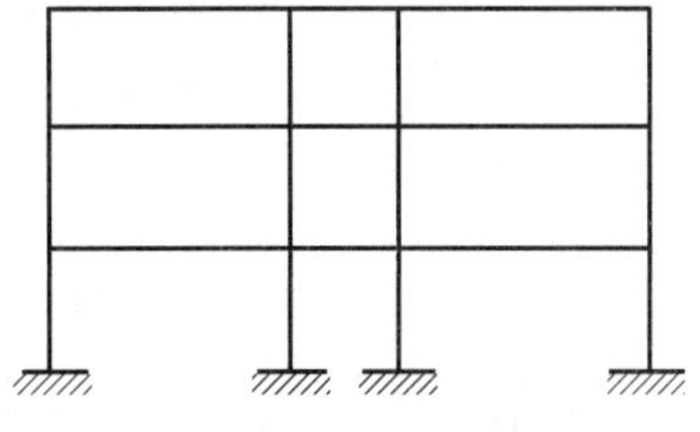

图 17-1　框架结构体系

框架结构具有建筑平面布置灵活、造型活泼等优点，可以形成较大的使用空间，易于满足多功能的使用要求，如图 17-2 所示。在结构受力性能方面，框架结构属于柔性结构，自震周期较长，地震反应较小，经过合理的结构设计，可以具有较好的延性性能，广泛应用于多层工业厂房、仓库、商场、教学楼、办公楼等建筑。框架结构的适用高度为 6～15 层，非地震区也可建到 15～20 层。

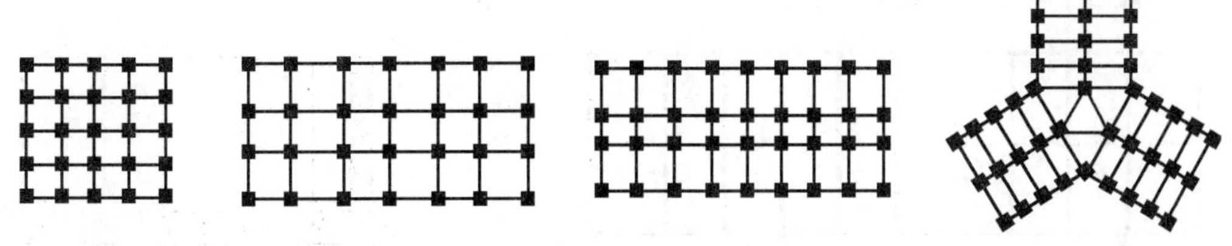

图 17-2　框架结构体系典型平面图

框架结构的缺点是结构抗侧刚度较小，在地震作用下侧向位移较大，容易发生非结构构件破坏。同时，当建筑层数较多或荷载较大时，要求框架柱截面尺寸较大，在技术经济上不如其他结构体系合理，从而限制了框架结构的使用高度。

17.2.3　框架一剪力墙结构

在框架结构中的适当部分增设一定数量的钢筋混凝土剪力墙，形成的框架和剪力墙结合在一起共同承受竖向和水平力作用的结构称为框架一剪力墙结构，简称框一剪结构，如图 17-3 所示。它使得框架和剪力墙这两种结构可互相取长补短，既保留了框架结构建筑布置

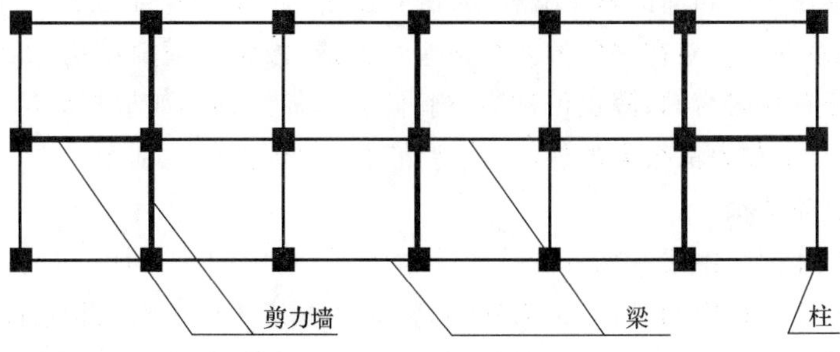

图 17-3　框架一剪力墙结构平面图

灵活、可获得较大使用空间和使用方便的优点，又具有剪力墙结构抗侧移刚度大、抗震性能好的优点，同时还可充分发挥材料的强度作用，具有较好的技术经济指标，因而被广泛地用于高层办公楼和旅馆建筑中。

框架一剪力墙结构的适用范围很广，10～40 层的高层建筑均可以采用这类结构体系。当建筑物层数较少时，仅布置较少量的剪力墙即可满足结构的抗侧力作用的要求；当建筑物较高时，则要有较多的剪力墙，并通过合理的布置使得整个结构具有较大的侧向刚度和较好的整体抗震性能。

17.2.4 剪力墙结构

利用建筑物墙体作为建筑的竖向承重和抵抗侧向力的结构称为剪力墙结构，如图 17-4 所示。剪力墙实质上是下端固定在基础顶面上的竖向悬臂板，竖向荷载在墙体内主要产生向下的压力，侧向力在墙体内产生水平剪力和弯矩。因这类墙体具有较大的承受侧向力的能力，故称为剪力墙。在地震区，侧向力主要为水平地震作用力，因此剪力墙有时也称为抗震墙。

现浇钢筋混凝土剪力墙的整体性好，抗侧刚度大，在水平荷载作用下的侧移较小。缺点是剪力墙间距较小，不能形成较大的空间，平面布置极不灵活，不能满足公共建筑的使用要求，较适用于建造 12～30 层的高层住宅或高层公寓等。为了满足使用要求，可将底层或底部两层的部分剪力墙改为框架，形成框支剪力墙体系，如图 17-5 所示。

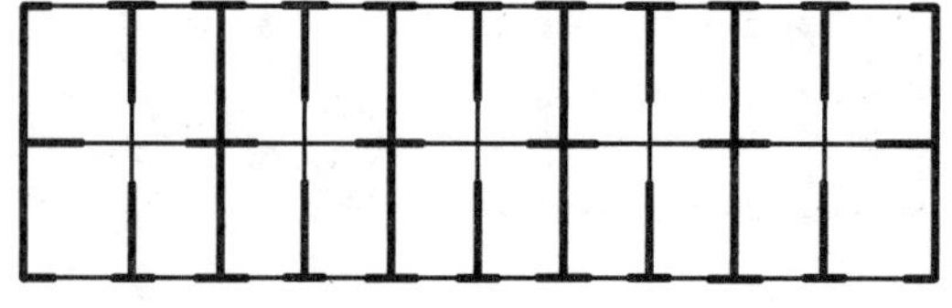

图 17-4 剪力墙结构平面图

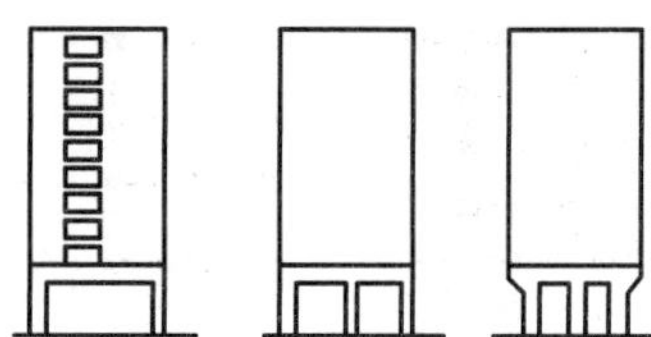

图 17-5 框支剪力墙示意图

17.2.5 筒体结构

由竖向筒体为主组成的承受竖向和水平作用的结构称为筒体结构。筒体结构是由一个或多个筒体作承重结构的高层建筑体系，适用于 30 层以上或 100 m 以上的超高层建筑，筒体在侧向力作用下，其受力类似刚性的箱型截面的悬臂梁。筒体结构类型有框筒、框架一核心筒、筒中筒、桁架筒体和束筒结构等。

1. 框筒结构

框筒是由布置在房屋四周的密集立柱与高跨比很大的窗间梁组成的一个多孔筒体，从形式上看，犹如由四榀平面框架在房屋的四个角组合而成，故称为框筒结构，如图 17-6 所示。框筒结构的立面上开有很多窗洞，故也可称为空腹筒。框筒结构的四榀框架位于建筑物周边，形成抗侧、抗扭刚度及承载力都很大的外筒，使建筑材料得到充分的利用。

2. 框架一核心筒结构

核心筒结构的外围是由梁柱构成的框架受力体系，而中间是筒体（如电梯井、楼梯间和设备管线井道），因为筒体在中间，所以称为核心筒，又名框架一核心筒结构，如图 17-7 所示。核心筒主要承受水平力，外框架主要承受竖向荷载。最大适用高度一般不超过 150 m（6 度区）及 160 m（非抗震区）。

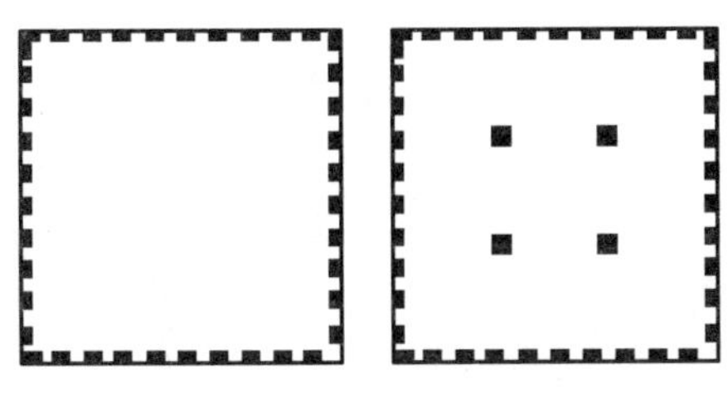

图 17-6 框筒结构平面图

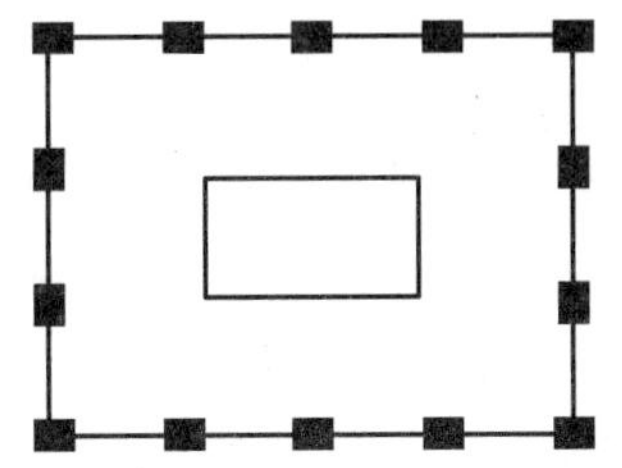

图 17-7 框架一核心筒结构平面图

3. 筒中筒结构

筒中筒结构是由外筒和内筒组成，外筒一般是框筒，内筒一般是剪力墙实腹筒体，如图 17-8 所示。当周边的框架布置较密时，可将周边框架视为外筒，而将内芯的剪力墙视为内筒，则构成筒中筒体系。外筒与内筒通过楼面梁板连成整体，共同抵抗水平力。筒中筒结构已成为 50 层以上高层建筑的主要结构体系。

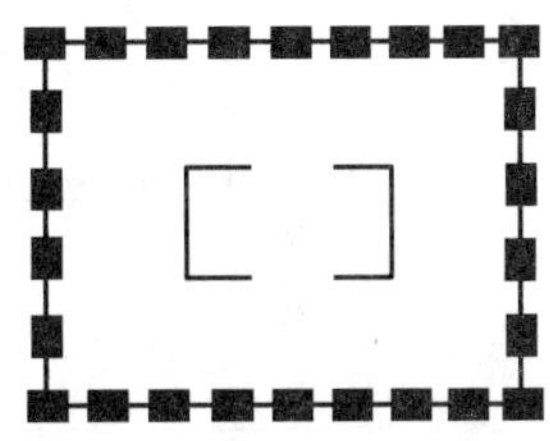

图 17-8 筒中筒结构平面图

4. 桁架筒结构

在筒体结构中，增加斜撑来抵抗水平荷载，以进一步提高结构承受水平荷载的能力，增加体系的刚度，这种结构称为桁架筒结构。如 1990 年建成的香港中银大厦，上部结构为 4 个巨型三角形桁架，斜腹杆为钢结构，竖杆为混凝土结构。钢结构楼面支承在巨型桁架上。4 个巨型桁架支承在底部三层高的巨大钢筋混凝土框架上，最后由 4 根巨型柱将全部荷载传至基础。4 个巨型桁架延伸到不同的高度，最后只有一个桁架到顶。

5. 束筒结构

束筒结构是由多个筒体组成的筒体结构，如图 17-9 所示。最典型的束筒结构的建筑应为美国芝加哥 110 层的西尔斯大厦，采用钢结构成束筒结构。1～50 层由 9 个小方筒组成一个大方形筒体，在 51～66 层截去一条对角线上的两个筒，67～90 层又截去另一条对角线上的两个筒，91 层及以上只保留两个筒，形成立面的参差错落，使立面富有变化和层次，简洁明快。这种逐步变化既有利于结构又美化了建筑造型，如图 17-10 所示。

图 17-9 束筒结构平面图

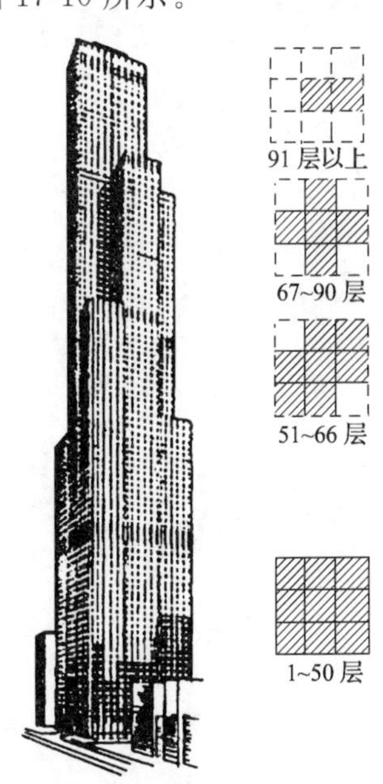

图 17-10 西尔斯大厦筒体不同高度的截面

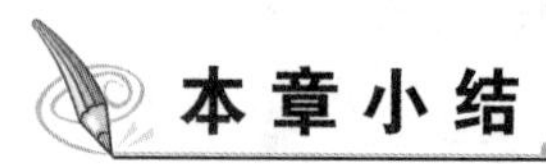

本章小结

(1)我国《高层建筑混凝土结构技术规程》以10层及10层以上或房屋高度超过28 m的住宅建筑和房屋高度大于24 m的其他高层民用建筑称为高层建筑,否则为称为多层建筑。

(2)高层建筑结构受力特点与多层建筑结构受力特点的主要区别在于侧向力成为影响结构内力、结构变形及建筑物土建造价的主要因素。

(3)高层建筑结构可以看作是底端固定的悬臂柱,承受竖向荷载和侧向力作用。

(4)多高层建筑常用的结构体系有混合结构、框架结构、框架一剪力墙结构、剪力墙结构和筒体结构等。

(5)筒体结构类型有框筒、框架一核心筒、筒中筒、桁架筒体和束筒结构等。

复习思考题

17-1　何谓高层建筑?

17-2　多层及高层建筑的结构体系有哪些?各体系的适用范围是什么?

17-3　高层建筑的受力特点是什么?

17-4　框架结构的特点是什么?

第 18 章 砌体材料及砌体力学性能

学习目标

通过本章的学习，掌握砌体的材料，砌体的种类；掌握砌体的力学性能，砌体受压破坏的特征及影响砌体抗压强度的因素；掌握砌体受压构件承载力和局部受压承载力的计算方法。

学习重点

砌体受压构件承载力和局部受压承载力的计算。

18.1 砌体材料及强度等级

砌体材料包括块体和砂浆。

微课

块材和砂浆强度等级的划分

18.1.1 块体及强度等级

块体是组成砌体的主要材料。目前我国常用的砌体块体有砖、砌块和石材。

1.砖

用于砌体结构的砖主要有烧结普通砖、烧结多孔砖、蒸压灰砂普通砖、蒸压粉煤灰普通砖和混凝土砖五种。我国标准砖的规格尺寸为 240 mm×115 mm×53 mm。

块体的强度等级用符号“MU”加相应数字表示，其数字表示块体的强度大小，单位为 MPa（即 N/mm^2）。实心砖的强度等级是根据标准试验方法所得到的砖的极限抗压强度 MPa 值来划分的，多孔砖强度等级的划分除考虑抗压强度外，还应考虑抗折强度的要求。

《砌体结构设计规范》(GB50003－2011)（以下简称《砌体规范》）将烧结普通砖、烧结多孔砖的强度等级分为 5 级：MU30、MU25、MU20、MU15 和 MU10；将蒸压灰砂普通砖、蒸压粉煤灰普通砖的强度等级分为 3 级：MU25、MU20 和 MU15；将混凝土普通砖、混凝土多孔砖的强度等级分为 4 级：MU30、MU25、MU20 和 MU15。

砖的质量除按强度等级区分外，还应满足抗冻性、吸水性和外观质量等要求。

2.混凝土砌块

混凝土砌块由普通混凝土或轻集料混凝土制成。主规格尺寸为 390 mm×190 mm×

190 mm，空心率为 25%～50%的空心砌块，简称为混凝土砌块或砌块，如图 18-1 所示。

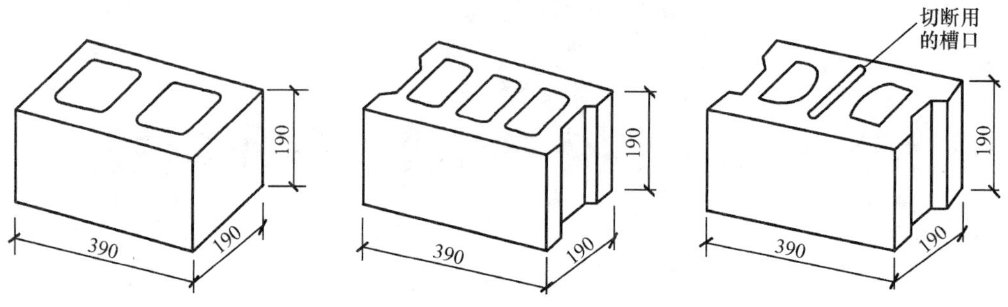

图 18-1 混凝土砌块

混凝土空心砌块的强度等级是根据标准试验方法，按毛截面面积计算的极限抗压强度 MPa 值来划分的。混凝土砌块、轻集料混凝土砌块的强度等级分为 5 级：MU20、MU15、MU10、MU7.5 和 MU5。

3. 石材

在承重结构中，常用的天然石材有花岗岩、石灰岩和凝灰岩等经过加工制成的块体。石材按其加工后的外形规则程度可分为毛石和料石两类。料石又分为细料石、粗料石和毛料石 3 种。石材的强度等级分为 7 级：MU100、MU80、MU60、MU50、MU40、MU30 和 MU20。

18.1.2 砂浆及强度等级

砂浆是由胶凝材料（如水泥、石灰等）及细集料（如粗砂、中砂、细砂等）加水搅拌而成的黏结块体的材料。砂浆的作用是将块体黏结成受力整体，抹平块体间的接触面，使应力均匀传递。同时，砂浆填满块体间的缝隙，减少了砌体的透气性，提高了砌体的隔热、防水和抗冻性能。

1. 砂浆的种类

按砂浆的组成和使用条件可分为以下几类。

(1)水泥砂浆 由水泥与砂加水拌和而成的砂浆称为水泥砂浆，由于水泥砂浆无塑性掺和料（石灰浆或黏土浆），其强度高、耐久性好，但可塑性和保水性较差，适用于砂浆强度要求较高的砌体和潮湿环境中的砌体。

(2)混合砂浆 在水泥砂浆中掺入一定塑性掺和料（石灰浆或黏土浆）所形成的砂浆称为混合砂浆。这种砂浆具有一定的强度和耐久性，而且可塑性和保水性较好，适用于砌筑一般墙、柱砌体。

(3)非水泥砂浆 非水泥砂浆是指不含水泥的石灰砂浆、石膏砂浆、粘土砂浆等。这类砂浆强度低、耐久性较差，只适用于砌筑受力不大的砌体或临时性简易建筑的砌体。

(4)混凝土砌块(砖)专用砌筑砂浆 由水泥、砂、水以及根据需要掺入的掺和料和外加剂等组分，按一定比例，采用机械拌和制成，专门用于砌筑混凝土砌块的砌筑砂浆。简称砌块专用砂浆。

(5)蒸压灰砂普通砖、蒸压粉煤灰普通砖专用砌筑砂浆 由水泥、砂、水以及根据需要掺入的掺和料和外加剂等组分，按一定比例，采用机械拌和制成，专门用于砌筑蒸压灰砂砖或蒸压粉煤灰砖砌体，且砌体抗剪强度应不低于烧结普通砖砌体的取值的砂浆。

2. 砂浆的强度等级

砂浆的强度等级用符号“M”、“Ms”、“Mb”加相应数字表示，其数字表示砂浆的强度大小，单位为 MPa(即 N/mm^2)。确定砂浆强度等级时应采用同类块体为砂浆强度试块的底模。按标准方法制作的边长为 70.7 mm 的立方体试块，在温度为 15°～25°环境下养护 28d，经抗压试验所测的抗压强度的平均值来确定。当验算施工阶段砂浆尚未硬化的新砌砌体的强度和稳定性时，可按砂浆强度为零确定其砌体强度。

《砌体规范》规定，烧结普通砖、烧结多孔砖、蒸压灰砂普通砖和蒸压粉煤灰普通砖砌体采用的普通砂浆强度等级分为 5 级：M15、M10、M7.5、M5 和 M2.5；蒸压灰砂普通砖和蒸压粉煤灰普通砖砌体采用的专用砌筑砂浆强度等级分为 4 级：Ms15、Ms10、Ms7.5、Ms5；混凝土普通砖、混凝土多孔砖、单排孔混凝土砌块和煤矸石混凝土砌块砌体采用的砂浆强度等级分为 5 级：Mb20、Mb15、Mb10、Mb7.5 和 Mb5；双排孔或多排孔轻集料混凝土砌块砌体采用的砂浆强度等级分为 3 级：Mb10、Mb7.5 和 Mb5；毛料石、毛石砌体采用的砂浆强度等级分为 3 级：M7.5、M5 和 M2.5。

3. 对砂浆质量的要求

为了满足工程设计需要和施工质量，砂浆应满足以下要求：

①砂浆应有足够的强度，以满足砌体强度及建筑物耐久性要求；

②砂浆应具有较好的可塑性，以便于砂浆在砌筑时能很容易且较均匀地铺开，保证砌筑质量和提高工效；

③砂浆应具有适当的保水性，使其在存放、运输和砌筑过程中不出现明显的泌水、分层、离析现象，以保证砌筑质量、砂浆强度和砂浆与块体之间的黏结力。

18.1.3　砌块灌孔混凝土

在混凝土砌块建筑中，为了提高房屋的整体性、承载力和抗震性能，常在砌块竖向孔洞中设置钢筋并浇筑灌孔混凝土，使其形成钢筋混凝土芯柱。在有些混凝土砌块砌体中，虽然孔内并没有配钢筋，但为了增大砌体横截面面积，或为了满足其他功能要求，也需要灌孔。混凝土砌块灌孔混凝土是由水泥、集料、水以及根据需要掺入的掺和料和外加剂等组分，按一定比例，采用机械搅拌后，用于浇注混凝土砌块砌体芯柱或其他需要填实部位孔洞的混凝土。简称砌块灌孔混凝土。砌块灌孔混凝土应具有较大的流动性，其坍落度应控制在 200～250 mm，强度等级用“Cb”表示。

18.2　砌体的种类及力学性能

18.2.1　砌体的种类

砌体可按照所用材料、砌法以及在结构中所起作用等方面的不同进行分类。按照所用材料不同可分为砖砌体、砌块砌体及石砌体；按砌体中有无配筋可分为无筋砌体和配筋砌体；按在结构中所起的作用不同可分为承重砌体和非承重砌体等。

1. 砖砌体

由砖和砂浆砌筑而成的砌体称为砖砌体。在房屋建筑中广泛用于内外墙、柱、基础等承重结构以及围护墙与隔墙等非承重结构等。承重结构一般为实心砖砌体墙，常用的砌筑方式有一顺一丁(砖长面与墙长度方向平行的则为顺砖，砖短面与墙长度方向平行的则为丁砖)、三顺一丁和梅花丁，如图 18-2 所示。

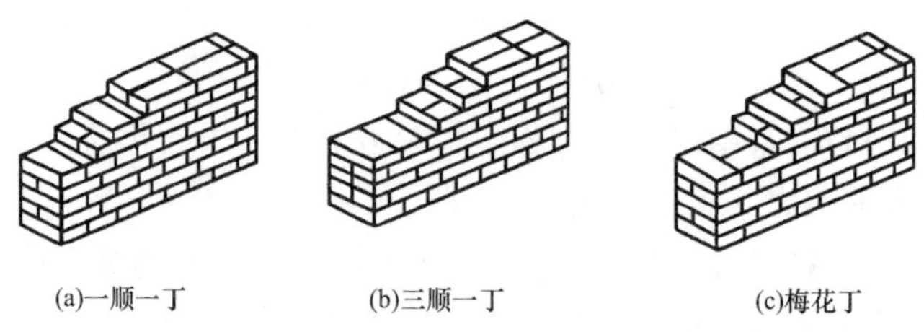

(a)一顺一丁　(b)三顺一丁　(c)梅花丁

图 18-2　实心砖墙的砌筑方式

标准砌筑的实心墙体厚度为 240 mm(一砖)、370 mm(一砖半)、490 mm(二砖)、620 mm(二砖半)、740 mm(三砖)等。有时为节约材料，墙厚可不按半砖长而按 1/4 砖长的倍数进位，即有些砖需侧砌而构成 180 mm、300 mm、420 mm 等厚度的墙体。试验表明，这些墙体的强度是符合要求的。

2. 砌块砌体

由砌块和砂浆砌筑而成的砌体称为砌块砌体。目前国内外常用的砌块砌体以混凝土小型空心砌块砌体为主，其中包括普通混凝土空心砌块砌体和轻集料混凝土空心砌块砌体。砌块砌体主要用作住宅、办公楼及学校等建筑以及一般工业建筑的承重墙或围护墙。

3. 石砌体

由天然石材和砂浆(或混凝土)砌筑而成的砌体称为石砌体。石砌体一般分为料石砌体、毛石砌体、毛石混凝土砌体，如图 18-3 所示。料石砌体和毛石砌体是用砂浆砌筑；毛石混凝土砌体是在模板内交替铺置混凝土层及形状不规则的毛石构成。石砌体常用于基础、堤坝、城墙、挡土墙等。

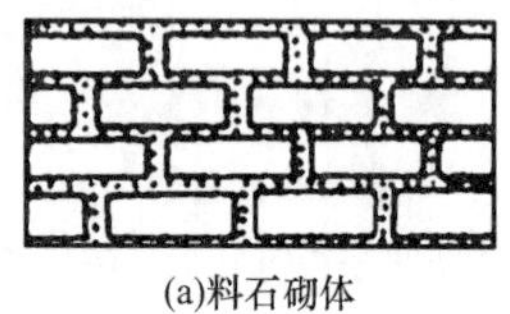

(a)料石砌体

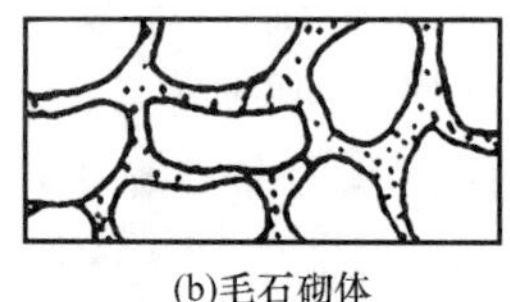

(b)毛石砌体

(c)毛石混凝土砌体

图 18-3　石砌体

4. 配筋砌体

为了提高砌体强度、减少其截面尺寸、增加砌体结构(或构件)的整体性，可在砌体中配置钢筋或钢筋混凝土，即采用配筋砌体。配筋砌体可分为配筋砖砌体和配筋砌块砌体。

(1)网状配筋砖砌体　网状配筋砖砌体又称横向配筋砖砌体，是砖柱或砖墙中每隔几皮砖在其水平灰缝中设置直径为 3～4 mm 的方格网式钢筋网片砌筑而成的砌体结构，如图 18-4 所示。在砌体受压时，网状配筋可约束和限制砌体的横向变形以及竖向裂缝的开展和延伸，从

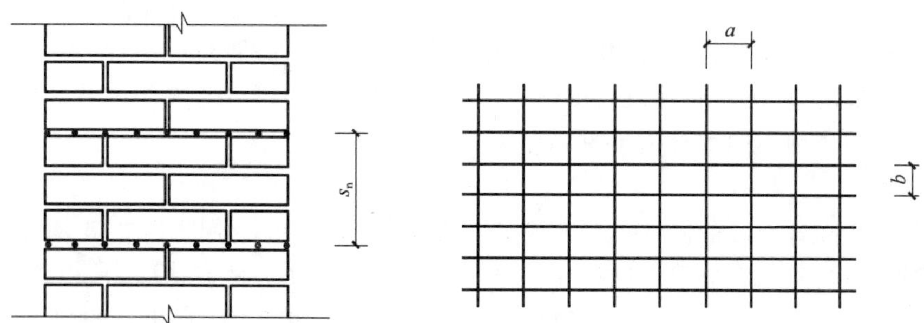

图 18-4　网状配筋砖砌体

而提高砌体的抗压强度。网状配筋砖砌体可用作承受较大轴心压力或偏心距较小的较大偏心压力的墙、柱。

(2)组合砖砌体　组合砖砌体是由砖砌体和钢筋混凝土面层或钢筋砂浆面层组成的构件，如图 18-5 所示，可以承受较大的偏心压力。

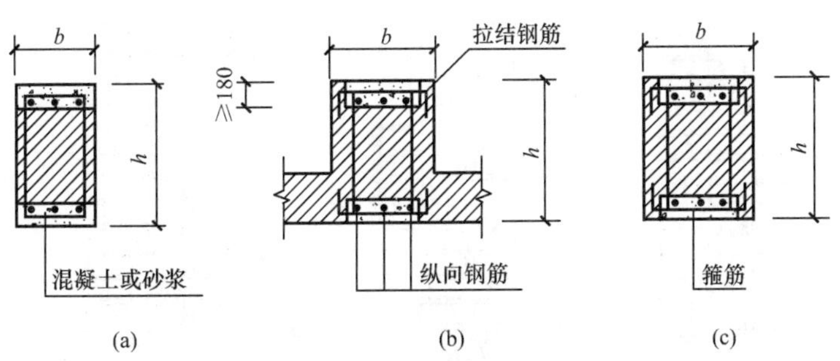

图 18-5　组合砖墙体构件截面

(3)砖砌体和钢筋混凝土构造柱组合墙　砖砌体和钢筋混凝土构造柱组合墙是在砖砌体的转角、纵横墙交接处以及每隔一定距离设置钢筋混凝土构造柱，并在各层楼盖处设置钢筋混凝土圈梁，使砖砌体墙与钢筋混凝土构造柱和圈梁组成一个整体结构，共同受力，如图 18-6 所示。

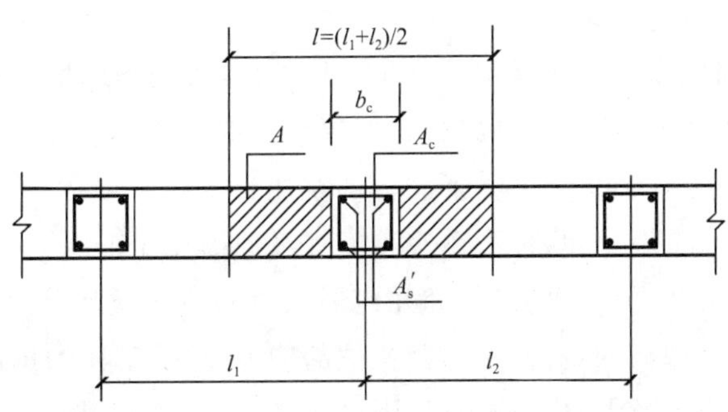

图 18-6　砖砌体和钢筋混凝土构造柱组合墙截面

18.2.2　砌体的力学性能

1.砌体的受压破坏特征

试验研究表明，砌体轴心受压从开始受力到破坏，按照裂缝的出现、发展和最终破坏，大致经历三个阶段，如图 18-7 所示。

第一阶段：从砌体受压开始，普通砖砌体当压力增大至 50%～70%的破坏荷载时，多孔砖砌体当压力增大至 70%～80%的破坏荷载时，砌体内某些单块砖在拉、弯、剪复合作用下出现第一条(批)裂缝。在此阶段砖内裂缝细小，未能穿过砂浆层，如果不再增加压力，单块砖内的裂缝也不继续发展，如图 18-7(a)所示。

第二阶段：随着荷载的增加，当压力增大至 80%～90%的破坏荷载时，单块砖内的裂缝将不断发展，并沿着竖向灰缝通过若干皮砖，并逐渐在砌体内连接成一段段较连续的裂缝。此时荷载即使不再增加，裂缝仍会继续发展，砌体已临近破坏，在工程实践中可视为构件处于十分危险状态，如图 18-7(b)所示。

第三阶段：随着荷载的继续增加，则砌体中的裂缝迅速延伸、宽度扩展，并连成通缝，连续的竖向贯通裂缝把砌体分割成半砖左右的小柱体(个别砖可能被压碎)失稳,从而导致整个砌体破坏,如图 18-7(c)所示。以砌体破坏时的压力除以砌体截面面积所得的应力值称为该砌体的极限抗压强度。

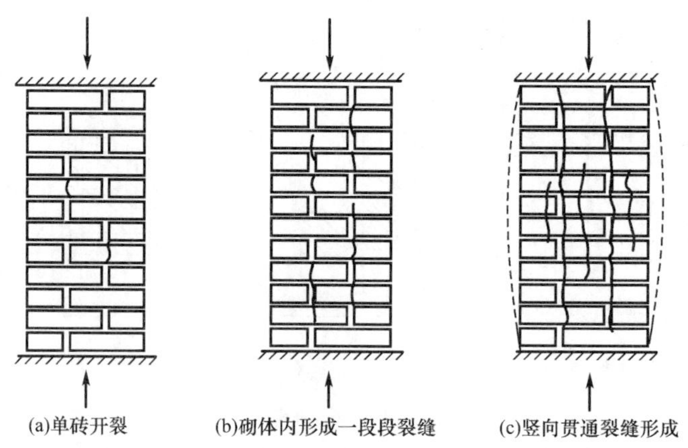

图 18-7 轴心受压砌体的破坏形态

砌体的破坏是由于单块砖受弯、剪、拉而开裂及最后形成小柱体失稳引起的,所以单块砖的抗压强度并没有真正发挥出来,故砌体的抗压强度总是远低于砖的抗压强度。

2. 影响砌体抗压强度的因素

从砌体轴心受压时的受力分析及试验结果可以看出,影响砌体抗压强度的主要因素有:

(1)块体与砂浆的强度 块体与砂浆的强度等级是确定砌体强度的最主要因素。单个块体的抗弯、抗拉强度在某种程度上决定了砌体的抗压强度。一般来说,块体和砂浆的强度越高,砌体的强度也越高,但并不与块体和砂浆强度等级的提高成正比。

(2)块体的尺寸与形状 块体的尺寸和几何形状对砌体的抗压强度有较大影响。砌体中块体的截面高度越大,其截面的抗弯、抗剪及抗拉的能力越强,砌体的抗压强度越大;块体的长度越大,其截面的弯剪应力越大,砌体的抗压强度越低;块体的形状越规则,表面越平整,块体的受弯、受剪作用越小,砌体的抗压强度越高。

(3)砂浆的流动性、保水性及弹性模量的影响 砂浆的流动性、保水性和弹性模量均对砌体的抗压强度有影响。砂浆的流动性大和保水性好时,容易铺成厚度均匀和密实性良好的灰缝,可减少单块砖内的弯剪应力,从而提高砌体强度。纯水泥砂浆的流动性较差,不易铺成均匀的灰缝层,影响砌体的强度,所以同一强度等级的混合砂浆砌筑的砌体强度要比相应纯水泥砂浆砌体高;砂浆弹性模量的大小对砌体强度亦具有较大的影响,当砖强度不变时,砂浆的弹性模量决定其变形率,砂浆的强度等级越低,变形越大,块体受到的拉剪应力就越大,砌体强度也就越低;而砂浆的弹性模量越大,其变形率越小,相应砌体的抗压强度也越高。

(4)砌筑质量与灰缝的厚度 砂浆铺砌饱满、均匀,可改善块体在砌体中的受力性能,使之较均匀地受压而提高砌体抗压强度;反之,则降低砌体强度。砂浆厚度对砌体抗压强度也有影响,灰缝厚,容易铺砌均匀,对改善单块砖的受力性能有利,但砂浆横向变形的不利影响也相应增大。砖砌体的水平灰缝厚度宜为 10 mm,但不应小于 8 mm,也不应大于 12 mm。

3. 砌体的受拉、受弯、受剪性能

在实际工程中,砌体大多数用来承受压力,以充分利用其抗压性能;但也有用于承受轴心拉力、弯曲和剪力的情况，例如，圆形水池的池壁上存在轴心拉力，挡土墙受到土侧压力形成的弯矩作用，砌体过梁在自重和楼面荷载作用下受到的弯、剪作用，拱支座处的剪力作用等。与砌体的抗压强度相比，砌体的轴心抗拉、弯曲抗拉及抗剪强度都很低。

(1)砌体的轴心受拉性能　在砌体结构中常遇到的轴心受拉构件是圆形水池的池壁，在静水压力作用下，池壁环向承受轴心拉力。

砌体在轴心拉力作用下，可能出现两种不同的破坏形态：沿齿缝截面Ⅰ-Ⅰ破坏和沿竖缝与块体截面Ⅱ-Ⅱ破坏，如图 18-8 所示。一般情况下，构件沿齿缝截面破坏，此时砌体的抗拉强度主要取决于块体与砂浆连接面的黏结强度，并与齿缝破坏面水平灰缝的总面积有关。由于块体与砂浆间的黏结强度取决于砂浆的强度等级，故此时砌体的轴心抗拉强度可由砂浆的强度等级来确定。当块体的强度等级较低，而砂浆的强度等级较高时，砌体则可能沿块体与竖向灰缝截面破坏，此时，砌体的轴心抗拉强度取决于块体的强度等级。为了防止沿块体与竖向灰缝的受拉破坏，应提高块体的最低强度等级。

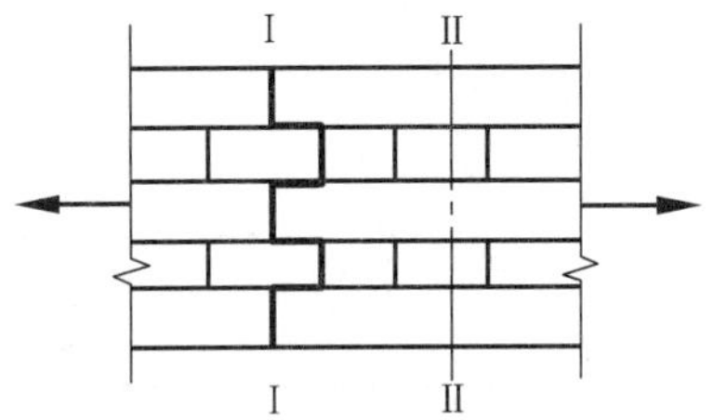

图 18-8　砌体轴心受拉的破坏形态

(2)砌体的受弯性能　在砌体结构中常遇到受弯及大偏心受压，如带壁柱的挡土墙、地下室墙体等。按其受力破坏特征可分为沿齿缝截面受弯破坏、沿通缝截面受弯破坏及沿块体与竖向灰缝截面受弯破坏三种。沿齿缝和通缝截面的受弯破坏与砂浆的强度等级有关。

(3)砌体的受剪性能　在砌体结构中常遇到的受剪构件有门窗过梁、拱过梁、墙体的过梁等。砌体在剪力作用下的破坏均为沿灰缝的破坏，故单纯受剪时砌体的抗剪强度主要取决于水平灰缝中砂浆及砂浆与块体的黏结强度。

4. 砌体的强度设计值

砌体抗压强度设计值确定方法

(1)砌体的抗压强度设计值　砌体的抗压强度设计值 f 等于砌体强度标准值 f_k 除以材料性能分项系数 γ_f，按下式计算

$$f=\frac{f_k}{\gamma_f} \tag{18-1}$$

式中　f——砌体的抗压强度设计值；

γ_f——砌体结构的材料性能分项系数，一般情况下，宜按施工质量控制等级为 B 级考虑，取 $\gamma_f=1.6$；当为 C 级时，$\gamma_f=1.8$；当为 A 级时，$\gamma_f=1.5$。

《砌体工程施工质量验收规范》(GB50203－2011)根据施工现场的质量管理、砂浆和混凝土强度、砂浆拌和方式、砌筑工人技术等级等方面的综合水平，把砌体施工质量控制等级分为 A、B、C 三级。施工质量控制等级的选择由设计单位和建设单位商定，并应在工程设计图中明确设计采用的施工质量控制等级。

对于龄期为 28d 的以毛截面计算的各类砌体抗压强度设计值，当施工质量控制等级为 B 级时，应根据块体和砂浆的强度等级分别按表 18-1～18-7 采用。当施工质量控制等级为 C 级时，表中数值应乘以调整系数 $\gamma_a=1.6/1.8=0.89$；当施工质量控制等级为 A 级时，可将表中砌体强度设计值提高 5%。

表 18-1 烧结普通砖和烧结多孔砖砌体的抗压强度设计值 MPa

砖强度等级	砂浆强度等级					砂浆强度
	M15	M10	M7.5	M5	M2.5	0
MU30	3.94	3.27	2.93	2.59	2.26	1.15
MU25	3.60	2.98	2.68	2.37	2.06	1.05
MU20	3.22	2.67	2.39	2.12	1.84	0.94
MU15	2.79	2.31	2.07	1.83	1.60	0.82
MU10	—	1.89	1.69	1.50	1.30	0.67

注：当烧结多孔砖的孔洞率大于30%时，表中数值应乘以0.9。

表 18-2 混凝土普通砖和混凝土多孔砖砌体的抗压强度设计值 MPa

砖强度等级	砂浆强度等级					砂浆强度
	Mb20	Mb15	Mb10	Mb7.5	Mb5	0
MU30	4.61	3.94	3.27	2.93	2.59	1.15
MU25	4.21	3.60	2.98	2.68	2.37	1.05
MU20	3.77	3.22	2.67	2.39	2.12	0.94
MU15	—	2.79	2.31	2.07	1.83	0.82

表 18-3 蒸压灰砂普通砖和蒸压粉煤灰普通砖砌体的抗压强度设计值 MPa

砖强度等级	砂浆强度等级				砂浆强度
	M15	M10	M7.5	M5	0
MU25	3.60	2.98	2.68	2.37	1.05
MU20	3.22	2.67	2.39	2.12	0.94
MU15	2.79	2.31	2.07	1.83	0.82

注：当采用专用砂浆砌筑时，其抗压强度设计值按表中数值采用。

表 18-4 单排孔混凝土砌块和轻集料混凝土砌块对孔砌筑砌体的抗压强度设计值 MPa

砖强度等级	砂浆强度等级					砂浆强度
	Mb20	Mb15	Mb10	Mb7.5	Mb5	0
MU20	6.30	5.68	4.95	4.44	3.94	2.33
MU15	—	4.61	4.02	3.61	3.20	1.89
MU10	—	—	2.79	2.50	2.22	1.31
MU7.5	—	—	—	1.93	1.71	1.01
MU5	—	—	—	—	1.19	0.70

注：(1)对独立柱或厚度为双排组砌的砌块砌体，应按表中数值乘以0.7；

(2)对T形截面墙体、柱，应按表中数值乘以0.85。

表 18-5 双排孔或多排孔轻集料混凝土砌块砌体的抗压强度设计值 MPa

砖强度等级	砂浆强度等级			砂浆强度
	Mb10	Mb7.5	Mb5	0
MU10	3.08	2.76	2.45	1.44

（续表）

砖强度等级	砂浆强度等级			砂浆强度
	Mb10	Mb7.5	Mb5	0
MU7.5	—	2.13	1.88	1.12
MU5	—	—	1.31	0.78
MU3.5	—	—	0.95	0.56

注：(1)表中的砌块为火山渣、浮石和陶粒轻骨料混凝土砌块；

(2)对厚度方向为双排组砌的轻骨料混凝土砌块砌体的抗压强度设计值，应按表中数值乘以 0.8。

表 18-6　　毛料石砌体的抗压强度设计值　　MPa

毛料石强度等级	砂浆强度等级			砂浆强度
	M7.5	M5	M2.5	0
MU100	5.42	4.80	4.18	2.13
MU80	4.85	4.29	3.73	1.91
MU60	4.20	3.71	3.23	1.65
MU50	3.83	3.39	2.95	1.51
MU40	3.43	3.04	2.64	1.35
MU30	2.97	2.63	2.29	1.17
MU20	2.42	2.15	1.87	0.95

注：对细料石砌体、粗料石砌体和干砌勾缝石砌体，表中数值应分别乘以调整系数 1.4、1.2 和 0.8。

表 18-7　　毛石砌体的抗压强度设计值　　MPa

毛石强度等级	砂浆强度等级			砂浆强度
	M7.5	M5	M2.5	0
MU100	1.27	1.12	0.98	0.34
MU80	1.13	1.00	0.87	0.30
MU60	0.98	0.87	0.76	0.26
MU50	0.90	0.80	0.69	0.23
MU40	0.80	0.71	0.62	0.21
MU30	0.69	0.61	0.53	0.18
MU20	0.56	0.51	0.44	0.15

(2)砌体的轴心抗拉、弯曲抗拉和抗剪强度设计值

对于龄期为 28d 的以毛截面计算的各类砌体的轴心抗拉强度设计值、弯曲抗拉强度设计值和抗剪强度设计值，当施工质量控制等级为 B 级时，强度设计值按表 18-8 采用。

表 18-8　　沿砌体灰缝截面破坏时砌体的轴心抗拉强度设计值、弯曲抗拉强度设计值和抗剪强度设计值　　MPa

强度类别	破坏特征及砌体种类		砂浆强度等级			
			≥M10	M7.5	M5	M2.5
轴心抗拉	沿齿缝	烧结普通砖、烧结多孔砖	0.19	0.16	0.13	0.09
		混凝土普通砖、混凝土多孔砖	0.19	0.16	0.13	—
		蒸压灰砂普通砖、蒸压粉煤灰普通砖	0.12	0.10	0.08	—
		混凝土和轻集料混凝土砌块	0.09	0.08	0.07	—
		毛石	—	0.07	0.06	0.04

（续表）

强度类别	破坏特征及砌体种类		砂浆强度等级			
			≥M10	M7.5	M5	M2.5
弯曲抗拉	沿齿缝	烧结普通砖、烧结多孔砖	0.33	0.29	0.23	0.17
		混凝土普通砖、混凝土多孔砖	0.33	0.29	0.23	—
		蒸压灰砂普通砖、蒸压粉煤灰普通砖	0.24	0.20	0.16	—
		混凝土和轻集料混凝土砌块	0.11	0.09	0.08	—
		毛石	—	0.11	0.09	0.07
	沿通缝	烧结普通砖、烧结多孔砖	0.17	0.14	0.11	0.08
		混凝土普通砖、混凝土多孔砖	0.17	0.14	0.11	—
		蒸压灰砂普通砖、蒸压粉煤灰普通砖	0.12	0.10	0.08	—
		混凝土和轻集料混凝土砌块	0.08	0.06	0.05	—
抗剪	烧结普通砖、烧结多孔砖		0.17	0.14	0.11	0.08
	混凝土普通砖、混凝土多孔砖		0.17	0.14	0.11	—
	蒸压灰砂普通砖、蒸压粉煤灰普通砖		0.12	0.10	0.08	—
	混凝土和轻集料混凝土砌块		0.09	0.08	0.06	—
	毛石		—	0.19	0.16	0.11

注：(1)对于用形状规则的块体砌筑的砌体，当搭接长度与块体高度的比值小于1时，其轴心抗拉强度设计值 f_t 和弯曲抗拉强度设计值 f_{tm} 应按表中数值乘以搭接长度与块体高度比值后采用；

(2)表中数值是依据普通砂浆砌筑的砌体确定，采用经研究性试验且通过技术鉴定的专用砂浆砌筑的蒸压灰砂普通砖、蒸压粉煤灰普通砖砌体，其抗剪强度设计值按相应普通砂浆强度等级砌筑的烧结普通砖砌体采用；

(3)对混凝土普通砖、混凝土多孔砖、混凝土和轻集料混凝土砌块砌体，表中的砂浆强度等级分别为：≥Mb10、Mb7.5、Mb5。

(3)砌体强度设计值的调整系数

考虑到实际工程中的一些不利的因素，各类砌体的强度设计值，当符合表18-9所列情况时，其砌体强度设计值应乘以调整系数 γ_a。

表 18-9　砌体强度设计值的调整系数

使用情况		γ_a
构件截面面积 A 小于 0.3 m^2 的无筋砌体		A +0.7
构件截面面积 A 小于 0.2 m^2 的配筋砌体		A+0.8
当砌体用强度等级小于M5.0的水泥砂浆砌筑时	对表18-1～表18-7中的数值	0.9
	对表18-8中的数值	0.8
当验算施工中房屋的构件时		1.1

注：(1)表中构件截面面积 A 以 m^2 计；

(2)当砌体同时符合表中所列几种使用时，应将砌体的强度设计值连续乘以调整系数 γ_a。

施工阶段砂浆尚未硬化的新砌砌体的强度和稳定性，可按砂浆强度为零进行验算。对于冬期施工采用掺盐砂浆法施工的砌体，砂浆强度等级按常温施工的强度等级提高一级，砌体强度和稳定性可不验算。配筋砌体不得用掺盐砂浆施工。

18.3　砌体结构构件承载力的计算

18.3.1　无筋砌体受压承载力计算

在砌体结构中，最常用的是受压构件，例如，墙、柱等。砌体受压构件的承载力主要取决于构件的截面面积、砌体的抗压强度、轴向压力的偏心距及构件的高厚比。构件的高厚比是构件的计算高度 H_0 与相应方向边长 h 的比值，用 β 表示，即 $\beta=H_0/h$。当构件的 $\beta\leqslant3$ 时称为短柱，$\beta>3$ 时称为长柱。对短柱的承载力可不考虑构件高厚比的影响。

1. 受压短柱的受力分析

当构件承受轴心压力时，构件截面上的压应力均匀分布，构件破坏时正截面所能承受的最大压应力即为砌体的轴心抗压强度。当轴向力具有较小偏心距时，构件截面上的压应力为不均匀分布，对比不同偏心距的偏心受压短柱试验发现，随着轴向力偏心距的增大，构件所能承担的轴向压力明显降低。

2. 轴心受压长柱的受力分析

长柱由于构件截面材料的不均匀和轴线的初弯曲，如图 18-9(a)所示。在承受轴心压力作用时，往往由于侧向变形增大而产生纵向弯曲破坏，因而长柱的受压承载力比短柱要低，所以在受压构件的承载力计算中要考虑稳定系数 φ 的影响。

3. 偏心受压长柱的受力分析

长柱在承受单向偏心压力作用时，因柱的侧向变形而产生纵向弯曲，引起一个附加偏心距 e_i，如图 18-9(b)所示，使得柱中部截面的轴向压力偏心距 e 增大，所以应考虑附加偏心距 e_i 对承载力的影响。

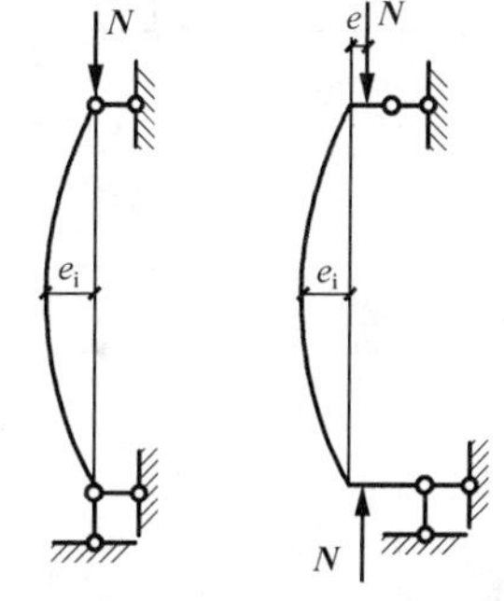

图 18-9　受压构件的纵向弯曲

《砌体规范》根据不同的砂浆强度等级和不同的偏心距及高厚比计算出 φ 值，列于表 18-10～表 18-12，供计算时查用。

表 18-10　影响系数 φ(砂浆强度等级≥M5)

β	$\frac{e}{h}$ 或 $\frac{e}{h_T}$												
	0	0.025	0.05	0.075	0.10	0.125	0.15	0.175	0.20	0.225	0.25	0.275	0.30
≤3	1.0	0.99	0.97	0.94	0.89	0.84	0.79	0.73	0.68	0.62	0.57	0.52	0.48
4	0.98	0.95	0.90	0.85	0.80	0.74	0.69	0.64	0.58	0.53	0.49	0.45	0.41
6	0.95	0.91	0.86	0.81	0.75	0.69	0.64	0.59	0.54	0.49	0.45	0.42	0.38
8	0.91	0.86	0.81	0.76	0.70	0.64	0.59	0.54	0.50	0.46	0.42	0.39	0.36
10	0.87	0.82	0.76	0.71	0.65	0.60	0.55	0.50	0.46	0.42	0.39	0.36	0.33
12	0.82	0.77	0.71	0.66	0.60	0.55	0.51	0.47	0.43	0.39	0.36	0.33	0.31
14	0.77	0.72	0.66	0.61	0.56	0.51	0.47	0.43	0.40	0.36	0.34	0.31	0.29
16	0.72	0.67	0.61	0.56	0.52	0.47	0.44	0.40	0.37	0.34	0.31	0.29	0.27
18	0.67	0.62	0.57	0.52	0.48	0.44	0.40	0.37	0.34	0.31	0.29	0.27	0.25
20	0.62	0.57	0.53	0.48	0.44	0.40	0.37	0.34	0.32	0.29	0.27	0.25	0.23
22	0.58	0.53	0.49	0.45	0.41	0.38	0.35	0.32	0.30	0.27	0.25	0.24	0.22
24	0.54	0.49	0.45	0.41	0.38	0.35	0.32	0.30	0.28	0.26	0.24	0.22	0.21
26	0.50	0.46	0.42	0.38	0.35	0.33	0.30	0.28	0.26	0.24	0.22	0.21	0.19
28	0.46	0.42	0.39	0.36	0.33	0.30	0.28	0.26	0.24	0.22	0.21	0.19	0.18
30	0.42	0.39	0.36	0.33	0.31	0.28	0.26	0.24	0.22	0.21	0.20	0.18	0.17

表 18-11　　影响系数 φ(砂浆强度等级 M2.5)

β	$\frac{e}{h}$或$\frac{e}{h_T}$												
	0	0.025	0.05	0.075	0.10	0.125	0.15	0.175	0.20	0.225	0.25	0.275	0.30
≤3	1.0	0.99	0.97	0.94	0.89	0.84	0.79	0.73	0.68	0.62	0.57	0.52	0.48
4	0.97	0.94	0.89	0.84	0.78	0.73	0.67	0.62	0.57	0.52	0.48	0.44	0.40
6	0.93	0.89	0.84	0.78	0.73	0.67	0.62	0.57	0.52	0.48	0.44	0.40	0.37
8	0.89	0.84	0.78	0.72	0.67	0.62	0.57	0.52	0.48	0.44	0.40	0.37	0.34
10	0.83	0.78	0.72	0.67	0.61	0.56	0.52	0.47	0.43	0.40	0.37	0.34	0.31
12	0.78	0.72	0.67	0.61	0.56	0.52	0.47	0.43	0.40	0.37	0.34	0.31	0.29
14	0.72	0.66	0.61	0.56	0.51	0.47	0.43	0.40	0.36	0.34	0.31	0.29	0.27
16	0.66	0.61	0.56	0.51	0.47	0.43	0.40	0.36	0.34	0.31	0.29	0.26	0.25
18	0.61	0.56	0.51	0.47	0.43	0.40	0.36	0.33	0.31	0.29	0.26	0.24	0.23
20	0.56	0.51	0.47	0.43	0.39	0.36	0.33	0.31	0.28	0.26	0.24	0.23	0.21
22	0.51	0.47	0.43	0.39	0.36	0.33	0.31	0.28	0.26	0.24	0.23	0.21	0.20
24	0.46	0.43	0.39	0.36	0.33	0.31	0.28	0.26	0.24	0.23	0.21	0.20	0.18
26	0.42	0.39	0.36	0.33	0.31	0.28	0.26	0.24	0.22	0.21	0.20	0.18	0.17
28	0.39	0.36	0.33	0.30	0.28	0.26	0.24	0.22	0.21	0.20	0.18	0.17	0.16
30	0.36	0.33	0.30	0.28	0.26	0.24	0.22	0.21	0.20	0.18	0.17	0.16	0.15

表 18-12　　影响系数 φ(砂浆强度 0)

β	$\frac{e}{h}$或$\frac{e}{h_T}$												
	0	0.025	0.05	0.075	0.10	0.125	0.15	0.175	0.20	0.225	0.25	0.275	0.30
≤3	1.0	0.99	0.97	0.94	0.89	0.84	0.79	0.73	0.68	0.62	0.57	0.52	0.48
4	0.87	0.82	0.77	0.71	0.66	0.60	0.55	0.51	0.46	0.43	0.39	0.36	0.33
6	0.76	0.70	0.65	0.59	0.54	0.50	0.46	0.42	0.39	0.36	0.33	0.30	0.28
8	0.63	0.58	0.54	0.49	0.45	0.41	0.38	0.35	0.32	0.30	0.28	0.25	0.24
10	0.53	0.48	0.44	0.41	0.37	0.34	0.32	0.29	0.27	0.25	0.23	0.22	0.20
12	0.44	0.40	0.37	0.34	0.31	0.29	0.27	0.25	0.23	0.21	0.20	0.19	0.17
14	0.36	0.33	0.31	0.28	0.26	0.24	0.23	0.21	0.20	0.18	0.17	0.16	0.15
16	0.30	0.28	0.26	0.24	0.22	0.21	0.19	0.18	0.17	0.16	0.15	0.14	0.13
18	0.26	0.24	0.22	0.21	0.19	0.18	0.17	0.16	0.15	0.14	0.13	0.12	0.12
20	0.22	0.20	0.19	0.18	0.17	0.16	0.15	0.14	0.13	0.12	0.12	0.11	0.10
22	0.19	0.18	0.16	0.15	0.14	0.14	0.13	0.12	0.12	0.11	0.10	0.10	0.09
24	0.16	0.15	0.14	0.13	0.13	0.12	0.11	0.11	0.10	0.10	0.09	0.09	0.08
26	0.14	0.13	0.13	0.12	0.11	0.11	0.10	0.10	0.09	0.09	0.08	0.08	0.07
28	0.12	0.12	0.11	0.11	0.10	0.10	0.09	0.09	0.08	0.08	0.08	0.07	0.07
30	0.11	0.10	0.10	0.09	0.09	0.09	0.08	0.08	0.07	0.07	0.07	0.07	0.06

4. 受压构件承载力的计算

在试验研究和理论分析的基础上,《砌体规范》规定,无筋砌体受压构件的承载力应按下式计算

$$N \leqslant \varphi f A \tag{18-2}$$

式中　N——轴向力设计值；

φ——高厚比 β 和轴向力的偏心矩 e 对受压构件承载力的影响系数,可按表 18-10～表 18-12 查用；

f——砌体的抗压强度设计值,按表 18-1～表 18-7 采用；

A——截面面积,对各类砌体均应按毛截面计算。

由于砌体材料的种类不同,构件的承载力有较大的差异,因此,在查影响系数 φ 值表时,构

件高厚比 β 应按下列公式计算：

对矩形截面
$$\beta=\gamma_\beta \frac{H_0}{h} \tag{18-3}$$

对 T 形截面
$$\beta=\gamma_\beta \frac{H_0}{h_T} \tag{18-4}$$

式中　H_0——受压构件的计算高度；

h——矩形截面轴向力偏心方向的边长，当轴心受压时为截面较小边长；

h_T——T 形截面的折算厚度，可近似按 $3.5i$ 计算，i 为截面回转半径；

γ_β——不同材料砌体构件的高厚比修正系数，按表 18-13 采用。

表 18-13　　高厚比修正系数 γ_β

砌体材料类别	γ_β
烧结普通砖、烧结多孔砖	1.0
混凝土普通砖、混凝土多孔砖、混凝土及轻集料混凝土砌块	1.1
蒸压灰砂普通砖、蒸压粉煤灰普通砖、细料石	1.2
粗料石、毛石	1.5

注：对灌孔混凝土砌块砌体，γ_β 取 1.0。

对矩形截面构件，当轴向力偏心方向的截面边长大于另一方向的边长时，除按偏心受压计算外，还应对较小边长方向，按轴心受压进行验算。

轴向力的偏心距 e 按内力设计值计算。当轴向力的偏心距 e 较大时，构件的承载能力明显降低，还可能使构件的受拉边出现较宽的水平裂缝。因此，《砌体规范》规定偏心距 e 不宜超过 $0.6y$ 的限值，y 为截面重心到轴向力所在偏心方向截面边缘的距离。

【例 18-1】 一无筋砌体砖柱，截面尺寸为 370 mm×490 mm，柱的计算高度为 3.3 m，承受的轴向压力标准值 $N_k=190$ kN(其中永久荷载 160 kN，包括砖柱自重)，结构的安全等级为二级，采用 MU15 蒸压灰砂普通砖和 M5 混合砂浆砌筑，施工质量控制等级为 B 级。试验算该砖柱的承载力。若施工质量控制等级降为 C 级，该砖柱的承载力是否还能满足要求？

【解】 (1)轴向力设计值的计算

第一种组合为　　$N=1.2\times160+1.4\times(190-160)=234$ kN

第二种组合为　　$N=1.35\times160+1.4\times0.7\times(190-160)=245.4\ \text{kN}>234$ kN

所以最不利轴向力设计值 $N=245.4$ kN。

(2)施工质量控制等级为 B 级的承载力验算

柱截面面积 $A=0.37\times0.49=0.181\ \text{m}^2<0.3\ \text{m}^2$，砌体强度设计值应乘以调整系数 γ_a

$$\gamma_a=0.7+0.181=0.881$$

查表 18-3 得砌体抗压强度设计值 1.83 MPa，$f=0.881\times1.83=1.612$ MPa。

$$\beta=\gamma_\beta \frac{H_0}{h}=1.2\times\frac{3.3}{0.37}=10.7$$

查表 18-10 得 $\varphi=0.853$。

$$\varphi fA=0.853\times1.612\times0.181\times10^6=248.88\times10^3\ \text{N}=248.88\ \text{kN}>N=245.4\ \text{kN}$$

满足要求。

(3)施工质量控制等级为 C 级的承载力验算

当施工质量控制等级为 C 级时，砌体抗压强度设计值应予降低，此时

$$f=1.612\times\frac{1.6}{1.8}=1.612\times0.89=1.433$$

$$\varphi fA=0.853\times1.433\times0.181\times10^6=221.25\times10^3\ \text{N}=221.25\ \text{kN}<N=245.4\ \text{kN}$$

不满足要求。

【例 18-2】 一矩形截面偏心受压柱，截面尺寸为 370 mm×620 mm，计算高度 $H_0=6$ m，采用 MU15 蒸压粉煤灰普通砖和 M5 混合砂浆砌筑，施工质量控制等级为 B 级。承受轴向力设计值 $N=120$ kN，沿长边方向作用的弯矩设计值 $M=15$ kN·m，试验算该偏心受压砖柱的承载力是否满足要求？

【解】 (1)验算柱长边方向的承载力

偏心距 e 的值为

$$e=\frac{M}{N}=\frac{15\times10^6}{120\times10^3}=125\ \text{mm}<0.6y=0.6\times310=186\ \text{mm}$$

$$\frac{e}{h}=\frac{125}{620}=0.202,\quad \beta=\gamma_\beta\frac{H_0}{h}=1.2\times\frac{6000}{620}=11.61$$

查表 18-10 得 $\varphi=0.433$。

柱截面面积 $A=0.37\times0.62=0.229\ \text{m}^2<0.3\ \text{m}^2$，$\gamma_a=0.7+0.229=0.929$。

查表 18-3 得砌体抗压强度设计值 $f=1.83$ MPa。

$\varphi(\gamma_a f)A=0.433\times0.929\times1.83\times0.229\times10^6=168.57\times10^3\ \text{N}=168.57\ \text{kN}>N=120\ \text{kN}$ 满足要求。

(2)验算垂直弯矩作用平面的承载力

$\beta=\gamma_\beta\dfrac{H_0}{h}=1.2\times\dfrac{6000}{370}=19.46$，查表 18-10 得 $\varphi=0.634$。

$$\begin{aligned}\varphi(\gamma_a f)A&=0.634\times0.929\times1.83\times0.229\times10^6\\&=246.83\times10^3\ \text{N}=246.83\ \text{kN}>N=120\ \text{kN}\end{aligned}$$

满足要求。

18.3.2 砌体局部受压承载力计算

1.砌体局部受压的特点

当轴向力只作用在砌体的局部截面上时，称为局部受压。如果砌体的局部受压面积 A_l 上受到的压应力是均匀分布的，称为局部均匀受压；否则，为局部非均匀受压。例如，支承轴心受压柱的砌体基础为局部均匀受压；梁或屋架支承处的砌体一般为局部非均匀受压。

试验研究结果表明，砌体局部受压大致有三种破坏形态：

(1)因竖向裂缝发展引起的破坏 这种破坏的特点是，当局部压力达到一定数值时，在距加载垫板 1～2 皮砖以下的砌体内首先出现第一批竖向裂缝；随着局部压力的增加，竖向裂缝逐渐向上和向下发展，并出现其他竖向裂缝和斜向裂缝，裂缝数量不断增多。其中部分竖向裂缝延伸并开展形成一条主要裂缝使砌体丧失承载力而破坏，如图 18-10(a)所示。这是砌体局部受压破坏中较常见也较为基本的破坏形态。

(2)劈裂破坏 当砌体面积与局部受压面积之比很大时，在局部压应力的作用下产生的竖向裂缝少而集中，砌体一旦出现竖向裂缝，就很快成为一条主裂缝而发生劈裂破坏，开裂荷载与破坏荷载很接近，如图 18-10(b)所示。

(3)与垫板直接接触的砌体局部破坏 这种破坏在试验时很少出现，但在工程中当墙梁的梁高与跨度之比较大，砌体强度较低时，有可能产生梁支承处附近砌体被压碎的现象，如图18-10(c)所示。

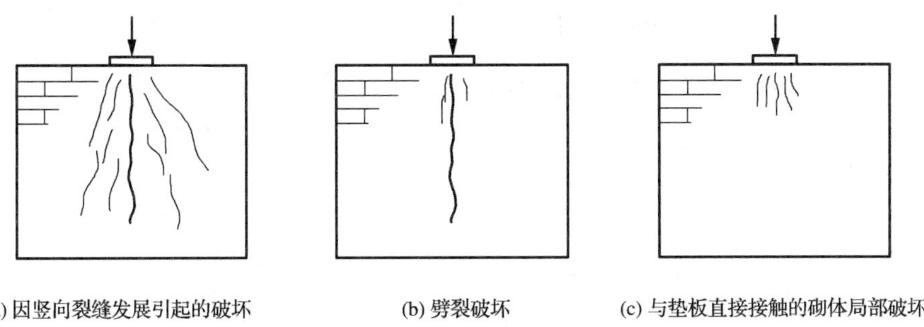

图 18-10　砌体局部均匀受压破坏形态

砌体局部受压时，直接受压的局部范围内的砌体抗压强度有较大程度的提高，这主要有两方面的原因，一方面是局部受压的砌体在产生纵向变形的同时还产生横向变形，未直接承受压力的周围砌体像套箍一样约束其横向变形，使在一定高度范围内的砌体处于三向或双向受压状态，大大地提高了砌体的局部抗压强度，称为"套箍强化"作用；另一方面是由于砌体搭缝砌筑，局部压应力能够向未直接承受压力的周围砌体迅速扩散，从而使应力很快变小，称为"应力扩散"作用。

2. 局部均匀受压

(1)受压承载力计算　砌体截面中受局部均匀压力时的承载力计算公式为

$$N_l \leqslant \gamma f A_l \tag{18-5}$$

式中　N_l——局部受压面积上的轴向力设计值；

A_l——局部受压面积；

f——砌体的抗压强度设计值，局部受压面积小于 0.3 m^2，可不考虑强度调整系数 γ_a 的影响；

γ——砌体局部抗压强度提高系数，按下式计算

$$\gamma = 1 + 0.35\sqrt{\frac{A_0}{A_l} - 1} \tag{18-6}$$

A_0——影响砌体局部抗压强度的计算面积。

(2)砌体局部抗压强度提高系数的限值　为了避免 A_0/A_l 大于某一限值时会在砌体内出现危险的劈裂破坏，《砌体规范》规定对按式(18-6)计算所得的 γ 值，尚应符合下列规定：

①在图 18-11(a)的情况下，$\gamma \leqslant 2.5$；

②在图 18-11(b)的情况下，$\gamma \leqslant 2.0$；

③在图 18-11(c)的情况下，$\gamma \leqslant 1.5$；

④在图 18-11(d)的情况下，$\gamma \leqslant 1.25$；

⑤对混凝土砌块灌孔砌体，在①、②的情况下，尚应符合 $\gamma \leqslant 1.5$；未灌孔混凝土砌块砌体，$\gamma = 1.0$；

⑥对多孔砖砌体孔洞难以灌实时，应按 $\gamma = 1.0$ 取用；当设置混凝土垫块时，按垫块下的砌体局部受压计算。

3. 梁端支承处砌体局部受压

(1)梁端有效支承长度　当梁端支承在砌体上时，由于梁的挠曲变形和支承处砌体的压缩

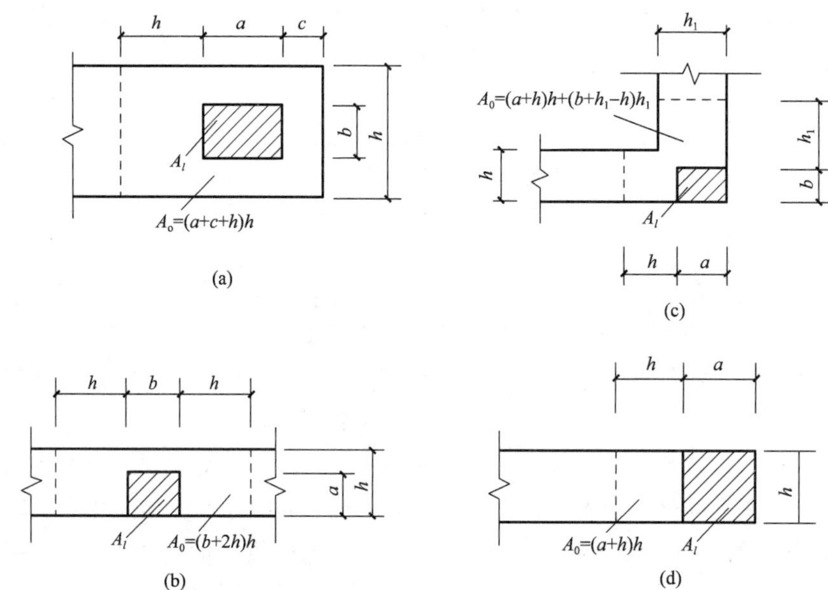

图 18-11 影响局部抗压强度的面积 A_0

变形，使梁末端向上翘并与部分砌体脱开，因而梁端有效支承长度 a_0 可能小于其实际支承长度 a，而且梁下砌体的局部压应力也非均匀分布，如图 18-12 所示。

图 18-12 梁端局部受压

《砌体规范》给出梁端有效支承长度的计算公式为

$$a_0 = 10\sqrt{\frac{h_c}{f}} \tag{18-7}$$

式中 a_0——梁端有效支承长度(mm)，当 $a_0 > a$ 时，应取 $a_0 = a$，a 为梁端实际支承长度，mm；

h_c——梁的截面高度，mm；

f——砌体的抗压强度设计值，MPa。

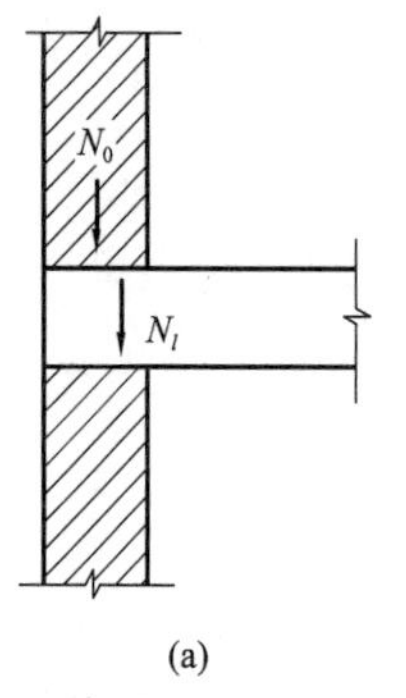

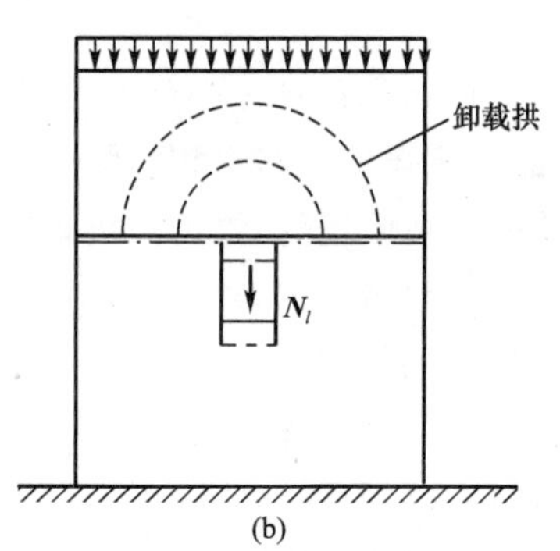

图 18-13 上部荷载对局部抗压强度的影响

(2)上部荷载对局部抗压的影响 多层砌体房屋作用在梁端砌体上的轴向压力除了有梁端支承压力 N_l 外，还有由上部荷载产生的轴向力 N_0，如图 18-13(a)所示。设上部砌体内作用的平均压应力为 σ_0，如果梁与墙上下界面紧密接触，则梁端底部承受的上部荷载传来的压力 $N_0 = \sigma_0 A_l$。

如果上部荷载在梁端上部砌体中产生的平均压应力 σ_0 较小，即上部砌体产生的压缩变形较小；而此时，若 N_l 较大，梁端底部的砌体将产生较大的压缩变形，由此使梁端顶面与砌体逐渐脱开产生水平缝隙，原作用于这部分砌体的上部荷载逐渐通过砌体内形成的卸载(内)拱卸至两边砌体向下传递，如图 18-13(b)所示，从而减小了梁端直接传递的压力，这种内力重分布现象对砌体的局部受压是有利的，将这种工作机理称为砌体的内拱作用。但如果 σ_0 较大，梁端上部砌体产生的压缩变形较大，梁端顶面不再与砌体脱开，上部砌体形成的卸载(内)拱作用将消失。

内拱的卸载作用还与 A_0/A_l 的大小有关，试验表明，当 $A_0/A_l>2$ 时，内拱的卸载作用很明显，可忽略不计上部荷载对砌体局部抗压强度的影响。偏于安全，《砌体规范》规定当 $A_0/A_l\geqslant 3$ 时，不考虑上部荷载的影响。

(3)梁端支承处砌体局部受压承载力计算　根据试验结果，梁端支承处砌体的局部受压承载力应按下列公式计算

$$\psi N_0+N_l\leqslant \eta\gamma fA_l \tag{18-8}$$

$$\psi=1.5-0.5\frac{A_0}{A_l} \tag{18-9}$$

$$N_0=\sigma_0 A_l \tag{18-10}$$

$$A_l=a_0 b \tag{18-11}$$

式中　ψ——上部荷载的折减系数，当 $A_0/A_l\geqslant 3$ 时，应取 ψ 等于 0；

N_0——局部受压面积内上部轴向力设计值，N；

N_l——梁端支承压力设计值，N；

σ_0——上部平均压应力设计值，N/mm^2；

η——梁端底面压应力图形的完整系数，可取 0.7，对于过梁和墙梁可取 1.0；

a_0——梁端有效支承长度，按式(18-7)计算，mm；

b——梁的截面宽度，mm；

f——砌体的抗压强度设计值，MPa。

4.梁下设有刚性垫块的砌体局部受压

当梁端局部受压承载力不满足要求时，通常采用在梁端下设置预制或现浇混凝土垫块，使局部受压面积增大，是较有效的方法之一。当垫块的高度 $t_b\geqslant 180$ mm，且垫块自梁边缘起挑出的长度不大于垫块的高度时，称为刚性垫块。刚性垫块不但可以增大局部受压面积，还可以使梁端压力能较好地传至砌体表面。试验表明，垫块底面积以外的砌体对局部受压范围内的砌体有约束作用，使垫块下的砌体抗压强度提高，但考虑到垫块底面压应力分布不均匀，偏于安全，取垫块外砌体面积的有利影响系数 $\gamma_1=0.8\gamma$(γ 为砌体的局部抗压强度提高系数)。同时，垫块下的砌体处于偏心受压状态，故刚性垫块下砌体的局部受压可采用砌体偏心受压的公式计算。

在梁端设有预制或现浇刚性垫块的砌体局部受压承载力按下列公式计算

$$N_0+N_l\leqslant \varphi\gamma_1 fA_b \tag{18-12}$$

$$N_0=\sigma_0 A_b \tag{18-13}$$

$$A_b=a_b b_b \tag{18-14}$$

式中　N_0——垫块面积 A_b 内上部轴向力设计值，N；

φ——垫块上 N_0 及 N_l 合力的影响系数，应采用表 18-10～表 18-12 中当 $\beta\leqslant 3$ 时的 φ 值；

γ_1——垫块外砌体面积的有利影响系数，γ_1 应为 0.8γ，但不小于 1.0。γ 为砌体局部抗压强度提高系数，按公式(18-6)以 A_b 代替 A_l 计算得出；

A_b——垫块面积，mm^2；

a_b——垫块伸入墙内的长度，mm；

b_b——垫块的宽度，mm。

刚性垫块的构造应符合下列规定：

①刚性垫块的高度不应小于 180 mm，自梁边算起的垫块挑出长度不应大于垫块高度 t_b；

②在带壁柱墙的壁柱内设刚性垫块时，如图 18-14 所示，其计算面积应取壁柱范围内的面积，而不应计算翼缘部分，同时壁柱上垫块伸入翼墙内的长度不应小于 120 mm；

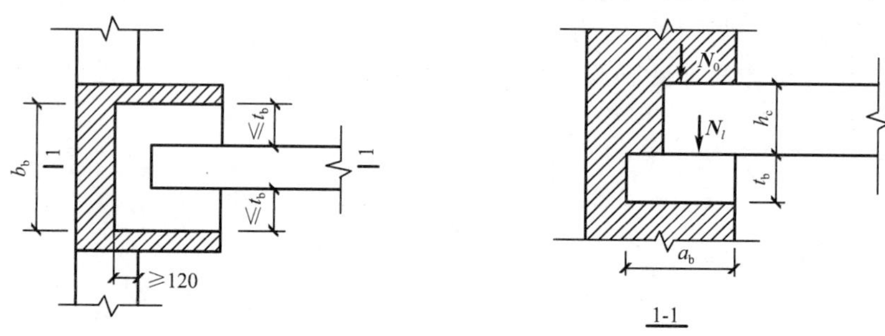

图 18-14　壁柱上设有垫块时梁端局部受压

③当现浇垫块与梁端整体浇筑时，垫块可在梁高范围内设置。

梁端设有刚性垫块时，梁端有效支承长度 a_0 应按下式确定

$$a_0 = \delta_1 \sqrt{\frac{h_c}{f}} \tag{18-15}$$

式中　δ_1——刚性垫块的影响系数，可按表 18-14 采用。

垫块上 N_l 作用点的位置可取 $0.4\ a_0$ 处。

表 18-14　　**系数 δ_1 值表**

σ_0/f	0	0.2	0.4	0.6	0.8
δ_1	5.4	5.7	6.0	6.9	7.8

注：表中其间的数值可采用插入法求得。

5. 梁下设有长度大于 πh_0 的钢筋混凝土垫梁

在实际工程中，常在梁或屋架端部下面的砌体墙上设置连续的钢筋混凝土梁，如圈梁等。此钢筋混凝土梁可把承受的局部集中荷载扩散到一定范围的砌体墙上起到垫块的作用，故称为垫梁，如图 18-15 所示。由于垫梁是柔性的，在分析垫梁下砌体的局部受压时，可将垫梁看作承受集中荷载的“弹性地基”上的无限长梁，“弹性地基”的宽度即为墙厚 h。

根据试验分析，当垫梁长度大于 πh_0 时，在局部集中荷载作用下，垫梁下砌体受到的竖向压应力在长度 πh_0 范围内分布取为三角形，应力峰值可达 $1.5\ f$。此时，垫梁下的砌体局部受压承载力可按下列公式计算

$$N_0 + N_l \leqslant 2.4\delta_2 f b_b h_0 \tag{18-16}$$

$$N_0 = \frac{\pi b_b h_0 \sigma_0}{2} \tag{18-17}$$

$$h_0 = 2\sqrt[3]{\frac{E_c I_c}{Eh}} \tag{18-18}$$

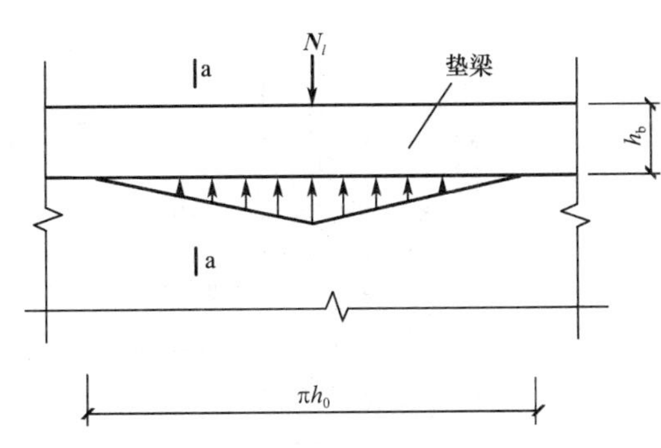

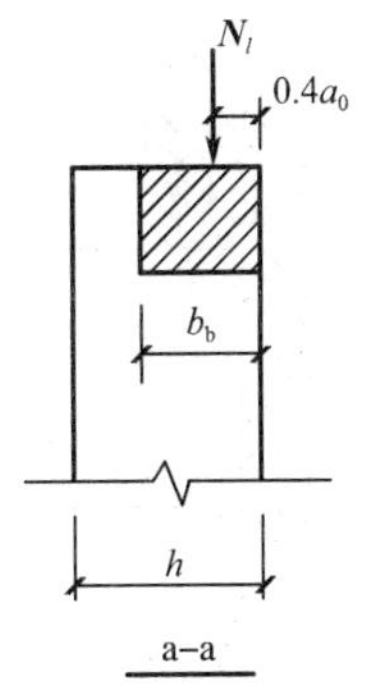

图 18-15　垫梁局部受压

式中　N_0——垫梁上部轴向力设计值，N；

b_b——垫梁在墙厚方向的宽度，mm；

δ_2——垫梁底面压应力分布系数，当荷载沿墙厚方向均匀分布时 δ_2 可取 1.0，不均匀时 δ_2 可取 0.8；

h_0——垫梁折算高度，mm；

E_c、I_c——垫梁的混凝土弹性模量和截面惯性矩；

h_b——垫梁的高度；

E——砌体的弹性模量；

h——墙厚，mm。

【例 18-3】 某房屋的基础采用 MU15 混凝土普通砖和 Mb7.5 水泥砂浆砌筑，其上支承截面尺寸为 250 mm×250 mm 的钢筋混凝土柱，如图 18-16 所示，柱作用于基础顶面中心处的轴向力设计值 $N_l=215$ kN，试验算柱下砌体的局部受压承载力是否满足要求。

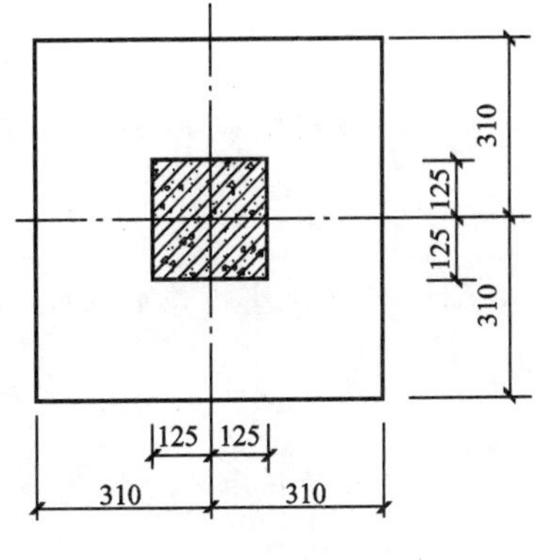

图 18-16　基础平面图

【解】 (1)水泥砂浆砌筑 Mb7.5＞Mb5，查表 18-9 知 $\gamma_a=1.0$；查表 18-2 得砌体抗压强度设计值 $f=2.07$ MPa。

砌体的局部受压面积 $A_l=0.25\times0.25=0.0625$ m^2。

影响砌体抗压强度的计算面积 $A_0=0.62\times0.62=0.3844$ m^2。

(2)砌体局部抗压强度提高系数

$$\gamma=1+0.35\sqrt{\frac{A_0}{A_l}-1}=1+0.35\sqrt{\frac{0.3844}{0.0625}-1}=1.79<2.5$$

(3)砌体局部受压承载力

$\gamma f A_l=1.79\times2.07\times0.0625\times10^6=231.58\times10^3$ N$=231.58$ kN$>N_l=215$ kN

满足要求。

【例 18-4】 某房屋窗间墙上梁的支承情况如图 18-17 所示。梁的截面尺寸为 $b\times h=$ 200 mm×550 mm，在墙上的支承长度 $a=240$ mm。窗间墙截面尺寸为 1200 mm×370 mm，采用 MU10 烧结普通砖和 M2.5 混合砂浆砌筑，梁端支承压力设计值 $N_l=70$ kN，梁底墙体截面处的上部荷载轴向力设计值为 165 kN，试验算梁端支承处砌体的局部受压承载力。

【解】 (1)查表 18-1 得砌体抗压强度设计值 $f=1.30$ MPa。

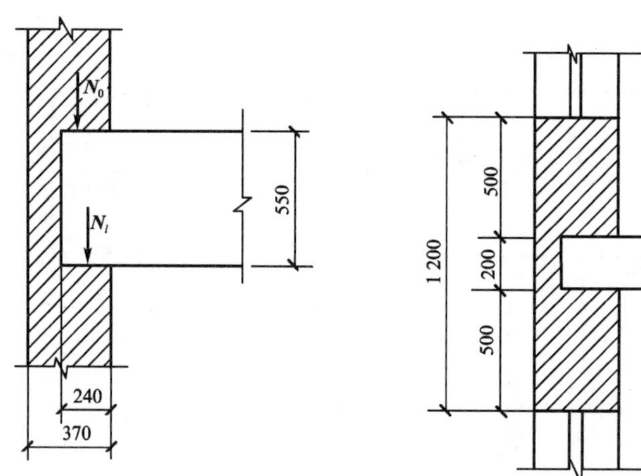

图 18-17 窗间墙上梁的支承情况

梁端底面压应力图形的完整系数 $\eta=0.7$。

(2)梁端有效支承长度

$$a_0=10\sqrt{\frac{h_c}{f}}=10\sqrt{\frac{550}{1.3}}=205.7\ \text{mm}<a=240\ \text{mm}$$

取 $a_0=205.7$ mm。

(3)局部受压面积、影响砌体局部抗压强度的计算面积

$$A_l=a_0b=205.7\times200=41140\ \text{mm}^2$$

$$A_0=(b+2h)h=(200+2\times370)\times370=347800\ \text{mm}^2$$

(4)影响砌体局部抗压强度提高系数

$$\frac{A_0}{A_l}=\frac{347800}{41140}=8.45>3.0$$

故不考虑上部荷载的影响,取 $\psi=0$。

$$\gamma=1+0.35\sqrt{\frac{A_0}{A_l}-1}=1+0.35\sqrt{\frac{347800}{41140}-1}=1.96<2.0$$

(5)局部受压承载力验算

$\eta\gamma fA_l=0.7\times1.96\times1.3\times41140=73.38\times10^3\,N=73.38\ \text{kN}>N_l=70\ \text{kN}$

满足要求。

本章小结

(1)常用的块体有烧结普通砖、烧结多孔砖、蒸压灰砂普通砖、蒸压粉煤灰普通砖、混凝土砖、混凝土砌块和石材。砂浆按其组成成分和使用条件的不同可分为水泥砂浆、混合砂浆、非水泥砂浆、混凝土砌块(砖)专用砌筑砂浆、蒸压灰砂普通砖和蒸压粉煤灰普通砖专用砌筑砂浆。应根据结构构件的不同受力及使用条件合理选择块体和砂浆类型及其强度等级。

(2)按砌体中有无配筋可分为无筋砌体和配筋砌体两大类。无筋砌体又分为砖砌体、混凝土砌块砌体及石砌体;配筋砌体可分为配筋砖砌体和配筋砌块砌体。

(3)砌体主要用于受压构件,故砌体轴心抗压强度是砌体最重要的力学指标。砌体轴心受压

从开始受力到破坏大致经历了单块砖先裂、裂缝贯穿若干皮砖、形成独立小柱体等三个特征阶段。

(4)砌体的轴心抗拉强度、弯曲抗拉强度及抗剪强度主要取决于砂浆或块体强度等级。当砂浆的强度等级较低时，发生沿齿缝或通缝截面破坏，主要与砂浆的强度等级有关；当块体的强度等级较低时，常发生沿块体截面破坏，主要与块体的强度等级有关。

(5)无筋砌体构件是砌体结构中最常见的构件，按照高厚比的不同可分为短柱和长柱。在截面尺寸、材料强度等级和施工质量相同的情况下，影响无筋砌体受压构件承载力的主要因素是构件的高厚比 β 和相对偏心距 e，《砌体规范》用承载力影响系数 φ 来考虑这两种因素的影响，对短柱和长柱、轴心受压和偏心受压构件采用统一的受压承载力计算公式。同时，为避免构件在使用阶段产生较宽的水平裂缝和较大的侧向变形，《砌体规范》规定轴向力的偏心距 e 不应超过 $0.6y$，当不能满足时应采取措施。

(6)局部受压是砌体结构中常见的一种受力状态，分为局部均匀受压和非局部均匀受压两种情况。由于“套箍强化”和“应力扩散”作用，使局部受压范围内的砌体抗压强度有较大程度的提高，采用砌体局部抗压强度提高系数 γ 来反映。

(7)梁端局部受压时，由于梁的挠曲变形和砌体压缩变形的影响，梁端的有效支承长度 a_0 和实际支承长度 a 不同，梁端下砌体的局部压应力也非均匀分布。当梁端支承处的砌体局部受压承载力不满足要求时，应在梁端下的砌体内设置垫块或垫梁。

复习思考题

18-1　砌体的种类有哪些？

18-2　砂浆在砌体中起什么作用？有哪些砂浆类型？

18-3　块体和砂浆的强度等级如何表示？在什么情况下砂浆强度取为零？

18-4　对砂浆的质量有什么要求？

18-5　轴心受压砌体的破坏特征有哪些？

18-6　为什么砌体抗压强度一般远小于块体的抗压强度？

18-7　影响砌体抗压强度的因素有哪些？

18-8　什么是砌体施工质量控制等级，在设计时如何体现？

18-9　如何区分长柱和短柱？

18-10　偏心距如何计算？在受压承载力计算中偏心距的大小有何限值？

18-11　砌体局部受压可能发生哪几种破坏形态？为什么砌体局部受压时抗压强度有明显的提高？

18-12　什么是砌体局部抗压强度提高系数？如何计算？

18-13　什么是梁端砌体的内拱作用？在什么情况下应考虑内拱作用？

18-14　当梁端支承处砌体局部受压承载力不满足要求时，可采取哪些措施？

18-15　混凝土刚性垫块有何要求？如何计算设置刚性垫块后的砌体局部受压？

习 题

18-1 已知一轴心受压柱，柱的截面尺寸为 $b\times h=370\ \text{mm}\times 490\ \text{mm}$，采用 MU15 混凝土普通砖、Mb5 混合砂浆砌筑，施工质量控制等级为 B 级，柱的计算高度 $H_0=3.6\ \text{m}$，承受轴向力设计值 $N=140\ \text{kN}$，试验算该柱的受压承载力。

18-2 一矩形截面偏心受压柱，柱的截面尺寸为 $b\times h=490\ \text{mm}\times 620\ \text{mm}$，采用 MU15 蒸压灰砂普通砖、M7.5 混合砂浆砌筑，施工质量控制等级为 B 级，柱的计算高度 $H_0=7\ \text{m}$，承受轴向力设计值 $N=350\ \text{kN}$，沿长边方向弯矩设计值 $M=11.2\ \text{kN}\cdot\text{m}$，试验算该柱的受压承载力。

18-3 如图 18-18 所示一钢筋混凝土柱，柱的截面尺寸为 $b\times h=200\ \text{mm}\times 240\ \text{mm}$，支承在砖墙上，墙厚 240 mm，采用 MU15 混凝土普通砖、Mb5 混合砂浆砌筑，施工质量控制等级为 B 级，柱传给墙的轴向力设计值 $N=135\ \text{kN}$，试验算柱下砌体局部受压承载力。

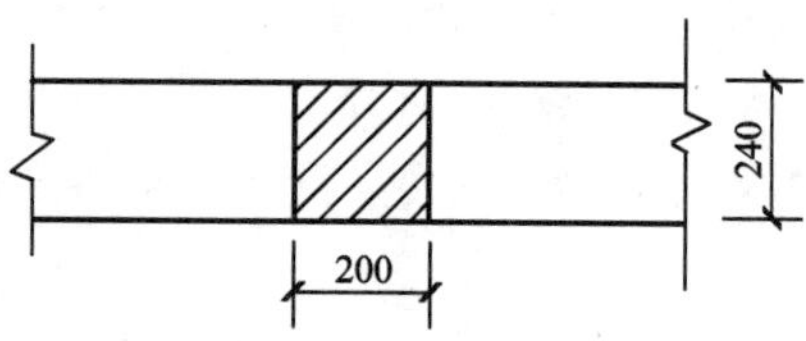

图 18-18 习题 18-3 图

18-4 某窗间墙截面尺寸为 $1000\ \text{mm}\times 240\ \text{mm}$，采用 MU10 烧结普通砖、M5 混合砂浆砌筑，施工质量控制等级为 B 级，墙上支承钢筋混凝土梁，支承长度 240 mm，梁截面尺寸 $b\times h=200\ \text{mm}\times 500\ \text{mm}$，梁端支承压力设计值为 $N_l=50\ \text{kN}$，梁底截面上部荷载传来的轴向力设计值为 120 kN，试验算梁端砌体局部受压承载力。

第 18 章

第19章 混合结构房屋墙体设计

学习目标

通过本章的学习，了解房屋承重墙体的结构布置和房屋的静力计算方案；掌握墙、柱高厚比验算的方法；了解刚性方案房屋计算；熟悉过梁、圈梁、挑梁和雨篷的构造要求；掌握墙体结构的构造措施，能熟读砌体相关部位的构造图。

学习重点

墙、柱高厚比验算；墙体结构的构造措施。

混合结构房屋通常是指屋盖、楼盖等水平承重结构的构件采用钢筋混凝土、轻钢或木材，而墙体、柱、基础等竖向承重结构的构件采用砌体（砖、石、砌块）材料。

在混合结构房屋中，通常将平行于房屋长向布置的墙体称为纵墙；平行于房屋短向布置的墙体称为横墙；房屋四周与外界隔离的墙体称为外墙；外横墙又称为山墙；其余的墙体称为内墙，内墙中仅起隔断作用而不承受楼板荷载的墙称为隔墙，其厚度可适当减小。

19.1 混合结构房屋的结构布置和静力计算方案

19.1.1 混合结构房屋的结构布置方案

混合结构房屋的结构布置方案主要是指承重墙体和柱的布置方案。墙体和柱的布置要满足建筑和结构两方面的要求。根据结构承重体系及竖向荷载传递路线的不同，房屋的结构布置可分为纵墙承重、横墙承重、纵横墙混合承重和内框架承重四种方案。

1. 纵墙承重方案

纵墙承重方案是指纵墙直接承受屋面、楼面荷载的结构方案。如图19-1所示为某仓库屋面结构布置图，其屋盖为预制屋面大梁或屋架和屋面板。这种方案房屋的竖向荷载的主要传递路线为：

板→梁（屋架）→纵墙→基础→地基

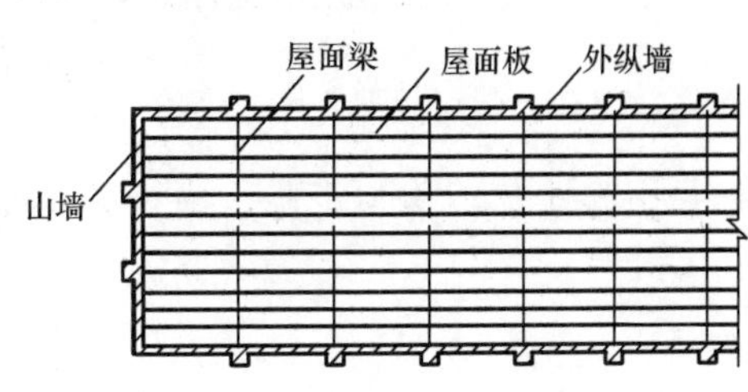

图19-1 纵墙承重方案

这种承重方案的特点是房屋空间较大，平面

布置比较灵活。但是由于纵墙上有大梁或屋架，纵墙承受的荷载较大，设置在纵墙上的门窗洞口大小和位置受到一定限制，而且由于横墙数量少，房屋的横向刚度较差，一般适用于单层厂房、仓库、酒店、食堂等建筑。

2. 横墙承重方案

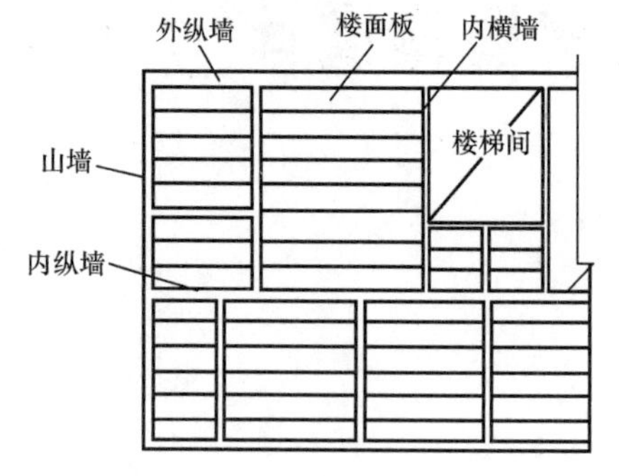

图 19-2　横墙承重方案

由横墙直接承受屋面、楼面荷载的结构方案。如图 19-2 所示为某住宅楼(一个单元)标准层的结构布置图，房间的楼板直接支承在横墙上，纵墙仅承受墙体本身自重。这种方案房屋的竖向荷载的主要传递路线为：

楼(屋)面板→横墙→基础→地基

这种承重方案的特点是横墙数量多、间距小，房屋的横向刚度大，整体性好；由于纵墙是非承重墙，对纵墙上设置门窗洞口的限制较少，立面处理比较灵活。横墙承重适合于房间大小较固定的宿舍、住宅、旅馆等建筑。

3. 纵横墙混合承重方案

当建筑物的功能要求房间的大小变化较多时，为了结构布置的合理性，通常采用纵横墙混合承重方案，如图 19-3 所示。这种方案房屋的竖向荷载的主要传递路线为：

$$\text{楼(屋)面板}\rightarrow\left\{\begin{matrix}\text{梁}\rightarrow\text{纵墙}\\\text{横墙或纵墙}\end{matrix}\right\}\rightarrow\text{基础}\rightarrow\text{地基}$$

这种承重方案的特点是既可保证有灵活布置的房间，又具有较大的空间刚度和整体性，所以适用于办公楼、教学楼、医院等建筑。

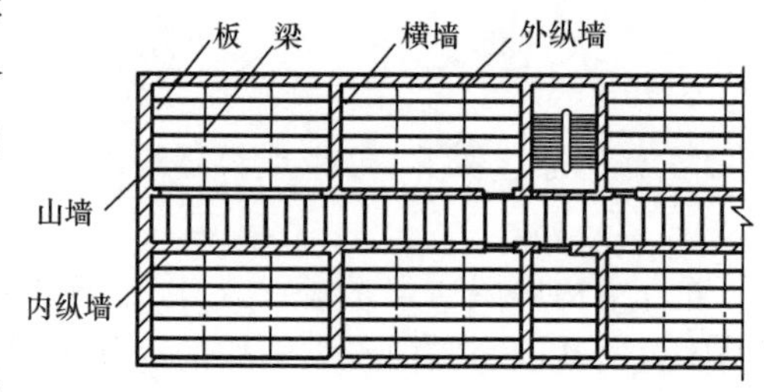

图 19-3　纵横墙混合承重方案

4. 内框架承重方案

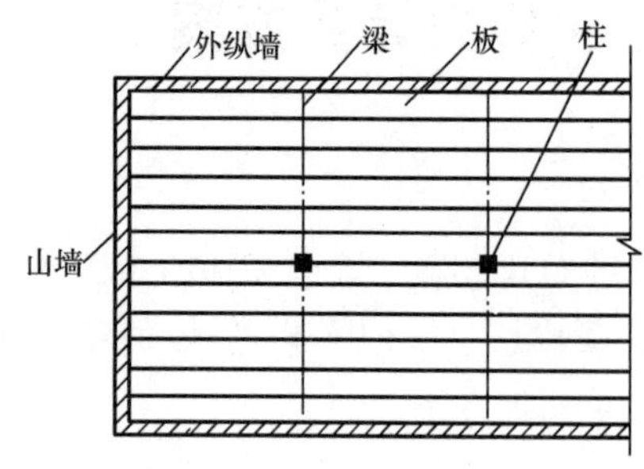

图 19-4　内框架承重方案

内框架承重方案由房屋内部的钢筋混凝土框架和外部的砖墙或砖柱组成，如图 19-4 所示，该结构布置为楼板铺设在梁上，梁两端支承在外纵墙上，中间支承在柱上。这种方案房屋的竖向荷载的主要传递路线为：

$$\text{楼(屋)面板}\rightarrow\text{梁}\rightarrow\left\{\begin{matrix}\text{外纵墙}\rightarrow\text{外纵墙基础}\\\text{柱}\rightarrow\text{柱基础}\end{matrix}\right\}\rightarrow\text{地基}$$

这种承重方案的特点是平面布置灵活，有较大的使用空间，但横墙较少，房屋的空间刚度较差。另外由于竖向承重构件材料不同，基础形式亦不同，因此施工较复杂，易引起地基不均匀沉降。内框架承重方案一般适用于多层工业厂房、仓库和商店等建筑。

19.1.2　混合结构房屋的静力计算方案

根据试验研究分析，房屋的空间工作性能，主要取决于楼、屋盖水平刚度和横墙间距大小。当屋盖或楼盖的水平刚度大，横墙间距小，则房屋的空间刚度就大，在水平荷载或偏心竖向荷载作用下，水平位移就小，甚至可以忽略不计；反之，当屋盖或楼盖的水平刚度较小，横墙间距较大时，房屋空间刚度就小，其水平位移就必须考虑。

《砌体规范》根据房屋空间刚度的大小把房屋的静力计算方案分为刚性方案、弹性方案和刚弹性方案三种。

1. 刚性方案

当横墙间距小、楼盖或屋盖水平刚度较大时，则房屋的空间刚度也较大，在水平荷载作用下，房屋顶端的水平位移很小，可以忽略不计，在确定墙柱的计算简图时，将承重墙柱视为一根竖向构件，屋盖或楼盖作为墙柱的不动铰支座，这种方案称为刚性方案，如图 19-5(a)所示。

2. 弹性方案

当房屋的横墙间距较大，楼盖或屋盖水平刚度较小，则在水平荷载作用下，房屋顶端的水平位移很大，接近于平面结构体系，故在确定墙柱的计算简图时，就不能把楼盖或屋盖视为墙柱的不动铰支承，而应视为可以自由位移的悬臂端，按平面排架计算墙柱的内力，这种方案称为弹性方案，如图 19-5(b)所示

3. 刚弹性方案

房屋的空间刚度介于刚性方案和弹性方案之间，其楼盖或屋盖具有一定的水平刚度，横墙间距不太大，能起一定的空间作用，在水平荷载作用下，房屋顶端水平位移较弹性方案的水平位移小，但又不可忽略不计，这种方案称为刚弹性方案。刚弹性方案房屋的墙柱内力计算应按屋盖或楼盖处具有弹性支承的平面排架计算，如图 19-5(c)所示。

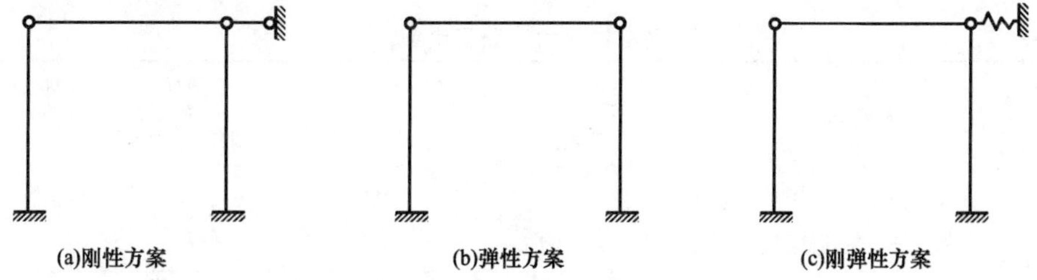

(a)刚性方案　　(b)弹性方案　　(c)刚弹性方案

图 19-5　三种计算静力方案的计算简图

影响房屋空间性能的因素很多，除上述的屋盖刚度和横墙间距外，还有屋架的跨度、排架的刚度、荷载类型及多层房屋层与层之间的相互作用等。《砌体规范》为方便计算，仅考虑屋盖刚度和横墙间距两个主要因素的影响，按房屋空间刚度(作用)大小，将混合结构房屋静力计算方案分为三种，见表 19-1。

表 19-1　房屋的静力计算方案

	屋盖或楼盖类别	刚性方案	刚弹性方案	弹性方案
1	整体式、装配整体式和装配式无檩体系钢筋混凝土屋盖或钢筋混凝土楼盖	$s<32$	$32\leqslant s\leqslant 72$	$s>72$

（续表）

	屋盖或楼盖类别	刚性方案	刚弹性方案	弹性方案
2	装配式有檩体系钢筋混凝土屋盖、轻钢屋盖和有密铺望板的木屋盖或木楼盖	$s<20$	$20\leqslant s\leqslant 48$	$s>48$
3	瓦材屋面的木屋盖和轻钢屋盖	$s<16$	$16\leqslant s\leqslant 36$	$s>36$

注：(1)表中 s 为房屋横墙间距，其长度单位为 m；

(2)当屋盖、楼盖类别不同或横墙间距不同时，可按《砌体规范》第 4.2.7 条的规定确定房屋的静力计算方案；

(3)对无山墙或伸缩缝处无横墙的房屋，应按弹性方案考虑。

需要注意的是，从表 19-1 中可以看出，横墙间距是确定房屋静力计算方案的一个重要条件，因此作为刚性和刚弹性方案房屋的横墙，《砌体规范》规定应符合下列规定：

①横墙中开有洞口时，洞口的水平截面面积不应超过横墙截面面积的 50%；

②横墙的厚度不宜小于 180 mm；

③单层房屋的横墙长度不宜小于其高度，多层房屋的横墙长度不宜小于 $H/2$(H 为横墙总高度)。

当横墙不能同时符合上述要求时，应对横墙的刚度进行验算。如其最大水平位移值 $\mu_{max}\leqslant H/4000$ 时，仍可视作刚性或刚弹性方案房屋的横墙。

19.2 墙柱高厚比验算

混合结构房屋中的墙、柱均是受压构件，除了应满足承载力的要求外，还必须保证其稳定性，《砌体规范》规定，用验算墙、柱高厚比的方法来保证在施工和使用阶段墙、柱的稳定性，即要求墙、柱高厚比不超过允许高厚比。

高厚比验算包括两个方面：一是允许高厚比的限值；二是墙、柱实际高厚比的确定。

19.2.1 墙柱的计算高度

对墙、柱进行承载力计算或验算高厚比时所采用的高度，称为计算高度。它是由墙、柱的实际高度 H，并根据房屋类别和构件支承条件来确定的。《砌体规范》规定，受压构件的计算高度 H_0 可按表 19-2 采用。

表 19-2　受压构件的计算高度 H_0

房屋类别			柱		带壁柱墙或周边拉结的墙		
			排架方向	垂直排架方向	$s>2H$	$2H\geqslant s>H$	$s\leqslant H$
有吊车的单层房屋	变截面柱上段	弹性方案	$2.5H_u$	$1.25H_u$	$2.5H_u$		
		刚性、刚弹性方案	$2.0H_u$	$1.25H_u$	$2.0H_u$		
	变截面柱下段		$1.0H_l$	$0.8H_l$	$1.0H_l$		
无吊车的单层和多层房屋	单跨	弹性方案	$1.5H$	$1.0H$	$1.5H$		
		刚弹性方案	$1.2H$	$1.0H$	$1.2H$		
	多跨	弹性方案	$1.25H$	$1.0H$	$1.25H$		
		刚弹性方案	$1.10H$	$1.0H$	$1.1H$		
	刚性方案		$1.0H$	$1.0H$	$1.0H$	$0.4s+0.2H$	$0.6s$

注：(1)表中 H_u 为变截面柱的上段高度；H_l 为变截面柱的下段高度；

(2) 对于上段为自由端的构件，$H_0=2H$；

(3) 独立砖柱，当无柱间支撑时，柱在垂直排架方向的 H_0 应按表中数值乘以 1.25 后采用；

(4) s 为房屋横墙间距；

(5) 自承重墙的计算高度应根据周边支承或拉结条件确定。

表中的构件高度 H，应按下列规定采用：

(1)在房屋底层，为楼板顶面到构件下端支点的距离。下端支点的位置，可取在基础顶面。当埋置较深且有刚性地坪时，可取室外地面下 500 mm 处。

(2)在房屋其他层，为楼板或其他水平支点间的距离；

(3)对于无壁柱的山墙，可取层高加山墙尖高度的 1/2；对于带壁柱的山墙可取壁柱处的山墙高度。

19.2.2　墙柱的允许高厚比

墙、柱高厚比的限值称允许高厚比，用[β]表示。《砌体规范》按砌体类型和砂浆强度等级的大小规定了无洞口的承重墙、柱的允许高厚比[β]，见表 19-3。

表 19-3　　墙、柱的允许高厚比[β]值

砌体类型	砂浆强度	墙	柱
无筋砌体	M2.5 M5.0 或 Mb5.0、Ms5.0 ≥M7.5 或 Mb7.5、Ms7.5	22 24 26	15 16 17
配筋砌块砌体	—	30	21

注：(1)毛石墙、柱的允许高厚比应按表中数值降低 20%；

(2)带有混凝土或砂浆面层的组合砖砌体构件的允许高厚比，可按表中数值提高 20%，但不得大于 28；

(3)验算施工阶段砂浆尚未硬化的新砌砌体构件高厚比时，允许高厚比对墙取 14，对柱取 11。

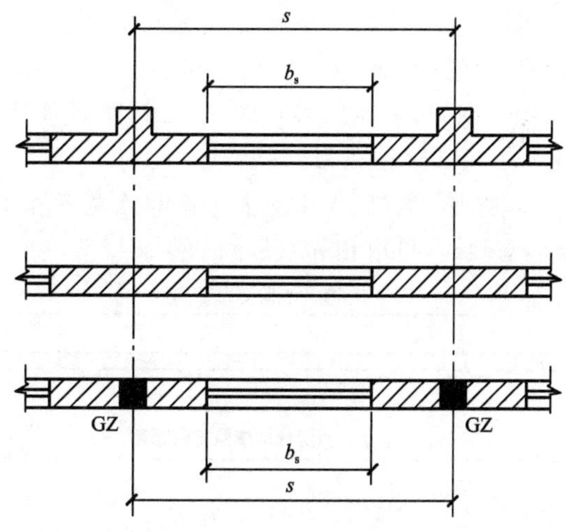

图 19-6　门窗洞口宽度示意图

19.2.3　墙、柱的高厚比验算

1. 一般墙、柱的高厚比验算

$$\beta=\frac{H_0}{h}\leqslant\mu_1\mu_2[\beta] \tag{19-1}$$

式中　H_0——墙、柱的计算高度，按表 19-2 采用；

h——墙厚或矩形柱与 H_0 相对应的边长；

[β]——墙、柱的允许高厚比，按表 19-3 采用。

μ_1——自承重墙允许高厚比的修正系数。当 $h=240$ mm 时，$\mu_1=1.2$；当 $h=90$ mm 时，$\mu_1=1.5$；当 240 mm$>h>$90 mm 时，μ_1 按插入法取值；

μ_2——有门窗洞口墙允许高厚比的修正系数，按下式计算

$$\mu_2=1-0.4\frac{b_s}{s} \tag{19-2}$$

b_s——在宽度 s 范围内的门窗洞口总宽度，如图 19-6 所示；

s——相邻窗间墙、壁柱或构造柱之间的距离。

当按公式(19-2)计算的 μ_2 的值小于 0.7 时，μ_2 取 0.7；当洞口高度等于或小于墙高的 1/5 时，μ_2 取 1.0；当洞口高度大于或等于墙高的 4/5 时，可按独立墙段验算高厚比。

当与墙连接的相邻两墙间的距离 $s\leqslant\mu_1\mu_2[\beta]h$ 时，墙的高度可不受式(19-1)的限制；变截面柱的高厚比可按上、下截面分别验算，其计算高度可按表 19-2 及其有关规定采用。验算上柱的高厚比时，墙、柱的允许高厚比可按表 19-3 的数值乘以 1.3 后采用。

2. 带壁柱墙的高厚比验算

(1)整片墙的高厚比验算

$$\beta=\frac{H_0}{h_T}\leqslant\mu_1\mu_2[\beta] \tag{19-3}$$

式中 h_T——带壁柱墙截面的折算厚度，$h_T=3.5i$；

i——带壁柱墙截面的回转半径，$i=\sqrt{I/A}$；

I、A——分别为带壁柱墙截面的惯性矩和截面面积。

当确定带壁柱墙的计算高度 H_0 时，s 应取相邻横墙间的距离 s_w，如图 19-7 所示；在确定截面回转半径 i 时，带壁柱墙的计算截面翼缘宽度 b_f，可按下列规定采用：

①多层房屋，当有门窗洞口时，可取窗间墙宽度；当无门窗洞口时，每侧翼墙宽度可取壁柱高度(层高)的 1/3，但不应大于相邻壁柱间距离；

②单层房屋，可取壁柱宽加 2/3 墙高，但不应大于窗间墙宽度和相邻壁柱间距离；

③计算带壁柱墙的条形基础时，可取相邻壁柱间的距离。

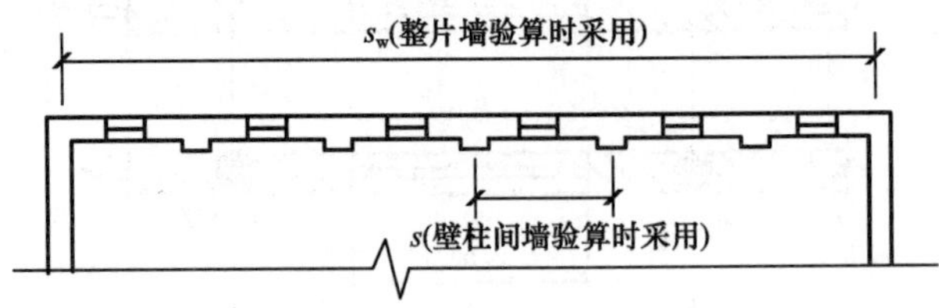

图 19-7 带壁柱墙验算图

(2)壁柱间墙的高厚比验算

壁柱间墙的高厚比可按无壁柱墙公式(19-1)进行验算。此时可将壁柱视为壁柱间墙的不动铰支座。因此计算 H_0 时，s 应取相邻壁柱间的距离，而且不论带壁柱墙体的房屋的静力计算采用何种计算方案，H_0 一律按表 19-2 中的刚性方案取用。

3. 带构造柱墙的高厚比验算

(1)整片墙的高厚比验算

$$\beta=\frac{H_0}{h_T}\leqslant\mu_1\mu_2\mu_c[\beta] \tag{19-4}$$

式中 μ_c——带构造柱墙允许高厚比[β]修正系数，可按下式计算

$$\mu_c = 1 + \gamma \frac{b_c}{l} \tag{19-5}$$

式中　γ——系数。对细料石砌体，$\gamma=0$；对混凝土砌块、混凝土多孔砖、粗料石、毛料石及毛石砌体，$\gamma=1.0$；其他砌体，$\gamma=1.5$；

b_c——构造柱沿墙长方向的宽度；

l——构造柱的间距。

当 $b_c/l>0.25$ 时取 $b_c/l=0.25$，当 $b_c/l<0.05$ 时取 $b_c/l=0$。

由于在施工过程中大多是采用先砌筑墙体后浇筑构造柱，因此考虑构造柱有利作用的高厚比验算不适用于施工阶段，并应注意采取措施保证构造柱在施工阶段的稳定性。

(2)构造柱间墙的高厚比验算

构造柱间墙的高厚比仍可按式(19-1)进行验算。此时可将构造柱视为壁柱间墙的不动铰支座。因此计算 H_0 时，s 应取相邻构造柱间的距离，而且不论带构造柱墙体的房屋的静力计算采用何种计算方案，H_0 一律按表 19-2 中的刚性方案取用。

【例 19-1】　某混合结构办公楼底层平面图如图 19-8 所示，采用装配式钢筋混凝土楼(屋)盖，外墙厚 370 mm，内纵墙与横墙厚 240 mm，隔墙厚 120 mm，底层墙高 $H=4.5$ m(从基础顶面算起)，隔墙高 H=3.5 m。承重墙采用 M5 混合砂浆；隔墙采用 M2.5 混合砂浆。试验算底层墙的高厚比。

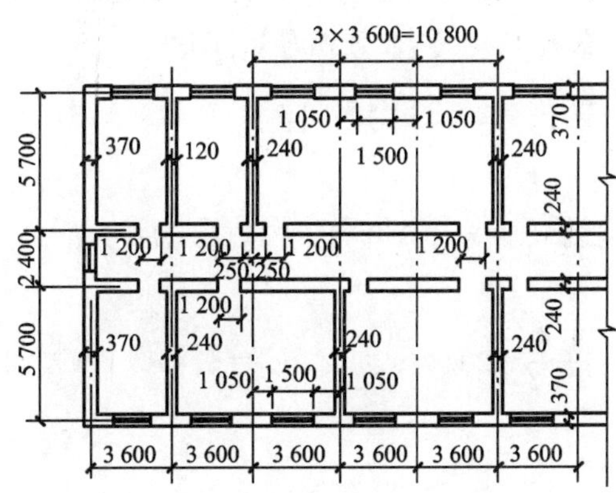

图 19-8　办公楼底层平面图

【解】　(1)确定静力计算方案

最大横墙间距 $s=3.6\times3=10.8$ m<32 m，查表 19-1 属刚性方案。

(2)外纵墙高厚比验算

$s=3.6\times3=10.8$ m$>2H=2\times4.5=9$ m，查表 19-2，计算高度 $H_0=1.0H=4.5$ m。

砂浆强度等级 M5，查表 19-3 得，允许高厚比$[\beta]=24$。外墙为承重墙，故 $\mu_1=1.0$

$$\mu_2 = 1 - 0.4\frac{b_s}{s} = 1 - 0.4\times\frac{1.5}{3.6} = 0.833 > 0.7$$

$$\beta = \frac{H_0}{h} = \frac{4.5}{0.37} = 12.16 < \mu_1\mu_2[\beta] = 1.0\times0.833\times24 = 19.99$$

满足要求。

(3)内纵墙高厚比验算

内纵墙为承重墙，故 $\mu_1=1.0$。

$$\mu_2=1-0.4\frac{b_s}{s}=1-0.4\times\frac{1.2}{3.6}=0.867>0.7$$

$$\beta=\frac{H_0}{h}=\frac{4.5}{0.24}=18.75<\mu_1\mu_2[\beta]=1.0\times0.867\times24=20.81$$

满足要求。

(4)内横墙高厚比验算

纵墙间距 $s=5.7$ m，$H=4.5$ m，所以 $H<s<2H$。

查表 19-2，计算高度 $H_0=0.4s+0.2H=0.4\times5.7+0.2\times4.5=3.18$ m。

内横墙为承重墙且无洞口，故 $\mu_1=1.0$，$\mu_2=1.0$。

$$\beta=\frac{H_0}{h}=\frac{3.18}{0.24}=13.25<\mu_1\mu_2[\beta]=1.0\times1.0\times24=24$$

满足要求。

(5)隔墙高厚比验算

隔墙一般后砌在地面垫层上，上端用斜放立砖顶住楼板，故应按顶端为不动铰支承点考虑。

如隔墙与纵墙同时砌筑，则 $s=5.7$ m，$H=3.5$ m，$H<s<2H$。

查表 19-2，计算高度 $H_0=0.4s+0.2H=0.4\times5.7+0.2\times3.5=2.98$ m。

隔墙为非承重墙，厚 $h=120$ mm，内插得 $\mu_1=1.44$，隔墙上未开洞 $\mu_2=1.0$。

砂浆强度等级 M2.5，查表 19-3 得，允许高厚比 $[\beta]=22$。

$$\beta=\frac{H_0}{h}=\frac{2.98}{0.12}=24.83<\mu_1\mu_2[\beta]=1.44\times1.0\times22=31.68$$

满足要求。

如隔墙为后砌墙，与两端纵墙无拉结作用，可按 $s>2H$ 查表 19-2 求计算高度，此时 $H_0=1.0H=3.5$ m。

$$\beta=\frac{H_0}{h}=\frac{3.5}{0.12}=29.17<\mu_1\mu_2[\beta]=1.44\times1.0\times22=31.68$$

满足要求。

19.3 刚性方案房屋墙体的计算

现以单层刚性方案房屋为例，介绍刚性方案房屋计算的方法。

19.3.1 承重纵墙的计算

单层刚性方案房屋承重纵墙计算时，一般应取荷载较大、截面削弱最多具有代表性的一个开间作为计算单元。由于结构的空间作用，房屋纵墙顶端的水平位移很小，在作内力分析时认为水平位移为零。

1. 计算简图

在结构简化为计算简图的过程中，考虑了下列假定：

①纵墙、柱下端在基础顶面处固接，上端与屋面大梁(或屋架)铰接；

②屋盖结构可视为纵墙上端的不动铰支座。

根据上述假定，其计算简图为无侧移的平面排架，如图 19-9(b)所示，每片纵墙均可以按上端支承在不动铰支座和下端支承在固定支座上的竖向构件单独进行计算，使计算简化，如图 19-9(c)所示。

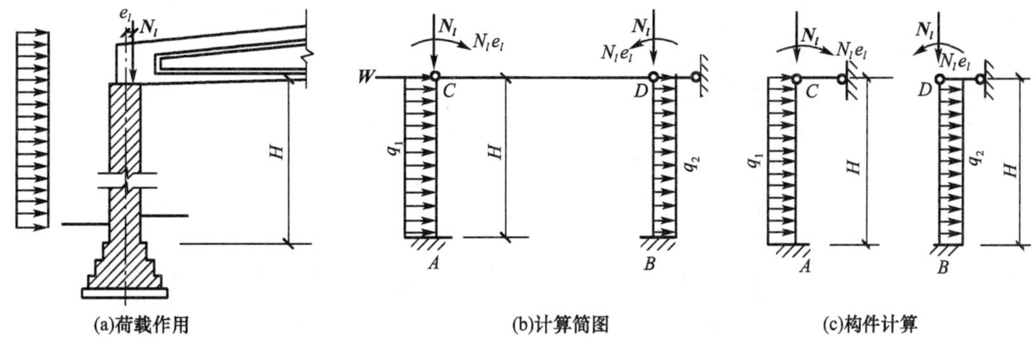

图 19-9　单层刚性方案房屋承重纵墙的计算简图

2. 荷载计算

(1)屋面荷载作用　屋面荷载包括屋面构件的自重、屋面活荷载或雪荷载，有的还有积灰荷载，这些荷载通过屋架或屋面大梁以集中力的形式作用于墙体顶端。通常情况下，屋架或屋面大梁传至墙体顶端的集中力 N_l 的作用点对墙体中心线有一个偏心距 e_l，如图 19-9(a)所示，所以作用于墙体顶端的屋面荷载由轴心压力 N_l 和 $M=N_le_l$ 组成。

(2)风荷载作用　由作用于屋面上和墙面上的风荷载两部分组成。屋面上的风荷载(包括作用在女儿墙上的风荷载)一般简化为作用于墙、柱顶端的集中荷载 W，对于刚性方案房屋，W 直接通过屋盖传至横墙，再由横墙传至基础后传给地基。墙面上的风荷载为均布荷载，应考虑两种风向，即按迎风面(压力)q_1、背风面(吸力)q_2 分别考虑，如图 19-9(b)所示。

(3)墙体自重　包括砌体、内外粉刷及门窗的自重，作用于墙体的轴线上。当墙、柱为等截面时，自重不引起弯矩；当墙、柱为变截面时，上阶柱自重 G_1 对下阶柱各截面产生弯矩 $M_1=G_1e_1$(e_1 为上下阶柱轴线间距离)。因 M_1 在施工阶段就已经存在，应按悬臂构件计算。

3. 内力计算

(1)屋面荷载作用　在屋面荷载作用下，对于等截面墙、柱，内力可直接用结构力学的方法，按一次超静定求解，如图 19-10(a)所示，其内力为

$$\left.\begin{aligned}R_C=-R_A&=-\frac{3M}{2H}\\M_C&=M\\M_A&=-M/2\\M_x&=\frac{M}{2}\left(2-3\,\frac{x}{H}\right)\end{aligned}\right\}\tag{19-6}$$

(2)风荷载作用　在均布风荷载作用下，如图 19-10(b)所示，墙体内力为

$$\left.\begin{aligned}R_C&=\frac{3q}{8}H\\R_A&=\frac{5q}{8}H\\M_A&=\frac{q}{8}H^2\\M_x&=-\frac{qH}{8}x\left(3-4\,\frac{x}{H}\right)\end{aligned}\right\}\tag{19-7}$$

当 $x=\frac{3}{8}H$ 时，$M_{\max}=-\frac{9qH^2}{128}$。

对迎风面 $q=q_1$，对背风面 $q=q_2$。

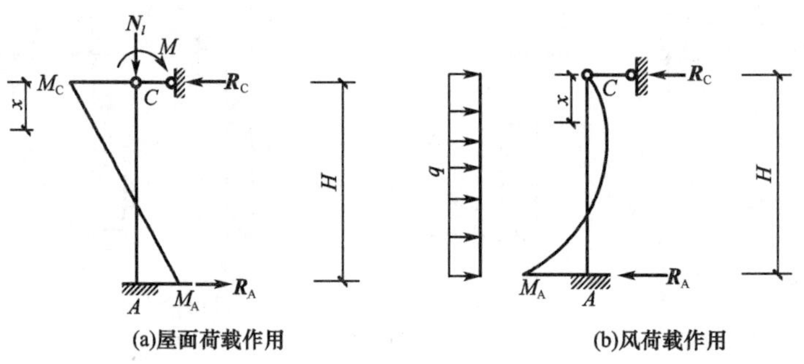

图 19-10 屋面及风荷载作用下墙内力图

19.3.2 承重横墙的计算

单层刚性方案房屋中，横墙承重时，可将屋盖视为横墙的不动铰支座，计算简图和纵墙时相同。其特点为：

①取 1 m 宽的横墙作为计算单元；

②横墙两侧屋盖传来的荷载，相同时为轴心受压，不同时为偏心受压；

③坡屋顶时，构件高度取层高加上山墙尖高度的一半。

19.4 过梁、圈梁和悬挑构件

19.4.1 过 梁

1. 过梁的分类及应用范围

设置在门窗洞口顶部承受洞口上部一定范围内荷载的梁称为过梁。常用的过梁有砖砌过梁和钢筋混凝土过梁两类，如图 19-11 所示。砖砌过梁按其构造不同又分为钢筋砖过梁和砖砌平拱过梁等形式。

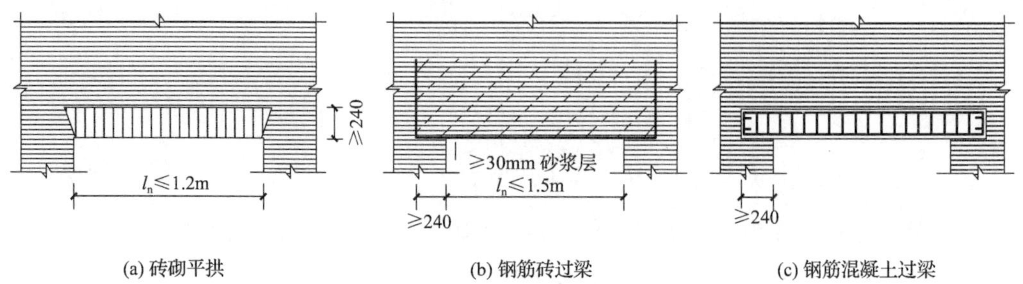

图 19-11 过梁的分类

①砖砌平拱过梁。砖砌平拱采用竖砖砌筑，竖砖砌筑部分的高度不应小于 240 mm，过梁截面计算高度内的砂浆不宜低于 M5(Mb5、Ms5)，其跨度不大于 1.2 m。

②钢筋砖过梁。钢筋砖过梁的砌筑方法与墙体相同，仅在过梁的底部水平灰缝内配置直径不小于 5 mm，间距不宜大于 120 mm 的纵向受力钢筋。钢筋伸入支座砌体内的长度不宜小于 240 mm，砂浆不宜低于 M5(Mb5、Ms5)。过梁底面一般采用 1∶3 水泥砂浆，砂浆层的厚度

不宜小于 30 mm，钢筋砖过梁的跨度不大于 1.5 m。

③钢筋混凝土过梁。对有较大振动荷载或可能产生不均匀沉降的房屋，或当门窗洞口宽度较大时，应采用钢筋混凝土过梁。钢筋混凝土过梁按受弯构件设计，其截面高度一般不小于 180 mm，截面宽度与墙体厚度相同，端部支承长度不宜小于 240 mm。

2. 过梁上的荷载和计算

过梁上的荷载有两种：一种是仅承受一定高度范围的墙体荷载；另一种是除承受墙体荷载外，还承受过梁计算高度范围内梁板传来的荷载。

根据过梁的工作特征和破坏形态，砖砌过梁应进行跨中正截面受弯承载力和支座斜截面受剪承载力计算；钢筋混凝土过梁应进行跨中正截面受弯承载力和支座斜截面受剪承载力计算以及过梁下砌体局部受压承载力验算。

19.4.2　圈　梁

在砌体结构房屋中，沿砌体墙水平方向设置封闭状的按构造配筋的混凝土梁式构件，称为圈梁。位于房屋±0.000 以下基础顶面处设置的圈梁，称为地圈梁或基础圈梁。位于房屋檐口处的圈梁，称为檐口圈梁。

在房屋的墙体中设置圈梁，可以增强房屋的整体性和空间刚度，防止由于地基的不均匀沉降或较大振动荷载等对房屋引起的不利影响。

1. 圈梁的设置

圈梁的设置通常根据房屋类型、层数、所受的振动荷载、地基情况等条件来决定圈梁设置的位置和数量。当房屋发生不均匀沉降时，墙体沿纵向发生弯曲。若把墙体比拟成钢筋混凝土梁，圈梁就成了其中的钢筋，砌体就成了砌筑的混凝土。因此，设置在基础顶面和檐口部位的圈梁抵抗不均匀沉降的作用最为有效。当房屋中部沉降较两端大时，位于纵向基础顶面的圈梁受拉，其作用较大。当房屋两端沉降较中部大时，位于房屋纵向檐口部位的圈梁受拉，其作用较大。

《砌体规范》对在砌体墙中设置现浇混凝土圈梁作如下规定：

(1)厂房、仓库、食堂等空旷单层房屋应按下列规定设置圈梁：

①砖砌体结构房屋，檐口标高为 5～8 m 时，应在檐口标高处设置圈梁一道；檐口标高大于 8 m 时，应增加设置数量；

②砌块及料石砌体结构房屋，檐口标高为 4～5 m 时，应在檐口标高处设置圈梁一道；檐口标高大于 5 m 时，应增加设置数量；

③对有吊车或较大振动设备的单层工业房屋，当未采用有效的隔振措施时，除在檐口或窗顶标高处设置现浇混凝土圈梁外，尚应增加设置数量。

(2)多层工业与民用建筑应按下列规定设置圈梁：

①住宅、办公楼等多层砌体结构民用房屋，且层数为 3 层～4 层时，应在底层和檐口标高处各设置一道圈梁。当层数超过 4 层时，除应在底层和檐口标高处各设置一道圈梁外，至少应在所有纵、横墙上隔层设置。多层砌体工业房屋，应每层设置现浇混凝土圈梁。设置墙梁的多层砌体结构房屋，应在托梁、墙梁顶面和檐口标高处设置现浇钢筋混凝土圈梁；

②采用现浇混凝土楼(屋)盖的多层砌体结构房屋，当层数超过 5 层时，除应在檐口标高处设置一道圈梁外，可隔层设置圈梁，并应与楼(屋)面板一起现浇。未设置圈梁的楼面板嵌入墙内的长度不应小于 120 mm，应沿墙长配置不少于 2 根直径为 10 mm 的纵向钢筋。

(3)建筑在软弱地基或不均匀地基上的砌体结构房屋,除按上述规定设置圈梁外,尚应符合现行国家标准《建筑地基基础设计规范》(GB50007－2011)的有关规定。

2. 圈梁的构造要求

①圈梁宜连续地设在同一水平面上,并形成封闭状;当圈梁被门窗洞口截断时,应在洞口上部增设相同截面的附加圈梁,附加圈梁与圈梁的搭接长度不应小于其中到中垂直间距的 2 倍,且不得小于 1 m,如图 19-12 所示;

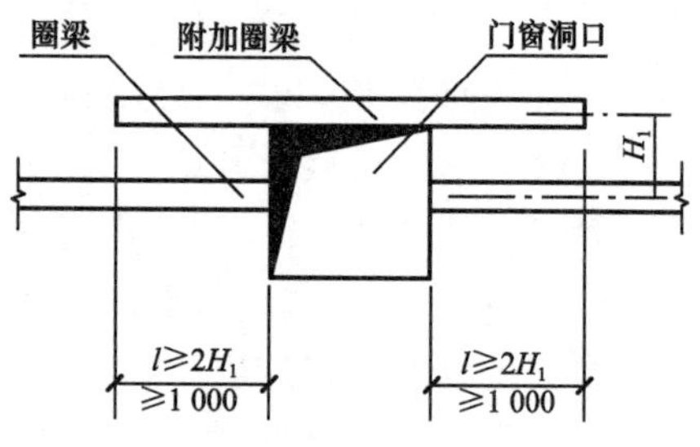

图 19-12 附加圈梁

②纵、横墙交接处的圈梁应可靠连接,如图 19-13 所示。刚弹性和弹性方案房屋,圈梁应与屋架、大梁等构件可靠连接;

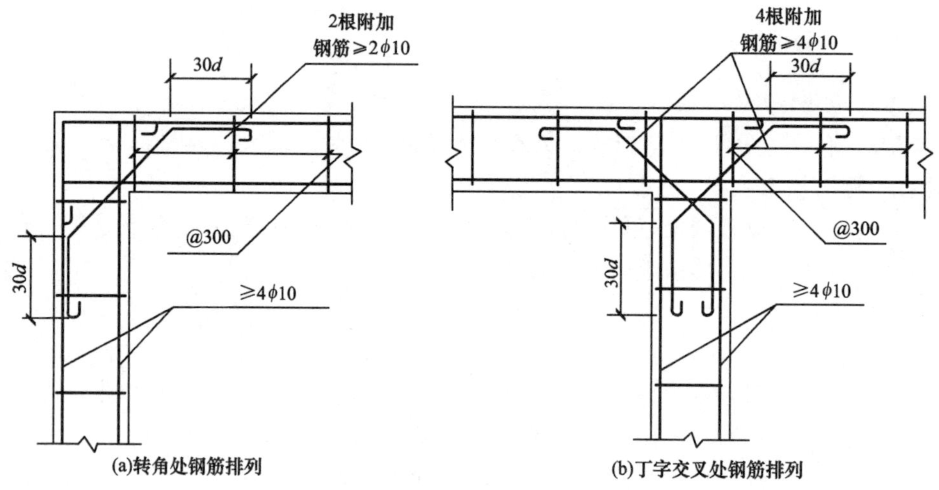

图 19-13 圈梁连接构造图

③混凝土圈梁的宽度宜与墙厚相同,当墙厚不小于 240 mm 时,其宽度不宜小于墙厚2/3。圈梁高度不应小于 120 mm。纵向钢筋数量不应少于 4 根,直径不应小于 10 mm,绑扎接头的搭接长度按受拉钢筋考虑,箍筋间距不应大于 300 mm;

④圈梁兼作过梁时,过梁部分的钢筋应按计算面积另行增配。

19.4.3 挑 梁

在砌体结构房屋中,一端嵌入墙内,另一端悬挑在墙外,以承受外走廊、阳台或雨篷等传来荷载的梁称为挑梁,如图 19-14 所示。

1. 挑梁的受力性能

埋置于砌体中的挑梁,实际上是与砌体共同工作的。在砌体上的均布荷载和挑梁端部集中力作用下,挑梁经历了弹性、界面水平裂缝发展及破坏三个受力阶段。

挑梁可能发生下述三种破坏形态:

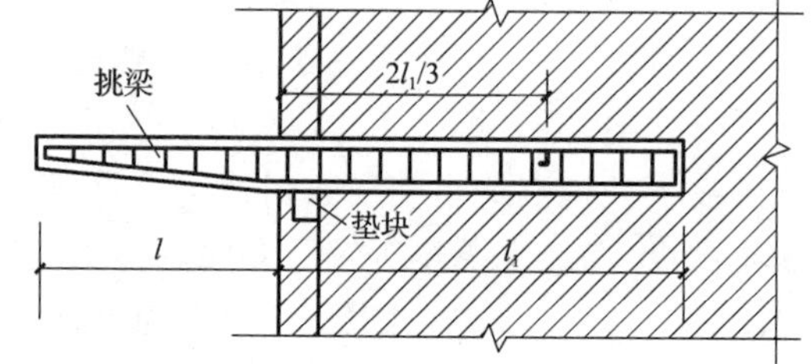

图 19-14 挑梁

①抗倾覆力矩小于倾覆力矩而使挑梁绕其下表面与砌体外缘交点处稍向内移的一点转动发生倾覆破坏,如图 19-15(a)所示。

②当压应力超过砌体的局部抗压强度时,挑梁下的砌体将发生局部受压破坏,如图

19-15(b)所示。

③挑梁倾覆点附近由于正截面受弯承载力或斜截面受剪承载力不足引起弯曲破坏或剪切破坏。

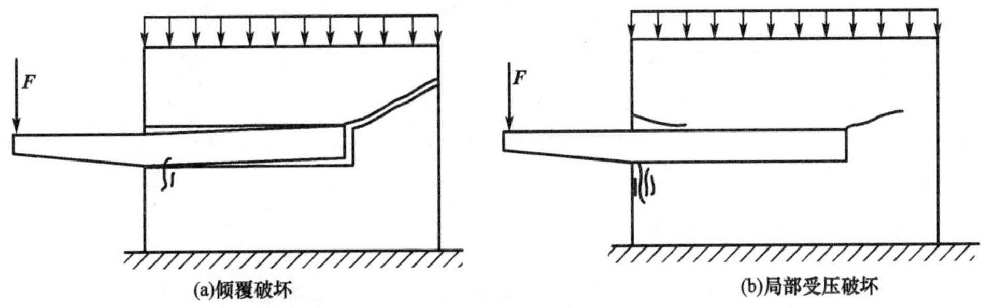

图 19-15　挑梁破坏形态

2. 挑梁的计算

根据埋入砌体中钢筋混凝土挑梁的受力特点和破坏形态，挑梁应进行抗倾覆验算、挑梁下砌体局部受压承载力验算和挑梁本身承载力计算。此外，尚应满足下列要求：

①纵向受力钢筋至少应有 1/2 的钢筋面积伸入梁尾端，且不少于 2ϕ12。其余钢筋伸入支座的长度不应小于 $2l_1/3$；

③挑梁埋入砌体长度 l_1 与挑出长度 l 之比宜大于 1.2；当挑梁上无砌体时，l_1 与 l 之比宜大于 2。

19.4.4　雨　篷

1. 雨篷的组成与受力特点

雨篷一般由雨篷板和雨篷梁组成，如图 19-16 所示。雨篷梁除支承雨篷板外，还兼作门窗过梁，承受上部墙体的重量和楼面梁板或楼梯平台传来的荷载。

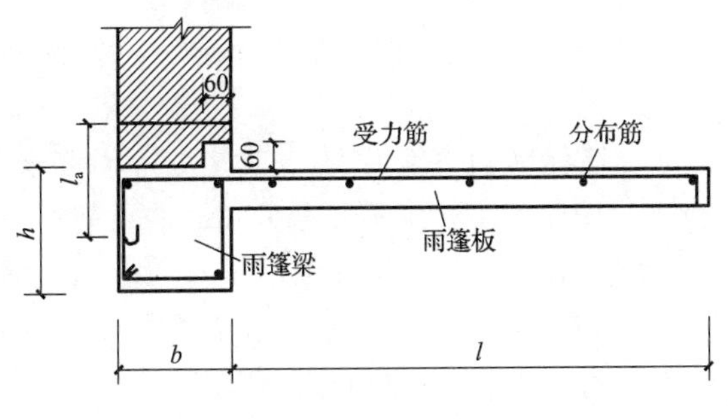

图 19-16　雨篷

雨篷板的荷载有恒荷载(包括自重、粉刷等)、雪荷载、均布活荷载，以及施工或检修集中荷载。雨篷梁所承受的荷载有自重、雨篷板传来的荷载、梁上砌体重，可能计入的楼盖传来的荷载。

雨篷梁在自重、梁上砌体重等荷载作用下产生弯矩和剪力；在雨篷板荷载作用下不仅产生扭矩，而且还产生了弯矩和剪力。因此，雨篷梁是受弯、受剪和受扭的构件。

2. 雨篷计算

雨篷计算包括三个方面内容：①雨篷板的正截面受弯承载力计算；②雨篷梁在弯矩、剪力和扭矩共同作用下的承载力计算；③雨篷抗倾覆验算。

雨篷板与一般板相同，按受弯构件计算所需纵向钢筋的截面面积，雨篷梁应按受弯、剪、扭构件计算所需纵向钢筋和箍筋的截面面积，并满足构造要求。

3. 雨篷板、梁的构造

一般雨篷板的挑出长度为 0.6～1.2 m 或更长，视建筑要求而定。根据雨篷板为悬臂板的受力特点,可设计成变厚度板,一般取根部板厚为 1/10 挑出长度,当悬臂长度不大于 500 mm 时,板厚不小于 60 mm;当悬臂长度不大于 1000 mm 时,板厚不小于 100 mm;当悬臂长度不大于 1500 mm 时,板厚不小于 150 mm;端部板厚不小于 60 mm。雨篷板周围往往设置凸沿以便能有组织排水。雨篷板受力按悬臂板计算确定,最小不得少于 ϕ6@200 mm,受力钢筋必须伸入雨篷梁,并与梁中箍筋连接。此外,还必须按构造要求配置分布钢筋,一般不少于 ϕ6@300 mm,如图 19-16 所示为一悬臂板式雨篷的配筋图。

雨篷梁的宽度一般与墙厚相同,梁的高度按承载力确定。梁两端埋入砌体的长度应考虑雨篷抗倾覆的因素来确定。一般当梁净跨长 $l_n<1.5$ m 时,梁一端埋入砌体的长度 a 宜取 $a\geqslant$ 300 mm,当 $l_n\geqslant1.5$ m 时,宜取 $a\geqslant$500 mm。

19.5 墙体结构的构造措施

19.5.1 一般构造要求

设计砌体结构房屋时,除进行墙、柱的承载力计算和高厚比的验算外,尚应满足下列一般构造要求:

(1)预制钢筋混凝土板在混凝土圈梁上的支承长度不应小于 80 mm,板端伸出的钢筋应与圈梁可靠连接,且同时浇筑;预制钢筋混凝土板在墙上的支承长度不应小于 100 mm,并应按下列方法进行连接:

①板支承于内墙时,板端钢筋伸出长度不应小于 70 mm,且与支座处沿墙配置的纵筋绑扎,用强度等级不应低于 C25 的混凝土浇筑成板带;

②板支承于外墙时,板端钢筋伸出长度不应小于 100 mm,且与支座处沿墙配置的纵筋绑扎,并用强度等级不应低于 C25 的混凝土浇筑成板带;

③预制钢筋混凝土板与现浇板对接时,预制板端钢筋应伸入现浇板中进行连接后,再浇筑现浇板。

(2)墙体转角处和纵横墙交接处应沿竖向每隔 400～500 mm 设拉结钢筋,其数量为每 120 mm 墙厚不少于 1 根直径 6 mm 的钢筋;或采用焊接钢筋网片,埋入长度从墙的转角或交接处算起,对实心砖墙每边不小于 500 mm,对多孔砖墙和砌块墙不小于 700 mm。

(3)填充墙、隔墙应分别采取措施与周边主体结构构件可靠连接,连接构造和嵌缝材料应能满足传力、变形、耐久和防护要求。

(4)在砌体中留槽洞及埋设管道时,应遵守下列规定:

①不应在截面长边小于 500 mm 的承重墙体、独立柱内埋设管线;

②不宜在墙体中穿行暗线或预留、开凿沟槽,无法避免时应采取必要的措施或按削弱后的截面验算墙体的承载力。

对受力较小或未灌孔的砌块砌体,允许在墙体的竖向孔洞中设置管线。

(5)承重的独立砖柱截面尺寸不应小于 240 mm×370 mm。毛石墙的厚度不宜小于 350 mm,毛料石柱较小边长不宜小于 400 mm。当有振动荷载时,墙、柱不宜采用毛石砌体。

(6)支承在墙、柱上的吊车梁、屋架及跨度大于或等于下列数值的预制梁的端部,应采用锚固件与墙、柱上的垫块锚固:

①对砖砌体为 9 m;

②对砌块和料石砌体为 7.2 m。

(7)跨度大于 6 m 的屋架和跨度大于下列数值的梁，应在支承处砌体上设置混凝土或钢筋混凝土垫块；当墙中设有圈梁时，垫块与圈梁宜浇成整体。

①对砖砌体为 4.8 m；

②对砌块和料石砌体为 4.2 m；

③对毛石砌体为 3.9 m。

(8)当梁跨度大于或等于下列数值时，其支承处宜加设壁柱，或采取其他加强措施：

①对 240 mm 厚的砖墙为 6 m；对 180 mm 厚的砖墙为 4.8 m；

②对砌块、料石墙为 4.8 m。

(9)山墙处的壁柱或构造柱宜砌至山墙顶部，且屋面构件应与山墙可靠拉结。

(10)砌块砌体应分皮错缝搭砌，上下皮搭砌长度不得小于 90 mm。当搭砌长度不满足上述要求时，应在水平灰缝内设置不少于 2 根直径不小于 4 mm 的焊接钢筋网片(横向钢筋的间距不应大于 200 mm，网片每端应伸出该垂直缝不小于 300 mm)。

(11)砌块墙与后砌隔墙交接处，应沿墙高每 400 mm在水平灰缝内设置不少于 2 根直径不小于 4 mm、横筋间距不应大于 200 mm 的焊接钢筋网片，如图 19-17 所示。

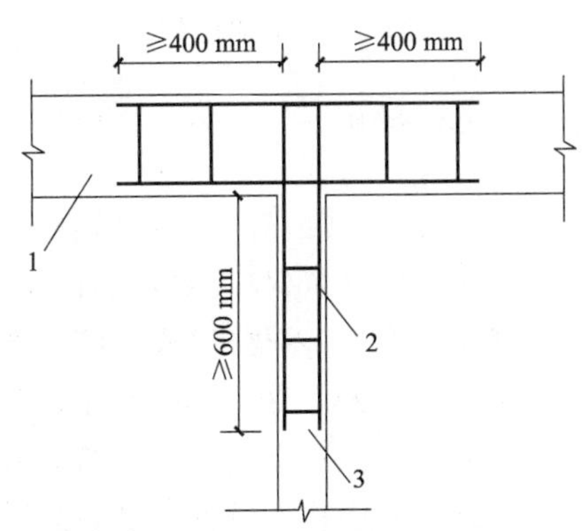

图 19-17　砌块墙与后砌隔墙交接处钢筋网片

1—砌块墙；2—焊接钢筋网片；3—后砌隔墙

(12)混凝土砌块房屋，宜将纵横墙交接处，距墙中心线每边不小于 300 mm 范围内的孔洞，采用不低于 Cb20 混凝土沿全墙高灌实。

(13)混凝土砌块墙体的下列部位，如未设圈梁或混凝土垫块，应采用不低于 Cb20 混凝土将孔洞灌实：

①搁栅、檩条和钢筋混凝土楼板的支承面下，高度不应小于 200 mm 的砌体；

②屋架、梁等构件的支承面下，长度不应小于 600 mm，高度不应小于 600 mm 的砌体；

③挑梁支承面下，距墙中心线每边不应小于 300 mm，高度不应小于 600 mm 的砌体。

19.5.2　防止或减轻墙体开裂的主要措施

(1)为了防止或减轻房屋在正常使用条件下，由温差和砌体干缩引起的墙体竖向裂缝，应在墙体中设置伸缩缝。伸缩缝应设在因温度和收缩变形引起应力集中、砌体产生裂缝可能性最大处。砌体结构伸缩缝的最大间距可按表 19-4 采用。

表 19-4　砌体房屋伸缩缝的最大间距　m

屋盖或楼盖类别		间距
整体式或装配整体式钢筋混凝土结构	有保温层或隔热层的屋盖、楼盖	50
	无保温层或隔热层的屋盖	40
装配式无檩体系钢筋混凝土结构	有保温层或隔热层的屋盖、楼盖	60
	无保温层或隔热层的屋盖	50

（续表）

屋盖或楼盖类别		间距
装配式有檩体系钢筋混凝土结构	有保温层或隔热层的屋盖	75
	无保温层或隔热层的屋盖	60
瓦材屋盖、木屋盖或楼盖、轻钢屋盖		100

注：(1)对烧结普通砖、烧结多孔砖、配筋砌块砌体房屋，取表中数值；对石砌体、蒸压灰砂普通砖、蒸压粉煤灰普通砖、混凝土砌块、混凝土普通砖和混凝土多孔砖房屋，取表中数值乘以0.8的系数。当墙体有可靠外保温措施时，其间距可取表中数值；

(2)在钢筋混凝土屋面上挂瓦的屋盖应按钢筋混凝土屋盖采用；

(3)层高大于5 m的烧结普通砖、烧结多孔砖、配筋砌块砌体结构单层房屋，其伸缩缝间距可按表中数值乘以1.3；

(4)温差较大且变化频繁地区和严寒地区不采暖的房屋及构筑物墙体的伸缩缝的最大间距，应按表中数值予以适当减小；

(5)墙体的伸缩缝应与结构的其他变形缝相重合，缝宽度应满足各种变形缝的变形要求；在进行立面处理时，必须保证缝隙的变形作用。

(2)为防止或减轻房屋顶层墙体的裂缝，宜根据情况采取下列措施：

①屋面应设置保温、隔热层；

②屋面保温(隔热)层或屋面刚性面层及砂浆找平层应设置分隔缝，分隔缝间距不宜大于6 m，其缝宽不小于30 mm，并与女儿墙隔开；

③采用装配式有檩体系钢筋混凝土屋盖和瓦材屋盖；

④顶层屋面板下设置现浇钢筋混凝土圈梁，并沿内外墙拉通，房屋两端圈梁下的墙体内宜设置水平钢筋；

⑤顶层墙体有门窗等洞口时，在过梁上的水平灰缝内设置2～3道焊接钢筋网片或2根直径6 mm的钢筋，焊接钢筋网片或钢筋应伸入洞口两端墙内不小于600 mm；

⑥顶层及女儿墙砂浆强度等级不低于M7.5(Mb7.5、Ms7.5)；

⑦女儿墙应设置构造柱，构造柱间距不宜大于4 m，构造柱应伸至女儿墙顶并与现浇钢筋混凝土压顶整浇在一起；

⑧对顶层墙体施加竖向预应力。

(3)为防止或减轻房屋底层墙体的裂缝，宜根据情况采取下列措施：

①增大基础圈梁的刚度；

②在底层的窗台下墙体灰缝内设置3道焊接钢筋网片或2根直径6 mm钢筋，并应伸入两边窗间墙内不小于600 mm。

(4)在每层门、窗过梁上方的水平灰缝内及窗台下第一和第二道水平灰缝内，宜设置焊接钢筋网片或2根直径6 mm的钢筋，焊接钢筋网片或钢筋应伸入两边窗间墙内不小于600 mm。当墙长大于5 m时，宜在每层墙高度中部设置2～3道焊接钢筋网片或3根直径6 mm的通长水平钢筋，竖向间距为500 mm。

(5)房屋两端和底层第一、第二开间门窗洞处，可采用下列措施：

①在门窗洞口两边墙体的水平灰缝中，设置长度不小于900 mm、竖向间距为400 mm的2根直径4 mm的焊接钢筋网片；

②在顶层和底层设置通长钢筋混凝土窗台梁，窗台梁高宜为块材高度的模数，梁内纵筋不少于4根，直径不小于10 mm，箍筋直径不小于6 mm，间距不大于200 mm，混凝土强度等级不低于C20；

③在混凝土砌块房屋门窗洞口两侧不少于一个洞口中设置直径不小于 12 mm 的竖向钢筋，竖向钢筋应在楼层圈梁或基础内锚固，孔洞用不低于 Cb20 混凝土灌实。

(6)填充墙砌体与梁、柱或混凝土墙体结合的界面处(包括内、外墙)，宜在粉刷前设置钢丝网片，网片宽度可取 400 mm，并沿界面缝两侧各延伸 200 mm，或采取其他有效的防裂、盖缝措施。

(7)当房屋刚度较大时，可在窗台下或窗台角处墙体内、在墙体高度或厚度突然变化处设置竖向控制缝。竖向控制缝宽度不宜小于 25 mm，缝内填以压缩性能好的填充材料，且外部用密封材料密封，并采用不吸水的、闭孔发泡聚乙烯实心圆棒(背衬)作为密封膏的隔离物，如图 19-18 所示。

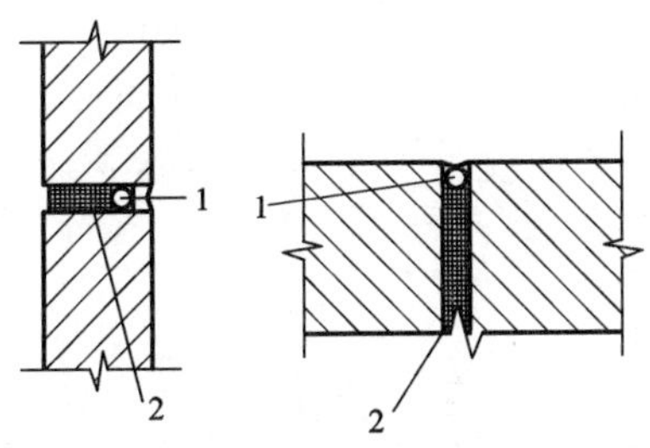

图 19-18　控制缝构造

1—用不吸水的、闭孔发泡聚乙烯实心圆棒；2—柔软、可压缩的填充物

(8)夹心复合墙的外叶墙宜在建筑墙体适当部位设置控制缝，其间距宜为 6～8 m。

本章小结

(1)混合结构房屋的结构布置方案可分为纵墙承重方案、横墙承重方案、纵横墙混合承重方案和内框架承重方案。

(2)混合结构房屋根据空间作用的大小，可分为三种静力计算方案：刚性方案、弹性方案和刚弹性方案。

(3)在混合结构房屋的设计时，为了保证墙、柱在施工和使用阶段的稳定性和整体性，需验算墙、柱高厚比，即要求墙、柱高厚比不超过允许高厚比。在具体验算时需考虑门窗洞口、自承重墙、壁柱和构造柱对允许高厚比的影响。

(4)单层刚性方案房屋的计算简图是：纵墙、柱下端在基础顶面处固接，上端与屋面大梁为不动铰支座；在荷载作用下的内力计算按结构力学方法确定。

(5)常用的过梁类型有砖砌平拱过梁、钢筋砖过梁和钢筋混凝土过梁。作用在过梁上的荷载有墙体荷载和过梁计算高度范围内梁板传来的荷载。

(6)圈梁的作用是增强房屋的整体性和空间刚度，防止由于地基的不均匀沉降或较大振动荷载等对房屋引起的不利影响。因此，在各类砌体房屋中均应合理设置圈梁，同时还应满足有关构造要求，以充分发挥圈梁的作用。

(7)挑梁的受力过程可分为弹性、界面水平裂缝发展及破坏三个受力阶段。针对挑梁的受力特点和破坏形态，挑梁应进行抗倾覆验算、挑梁下砌体局部受压承载力验算和挑梁本身承载力计算。此外，挑梁的配筋及埋入砌体内的长度还应符合有关构造要求。

(8)设计混合结构房屋时，除进行墙柱的承载力计算和高厚比验算外，还应满足墙柱的一般构造要求，这是为了保证结构的耐久性，保证房屋的整体性和空间刚度。

复习思考题

19-1 混合结构房屋的结构布置方案有哪些？其特点是什么？

19-2 如何确定房屋的静力计算方案？

19-3 绘制单层混合结构房屋三种静力方案的计算简图。

19-4 为什么要验算墙、柱高厚比？怎样验算？

19-5 常用砌体过梁的种类及适用范围是怎样的？

19-6 圈梁的作用是什么？圈梁的设置有哪些要求？

19-7 挑梁有哪几种破坏形态？挑梁的承载力计算内容包括哪几方面？

19-8 为防止或减轻房屋顶层墙体的裂缝，可采取什么措施？

习　题

19-1 某房屋砖柱截面尺寸为 $b\times h=370\ \text{mm}\times 490\ \text{mm}$，采用 MU15 烧结多孔砖、M5 混合砂浆砌筑，层高 4.5 m，试验算该柱的高厚比。

19-2 某混合结构办公楼左端底层平面图如图 19-19 所示，采用装配式钢筋混凝土楼（屋）盖，外墙厚 370 mm，内纵墙与横墙厚 240 mm，隔墙厚 120 mm，底层墙高 $H=4.8$ m（从基础顶面算起），隔墙高 $H=3.6$ m。承重墙采用 M5 砂浆；隔墙采用 M2.5 砂浆。试验算底层墙的高厚比。

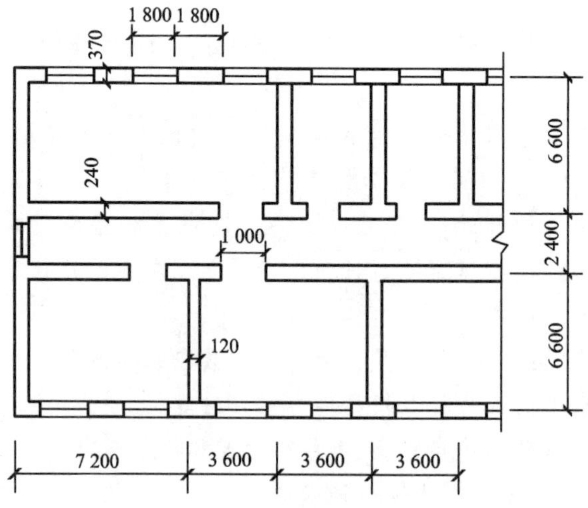

图 19-19　习题 19-2 图

第 19 章

第 20 章 钢结构

学习目标

通过本章的学习，熟悉钢结构材料的基本性能，了解钢材的种类、规格及选用；了解钢结构中三种连接方法及各自的种类和优缺点，残余应力与变形的产生机理及危害；掌握焊缝连接形式及焊缝形式并能进行相关的强度计算；掌握普通和高强度螺栓连接的构造与计算；了解轴心受力构件的分类，熟悉轴心受力构件在工程中的应用；了解受弯构件的分类，熟悉梁的拼接和连接。

学习重点

钢结构的材料和连接。

钢结构是目前我国在工业与民用建筑中广泛应用的一种建筑结构体系。它通常由钢板、热轧型钢或冷加工成型的薄壁型钢等制成的拉杆、压杆、梁、柱、桁架等构件组成，各构件再通过焊接或螺栓连接而形成整体结构。

20.1 钢结构的材料

20.1.1 钢结构所用钢材的要求

钢结构的原材料是钢材，钢材的种类繁多，性能差别很大，符合钢结构性能要求的钢材只有碳素钢及合金钢中的少数几种。用作钢结构的钢材必须具有下列性能：

(1)较高的强度 即抗拉强度 f_u 和屈服点 f_y 比较高。屈服点高可以减小结构构件截面尺寸，从而减轻结构自重，节约钢材和降低造价。抗拉强度高可以使结构或构件具有更高的安全储备。

(2)足够的变形能力 即塑性和韧性性能好。塑性好则结构或构件破坏前变形明显从而具有预告性，可避免发生突然脆性破坏的危险性，另外还能通过较大的塑性变形调整局部高峰应力，使各截面应力趋于平缓。韧性好表示在动荷载作用下破坏时要吸收比较多的能量，同样也降低脆性破坏的危险程度。

(3)良好的加工性能 即适合冷、热加工，同时具有良好的可焊性。良好的加工性能不但要易于加工成各种形式的结构，而且不致因材料加工因素对结构的强度、塑性及韧性带来不利影响。

此外，根据结构的具体工作条件，在必要时还应该具有适应低温、有害介质侵蚀（包括大气锈蚀）以及重复荷载作用等的性能。

《钢结构设计规范》GB50017－2003（以下简称《钢结构规范》）推荐的普通碳素结构钢Q235钢和低合金高强度结构钢Q345、Q390及Q420是符合上述要求的较为理想的结构钢。

20.1.2 建筑钢材的种类及选用

1.建筑钢材的种类

钢结构中采用的钢材主要有两类，即碳素结构钢和低合金高强度结构钢。后者因含有锰、钒等合金元素而具有较高的强度。此外，处在腐蚀性介质中的结构，则采用高耐候性结构钢，这种钢因铜、磷、铬、镍等合金元素而具有较高的抗锈能力。下面就碳素结构钢和低合金高强度结构钢这两个钢种分别论述它们的牌号和性能。

(1)碳素结构钢 碳素结构钢的牌号（简称钢号）由代表屈服点的字母Q、屈服点的数值（N/mm^2）、质量等级符号和脱氧方法符号等四个部分按顺序组成。碳素结构钢分为Q195，Q215A及B，Q235 A、B、C及D，Q255 A及B以及Q275五种。根据化学成分和冲击韧性的不同划分为A、B、C、D四个质量等级，按字母顺序由A到D，表示质量等级由低到高。最后为一个表示脱氧方法的符号如b或F。从Q195到Q275，是按强度从低到高排列的；钢材强度主要由其中碳元素含量的多少来决定，但与其他一些元素的含量也有关系。所以，牌号的由低到高在较大程度上代表了含碳量的由低到高。

Q195及Q215的强度比较低，而Q255的含碳量上限和Q275的含碳量都超出低碳钢的范围。所以，建筑结构在碳素结构钢这一钢种中主要应用Q235这一牌号，该牌号钢材强度适中，塑性、韧性均较好，加工和焊接方面的性能也都比较好。

在浇铸过程中，由于脱氧程度的不同钢材有沸腾钢、半镇静钢和镇静钢之分。用汉语拼音的首字母表示，符号分别为F、b和Z。此外还有用铝补充脱氧的特殊镇静钢，用TZ表示。按国家标准规定，符号Z和TZ在表示牌号时可以省略不写。对Q235钢来说，A、B两级的脱氧方法可以是F、b和Z；C级只能是Z；D级只能是TZ。这样，其钢号表示法及代表意义为：

Q235 A·F——屈服强度为235 N/mm^2，A级，沸腾钢；

Q235 A·b——屈服强度为235 N/mm^2，A级，半镇静钢；

Q235 A——屈服强度为235 N/mm^2，A级，镇静钢；

Q235B·F——屈服强度为235 N/mm^2，B级，沸腾钢；

Q235 B·b——屈服强度为235 N/mm^2，B级，半镇静钢；

Q235 B——屈服强度为235 N/mm^2，B级，镇静钢；

Q235 C——屈服强度为235 N/mm^2，C级，镇静钢；

Q235 D——屈服强度为235 N/mm^2，D级，特殊镇静钢。

(2)低合金高强度结构钢 低合金高强度结构钢是在钢的冶炼过程中添加少量几种合金元素使钢的强度明显提高，合金元素的总量低于5%，故称为低合金高强度结构钢。低合金高强度结构钢分为Q295、Q345、Q390、Q420、Q460五种。其符号的含义和碳素结构钢牌号的含义相同。其中Q345、Q390和Q420是《钢结构规范》规定选用的钢种，这三种钢都包括A、B、C、D、E五种质量等级，字母顺序越靠后的钢材质量越高，不同质量等级对冲击韧性的要求有区别，对冷弯试验的要求也有区别。对A级钢，冲击功不作要求，而B、C、D各级则都要求冲击功不小于34J(纵向)，不过三者的试验温度有所不同，B级要求常温20 ℃冲击功，C和D级则分别要求0 ℃和－20 ℃冲击功。E级要求－40 ℃冲击功不小于27J(纵向)。不同质量等级对碳、硫、磷、铝等含量的要求也有不同。

低合金高强度结构钢的 A、B 级属于镇静钢，C、D、E 级属于特殊镇静钢。

2. 建筑钢材的选用

钢材的选用既要使结构安全可靠，满足使用要求，又要最大可能节约钢材和降低造价。为保证承重结构的承载能力和防止在一定条件下出现脆性破坏，应根据结构的重要性、荷载特性、结构形式、应力状态、连接方法、钢材厚度和工作环境等因素综合考虑，选用合适的钢材牌号和材性。

对于直接承受动力荷载或振动荷载的构件和结构（吊车梁、工作平台梁或直接承受车辆荷载的栈桥构件等）、重要的构件或结构（屋面楼面大梁、框架梁柱、桁架、大跨度结构等）、采用焊接连接的结构以及处于低温下工作的结构，应采用质量较高的钢材。对承受静力荷载的受拉及受弯的重要焊接构件和结构，宜选用较薄的型钢和板材构成；对处于外露环境，且对耐腐蚀有特殊要求的或在腐蚀性气态和固态介质作用下的承重结构，宜采用耐候钢；当选用的型材或板材的厚度较大时，宜采用质量较高的钢材，以防钢材中较大的残余应力和缺陷等与外力共同作用形成三向拉应力场，引起脆性破坏。

承重结构采用的钢材应具有抗拉强度，伸长率，屈服强度和硫、磷含量的合格保证，对焊接结构尚应具有碳含量的合格保证。焊接承重结构以及重要的非焊接承重结构采用的钢材还应具有冷弯试验的合格保证。

对于需要验算疲劳的焊接结构，应采用具有常温冲击韧性合格保证的 B 级钢。当这类结构处于温度较低的环境时，若结构工作温度在 0 ℃和－20 ℃之间，Q235 和 Q345 应选用具有 0 ℃冲击韧性合格的 C 级钢，Q390 和 Q420 则应选用－20 ℃冲击韧性合格的 D 级钢。若结构工作温度不高于－20 ℃时，则钢材的质量级别还要提高一级，Q235 和 Q345 选用 D 级钢而 Q390 和 Q420 选用 E 级钢。非焊接的构件发生脆性断裂的危险性比焊接结构小些，对材质的要求可比焊接结构适当放宽，但需要验算疲劳的构件仍应选用有常温冲击韧性保证的 B 级钢。当结构工作温度不高于－20 ℃时，Q235 和 Q345 应选用具有 0 ℃冲击韧性合格的 C 级钢，Q390 和 Q420 应选用－20 ℃冲击韧性合格的 D 级钢。

钢结构的连接材料，如焊条、自动焊或半自动焊的焊丝及螺栓的钢材应与主体金属的强度相适应。

20.1.3 设计指标

钢材的强度设计值，应根据钢材厚度或直径按表 20-1 采用。焊缝和螺栓连接的强度设计值应按表 20-2 和表 20-3 采用。

表 20-1 **钢材的强度设计值** N/mm^2

钢材		抗拉、抗压或抗弯 f	抗剪 f_v	端面承压（刨平顶紧）f_{ce}
牌号	厚度或直径/mm			
Q235 钢	≤16	215	125	325
	＞16～40	205	120	
	＞40～60	200	115	
	＞60～100	190	110	
Q345 钢	≤16	310	180	400
	＞16～35	395	170	
	＞35～50	265	155	
	＞50～100	250	145	

（续表）

钢材		抗拉、抗压或抗弯 f	抗剪 f_v	端面承压（刨平顶紧）f_{ce}
牌号	厚度或直径/mm			
Q390 钢	≤16	350	205	415
	>16～35	335	190	
	>35～50	315	180	
	>50～100	295	170	
Q420 钢	≤16	380	220	440
	>16～35	360	210	
	>35～50	340	195	
	>50～100	325	185	

注：表中厚度系指计算点的钢材厚度，对轴心受拉和轴心受压构件系指截面中较厚板件的厚度。

表 20-2　　焊缝的强度设计值　　N/mm²

焊接方法和焊条型号	构件钢材		对接焊缝				角焊缝
	牌号	厚度或直径/mm	抗压 f_c^w	焊缝质量为下列等级时，抗拉 f_t^w		抗剪 f_v^w	抗拉、抗压和抗剪 f_f^w
				一级、二级	三级		
自动焊、半自动焊和E43 型焊条的手工焊	Q235 钢	≤16	215	215	185	125	160
		>16～40	205	205	175	120	
		>40～60	200	200	170	115	
		>60—100	190	190	160	110	
自动焊、半自动焊和E50 型焊条的手工焊	Q345 钢	≤16	310	310	265	180	200
		>16～35	295	295	250	170	
		>35～50	265	265	225	155	
		>50～100	250	250	210	145	
自动焊、半自动焊和E55 型焊条的手工焊	Q390 钢	≤16	350	350	300	205	220
		>16～35	335	335	285	190	
		>35～50	315	315	270	180	
		>50～100	295	295	250	170	
	Q420 钢	≤16	380	380	320	220	220
		>16～35	360	360	305	210	
		>35～50	340	340	390	195	
		>50—100	325	325	275	185	

注：(1)自动焊和半自动焊所采用的焊丝和焊剂，应保证其熔敷金属的力学性能不低于现行国家标准《埋弧焊用碳钢焊丝和焊剂》BG/T5293 和《低合金钢埋弧焊用焊剂》GB/T12470 中相关的规定；

(2)焊缝质量等级应符合现行国家标准《钢结构工程施工质量验收规范》GB50205 的规定。其中厚度小于 8 mm 钢材的对接焊缝，不应采用超声波探伤确定焊缝质量等级；

(3)对接焊缝在受压区的抗弯强度设计值取 f_c^w，在受拉区的抗弯强度设计值取 f_t^w；

(4)表中厚度系指计算点的钢材厚度，对轴心受拉和轴心受压构件系指截面中较厚板件的厚度。

表 20-3　　螺栓连接的强度设计值　　N/mm^2

螺栓的性能等级、锚栓和构件钢材的牌号		普通螺栓						锚栓	承压型连接高强度螺栓		
		C 级螺栓			A 级、B 级螺栓						
		抗拉 f_t^b	抗剪 f_v^b	承压 f_c^b	抗拉 f_t^b	抗剪 f_v^b	承压 f_c^b	抗拉 f_t^a	抗拉 f_t^b	抗剪 f_v^b	承压 f_c^b
普通螺栓	4.6 级、4.8 级	170	140	—	—	—	—	—	—	—	—
	5.6 级	—	—	—	210	190	—	—	—	—	—
	8.8 级	—	—	—	400	320	—	—	—	—	—
锚栓	Q235 钢	—	—	—	—	—	—	140	—	—	—
	Q345 钢	—	—	—	—	—	—	180	—	—	—
承压型连接高强度螺栓	8.8 级	—	—	—	—	—	—	—	400	250	—
	10.9 级	—	—	—	—	—	—	—	500	310	—
构件	Q235 钢	—	—	305	—	—	405	—	—	—	470
	Q345 钢	—	—	385	—	—	510	—	—	—	590
	Q390 钢	—	—	400	—	—	530	—	—	—	615
	Q420 钢	—	—	425	—	—	560	—	—	—	655

注：(1) A 级螺栓用于 $d \leqslant 24$ mm 和 $t \leqslant 10d$ 或 $l \leqslant 150$ mm(按较小值)的螺栓；B 级螺栓用于 $d > 24$ mm 或 $l > 10d$ 或 $l > 150$ mm(按较小值)的螺栓。d 为公称直径，l 为螺杆公称长度；

(2) A、B 级螺栓孔的精度和孔壁表面粗糙度，C 级螺栓孔的允许偏差和孔壁表面粗糙度，均应符合现行国家标准《钢结构工程施工质量验收规范》GB50205 的要求。

20.1.4　型钢规格

型钢规格

钢结构构件一般宜直接选用型钢，这样可减少制造工作量，降低造价。型钢尺寸不合适或构件很大时则用钢板制作。构件间直接连接或附以连接板进行连接。所以，钢结构中的元件是型钢和钢板。型钢有热轧及冷弯成型两种，如图 20-1 及图 20-2 所示。现分别介绍如下。

图 20-1　热轧型材截面

1. 热轧钢板

热轧钢板分厚钢板和薄钢板两种。厚钢板常用来组成焊接构件和连接钢板；薄钢板主要用来制造冷弯薄壁型钢。在图纸中钢板的表示方法为在符号“—”后加“宽度×厚度×长度”，如—800×10×3100，单位为 mm。钢板的供应规格如下：

厚钢板：厚度 4.5～60 mm，宽度 600～3000 mm，长度 4～12 m；

薄钢板：厚度 0.35～4 mm，宽度 500～1500 mm，长度 0.5～4 m。

2. 热轧型钢

钢结构常用的型钢是角钢、工字型钢、槽钢、H 型钢和钢管等。

(1) 角钢　有等边(也叫等肢)和不等边(也叫不等肢)两种，主要用来制作桁架等格构式结构的杆件和支撑等连接杆件。角钢型号的表示方法为在符号“L”后加“边长×厚度”(对等边角钢,如 L100×8),或加“长边宽×短边宽×厚度”(对不等边角钢,如 L125×80×10),单位为 mm。我国目前生产的角钢最大边长为 200 mm,角钢的供应长度一般为 4～19 m。

(2)工字钢 有普通工字钢和轻型工字钢两种。普通工字钢和轻型工字钢的两个主轴方向的惯性矩相差较大,不宜单独用作受压构件,而宜用作腹板平面内受弯的构件,或由工字钢和其他型钢组成的组合构件或格构式构件。

普通工字钢的型号用符号“I”后加截面高度的厘米数表示,截面高度 20 cm 以上的工字钢又按腹板厚度的不同,分为 a、b 或 a、b、c 等类别,a 类腹板最薄、翼缘最窄,b 类腹板较厚、翼缘较宽,c 类腹板最厚、翼缘最宽,例如 I 40a,表示截面高度为 40 cm,腹板厚度为 a 类的工字钢。轻型工字钢可用汉语拼音“轻”的大写拼音首字母“Q”表示,如 I30Q 等,轻型工字钢由于壁厚已薄,故不再按厚度划分。轻型工字钢的翼缘要比普通工字钢的翼缘宽而薄,回转半径较大。普通工字钢的型号为 10～63 号,轻型工字钢的型号为 10～70 号,供应长度均为 5～19 m。

(3)槽钢 有普通槽钢和轻型槽钢两种。适于用作檩条等双向受弯的构件,也可用其组成组合构件或格构式构件。槽钢的表示方法与工字钢相似,如[25a,指槽钢截面高度为 25 cm 且腹板厚度为最薄的一种。我国目前生产的普通槽钢最大型号为[40c,供应长度为 5～19 m。

(4)H 型钢和部分 T 型钢 热轧 H 型钢有宽翼缘(HW)、中翼缘(HM)和窄翼缘(HN)三类。部分 T 型钢也分为三类,代号分别为 TW、TM 和 TN。H 型钢和相应的 T 型钢的型号分别为代号后加“截面高度×翼缘宽度×腹板厚度×翼缘厚度”,单位为 mm,例如 HW350×350×12×19 和 TM175×350×12×19 等。宽翼缘和中翼缘 H 型钢可用于钢柱等受压构件,窄翼缘 H 型钢则适用于钢梁等受弯构件。我国目前生产的最大型号 H 型钢为 HN700×300×13×24。供货长度可与生产厂家协商,长度大于 24 m 的 H 型钢不成捆交货。

(5)钢管 有热轧无缝钢管和焊接钢管两种。由于回转半径较大,常用作桁架、网架、网壳等平面和空间格构式结构的杆件;在钢管混凝土柱中也有广泛应用。型号可用代号“D”后加“外径×壁厚”表示,单位为 mm,如 D180×9 等。国产热轧无缝钢管的最大外径可达630 mm,供货长度为 3～12 m。焊接钢管的外径可以做得更大,一般由施工单位卷制。

3. 冷弯薄壁型钢

冷弯薄壁型钢是由厚度为 1.5～6 mm 的薄钢板经冷弯或模压制成,如图 20-2 所示。薄壁型钢的截面形式和尺寸均可按受力特点合理设计,能充分利用钢材的强度,节约钢材,在轻钢结构中得到广泛应用。压型钢板是冷弯薄壁型钢的另一种形式,它是用厚度为 0.4～2 mm 的钢板、镀锌钢板或彩色涂层钢板经冷轧而成的波形板,用作轻型屋面、墙面等构件。

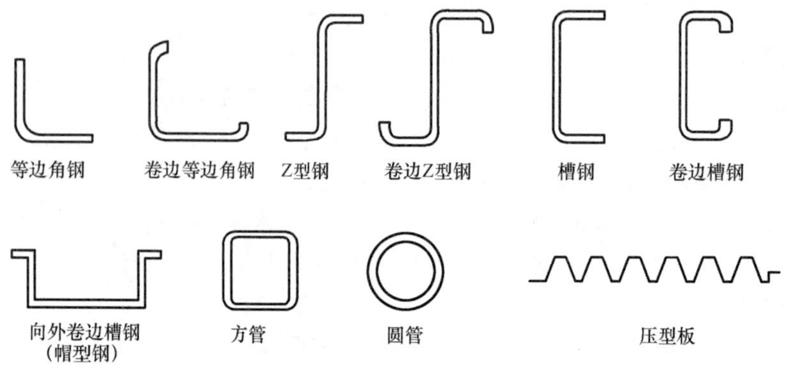

图 20-2 冷弯薄壁型钢的截面形式

20.2　钢结构的连接

钢结构是由钢板、型钢通过必要的连接组成构件，各构件再通过一定的安装连接而形成整体结构。在受力过程中，连接部位应有足够的强度、刚度及延性。被连接构件间应保持正确的相对位置，以满足传力和使用要求。因此，选定合适的连接方案和节点构造是钢结构设计的一个很重要的环节。

20.2.1　钢结构的连接方法

钢结构的连接方法可分为焊缝连接、铆钉连接和螺栓连接三种，如图 20-3 所示。

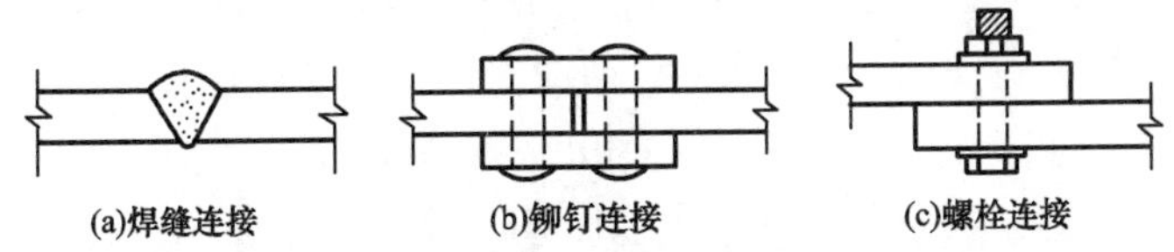

图 20-3　钢结构的连接方法

1. 焊缝连接

焊缝连接是通过电弧产生的热量使焊条和焊件局部融化，经冷却凝结形成焊缝，从而将焊件连成一体。其优点是构造简单，不削弱构件截面，节约钢材，制作加工方便，易于采用自动化操作，连接的密封性好，刚度大。其缺点是焊接残余应力和残余变形对结构有不利影响；焊接结构的低温冷脆问题也比较突出。除少数直接承受动载结构的某些连接，如重级工作制吊车梁和柱及制动梁的相互连接、桁架式桥梁的节点连接，不宜采用焊接外，其他情况下的连接均可采用焊接方式。

2. 铆钉连接

铆钉连接是将铆钉加热后插入构件的钉孔中，用铆钉枪制作封闭钉头。随后钉杆由高温逐渐冷却而发生收缩，将被连接的钢板压紧。铆钉连接的优点是塑性和韧性较好，传力可靠，质量易于检查，适用于直接承受动载结构的连接。缺点是构造复杂，费钢费工，目前已很少采用。

3. 螺栓连接

螺栓连接分普通螺栓连接和高强度螺栓连接两种。

(1)普通螺栓连接　普通螺栓连接的优点是施工简单、拆装方便。缺点是用钢量多。适用于安装连接和需要经常拆装的结构。普通螺栓连接分为 A、B、C 三级。A 级与 B 级为精制螺栓，C 级为粗制螺栓。C 级螺栓材料性能等级为 4.6 级或 4.8 级。小数点前数字表示螺栓的抗拉强度不小于 400 N/mm^2，小数点及小数点以后数字表示其屈强比（屈服点与抗拉强度之比）为 0.6 或 0.8。A 级和 B 级螺栓材料性能等级则为 5.6 级和 8.8 级，其抗拉强度分别不小于 500 N/mm^2 和 800 N/mm^2，屈强比分别为 0.6 和 0.8。

C 级螺栓由圆钢压制而成，螺栓表面粗糙，螺栓孔的直径比螺栓杆的直径大 1.5～3 mm，对制孔的质量要求不高，一般采用在单个零件上一次冲成或不用钻模钻出设计孔径（Ⅱ类孔）。对于采用 C 级螺栓的连接，由于螺栓杆与螺栓孔间有较大的空隙，受剪力作用时将会产生较大的剪切滑移，连接的变形大。但其安装方便，且能有效地传递拉力，故一般可用于沿螺栓杆轴受拉的连接中，以及次要结构的抗剪连接或用作安装时的临时固定。

A、B级精致螺栓是由毛坯在车床上经过切削加工精制而成的。其表面光滑，尺寸准确，螺杆直径与螺栓孔径相同，对成孔质量要求较高。一般采用钻模成孔或冲后扩孔，孔壁平滑，质量较高(属Ⅰ类孔)。由于其有较高的精度，因而受剪性能好，但制作和安装复杂，价格较高，已很少在结构中采用。

(2)高强度螺栓连接 高强度螺栓的连接分为两种类型：一种是只依靠摩擦阻力传力，并以剪力不超过接触面摩擦力作为设计准则，称为摩擦型连接；另一种是允许接触面滑移，以连接达到破坏的极限承载力作为设计准则，称为承压型连接。

摩擦型连接的剪切变形小，弹性性能好，施工较简单，可拆卸，耐疲劳，特别适用于受动力荷载的结构。承压型连接的承载力高于摩擦型，连接紧凑，但剪切变形大，故不得用于承受动力荷载的结构中。

高强度螺栓一般采用45号钢、40B钢和20MnTiB钢加工而成，经热处理后，螺栓抗拉强度应分别不低于800 N/mm^2和1000 N/mm^2，即前者的性能等级为8.8级，后者的性能等级为10.9级。摩擦型连接高强度螺栓的孔径比螺栓的公称直径d大1.5～2.0 mm，承压型连接高强度螺栓的孔径比螺栓的公称直径d大1.0～1.5 mm。

除上述常用连接外，在冷弯薄壁型钢结构中还经常采用射钉、自攻螺丝和钢拉铆钉等连接方式，主要用于压型钢板之间和压型钢板与冷弯型钢等支承之间的连接，具有施工简单、操作方便的特点。

20.2.2 焊缝连接

1.钢结构常用焊接方法

钢结构中常采用的焊接方法有电弧焊、气体保护焊和电阻焊等。

(1)电弧焊 电弧焊可分为手工电弧焊和埋弧焊。

手工电弧焊 这是最常用的一种焊接方法，其工作原理如图20-4所示。电路由焊条、焊钳、焊件、电焊机和导线等组成。通电后，在涂有焊药的焊条与焊件间产生电弧，由电弧提供热源，使焊条溶化，滴落在焊件上被电弧所吹成的小凹槽熔池中。由焊条药皮形成的熔渣和气体覆盖着熔池，防止空气中的氧、氮等有害气体与熔化的液体金属接触，避免形成脆性易裂的化合物。焊缝金属冷却后就与焊件熔成一体。

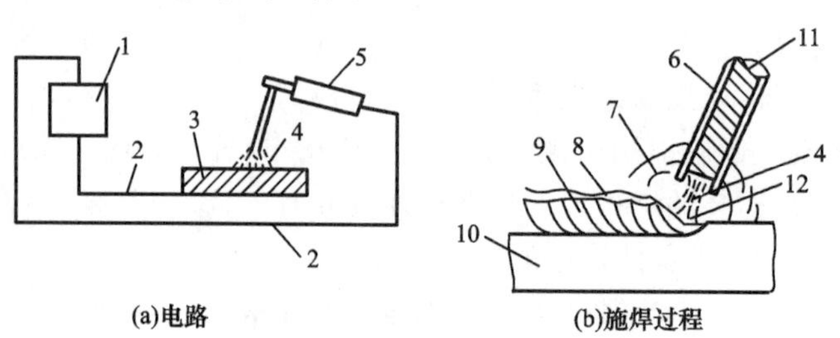

图20-4 手工电弧焊

1—电焊机；2—导线；3—焊件；4—电弧；5—焊钳；6—药皮；7—起保护作用的气体；8—熔渣；9—焊缝金属；10—主体金属；11—焊丝；12—熔池

手工电弧焊的设备简单，操作灵活方便，适于任意空间位置的焊接，特别适于焊接短焊缝。但生产效率低，劳动强度大，焊接质量在一定程度上取决于焊工的技术水平。

手工电弧焊所用焊条应与焊件金属强度相适应，对Q235钢焊件采用E43系列型焊条，对Q345钢焊件采用E50系列型焊条，对Q390和Q420钢焊件采用E55系列型焊条。对不同钢种的钢材相焊接时，宜用与低强度钢材相适应的焊条。

埋弧焊(自动或半自动焊)　埋弧焊是电弧在焊剂层下燃烧的一种电弧焊方法。焊丝送进和电弧按焊接方向的移动有专门机构控制完成称为埋弧自动电弧焊，如图 20-5 所示；焊丝送进有专门机构控制，而电弧按焊接方向的移动靠人手工操作完成的称为埋弧半自动电弧焊。埋弧焊的焊丝不涂药皮，但施焊端靠由焊剂漏斗自动流下的颗粒状焊剂所覆盖，电弧完全被埋在焊剂之内。埋弧焊电弧热量集中，熔深大，适于厚板的焊接，生产率较高。由于采用了自动或半自动化操作，焊接时的工艺条件稳定，焊缝的化学成分均匀，故焊成的焊缝质量好，焊件变形小。同时，高的焊速也减小了热影响区的范围，但埋弧焊对焊件边缘的装配精度(如间隙)要求比手工焊高。

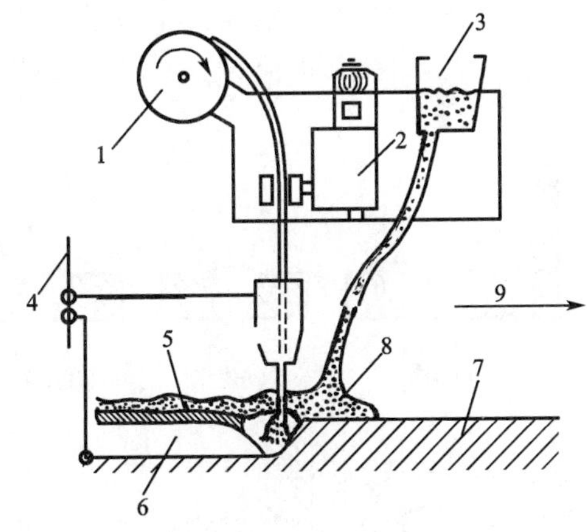

图 20-5　埋弧自动电弧焊

1—焊丝转盘；2—转动焊丝的电动机；3—焊剂漏斗；4—电源；5—熔化的焊剂；6—焊缝金属；7—焊件；8—焊剂；9—移动方向

埋弧焊所用的焊丝和焊剂应与主体金属强度相适应，即要求焊缝与主体金属等强度。

(2)气体保护焊　气体保护焊是利用二氧化碳气体或其他惰性气体作为保护介质的一种电弧熔焊的方法。它直接依靠保护气体在电弧周围形成局部保护层，以防止有害气体的侵入并保证了焊接过程中的稳定性。

气体保护焊的焊缝熔化区没有熔渣，焊工能够清晰地看到焊缝成型的过程；由于保护气体是喷射的，有助于熔滴的过渡；又由于电弧加热集中，熔化深度大，焊接速度快，故所形成的焊缝强度比手工电弧焊高，塑性和抗腐蚀性好，适用于全位置的焊接。气体保护焊在操作时应采取避风措施，否则容易出现焊坑、气孔等缺陷。

(3)电阻焊　电阻焊是利用电流通过焊件接触点表面的电阻所产生的热量来熔化金属，再通过压力使其焊合。在一般钢结构中电阻焊只适用于板叠厚度不大于 12 mm 的焊件。对冷弯薄壁型钢构件，电阻焊可用来缀合壁厚不超过 3.5 mm 的构件，如将两个冷弯槽钢或 C 形钢组合成工字形截面构件等。

2. 焊缝连接的优缺点

焊缝连接与螺栓连接、铆钉连接比较有下列优点：

①不需要在钢材上打孔钻眼，既省工，又不减损钢材截面，使材料可以充分利用。

②任何形状的构件都可以直接相连，不需要辅助零件，构造简单。

③焊接连接的密封性好，结构刚度大。

但是焊缝连接也存在下列问题：

①由于施焊时的高温作用，形成焊接附近的热影响区，使钢材的金相组织和机械性能发生变化，导致局部材质变脆。

②焊接的残余应力使焊接结构发生脆性破坏的可能性增大，残余变形使其尺寸和形状发生变化，矫正费工。

③焊接结构对整体性不利的一面是，局部裂缝一旦发生，极容易扩展成整体裂缝而破坏。焊接结构低温冷脆问题比较突出。

3. 焊缝缺陷

焊缝缺陷是指焊接过程中产生于焊缝金属或附近热影响区钢材表面或内部的缺陷。常见的缺陷有裂纹、焊瘤、烧穿、弧坑、气孔、夹渣、咬边、未熔合、未焊透等，如图 20-6 所示，以及焊缝尺寸不符合要求、焊缝成形不良等。裂纹是焊缝连接中最危险的缺陷。产生裂纹的原因很多，如钢材的化学成分不当，焊接工艺条件（如电流、电压、焊速、施焊次序等）选择不合适，焊接表面油污未清除干净等。

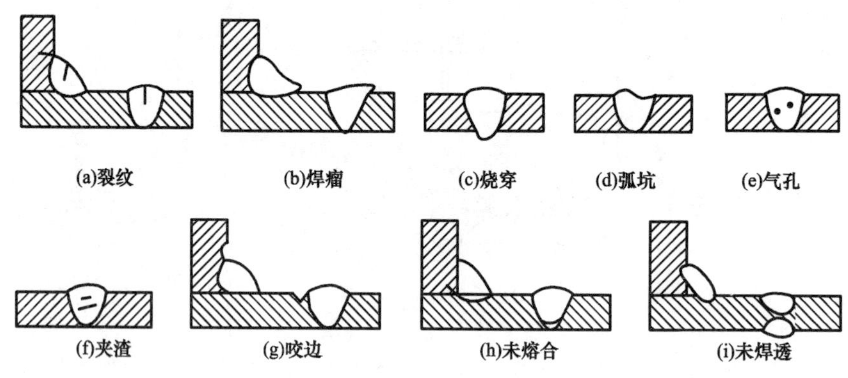

图 20-6 焊缝缺陷

焊缝的缺陷将削弱焊缝的受力面积，而且在缺陷处形成应力集中，裂纹往往先从那里开始，并扩展断裂，成为连接破坏的根源，对结构不利。因此，焊缝质量检查极为重要。焊缝质量检查一般可用外观检查及内部无损检验，前者检查外观缺陷和几何尺寸，后者检查内部缺陷。内部无损检验目前广泛采用超声波检验。

《钢结构工程施工质量验收规范》(GB50205－2001)规定焊缝按其检验方法和质量要求分为一级、二级和三级。三级焊缝只要求对全部焊缝作外观检查且符合三级质量标准，即检查焊缝实际尺寸是否符合设计要求，有无用肉眼看得见的裂纹、咬边或未焊满的凹槽等缺陷。对于重要结构或要求焊缝金属强度等于被焊金属强度的对接焊缝，必须进行一级或二级质量检验，即在外观检查的基础上再作内部无损检验。其中二级要求用超声波检验每条焊缝的 20% 长度，一级要求用超声波检验每条焊缝的全部长度。对承受动载的重要构件焊缝，还可增加射线探伤。

焊缝质量与施焊条件有关，对于施焊条件较差的高空安装焊缝，其强度设计值应乘以折减系数 0.9。

4. 焊缝连接形式及焊缝形式

(1)焊缝连接形式 焊缝连接形式按被连接构件间的相对位置可分为平接、搭接、T 形连接和角部连接四种，如图 20-7 所示。这些连接所采用的焊缝形式主要有对接焊缝和角焊缝。

如图 20-7(a)所示为用对接焊缝的平接连接，由于相互连接的两构件在同一平面内，因而传力比较均匀平缓，没有明显的应力集中，承受动力荷载的性能较好，且用料经济，当符合一、二级焊缝质量检验标准时，焊缝和被焊构件的强度相等。但是焊件边缘需要加工，对被连接两板的间隙和坡口尺寸有严格的要求。

如图 20-7(b)所示为用双层盖板和角焊缝的平接连接，这种连接传力不均匀、费料，但施工简便，所连接两板的间隙大小无需严格控制。

如图 20-7(c)所示为用角焊缝的搭接连接，它特别适用于不同厚度构件的连接。这种连接传力不均匀、费料，但构造简单，施工方便，目前还广泛应用。

如图 20-7(d)所示为用顶板和角焊缝的平接连接，施工简便，适用于受压构件。受拉构件为了避免层间撕裂，不宜采用。

如图 20-7(e)所示为用双面角焊缝的 T 形连接，这种连接焊件间存在缝隙，截面突变，应力集中现象严重，疲劳强度较低，可用于不直接承受动力荷载的结构的连接中。

如图 20-7(f)所示为焊透的 T 形连接，其焊缝形式为对接与角接的组合，它可以减小应力集中现象，对于直接承受动力荷载的结构，如重级工作制吊车梁，其上翼缘与腹板的连接应采用这种形式。

如图 20-7(g)、(h)所示为用角焊缝和对接焊缝的角部连接，主要用于制作箱形截面。

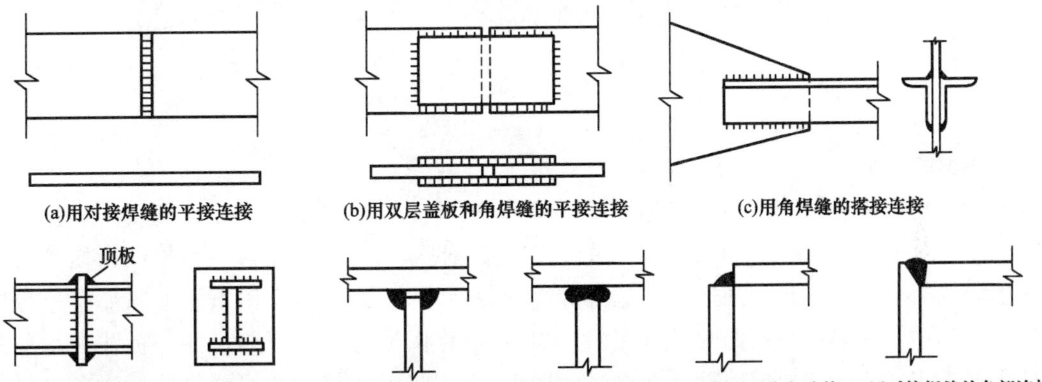

图 20-7　焊缝连接形式

(2)焊缝形式　对接焊缝按所受力的方向分为正对接焊缝[图 20-8(a)]和斜对接焊缝[图 20-8(b)]。角焊缝[图 20-8(c)]可分为正面角焊缝(焊缝长度方向垂直于力作用方向)和侧面角焊缝(焊缝长度方向平行于力作用方向)。

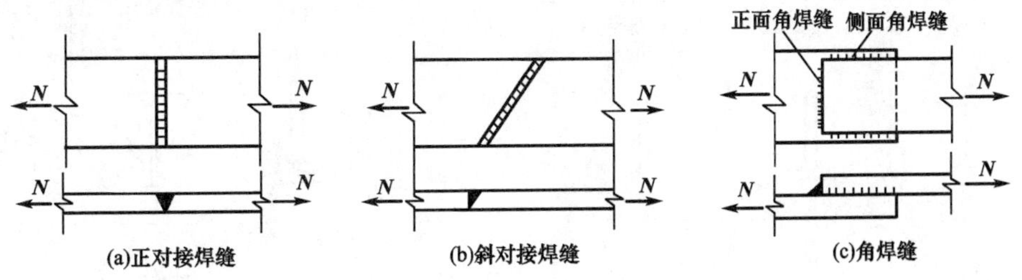

图 20-8　焊缝形式

焊缝沿长度方向的布置分为连续角焊缝和断续角焊缝两种，如图 20-9 所示。连续角焊缝的受力性能好，为主要的角焊缝形式。断续角焊缝的起、灭弧处容易引起应力集中，重要结构应避免采用，它只用于一些次要构件的连接或次要焊缝中。断续焊缝的间断距离 l 不宜过长，以免因距离过大使连接不易紧密，潮气易侵入引起锈蚀。在受压构件中，间断距离一般应满足

$l \leqslant 15t$，在受拉构件中 $l \leqslant 30t$，t 为较薄构件的厚度。

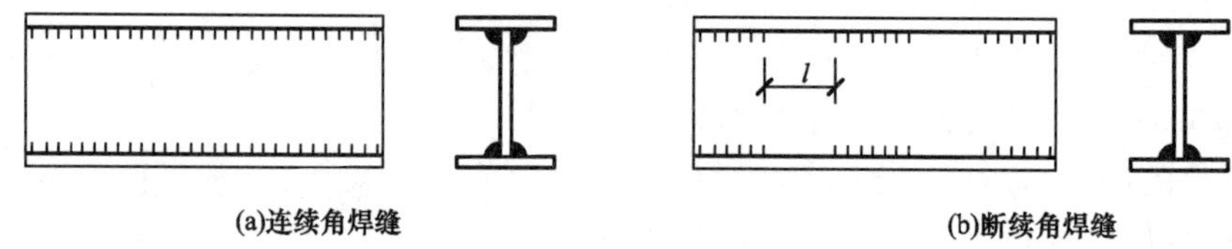

图 20-9 连续角焊缝和断续角焊缝

焊接按施焊位置可分为平焊、横焊、立焊及仰焊，如图 20-10 所示。平焊(又称俯焊)施焊方便，质量最好。立焊和横焊的质量及生产效率比平焊差一些。仰焊的操作条件最差，焊缝质量不易保证，因此应尽量避免采用仰焊。

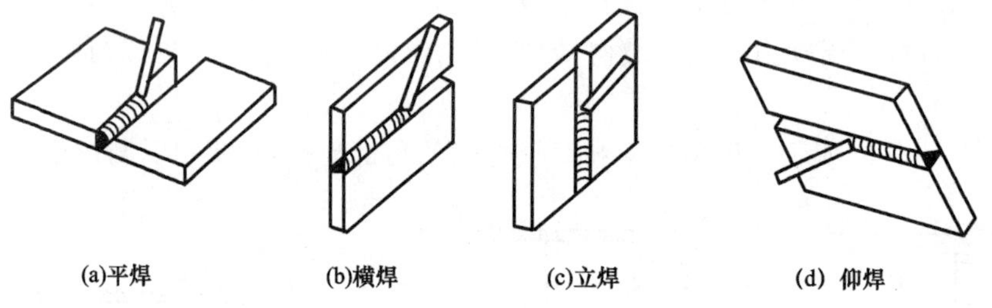

图 20-10 焊缝施焊位置

5. 焊缝代号

在钢结构施工图上要用焊缝代号标明焊缝形式、尺寸和辅助要求。按《焊缝符号表示法》(GB324－88)规定：焊缝代号由引出线、图形符号和辅助符号三部分组成。引出线由横线和带箭头的斜线组成。箭头指到图形上的相应焊缝处，横线的上面和下面用来标注图形符号和焊缝尺寸。当引出线的箭头指向焊缝所在的一面时，应将图形符号和焊缝尺寸等标注在水平横线的上面。当箭头指向对应焊缝所在的另一面时，则应将图形符号和焊缝尺寸标注在水平横线的下面。必要时，可在水平横线的末端加一尾部作为其他说明之用。图形符号表示焊缝的基本形式，如用“⊿”表示角焊缝，用“V”表示 V 形坡口的对接焊缝。辅助符号表示焊缝的辅助要求，如用“▶”表示现场安装焊缝等。表 20-4 列出了一些常用焊缝代号，可供设计时参考。

表 20-4 **焊缝代号**

形式	角焊缝				对接焊缝	塞焊缝	三面围焊
	单面焊缝	双面焊缝	安装焊缝	相同焊缝			
标注方法					c α c α p		
	h_f	h_f	h_f	h_f	a c p a c	h_f	h_f

当焊缝分布比较复杂或用上述标注不能表达清楚时，在标注焊缝代号的同时，可在图形上加粗线或栅线表示，如图 20-11 所示。

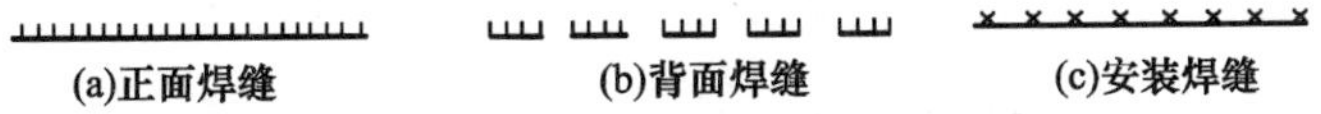

(a)正面焊缝　　(b)背面焊缝　　(c)安装焊缝

图 20-11　栅线表示

20.2.3　对接焊缝的构造与计算

1. 对接焊缝的构造

对接焊缝的焊件常将焊件边缘做成坡口，故又叫坡口焊缝。坡口形式分为 I 形缝、V 形缝、带钝边单边 V 形缝、带钝边 V 形缝（也叫 Y 形缝）、带钝边 U 形缝、带钝边双单边 V 形缝和双 Y 形缝等，后二者过去分别称为 K 形缝和 X 形缝，如图 20-12 所示。

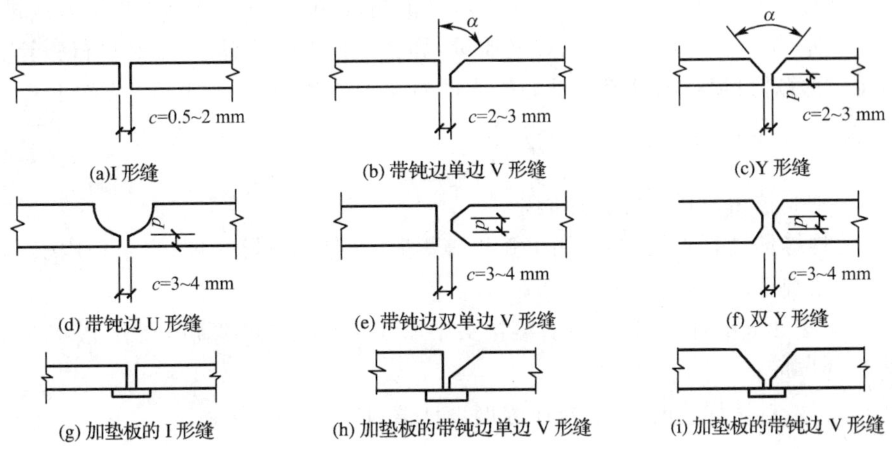

图 20-12　对接焊缝的坡口形式

当焊件厚度 t 很小（$t \leqslant 10$ mm）时，可采用不切坡口的 I 形缝。对于一般厚度（$t=10 \sim 20$ mm）的焊件，可采用有斜坡口的带钝边单边 V 形缝或 Y 形缝。以便斜坡口和根部间隙 c 共同形成一个焊条能够运转的施焊空间，使焊缝易于焊透；钝边 p 有托住熔化金属的作用。对于较厚的焊件（$t>20$ mm），应采用带钝边 U 形缝或带钝边双单边 V 形缝，或双 Y 形缝。对于 Y 形缝和带钝边 U 形缝的根部还需要清除焊根并进行补焊。对于没有条件清根和补焊者，要事先加垫板，以保证焊透，如图 20-12 中(g)～图 20-12(i)所示。

在对接焊缝的拼接处，当焊件的宽度不同或厚度在一侧相差 4 mm 以上时，应分别在宽度方向和厚度方向从一侧或两侧做成坡度不大于 1∶2.5（承受静力荷载者）或 1∶4（需要计算疲劳者）的斜角，如图 20-13(a)、(b)所示，形成平缓过渡，使构件传力均匀，以减小应力集中。如板厚相差不大于 4 mm 时，可不做斜坡，如图 20-13(c)所示。焊缝的计算厚度取较薄板的厚度。

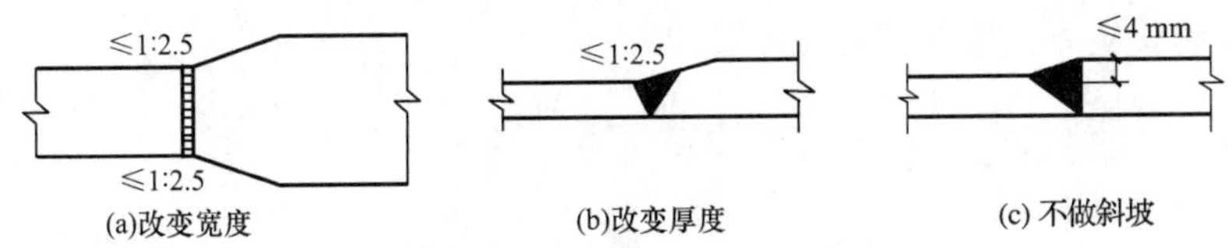

图 20-13　不同宽度或厚度钢板的拼接

在焊缝的起弧和灭弧处，常因不能熔透而出现弧坑等缺陷，形成类裂纹和应力集中。为消除焊口缺陷，焊接时可将焊缝的起点和终点延伸至引弧板上，如图 20-14 所示，焊后将引弧板切除，并用砂轮沿受力方向将表面磨平。当受条件限制无法采用引弧板时，允许不设置引弧板，此时，计算每条焊缝长度时取实际长度减 $2t$（t 为焊件的较小厚度）。

对于焊透的 T 形连接焊缝，其构造要求如图 20-15 所示。

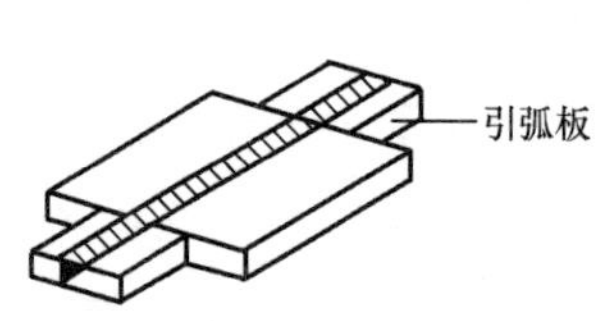

图 20-14 引弧板

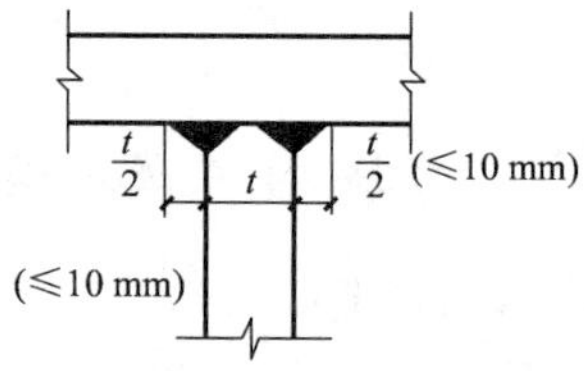

图 20-15 焊透的 T 形连接焊缝

2. 对接焊缝的计算

对接焊缝的应力分布情况基本上与焊件原来的情况相同，可用计算焊件的方法进行计算。对于重要的构件，按一、二级标准验收焊缝质量，焊缝与构件强度等强，不必另行验算。

(1)轴心受力对接焊缝的计算 轴心受力的对接焊缝如图 20-16 所示，应按下式计算，即

$$\sigma=\frac{N}{l_w t}\leqslant f_t^w \text{ 或 } f_c^w \tag{20-1}$$

式中 N——轴心拉力或压力的设计值；

l_w——焊缝的计算长度，当采用引弧板施焊时，取焊缝实际长度；当未采用引弧板时，每条焊缝取实际长度减去 $2t$；

t——对接焊缝的计算厚度，在对接接头中取连接件的较小厚度，在 T 形接头中取腹板的厚度；

f_t^w、f_c^w——对接焊缝的抗拉、抗压强度设计值，按表 20-2 采用。

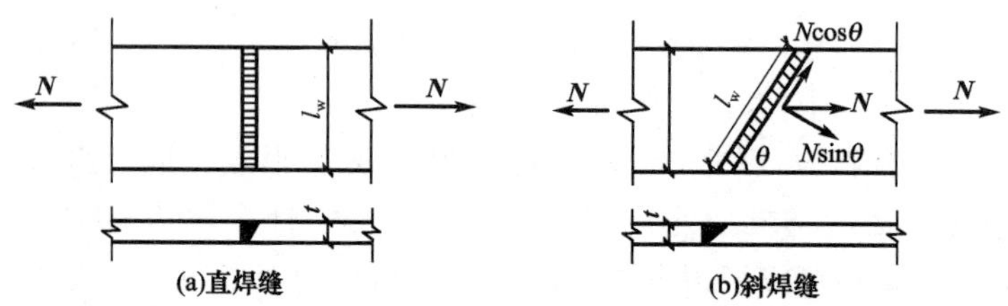

图 20-16 轴心力作用下对接焊缝连接

如图 20-16(a)所示的直焊缝连接的强度低于焊件的强度时，为了提高连接的承载能力，可改用如图 20-16(b)所示的斜焊缝。但用斜焊缝时较费材料。规范规定当斜焊缝和作用力间的夹角 θ 满足 $\tan\theta\leqslant 1.5(\theta\leqslant 56°)$时，斜焊缝的强度不低于焊件强度，可不再进行验算。

(2)弯矩和剪力共同作用时对接焊缝的计算 如图 20-17(a)所示为对接接头受到弯矩和剪力的共同作用，由于焊缝截面是矩形，正应力和剪应力分布分别为三角形与抛物线形，应分别计算正应力和剪应力。按下列公式计算，即

$$\sigma_{max}=\frac{M}{W_w}=\frac{6M}{l_w^2 t}\leqslant f_t^w \tag{20-2}$$

$$\tau_{max}=\frac{VS_w}{I_w t}=\frac{3}{2}\cdot\frac{V}{l_w t}\leqslant f_v^w \tag{20-3}$$

式中 W_w——焊缝截面的截面模量；

S_w——焊缝截面在计算剪应力处以上或以下部分截面对中和轴的面积矩；

I_w——焊缝截面对中和轴的惯性矩；

f_v^w——对接焊缝的抗剪强度设计值，按表 20-2 采用。

如图 20-17(b)所示为在弯矩和剪力的共同作用下工字形截面梁的接头，采用对接焊缝，除应分别验算焊缝截面最大正应力和剪应力外，对于同时受有较大的正应力和剪应力处，例如腹板与翼缘的交点处，还应按下式验算折算应力，即

$$\sqrt{\sigma_1^2+3\tau_1^2}\leqslant 1.1f_t^w \tag{20-4}$$

式中　σ_1、τ_1——验算点处焊缝截面的正应力和剪应力；

1.1——考虑到最大折算应力只在局部出现，而将强度设计值适当提高的系数。

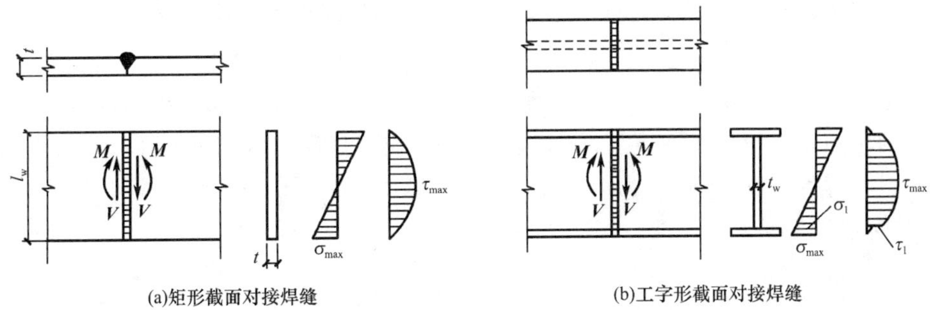

图 20-17　对接焊缝受弯矩和剪力共同作用

20.2.4　角焊缝的构造与计算

1. 角焊缝的形式和构造

(1)角焊缝的形式　角焊缝按两焊脚边的夹角可分为直角角焊缝(图 20-18)和斜角角焊缝(图 20-19)两种。直角角焊缝的受力性能较好，应用广泛；斜角角焊缝当两焊脚边夹角 $\alpha>135°$ 或 $\alpha<60°$ 时，除钢管结构外，不宜用作受力焊缝。

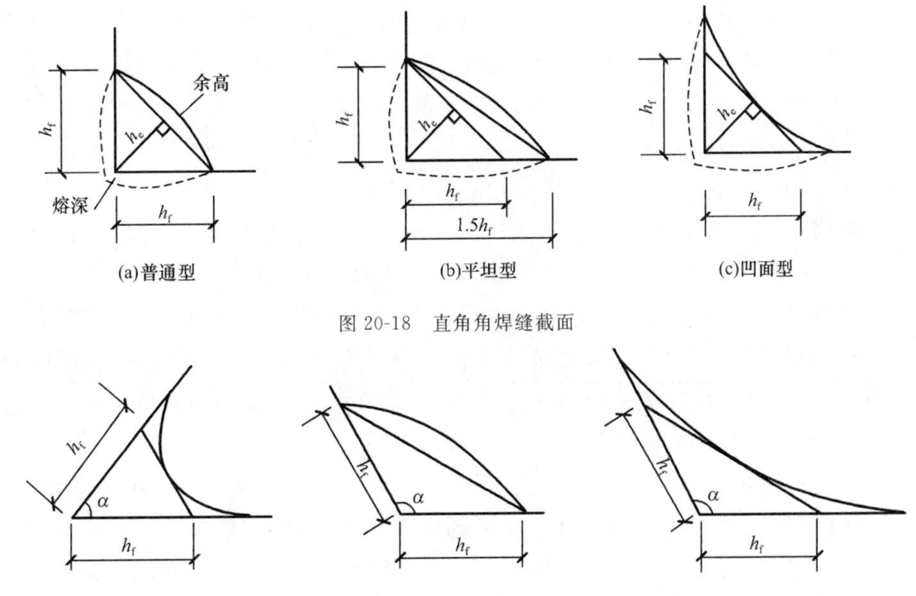

图 20-18　直角角焊缝截面

图 20-19　斜角角焊缝截面

角焊缝按其截面形式不同可分为普通型、平坦型和凹面型三种，如图 20-18 所示。一般采用普通型截面角焊缝，其两焊脚尺寸比例为 1∶1，近似于等腰直角三角形，但其力线弯折，应力集中严重。对直接承受动力荷载的结构，为使传力平缓，正面角焊缝宜采用两焊角尺寸比例为1∶1.5 的平坦型(长焊角尺寸顺内力方向)，侧面角焊缝则宜采用比例为 1∶1 的凹面型。

普通型角焊缝截面的两个直角边长 h_f 称为焊脚尺寸。计算焊缝承载力时，按最小截面即 $\alpha/2$ 角处截面（直角角焊缝在 45°角处截面）计算，该截面又称为有效截面或计算截面。其截面厚度称为有效厚度 h_e，如图 20-18(a)所示。

直角角焊缝的有效厚度 $h_e=0.7h_f$，不计凸出部分的余高。

(2)角焊缝的构造要求

①最小焊脚尺寸。角焊缝的焊脚尺寸与焊件厚度有关，如果焊件较厚而焊脚尺寸过小时，则在焊缝金属中由于冷却速度快而产生淬硬组织，易使焊缝附近主体金属产生裂纹。《钢结构规范》规定：角焊缝的焊脚尺寸 h_f 不得小于 $1.5\sqrt{t}$（计算时小数点以后均进为 1 mm，t 为较厚焊件的厚度），如图 20-20(a)所示。自动焊因热量集中，熔深较大，最小焊脚尺寸可减少1 mm；T 形连接的单面角焊缝可靠性较差，应增加 1 mm。当焊件厚度等于或小于 4 mm 时，则最小焊脚尺寸应与焊件厚度相同。

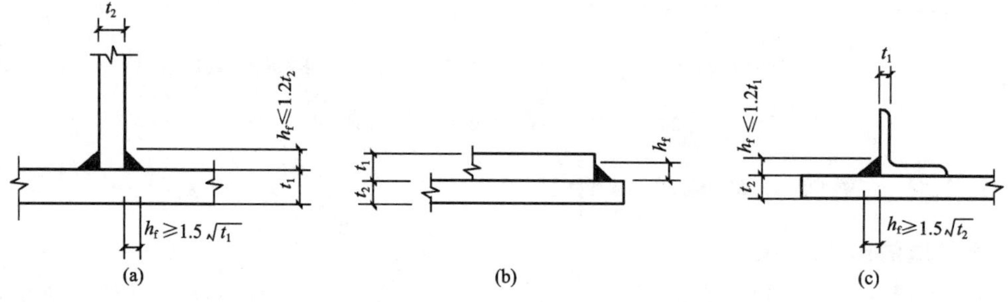

图 20-20 角焊缝的焊脚尺寸

②最大焊脚尺寸。角焊缝的焊脚尺寸过大，易使母材形成“过烧”现象，使构件产生翘曲、变形和较大的焊接残余应力。《钢结构规范》规定：角焊缝的焊脚尺寸不宜大于较薄焊件厚度的 1.2 倍（钢管结构除外），如图 20-20(a)所示。但板件（厚度为 t）边缘的角焊缝最大焊脚尺寸，尚应符合下列要求（图 20-20(b)）：

a. 当 $t_1\leqslant6$ mm 时，$h_f\leqslant t_1$；

b. 当 $t_1>6$ mm 时，$h_f\leqslant t_1-(1\sim2)$mm。

③不等焊脚尺寸。当两焊件厚度相差较大且用等焊脚尺寸不能满足最大、最小焊脚尺寸的要求时，可采用不等焊脚尺寸，按满足图 20-20(c)所示要求采用。

④角焊缝的最小计算长度。角焊缝焊脚尺寸大而焊缝长度过小时，焊件的局部加热严重，且焊缝起灭弧的弧坑相距太近，以及可能产生的其他缺陷，使焊缝不够可靠。此外，焊缝集中在一段很短距离，焊件的应力集中也较大。因此，侧面角焊缝或正面角焊缝的计算长度不得小于 $8h_f$ 和 40 mm，即其最小实际长度应为 $8h_f+2h_f=10h_f$。

⑤侧面角焊缝的最大计算长度。侧面角焊缝沿长度方向的剪应力分布很不均匀，两端大而中间小，且随焊缝长度与其焊脚尺寸之比值的增大而差别愈大，如图 20-21(a)所示。当此比值过大时，焊缝两端应力就会达到极值而破坏，而中部焊缝还未充分发挥其承载能力。这种现象对承受动力荷载的构件更为不利。因此，侧面角焊缝的计算长度不宜大于 $60h_f$。当大于上述数值时，其超过部分在计算中不予考虑。若内力沿侧面角焊缝全长分布时，其计算长度不受此限。例如工字形截面柱或梁的翼缘与腹板的连接焊缝等。

⑥角焊缝的其他构造要求。杆件与节点板的连接焊缝，一般采用两面侧焊，如图 20-22(a)所示，也可采用三面围焊，对角钢构件也可用 L 形围焊，所有围焊的转角处必须连续施焊。当

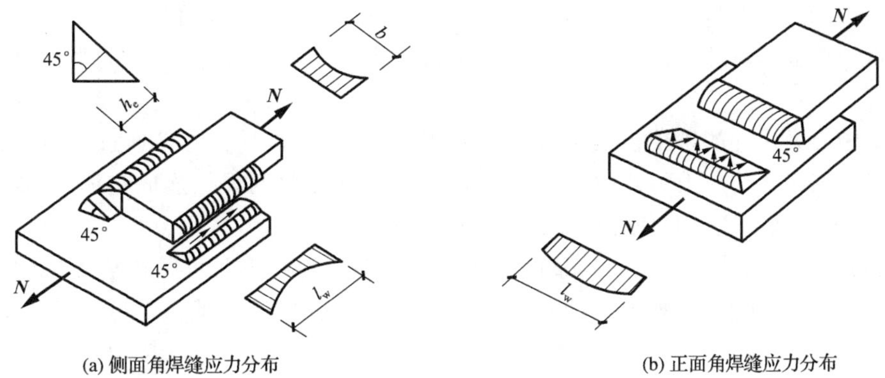

图 20-21　角焊缝应力分布

角焊缝的端部在构件转角处时，可连续地作长度为 $2h_f$ 的绕角焊，如图 20-22(c)所示，以免起灭弧缺陷发生在应力集中较大的转角处，从而改善连接的工作。

当板件端部仅有两条侧面角焊缝连接时，为了避免应力传递的过分弯折而使构件中应力过分不均匀，应使每条侧面角焊缝的长度不宜小于它们之间的距离，即 $l_w \geqslant b$。同时为了避免因焊缝横向收缩时引起板件的拱曲过大，还宜使 $b \leqslant 16t(t>12\text{ mm})$或 190 mm($t \leqslant 12$ mm)，t 为较薄焊件的厚度。当宽度 b 不满足此规定时，应加正面角焊缝，或加槽焊(图 20-22(b))或塞焊(图 20-22(c))。

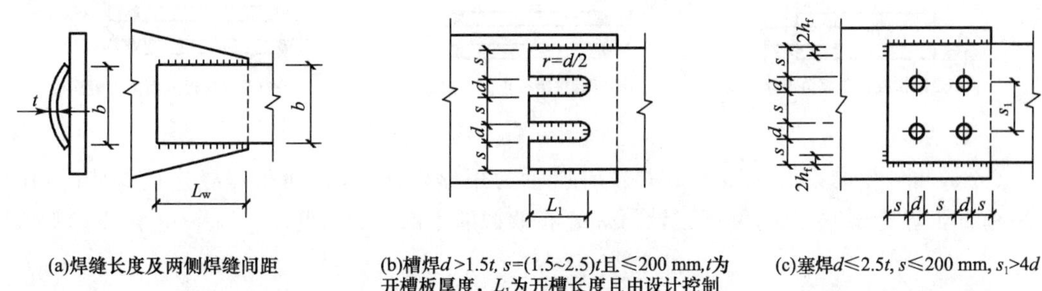

图 20-22　由槽焊、塞焊防止板件拱曲

在搭接连接中，当仅采用正面角焊缝时，搭接连接不能只用一条正面角焊缝传力，如图 20-23(a)所示，并且搭接长度不得小于焊件较小厚度的 5 倍，并不得小于 25 mm，以减少收缩应力以及因偏心在钢板与连接件中产生的次应力。

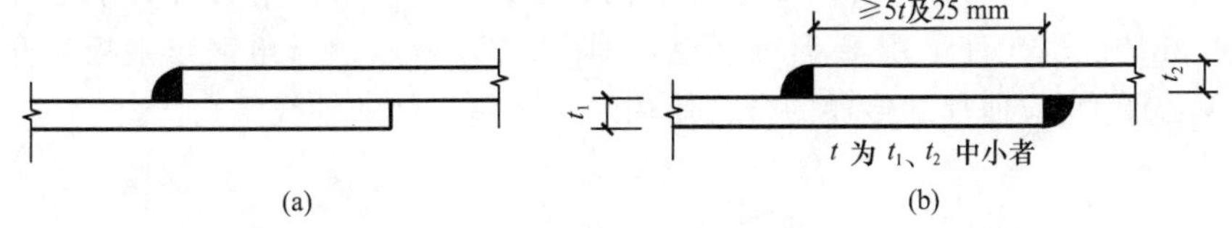

图 20-23　搭接连接要求

2. 角焊缝的计算

侧面角焊缝因其外力与焊缝长度方向平行，故主要受剪应力作用。正面角焊缝因外力垂直于焊缝方向，应力状态比侧面角焊缝复杂，其破坏强度比侧面角焊缝的要高，但塑性变形能力要差，如图 20-21(b)所示；沿焊缝长度的应力分布则比较均匀，两端应力比中间的应力略低。由于要对角焊缝进行精确计算十分困难，实际计算采用简化的方法，即假定角焊缝的破坏截面均在最小截面，其面积为角焊缝的有效厚度 h_e 与焊缝计算长度 l_w 的乘积，此截面称为角

焊缝的有效截面。又假定截面上的应力沿焊缝计算长度均匀分布,同时不论是正面焊缝还是侧面焊缝,均按破坏时计算截面上的平均应力来确定其强度,并采用统一的强度设计值进行计算。

(1)受轴心力焊件的拼接板连接计算 当焊件受轴心力,且轴心力通过连接焊缝群形心时,焊缝有效截面上的应力可认为是均匀分布的,用拼接板将两焊件连成整体,需要计算拼接板和连接一侧(左侧或右侧)角焊缝的强度。

①侧面角焊缝的计算。如图 20-24(a)所示为矩形拼接板,侧面角焊缝连接。此时,作用力 N 与焊缝长度方向平行,可按下式计算焊缝有效截面上的剪应力,即

$$\tau_f=\frac{N}{h_e\sum l_w}\leqslant f_f^w \tag{20-5}$$

式中 h_e——角焊缝的有效厚度;

$\sum l_w$——连接一侧所有角焊缝的计算长度之和,对每条焊缝取其实际长度减去 $2h_f$;

f_f^w——角焊缝的强度设计值,按表 20-2 采用。

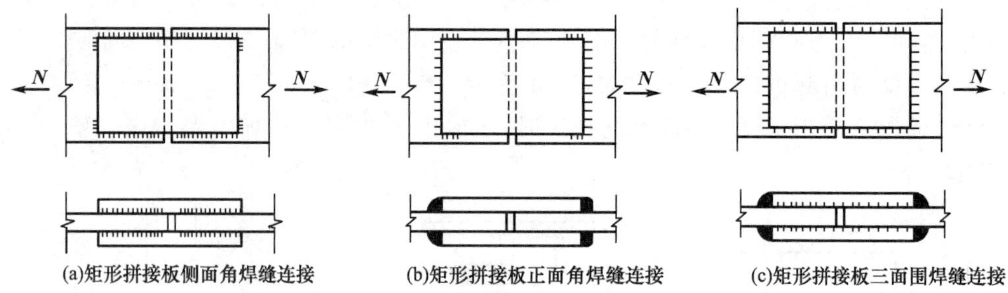

图 20-24 轴心力作用下角焊缝连接

②正面角焊缝的计算。如图 20-24(b)所示为矩形拼接板,正面角焊缝连接。此时,作用力 N 垂直于焊缝长度方向,按下式计算焊缝有效截面上的应力,即

$$\sigma_f=\frac{N}{h_e\sum l_w}\leqslant \beta_f f_f^w \tag{20-6}$$

式中 β_f——正面角焊缝的强度设计值增大系数,对承受静力荷载或间接承受动力荷载的结构取 $\beta_f=1.22$,对直接承受动力荷载的结构取 $\beta_f=1.0$。

③三面围焊缝的计算。如图 20-24(c)所示为矩形拼接板,三面围焊缝连接。可先按式(20-6)计算正面角焊缝所承担的内力 N_1,再由 $N-N_1$ 按式(20-5)计算侧面角焊缝。

(2)受轴心力角钢的连接计算 角钢与钢板的连接焊缝一般采用两面侧焊缝,有时采用三面围焊缝,特殊情况也允许采用 L 形围焊缝,如图 20-25 所示。当角钢与钢板用角焊缝连接时,为避免偏心受力,应使焊缝传递的合力作用线与角钢杆件的轴线重合。

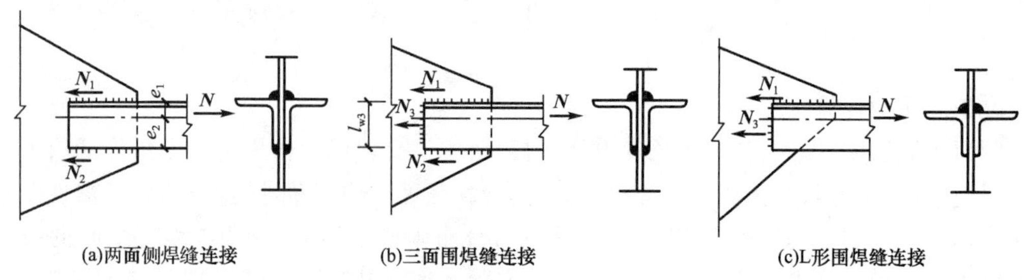

图 20-25 角钢角焊缝上受力分配

①当采用两面侧焊缝时，虽然轴心力通过角钢截面形心，但肢背焊缝和肢尖焊缝到形心的距离 $e_1 \neq e_2$，如图 20-25(a)所示，受力大小不等。设肢背焊缝受力为 N_1，肢尖焊缝受力为 N_2，由平衡条件 $\sum M=0$ 可得

$$N_1=\frac{e_2}{e_1+e_2}N=K_1 N \tag{20-7}$$

$$N_2=\frac{e_1}{e_1+e_2}N=K_2 N \tag{20-8}$$

式中　K_1、K_2——角钢肢背、肢尖焊缝内力分配系数，可按表 20-5 的值取用。

表 20-5　　角钢角焊缝内力分配系数

角钢类型	连接形式	分配系数	
		角钢肢背 K_1	角钢肢尖 K_2
等肢角钢		0.70	0.30
不等肢角钢（短肢相连）		0.75	0.25
不等肢角钢（长肢相连）		0.65	0.35

②当采用三面围焊缝时，如图 20-25(b)所示。可先选定正面角焊缝的焊脚尺寸 h_{f3}，求出正面角焊缝所承担的轴心力 N_3。当杆件为双角钢组成的 T 形截面时，有

$$N_3=2\times 0.7h_{f3}l_{w3}\beta_f f_f^w$$

由平衡条件 $\sum M=0$ 可得

$$N_1=\frac{e_2}{e_1+e_2}N-\frac{N_3}{2}=K_1 N-\frac{N_3}{2} \tag{20-9}$$

$$N_2=\frac{e_1}{e_1+e_2}N-\frac{N_3}{2}=K_2 N-\frac{N_3}{2} \tag{20-10}$$

③当采用 L 形围焊缝时，如图 20-25(c)所示。由于只有正面角焊缝和角钢肢背上的侧面角焊缝，令式(20-10)中的 $N_2=0$，得

$$N_3=2K_2 N \tag{20-11}$$

$$N_1=N-N_3 \tag{20-12}$$

求出各条角焊缝承担的内力后，按构造要求假定角钢肢背和肢尖焊缝的焊脚尺寸 h_{f1} 和 h_{f2}，即可分别求出焊缝的计算长度。例如，对双角钢截面：

角钢肢背焊缝

$$l_{w1}=\frac{N_1}{2\times 0.7h_{f1}f_f^w} \tag{20-13}$$

角钢肢尖焊缝

$$l_{w2}=\frac{N_2}{2\times 0.7h_{f2}f_f^w} \tag{20-14}$$

采用的每条焊缝实际长度应取其计算长度加 $2h_f$。

【例 20-1】 试设计如图 20-26 所示一双拼接盖板的对接连接。已知钢板宽 $B=310$ mm，厚度 $t_1=16$ mm，拼接盖板厚度 $t_2=10$ mm，该连接承受轴心力设计值 $N=1\ 000$ kN（静力荷载），钢材为 Q235，采用 E43 系列型焊条，手工焊。

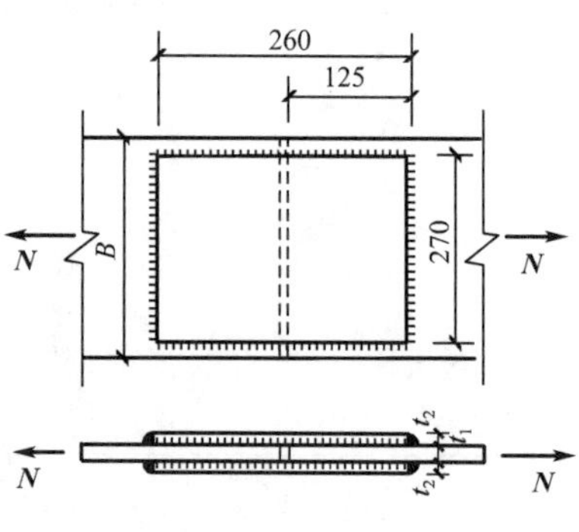

图 20-26 例 20-1 图

【解】 设计拼接盖板的对接连接有两种方法：一种方法是假定焊脚尺寸求焊缝长度，再由焊缝长度确定盖板的尺寸；另一种方法是先假定焊脚尺寸和拼接盖板的尺寸，然后验算焊缝的承载力。如果假定的焊缝尺寸不能满足承载力要求时，则应调整焊脚尺寸，再进行验算，直到满足承载力的要求为止。

首先确定角焊缝的焊脚尺寸。由于此处的焊缝在板件边缘施焊，且拼接盖板厚度 $t_2=10\text{ mm}>6\text{ mm}$，$t_2<t_1$，则

$$h_{fmax}=t-(1\sim2)\text{mm}=10-(1\sim2)=9\sim8\text{ mm}$$

$$h_{fmin}=1.5\sqrt{t}=1.5\sqrt{16}=6\text{ mm}$$

取 $h_f=8$ mm，查表 20-2 得角焊缝强度设计值 $f_f^w=160\text{ N/mm}^2$

确定连接方式。拼接盖板的宽度 b 就是两条侧面角焊缝之间的距离，应根据强度条件和构造要求确定。根据强度条件，在钢材种类相同的情况下，拼接盖板的截面积 A' 应等于或大于被连接钢板的截面积。

选定拼接盖板宽度 $b=270$ mm，则

$$A'=270\times2\times10=5\ 400\text{ mm}^2>A=310\times16=4\ 960\text{ mm}^2$$

满足强度要求。

根据构造要求，应满足 $b<16t=16\times10=160$ mm，但实际取 $b=270\text{ mm}>160$ mm。为防止因仅用侧面角焊缝引起板件拱曲过大，应采用三面围焊。

已知正面角焊缝的长度 $l_{w1}=b=270$ mm，则正面角焊缝所能承受的内力为

$$N_1=2h_e l_{w1}\beta_f f_f^w=2\times0.7\times8\times270\times1.22\times160=590\ 285\text{ N}$$

连接一侧侧面角焊缝的总长度为

$$\sum l_w=\frac{N-N_1}{h_e f_f^w}=\frac{1000000-590285}{0.7\times8\times160}=457\text{ mm}$$

连接一侧共有 4 条侧面角焊缝，则一条侧面角焊缝的长度为

$$l_w=\frac{\sum l_w}{4}+8=\frac{457}{4}+8=122\text{ mm}$$

拼接盖板的总长度为 $L=2l_w+10=2\times122+10=254$ mm，取 260 mm。

【例 20-2】 如图 20-27 所示角钢与节点板的连接角焊缝。已知轴心力设计值 $N=510$ kN（静力荷载），角钢为 2L100×80×8（长肢相连），连接板厚度 $t=10$ mm，钢材 Q235，采用 E43 系列型焊条，手工焊。试确定所需焊脚尺寸和焊缝长度。

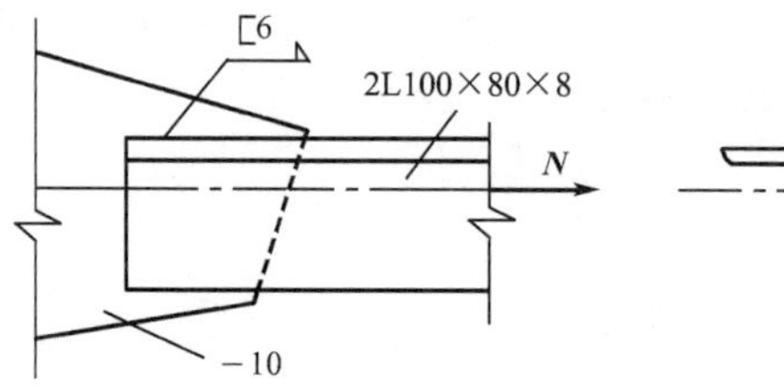

图 20-27 例 20-2 图

【解】 采用三面围焊，设角钢肢背、肢尖及端部焊脚尺寸相同，取

$h_f = 6\ \text{mm} \leqslant h_{f\max} = t-(1\sim2) = 8-(1\sim2) = 7\sim6\ \text{mm}$（角钢肢尖）$< h_{f\max} =$

$1.2t_{\min} = 1.2\times8 = 9.6\ \text{mm}$（角钢肢背）$> h_{f\min} = 1.5\sqrt{t_{\max}} = 1.5\sqrt{10} = 4.7\ \text{mm}$

正面角焊缝能能承受的内力为

$$N_3 = 2\times0.7h_f b\beta_f f_f^w = 2\times0.7\times6\times100\times1.22\times160 = 164\times10^3\ \text{N} = 164\ \text{kN}$$

肢背和肢尖焊缝分担的内力分别为

$$N_1 = K_1 N - \frac{N_3}{2} = 0.65\times510 - \frac{164}{2} = 249.5\ \text{kN}$$

$$N_2 = K_2 N - \frac{N_3}{2} = 0.35\times510 - \frac{164}{2} = 96.5\ \text{kN}$$

肢背和肢尖焊缝所需要的实际长度分别为

$$l_{w1} = \frac{N_1}{2\times0.7h_f\times f_f^w} + 6 = \frac{249.5\times10^3}{2\times0.7\times6\times160} + 6 = 192\ \text{mm}$$

取 195 mm。

$$l_{w2} = \frac{N_2}{2\times0.7h_f\times f_f^w} + 6 = \frac{96.5\times10^3}{2\times0.7\times6\times160} + 6 = 78\ \text{mm}$$

取 80 mm。

20.2.5 焊接残余应力和残余变形

在焊接过程中，焊件局部范围加热至熔化，而后又冷却凝固，结构经历了一个不均匀的升温和冷却过程，导致焊件各部分热胀冷缩不均匀，从而在结构内产生了焊接残余应力和焊接残余变形。

1. 焊接残余应力和焊接残余变形对钢结构的影响

(1)焊接残余应力的影响 对在常温下工作并具有较好塑性的钢材，在静荷载作用下，焊接残余应力不会影响结构的强度，但焊接残余应力增大了结构变形，降低了结构的刚度。刚度降低必定影响构件的稳定承载能力。另外，由于焊接构件结构中常有两向或三向焊接拉应力场，阻碍了塑性变形的发展，使钢材变脆，裂缝容易发生和发展，致使疲劳强度降低。如果在低温下工作，脆性倾向更大，焊接残余应力通常是导致焊接结构产生低温冷脆的主要原因。

(2)焊接残余变形的影响 在焊接过程中，由于各部分受热不均匀，在焊接区局部产生了热塑性压缩，使构件冷却后产生一些残余变形，如横向缩短、纵向缩短、角变形、弯曲变形和扭曲变形等，如图 20-28 所示。这些变形如果超过验收规范的规定，变形应进行校正，使其不致影响构件的使用和承载能力。

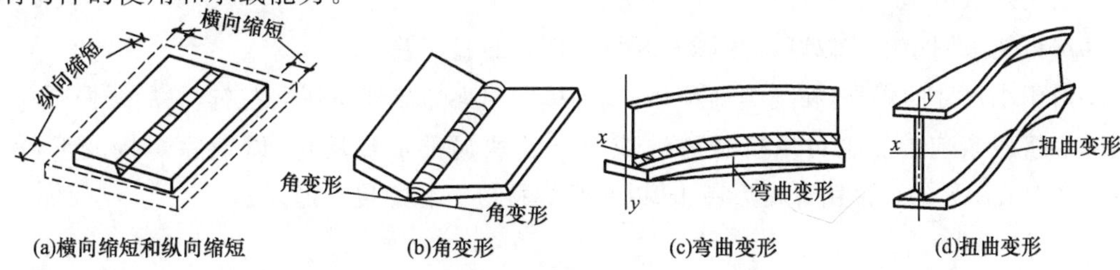

图 20-28 焊接变形的基本形式

2. 减少和限制焊接残余应力和焊接残余变形的措施

(1)设计方面的措施

①焊缝尺寸要适当，在保证结构的承载能力的条件下，设计时可以采用较小的焊脚尺寸，并加大焊缝长度，以免因焊脚尺寸过大而引起过大的焊接残余应力。焊缝过厚还可能引起施焊时烧穿、过热等现象。

②焊缝的位置要合理，焊缝的布置应尽可能对称于构件的形心轴，以减少焊接变形。

③焊缝不宜过分集中，如几块钢板交汇一处进行连接时，应采用如图 20-29(b)所示的方式，避免采用如图 20-29(a)所示的方式，以免热量集中，引起过大的焊接变形和应力，恶化母材的组织构造。

④应尽量避免三条焊缝垂直交叉，为此可使次要焊缝中断，主要焊缝连续通过，如图 20-29(c)所示。

⑤要考虑钢板的分层问题。如图 20-29(e)所示的构造措施是正确的，而如图 20-29(d)所示的构造常引起钢板的层状撕裂。

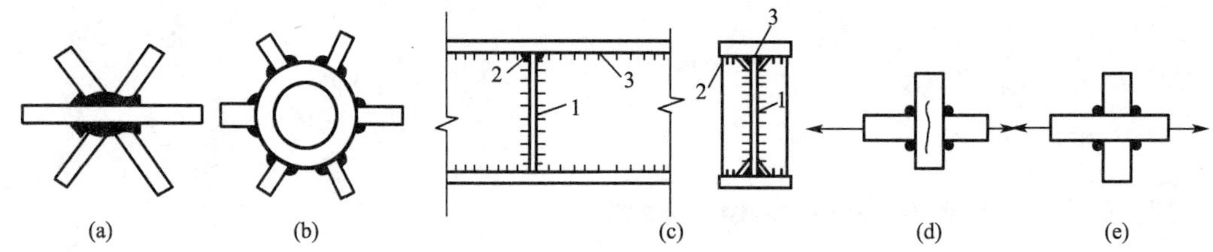

图 20-29 合理的焊缝设计

(2)工艺上的措施

①采用合理的施焊次序，例如钢板对接时采用分段退焊，厚焊缝采用分层焊，工字形截面采用对角跳焊等，如图 20-30 所示。

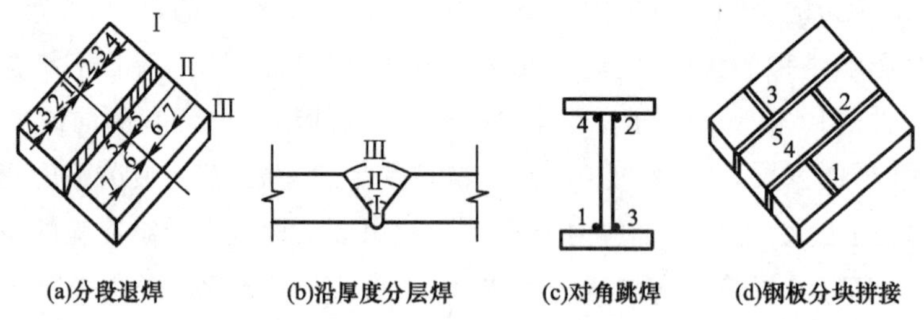

图 20-30 合理的施焊次序

②施焊前使构件有一个和焊接变形相反的预变形(反变形)，使构件在焊接后产生的焊接变形与之正好抵消，如图 20-31(a)、(b)所示。

③尽可能采用小电流以减小热影响区与焊件间的温度差。

④对于小尺寸的焊件，在施焊前预热，或焊接后回火加热到 600 ℃左右，然后缓慢冷却，可以消除焊接残余应力。也可用机械方法或氧一乙炔局部加热反弯，以消除焊接变形，如图 20-31(c)所示。另外可采用焊接后锤击，以减少焊接应力和焊接变形。

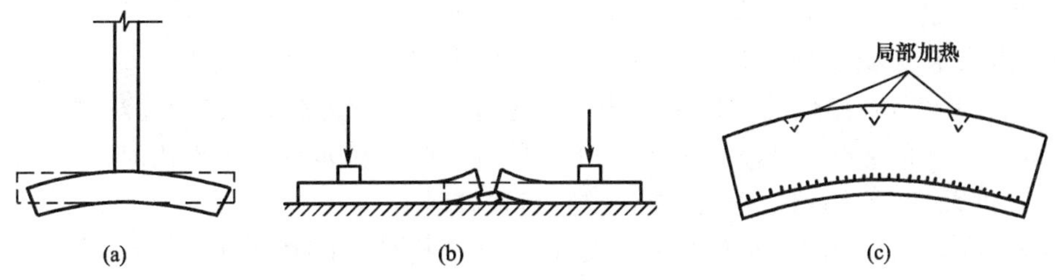

图 20-31　反变形及局部加热

20.2.6　普通螺栓连接的构造与计算

普通螺栓的形式为大六角头型,其代号用字母 M 与公称直径的毫米表示。螺栓直径 d 应根据整个结构及其主要连接的尺寸和受力情况选定,受力螺栓一般采用≥M16,工程中常用 M16、M20 和 M24 等。

1. 螺栓的排列和构造要求

螺栓的排列应遵循简单紧凑、整齐划一和便于安装紧固的原则,通常分为并列和错列两种形式,如图 20-32 和图 20-33 所示。并列比较简单整齐,所用连接板尺寸小,但由于螺栓孔的存在,对构件截面削弱较大。错列可减小螺栓孔对截面的削弱,但螺栓孔排列不如并列紧凑,连接板尺寸较大。

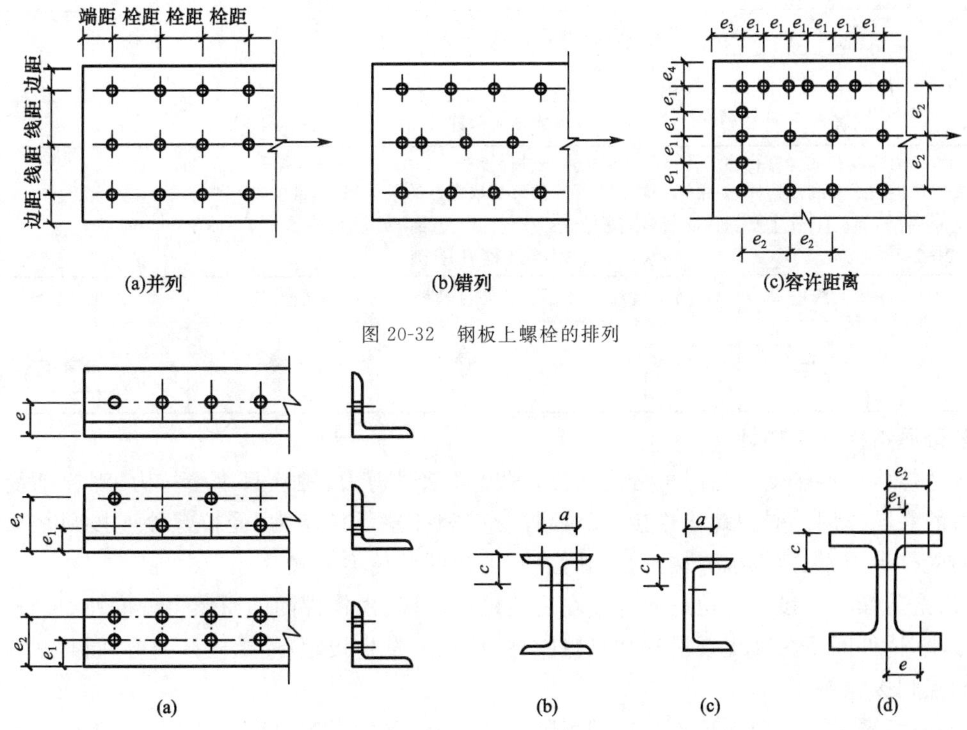

图 20-32　钢板上螺栓的排列

图 20-33　型钢的螺栓排列

螺栓在构件上的排列应满足下列要求：

(1)受力要求 为避免钢板端部不被剪断或撕裂，螺栓的端距不应小于 $2d_0$，d_0 为螺栓孔径。对于受拉构件，各排螺栓的栓距和线距不应过小，以免使螺栓周围应力集中相互影响较大，且使钢板的截面削弱过多，从而降低其承载能力。当构件承受压力作用时，沿作用力方向的栓距不宜过大，否则螺栓间钢板会发生鼓曲和张口现象。

(2)构造要求 螺栓的栓距和线距过大时，被连接构件不能紧密贴合，潮气易于侵入缝隙使钢材锈蚀。

(3)施工要求 螺栓间应有足够空间以便于转动扳手拧紧螺帽。

根据上述要求，规范规定的螺栓最大和最小容许距离，如图 20-32 和图 20-33 及表 20-6 所示。

表 20-6　螺栓和铆钉的最大、最小容许距离

<table>
<tr><th>名称</th><th colspan="3">位置和方向</th><th>最大容许距离(取两者的较小值)</th><th>最小容许距离</th></tr>
<tr><td rowspan="5">中心间距</td><td colspan="3">外排(垂直内力方向或顺内力方向)</td><td>$8d_0$ 或 $12t$</td><td rowspan="5">$3d_0$</td></tr>
<tr><td rowspan="3">中间排</td><td colspan="2">垂直内力方向</td><td>$16d_0$ 或 $24t$</td></tr>
<tr><td rowspan="2">顺内力方向</td><td>构件受压力</td><td>$12d_0$ 或 $18t$</td></tr>
<tr><td>构件受拉力</td><td>$16d_0$ 或 $24t$</td></tr>
<tr><td colspan="3">沿对角线方向</td><td>—</td></tr>
<tr><td rowspan="4">中心至构件边缘距离</td><td colspan="3">顺内力方向</td><td rowspan="4">$4d_0$ 或 $8t$</td><td>$2d_0$</td></tr>
<tr><td rowspan="3">垂直内力方向</td><td colspan="2">剪切边或手工气割边</td><td rowspan="2">$1.5d_0$</td></tr>
<tr><td rowspan="2">轧制边、自动气割或锯割边</td><td>高强度螺栓</td></tr>
<tr><td>其他螺栓或铆钉</td><td>$1.2d_0$</td></tr>
</table>

注：(1) d_0 为螺栓孔或铆钉孔的直径，t 为外层较薄板件厚度；

(2)钢板边缘与刚性构件(如角钢、槽钢等)相连的螺栓或铆钉的最大间距，可按中间排的数值采用。

在钢结构施工图上螺栓及栓孔的表示方法如表 20-7 所示。

表 20-7　螺栓及栓孔图例

名称	永久螺栓	安装螺栓	高强度螺栓	螺栓圆孔	长圆形螺栓孔
图例					

2. 普通螺栓连接的计算

普通螺栓连接按受力情况可分为三类，螺栓只承受剪力，螺栓只承受拉力，螺栓承受拉力和剪力的共同作用。受剪螺栓连接是靠栓杆受剪和孔壁承压传力；受拉螺栓连接则是靠沿杆轴方向受拉传力，拉剪螺栓连接则是同时兼有上述两种传力方式。

(1)抗剪螺栓连接 抗剪螺栓连接在受力以后，首先由构件间的摩擦力抵抗外力。不过摩擦力很小，构件间不久就出现滑移，螺栓杆与螺栓孔壁发生接触，使螺栓杆受剪，同时螺栓杆和孔壁间互相接触挤压。

(2)破坏形式 抗剪螺栓连接达到极限承载力时，可能的破坏形式有：①当螺栓杆直径较小，板件较厚时，螺栓杆可能先被剪断(图 20-34(a))；②当螺栓杆直径较大且板件相对较薄时，板件可能先被挤坏(图 20-34(b))；由于螺栓杆和板件的挤压是相对的，故也可把这种破坏叫作螺栓承压破坏；③当螺栓孔对板件的削弱过于严重时，板件可能在削弱处被拉断(图 20-34(c))。④当端距太小时，端距范围内的板件有可能受冲剪而破坏(图 20-34(d))；

⑤板叠厚度较大时，可能引起螺栓杆弯曲过大而影响承载能力（图 20-34(e)）。

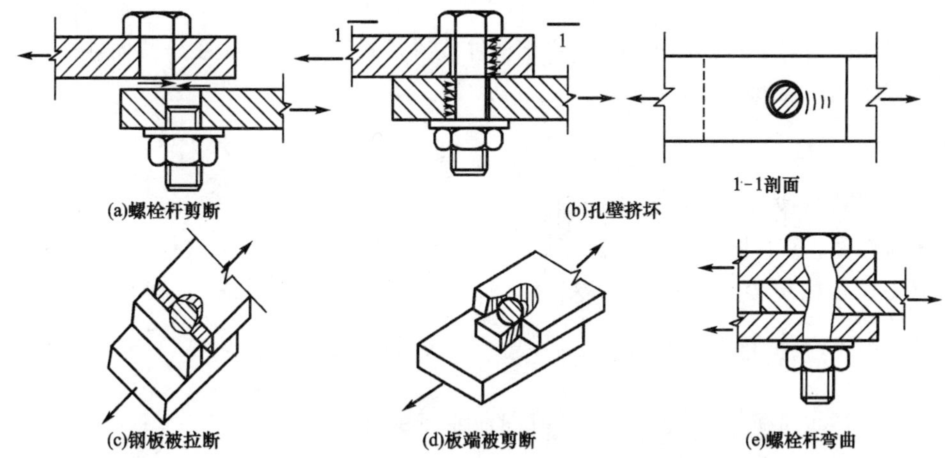

图 20-34　螺栓连接的破坏形式

上述第③种破坏属于构件的强度计算，第④种破坏形式由螺栓端距 $e_3 \geqslant 2d_0$ 来保证，第⑤种破坏可以通过限制板叠厚度不超过 $5d$ 来避免。因此，普通螺栓的抗剪连接计算只考虑第①种和第②种破坏形式。

(3)单个普通螺栓的抗剪承载力

①假定螺栓受剪面上的剪应力为均匀分布，则单个螺栓的抗剪承载力设计值为

$$N_{\mathrm{v}}^{\mathrm{b}} = n_{\mathrm{v}} \frac{\pi d^2}{4} f_{\mathrm{v}}^{\mathrm{b}} \tag{20-15}$$

式中　n_{v}——螺栓受剪面数（图 20-35），单剪 $n_{\mathrm{v}}=1$，双剪 $n_{\mathrm{v}}=2$，四剪 $n_{\mathrm{v}}=4$ 等；

d——螺栓杆直径；

$f_{\mathrm{v}}^{\mathrm{b}}$——螺栓的抗剪强度设计值，按表 20-3 采用。

②螺栓孔壁的实际压应力分布很不均匀，为了简化计算，假定压应力沿螺栓直径的投影面均匀分布，则单个螺栓的承压承载力设计值为

$$N_{\mathrm{c}}^{\mathrm{b}} = d \sum t f_{\mathrm{c}}^{\mathrm{b}} \tag{20-16}$$

式中　$\sum t$——在同一受力方向承压的构件较小总厚度，在图 20-35(c)中，对于四剪面 $\sum t$ 取 $(t_1+t_3+t_5)$ 或 (t_2+t_4) 的较小值；

$f_{\mathrm{c}}^{\mathrm{b}}$——螺栓的承压强度设计值，按表 20-3 采用。

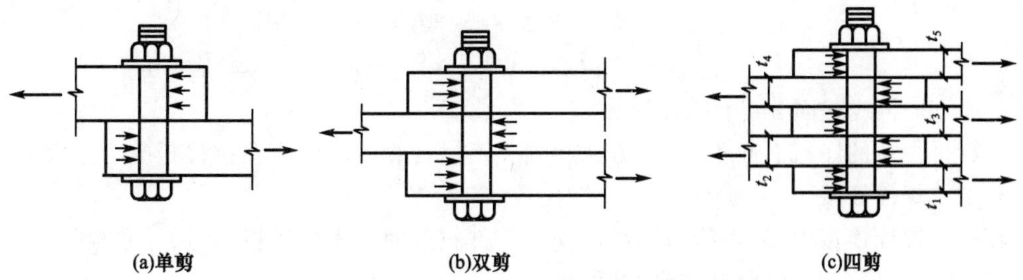

图 20-35　抗剪螺栓连接

单个抗剪螺栓的承载力设计值应该取 $N_{\mathrm{v}}^{\mathrm{b}}$ 和 $N_{\mathrm{c}}^{\mathrm{b}}$ 的较小者 $N_{\min}^{\mathrm{b}}$。

(4)螺栓群的抗剪承载力计算　当外力通过螺栓群形心时，在连接长度范围内，假定诸螺栓平均分担剪力，如图 20-36(a)中连接一侧所需要的螺栓数目为

$$n=\frac{N}{N_{\min}^{b}} \tag{20-17}$$

由于螺栓孔削弱了板件的截面，为防止构件或拼接板因螺孔削弱在净截面处被拉断，还应按下式验算净截面强度，即

$$\sigma=\frac{N}{A_n}\leqslant f \tag{20-18}$$

式中 A_n——构件或拼接板的净截面面积。

净截面强度验算应选择构件或拼接板的最不利截面，即内力最大或螺孔较多的截面。如图 20-36(a)所示的螺栓并列排列，以左半部分来看，截面 1-1，2-2，3-3 的净截面面积均相同。但对于构件来说，根据传力情况，截面 1-1 受力为 N，截面 2-2 受力为 $N-\frac{n_1}{n}N$，截面 3-3 受力为 $N-\frac{n_1+n_2}{n}N$，以截面 1-1 受力最大。其净截面面积为

$$A_n=(b-n_1d_0)t \tag{20-19}$$

对拼接板各截面，因受力相反，截面 3-3 受力最大，其净截面面积为

$$A_n=2\,t_1(b-n_3d_0) \tag{20-20}$$

式中 n_1、n_3——分别为截面 1-1 和 3-3 上的螺栓孔数；

t、t_1——分别为构件和拼接板的厚度；

d_0——螺栓孔直径；

b——构件和拼接板的宽度。

如图 20-36(b)所示的螺栓错列排列，对于构件不仅需要考虑沿直线截面 1-1 破坏的可能，此时按式(20-19)计算净截面面积，还需要考虑沿折线截面 2-2 破坏的可能，其净截面面积为

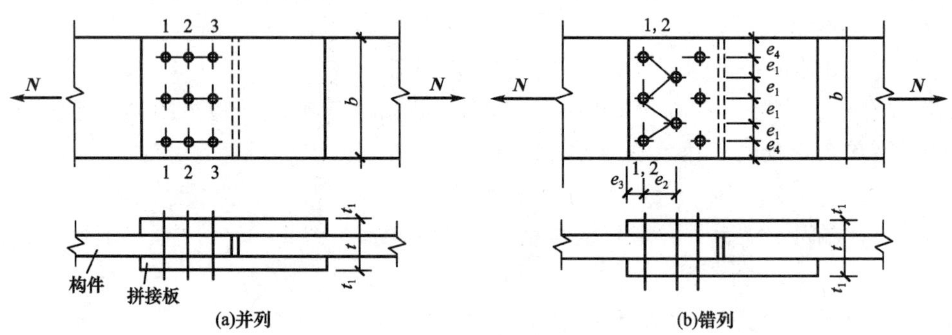

图 20-36 净截面面积计算

$$A_n=[2e_4+(n_2-1)\sqrt{e_1^2+e_2^2}-n_2d_0]t \tag{20-21}$$

式中 n_2——折线截面 2-2 上的螺栓数。

计算拼接板的净截面面积时，其方法相同。不过计算的部位应在拼接板受力最大处。

3. 抗拉螺栓连接

在抗拉螺栓连接中，外力趋向于将被连接构件拉开而使螺栓受拉，最后导致栓杆被拉断而破坏，其破坏部位多在被螺纹削弱的截面处。

(1)单个抗拉螺栓的承载力设计值 假定拉应力在螺栓螺纹处的截面上均匀分布，因此单个螺栓的抗拉承载力设计值为

$$N_t^b=A_ef_t^b=\frac{\pi d_e^2}{4}f_t^b \tag{20-22}$$

式中　A_e、d_e——螺栓螺纹处的有效截面面积和有效直径；

f_t^b——螺栓的抗拉强度设计值，按表 20-3 采用。

(2)螺栓群受轴心力作用时的抗拉计算　当外力 N 通过螺栓群形心时，假定每个螺栓所受的拉力相等，因此连接所需的螺栓数目为

$$n=\frac{N}{N_t^b} \tag{20-23}$$

20.2.7　高强度螺栓连接的性能和计算

1. 高强度螺栓连接的性能

高强度螺栓连接和普通螺栓连接的主要区别是：普通螺栓连接在抗剪时依靠孔壁承压和栓杆抗剪来传力，在扭紧螺帽时螺栓产生的预拉力很小，由板面挤压力产生的摩擦力可以忽略不计。而高强度螺栓除了其材料强度高之外，施工时还给螺栓杆施加很大的预拉力，使被连接构件的接触面之间产生挤压力，因此板面之间垂直于螺栓杆方向受剪时有很大的摩擦力。依靠接触面间的摩擦力来阻止其相互滑移，以达到传递外力的目的。

高强度螺栓连接根据受力特征不同可分为摩擦型高强度螺栓连接、承压型高强度螺栓连接和承受拉力的高强度螺栓连接。

摩擦型高强度螺栓连接单纯依靠被连接件间的摩擦阻力传递剪力，以摩擦阻力刚被克服且连接钢板间即将产生相对滑移时为承载能力的极限状态。承压型高强度螺栓连接的传力特征是剪力超过摩擦力时，构件间发生相互滑移，螺栓杆身与孔壁接触，开始受剪并与孔壁承压；随着外力的增大，最终以螺栓或钢板破坏为承载能力的极限状态，可能的破坏形式和普通螺栓相同。

承受拉力的高强度螺栓连接，由于预拉力作用，构件间在承受荷载前已经有较大的挤压力，拉力作用首先要抵消这种挤压力。至构件完全被拉开后，高强度螺栓的受拉力情况就和普通螺栓受拉相同。不过这种连接的变形要小得多。当拉力小于挤压力时，构件未被拉开，可以减少锈蚀危害，改善连接的疲劳性能。

高强度螺栓连接中板件间的挤压力和摩擦力对外力的传递有很大影响。栓杆预拉力（即板件间的法向挤压力）、连接表面的抗滑移系数和钢材种类都直接影响到高强度螺栓连接的承载力。

(1)高强度螺栓的预拉力　高强度螺栓的预拉力是通过拧紧螺帽实现的。一般采用扭矩法、转角法和扭剪法。

①扭矩法。采用可直接显示扭矩的特制扳手，根据事先测定的扭矩和螺栓拉力之间的关系施加扭矩，使之达到预定的预拉力。

②转角法。分初拧和终拧两步。初拧是先用普通扳手使被连接构件相互紧密贴合；终拧就是以初拧的贴紧位置为起点，根据按螺栓直径和板叠厚度所确定的终拧角度，用强有力的扳手旋转螺母，拧到预定角度值时，螺栓的拉力即达到了所需要的预拉力数值。

③扭剪法。扭掉螺栓尾部梅花头。先对螺栓初拧，然后用特制电动扳手的两个套筒分别套住螺母和螺栓尾部梅花头，如图 20-37 所示。操作时，大套筒正转施加紧固扭矩，小套筒则施加紧固反扭矩。待螺栓紧固后，进而沿尾部槽口将梅花头拧掉。由于槽口深度是按终拧扭矩和预拉力之间的关系确定的，故当梅花头被拧掉螺栓即达到规定的预拉力数值。

《钢结构规范》规定的高强度螺栓预拉力设计值，见表 20-8。

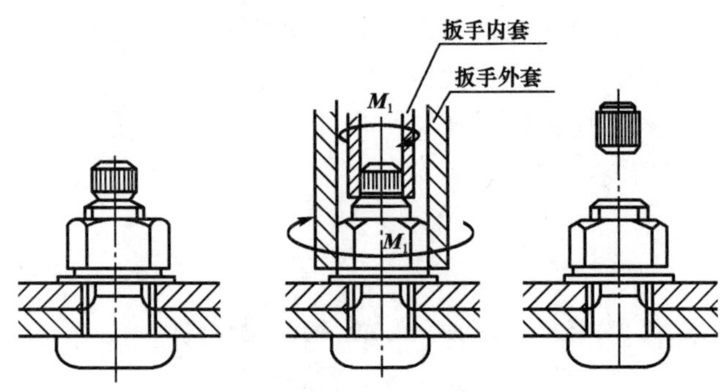

图 20-37 扭剪型高强度螺栓连接副的安装过程

表 20-8 一个高强度螺栓的预拉力 P kN

螺栓的性能等级	螺栓公称直径/mm					
	M16	M20	M22	M24	M27	M30
8.8 级	80	125	150	175	230	280
10.9 级	100	155	190	225	290	355

(2)高强度螺栓连接摩擦面的抗滑移系数 高强度螺栓摩擦型连接完全依靠被连接构件间的摩擦阻力传力，而摩擦阻力的大小不仅和螺栓的预拉力大小有关，还与被连接构件材料及其接触面的表面处理有关。《钢结构规范》规定的高强度螺栓连接摩擦面的抗滑移系数 μ 值见表 20-9。承压型连接的构件接触面只要求清除油污及浮锈。

表 20-9 摩擦面的抗滑移系数 μ

在连接处构件接触面的处理方法	构件的钢号		
	Q235 钢	Q345 钢、Q390 钢	Q420 钢
喷砂(丸)	0.45	0.50	0.50
喷砂(丸)后涂无机富锌漆	0.35	0.40	0.40
喷砂(丸)后生赤锈	0.45	0.50	0.50
钢丝刷清除浮锈或未经处理的干净轧制表面	0.30	0.35	0.40

(3)高强度螺栓的排列 高强度螺栓的排列与普通螺栓相同，应符合图 20-32、图 20-33 及表 20-6 的要求。

2. 摩擦型高强度螺栓连接计算

(1)单个高强度螺栓的抗剪承载力设计值 高强度螺栓摩擦型连接承受剪力时的设计准则是外力不得超过摩擦阻力。单个高强度螺栓的抗剪承载力设计值为

$$N_v^b = 0.9 n_f \mu P \tag{20-24}$$

式中 0.9——抗力分项系数 γ_R 的倒数，即 $1/\gamma_R = 1/1.111 = 0.9$；

n_f——单个螺栓的传力摩擦面数；

μ——摩擦面的抗滑移系数，按表 20-9 采用；

P——单个高强度螺栓的预拉力，按表 20-8 采用。

(2)高强度螺栓群的抗剪连接计算 螺栓群计算应包括螺栓数的确定和连接构件的强度验算。

①螺栓数：轴心力 N 作用时，高强度螺栓连接所需螺栓数目，仍按式(20-17)计算，其中 N_{min}^b 对摩擦型为按式(20-24)算得的 N_v^b 值。

②构件的净截面强度验算：摩擦型高强度螺栓连接，要考虑由于摩擦阻力作用，一部分剪力已由孔前接触面传递，如图 20-38 所示。规范规定孔前传力占该列螺栓传力的 50%。这样截面 1-1 净截面传力为

$$N'=N\left(1-\frac{0.5n_1}{n}\right) \tag{20-25}$$

式中　n_1——计算截面上的螺栓数；

n——连接一侧的螺栓总数。

连接构件的净截面强度应满足下式要求

$$\sigma=\frac{N'}{A_n}\leqslant f \tag{20-26}$$

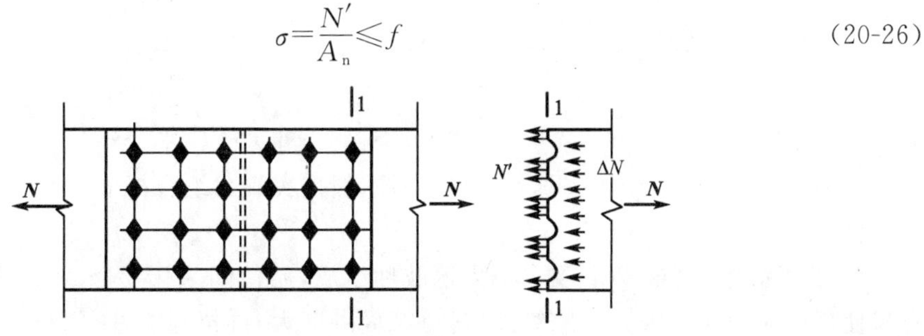

图 20-38　摩擦型高强度螺栓孔前传力

20.3　轴心受力构件

20.3.1　轴心受力构件的应用和截面形式

轴心受力构件广泛地应用于钢结构承重构件中，如桁架、塔架和网架等杆系结构的杆件，如图 20-39 所示。轴心受压构件还常用于工业建筑的平台和其他结构的支柱等，如图 20-40 所示。各种支撑系统也常常由许多轴心受力构件组成。根据杆件承受的轴心力的性质可分为轴心受拉构件和轴心受压构件。

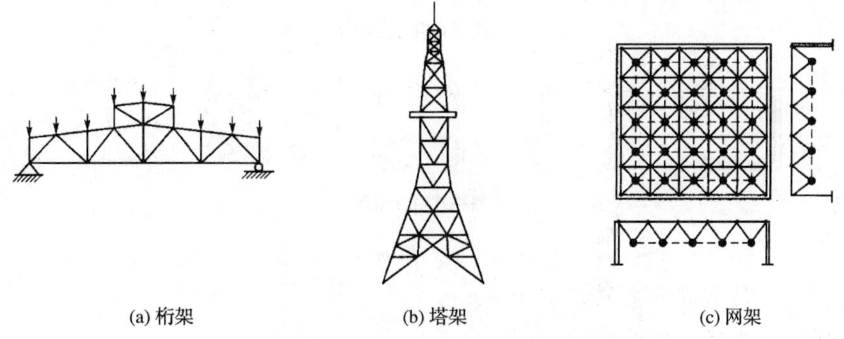

图 20-39　轴心受力构件的应用

轴心受力构件的常用截面形式可分为实腹式和格构式两类。

实腹式构件制作简单，与其他构件连接也比较方便，常用形式有两种，第一种是热轧型钢截面，如图 20-41(a)中的圆钢、圆管、方管、角钢、工字钢、H 型钢、T 型钢、槽钢等；第二种是冷弯薄壁型钢截面，如图 20-41(b)中的带卷边或不带卷边的角钢、槽形截面和方管等。组合截

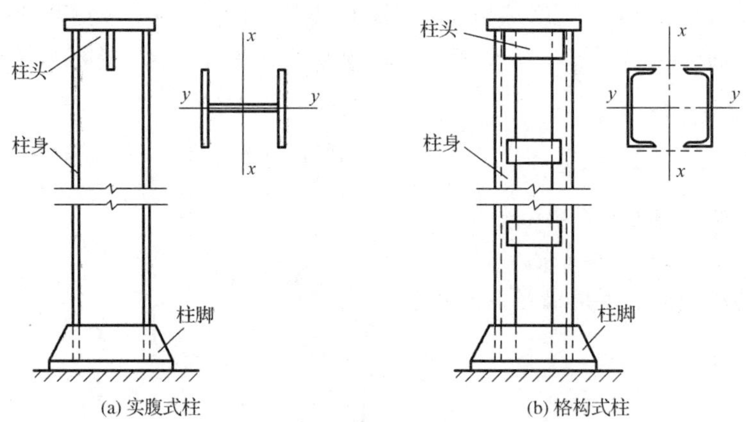

图 20-40 柱的组成

面是用型钢和钢板连接而成，图 20-41(c)所示都是实腹式组合截面，图 20-41(d)所示则是格构式组合截面。

格构式截面一般有两个或多个型钢肢件组成，肢件间采用缀条或缀板连接。格构式截面容易使压杆实现两主轴方向的等稳定性，截面刚度大，抗扭性能好，用料较省，但制作费工。

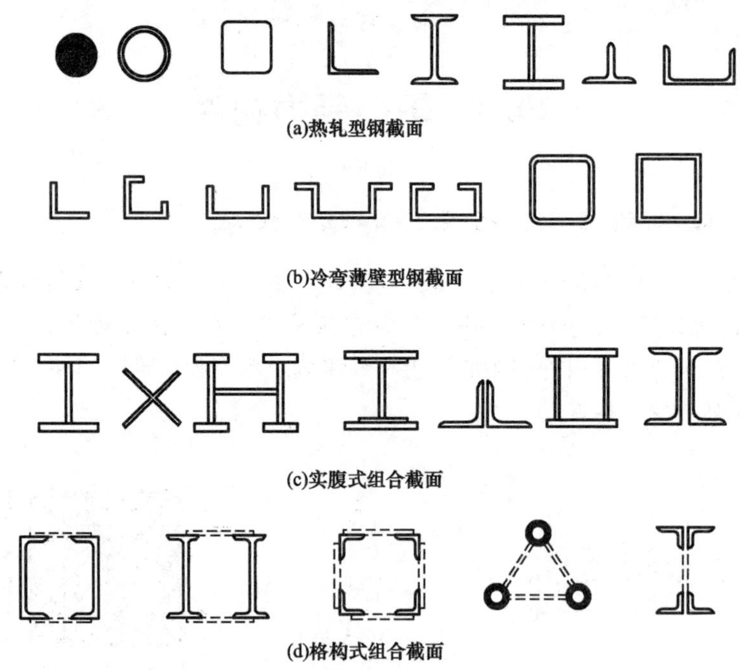

图 20-41 轴心受力构件的截面形式

对轴心受力杆件截面形式的要求如下：

①能提供承载力所需要的截面积；

②制作比较简单；

③便于和相邻的构件连接；

④截面开展而壁厚较薄，以满足刚度要求。

20.3.2　轴心受力构件的强度和刚度

轴心受力构件的计算和受弯构件一样，亦要满足两种极限状态的要求。对于承载能力极限状态，轴心受拉构件只有强度问题，而轴心受压构件则同时有强度和稳定问题；对于正常使用极限状态，每类构件都有刚度方面的要求。

1. 轴心受拉构件和轴心受压构件的强度

《钢结构规范》对轴心受力构件的强度计算规定净截面的平均应力不应超过钢材的强度设计值。因此，轴心受拉构件和轴心受压构件的强度按下式计算，即

$$\sigma=\frac{N}{A_{\mathrm{n}}}\leqslant f \tag{20-27}$$

式中　N——轴心拉力设计值或轴心压力设计值；

A_{n}——构件的净截面面积；

f——钢材的抗拉强度设计值或抗压强度设计值。

2. 轴心受拉构件和轴心受压构件的刚度

为满足正常使用要求，钢结构的轴心受拉和轴心受压构件都不应过分柔弱而应该具有必要的刚度，保证构件不产生过大的变形。这种变形可能因其重力而产生，也可能在运输或安装过程中产生。刚度通过限制构件的长细比 λ 来实现，应满足下式要求，即

$$\lambda_{\max}=\left(\frac{l_0}{i}\right)_{\max}\leqslant[\lambda] \tag{20-28}$$

式中　$\lambda_{\max}$——构件的最大长细比；

l_0——构件的计算长度；

i——截面的回转半径；

$[\lambda]$——构件的容许长细比，按表 20-10 和表 20-11 采用。

表 20-10　受压构件的容许长细比

项次	构件名称	容许长细比
1	轴压柱、桁架和天窗中的杆件	150
	柱的缀条、吊车梁或吊车桁架以下的柱间支撑	
2	支撑（吊车梁或吊车桁架以下的柱间支撑除外）	200
	用以减小受压构件计算长度的杆件	

注：(1)桁架（包括空间桁架）的受压腹杆，当其内力等于或小于承载能力的 50%时，容许长细比值可取 200；

(2)计算单角钢受压构件的长细比时，应采用角钢的最小回转半径，但计算在交叉点相互连接的交叉杆件平面外的长细比时，可采用与角钢肢边平行轴的回转半径；

(3)跨度等于或大于 60 m 的桁架，其受压弦杆和端压杆的容许长细比值宜取 100，其他受压腹杆可取 150（承受静力荷载或间接承受动力荷载）或 120（直接承受动力荷载）；

(4)由容许长细比控制截面的杆件，在计算其长细比时，可不考虑扭转效应。

表 20-11　受拉构件的容许长细比

项次	构件名称	承受静力荷载或间接承受动力荷载的结构		直接承受动力荷载的结构
		一般建筑结构	有重级工作制吊车的厂房	
1	桁架构件	350	250	250
2	吊车梁或吊车桁架以下的柱间支撑	300	200	—

（续表）

项次	构件名称	承受静力荷载或间接承受动力荷载的结构		直接承受动力荷载的结构
		一般建筑结构	有重级工作制吊车的厂房	
3	其他拉杆、支撑、系杆等（张紧的圆钢除外）	400	350	—

注：(1)承受静力荷载的结构中，可仅计算受拉构件在竖向平面内的长细比；

(2)在直接或间接承受动力荷载的结构中，单角钢受拉构件长细比的计算方法与表 20-10 注 2 相同；

(3)中、重级工作制吊车桁架下弦杆的长细比不宜超过 200；

(4)在设有夹钳或刚性料耙等硬钩吊车的厂房中，支撑（表中第 2 项除外）的长细比不宜超过 300；

(5)受拉构件在永久荷载和风荷载组合作用下受压时，其长细比不宜超过 250；

(6)跨度等于或大于 60 m 的桁架，其受拉弦杆和腹杆的长细比不宜超过 300（承受静力荷载或间接动力荷载）或 250（直接承受动力荷载）。

20.4 受弯构件简介

受弯构件是指主要承受横向荷载作用的构件。钢结构中最常用的受弯构件就是钢梁，它是组成钢结构的基本构件之一，在房屋建筑和桥梁工程中得到广泛应用。例如，楼盖梁、屋盖梁、工作平台梁、墙梁、吊车梁、檩条以及梁式桥、大跨斜拉桥、悬索桥中的桥面梁等。

20.4.1 受弯构件（梁）的类型

钢梁按制作方法的不同可分为型钢梁和组合梁两类，如图 20-42 所示。型钢梁又可分为热轧型钢梁和冷弯薄壁型钢梁两种。热轧型钢梁常用普通工字钢、槽钢或 H 型钢做成（图 20-42(a)、(b)、(c)），制造简单方便，成本低，故应用最为广泛。对受荷较小，跨度不大的梁用带有卷边的冷弯薄壁槽钢（图 20-42(d)、(f)）或 Z 型钢（图 20-42(e)）制作，可以有效地节约钢材。由于型钢梁具有加工制造方便和成本较低的优点，在结构设计中应优先选用。

当荷载和跨度较大时，型钢梁由于受尺寸和规格的限制，往往不能满足承载力或刚度的要求，这时需要采用组合梁。组合梁按其连接方法和使用材料的不同，可分为焊接组合梁、高强度螺栓连接组合梁、钢与混凝土组合梁等。

最常用的组合梁是由两块钢板和一块腹板焊接而成的工字形截面组合梁，如图 20-42(g) 所示；当所需翼缘板较厚时可采用双层翼缘板组成的截面，如图 20-42(i)所示。若荷载或跨度较大，而截面高度又受限制或对抗扭刚度要求较高时，可采用箱型截面，如图 20-42(k)所示。当梁承受动力荷载时，由于对疲劳性能要求较高，需要采用高强度螺栓连接的工字形组合梁，如图 20-42(j)所示。还有制成如图 20-42(l)所示的钢与混凝土的组合梁，这可以充分发挥两

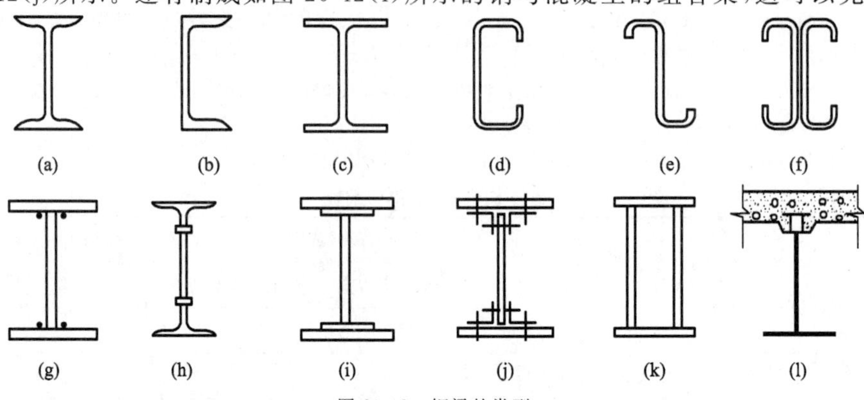

图 20-42 钢梁的类型

种材料的优势,经济效果较明显。组合梁的截面组成灵活,材料在截面上的分布合理,故用钢量省。

钢梁按支撑情况可分为简支梁、连续梁和伸臂梁等。简支梁制造和安装均较方便,而且不受支座沉陷和温度变化的影响,故应用最广。

在土木工程中,除少数情况如吊车梁、起重机大梁或上承式铁路桥梁等可单根梁或两根梁成对布置外,通常由若干梁平行或交叉排列而成梁格。如图 20-43 所示为工作平台梁格布置示例。

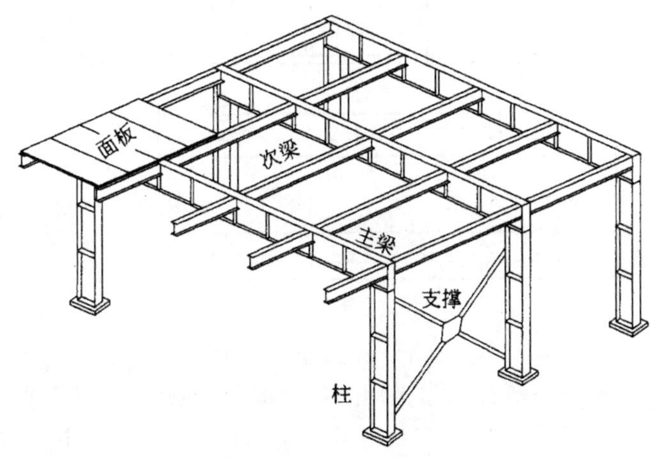

图 20-43 工作平台梁格示例

根据主梁与次梁的排列情况,梁格可分为以下三种类型:

(1)单向梁格 如图 20-44(a)所示,只有主梁,适用于楼盖或平台结构的横向尺寸较小或面板跨度较大的情况。

(2)双向梁格 如图 20-44(b)所示,有主梁及一个方向的次梁,次梁由主梁支承,是最为常用的梁格类型。

(3)复式梁格 如图 20-44(c)所示,在主梁间设纵向次梁,纵向次梁间再设横向次梁。荷载传递层次多,梁格构造复杂,故应用较少,只适用于荷载大和主梁间距很大的情况。

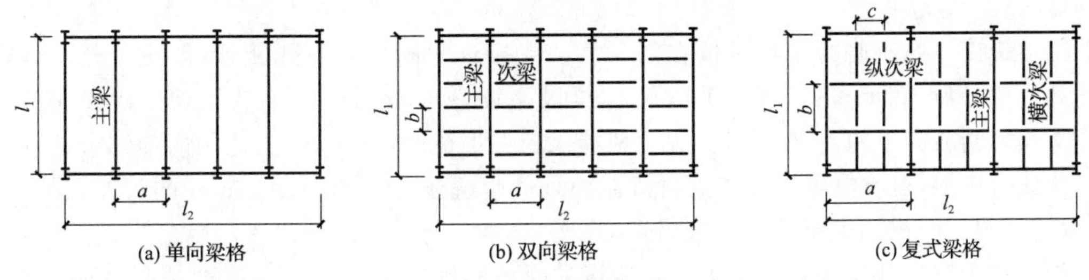

图 20-44 梁格形式

钢梁按荷载作用情况,可分为只在一个主平面内受弯的单向弯曲梁和在两个主平面内受弯的双向弯曲梁(如墙梁、檩条、吊车梁等)。

20.4.2 梁的拼接和连接

1. 梁的拼接

梁的拼接依施工条件的不同分为工厂拼接和工地拼接。

(1)工厂拼接 工厂拼接为受到钢材规格或现有钢材尺寸限制而做的拼接,翼缘和腹板的工厂拼接位置最好错开,并应与加劲肋和连接次梁的位置错开,以避免焊缝集中,如图 20-45 所示。在工厂制造时，常先将梁的翼缘板和腹板分别接长，然后再拼装成整体，可以减少梁的焊接应力。

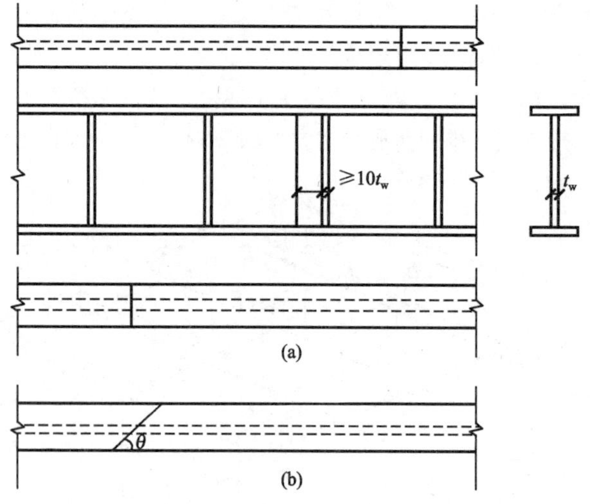

图 20-45　焊接梁的工厂拼接

翼缘和腹板的拼接焊缝一般都采用正面对接焊缝，在施焊时采用引弧板，因此对于满足《钢结构工程施工质量验收规范》中一、二级焊缝质量的焊缝都不需要进行验算。只有对仅进行外观检查的三级焊缝，因其焊缝的抗拉强度设计值小于钢材的抗拉强度设计值，需要分别验算受拉翼缘和腹板上的最大拉应力是否小于焊缝的抗拉强度设计值。当焊缝的强度不足时，可以采用斜焊缝，如图 20-45(b)所示。如斜焊缝与受力方向的夹角 θ 满足 $\tan\theta \leqslant 1.5$ 时，可不必验算。但斜焊缝连接比较费料费工，特别是对于宽的腹板最好不用。必要时，可以考虑将拼接的截面位置调整到弯曲正应力较小处来解决。

(2)工地拼接　工地拼接是受到运输或安装条件限制而做的拼接。此时需将梁在工厂分成几段制作，然后再运往工地。对于仅受到运输条件限制的梁段，可以在工地地面上拼装，焊接成整体，然后吊装；而对于受到吊装能力限制而分成的梁段，则必须分段吊装，在高空进行拼接和焊接。

工地拼接一般应使翼缘和腹板在同一截面或接近于同一截面处断开，以便于分段运输。如图 20-46(a)所示为断在同一截面的方式，梁段比较整齐，运输方便。为了便于焊接，将上下翼缘板均切割成向上的 V 形坡口。为了使翼缘板在焊接过程中有一定范围的伸缩余地，以减少焊接残余应力，可将翼缘板在靠近拼接截面处的焊缝预先留出约 500 mm 的长度在工厂不焊，按照如图 20-46(a)中所示序号最后焊接。

如图 20-46(b)所示为将梁的上下翼缘板和腹板的拼接位置适当错开的方式，可以避免焊缝集中在同一截面。这种梁段有悬出的翼缘板，运输过程中必须注意防止碰撞损坏。

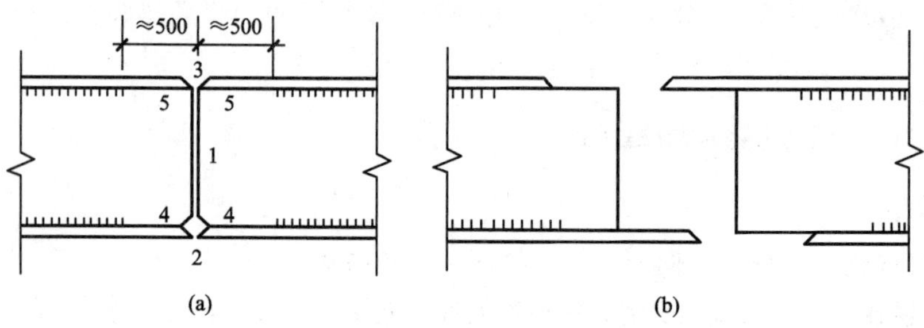

图 20-46　工地焊缝拼接

由于现场施焊条件较差，焊缝质量难于保证，对于铆接梁和较重要的受动力荷载作用的焊接大型梁，其工地拼接常采用高强度螺栓连接，如图 20-47 所示。

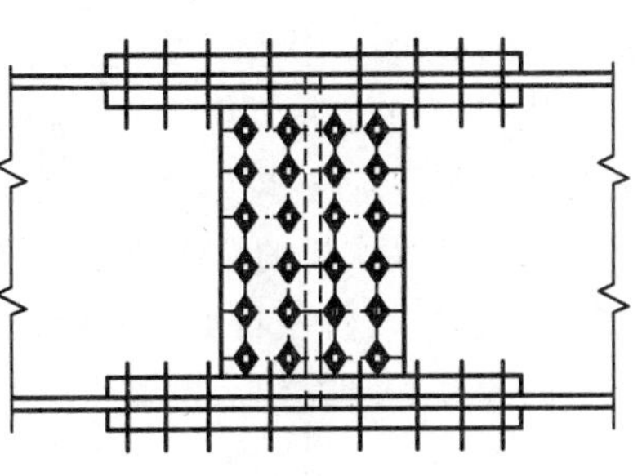

图 20-47　工地高强度螺栓拼接

2. 梁的连接

梁的连接是指钢结构中次梁和主梁的连接。次梁与主梁的连接应做到：安全可靠，符合结构计算假定；经济合理，省工省料；便于制造、运输、安装和维护。

(1)次梁为简支梁　次梁与主梁的连接形式分叠接和侧面连接两种。叠接是将次梁直接搁置在主梁上，用螺栓或焊缝固定其相互位置，不需计算，如图 20-48 所示。为避免主梁腹板局部压力过大，在主梁相应位置应设置支承加劲肋。叠接构造简单、安装方便。缺点是主次梁所占净空大，现在很少采用。

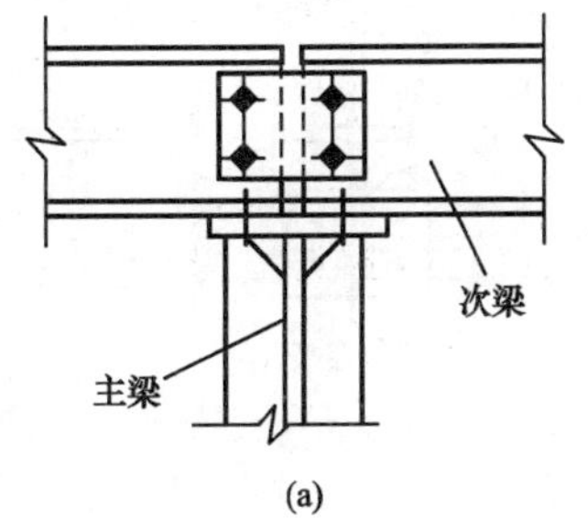

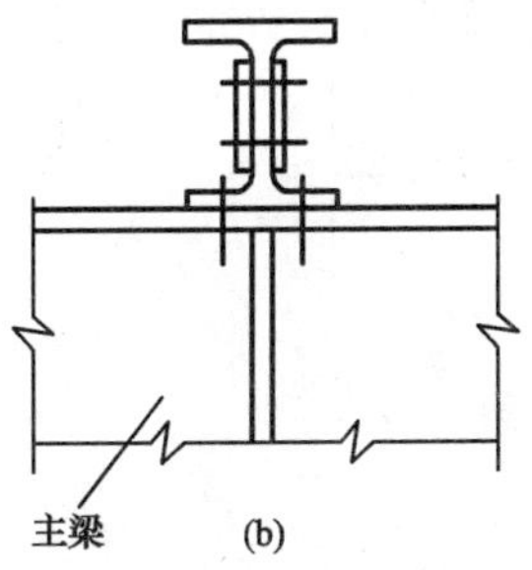

图 20-48　次梁与主梁的叠接

侧面连接是将次梁端部上翼缘切去，端部下翼缘则切去一边，然后将次梁端部与主梁加劲肋用螺栓相连，如图 20-49 所示。如果次梁反力较大，螺栓承载力不够时，可用围焊缝（角焊缝）将次梁端部腹板与加劲肋连牢传递反力，这时螺栓只作安装定位用。实际设计时，考虑连接偏心，通常将反力增大 20%～30%来计算焊缝或螺栓。

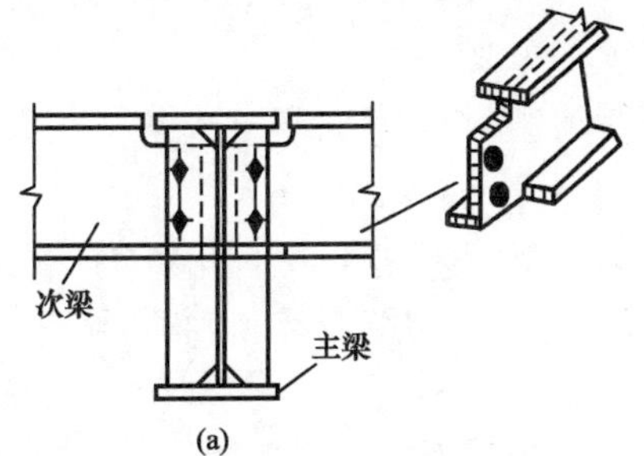

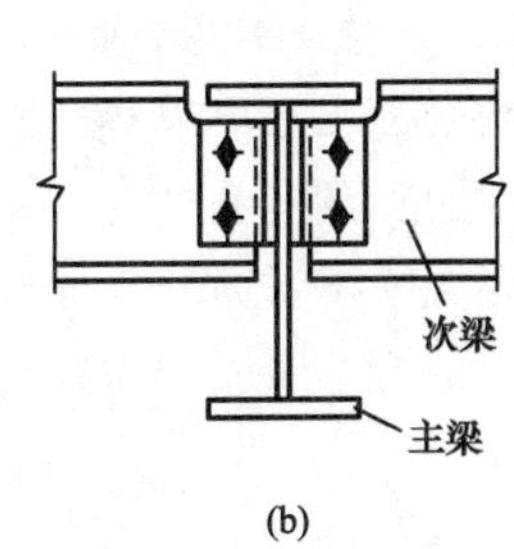

图 20-49　次梁与主梁的侧面连接

(2)次梁为连续梁　次梁与主梁的连接形式也分叠接和侧面连接两种。叠接时，次梁连续通过，不在主梁上断开，主梁和次梁之间可用螺栓或焊缝固定它们之间的相互位置，如图 20-50(a)所示。当次梁荷载较大或主梁上翼缘较宽时，可在主梁支承次梁处设置焊于主梁中心的垫板，以保证次梁支座反力以集中力的形式传给主梁。

侧面连接时，次梁在主梁处要断开，分别连于主梁两侧。除支座反力传给主梁外，连续次梁在主梁支座处的左右弯矩也要通过主梁传递，因此构造稍复杂一些。一般采用如图 20-50(b)所示的构造，次梁的支座反力传给焊于主梁侧面的承托；次梁的支座负弯矩则可用上翼缘拉力和下翼缘压力组成的力偶 $N=M/h_1$ 来代替，因而在次梁上翼缘之上设置连接盖板传递拉力，在次梁下翼缘之下由承托的水平顶板传递压力。为了避免仰焊，连接盖板在焊接处的宽度应比次梁上翼缘稍窄，承托顶板的宽度则应比次梁下翼缘稍宽。连接盖板及其次梁的连接焊缝应按承受次梁上翼缘的拉力 N 设计，连接盖板与主梁的连接焊缝按构造设置。承托顶板及其次梁的翼缘或主梁腹板的连接焊缝应按承受下翼缘的压力 N 设计。当次梁端弯矩较大时，可将左右承托顶板穿过主梁腹板的预切槽口做成直通合一，这时承托顶板与主梁腹板的连接焊缝按构造设置。

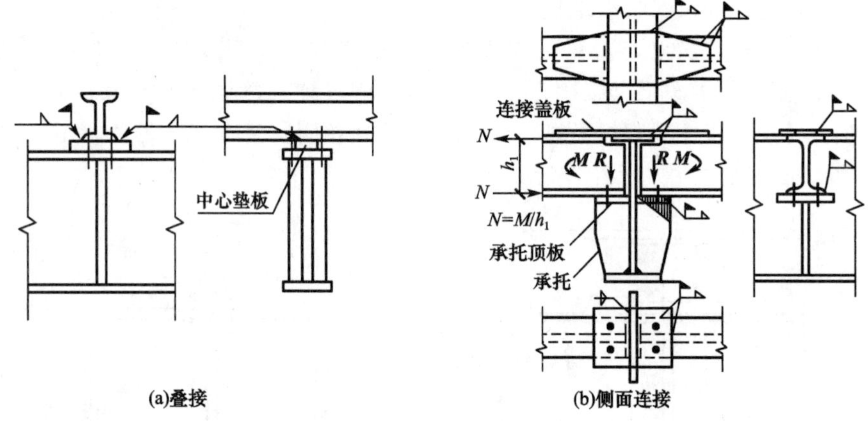

图 20-50　连续次梁与主梁的连接

本章小结

(1)钢结构所用钢材必须具有下列性能：较高的强度、足够的变形能力、良好的加工性能。

(2)钢结构中采用的钢材主要有两类，即碳素结构钢和低合金高强度结构钢。钢材的品种主要为钢板、热轧型钢和冷加工成型的薄壁型钢等。

(3)钢材的选用应根据结构的重要性、荷载特性、结构形式、应力状态、连接方法、钢材厚度和工作环境等因素综合考虑，选用合适的钢材牌号和材性。

(4)钢结构的连接主要有焊缝连接和螺栓连接两种，铆钉连接在一些重型和直接承受动力荷载的结构中采用，铆钉构造复杂，用钢量多。

(5)焊缝形式主要有对接焊缝和角焊缝。对接焊缝按所受力的方向分为正对接焊缝和斜对接焊缝；角焊缝可分为正面角焊缝(焊缝长度方向垂直于力作用方向)和侧面角焊缝(焊缝长度方向平行于力作用方向)。

(6)钢结构在焊接过程中，焊件局部范围加热至熔化，而后又冷却凝固，结构经历了一个不均匀的升温和冷却过程，导致焊件各部分热胀冷缩不均匀，从而在结构内产生了焊接残余应力和焊接残余变形。

(7)螺栓连接分为普通螺栓连接和高强度螺栓连接。普通螺栓常用 C 级螺栓，其受力形式分为受拉和受剪两种，受剪时设计承载力取受剪承载力和承压承载力中的较小值，并验算构件净截面强度。高强度螺栓连接根据受力特征不同可分为摩擦型高强度螺栓连接、承压型高强度螺栓连接和承受拉力的高强度螺栓连接。

(8)轴心受力构件的截面形式可分为实腹式型钢截面和格构式组合截面两类。

(9)钢梁按制作方法的不同可分为型钢梁和组合梁两类。梁的拼接依施工条件的不同分为工厂拼接和工地拼接。梁的连接是指钢结构中次梁和主梁的连接。

复习思考题

20-1　简述钢结构对钢材的要求，规范推荐使用的钢材有哪些？

20-2　选用钢材时应考虑的因素有哪些？

20-3　钢结构常用的连接方法有哪几种？各有什么特点？

20-4　按被连接构件的相互位置焊缝连接形式分为几种？其特点如何？

20-5　焊缝的质量分几个等级？与钢材等强的受拉和受弯对接焊缝需采用几级？

20-6　为何要规定角焊缝焊脚尺寸的最大和最小限值？

20-7　焊接残余应力和残余变形对结构有何影响？如何减少和限制焊接残余应力和残余变形？

20-8　普通螺栓受剪连接破坏的五种形式是什么？哪些是通过强度计算解决的？哪些是通过构造措施解决的？

20-9　为何要规定螺栓排列的最大和最小间距要求？

20-10　摩擦型高强度螺栓连接和普通螺栓连接有何不同？

20-11　画出主、次梁连接示意图。

习　题

20-1　计算如图 20-51 所示的两块钢板的对接连接焊缝。已知截面尺寸 $B=400$ mm，$t=12$ mm，承受轴心拉力设计值 $N=820$ kN(静力荷载)，钢材为 Q235，采用 E43 系列型焊条，手工焊，焊缝质量等级为三级，施焊时没有引弧板。

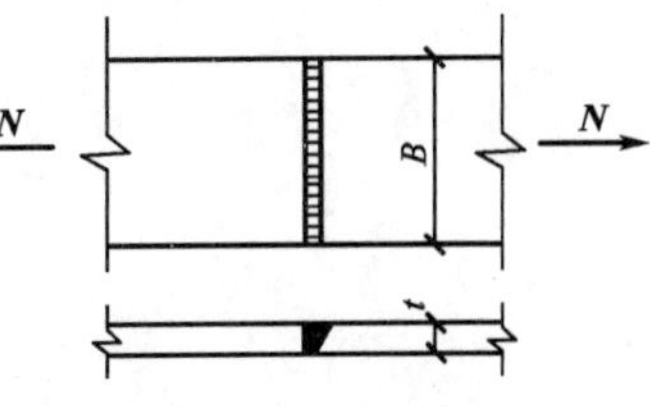

图 20-51　习题 20-1 图

20-2　如图 20-52 所示为角钢与节点板的连接角焊缝。已知轴心力设计值 $N=450$ kN(静力荷载)，角钢为 2L100×80×6(长肢相连)，连接板厚度 $t=10$ mm，钢材 Q235，采用 E43 系列型焊条，手工焊。试确定所需焊脚尺寸和焊缝长度。试按下列情况分别计算其焊缝：①采用两面侧焊缝；②采用三面围焊缝。

20-3　试设计如图 20-53 所示一双拼接盖板的对接连接。已知钢板宽 $B=360$ mm，厚度 $t_1=14$ mm，拼接盖板厚度 $t_2=8$ mm，该连接承受轴心力设计值 $N=1000$ kN(静力荷载)，钢材为 Q235，采用 E43 系列型焊条，手工焊。

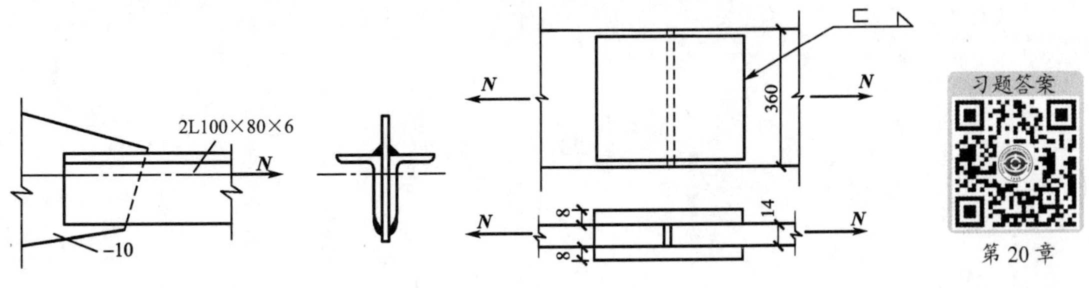

图 20-52　习题 20-2 图

图 20-53　习题 20-3 图

参考文献

[1]《砌体结构设计规范》(GB50003－2011).北京:中国建筑工业出版社,2011

[2]《砌体结构施工质量验收规范》(GB50203－2011).北京:中国建筑工业出版社,2011

[3]《混凝土结构设计规范》(GB50003－2010).北京:中国建筑工业出版社,2010

[4]《钢结构设计规范》(GB50017－2017).北京:中国建筑工业出版社,2017

[5]《建筑结构荷载规范》(GB50009－2012).北京:中国建筑工业出版社,2012

[6] 李春亭,张庆霞.建筑力学与结构.北京:人民交通出版社,2013

[7] 李永光,白秀英. 建筑力学与结构. 北京:机械工业出版社,2014

[8] 张友全,吕丛军.建筑力学与结构.北京:中国电力出版社,2012

[9] 张玉敏.材料力学.北京:冶金工业出版社,2010

[10] 张玉敏,段卫东.建筑结构.北京:中国电力出版社,2011

[11] 张玉敏.混凝土结构. 北京:中国电力出版社,2011

[12] 张玉敏.建筑力学. 北京:中国电力出版社,2009

[13] 张玉敏,伊爱焦.建筑结构(上册). 大连:大连理工大学出版社,2011

[14] 张玉敏,郑伟.建筑结构(下册). 大连:大连理工大学出版社,2011

[15] 张玉敏.砌体结构.大连:大连理工大学出版社,2018